普通高等教育“十一五”国家级规划教材

环境工程微生物学

主编　王国惠

编写人员（按姓氏汉语拼音排序）

刘玉香　龙新宪　王国惠　信　欣

科学出版社

北　京

内 容 简 介

本书主要内容包括绪论；环境工程中细胞型微生物类群——原核微生物及真核微生物；非细胞型微生物——病毒；微生物的营养与环境工程；微生物的代谢与环境工程；微生物的生长繁殖与环境工程；微生物的遗传变异与环境工程；微生物生态学原理与环境工程；水污染控制微生物工程；有机固体废弃物处理微生物工程；废气污染控制微生物工程；污染环境微生物修复工程等。

本书可作为环境工程、环境科学、给水排水、环境监测、环境管理等专业的教学用书，也可供从事相关专业的科技人员参考。

图书在版编目（CIP）数据

环境工程微生物学/王国惠主编. —北京：科学出版社，2011.2

（普通高等教育“十一五”国家级规划教材）

ISBN 978-7-03-029671-9

Ⅰ.①环… Ⅱ.①王… Ⅲ.①环境生物学：微生物学-高等学校-教材 Ⅳ.①X172

中国版本图书馆 CIP 数据核字（2011）第 008477 号

责任编辑：王国栋 王 玥 / 责任校对：邹慧卿

责任印制：徐晓晨 / 封面设计：耕者设计工作室

科学出版社出版

北京东黄城根北街 16 号

邮政编码：100717

http://www.sciencep.com

北京凌奇印刷有限责任公司印刷

科学出版社发行 各地新华书店经销

*

2011 年 2 月第 一 版 开本：787×1092 1/16

2019 年 1 月第五次印刷 印张：22 1/2

字数：530 000

定价：78.00 元

（如有印装质量问题，我社负责调换）

前　言

环境工程微生物学是环境工程、环境科学、给水排水、环境监测、环境管理等专业的重要技术基础课，可为水污染控制工程、大气污染控制工程、固体废弃物的处理、环境监测等提供必要的微生物学理论和技术。因此，环境工程微生物学在其相关专业中占有重要地位。

环境工程微生物学的内涵与实质是什么？本课程要告诉读者什么？环境工程微生物学与普通微生物学的区别在哪里？这些问题将在本书找到答案。

环境工程微生物学是微生物学的一个分支，是微生物学与环境工程（或污染控制工程）相结合产生的一门应用学科。因此，环境工程微生物学与普通微生物学不同，具有明显的专业特点。本课程不可简单照搬普通微生物学的内容，否则，学生学完本课程后会有些茫然，对微生物学理论与所学专业的关联感到模糊。

通过多年的教学改革与实践，本教材改变了传统环境工程微生物学的模式与风格，在阐述微生物基本知识的同时，试图将微生物与相关专业紧密结合，尽力展现微生物在相关专业中扮演的角色，具体内容如下：

第一章（绪论）讨论环境工程微生物学的概念、研究内容及微生物的特性与环境工程的关系；第二章阐述环境工程中原核微生物的类群、细胞结构、细菌的细胞壁与重金属吸附、细胞膜对污染物的吸收以及在代谢方面的作用，讨论细菌荚膜、鞭毛和芽孢在污染控制中的意义，同时，分别讨论古细菌和蓝细菌及其在环境工程中的作用；第三章阐述环境工程中真核微生物的类群、结构以及在环境工程中的作用；第四章讨论病毒的特点、结构、影响病毒在环境中存活的因素及病毒在污染控制中的应用；第五章重点介绍环境工程中微生物的营养、营养类型及其在环境工程中的应用；第六章重点讨论微生物的分解代谢（发酵、有氧呼吸和无氧呼吸）、合成代谢、异氧微生物的生物氧化与环境工程（发酵与环境工程、有氧呼吸与环境工程、无氧呼吸与环境工程）、微生物的合成代谢与环境工程、自养微生物的生物氧化与环境工程等；第七章重点介绍微生物的群体生长规律、分批培养与环境工程、连续培养与环境工程等；第八章讲述微生物遗传与变异基础理论、现代分子生物学技术及其在环境工程中的应用及细胞融合技术、基因工程技术及其在环境工程中的应用等；第九章重点讨论微生物种间关系、物质循环、自净原理及其在环境工程的作用与意义；第十章介绍好氧活性污泥法、生物膜法及厌氧生物净化机理，阐述好氧颗粒污泥和厌氧颗粒污泥的组成、特性及生物脱氮除磷原理等；第十一章讲述有机固体废弃物的堆肥原理及厌氧消化机理等；第十二章介绍废气微生物净化原理与技术；第十三章简述污染环境微生物修复技术。本书的特色及创新之处：

1. 突出主题，体现专业特色

全书将微生物基础知识与污染控制紧密联系，各章节都渗透、体现了微生物与环境工程的关系，避免了微生物基础知识与专业分离的现象。该教材主题鲜明，体现专业特色，具有显著的创新性。

2. 注重内容的先进性，突出前瞻性

本教材注重新理论、新知识、新观点和新技术，全面反映环境微生物最新技术发展水平，特别是现代分子生物技术在环境工程中的应用。该教材内容新颖，具有前瞻性及创新性。

3. 与工程紧密联系，强调实践性

本教材以培养工程型、应用型人才为目标，大量介绍微生物在污染控制工程中的应用及微生物治理技术。该教材既注重基础理论，又强调实际应用，具有创新性。

4. 注重结构的合理性

本教材结构合理，内容丰富，深入浅出，图文并茂，能较好地激发学生的学习兴趣。

全书由王国惠、信欣、刘玉香、龙新宪共同编写。王国惠任主编并负责全书统稿工作。第一章、第二章、第三章、第四章、第九章由王国惠完成；第五章、第六章、第七章、第十章由信欣与王国惠共同完成；第八章、第十一章、第十二章由刘玉香与王国惠共同完成；第十三章由龙新宪完成。在编写过程中，编写组成员密切配合，通力协作，严肃认真、一丝不苟，本书是全体编写人员集体智慧的结晶。

在全书编写过程中，作者参阅了国内外大量优秀教材和文献，在此，谨向参考文献作者表示感谢！李冠宇、李莎、王晓丽、李春茂、王同研、王伟、王晓飞、李冠东、万凤仙、王丹彤、冯加星、封觅、叶景清、王国同、王银生、李春雷等在文稿录入、校对、绘图等方面做了大量工作，在此一并表示诚挚的谢意！

由于编者水平有限，不妥或疏漏之处在所难免，敬请广大同仁、读者批评指正。

王国惠
2010年9月于中山大学

目　　录

第一章 绪　　论

一、环境与环境工程

（一）环境

有关环境的概念在不同学科中的解释有所不同。在生态学中，环境系指某一特定生物体或群体以外的空间以及直接或间接影响生物体或生物群体生存与活动的外部条件的总和；在环境科学中，环境是指围绕着人群的空间以及其中直接或间接影响人类生活和发展的各种因素的总和。我们通常所称的环境即指人类环境。人类环境又分为自然环境和社会环境。

自然环境系指环绕于人类周围的自然界，包括大气、水、土壤、生物和各种矿物资源等。自然环境是人类赖以生存和发展的物质基础。自然环境亦称地理环境。在自然地理学上，自然环境又被划分为大气圈、水圈、生物圈、土圈和岩石圈等五个自然圈。

社会环境是指人类在自然环境的基础上，为不断提高物质和精神生活水平，通过长期有计划、有目的的发展，逐步创造和建立起来的人工环境，如城市、农村、工矿区等。社会环境的发展和演替，受自然规律、经济规律以及社会规律的支配和制约，其质量是人类物质文明建设和精神文明建设的标志之一。

随着人类的出现、生产力的发展和人类文明的提高，人类通过自己的生产与消费作用于环境，从中获取生存和发展所需的能量和物质，同时又将“三废”排放到环境中，且排入环境的物质超过了环境容量和环境的自净能力，使环境的组成或状态发生了改变，导致了环境污染，从而影响和破坏了人类正常的生产和生活。

（二）环境工程

环境工程是一门以工程技术为主的应用性学科，其基本任务是保护和改善环境。环境工程主要运用工程技术和有关学科的原理和方法，合理利用自然资源，防治环境污染。环境工程的主要内容包括大气污染控制工程、水污染控制工程、土壤污染控制工程、固体废物的处理和利用等。环境工程研究环境污染防治措施，并利用系统工程方法，从区域整体上寻求解决环境问题的最佳方案。

环境工程虽以自然环境为主要保护目标，但也受约于人类社会环境的支配，要符合人类社会环境的基本需要。

二、微生物、微生物学与环境工程微生物学

（一）微生物

微生物（microbe，microorganism）系指形体微小，结构简单，肉眼不可见，必须

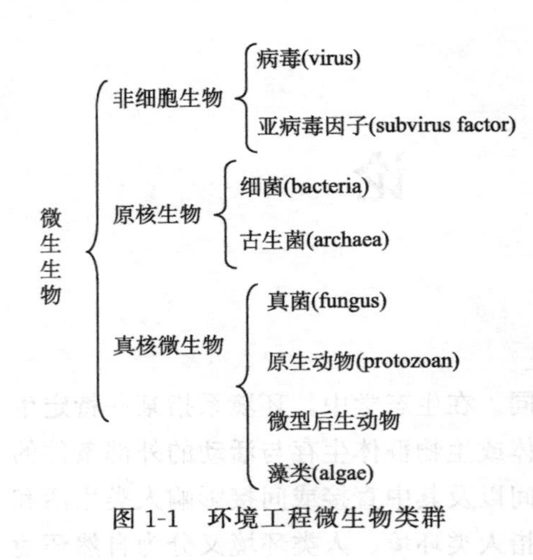

图 1-1　环境工程微生物类群

借助于显微镜才能看到的微小生物的总称。微生物包括无细胞结构的病毒和具原核细胞结构的真细菌、古生菌以及具真核细胞结构的真菌(酵母、霉菌等)、原生动物和单细胞藻类。

值得指出的是，德国科学家在纳米比海的海底沉积物中，发现了一种硫细菌，这种细菌为肉眼可见的细菌。因此，上述微生物的定义是指一般的概念，是历史的沿革，但仍为今天所适用。

由此可见，微生物是一个微观世界里生物体的总称。环境工程微生物类群见图 1-1，其特征见表 1-1。

表 1-1　微生物的基本特征

微生物类型	大小	所属生物类型
病毒	0.01～0.25μm	非细胞生物
细菌	0.1～10μm	原核生物
真菌	—	真核生物
原生动物	2～1000μm	真核生物
藻类	1μm～1m	真核生物

（二）微生物学

微生物学是研究微生物及其生命活动规律的一门基础学科。研究内容涉及微生物的形态结构、分类鉴定、生理生化、生长繁殖、遗传变异及微生物生态等。其目的就是为了更好地认识微生物、利用微生物、控制和改造微生物，最终造福于人类。

（三）环境工程微生物学

环境工程微生物学是环境工程与微生物学相结合发展起来的一门新型交叉学科，也是微生物学的一个重要分支，属于一门应用学科。环境工程微生物学应用自然界生物的自净原理，开展环境污染生物治理研究，重点研究污染控制工程中所涉及的微生物学原理及过程，从而更好地利用微生物控制和保护环境。

这里所谓的自净，是指环境在不改变结构与功能的前提下，能够忍受外来有害物质的干扰，并通过自身机制降解和消纳污染物，保持或恢复环境原有稳定状态的过程。

三、环境工程微生物学的研究对象和内容

（1）研究环境工程中微生物的种类与微生物的形态；

（2）研究微生物的细胞结构、功能及其在环境工程中的作用；

（3）研究微生物的营养、微生物的代谢、微生物的生长、微生物的繁殖及微生物的

遗传变异等与环境工程中的关系；

（4）研究微生物对污染物的降解、转化及自净机理；

（5）研究污染水体治理、大气污染治理、有机固体废弃物和污染土壤的修复等环境工程所涉及的微生物技术与原理。

四、微生物的特性与环境工程

在环境工程中，微生物处理技术与其他技术相比，具有高效、快速、成本低、反应条件温和及无二次污染等显著优点被广泛应用。环境微生物技术在环境工程中的地位取决于微生物的特性。

（一）形体微小，比表面积大

微生物个体微小，必须借助显微镜放大几倍、几十倍、几百倍、几千倍，乃至几万倍才能看到。例如，大肠杆菌（*E. coli*）平均长 2μm，宽 0.5μm，将 1500 个大肠杆菌首尾相连，才有 3mm 长，相当于一粒芝麻的长度。物体的体积越小，其比表面积（单位体积的表面积）越大。微生物的比表面积，比其他任何生物都大，将大肠杆菌与人体相比，前者的比表面积约为后者的 30 万倍。如此巨大的比表面积与环境接触时，必将成为一个巨大的营养物质吸收面，代谢废物排泄面和环境信息接受面，故而赋予微生物以惊人的代谢活性。形体微小，比表面积大是保证微生物能够快速降解污染物、净化环境的一个重要特性。

（二）分布广

因微生物太小，故而无法用肉眼看到。事实上，微生物无孔不入，几乎无处不至。在人体的皮肤上、口腔里、胃肠道、高空、深海海底、几千米深的地层以及南北两极，都有微生物的存在。人们正常生产生活的地方是微生物生长繁殖的适宜环境。因此，人类生活在一个被微生物所包围的世界里，只是“身在菌营不识菌”。微生物的广泛分布为环境工程提供了丰富的微生物种源。

（三）具多样性

微生物是一个极为庞杂的生物类群。但迄今为止，我们所知道的微生物数量有限，约 10 万种。有人估计，现在已知的种可能只占地球上实际存在的微生物总数的 20%，而对已发现的微生物的开发利用率仅约 1%。目前，每年仍以几百至上千个新种的速度在增加。微生物的多样性包括物种多样性、生态类型的多样性、生理类群的多样性和遗传多样性等。

在自然界中，除了火、火山喷发中心和人工无菌环境外，都有微生物的存在。即使是同一地点同一环境，不同季节，微生物的种类、数量、活性等有明显的不同，显示了微生物种类的多样性及生态类型的多样性。微生物种类的多样性及生态类型的多样性对于维持自然生态系统及人工生态系统的生态平衡具有重要作用。

微生物的代谢方式多样。既有以 CO_2 为碳源的自养型，也有以有机物为碳源的异养型；既可以光能为能源，也可以化学能为能源；既可在有 O_2 条件下生活，又可在无 O_2 条件下生长。微生物吸收利用的营养物质种类广泛。凡是动植物能利用的营养，微生物都能利用；很多动植物不能利用的物质，如有毒有害物质，甚至剧毒物质，微生物同样能够利用。从无机小分子 CO_2 到大分子有机酸、醇类、糖类、脂类及蛋白质类等；从短链到长链，乃至芳香烃类以及各种大分子聚合物，如纤维素与果胶质等均能被微生物利用。微生物生理类型的多样性是任何动植物都无法比拟的。正是由于微生物生理类型的多样性，才产生了各种不同的污染控制工程。

（四）代谢速率高

微生物个体微小，比表面积极大，使微生物能与环境迅速交换物质，吸收营养和排泄废物。在所有生物中，微生物的代谢速率最快。从单位重量来看，微生物的代谢强度比高等生物大几千倍到几万倍。如大肠杆菌，在适宜环境条件下，每小时分解利用的糖类相当于其自身重量的 2000 倍，而人要达到同样的水平则需要 40 年之久。

微生物极高的代谢速率为其快速生长繁殖奠定了物质基础，从而使微生物能够更好地发挥“活的处理厂”的作用，出色地完成其净化环境及废物资源化的使命。

（五）繁殖快

微生物繁殖速度极高也是其他生物无法与之相比的。如大肠杆菌在适宜条件下，每 20 分钟繁殖一代，每小时繁殖 3 代，由 1 个细胞变成 8 个细胞。24h 繁殖 72 代，1 个细胞变成 4 722 366 500 万亿个细胞，重约 4722t。经 48h，则可产生 2.2×10^{43} 个后代，其重量约等于 4000 个地球之重。微生物的这一特性可使我们在短时间内获得大量的菌体。这不仅有利于提高污染物的降解转化效率，缩短系统的处理周期，而且可大大降低处理成本。因此，微生物的快速繁殖在环境工程中具有重要意义。

（六）适应性强，易变异

与其他生物相比，微生物对各种变化环境的适应能力很强。微生物极强的适应能力与其自身的特性有关。一方面，由于某些微生物细胞可产生具有自我保护作用的结构，如荚膜及芽孢或孢子等。荚膜既可作为细菌的营养储备，从而可使细菌度过因营养缺乏带来的影响；又可抵御吞噬细胞对它的吞噬，逃避天敌的捕杀。细菌的芽孢、放线菌和霉菌的孢子等对外界的抵抗力比其营养体强得多，可帮助细胞度过不良环境。极端微生物体内都有相关的特殊结构物质如酶、蛋白质与脂类等，使之能适应恶劣的极端环境。另一方面，由于微生物比表面积大，与外界环境的接触面大，因而受环境影响也大，使微生物对生存条件的变化极为敏感。当外界环境发生变化时，微生物可通过变异，在短时间内产生大量的变异后代，应对变化的环境而生存。微生物对进入环境的“陌生”污染物，通过变异改变原来的代谢类型，即表现为先适应，然后将其降解。当然，也有很多微生物因不适应变化的环境而死亡。利用微生物易变异的特性，在环境工程中通过驯化与诱变育种等方法，可获得高活性降解菌，以提高处理系统的处理能力。

五、环境工程微生物学的发展

环境工程微生物学是伴随着19世纪末20世纪初相继出现的“生物滤池”和“活性污泥法”而诞生的。20世纪60年代，由于工业生产规模的扩大，对环境带来了一定的污染，特别是水的污染，直接刺激和促进了环境工程微生物学的发展。70年代是环境工程微生物学的大发展时期。环境污染日趋严重，人们开始意识到保护环境的重要性，并着手治理污染、恢复生态平衡。这个时期在污染治理，尤其生物处理技术方面取得大量成果，对芳香族化合物的好氧与厌氧降解机理开展了系统研究，直接加速了环境工程微生物学的发展。自80年开始，生物化学和分子生物技术广泛应用于降解性微生物及降解机理的研究，科学工作者先后发现了具有降解作用的微生物，并对几千种污染物的降解进行了深入研究，弄清了降解这些污染物的微生物代谢途径，同时分离鉴定了参与降解的上千种降解酶。

分子生物学技术日新月异，一方面，使环境工程微生物学的研究领域不断扩大，其范围不仅包括水、大气及土壤等常规环境，而且涉及高温、寒冷、高盐、高辐射、高压、强酸、强碱等极端环境；另一方面，使环境工程微生物学的研究迅速向纵深发展，由个体水平、细胞水平、酶学水平进入到基因水平及分子水平等。污染物高效降解工程菌的构建与选育已成为环境治理的重要手段。

目前，微生物处理技术已广泛应用于工业废水、生活污水及空气污染的治理。微生物修复技术已应用于有机化合物与重金属污染的土壤及水体环境的修复。微生物培养与鉴定技术的突破使人们发现了大量原来未培养的有益微生物资源，为环境微生物治理技术在理论上及工程应用上的深入研究提供了保障。

我国环境工程微生物技术研究起步较早，但直至20世纪70年代才受到重视。80年代后，很多高校先后设立了环境工程专业，为我国环境保护领域培养了大批高素质专业人才。我国在环境工程微生物学方面开展了大量研究，促进了污染控制领域的迅速发展。近年来，环境微生物治理新技术、新方法不断出观，并达到甚至已超过国外先进水平。污染治理技术水平的提高又加速了环境工程微生物技术的深入研究，使环境工程微生物学日趋完善与成熟。

六、微生物的分类、命名及生物地位

微生物分类（classification）是按微生物的亲缘关系对微生物进行分群归类，根据相似性或相关性将微生物排列成系统。目前所了解的微生物种数已超过十万种，这个数字还在迅速扩大。环境工程微生物学相关工作者只有在了解了分类学知识的基础上，才能对纷繁的微生物类群有一清晰的认识。

（一）微生物的分类单元

与其他生物的分类一样，微生物分类的基本单元也是种。种是显示微生物高度相似性、亲缘关系极其接近的一群菌株的总称。

1. 种以上的分类单元

国际公认的种以上的分类单元依次分为 7 个等级：界（Kingdom）、门（Phylum）、纲（Class）、目（Order）、科（Family）、属（Genus）、种（Species），种下可再分型（Type）。一个或多个种构成一属，一个或多个属构成一科等。

2. 种以下的分类单元

鉴定微生物种时，只有在所有鉴别的特征都与已知模式种相同的情况下才能定为同种。实事上，由于变异的绝对性，被鉴定的微生物总是在某个或某些特征上与模式种有明显且稳定的差异。因此，在微生物种以下就必须再设下一等级，如亚种、菌株等。

1）亚种

亚种（subspecies，subsp，ssp.）是种的进一步细分的单元。一般指除某一明显而稳定的特征外，其余鉴定特征都与模式种相同的种，如金黄色葡萄球菌的厌氧亚种（*Staphylococcus aureus* subsp. *anaerbius*）。

2）菌株

菌株（strain）是表示任何由一个独立分离的单细胞繁殖而成的纯种群体及其一切后代（起源于共同祖先并保持祖先特性的一组纯种后代菌群）。因此，一种微生物来源不同的纯培养物均称为该菌种的一个菌株。菌株强调的是遗传型纯的谱系。例如，*Escherichia coli*（大肠杆菌）B 和 K12 分别表示大肠杆菌 B 菌株和 K12 菌株；*Bacillus subtilis*（枯草杆菌）ASl. 398 表示高产蛋白酶的枯草杆菌菌株；*Bacillus subtilis* BF7658 表示产 α-淀粉酶高的枯草杆菌；*Corynebacterium pekinense*（北京棒状杆菌）ASl. 299 表示产谷氨酸高的北京棒杆菌菌株。

（二）微生物的命名

微生物的名字有俗名（common name）和学名（scientific name）两种。俗名是通俗的名字，如结核分支杆菌俗称结核杆菌；铜绿假单胞菌俗称绿脓杆菌；粗糙脉孢霉的俗名为红色面包霉，等等。俗称简洁易懂，记忆方便，但其含义往往不够确切。因此，每一微生物都需要有一个名副其实的、国际公认并通用的名字，即学名。学名是微生物的科学名称，它是按照有关微生物分类国际委员会拟定的法则命名的。学名由拉丁词、或拉丁化的外来词组成。学名的命名通常采用双名法。

采用双名法命名时，学名由属名和种名构成。**属名用拉丁文的名词或用作名词的形容词；种名用拉丁文形容词。属名**用斜体表示。属名在前，而且第一个字母要大写；种名在后，全部小写。学名后还要附上首个命名者的名字和命名年份，且都用正体。如金黄色葡萄球菌 *Staphylococcus aureus* Rosenbach 1884；大肠埃希氏杆菌 *Escherichia coli* (Migula) Castellani et Chalmers 1919。通常，后面的正体字部分可以省略。

当泛指某一属微生物，而不特指该属中某一种（或未定种名）时，可在属名后加 sp. 或 spp.（分别代表 species 缩写的单数和复数形式）例如，Saccharomyces sp. 表示酵母菌属中的一个种。

随着分类学的不断深入，常会发生种转属的情况。例如，Weldin 在 1927 年把原来的猪霍乱杆菌（*Bacillus cholerae-suis* Smith 1894）这个种由杆菌属转入沙门氏菌属，定名为猪霍乱沙门氏菌（*Salmonella choleeraesuis*），这时就要将原命名人的名字置于括号内，放在学名之后，并在括号后再附以现命名者的名字和年份，这样就成了（*Salmonella choleeraesuis* Smith Weldin 1927）。

如果是新种，则要在新种学名之后加“sp. nov.”（其中 sp. 为物种 species 的缩写；nov. 为 novel 的缩写，新的意思）。例如，*Methanobrevibacterium espanolae* sp. nov（埃斯帕诺拉甲烷杆菌，新种）。

有时在对某个或某些分离物进行分类鉴定时，属名已肯定，但种名由于种种原因而一时尚难确定，这时就可用在属名后暂加“sp.”或“spp.”的方式来解决。例如，*Methanobrevibacter* sp. 是表示一个尚未确定其种名的甲烷短杆菌物种，意为“一种甲烷短杆菌”；则 *Methanobrevibacter* spp. 表示若干未定种名的甲烷短杆菌物种，其中的 spp. 是物种复数的简写。

（三）微生物在生物界的地位

确立微生物在生物界的地位经历了一个较长的历史发展过程。

1. 两界到六界系统

早在 18 世纪中叶，人们将所有生物分成两界，即动物界（Animalia）和植物界（Plantae）。

后来发现，将形体微小、结构简单的低等生物归入动物界和植物界不妥当。生物学家 E. N. Haeckel 于 1866 建议：在动物界和植物界之外应增加一个由低等生物组成的第三界——原生生物界（Protista）。原生生物界主要由一些单细胞生物及无核细胞生物组成，其中包括细菌（bacteria）、真菌（fungus）、藻类（algae）和原生动物（protozoan）。

20 世纪 50 年代，随着电子显微镜的应用及细胞超微结构分析技术的发展，建立了原核与真核的概念。1956 copeland 提出四界分类系统：原核生物界（Procaryotae）（包括细菌和蓝藻等），原生生物界（包括藻类和原生动物等），动物界和植物界。

1969 年 Whitakker 提出把真菌单独列为一界，即将生物分为：原核生物界、真核原生生物界（Protista）、真菌界（Fungi）、动物界和植物界，即形成了生物五界分类系统。

随着对病毒研究的深入，我国学者王大耜等（1977）在 Whittaker 五界系统的基础上，提出将病毒列为一界，即增加一个病毒界（Vira）。由此，原来的五界系统即变成了六界系统。至此可见，在生物六界分类系统中，微生物占据了四界。

2. 三界（域）系统

Woese 用寡核苷酸序列编目分析法对 60 多株细菌的 16SrRNA 序列进行比较后惊奇地发现：产甲烷细菌完全没有作为细菌特征的那些序列，于是提出了生命的第三种形式——古细菌（Archaebacteria）。随后，Woese 又对包括某些真核生物在内的大量菌株进行了16Sr RNA（18SrRNA）序列分析，进一步发现极端嗜盐菌、极端嗜酸及极端嗜热菌也和产甲烷细菌一样，具有既不同于其他细菌也不同于真核生物的序列特征，而这些菌彼此之间却具有很多共同的序列特征。他认为，在生物进化的早期，生物存在共同的祖先。因此他提出，将生物分成为三界（域）（Kingdom）：真细菌（Eubacteria）、古细菌（Archaea）与真核生物（Eukaryotes），并构建了三域生物系统树（图1-2）。从图中可以看到微生物的系统发育及在生物界的地位，微生物分属于生物系统的三个域，即微生物占据了整个生物系统。

根据微生物在生物界的地位，大家可以清楚地了解到，“微生物”一词不是一个分类学名称，也就是说，微生物不是生物分类系统中的某一类，而指的是生物界中具有形体微小、结构简单、肉眼不可见这些特点的所有生物。

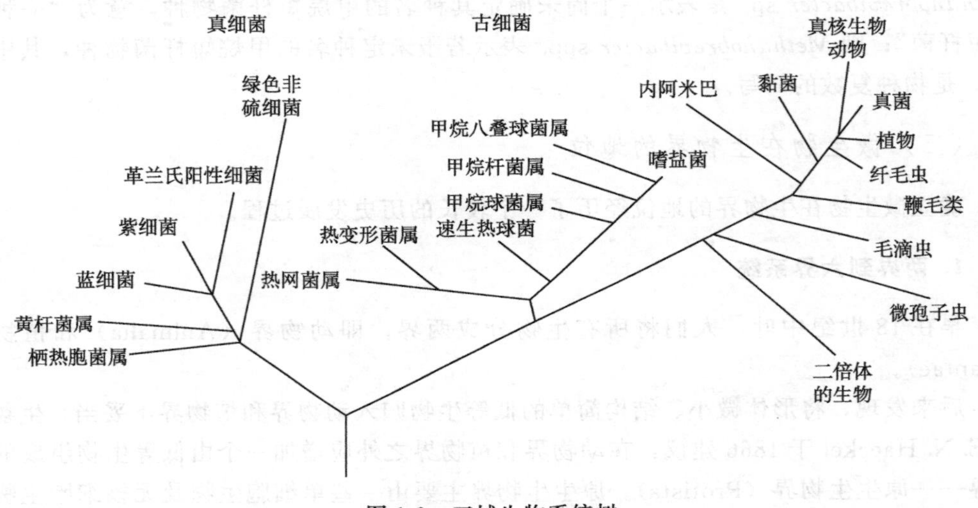

图 1-2　三域生物系统树

本章小结

1. 环境工程微生物学是环境工程与微生物学相结合发展起来的一门新型交叉学科，也是微生物学的一个重要分支，属于一门应用学科。

2. 在环境工程中，微生物处理技术与其他技术相比，具有高效、快速、成本低、反应条件温和及无二次污染等显著优点被广泛应用。环境微生物技术在环境工程中的地位取决于微生物的特性。

3. 与其他生物的分类一样，微生物分类的基本单元也是种。种是显示微生物高度相似性、亲缘关系极其接近的一群菌株的总称。

4. 微生物的名字有俗名（common name）和学名（scientific name）两种。俗名是通俗的名字；学名是微生物的科学名称。学名的命名通常采用双名法。

5. 微生物分属于生物系统的三个域，即微生物占据了整个生物系统。根据微生物在生物界的地位，“微生物”一词不是一个分类学名称，而系指生物界中形体微小、结构简单的生物。

思　考　题

1. 什么是微生物？
2. 简述环境工程微生物学的性质和任务。
3. 微生物有哪些特点？这些特点在环境工程中具有什么意义？
4. 简述环境工程微生物学的发展。
5. 微生物是怎样分类和命名的？
6. 为什么说“微生物”一词不是一个分类学名称？

第二章　环境工程中细胞型微生物类群Ⅰ——原核微生物

微生物种类繁多，类群庞杂，根据有无细胞结构，将其分为细胞型微生物（cellular microorganism）和非细胞型微生物（acellular microorganism）两大类。细胞型微生物根据进化关系及细胞结构特点，又被分为原核微生物（prokaryotic microorganism）和真核微生物（eukaryotic microorganism）。原核微生物包括真细菌（细菌、放线菌、蓝细菌、支原体、立克次氏体和衣原体等）和古生菌或称古菌（archaea）两个类群。从系统发育来看，细菌和古菌属两种完全不同的生物类群，但因两者的细胞结构基本一致，故均归属于原核生物（prokaryote）。

原核微生物是指细胞内有一个核区，无核膜包裹，也无核仁，核区只有一个DNA分子，无细胞器的原始单细胞微生物；真核微生物的主要特征是有细胞核和线粒体、叶绿体等细胞器及复杂的内膜系统的微生物。原核微生物与真核微生物的区别见表2-1。

表2-1　原核微生物与真核微生物的区别

特征		原核微生物	真核微生物
大小		1～10μm	10～100μm
细胞核		无核膜	双层核膜
染色体	形状	环状DNA分子	线性DNA分子
	数目	一个基因连锁群	2个以上基因连锁群
	组成	DNA裸露或结合少量蛋白质	DNA同组蛋白和非组蛋白结合
DNA序列		无或很少有重复序列	有重复序列
基因表达		RNA和蛋白质在同一区间合成	RNA在核中合成和加工；蛋白质在细胞质中合成
繁殖方式		无性	无性及有性
内膜		无独立的内膜	有，分化成各种细胞器
光合与呼吸酶分布		质膜	线粒体和叶绿体
核糖体		70S（50S＋30S）	80S（60S＋40S）
营养方式		吸收，有的行光合作用	吸收，光合作用
细胞壁		肽聚糖、蛋白质、脂多糖、脂蛋白	几丁质等

从表2-1可知，原核微生物主要的共同特点是：细胞内有明显核区，但没有核膜包围；核区内含有由一条双链DNA构成的细菌染色体；能量代谢和很多合成代谢均在质膜上进行；蛋白质的合成在细胞质中进行。

第一节 细 菌

细菌是单细胞微生物，有不同的形状及大小，以典型的裂殖方式繁殖。

细菌（bacteria）是自然界中分布最广、数量最大、与人类关系极为密切的一类微生物。在我们的周围，到处都有细菌的存在。细菌是微生物学及环境工程微生物学的主要研究对象，其细胞结构在原核生物中研究得也较为深入，具代表性，故作为本章的重点。

一、细菌的形态

（一）细菌的基本形态与排列

尽管细菌种类繁多，但就单个细菌细胞而言，其基本形态分为三种：球状、杆状与螺旋状（图 2-1）。相应的细菌分别称为球菌、杆菌和螺旋菌。

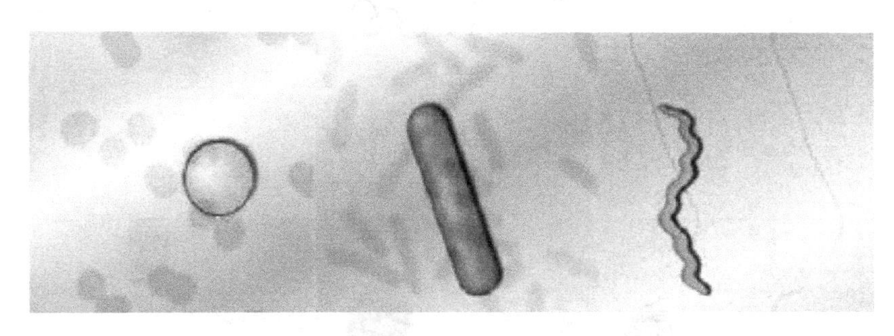

图 2-1 细菌的基本形态

（从左到右依次为球菌、杆菌、螺旋菌）

1. 球菌

球菌细胞通常呈球状或椭圆状。球菌中的很多细菌分裂后产生的新细胞在空间上常呈不同的排列方式，按其排列方式球菌又可分为单球菌、双球菌、四联球菌、八叠球菌、葡萄球菌和链球菌（图 2-2）。这些排列方式在细菌的分类鉴定上有重要意义。

1）单球菌

细胞沿一个平面进行分裂，子细胞分散独立存在的球菌为单球菌。如尿素微球菌（图 2-3）。

2）双球菌

细胞沿一个平面分裂，新细胞成双排列的球菌为双球菌，如肺炎双球菌（图 2-4）。

3）链球菌

细胞沿一个平面分裂，新细胞连成链状。链的长短不同，有的每 2 或 3 个细胞形成一串，有的则形成长链，如猪链球菌（图 2-5）。

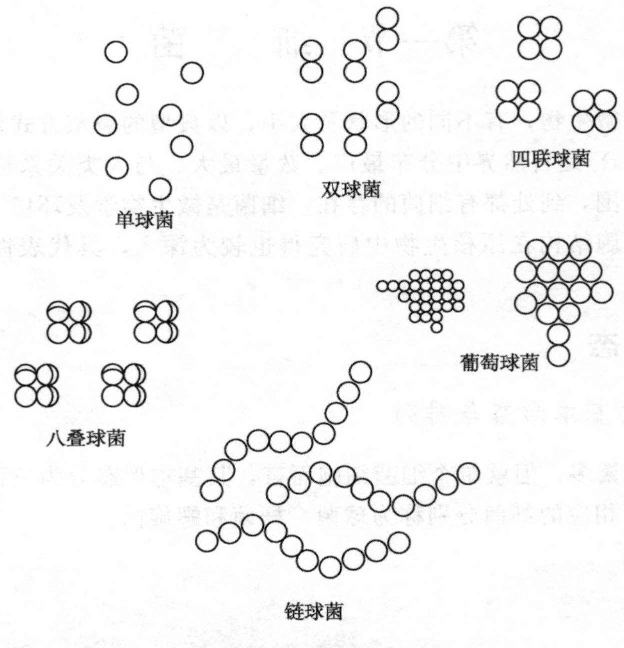

图 2-2　球菌的排列方式

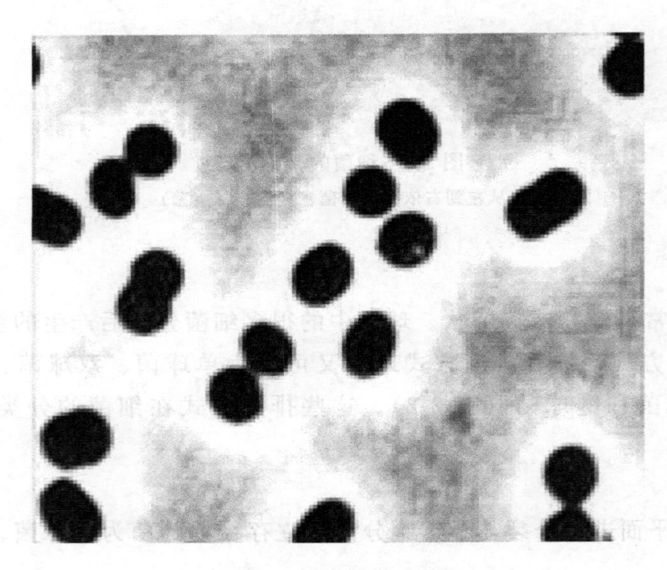

图 2-3　尿素微球菌

4）四联球菌

细胞分裂沿两个互相垂直的平面进行，分裂后产生的四个新细胞连在一起，呈“田”字形，如四联微球菌（图 2-6）。

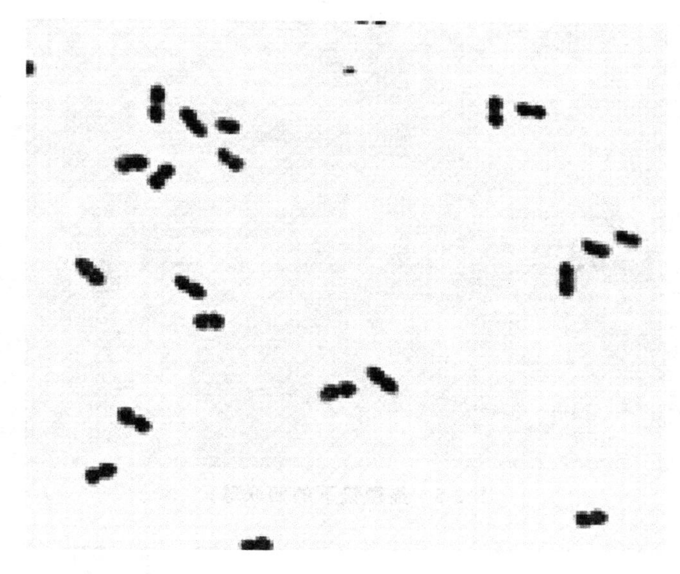

图 2-4　肺炎双球菌

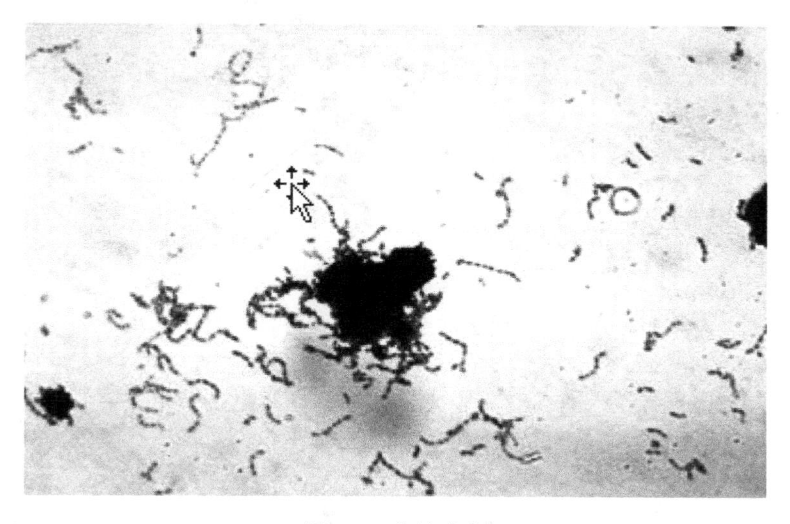

图 2-5　猪链球菌

5）八叠球菌

细胞按三个互相垂直的平面分裂，子细胞呈立方体排列，如尿素八叠球菌（图 2-7）。

6）葡萄球菌

细胞无定向分裂，多个新细胞形成一个不规则的群集，犹如一串葡萄，如金黄色葡萄球菌（图 2-8）。

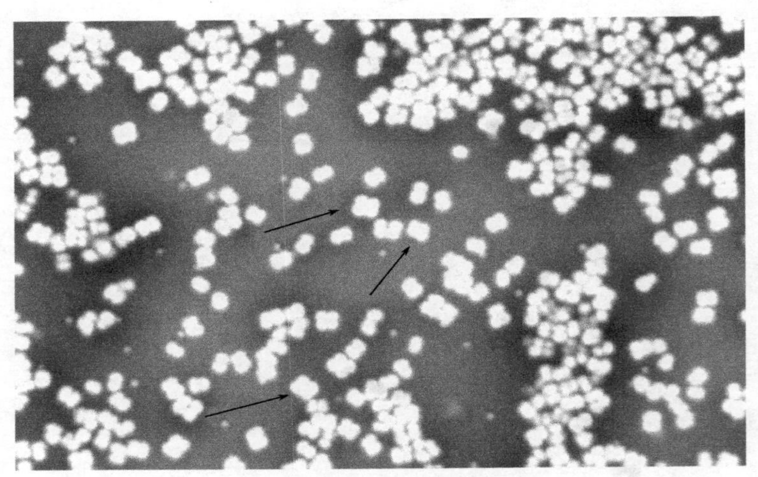

图 2-6 显微镜下的四联球菌

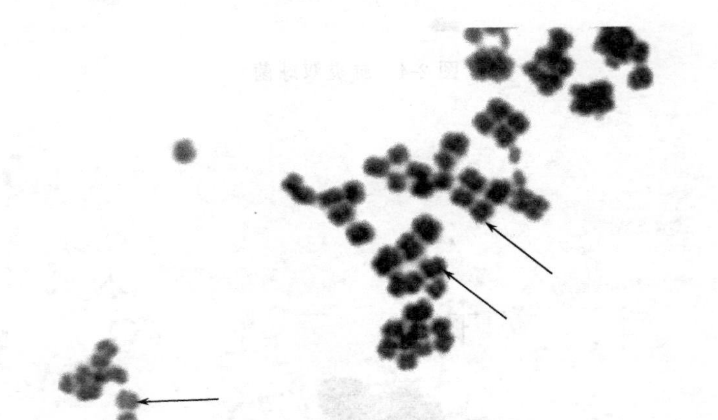

图 2-7 尿素八叠球菌

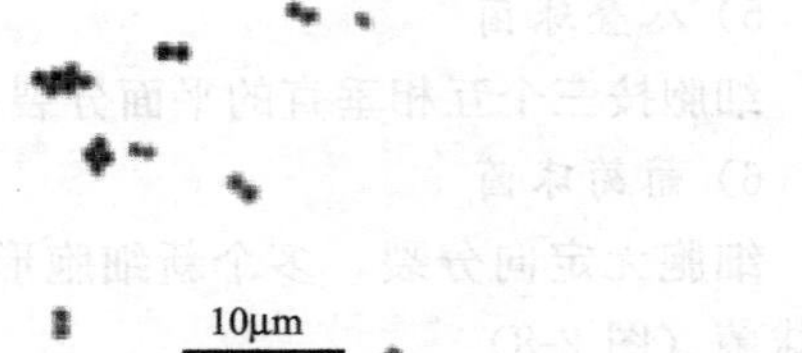

图 2-8 金黄色葡萄球菌

2. 杆菌

杆状菌在细菌中种类最多。环境工程中所应用的细菌大多是杆菌。杆菌中也有不少是致病菌。

杆菌细胞呈杆状或圆柱形。杆菌细胞常沿一个平面分裂。大多杆菌分散存在，但有的杆菌呈长短不同的链状（图 2-9）。

杆菌的排列方式并非形态学特征，而是细菌生长阶段的表现或由培养条件等原因造成。因此，对大多数杆菌来说，其细胞的排列方式不作为分类鉴定的依据。

各种杆菌的长度与其直径的比例差异很大。有的短粗，即短杆菌；有的细长，即长杆菌；有的像梭子，如梭状芽孢杆菌（图 2-10）；短杆菌近似球状；长杆菌近丝状。有的杆菌很直；有的稍弯曲。有的两端截平，如炭疽芽孢杆菌；有的略尖，如鼠疫巴斯德氏菌；有的半圆等。

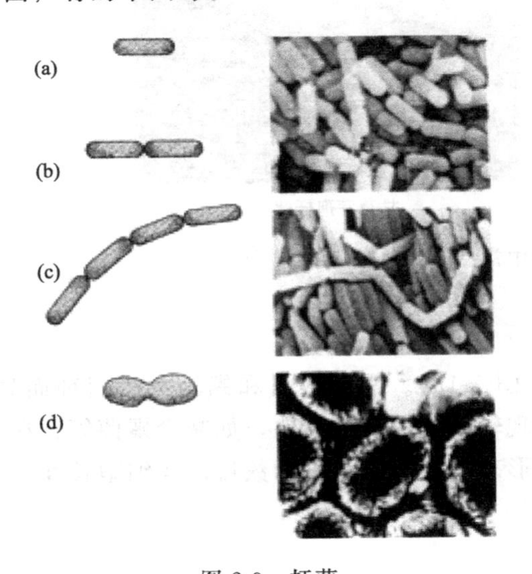

图 2-9　杆菌

（a）单杆菌；（b）双杆菌；（c）链杆菌；（d）球状杆菌

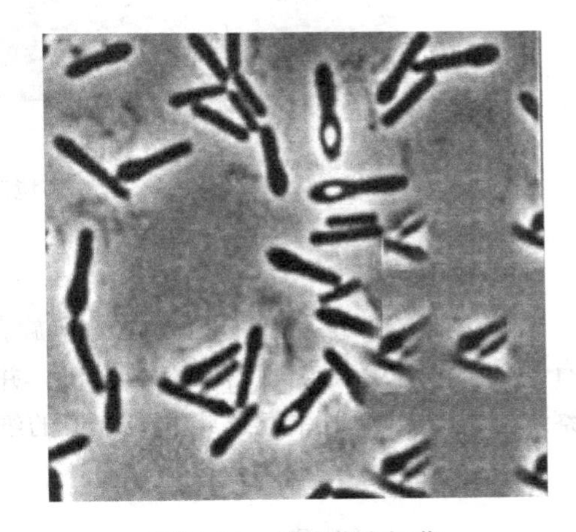

图 2-10　梭状芽孢杆菌

一般来说，同一种杆菌其粗细比较稳定，而长度则经常因培养时间、培养条件不同有较大变化。环境工程中常见的四种重要杆菌见图 2-11。

3. 螺旋菌（spirillum）

细胞呈弯曲杆状的细菌统称螺旋菌。螺旋形细菌细胞壁坚韧，菌体较硬，常以单细胞分散存在。不同种的细胞个体，在长度、螺旋数目和螺距等方面有显著区别，据此可进一步分为弧菌与螺旋菌两种状态。螺旋不足一圈的称为弧菌；螺旋满 2～6 圈的称为螺旋菌。

1）弧菌（vibrio）

菌体只有一个弯曲，犹如“C”字或似逗号，如霍乱弧菌（图 2-12）。这类细菌往往与一些略弯曲的杆菌很难区分。

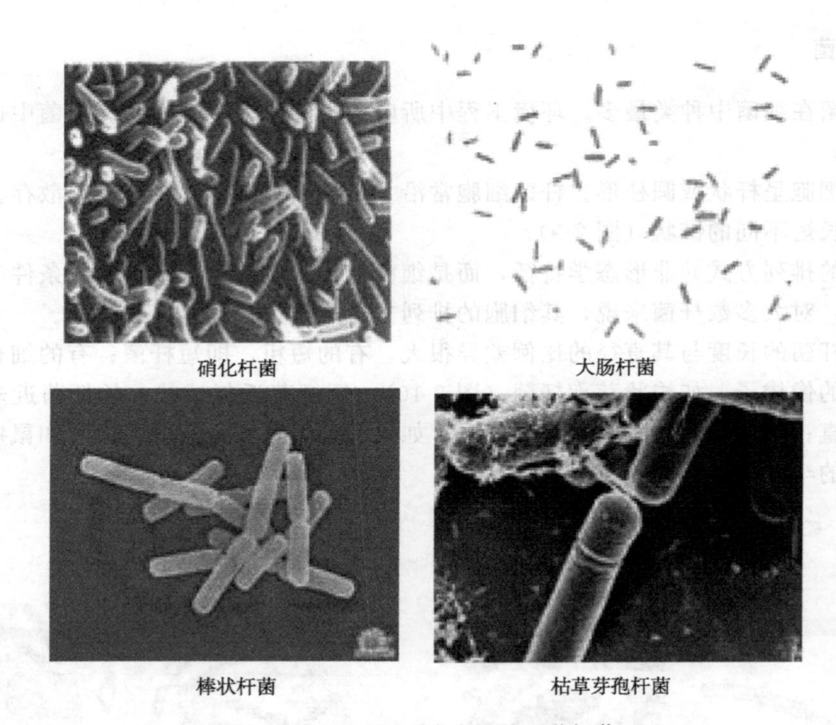

图 2-11　环境工程中常见的四种杆菌

2）螺旋菌

菌体回转如螺旋状的为真正的螺旋菌（图 2-13）。螺旋数目和螺距大小因种而异。有的菌体较短，螺旋紧密；有的很长，并呈现较多的螺旋和弯曲，如减少螺菌等。在观察形态时，应特别注意螺旋的和波浪的细胞形态、旋转或波纹的数目以及细胞长度。

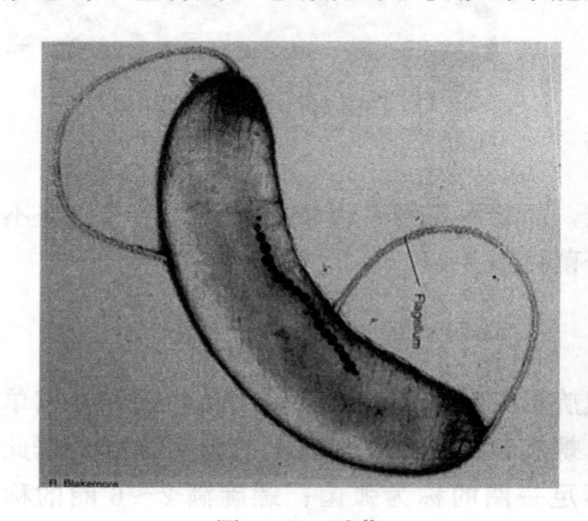

图 2-12　弧菌

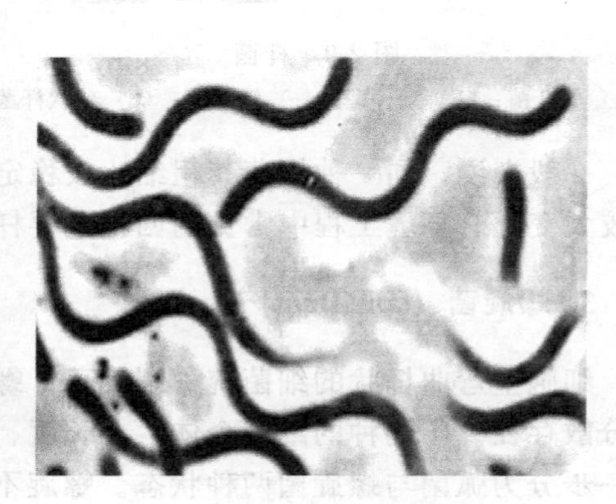

图 2-13　螺旋菌

弧菌与螺旋菌的显著特征是：前者往往为偏端单生鞭毛或丛生鞭毛；后者两端都有鞭毛。

细菌的细胞形态影响其在环境中的生存和活动。球菌比杆菌有更小的比表面积，因此，球菌比杆菌或螺旋菌更能在严酷的干燥环境中生存。另外，由于球菌细胞呈圆形，它们在干燥条件下更少变形，这使球菌对干燥更有抗力。相反，杆菌在营养贫乏的环境中，由于其更大的比表面积，杆菌比球菌能更有效地从稀溶液中吸收营养。形态也会影响运动。螺旋细胞做螺旋状移动，这种运动使其从周围水中所遇到的阻力比杆菌要小。

（二）细菌的特殊形态

球菌、杆菌和螺旋菌是细菌的三种基本形态。此外，有些细菌还具有其他特殊形态（图 2-14）。

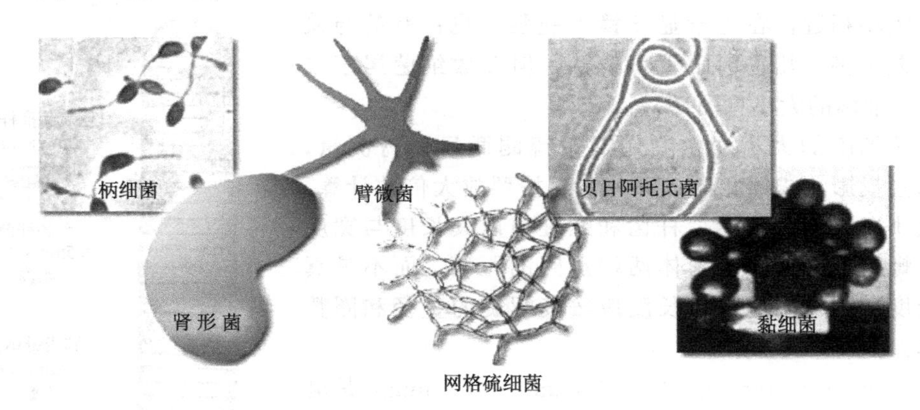

图 2-14　特殊形态的细菌

细菌的形态明显地受环境条件的影响。培养温度、培养时间、培养基的组成与浓度等发生改变时，均可能引起细菌形态的改变。一般处于幼龄阶段和生长条件适宜时，细菌细胞整齐，表现出一定的形态。但在较老的培养物中或偏离正常条件时，细菌细胞常出现非正常形态，特别是杆菌，有的细胞膨大，有的呈现梨形，有的产生分枝，有时菌体显著伸长以至呈丝状等，这些不规则的形态统称为异常形态。将呈异常形态的细菌转移到新鲜培养基中或适宜的培养条件时又可恢复原来的形态。

根据细菌生理机能的不同，可将其异常形态区分为畸形和衰颓形两种。

1. 畸形

由于物理或化学因子的刺激，阻碍了细胞的发育而引起的形态异常，即畸形。例如，巴氏醋酸杆菌通常为短杆状，但因培养温度的改变，可使之变为丝状、纺锤状或链锁状等（图 2-15）。

图 2-15　巴氏醋酸杆菌的异常形态

2. 衰颓形

衰颓形非正常细胞的出现是因培养时间过长，细胞衰老，营养缺乏，或因自身代谢产物积累过多等原因而造成的形态异常，这种

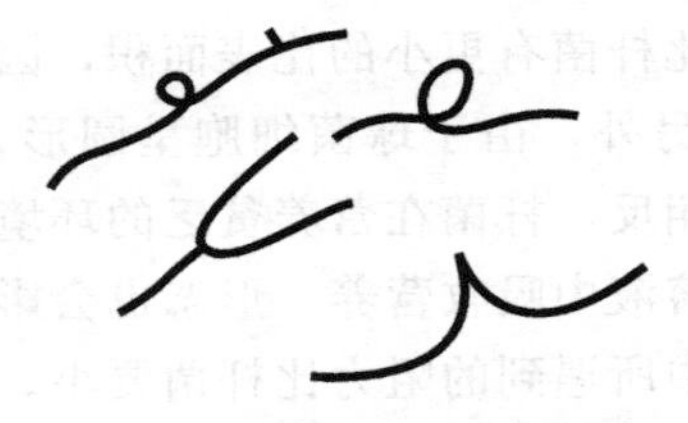
图 2-16　乳酪杆菌的异常形态

异常细胞繁殖能力丧失，形体膨大，着色力弱，有时菌体尚存，实已死亡。例如，乳酪芽孢杆菌，正常形态为长杆状，衰老时则成为分枝状的衰颓形（图 2-16）。

上述原因导致的形态异常往往是暂时的，在一定条件下又可恢复正常形状。因此，在观察比较细菌形态时，必须注意因培养条件的变化而引起的形态变化。

二、细菌的大小

细菌的大小随种类不同差别很大。有的与最大的病毒粒子大小相近，在光学显微镜下勉强可见；有的与藻类细胞差不多，几乎肉眼就可辨认。但多数细菌居于二者之间。细菌的大小见图 2-17。

细菌细胞的大小通常利用显微镜测微尺进行测量，也可通过投影法或照相制成图片，再按照放大倍数计算。球菌大小以其直径表示；杆菌和螺旋菌以其长度与宽度表示。螺旋菌的长度是菌体两端点间的距离，而不是真正的长度。螺旋菌的真正长度应按其螺旋的直径和圈数来计算。

μm［micrometer，缩写 μm，$1\mu m = 10^{-3}$ mm］是测量细菌大小的常用单位。最小的细菌约 0.2μm，最大的可长达 80μm。球菌直径多为 0.5～1μm；杆菌宽度与球菌直径相近，长度为直径的一倍或几倍。杆菌还可细分为小型杆菌［（0.2～0.4）μm×（0.7～5）μm］、中型杆菌［（0.5～1）μm×（2～3）μm］和大型杆菌［（1～1.25）μm×（3～8）μm］；螺旋菌为［（0.3～1）μm×（1～50）μm］。细菌大小的测量见图 2-18。一些常见细菌的大小见表 2-2。

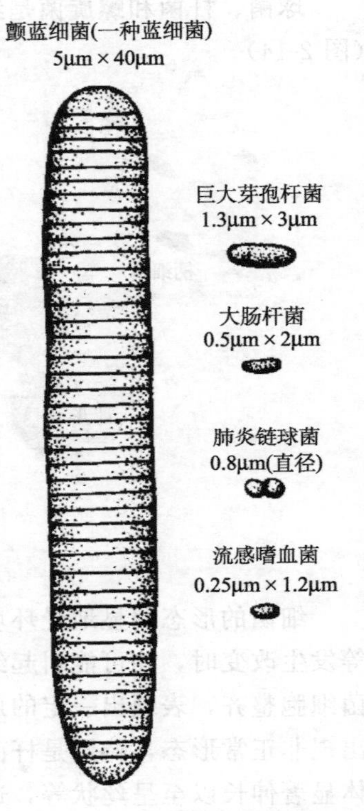

图 2-17　细菌大小的比较

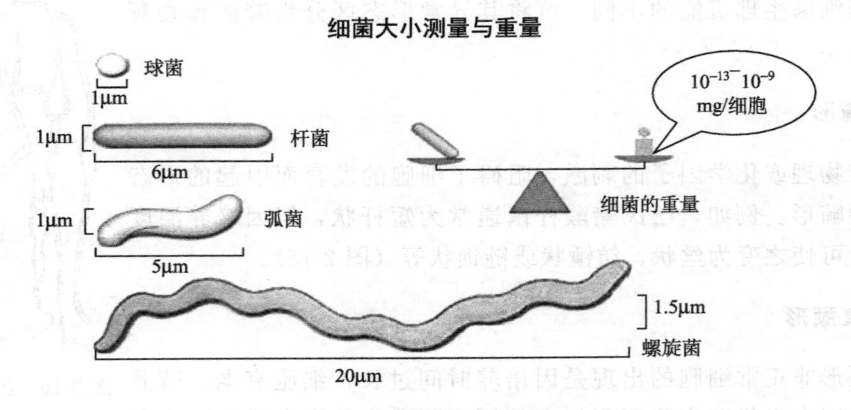

图 2-18　细菌大小的测量

表 2-2　一些常见细菌的大小

球菌	直径/μm	
亮白微球菌（*Micrococcus candidus*）	0.5～0.7	
金色微球菌（*M. aureus*）	0.8～1.0	
乳酸链球菌（*Streptococcus lactis*）	0.5～1.0	
藤黄八叠球菌（*Sarcina lutea*）	1.0～1.5	
最大八叠球菌（*S. maxima*）	4.0～4.5	
金黄色葡萄球菌（*Staphylococcus aureus*）	0.8～1.3	
杆菌	**长/μm**	**宽/μm**
大肠杆菌（*Escherichia coli*）	1.0～3.0	0.4～0.7
普通变形杆菌（*Proteus vulgaris*）	1.0～3.0	0.5～1.0
普通变形杆菌（*Proteus vulgaris*）	1.4～3.1	1.0～1.4
铜绿假单胞菌（*Pseudomonas aeruginosa*）	1.5～3.0	0.5～0.6
枯草芽孢杆菌（*Bacillus subtilis*）	1.6～4.0	0.5～0.8
巨大芽孢杆菌（*B. megaterium*）	2.4～5.0	0.9～1.7
巨大芽孢杆菌（*B. megaterium*）	3.7～9.7	1.6～2.0
德氏乳酸杆菌（*Lactobacterium delbrllckii*）	2.8～7.0	0.4～0.7

球菌的大小在环境工程中具有一定的实际意义。小球菌与大球菌相比，前者的比表面积比后者大，且在某种环境压力如干燥等条件下能够发生“自我收缩”（rounding）。细胞变得更小、更圆，比表面积变得更大，更易发生交换。因此，小球菌比大球菌能更有效地与环境进行物质交换，污染物可被快速降解。

观察细菌大小时一般经过固定、染色等处理。因此，在显微镜下观察到的细菌大小与所用处理方法有关。经干燥固定的菌体通常比活菌体减小1/4～1/3；若用衬托菌体的负染色法，其菌体往往大于普通染色法甚至比活菌体还大。

三、细菌的细胞结构

细菌是最小的细胞型生物。20世纪50年代以前，对细菌细胞结构与组成知之甚少。由于电子显微镜的应用及生化技术的发展，已逐渐认识到原核细胞与真核细胞的重大区别。

细菌是典型的原核细胞，其结构可分为两部分：一是基本结构。基本结构是细菌生命活动绝对需要的结构，为所有细菌或原核生物所共有。如细胞壁、细胞膜、细胞核（拟核）和核糖体；二是特殊结构。特殊结构只在部分细菌中存在，且具某些特定功能。如鞭毛、散毛、荚膜、芽孢和气泡等。细菌的细胞结构见图2-19。

（一）细菌细胞的基本结构

1. 细胞壁

细胞壁（cell wall）是包围在细胞表面，内侧紧贴细胞膜的一层较为坚韧、略具弹性的结构，占细胞干重的10％～25％。

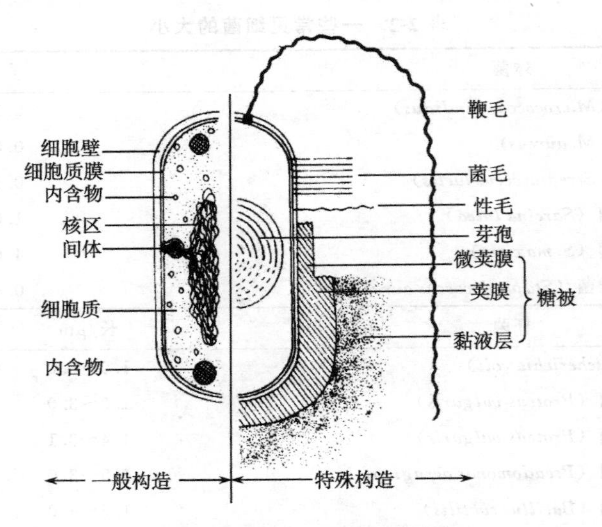

图 2-19　细菌细胞构造模式图

1884 年丹麦人革兰（Christian Gram）发明了一种染色法，该染色法的基本过程是：对已固定的细菌先用结晶紫染色（初染），再加碘液（媒染剂）染色（媒染），接着用 95%的乙醇脱色，最后用沙黄或番红（复染液）复染。染色完成后，用显微镜观察，菌体呈红色者为革兰氏染色阴性细菌（常以 G^- 表示）；菌体呈紫色者为革兰氏染色阳性细菌（常以 G^+ 表示）。该染色方法被称为革兰氏染色法（Gram staining）。通过这一染色可将所有细菌分为革兰氏阳性菌和革兰氏阴性菌两大类。这两大类细菌在细胞形态、结构与成分、生理、生化、遗传、免疫、生态和药物敏感性等方面都呈现出明显的差异。因此，革兰氏染色在细菌研究中有着十分重要的理论与实践意义。

革兰氏阳性细菌与阴性细菌的细胞壁在结构及化学组成上的差异见图 2-20 与表 2-3。

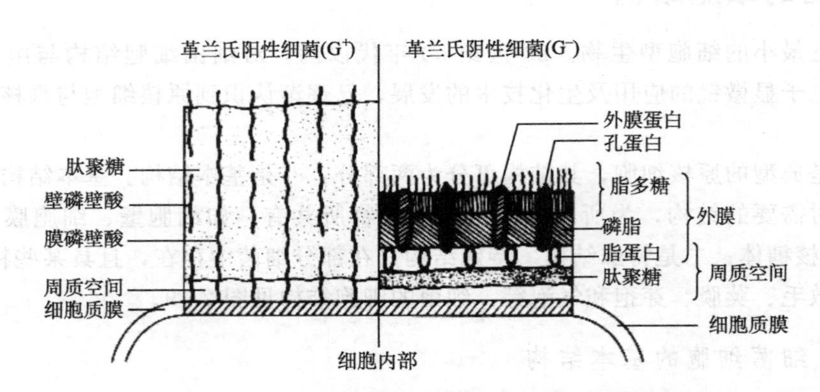

图 2-20　革兰氏阳性细菌与阴性细菌的细胞壁结构

表 2-3　革兰氏阳性细菌与革兰氏阴性细菌细胞壁的主要区别

比较项目	G^+ 细菌	G^- 细菌 内壁层 外壁层
细胞壁厚度/nm	20～80	2～38
肽聚糖结构	多层，75% 亚单位交联，网格紧密坚固	单层，30%亚单位交联，网格较疏松
肽聚糖成分	占细胞壁干重的 40%～90%	5%～10%；无
磷壁酸	多数含有	无
脂多糖	无	无；11%～22%
脂蛋白	无	有或无；有
对青霉素、溶菌酶	敏感	不够敏感

1）革兰氏阳性细菌的细胞壁

革兰氏阳性细菌只有一层厚 20～80nm 的细胞壁。细胞壁的化学组成以肽聚糖（peptidoglycan，图 2-21）为主，肽聚糖占细胞壁物质总量的 40%～90%。另外，细胞壁还结合有磷壁酸（teichoic acid），又称垣酸，磷壁酸是 G^+ 细菌细胞壁特有的成分。

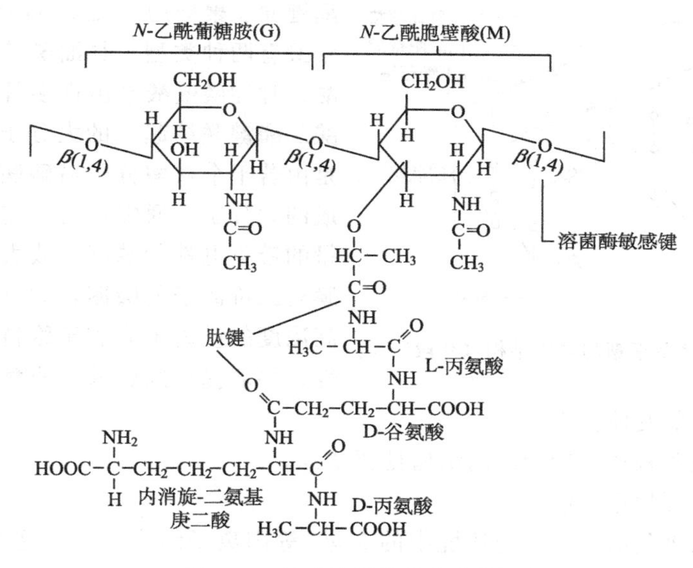

图 2-21　肽聚糖单体的化学结构

肽聚糖是由若干肽聚糖单体聚合而成的多层网状结构大分子化合物。肽聚糖的单体含有三种组分：*N*-乙酰葡糖胺（*N*-acetylglucosamine，NAG）、*N*-乙酰胞壁酸（N-acetylmuramic acid，NAM）和四肽链。*N*-乙酰葡糖胺与 *N*-乙酰胞壁酸交替排列，通过 β-1,4 糖苷键连接成聚糖链骨架。四肽链则通过一个酰胺键与 *N*-乙酰胞壁酸相连。肽聚糖单体聚合成肽聚糖大分子时，主要是两条不同聚糖链骨架上与 *N*-乙酰胞壁酸相连的两条相邻四肽链间的相互交联（图 2-22，图 2-23）。除古菌外，凡有细胞壁的原核生物细胞壁中都含有肽聚糖。不同细菌的肽聚糖聚糖链骨架基本相同，而其四肽链氨基酸的组成以及两条四肽链间的交联方式有所差异。

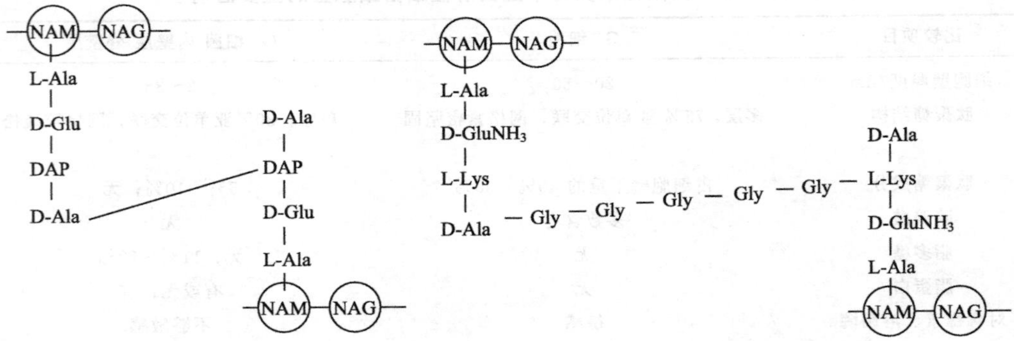

NAM—NAG
L-Ala
D-Glu
DAP
D-Ala
D-Ala
DAP
D-Glu
L-Ala
NAM—NAG

A.革兰氏阴性菌

NAM—NAG
L-Ala
D-GluNH$_3$
L-Lys
D-Ala — Gly — Gly — Gly — Gly — Gly — L-Lys
D-Ala
D-GluNH$_3$
L-Ala
NAM—NAG

B.革兰氏阳性菌

图 2-22　肽聚糖单层结构模式图

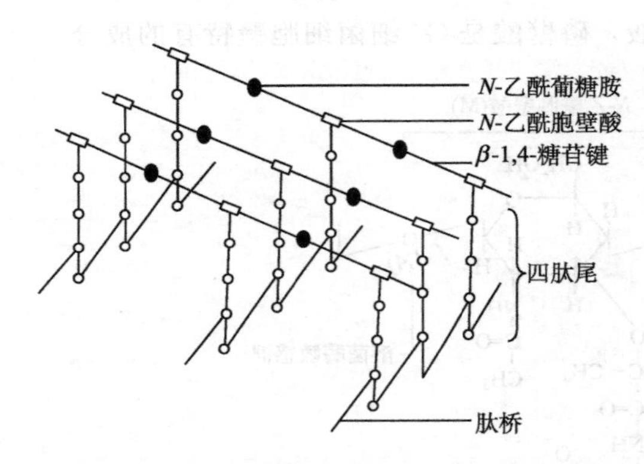

图 2-23　细菌肽聚糖的立体结构（片段）

磷壁酸是大多数革兰氏阳性菌细胞壁组分，约占细胞壁干重的50%，以磷酸二酯键同肽聚糖的*N*-乙酰胞壁酸相结合。磷壁酸有两种类型：甘油磷壁酸和核醇磷壁酸。甘油磷壁酸是由许多甘油分子通过磷酸二酯键联结起来的大分子；核醇磷壁酸是由若干个核醇分子借磷酸二酯键联结而成的大分子。通常认为，磷壁酸因含有大量的带负电性的磷酸，故大大加强了细胞膜对二价离子的吸附，尤其是镁离子。而高浓度的镁离子有利于维持细胞膜的完整性，并能提高细胞壁合成酶的活性。磷壁酸是噬菌体吸附的受体位点。

甘油磷壁酸和核糖醇磷壁酸的结构见图 2-24。

磷壁酸的主要生理功能：

(1) 磷壁酸带负电荷，可与环境中的 Mg^{2+} 等阳离子结合，提高这些离子的浓度，以保证细胞膜上一些合成酶维持高活性的需要；

(2) 保证革兰氏阳性致病菌与其宿主间的粘连（主要为膜磷壁酸）；

(3) 赋予革兰氏阳性菌以特异的表面抗原；

(4) 提供某些噬菌体以特异的吸附受体。

2) 革兰氏阴性菌细胞壁

G^- 菌的细胞壁比 G^+ 菌的细胞壁薄，可分为内壁层和外壁层。内壁层紧贴细胞膜，厚 2～3nm，由肽聚糖组成，占细胞壁干重的 5%～10%。外壁层又称外膜（outer membrane），原 8～10nm ，主要由脂多糖（lipopolysaccharide，LPS）和外膜蛋白（out membrane protein）组成。

外膜蛋白指嵌合在脂多糖和磷脂层外膜上的蛋白质，有 20 多种，多数功能尚不清楚。其中脂蛋白（lipoprotein）的蛋白质部分末端游离的氨基酸残基与肽聚糖层的某些二氨基庚二酸残基形成肽键，呈共价结合，其脂质部分同外壁层磷脂相结合。因此，脂蛋白是从肽聚糖层到外壁层之间的桥梁。另有一类称微孔蛋白（porin）的蛋白存在于 G^- 菌的外壁层中，这些蛋白具有通道的作用，使小分子亲水性物质得以进出。微孔蛋白有特异性与非特异性两类。特异性孔蛋白形成“充水”通道，任何类型的小分子物质都可以通过；而另一些孔蛋白具有高度特异性，因为它们含有一种或多种物质特异性的结合位点。最大的微孔蛋白可以允许分子质量高达 5000Da 的物质进入。

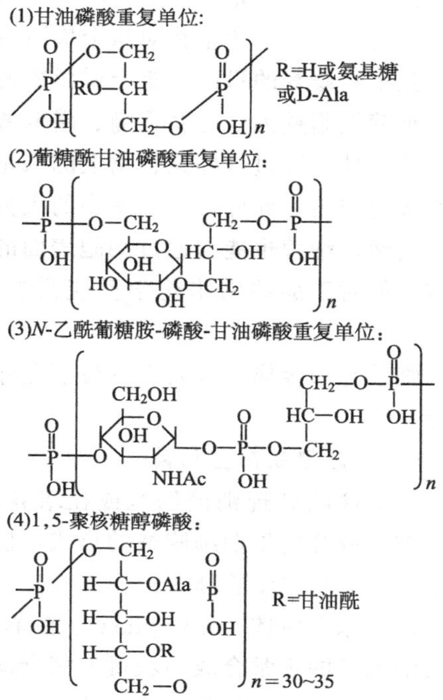

(1)甘油磷酸重复单位：

(2)葡糖酰甘油磷酸重复单位：

(3)N-乙酰葡糖胺-磷酸-甘油磷酸重复单位：

(4)1,5-聚核糖醇磷酸：

图 2-24　甘油磷壁酸与核糖醇磷壁酸的结构

3）*细胞壁与革兰氏染色机理*

革兰氏染色反应与细胞壁的结构及组分有关。通过初染和媒染，细胞内形成了一种不溶于水的结晶紫与碘的复合物，这种复合物可被乙醇从 G^- 细菌细胞内抽提出来，但不能从 G^+ 细菌中被抽提。这是由于 G^+ 菌细胞壁较厚，肽聚糖含量高且交联紧密。另外，G^+ 细菌细胞壁基本上不含类脂，经乙醇处理后引起脱水，肽聚糖孔径收缩变小，通透性降低，结晶紫与碘复合物不被抽提，仍牢牢地阻留在细胞内，使其呈现紫色。G^- 细菌因其细胞壁薄、肽聚糖含量低且交联不紧密，遇乙醇后，肽聚糖层网孔不易收缩；同时，G^- 细菌细胞壁类脂含量高，经乙醇处理后，脂质被溶解，通透性增加，结晶紫与碘复合物被抽提出来，紫色消失，细胞变为无色，再用番红复染时，细胞便被染成了红色。

4）*细胞壁的生理功能*

（1）保护功能。细胞壁具有固定细胞外形和保护细胞的功能。失去细胞壁后，各种形态的细菌都变成球形。细菌在一定范围的高渗溶液中，原生质收缩，出现质壁分离现象；在低渗溶液中，细胞膨大，但不会改变形状或发生破裂。这些都与细胞壁具有一定坚韧性和弹性有关。

（2）屏障作用。细胞壁是多孔性的，可允许水及一些化学物质通过，但对大分子物质有阻拦作用。

（3）提供运动支点。细胞壁是鞭毛运动所必需的，细胞壁的存在为鞭毛运动提供了力学支点。有鞭毛的细菌失去细胞壁后，虽仍可保持鞭毛，但却不能运动。

（4）免疫原性。细胞壁的化学组成赋予细菌一定的抗原性、致病性以及对噬菌体的敏感性。

细胞壁在电子显微镜下清晰可见，并可测知其厚度。用机械方法使细菌破裂后，将细胞内含物逸去，通过差异离心，可分离得到纯的细胞壁。

5）细菌细胞壁与重金属的吸附

许多金属离子是生命必需的物质或元素，但当金属离子在环境中的浓度超过一定限度时就成了毒物。微生物对重金属可进行固定、移动或转化，改变其环境化学行为，从而达到生物修复的目的。重金属污染的微生物修复主要包括生物吸附与生物转化。

细菌细胞壁因含有肽聚糖、磷壁酸、脂多糖、脂蛋白和磷脂等使整个细菌表面呈现阴离子特性，通过这些聚合物上的羰基或磷酰基等阴离子的作用增加了细菌对金属离子产生吸附作用。此外，细胞壁中的大分子具有一定的生物活性，可将金属螯合在细胞表面。当然，细菌也能够通过细胞表面的络合作用阻止某些重金属离子进入细胞内部敏感区域。但对于那些细胞化学反应需要的金属则可以通过细胞壁运输到原生质的特定位点。

细菌与重金属的吸附作用位点是细胞壁上的羧基和氨基或结构蛋白上的N、P、O等原子。

6）细胞壁缺陷型细菌

用溶菌酶处理细菌细胞或在培养基中加入青霉素、甘氨酸或丝裂霉素C等因子，便可破坏或抑制细菌细胞壁的形成，使之成为细胞壁缺陷细菌。细胞壁缺陷细菌通常包括原生质体与原生质球。

（1）原生质体（protoplast）。在革兰氏阳性细菌培养物中加溶菌酶或通过青霉素阻止其细胞壁的正常合成而获得的完全缺壁细胞称原生质体。原生质体由于没有坚韧的细胞壁，故任何形态的菌体均呈球形。

原生质体对环境条件很敏感，而且特别脆弱，渗透压、振荡、离心及通气等因素都易引起其破裂。有的原生质体还保留着鞭毛，但不能运动，也不能被相应的噬菌体感染。原生质体在适宜条件下同样可生长繁殖，形成菌落，其他生物活性基本不变。如用即将形成芽孢的营养体获得的原生质体仍可形成芽孢。原生质体的获得给我们带来了另一种类型的微生物实体。在环境工程中，通过原生质体融合新技术，可培育新的高效降解优良菌种。

（2）原生质球（spheroplast）。原生质球指细胞壁未被全部去掉的细菌细胞，利用溶菌酶或青霉素处理革兰氏染色阴性细菌而获得。原生质球呈圆球状。该类细菌细胞壁肽聚糖虽被除去，但外壁层中脂多糖、脂蛋白仍然保留，外壁的结构尚存。所以，原生质球较原生质体对外界环境具一定抗性，并能在普通培养基上生长。

2. 细胞质膜

1）细胞膜的结构

细胞质膜（cytoplasmic membrane）又称细胞膜（cell membrane），是围绕在细胞质外面的一层柔软而富有弹性的薄膜，厚约8nm。细胞膜的结构见图2-25。

细菌细胞膜占细胞干重的10%左右，其化学成分主要为脂类（20%～30%）与蛋白质（60%～70%）。与真核生物不同，原核生物细胞膜通常不含胆固醇。

对细胞型生物而言，细胞膜是一个极其重要的结构。例如，支原体，可以没有细胞壁，但绝不能没有细胞膜，若细胞膜受损，就会导致死亡。

细菌细胞膜的脂类主要为甘油磷脂。磷脂分子在水溶液中很容易形成具有高度定向性的双分子层，相互平行排列。亲水的极性头指向双分子层的外表面；疏水的非极性尾朝内。磷脂中的脂肪酸有饱和脂肪酸与不饱和脂肪酸两种。膜的流动性取决于饱和脂肪酸与不饱和脂肪酸的相对含量和类型。如低温型微生物的膜中含有较多的不饱和脂肪酸，而高温型微生物的膜中则富含饱和脂肪酸，从而保证了膜在不同温度下的正常生理功能。

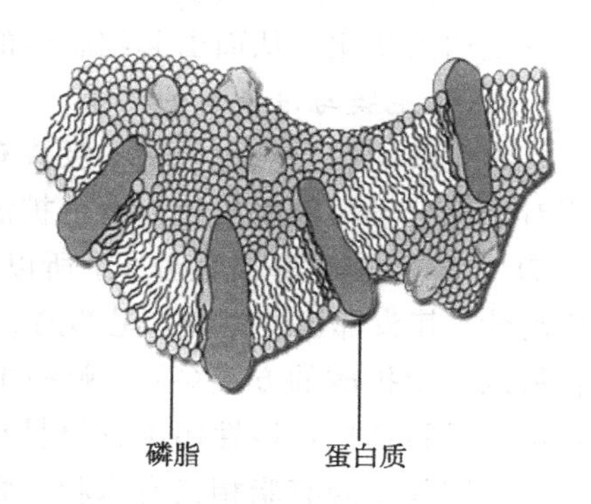

图 2-25　细菌细胞膜的结构

细胞膜中的蛋白质依其存在部位可分为外周蛋白和内嵌蛋白两大类。内嵌蛋白又称固有蛋白或结构蛋白，镶嵌于磷脂双层中，多为非水溶性蛋白，占蛋白总量的 70%～80%；外周蛋白存在于膜的内、外表面，系水溶性蛋白，占膜蛋白总量的 20%～30%。

细胞膜是一个重要的代谢活动中心。细胞膜含有多种多样的膜蛋白，这些蛋白各具特殊活性，按其功能又可分为以下四类：

(1) 合成酶。合成酶包括合成细胞膜脂类分子以及细胞壁上各种大分子化合物的酶。

(2) 呼吸酶。呼吸酶系指琥珀酸脱氢酶、$NADH_2$ 脱氢酶、细胞色素氧化酶等。由这些酶组成呼吸链（图 2-26）。细菌进行有氧呼吸时，必须借助呼吸链来传递电子和氢离子，从而产生 ATP。有关呼吸的内容请见第六章。

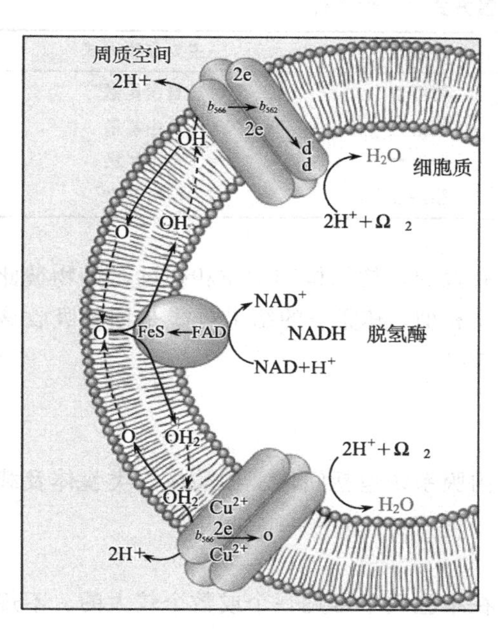

图 2-26　细菌细胞膜上的呼吸链

(3) 渗透酶。渗透酶是一种运载工具，在细菌的物质交换方面起重要作用。渗透酶既可将胞外物质运到胞内，又可将胞内代谢产物运到胞外。渗透酶运载物质时先与被转运的物质结合，然后再转运。如半乳糖苷渗透酶与乳糖分子结合后，使之进入菌体内。渗透酶能逆着物质的浓度梯度将营养物运入细胞，或将废物排出体外。

(4) ATP 合成酶。在 ATP 合成酶的作用下，细胞可产生 ATP。

2) 细胞膜的生理功能

(1) 控制细胞内、外的物质（营养物质和代谢废物）的运送和交换；

(2) 维持细胞内正常渗透压的屏障作用；

(3) 提供合成细胞壁各种组分（肽聚糖、LPS、磷壁酸）和荚膜等大分子的场所；

(4) 是进行氧化磷酸化或光合磷酸化的产能基地；

(5) 传递信息。膜上的某些特殊蛋白质能接受光、电及化学物质等产生的刺激信号并发生构象变化，从而引起细胞内的一系列代谢变化和产生相应的反应。

3) 细胞膜与污染物的吸收

细胞膜的性质对污染物的吸收有一定影响。受膜上孔道直径的限制，小分子污染物相对于大分子污染物更易以自由扩散的方式穿膜。如苯的分子较小，其相对分子质量只有78.11，且苯是非极性分子，所以苯的主要穿膜方式是自由扩散。由于膜脂分子具有流动性，其头部极性链短，尾部的非极性链较长，因此非极性污染物分子比极性分子更容易以自由扩散的方式穿膜。膜的主要成分是脂类，故脂溶性污染物如烯烃、环烃类及石蜡等污染物比水溶性污染物更易自由扩散穿膜。

细胞膜中既有脂相又有水相，物质在穿膜过程中既要透过脂相也要透过水相，因此能通过这两相者更易进行自由扩散，如乙醇既溶于脂又溶于水，因而易于自由穿膜。

污染物的穿膜行为与其解离状态有关。如非解离态的污染物的脂溶性高于解离态的污染物的脂溶性，故非离子型的污染物易透过细胞膜的脂质区。污染物的解离与pH有关。pH降低，弱酸性污染物的解离度也降低；pH升高，弱碱性污染物的解离度也升高。环境pH将影响不同电离状态的污染物的穿膜。所以，许多弱酸、弱碱或其盐类以非离子型和离子型同时存在于细胞内液和细胞外液时，离子部分不易借助自由扩散通过，非离子部分则容易。例如，在pH=1的介质中，苯甲酸完全不电离，最易透过细胞膜；pH=4时，则有50%的苯甲酸离解，即有50%的透过；苯甲酸在pH=7的介质中完全电离，则完全不能透过细胞膜。四种污染物的穿膜方式见表2-4。

表2-4 四种污染物的穿膜方式（中性条件）

名称	分子质量	溶解性	主要穿膜方式
对硫磷	291.3	脂溶性	自由扩散
溴氰菊酯	321.98	脂溶性	自由扩散
TCDD	409.78	脂溶性	自由扩散
氯	505.21	脂溶性	自由扩散

细胞膜上的转运蛋白或载体蛋白的数量是有限的，使结构和性质相似的污染物彼此产生竞争，如果某污染物与一种生理需要的物质相似，其竞争的结果可能是细胞吸收该污染物的量增多，而吸收生理需要的物质的量减少。

3. 内膜系统

除细胞膜外，很多细菌还具有内膜系统。内膜系统包括间体、羧酶体、类囊体及载色体等。

1) 间体

用电子显微镜观察细菌细胞的超薄切片，在细胞质中可见一个或数个较大的、不规则的层状、管状或囊状结构，称为间体（mesosome）。

间体与细胞膜相连，是细菌细胞质中主要的、典型的单位膜结构。间体在革兰氏阳性细菌细胞中发育良好，清楚可见；但在革兰氏阴性细菌中不甚明显。对间体的生理功能还不完全清楚，据推测，它可能是电子传递系统的中心，相当于高等生物的线粒体，因间体上具有细胞色素氧化酶、琥珀酸脱氢等呼吸酶系。间体可能还具有合成细胞壁，特别是横隔壁所需的酶，因细胞分裂时，常见间体位于新形成的横隔壁处。在电子显微镜下可以看到DNA复制点和细胞膜和间体相结合的现象，因此间体也许与核分裂有关。另外，间体的一边与细胞膜连接，另一边则与核物质紧密接触，似乎与真核生物的内质网一样，起着向核运送物质和能量的作用。芽孢的形成，可能也与间体有关。

2）羧酶体

羧酶体（carboxysome）又称多角体，是自养细菌所特有的内膜结构。羧酶体由厚约3.5nm的蛋白质单层膜所包围，大小为50～500nm，可能是固定CO_2的场所。羧酶体中含有自养生物所特有的5-磷酸核酮糖激酶和1,5-二磷酸核酮糖羧化酶。这两种酶是卡尔文循环中固定CO_2的关键性酶类，通过卡尔文循环，使自养菌产生了磷酸己糖。一些化能自养菌，如硝化杆菌及光合细菌，如蓝细菌细胞中均具羧酶体。

在蓝细菌细胞中还具有类囊体（thylakoid）。类囊体由单位膜组成，上面含有叶绿素、胡萝卜素等光合色素和酶类，故类囊体又被称为光合作用膜，是蓝细菌进行光合作用的场所。

3）载色体

载色体（chromatophore）亦称色素体，是光合细菌进行光合作用的部位，相当于绿色植物的叶绿体。载色体直径一般大于100nm，其主要化学组成是蛋白质和脂类。载色体含有菌绿素、胡萝卜素等色素以及光合磷酸化所需要的酶系和电子传递体。绿硫菌科的载色体是由一系列膜组成的囊泡构成，以分散状态充满于细胞质中。

4. 周质空间

周质空间（periplasmic space）又称壁膜空间，指位于细胞壁与细胞质膜之间的狭小空间。周质空间含质外酶。质外酶对细菌的营养吸收、核酸代谢、趋化性和抗药性等有重要作用。

5. 细胞质及其内含物

除细胞核外，细胞膜内的物质为细胞质。细胞质无色透明，呈黏液状，主要成分为水、蛋白质、核酸及脂类，并含有少量糖及无机盐。细胞质中的主要结构是核糖体，另外，还有气泡和颗粒状内含物等。

1）核糖体

核糖体是蛋白质的合成场所，其数量多少与蛋白质合成直接相关，往往随微生物生长速率而变。微生物快速繁殖时，核糖体数目增高，每个菌体可达1×10^4～7×10^4个；繁殖缓慢时，其数量可减至2000个左右。原核生物细胞中平均约含15 000个核糖体，而真核细胞平均含10^6～10^7个。

核糖体（ribosome）是细胞中的一种核糖核蛋白质的颗粒状结构，由65%的核糖酸和35%的蛋白质组成。原核生物的核糖体常以游离状态或多聚核糖体状态分布于细胞质中。真核细胞的核糖体既可以游离状态存在于细胞质中，也可结合于内质网上。线粒体、叶绿体、细胞核内也有各自在结构上特殊的核糖体。

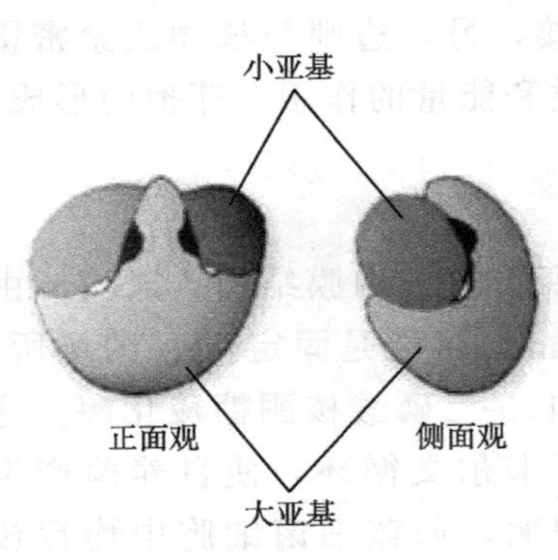

图 2-27　细菌核糖体

原核生物核糖体沉降系数均为70S；真核微生物细胞质中的却为80S。70S核糖体由30S和50S两个大小不同的亚基所组成，用图 2-27 表示。*S*值因分子质量及分子形状而定，分子质量大或分子形状密集的*S*值大。反之，*S*值小。由于两个亚基结合后的形态与分散时的形态略有改变，故30S与50S结合后的*S*值是70S而不是80S。

30S亚基上有一凹陷的颈部，将其分为头部与躯干两部分；50S亚基的外形具三个角，中间凹下，并有一个很大的空穴。当二者结合成70S时，30S的亚基水平地与50S亚基结合，腹面与50S亚基结合面上有相当大的空隙，蛋白质生物合成过程可能就在其中进行。

在前言中我们提到，细菌有一个非常重要的特点就是繁殖速度快，可在短时间内得到大量菌体，这一特性与细菌核糖体的存在方式有关。采用温和条件，小心地从细胞中分离核糖体时，可以得到几个乃至几百个成串的核糖体，称为多聚核糖体。多聚核糖体由一条长mRNA分子与一定数目的核糖体结合而成。多聚核糖体的外观呈念珠状。每个核糖体能独立完成一条肽链的合成，多聚核糖体在一条mRNA链上可同时合成几条肽链，使翻译效率大为提高。因此，使细菌能够在很短时间内大量生长繁殖。

2）气泡

在某些光合细菌和水生细菌的细胞质中，含有几个乃至几十甚至上百个充满气体的圆柱形或纺锤形气泡（gasvacuold）（图 2-28）。气泡由许多气泡囊（gasvesicle）组成。气泡膜与真正的膜不同，只含蛋白质而无磷脂。构成气泡膜的蛋白质亚单位排列成一个坚硬的结构，以对抗外部施加于该结构的压力，使之维持正常功能。膜的外表亲水，而内侧绝对疏水，故气泡只能透气而不能透过水和溶质。

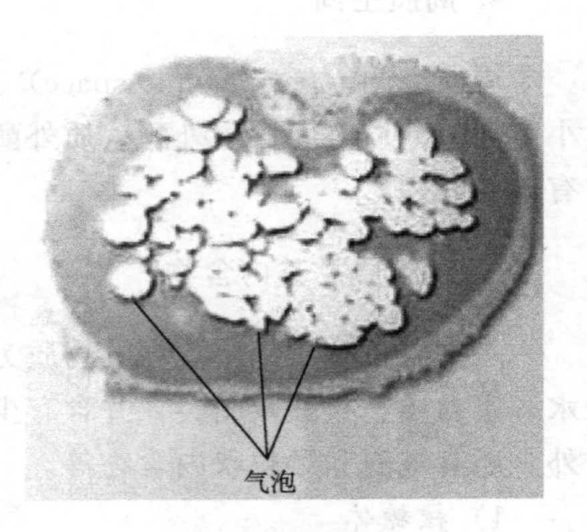

图 2-28　细菌气泡

气泡的生理功能有待进一步研究。有证据表明，许多漂浮于湖水和海水中的某些光合细菌与非光合性细菌及蓝细菌等都有气泡，气泡赋予细菌一定的浮力。有气泡的细胞漂浮于湖水表面，并随风聚集成块，使湖内出现水华，蓝细菌就是一个典型的例子。有些光合细菌利用气泡集中在水下10～30m深处，这样既能吸收适宜的光线和营养进行光合作用，又可避免直接与氧接触。盐杆菌属的细菌是专性好氧菌，细胞中含有大量气泡，它们可生活在含氧极少的饱和盐水中。因此，人们推测，气泡的作用可能是使菌体浮于盐水表面，以保证细胞更接近空气。

3）颗粒状内含物

在许多细菌细胞中，常含有各种较大的颗粒，大多系细胞储藏物，如异染颗粒、聚β-羟基丁酸、肝糖及硫滴等。这些内含物常因菌种而异，即使同一种菌，颗粒的多少也随菌龄和培养条件不同而有很大变化。往往在某些营养物质过剩时，细菌便将其聚合成各种储藏颗粒；当营养缺乏时，藏颗粒又被当做营养物分解利用。

（1）异染颗粒（图 2-29）又名捩转菌素（volutin）。异染颗粒因嗜碱性较强，用蓝色染料如甲苯胺蓝或甲烯蓝染色后不呈蓝色而呈紫红色，故而得名。

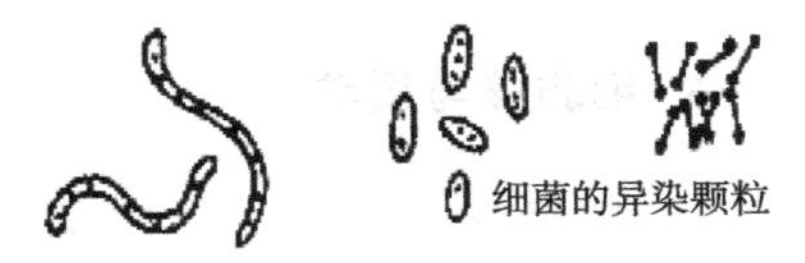

图 2-29　异染颗粒

异染颗粒可能是磷源和能源性储藏物。颗粒随菌龄增长而变大，在细菌大量同化营养物的后期数量尤多。异染颗粒的主要成分是多聚偏磷酸盐，可能还含有 RNA、蛋白质、脂类与 Mg^{2+}。

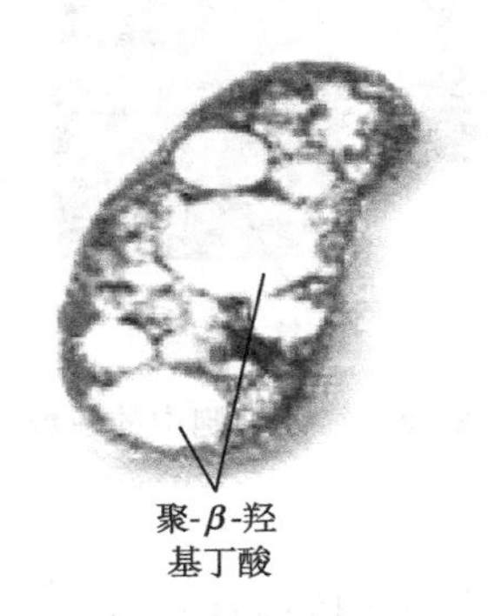

图 2-30　聚-β-羟基丁酸颗粒

（2）聚-β-羟基丁酸（poly-β-hydroxybutyrate，PHB）颗粒（图 2-30）。聚-β-羟基丁酸为细菌所特有，是一种碳源和能源性储藏物。聚-β-羟基丁酸是 D-3-羟基丁酸的直链聚合物。这些颗粒易被脂溶性染料苏丹黑着色，在光学显微镜下可见。假单胞菌、根瘤菌、固氮菌及肠杆菌等细胞内均有存在，而巨大芽孢杆菌的聚-β-羟基丁酸颗粒较大，直径 0.2～0.7μm，每个颗粒含有几千分子的聚-β-羟基丁酸。羟基丁酸分子呈酸性，当其聚合为聚-β-羟基丁酸时就成为中性脂肪酸了，这有利于维持细胞中内性环境，避免菌体内酸性增高。

法国巴斯德研究所 Lemoigne 于 1925 年首次从巨大芽孢杆菌（*Bacillus megateriucm*）细胞中发现并分离提取了 PHB。PHB 因具有多种优良特性，尤其具有良好的降解性能而备受重视。

PHB 是一种可降解性塑料，具有化学合成材料所不具有的特性，如密度大、透氧性低、抗紫外线辐射、良好的生物组织相容性及抗凝血性等优点。某些细菌如产碱杆菌属、假单胞菌属与固氮菌属等可产生大量的 PHB，通过破壁、分离、提取与提纯等处理后能得到一定分子质量的 PHB。

PHB 在生物医药中已得到应用，特别是在组织工程学中的应用更为广泛。PHB 可用作外科手术缝合线及部分需要延缓药效的药物进入机体的载体。一些人用 PHB 与其他物质共聚研制出了 PHB 微胶囊。

PHB 在农用材料，多用膜、农药的包覆材料、移植用苗钵、荒地绿化等保湿基材等以及食用包装用膜、袋及饮料包装内衬等方面也极具广泛的应用前景。PHB 这类可降解性塑料的使用可避免白色污染。

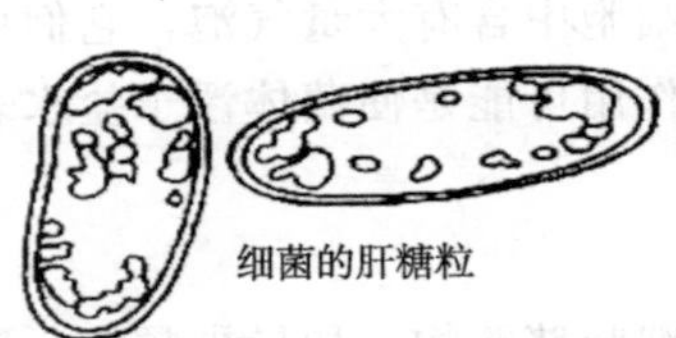

图 2-31　细菌的肝糖粒

(3) 肝糖 (blycogne) 粒和淀粉粒。肝糖粒较小，只能在电子显微镜下观察，如用稀碘液染成红褐色，可在光学显微镜下看到。有的细菌积累淀粉粒，用碘液可染成深蓝色。细菌的肝糖粒见图 2-31。

(4) 硫粒。硫粒（图 2-32）是细菌的硫源和能源物质。某些硫细菌，如贝氏硫细菌属（*Beggiatoa*）和丝状硫细菌属（*Thiothrix*）等自养细菌在富含 H_2S 的环境中，细胞内常含有硫粒。硫粒在不同的细菌细胞中所处的位置不同，有的在胞内，有的在胞外。当环境中的 H_2S 耗尽时，硫粒便被氧化为硫酸，细菌在此过程中获得能量。

6. 细胞核与质粒

1) 细胞核

细菌细胞的核位于细胞质内，无核膜、无核仁，没有固定形态，结构也很简单，这是原核生物与真核生物的主要区别之一。正因为细菌的核比较原始，故被称为原始形态的核，简称原核或拟核 (nucleoid)。细菌细胞的核与高等生物细胞核功能相似，所以又称染色质体或细菌染色体。原核只有一个染色体，主要含有具有遗传特征的脱氧核糖核酸 (DNA)。原核中尚有少量 RNA 和蛋白质，但没有真核生物细胞核所含的组蛋白（结构蛋白）。细菌染色体由双螺旋的大分子链构成，一般呈环状结构，总长度为 0.25～3mm。例如，*E. coli* 的 DNA 长约 1mm，约有 5×10^6bp (碱基对)，至少含 5×10^3 个基因，分子质量为 3×10^9Da。

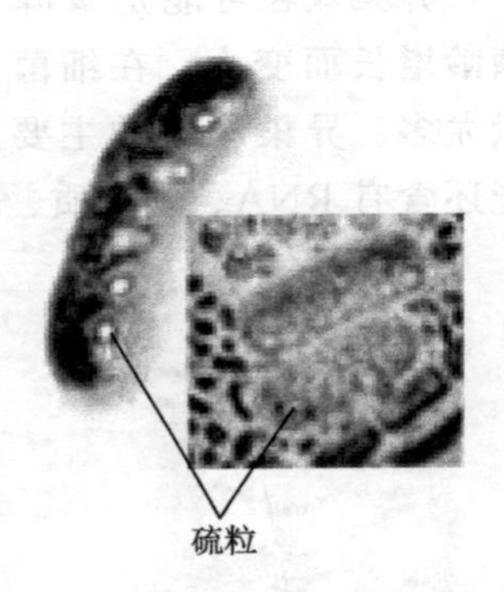

图 2-32　细菌细胞中的硫粒

通常情况下，一个细菌只有一个核区。细菌活跃生长时，一个菌体内往往有 2～4 个核区，这是因为 DNA 的复制先于细胞分裂。细菌生长缓慢时，则可见 1 或 2 个核区。原核携带了细菌绝大多数遗传信息，是细菌生长发育与遗传变异的控制中心。

2) 质粒

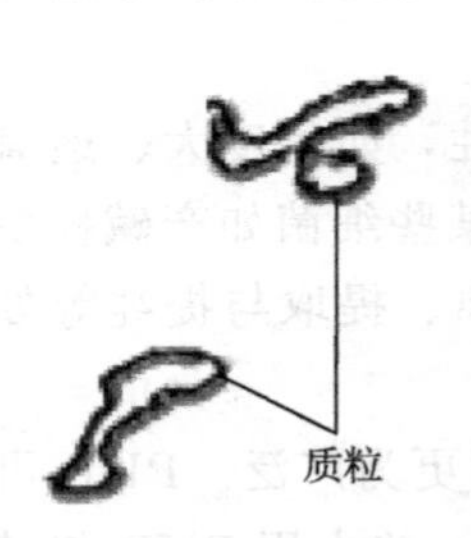

图 2-33　质粒

除染色体 DNA 外，在细菌细胞质中，还存在一种能自我复制的小环状 DNA 分子，称质粒 (plasmid)。质粒分子质量较细菌染色体小，为 2×10^6～100×10^6Da。每个菌体内可有一至数个质粒。不同质粒的基因之间可发生重组，质粒基因与染色体基因也可重组。质粒对细菌的生存并不是必需的，它可在菌体内自行消失，也可经一定处理后从细菌中除去，但不影响细菌的生存。不同的质粒含有使细菌具有某些特殊性状的不同基因，如致育性、抗药性、产生抗生素及降解某些化学物质等。有的质粒对某些金属离子具有抗性，包括碲 (Te^{6+})、砷 (As^{3+})、汞 (Hg^{2+})、镍 (Ni^{2+})、钴 (Co^{2+})、银 (Ag^{+}) 及镉 (Cd^{2+}) 等；有的质粒对紫外线、X 射线具有抗性。在假单胞菌科中还发现了一类极为少见的分解性质粒，能分解樟脑、二甲苯等。细菌的质粒见图 2-33。

质粒可以独立于染色体之外而转移。通过接合、转化或转导等方式可从一个菌体转入另一菌体。因此，在遗传工程中可以将细菌质粒作为基因的运载工具，构建新菌株。在环境工程中，很多基因工程菌都是通过质粒载体构建的。

（二）细菌的特殊结构

除一般结构外，细菌还具有一定的特殊结构，包括荚膜、芽孢及鞭毛等。

1. 荚膜

1）荚膜的定义

细菌在一定的营养条件下，能够向细胞壁的表面分泌出一层透明的、黏液状或胶质状的物质所形成的一层膜称为荚膜（capsule）。荚膜用负染色法可在光学显微镜下清晰可见。荚膜的产生受遗传控制。荚膜并非细胞绝对必要的结构，失去荚膜的变异株同样能够正常生长，即是使用特异性水解荚膜物质的酶处理，也不会将细菌杀死。

荚膜的主要成分因菌种而异，大多为多糖、多肽或蛋白质，也含有一些其他成分。产荚膜的细菌菌落通常光滑透明，称光滑型（S 型）菌落；不产荚膜细菌菌落表面粗糙，称粗糙型（R 型）菌落。

2）荚膜的主要功能

（1）作为细胞外碳源和能源性储藏物质；

（2）保护细胞免受干燥的影响；

（3）能增强某些病原菌的致病能力，抵抗宿主的吞噬。

3）荚膜类型

根据荚膜在细胞表面存在的状况，可将其分为以下五种类型：

（1）微荚膜。厚度在 200nm 以下，与细胞表面结合较紧密，用光学显微镜无法看到的透明、黏液状或胶质状物称为微荚膜。微荚膜可用血清学方法证明其存在。

（2）荚膜或大荚膜（macrocapsule）。相对稳定地附着于细胞壁外，具一定的外形，厚约 200nm 的透明、黏液状或胶质状物称为荚膜（图 2-34）或大荚膜（macrocapsule）。荚膜与细胞结合力较差，通过液体振荡培养或离心便可得到荚膜物质（图 2-34）。

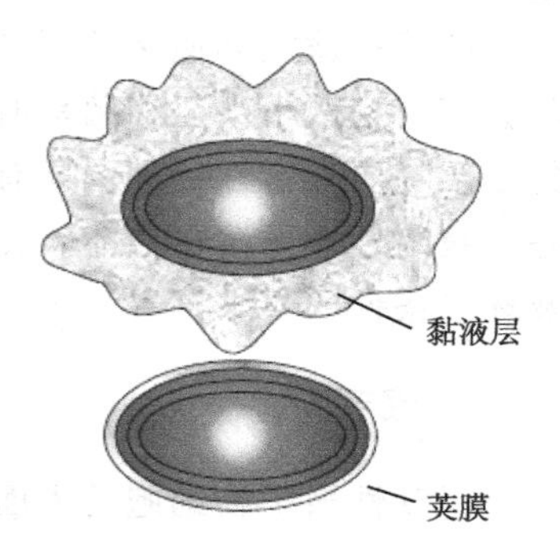

图 2-34　细菌荚膜和黏液层

（3）黏液层。没有明显边缘，比荚膜疏松，且向周围环境扩散，并能增加培养基黏度，这种类型的黏性物质层称为黏液层（slimelayer）。

（4）黏接物。某些微生物的附着性黏液物并非在其整个细胞表面产生，而是局限于一定区域（通常是在细胞一端，使细胞特异性地附着于物体的表面。）。这种局限化了的黏液层，称为“黏接物”。

通过液体振荡培养或离心，可将荚膜从细胞表面除去。荚膜很难着色，用负染色法可在光学显微镜下观察到，即背景和细胞着色，荚膜不着色。细菌荚膜见图 2-34。

(5) 菌胶团。通常情况下，每个菌体外面包围一层荚膜。但有的细菌，其荚膜物质互相融合在一起成为一团胶状物，这种胶状物称为菌胶团（zoogloea）。菌胶团内常包含有多个菌体。

菌胶团是活性污泥和生物膜的重要组成部分，有较强的吸附和氧化有机物的能力，在废水生物处理中发挥着重要作用。活性污泥性能的好坏，主要可根据所含菌胶团多少、大小及结构的紧密程度来判断。不同细菌形成不同形状的菌胶团，有分枝状、垂丝状、球形、椭圆形、蘑菇形、片状以及各种不规则形状。菌胶团及其形状见图 2-35。

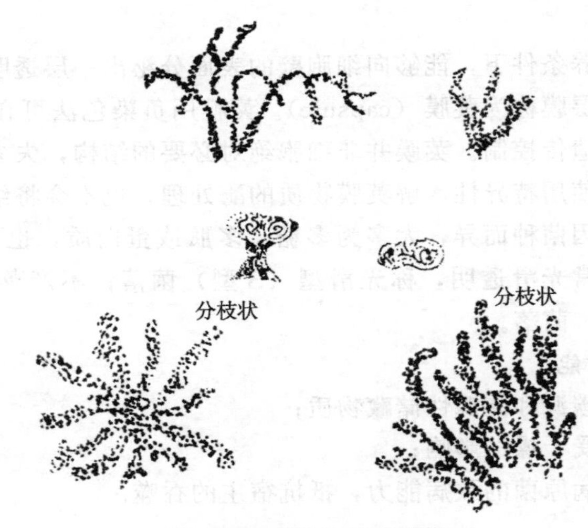

图 2-35　菌胶团及其形状

并非所有细菌都能形成菌胶团，形成菌胶团的细菌主要是动胶菌属（*Zoogloea*）。动胶菌菌体呈杆状，宽 0.5～1.0μm、长 1～3μm，革兰氏染色阴性，菌体有端生鞭毛，运动灵活，无芽孢，属好氧化能异养菌。

细菌在适宜环境条件下形成一定形态、结构的菌胶团。但当环境不适宜时，菌胶团就会变得松散，甚至细菌呈游离状态，影响处理效果。因此，为了使废水处理达到较好的效果，要求活性污泥中要有大量的菌胶团絮体，且要求菌胶团的结构紧密，并具有良好的吸附性能及沉降性能。在活性污泥的培养和运行中必须满足不同菌胶团细菌对营养及环境条件的要求。

2. 鞭毛

运动性微生物细胞的表面，着生有一根或数根由细胞内伸出的细长、波曲、毛发状的丝状结构即鞭毛（flagellum）。鞭毛是细菌的"运动器官"。细菌的鞭毛见图 2-36。

1）鞭毛的类型

鞭毛约占菌体干重的 1%，最长可达 70μm，但直径很小，一般为 10～20nm。因此，只有用电子显微镜才能真正观察到细菌的鞭毛。通过特殊的鞭毛染色法，在光学显微镜下也能看到。

螺旋菌和弧菌一般都生鞭毛；杆菌中有的生鞭毛有的不具鞭毛；除尿素八叠球菌外，大多数球菌不生鞭毛。

鞭毛着生的位置和数目是种的特征，具有分类鉴定的意义。根据鞭毛的数目和着生情况（图 2-37），可将具鞭毛的细菌分为以下几种类型：

偏端单生鞭毛菌　在菌体的一端只生一根鞭毛，如霍乱弧菌与荧光假单胞菌等。

两端单生鞭毛菌　在菌体两端各具一根鞭毛，如鼠咬热螺旋体等。

偏端丛生鞭毛菌　菌体一端生一束鞭毛，如铜绿假单胞菌与产碱杆菌等。

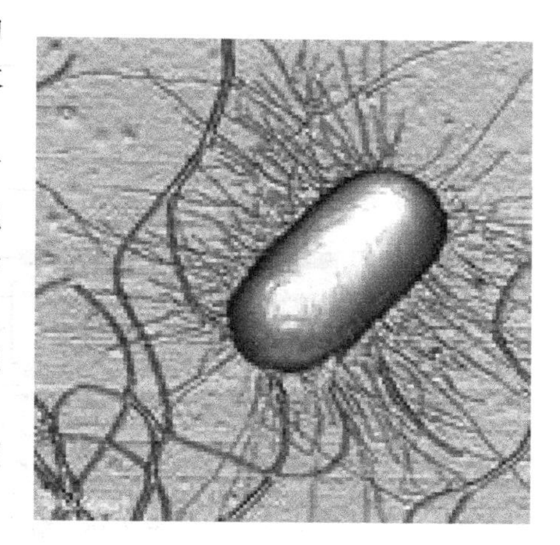

图 2-36　细菌的鞭毛

周生鞭毛菌　周身都生有鞭毛，如大肠杆菌与枯草杆菌等。

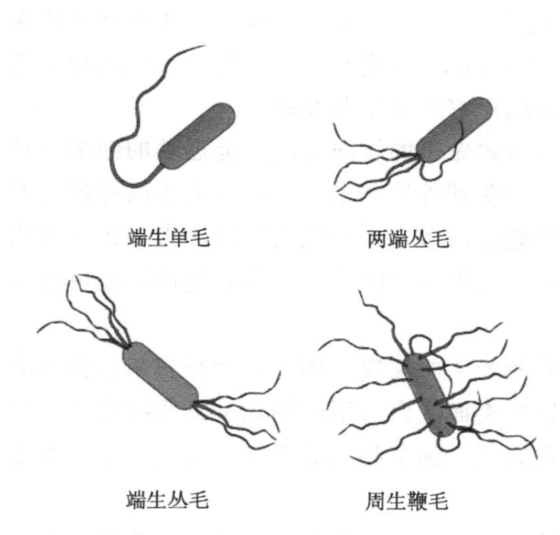

图 2-37　鞭毛的着生方式

鞭毛是细菌的运动器官，但并非生命活动所必需。鞭毛极易脱落。有的细菌一般在幼龄时具鞭毛，老龄时脱落。若除去鞭毛，并不影响细菌生存。

有鞭毛的细菌并不一定总是运动的，有时也会丧失运动性。运动性的丧失可由环境变化或突变所引起。细菌的运动性可采用悬滴法和暗视野映光法来观察。此外，还可以采用半固体穿刺培养，从细菌的扩散情况来初步判断细菌是否具有运动能力。

2）鞭毛的结构

在电镜下可观察到，鞭毛起始于细胞内侧的基体（basal body），穿过细胞壁后成为钩状体（hook），由此伸出丝状鞭毛。革兰氏阴性菌鞭毛的基体上有两对环，一对为 L 环和 P 环扣着细胞壁的外壁层，一对为 S 环和 M 环扣着细胞膜（图 2-38），而革兰氏阳性菌鞭毛的基体上只有 S 环和 M 环。鞭毛的运动可能是由于轴丝（鞭毛丝）与基部环状体的收缩，或鞭毛钩相对于细胞壁的转动，推动菌体前进。

鞭毛是细菌的运动器官。鞭毛的运动引起菌体运动。不过，端生鞭毛菌与周生鞭毛菌的运动方式不同。周生鞭毛菌一般按直线慢而稳重地运动和旋转；端生鞭毛菌则运动较快，主要靠旋转从一地直撞另一地。

3）鞭毛的运动特性与趋避运动

目前认为，细菌鞭毛的运动是由鞭毛基部的一个鞭毛“发动器”引发的。当 S 环和 M 环彼此向相反方向旋转时，“发动器”启动，导致中心杆转动，使鞭毛丝急速旋转，

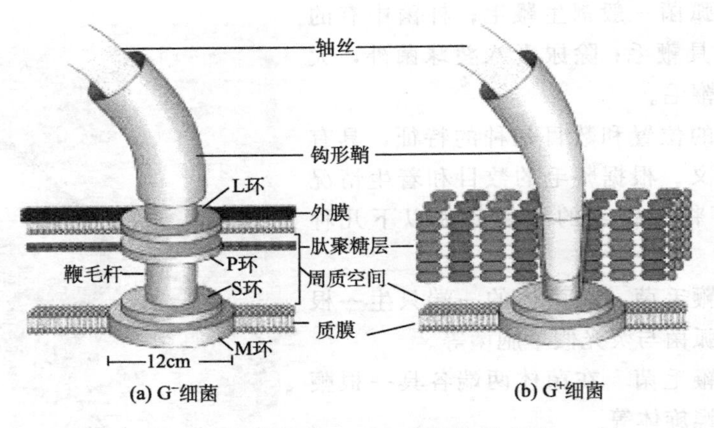

图 2-38　细菌鞭毛的超微结构示意图

推动菌体前进。

细菌的运动速度很高，如逗号弧菌，端生鞭毛，菌体（0.3～0.5）μm×（1～5）μm，而其运动速度可达 200μm /s，相当于自身长度的 40 倍。又如蔓延螺菌，其前进速度为 50μm /s，鞭毛的旋转速度达 40r/s，带动菌体以 14r/s 速度旋转。这种惊人的运动速度和旋转速度是世界上最优秀的芭蕾舞演员和短跑冠军所望尘莫及的。

细菌可以推进方式做直向运动，或以翻腾形式做短的转向运动。能运动的细菌对环境刺激很敏感，而且可立即改变其运动状态。当受到外界刺激时，通过上述两种运动方式进行趋避运动，以求更好地生存。所谓的趋避运动系指因环境刺激使原来的运动方式发生改变，这种改变所表现出的新的运动方式。根据影响因子的不同，趋避运动可分为化学趋避运动和光趋避运动。

化学趋避运动是许多细菌对不同化学物质所产生的反应。例如，大肠杆菌细胞表面有多种蛋白质，能接受化学因子的刺激。当这些表面蛋白与不同的化学物质结合后，就减少了菌体的翻腾运动，从而加强了直向推进运动，细菌趋向吸引物，使其聚于高浓度区，或者避离排斥物，菌体聚集在低浓度区。

光趋避运动是光合细菌对光反应所产生的运动。在行光趋避运动时，细菌并不改变它的翻腾运动频率，而是以爆发活动的方式留在光圈内。更有趣的是，某些芽孢杆菌，如环状芽孢杆菌能借助鞭毛的定向排列和协调运动，使整个菌在固体培养基表面成团移动。

细菌对有机污染物的降解是生物修复系统设计的基础。趋化性是细菌对外界化学变化所作出的行为反应，是寻找碳源和能源时所表现出的一种能力。细菌的趋化性可提高其在自然环境中降解污染物的效果。细菌的趋化性（chemotaxis）与降解性之间的关系已成为一个研究热点。

细菌的趋化性具有方向性，或顺浓度梯度迁移，即正趋化，或逆浓度梯度迁移，即负趋化。在大多数情况下，趋化物（chemoat tractant）能作为细菌的碳源和能源，而负趋化物（chemo repellent）则对细菌有毒害作用。

4）细菌对环境污染物的趋化性

地球生命刚起源时，地球上的生命形式很少，碳源和能源充足，简单细胞几乎没有行为反应。随着生命的进化，生命形式的大量出现导致了细胞对碳源和能源的竞争，细胞随之进化了趋氧、趋光、趋化等一系列行为反应。细菌对许多化合物都具有趋化性，这可能是细菌为寻找碳源和能源而进化出的一种选择优势。

当环境中大量污染物存在时，细菌细胞便进化了伴随着趋化性而产生的对污染物的降解性。近年来，科研工作者关于细菌对环境污染物的趋化性的研究产生了极大兴趣，分离并鉴定了大量对污染物具有趋化性的微生物，其中包括 *Pseudomonas*、*Azospirillum*、*Ralstonia*、*Agrobacterium* 和 *Bradyrhizobium* 等菌属。Sanmata 等研究了 *Ralstonia* sp. SJ98 对 *p*-硝基苯酚、4-硝基邻苯二酚、*o*-硝基苯甲酸和 *p*-硝基苯甲酸的降解及趋化性，研究表明，该菌株只对能降解的硝基芳香族化合物（nitroaromatic compound，NAC）有趋化性，而对不能降解的 NAC 则无趋化性。越来越多的证据显示，能游动的微生物对其可降解的环境污染物几乎都具有趋化性。细菌的趋化性与降解性之间的紧密联系暗示了趋化性很可能是降解性的重要属性之一。

5）趋化性在生物修复中的作用

（1）趋化性可使降解菌株与污染物紧密接触，提高污染物的生物可利用性和生物降解性。生物修复的第一步是细菌和污染物之间的接触，趋化性可使细菌有效地感应并游向污染物。另外，环境中的一些污染物水溶性极低，常常吸附于固体颗粒表面或溶于非水相液体（nonaqueous phase liquid，NAPL ）中，而只有当目标污染物存在于水相时，生物降解反应才易发生。生物降解反应速率往往受限于污染物从非水相向水相转移的速率。因此，欲对此类难修复污染物取得理想的生物修复效果，细菌必须具有直接黏附于 NAPL 界面的能力。而趋化性细菌通过趋化作用能够有效地感应到污染物，可增加污染物周围的细菌浓度，因而可提高污染物的生物降解性。

（2）趋化性使降解性细菌与土著微生物在营养竞争中表现出优势。在有限的碳源和能源环境中，降解性微生物与土著微生物之间存在着营养竞争关系，细菌的趋化性可以增加细菌寻找合适碳源、氮源和能源的机会，使细菌在污染物浓度低的环境中具有竞争优势，能利用存在于环境中的低浓度污染物作为碳源和能源生长，这对于低浓度污染物区域的生物修复尤为重要。

（3）趋化性促进自主转移性代谢质粒的转移。在污染环境中，趋化性使细菌在污染物周围聚集，各种降解细菌互相接触，使降解基因向土著微生物或其他降解菌中转移，形成新的代谢途径，使细菌群落能更快适应污染环境，从而增强生物修复效果。

负趋化在生物修复中的作用虽然研究较少，但负趋化反应可为细菌寻找一个中性环境。负趋化反应在生物降解中的主要作用可表现在：①使降解性微生物避免高浓度污染物带来的毒害，寻找合适的污染物浓度环境；②使非降解性微生物远离污染物避免与降解性微生物对营养物的竞争。

细菌的趋化性必将在污染物的生物修复过程中发挥重要作用，因此，在选择修复环境污染物的菌株时，细菌的降解能力以及趋化能力都应该同时考虑，可应用细菌的趋化性来强化其降解能力，或调控细菌的趋化性来设计有效的生物修复系统。

3. 菌毛

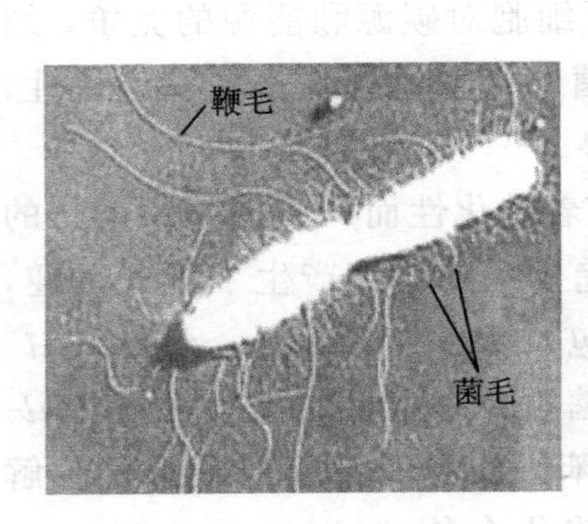

图 2-39 细菌的菌毛

菌毛（pili 或 fimbria）是生于细菌细胞表面比鞭毛更细，且较短而直硬的丝状结构。菌毛亦称纤毛或伞毛。菌毛大多出现在革兰氏阴性或少数革兰氏阳性细菌细胞的表面。菌毛直径 3～7nm，长度 0.5～6μm，有些菌毛可长达 20μm。菌毛由菌毛蛋白（pilin）组成，与鞭毛相似，也起源于细胞质膜内侧基粒上。菌毛不具运动功能。因机械因素而失去菌毛的细菌很快又能形成新的菌毛，因此认为菌毛可能经常脱落并不断更新。细菌的菌毛见图 2-39。

根据菌毛的功能，可将其分成两大类：普通菌毛（common pili）和性菌毛（sex pili）或称接合菌毛（conjugal pili）。普通菌毛可增加细菌吸附于其他细胞或物体的能力，如肠道菌的Ⅰ型菌毛，能牢固地吸附在真菌、动植物及多种其他细胞上。菌毛的这种吸附特性可能对细菌在自然环境中生活有某种意义；性菌毛是在性质粒（F 因子）控制下形成的菌毛，故又称 F-菌毛（F-pili）。性菌毛比普通菌毛粗而长，数量少，一个细胞仅具 1～4 根。性菌毛是细菌传递游离基因的器官，即充当细菌接合时遗传物质的通道。目前，人们提到的纤毛（fimbria）大多系指普通菌毛，而菌毛系指性菌毛。性菌毛见图 2-40。

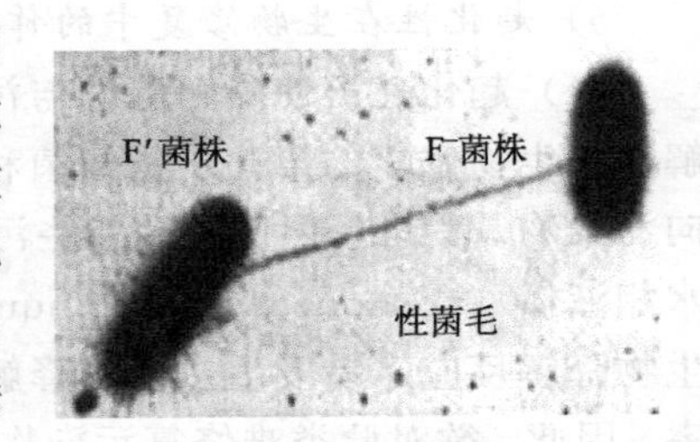

图 2-40 细菌的性菌毛

4. 芽孢

1） 芽孢的概念

某些细菌生活在一定阶段，在营养细胞内形成一个圆形、圆柱形或椭圆形的结构称为芽孢（spore）。因芽孢皆在细菌细胞内形成，故又称为内生孢子（endospore）。含有芽孢的细菌称为芽孢囊（sporangium）。生芽孢的细菌多为杆菌，球菌和螺旋菌仅少数种能生芽孢。

芽孢没有繁殖意义，因为一个细胞内一般只形成一个芽孢，而一个芽孢也只产生一个营养细胞。芽孢仅仅是芽孢细菌生活史中的一环，是细菌的休眠体。

2） 芽孢在细胞中的位置及形状

芽孢在细胞的位置及芽孢的形状和大小因种而异，因此，芽孢在分类鉴定上有一定意义。有些细菌的芽孢位于细胞中央，其直径大于细胞直径，孢子囊呈梭状，如丁酸梭状芽孢杆菌（*Clostridium butyricum*），见图 2-41。

若芽孢位于细胞顶端，其直径大于细胞直径时，则孢子囊呈鼓槌状，如破伤风梭菌

(*Clostridium tetani*)，见图 2-42。

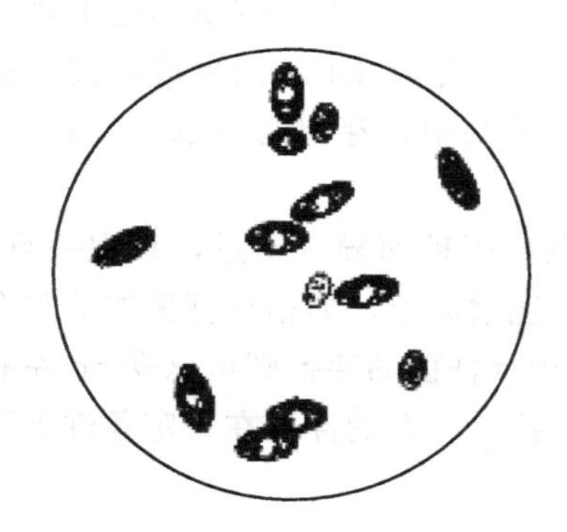

图 2-41　丁酸梭状芽孢杆菌

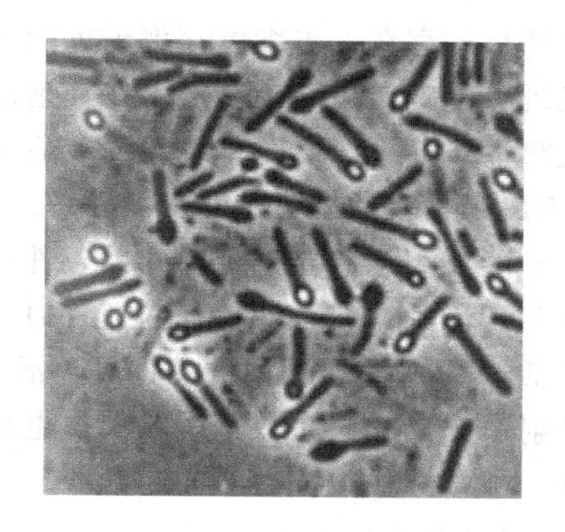

图 2-42　破伤风梭菌

若芽孢直径小于细胞直径，则细胞不变形，如枯草芽孢杆菌 (*Bacillus subtilis*)，见图 2-43。各种芽孢的形态和位置见图 2-44。

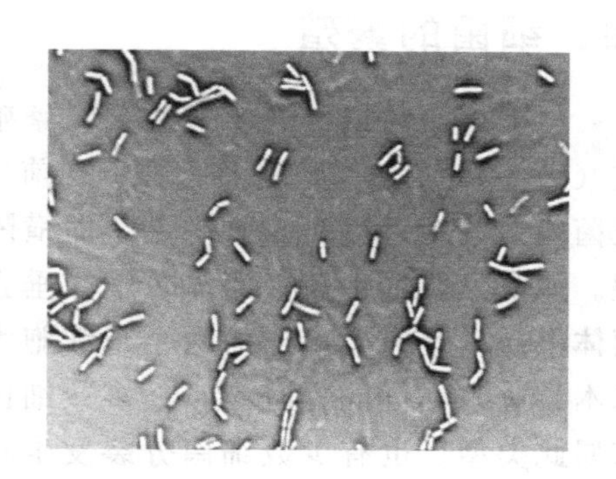

图 2-43　枯草芽孢杆菌

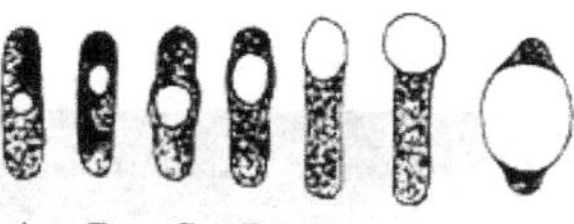

A.芽孢球形，位于菌体中心，菌体不膨大
B.芽孢卵圆形，偏离中心，菌体不膨大
C.芽孢卵圆形，近中心，菌体膨大
D. 芽孢卵圆形，偏离中心，菌体稍膨大
E.芽孢卵圆形，位于菌体一端，菌体不膨大
F.芽孢球形，位于菌体一端，菌体膨大
G.芽孢球形，位于菌体中心，菌体极为膨大

图 2-44　芽孢的位置与形态

3) *芽孢的结构*

成熟的芽孢具有多层结构（图 2-45）。由外向内依次为芽孢外壁、芽孢衣、皮层与核心。芽孢外壁的主要成分为脂蛋白，此层透性较差；芽孢衣非常致密，主要含疏水性角蛋白，通透性也较差，酶、化学物质和多价阳离子难以透入；皮层很厚，约占芽孢总体积的一半，主要成分为芽孢肽聚糖及 DPA-Ca，这些成分使芽孢具有极强的抗热性；核心由芽孢壁、芽孢膜、芽孢质和核区四部分构成，含水量极低。

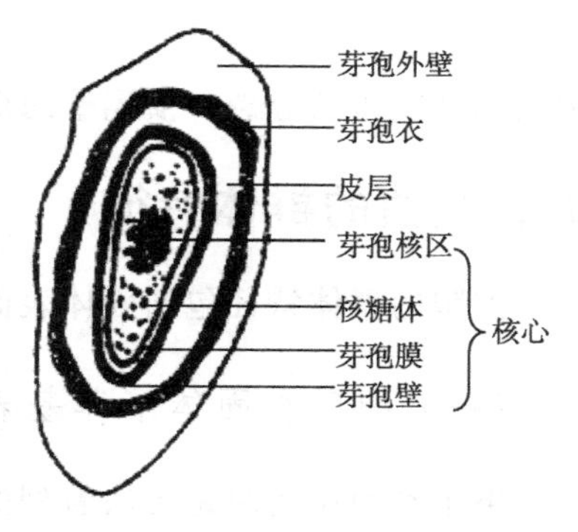

图 2-45　芽孢的结构

4) *芽孢的特点*

(1) 芽孢游离水含量远低于营养细胞，使核酸和蛋白质不易变性。芽孢只含有少量酶，并处于不活跃状态。但芽孢内具抗热性的酶。

(2) 芽孢含有2,6-吡啶二羧酸(2,6-dipicolinic acid, DPA)。吡啶二羧酸在芽孢中以钙盐的形式存在,占细菌芽孢干重的5%～15%。在细菌营养细胞及其他生物细胞中均未发现有吡啶二羧酸的存在。在芽孢形成过程中,伴随着DPA的形成,使芽孢开始具有抗热性。芽孢萌发时,吡啶二羧酸又释放至培养基中,芽孢同时也丧失其抗热性。显然,DPA与芽孢的抗热性密切相关。

(3) 形成芽孢需要一定的外界条件,且所需条件因种而异。不过,芽孢一旦形成,便对恶劣环境则均会产生很强的抵抗力。芽孢尤其能耐高温,如枯草杆菌的芽孢在沸水中可存活1h;破伤风杆菌的芽孢可存活3h;肉毒梭状杆菌的芽孢则可忍受6h左右。芽孢对辐射、干燥和大多数化学杀菌剂也具有极大的抗性。有的芽孢在一定条件下可保存几十年。

5) *研究芽孢的意义*

(1) 芽孢的存在,可提高污染控制微生物菌种的筛选效率;

(2) 有利于污染控制微生物菌种的保藏;

(3) 芽孢的有无、形态、大小和着生位置等是细菌分类鉴定的重要依据。

四、细菌的繁殖

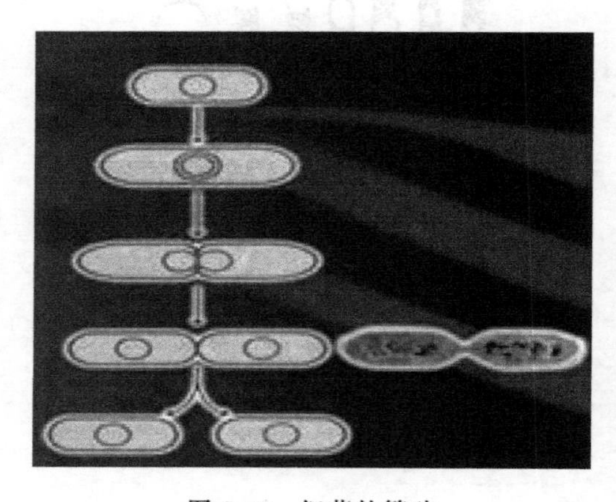

图2-46 细菌的繁殖

裂殖是细菌最普遍、最主要的繁殖方式(图2-46)。杆菌和螺旋菌在分裂前先延长菌体,然后垂直于长轴分裂,即横隔分裂。如果分裂发生在与菌体长轴相垂直的菌体中部,分裂后形成的两个子细胞大小基本相等,称为同型分裂。大多数细菌繁殖属此类型。也有少数细菌分裂发生在偏端,分裂后形成的两个子细胞大小不等,称为异型分裂。这种分裂偶尔出现于陈旧的营养基质中。

电镜观察表明,细菌分裂大致经过细胞核和细胞质的分裂、横隔壁的形成、子细胞分离等过程。

五、细菌的群体特征

细胞的群体特征包括固体表面的群体特征及液体内的群体特征。

(一) 细菌在固体培养基表面的群体——菌落特征

单个细菌用肉眼是无法看到的,但当细菌在固体培养基上生长繁殖时,产生的大量细胞聚集在一起便形成一个肉眼可见的、具有一定形态结构的细胞群,这个细胞群体称为菌落(colony)(图2-47)。

各种细菌在一定条件下形成的菌落具有一定的特征,菌落是鉴定菌种的重要依据。

菌落特征包括其大小、形状（圆形、假根状、不规则状等）、隆起情况（扩展、台状、低凸、凸面、乳头状等）、边缘情况（整齐、波状、裂叶状、锯齿状等）、表面状态（光滑、皱褶、颗粒状、龟裂状、同心环状等）、表面光泽（闪光、金属光泽、无光泽等）、质地（油脂状、膜状、黏、脆等）、颜色及透明程度等（图2-48）。

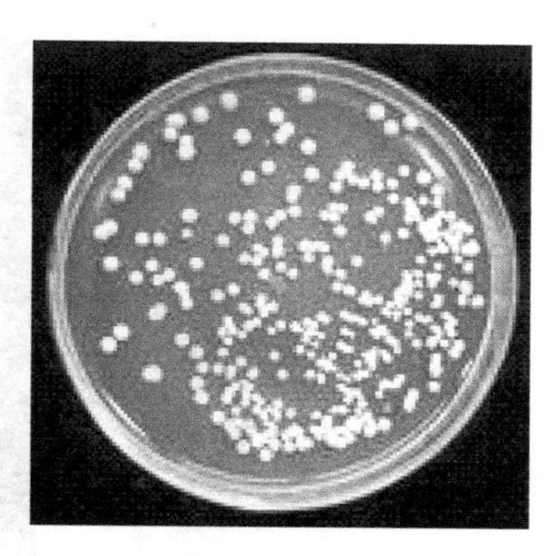

图2-47 细菌的菌落

菌落特征取决于组成菌落的细胞结构和生长行为。如有荚膜的细菌的菌落表面光滑黏稠，为光滑型；无荚膜的菌株的菌落表面干燥皱褶，为粗糙型；蕈状芽孢杆菌等的细胞呈链状排列，菌落表面粗糙、卷曲，菌落边缘有毛状突起。有的菌落有颜色，有的无色。

菌落形态大小具有邻近效应。即菌落靠得很近时，由于营养物有限，加之有害代谢物的分泌与积累，生长受到抑制。因此，利用平板分离菌种时，相互靠得很近的菌落较小，分散的菌落较大。

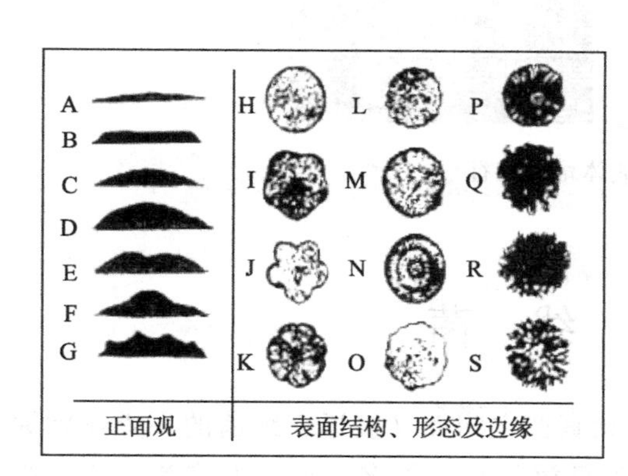

图2-48 细菌菌落特征

正面观：A. 扁平 B. 隆起 C. 低凸起 D. 高凸起 E. 脐状 F. 草帽状 G. 乳头状；表面结构、形态及边缘： H. 圆形、边缘完整 I. 不规则、边缘波浪 J. 不规则、颗粒状、边缘叶状 K. 规划、放射状、边缘呈叶状 L. 规则、边缘呈扇边状 M. 规则、边缘呈齿状 N. 规则、有同心环、边缘完整 O. 不规则、似毛毯状 P. 规则、似菌丝状 Q. 不规则、卷发状、边缘波状 R. 不规则、呈丝状 S. 不规则、根状

即使在同一个菌落中，各个细胞所处的空间位置不同，营养物的摄取、空气供应及代谢产物的积累等方面也不相同。例如，在好气菌的菌落中，越接近菌落表面的个体越易获得氧气，越向深层者越难；越往培养基的内部营养越丰富，越接近培养基内部的菌体越易获得营养。可见，即使在同一菌落中，菌体细胞间仍存在差异。

（二）菌苔

微生物在固体培养基（平板及斜面）表面密集生长形成的片状结构称为菌苔（lawn）（图2-49）。斜面菌苔可用来保存菌种。

（三）细菌在液体培养基中群体特征

不同种类的细菌在液体培养基中大量增殖时呈现不同情况。有的形成均匀一致的混浊液；有的形成菌膜漂浮于液体表面；有的形成沉淀（图2-50）。细菌在液体培养基中的这些群体生长特征主要反映了微生物与氧气的关系。某些细菌在液体培养基中还会产生气泡、色素及酸或碱等。

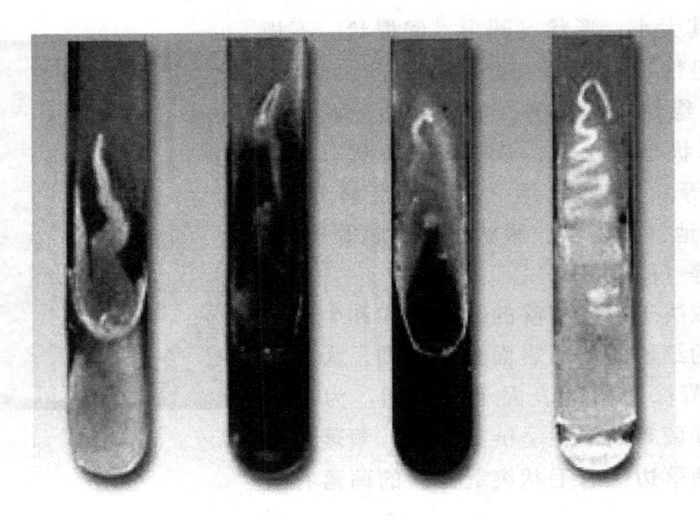

图 2-49　斜面上的菌苔

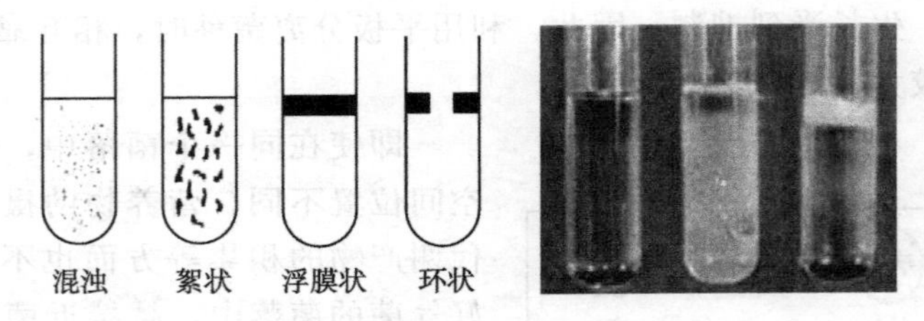

图 2-50　细菌的液体培养特征

第二节　放　线　菌

放线菌（actinobacteria）是介于细菌与丝状真菌之间而又接近于细菌的一类丝状原核生物（有人认为它是细菌中的一类），因菌落呈放射状而得名。放线菌多为腐生，少数寄生，与人类关系十分密切。腐生型放线菌在自然界物质循环中起着相当重要的作用，而寄生型易引起人、动物及植物疾病。

放线菌广泛存在于自然界中，但以土壤中最多。据测定，每克土壤可含数万乃至数百万个孢子。一般情况下，肥土较瘦土中多，农田土比森林土多，中性或偏碱性土壤中也较多。土壤环境因子如有机质、水分、温度及通气状况等也影响其数量。放线菌适宜在含水量较低的土壤中生长。厩肥和堆肥中大多属于高温放线菌。放线菌所产生的代谢产物往往使土壤具有特殊的泥腥味。

与土壤相比，水体中放线菌数量相对较少，大多为游动放线菌、小单孢菌、孢囊链霉菌及少数链霉菌。海洋中的放线菌多半来自土壤或藻体上。海水中还存在耐盐放线菌。

大气中也存在着大量的放线菌菌丝和孢子，它们是随尘埃、水滴，借助风力飞入大气所致。

放线菌在污染控制工程中发挥着重要作用。如放线菌是生物除磷工艺活性污泥系统中的优势类群，放线菌可用来进行甾体转化、石油脱蜡及烃类发酵等。利用放线菌可生产菌肥，如菌肥“5406”是由泾阳链霉菌制成。有些放线菌用于维生素与酶制剂的生产。放线菌能产生多种抗生素。

一、放线菌的形态与结构

放线菌菌体为单细胞，大多由分枝发达的菌丝组成。菌丝直径与杆状细菌近似，大约1μm。

放线菌的细胞结构与细菌基本相同。其细胞壁含有胞壁酸和二氨基庚二酸，不含几丁质或纤维素。多数放线菌为革兰氏染色阳性，极少阴性。

根据放线菌菌丝的形态与功能，可将其分为营养菌丝、气生丝和孢子丝三种。放线菌的形态与结构见图2-51。

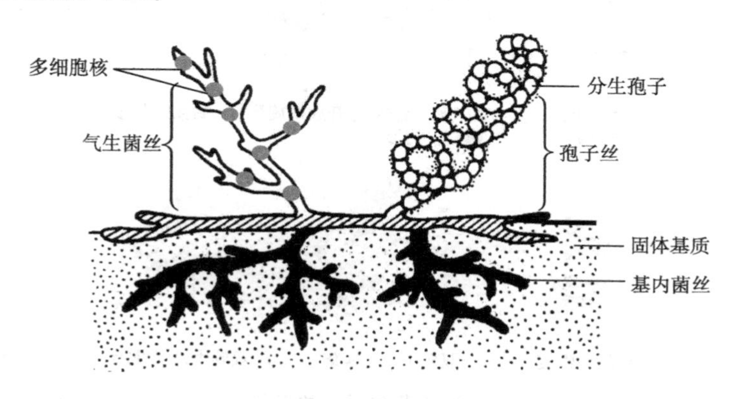

图2-51　放线菌的形态与结构

（一）营养菌丝

营养菌丝又称为初级菌丝或一级菌丝，生长于培养基内，主要功能是吸收营养，故又称基内菌丝。

营养菌丝一般无隔膜，即使有也极少。营养菌丝直径一般0.2～0.8μm，但长度差别很大，短的小于100μm，长的可达600μm以上。很多放线菌能够产生色素，有红、橙、黄、绿、蓝、紫、褐及黑色等色素。有的色素是水溶性的，可渗入培养基内，将培养基染上相应的颜色；有的色素是非水溶性（或脂溶性）的，可使菌落呈现相应的颜色。因此，色素是放线菌种的鉴定依据。

（二）气生菌丝

营养菌丝发育到一定时期，长出培养基外并伸向空间的菌丝称为气生菌丝。气生菌丝又称二级菌丝。气生菌丝生于营养菌丝上，以至可覆盖整个菌落表面。气生菌丝直径比营养菌丝粗，为1～1.4μm，其长度相差悬殊。气生菌丝有直形并分枝的，也有弯曲且分枝的。有的气生菌丝也产色素。

（三）孢子丝

当气生菌丝发育到一定程度，其上分化出可形成孢子的菌丝，即孢子丝。孢子丝又名产孢丝或繁殖菌丝。

孢子丝的形状有直形、波曲和螺旋形之分。孢子丝有不同的排列方式。有的呈交替着生，有的为丛生或轮生。孢子丝的形状与排列（图 2-52）均可作为种的鉴定依据。

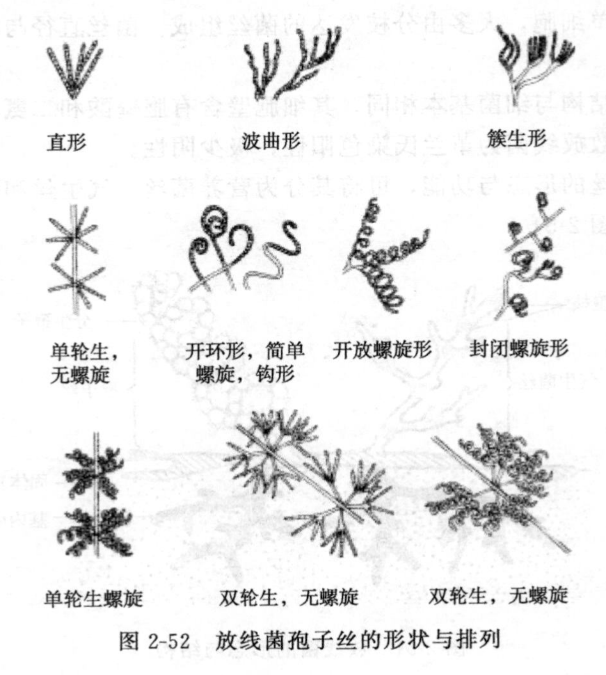

图 2-52　放线菌孢子丝的形状与排列

孢子丝生长到一定阶段可形成孢子。孢子有球形及椭圆形等（图 2-53）。

图 2-53　放线菌孢子的形状

放线菌孢子的表面有的光滑，有的带小疣，有的生刺或生毛发状物（图 2-54）。

图 2-54　放线菌孢子的表面情况

孢子含有不同色素，其孢子堆表现出相应的颜色，且在一定条件下比较稳定，故色素也是菌种鉴定的依据之一。

二、放线菌的生理特性

除少数外，绝大多数放线菌为异养型。大多放线菌为好氧菌，只有少数是微好气菌和厌气菌。温度对放线菌生长也有影响。多数放线菌的最适生长温度为 23～37℃，高温放线菌的生长温度为 50～65℃，也有很多放线菌 20～23℃以下仍生长良好。放线菌菌丝体比细菌营养体抗干燥能力强，很多放线菌在干燥条件下能存活一年半左右。

放线菌能很好地利用蛋白质、蛋白有胨以及某些氨基酸。有的放线菌能分解简单化合物；有的可转化复杂的有机物包括淀粉、有机酸、纤维素及半纤维素等。某些放线菌还可分解几丁质、碳氢化合物、丹宁乃至橡胶。

三、放线菌的生活史

放线菌的发育周期是一个连续的过程。现以链霉菌为例，将放线菌生活史概括如下：孢子在适宜条件下萌发，长出 1～3 个芽管；芽管伸长，长出分枝，分枝越来越多形成营养菌丝体；营养菌丝体发育到一定阶段，向培养基外部空间生长成为气生菌丝；气生菌丝发育到一定程度，在其上面形成孢子丝；孢子丝以一定方式形成孢子。如此周而复始，得以生存发展。如图 2-55 所示。

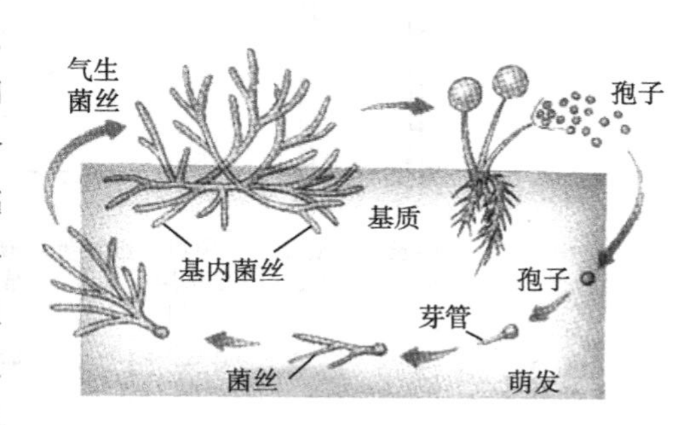

图 2-55　放线菌的生活史

四、放线菌的繁殖方式

放线菌主要通过形成无性孢子的方式进行繁殖，也可借菌体断裂繁殖。

图 2-56　分生孢子

放线菌生长到一定阶段，一部分气生菌丝形成孢子丝，孢子丝成熟便分化形成许多孢子，称为分生孢子（conidiospore）（图 2-56）。

分生孢子的形成有以下几种方式。

1. 凝聚孢子

凝聚分裂形成凝聚孢子。其过程是孢子丝孢壁内的原生质围绕核物质，从顶端向基部逐渐凝聚成一串体积相等或大小相似的小段，然后小段收缩，并在每段外面产生新的孢子壁而成为圆形或椭圆形的孢子。孢子成熟后，孢子丝壁破裂释放出孢子。

2. 横隔孢子

横隔分裂形成横隔孢子。其过程是单细胞孢子丝长到一定阶段，首先在其中产生横隔膜，然后，在横隔膜处断裂形成孢子，称横隔孢子，也中节孢子或粉孢子（图 2-57，图 2-58）。

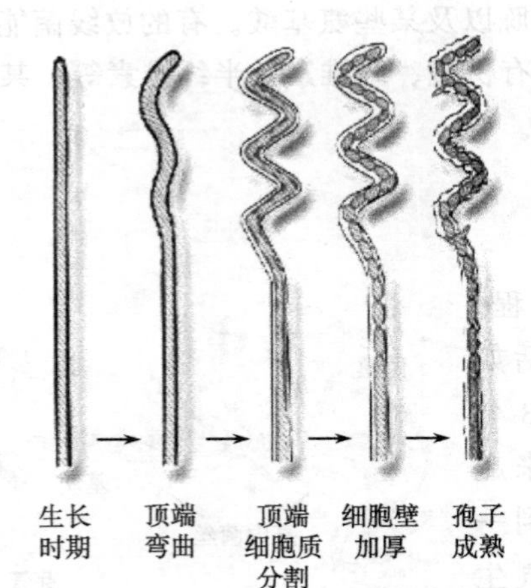

横隔断裂通常有两种方式：

1. 孢子丝的细胞膜内陷，由外向内逐渐收缩形成完整的横隔膜，使孢子丝分割成许多分生孢子；

2. 孢子丝的细胞壁和细胞膜同时内陷，向内缢缩，使孢子丝缢裂成一串分生孢子。

图 2-57　横隔分裂方式

3. 孢囊孢子

少数放线菌在菌丝上由孢子丝盘绕或由孢子丝顶端膨大形成孢子囊（sporangium），在孢子囊内形成孢子，孢子囊成熟后破裂，释放出大量的孢囊孢子。孢子囊可在气生菌丝上形成，也可在营养菌丝上形成。孢囊孢子见图 2-59。

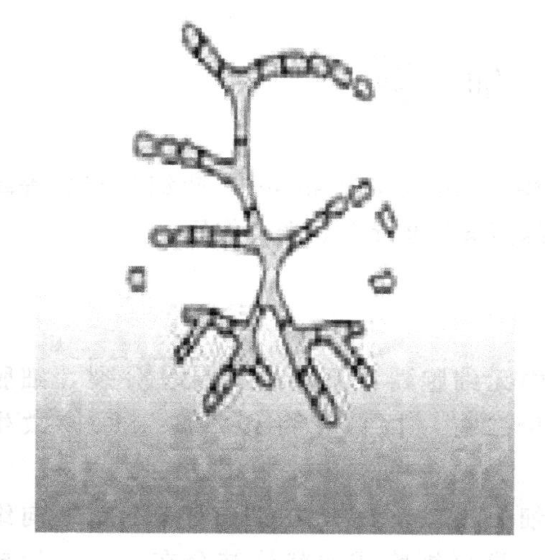

图 2-58　横隔孢子（节孢子、粉孢子）

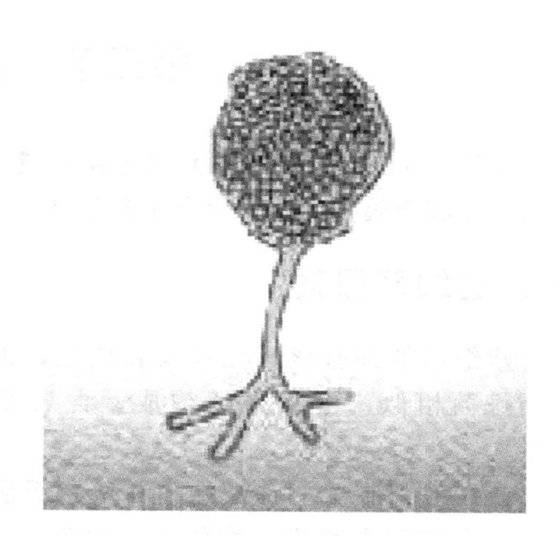

图 2-59　孢囊孢子

4. 菌丝断裂

液体培养时，很少形成孢子，而是通过菌丝体断裂，形成新的菌体。

五、放线菌的菌落特征

放线菌的菌落由菌丝体组成。一般圆形、光平或有许多皱褶，光学显微镜下观察，菌落周围具辐射状菌丝。放线菌的菌落分为两类：

一类是由产生大量分枝的菌丝所形成的菌落。构成这种菌落的菌丝较细，生长缓慢，分枝多且相互缠绕，故形成的菌落质地致密，表面呈较紧密的绒状，坚实、干燥、多皱，菌落较小，不蔓延，营养菌丝长在培养基内，菌落与培养基结合较紧，不易被挑起或挑起时不易破碎。另一类菌落由不产生大量菌丝体的种类形成，黏着力差，结构呈粉质状，用针挑起时易碎。放线菌的菌落见图 2-60。

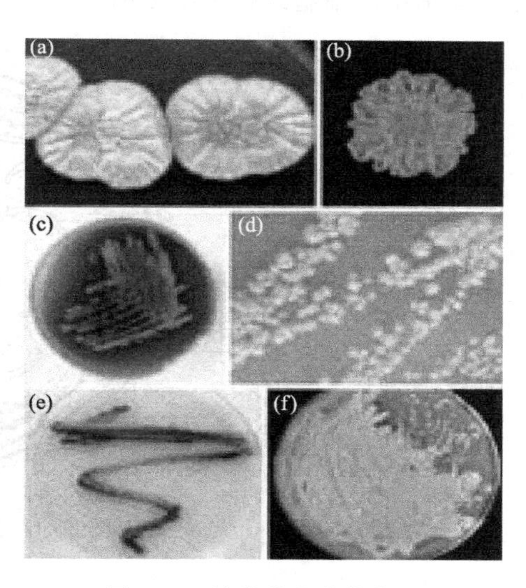

图 2-60　放线菌的菌落特征

若将放线菌接种于液体培养基内静置培养，能在瓶壁液面处形成斑状或膜状菌落，或沉降于瓶底而不使培养基混浊；如以振荡培养，常形成由短的菌丝体所构成的球状颗粒。

第三节　蓝　细　菌

蓝细菌（*Cyanobacteria*）又称蓝藻或蓝绿藻（blue-green algae）。蓝细菌与高等绿色植物和高等藻类一样，含有光合色素——叶绿素 a，也行产氧光合作用。

一、蓝细菌概述

蓝细菌的细胞核因无核膜和核仁，细胞中无细胞器，不能进行有丝分裂，细胞壁与细菌相似，由肽聚糖构成，含二氨基庚二酸，因此，将其归属于原核微生物中。

蓝细菌细胞壁的细微结构与革兰氏阴性细菌相似，其中许多种类能不断地向细胞壁外分泌胶黏物质，类似细菌的荚膜，将一群群细胞或丝状体结合在一起，形成胶团或胶鞘。大多数蓝细菌无鞭毛，因此只能“滑行”。有的蓝细菌还可行光趋避运动。

蓝细菌的光合器为原始的片层结构，由多层膜片相叠而成。片层结构所包含的光合色素有叶绿素 a、藻胆素（藻胆蛋白）和类胡萝卜素。藻胆素在光合作用中起辅助色素的作用，是蓝细菌所特有的。藻胆素又包括藻蓝素和藻红素两种，大多数蓝细菌细胞中，以藻蓝素占优势。藻蓝素与其他色素掺和在一起，使细胞呈特殊的蓝色，故而得名。蓝细菌的细胞结构见图 2-61。

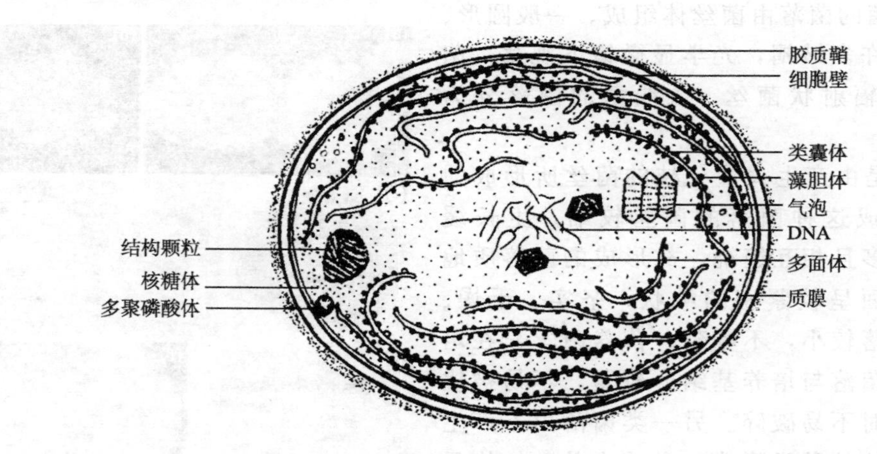

图 2-61　蓝细菌的细胞结构

蓝细菌分布极广，从海洋到高山，从热带到寒带，到处都有它们的踪迹。蓝细菌在土壤、岩石、树皮或其他物体上均能成片生长。许多蓝细菌生长在池塘和湖泊中，并形成菌胶团浮于水面。有的蓝细菌可生活在 80℃以上的热温泉、含盐量高的湖泊或其他极端环境中。

蓝细菌形态差异极大，有球状、杆状和丝状。蓝细菌细胞长 0.5～60μm，直径或宽度为 3～10μm。当许多蓝细菌聚集在一起时，可形成肉眼可见的较大群体。蓝细菌生长旺盛时，使水体呈现蓝绿色，即水华现象（图 2-62）。

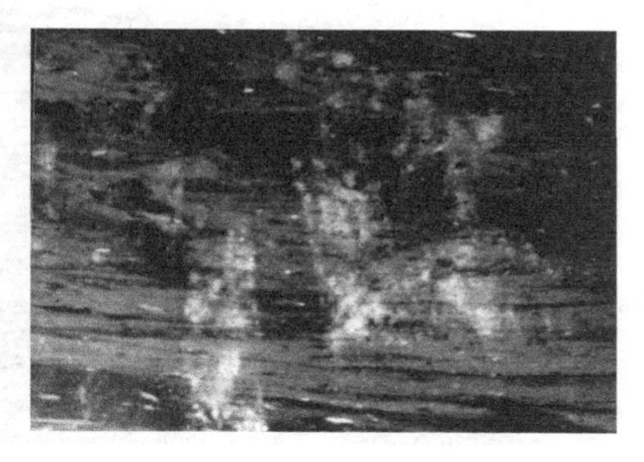

图 2-62　蓝藻引起的水华

许多蓝细菌的细胞中有气泡，其作用可能是使菌体漂浮，并使菌体能保持在光线最多的地方，以利光合作用。

某些蓝细菌具有一种特化的圆形细胞，称为“异形胞”（heterocyst）。异形胞是一些营养细胞通过在原来的壁内再分泌一层壁（肽聚糖）而形成的厚壁细胞。异形胞中含有丰富的固氮酶，为蓝细菌固氮场所。异形胞与邻接营养细胞有胞间连接，并在这些细胞间进行物质交换，例如，光合作用产物从营养细胞移向异形胞，而固氮产物则可从异形胞移向营养细胞。异形胞内含少量藻胆素，能进行不产氧的光合作用，产生 ATP 和还原性物质。

然而，有些不形成异形胞的藻类，例如，黏球蓝细菌属（*Gloeocapsa*）中的几种单胞藻，甚至在有氧条件下也可以固氮。能行固氮作用的种很多，因此，在农业上，蓝细菌已成为保持土壤氮素营养水平的主要因子。在稻田中培养蓝细菌作为生物肥源，可以提高土壤肥力。

由于蓝细菌是光能自养型生物，能像绿色植物一样进行产氧光合作用，同化 CO_2 成为有机物质，加之许多种还具有固氮作用，因此，它们的生活条件、营养要求都不高，只要有空气、阳光、水分和少量无机盐，便能大量成片生长。蓝细菌没有有性生殖，以裂殖为主。极少数种通过孢子繁殖。环境工程中蓝藻的代表种类见图 2-63～图 2-68。

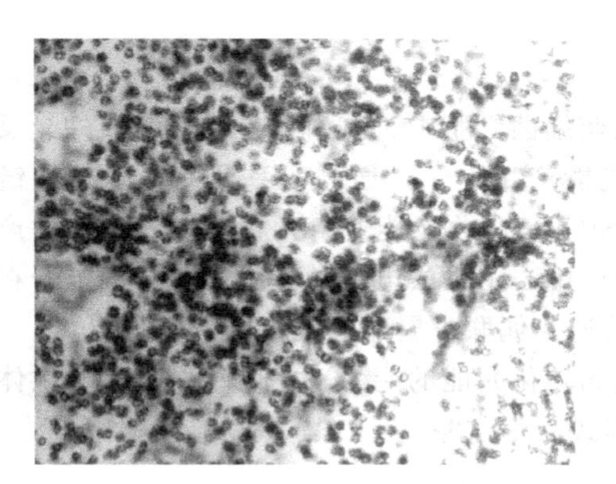

图 2-63　微囊藻

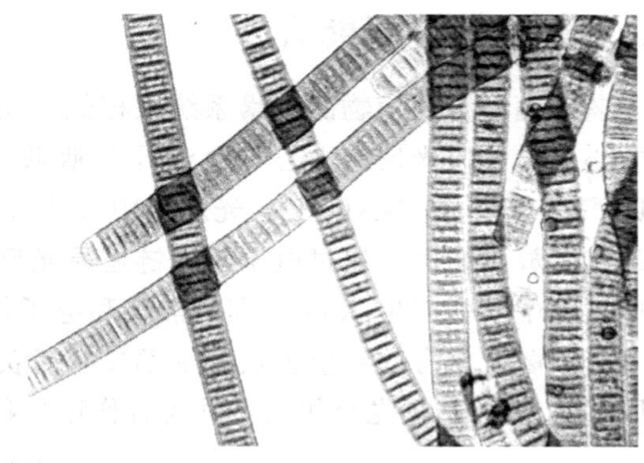

图 2-64　颤藻属

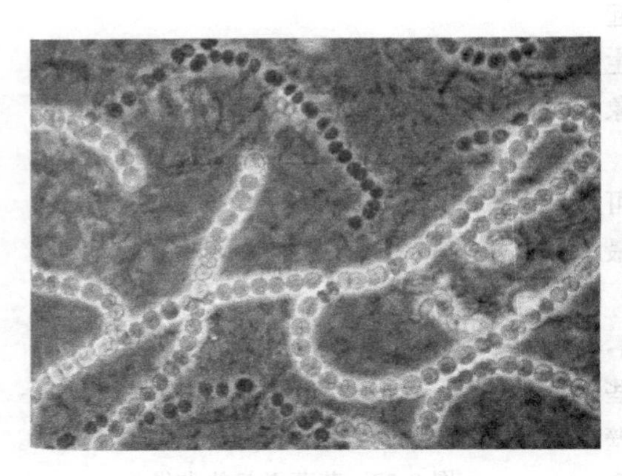

图 2-65　念珠藻属（*Nostic*）

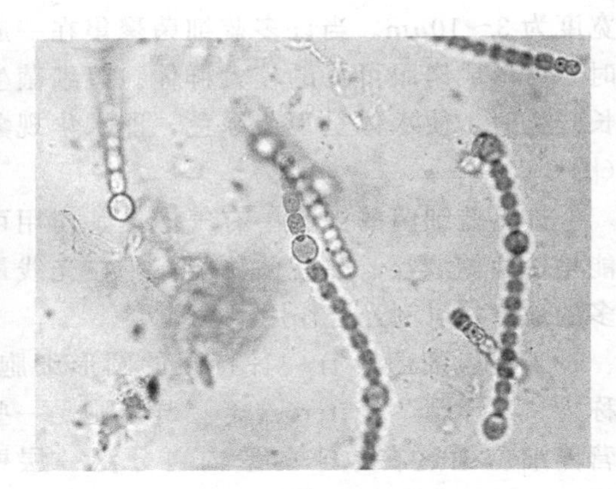

图 2-66　鱼腥藻属

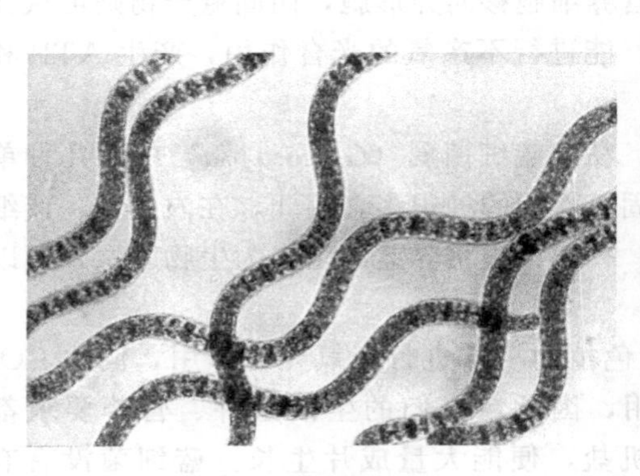

图 2-67　螺旋藻属

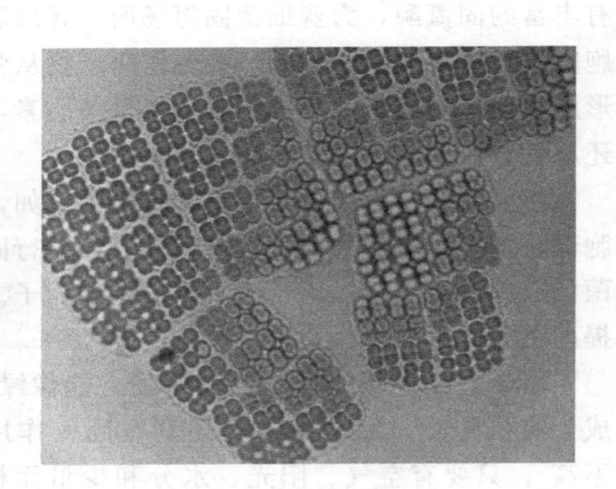

图 2-68　平裂藻属

二、蓝细菌与氢能开发

蓝细菌与绿色植物的色素系统很相似。在蓝细菌细胞中，有由光合色素组成的光反应中心Ⅰ与Ⅱ。光反应中心Ⅰ（SPⅠ）吸收光能产生电子，通过一系列的电子传递链还原 $NADP^+$ 生成 NADPH；光反应中心Ⅱ（SPⅡ）吸收光能使水光解，释放电子并产生氧气。放出的电子通过电子传递链还原光反应中心Ⅰ失去电子的叶绿素分子。电子在传递过程中偶联产生 ATP，即磷酸化和电子传递相偶联，属非环式光合磷酸化。

蓝细菌所具有的双重色素系统都具有捕获和转化光能的能力，并以水作为电子供体还原 CO_2 进行产氧光合作用，其光合作用方程式为

$$CO_2 + H_2O \xrightarrow[\text{光合色素}]{\text{光能}} CH_2O + O_2$$

形成的产物为氧气和有机物，有机物以淀粉或颗粒物的形式储藏起来。

蓝细菌用于生物制氢主要利用光合作用的两个系统从水中释放活泼氢和高能电子，同时阻断活泼氢同 CO_2 结合生成有机物的过程，并将高能电子导出转给活泼氢，使其

还原为氢气。由于SPⅠ的反应主要是NADPH还原；SPⅡ的主要反应是水的光解和氧气的释放。因此，活泼氢的产生和还原是在不同系统中进行的，分离两个系统，让其单独运行。美国研究人员已经完成了此项工作，证明是可行的。

如何导出高能电子并传递给活泼氢，可以通过一种既能吸附活泼氢又能传递电子的材料来解决，将吸附的活泼氢在其表面接受电子还原成氢气。这种吸氢材料可能是活泼金属和非金属合金。

第四节　古　细　菌

古细菌简称古菌，是一类很特殊的细菌。古细菌主要存在于高温、高盐、强酸或强碱等极端环境中。

古菌虽具有原核生物的基本特征，但在某些细胞结构的化学组成以及许多生化特性上均不同于真细菌。

一、古细菌的主要特征

(1) 古细菌细胞多样，有球形、杆状、叶片状、块状、三角形、方形或不规则形状等（图2-69）。

(2) 古细菌的细胞膜含醚类物质，其中甘油以醚键连接长链碳氢化合物异戊二烯，而不是以酯键同脂肪酸相连。

(3) 古细菌有独特的辅酶，如产甲烷菌含有F420，F430和COM等。

(4) 古细菌的主要呼吸类型是严格厌氧型。

(5) 古细菌比真细菌进化缓慢，保留了较原始细菌的特性。

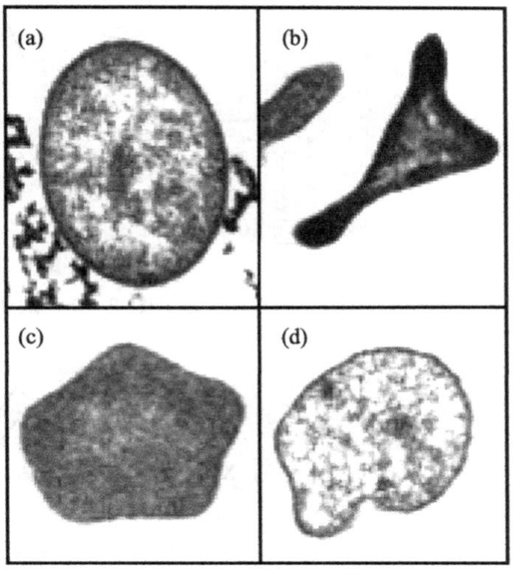

(a)　(b)　(c)　(d)

图2-69　古细菌的形状

(a) 椭圆形；(b) 近三角形；(c) 五角形；(d) 不规则形

二、古细菌细胞结构

(一) 古细菌的细胞壁

除少数（如*Thermoplasma*）外，绝大多数古细菌都有细胞壁，但其化学组成与细菌不同。古细菌的细胞壁中无肽聚糖。根据化学组成可将古细菌的细胞壁分为两大类：一类是由假肽聚糖或酸性杂多糖组成；另一类是由蛋白质或糖蛋白亚单位组成。有些古细菌的细胞壁则兼有假肽聚糖和蛋白质外层。

（二）古细菌的细胞膜

古细菌的细胞膜（图 2-70）中含有特殊的脂类，如磷脂和糖脂。其中一种主要磷脂是磷脂甘油磷酸的结构类似物，称为二醚磷脂酰甘油磷酸；糖脂是二醚糖脂，它们都是极性脂类（图 2-71）。

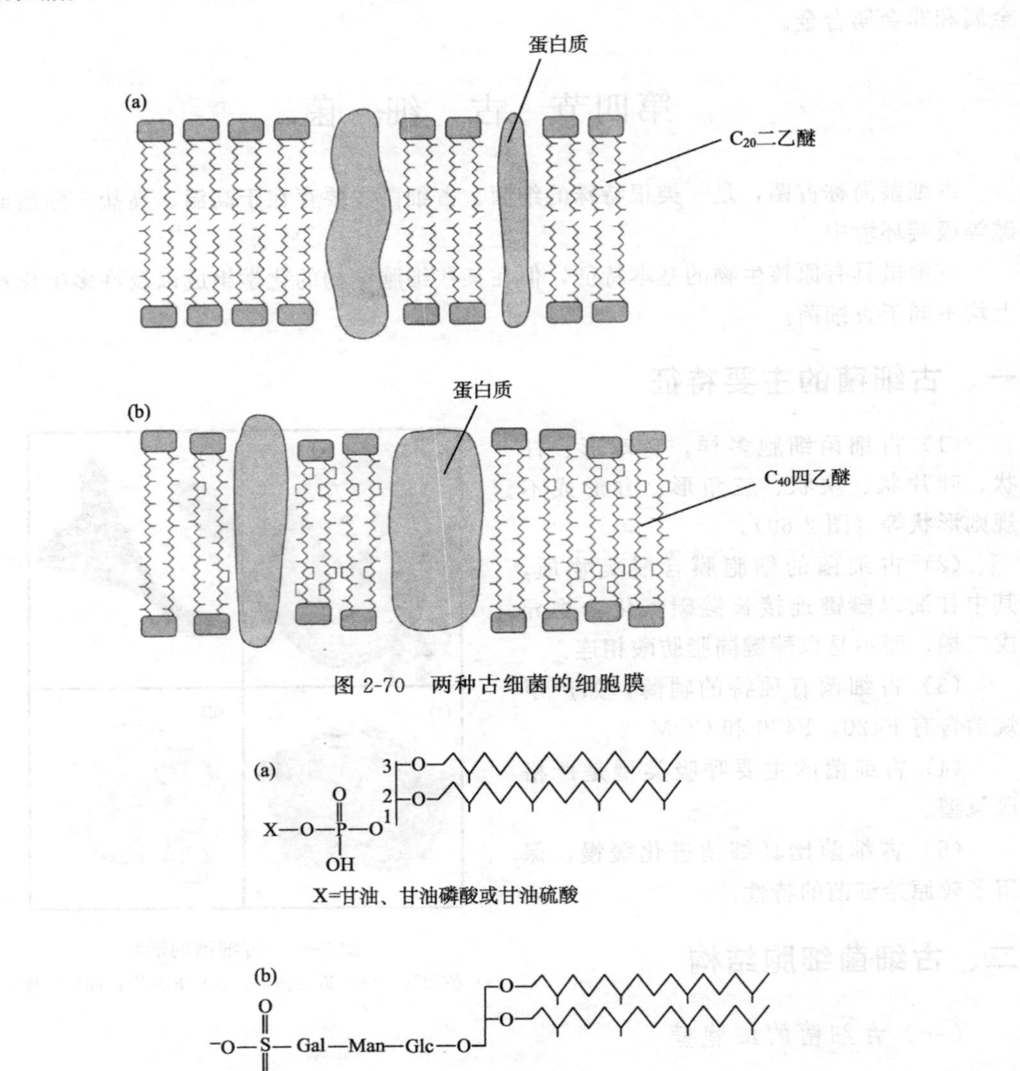

图 2-70　两种古细菌的细胞膜

图 2-71　嗜盐古细菌的主要磷脂（a）和硫酸化糖脂（b）的结构

除极性脂类外，古细菌中还含有非极性或中性脂类。在非极性脂类中，聚异戊二烯和氢化的聚戊二烯碳氢化合物占 95％以上。古细菌的细胞膜中也含有脂醌类化合物，这些化合物是传递质子和电子的载体。

三、古细菌的主要类型及其在环境工程中的作用

（一）产甲烷菌

在污染控制微生物工程中，最常用的古细菌是产甲烷菌（metnanogens）。

产甲烷菌独特的厌氧代谢机制使其在自然界物质循环中发挥着重要作用。产甲烷菌革兰氏染色 G^+ 或 G^-，形态多样，有球形、短杆状、长杆状、丝状和盘状等（图 2-72）。产甲烷八叠球菌常聚集在一起形成直径达几百微米的球体。甲烷丝状菌能形成较长的丝状体。

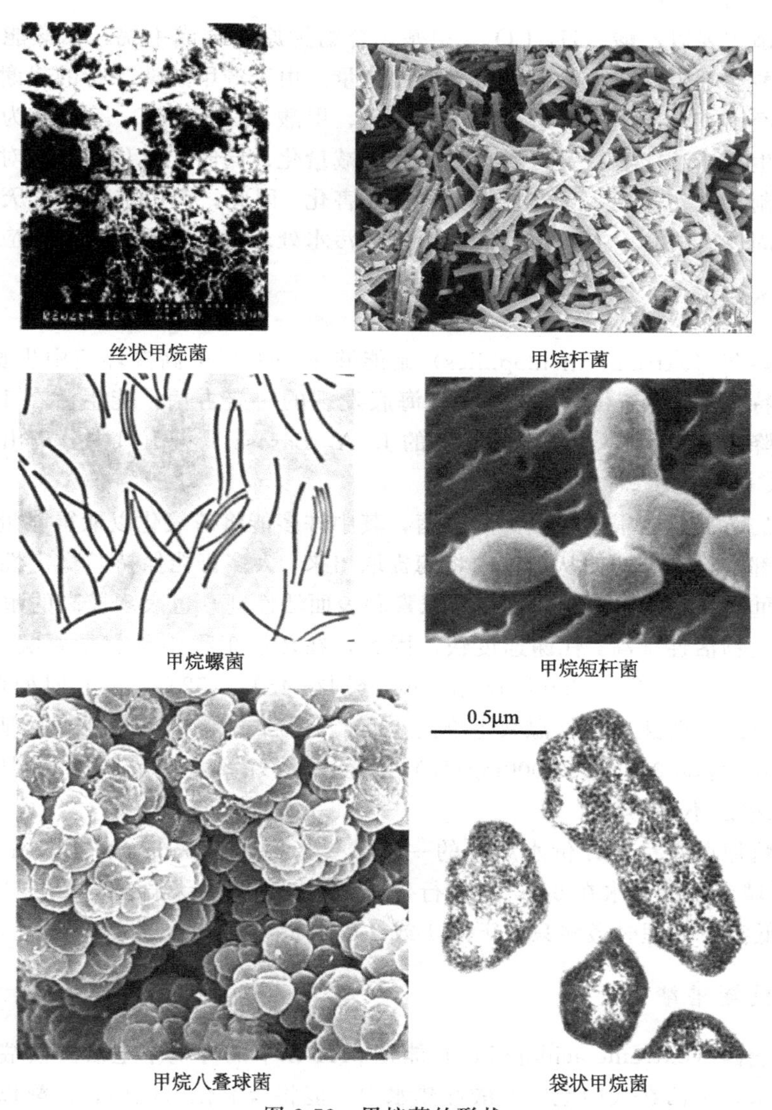

图 2-72　甲烷菌的形状

产甲烷菌能利用乙酸、CO_2、H_2 等生产甲烷，同时释放能量。

产甲烷菌在自然界中分布极广，在与氧气隔绝的环境中几乎都有产甲烷菌的存在，如稻田、河湖淤泥、海底沉积物以及动物的消化道等。但在不同生境中，产甲烷菌群落组成差异较大。

产甲烷菌细胞内不含过氧化氢酶及过氧化物酶，氧对它们有毒害作用，因此严格厌氧。所有产甲烷菌都能利用 NH_4^+ 作为氮源，少数甲烷菌具有固氮能力。与其他古细菌不同，所有产甲烷菌都需要金属镍作为产甲烷辅酶 F_{430} 的成分（镍四吡咯）。除镍以外，铁和钴也是产甲烷菌所需要的重要微量元素。某些氨基酸、酵母膏和酪蛋白水解物等可作为产甲烷菌的生长因子。

产甲烷菌主要以乙酸、H_2/CO_2、甲基化合物为原料合成甲烷，乙酸能够刺激其生长，通过乙酸盐呼吸获取生命活动所需要的能量。由于产甲烷菌独特的代谢机制，能使有机废弃物经由其他微生物分解后产生的乙酸、甲酸、H_2 和 CO_2 等转换为甲烷。甲烷的产生既可生产清洁能源，又可实现污染物的减量化；同时，其代谢产物对病原菌和病虫卵具有抑制和杀伤作用，可实现污染物的无害化。因此，产甲烷菌及其厌氧生物处理工艺技术在固体有机物、有机废水和城镇生活污水处理等方面具有广阔的应用前景。

（二）极端嗜热菌

极端嗜热菌（extreme themophiles）是能够在 90℃以上高温环境中生长的古细菌。德国的斯梯特（K. Stetter）等在意大利海底发现的一族古菌，能生活在 110℃以上高温环境中，降至 84℃即停止生长。美国的 J. A. Baross 从火山口中分离出的细菌可以生活在 250℃的环境中。

嗜热菌的营养范围很广，多为异养菌，其中许多能将硫氧化以取得能量。嗜热菌体内的酶对热都很稳定，即使从细胞中将酶提取出来，大多仍能保持其稳定性。嗜热菌酶不仅耐热，而且对其他化学变性剂（如尿素和表面活性剂）也表现极高的耐受性。

嗜热菌生物活性很高，代谢速度快，因此，在环境工程中具有重要实际应用意义。Couillard 等、Cariepy 等、Couillard 和 Zhu 分别在 45℃、52℃、58℃时处理屠宰废水，废水中有机物的降解速率比常温微生物高 10 倍。Rozivh 等利用嗜热菌处理高浓度垃圾浸出液（COD 达 80 000～200 000mg/L），COD 的去除率大于 95%，而用中温菌处理，COD 的去除率还不到 70%。

水体中病原菌数量是评价水质量的一项重要指标。Tapana cheunbarn 和 Krishna. R Pagilla 对城市生活污水在 65℃ 时进行生物处理，污水中大肠菌群数下降了 4 个数量级，而在较低温下处理时最多只能下降 1 或 2 个数量级。

（三）极端嗜酸菌

极端嗜酸菌（extreme acidophiles）能在 pH1 以下的环境中生活。极端嗜酸菌往往也是嗜高温菌，生活在火山地区的酸性热水中，能将硫氧化为硫酸，硫酸以代谢产物的形式排出体外。

煤炭是我国主要能源，但大多数煤中都含有很高的无机或有机硫成分，其含量

0.25%～7%，煤燃烧产生的SO_2直接进入大气中，导致酸雨的形成，因此，对煤的直接利用已引起严重的环境污染。在煤脱硫处理的方法中，微生物除硫既能除去煤中的有机硫，又能除去无机硫，因而具有较高的经济价值和社会效益。

微生物除硫中发挥作用的微生物主要是极端嗜酸菌。研究表明，可以利用嗜酸硫杆菌脱除煤中的无机硫，利用嗜热嗜酸菌（如硫化叶菌）既能脱除煤中无机硫，也能脱出有机硫。

（四）极端嗜盐菌

极端嗜盐菌（extremehalophiles）生活在高盐度环境中，盐度可达25%，如死海和盐湖中。

以石油为原料制造的塑料在自然环境条件下不易被生物降解，燃烧时又产生大量的有害气体，造成的白色污染问题日益严重。人们一直在致力于可生物降解塑料的研究与开发。以微生物发酵法产生的PHA（聚-β-羟基烷酸）为原料制造的新型塑料，可被多种微生物完全降解，开发应用前景十分可观。极端嗜盐菌比普通细菌产生的PHV（聚-β-羟基戊酸）含量较高，可解决目前以PHB（聚-β-羟基丁酸）制备的塑料韧性不够的问题。因此，极端嗜盐菌对解决白色污染有积极意义。

（五）极端嗜冷微生物

生活在低温条件下且其最高生长温度不超过20℃，在0℃可生长的微生物称嗜冷微生物。

嗜冷微生物主要生态环境有极地、深海、寒冷水体、冷冻土壤和冷藏食品的低温环境等。当高原或高纬度寒冷地带的河流、湖泊及土壤被污染时，嗜冷微生物可对污染物进行降解和转化。应用低温微生物对广受污染的寒冷地域环境进行废物处理越来越受到人们的重视，受污染寒冷土壤和水体的恢复可通过低温微生物的原位清洁作用来实现。Whyte等在加拿大被石油污染的土壤中发现大量的嗜冷烃降解菌，对寒冷地区石油污染的生物修复有重要意义。Jarvinen等进行了氯酚类的低温生物降解研究，他们从地下水中分离到的耐冷高效氯酚降解菌用于好氧流化床，净化地下水中的氯酚污染。结果表明，在5～7℃下，氯酚负荷为740mg/（L·d）时，氯酚去除率达99.9%。

（六）极端嗜碱菌

极端嗜碱菌（extreme alkaliphiles）多数生活在盐碱湖或碱湖、碱池中，生活环境pH可达11.5以上，最适pH8～10。

工业生产产生的酸性工业废水和碱性工业废水可以分别考虑用嗜酸微生物和嗜碱微生物进行处理，可以大大简化处理程序，降低处理成本。而在高温高盐的极端环境中，污染物的降解则需嗜热与嗜盐微生物。

第五节　鞘细菌（丝状细菌）

鞘细菌是环境工程中一类重要的以丝状体生长的细菌，因此鞘细菌又称为丝状细菌。鞘细菌的多个细胞在一个共同的鞘体内呈线状排列，形成单丝状。也有一些鞘细菌在鞘边附着一个或数个细胞，形成“分枝状”，但属假分枝（图 2-73）。鞘细菌菌丝的直径不同种间差别很大，从一微米至几十微米，其长度大多在数十至数百微米甚至更长，一般在低倍镜下即可看到。

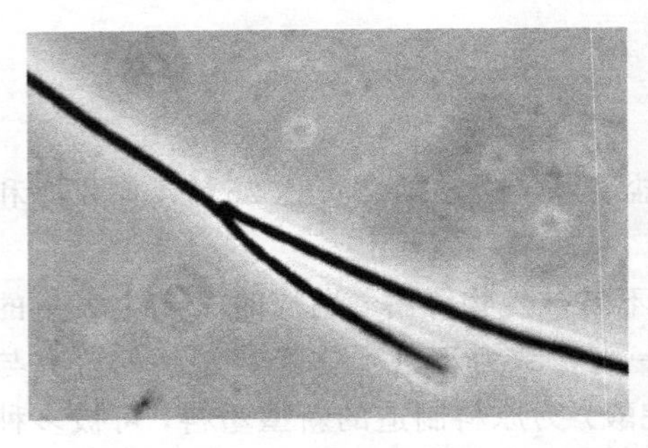

图 2-73　“分枝状”鞘细菌

菌鞘的主要成分是蛋白质、多糖、类脂等，鞘外包围的有含多糖的黏质层或荚膜。不同种的菌鞘差别很大，有的较厚，有的较薄或不明显。

一、环境工程中的重要鞘细菌

鞘细菌为好氧或微好氧菌，以化能异养为主，但也有化能自养型及兼性化能自养型。鞘细菌分为三种：积累氢氧化铁的丝状细菌；氧化硫化物的丝状细菌；普通鞘细菌。前二者均属环境工程中的重要鞘细菌，它们常存在于被污染的河流、活性污泥以及有机物丰富的环境中，具有重要的净化作用。

（一）丝状铁细菌

能将亚铁离子氧化成高价铁的细菌统称为铁细菌。丝状铁细菌大多属于鞘细菌，如球衣菌属（*Sphaerotilus*）、泉发菌属（*Crenothrix*）及纤发菌属（*Lepothrix*）等。丝状铁细菌能在鞘内积累氢氧化铁或氧化铁形成高铁外鞘。丝状铁细菌严格好氧，化能异养，其代表菌有：

1. 球衣菌属

在鞘细菌中球衣菌属（*Sphaerotilus*）（图 2-74）是研究较早的一个属。球衣菌属细胞直径为 1～2μm，长为3～8μm，革兰氏染色阴性。其丝状体由一连串两端圆形的杆状细菌组成，周围有紧贴菌体的膜鞘。

球衣菌膜鞘内的细胞以二等分法分裂产生新细胞，新细胞被推于一端，合成新的鞘膜材料，因此，膜鞘总是在丝状体的末端形成。营养贫乏时，单个细胞移出膜鞘。这些游离细胞带有偏端丛生鞭毛，运动活跃，静止下来时便开始生长。每一个浮离细胞形成一个新的丝状体，其丝状鞘的一端固着在固体表面。鞘膜的主要成分为蛋白-多糖-脂类复合物，与许多革兰氏阴性菌所形成的荚膜类似。氧化铁和氧化锰常沉淀于球衣菌的鞘膜上（图 2-75）。球衣菌属的代表是浮游球衣细菌（*Sphaerotilus natans*），见图 2-76。

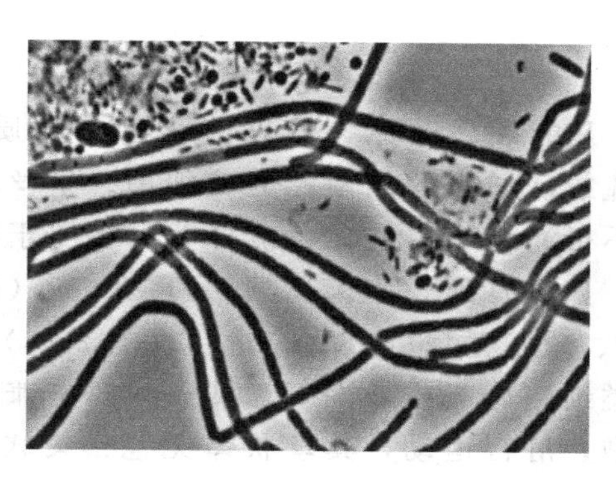

图 2-74　球衣菌属

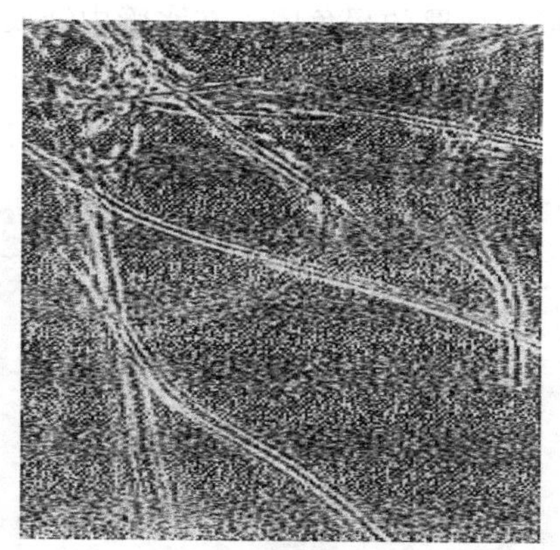

图 2-75　包有铁外壳的球衣细菌的相差显微照片

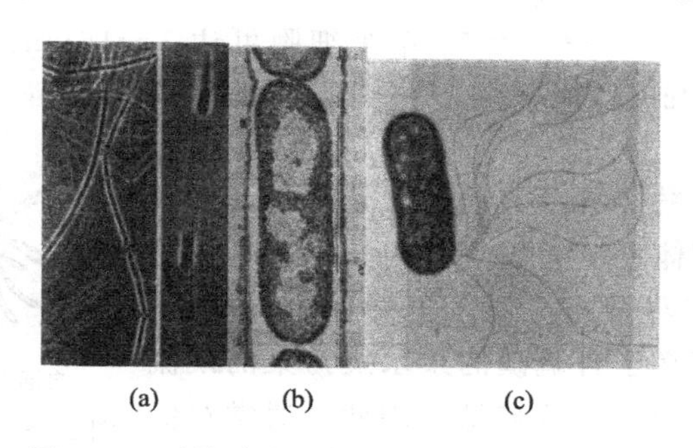

图 2-76　浮游球衣细菌（*Sphaerotilus natans*）

(a) 活跃生长阶段（左-放大 690 倍），游走细胞离开鞘膜（右-放大 1540 倍）；(b) 丝状体切片的电子显微照片（放大 22 400 倍）；(c) 游走细胞的电子显微照片（放大 9050 倍），有极生鞭毛簇

球衣细菌出现在富含有机物的水体及活性污泥处理系统中。在活性污泥系统中，若控制不当，球衣菌会大量繁殖，引起污泥膨胀，使污泥不能正常沉降，影响出水水质。

2. 赭色纤发菌

细胞杆状，极生鞭毛，单、双或短链排列，可产生假分枝，形成氧化铁或氧化锰外鞘。幼龄细胞无色，形成鞘后变黄至褐色。赭色纤发菌（*Leptothrix ochracea*）不附着于固体表面，自由浮游。当鞘过厚时，细胞从中滑出，留下空鞘。滑出的细胞再形成新鞘。该类细菌常生活在含铁的流动水域中。

3. 多孢泉发菌

多孢泉发菌（*Crenothrix polyspora*）菌丝可长达 1～6μm，顶部膨大可达 6～9μm，无分枝。菌丝上部无色，基部因有氧化铁或氧化锰沉积呈铁锈色，以分生孢子繁殖。多孢泉发菌形成的黏液可产生不良气味。

多孢泉发菌广泛分布于水体、含铁及有机物的泉水中。在排水管道、死水和流水中生成稠而厚的褐色团，在水管中结成含铁垢层，影响水的输送。

（二）丝状硫细菌

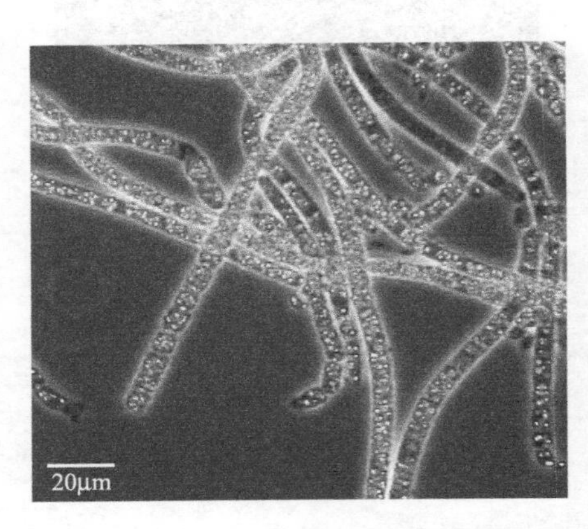

图 2-77　贝日阿托氏菌属

凡能氧化还原态硫（硫化物或单质硫）为硫或硫酸盐的细菌称为硫细菌。呈丝状生长不行光合作用的无色硫杆菌大多属于鞘细菌，如贝日阿托氏菌属（*Beggiutoa*）（图 2-77）、硫发菌属（*Thiothrix*）（图 2-78）等，这类细菌好氧或微好氧。贝氏细菌是兼性自养型，滑行运动，其丝状体无色、柔软，呈圆筒状，菌丝直径差异很大，小的仅 1μm，大的可达 15～50μm，长 80～1500μm，其中单个细胞可达 7～16μm，但由于其细胞壁薄，且细胞内聚集大量硫粒，所以细胞间的横隔较难分辨。

硫发菌属也是形成鞘的杆菌，丝状无分枝，基部直径较大，易于固着在固体表面（图 2-78）。

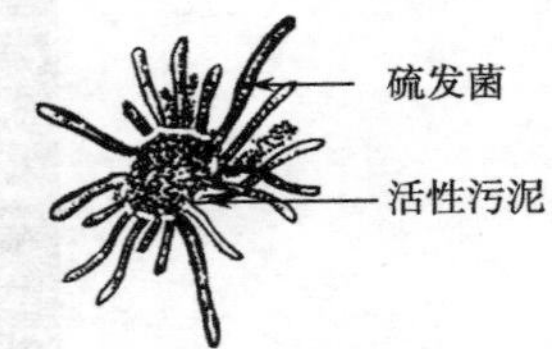

图 2-78　活性污泥中的硫发细菌

丝状硫细菌在自然界分布广泛，主要生活于湖泊、池塘和污水中，也常存在于含硫磺的泉水及污染的溪流中。由于它们能将硫化物氧化为硫酸，因此，通常对低 pH 的环境耐受力较强。

二、丝状菌的特点及其在废水处理中的意义

丝状细菌易于在固相上附着生长，以保持一定的细胞密度。在废水好氧生物处理中，有大量丝状细菌的存在，它们将一些有益菌粘连在一起，共同降解有机污染物。丝状细菌与有益菌这种结构上的紧密联合可免遭原生动物及后生动物的吞食，具有自我保护意义。

丝状菌的比表面积大，有利于摄食低浓度养分。在养分浓度相对较低的情况下，其增殖速度比菌胶团快；在养分浓度较高时，则比菌胶团增殖速度慢。

许多丝状菌表面有胶质的鞘，能分泌黏液，黏液中含有特定抗体，以防止其他生物附着。黏液层能保持一定的胞外酶浓度，并能减少水流对细胞的冲刷。由于丝状细菌对环境要求低，增殖速度快，吸附能力强，对低氧及贫养环境的耐受力也很强。因此，在废水生物处理系统中存活的种类多，数量大。

碳是构成球衣菌衣鞘的主要成分。过量的碳可被球衣菌吸收，并以聚-β-羟基丁酸（PHB）的形式储藏于菌体内。PHB 密度小，可使菌体的沉降性变差。造纸废水、含酚废水、印染废水、淀粉废水等 C/ N 较高的废水易出现丝状菌膨胀。

三、丝状细菌与活性污泥

根据 Seagin 等关于絮体结构学说，丝状菌是形成污泥絮体的骨架，丝状菌对保证污泥絮体的强度具有重要作用。若缺少丝状菌，污泥絮体强度降低，抗剪力变差，往往会造成出水浑浊。

当活性污泥中的菌胶团细菌和丝状菌处于平衡状态时，丝状菌作为污泥絮体的骨架，菌胶团细菌附着其上，形成结构紧密、沉降性能良好的污泥絮体。随着絮体的增大，到某一临界值后，絮体内部条件开始变化，变的不利于菌胶团细菌的繁殖，而有利于丝状菌生长，丝状菌自污泥颗粒伸展出来，使污泥颗粒沉降性能开始变差。此后，污泥絮体开始解体，污泥的沉降性能变得更差，以至于破碎。破碎后的小污泥又利于菌胶团细菌的生长，菌胶团细菌又可直接从溶液中吸取营养，菌胶团细菌与丝状菌重新建立新的平衡关系。

丝状菌大量繁殖时，长丝状菌从活性污泥絮体中伸出，将各个絮体联结（或搭桥），形成丝状菌的絮体网。细菌还会沿丝状菌凝聚，形成细长絮体。絮体及絮体网形成后，活性污泥结构松散，沉降性能变差，污泥因浮力而上浮，泥面上升，最终导致出水中的 SS 和 BOD 升高；若其中的诺卡氏菌属微生物超量生长，曝气池系统的气泡又进入其群体，则在池面上形成一种密实稳定的棕色泡沫或一层厚浮渣，最终导致装置运行失败。

本章小结

1. 原核微生物是指细胞内有一个核区，无核膜包裹，也无核仁，核区只有一个 DNA 分子，无细胞器的原始单细胞微生物，包括真细菌和古生菌两个类群。

2. 细菌是单细胞微生物，有不同的形状与大小，以裂殖方式繁殖，其基本形态为球状、杆状与螺旋状。细菌结构分为两部分：一是基本结构，包括细胞壁、细胞膜、细胞核（原核）和核糖体；二是特殊结构，如鞭毛、散毛、荚膜、芽孢等。革兰氏阳性细菌与阴性细菌的细胞壁在结构及化学组成上有明显差异。细菌细胞壁因含有肽聚糖、磷壁酸、脂多糖、脂蛋白和磷脂等使整个细菌表面呈现阴离子特性，通过细菌细胞中这些聚合物上的羧基或磷酰基等阴离子的作用增加了细菌对金属离子的吸附。细菌的细胞膜是一个重要的代谢活动中心。细胞膜的性质对污染物的吸收有一定影响。细菌的细胞核无核膜、无核仁，没有固定形态，比较原始，故被称为原核。

3. 质粒（plasmid）是染色体 DNA 外，存在于细菌细胞质中的一种能自我复制的小环状 DNA 分子。质粒含有使细菌具有某些特殊性状的基因，如有的质粒对某些金属离子具有抗性。质粒可以独立于染色体之外而转移，通过接合、转化或转导等方式可从一个菌体转入另一菌体。因此，在遗传工程中将质粒作为基因的运载工具，构建新菌株。在环境工程中，很多基因工程菌都是通过质粒载体构建的。

4. 菌胶团是活性污泥和生物膜的重要组成部分，有较强的吸附和氧化有机物的能力，在废水生物处理中具有重要作用。

5. 放线菌是介于细菌与丝状真菌之间而又接近于细菌的一类丝状原核生物。因菌落呈放射状而得名。

6. 蓝细菌属于原核微生物。蓝细菌生长旺盛时，使水体呈现蓝绿色，即水华现象。蓝细菌可用于氢能的开发。

7. 古细菌主要存在于高温、高盐、强酸或强碱等极端环境中，包括产甲烷菌、极端嗜热菌、极端嗜酸菌、极端嗜盐菌及极端嗜冷菌等。在污染控制微生物工程中，最常用的古细菌是产甲烷菌，产甲烷菌能利用乙酸、CO_2、H_2 等生产甲烷。极端嗜酸菌能在 pH1 以下的环境中生活，极端嗜酸菌往往也是嗜高温菌。微生物除硫中发挥作用的微生物主要是极端嗜酸菌。

8. 鞘细菌是环境工程中一类重要的以丝状体生长的细菌，故又称为丝状细菌。鞘细菌分为三种：积累氢氧化铁的丝状细菌；氧化硫化物的丝状细菌；普通鞘细菌。前二者常存在于活性污泥以及有机物丰富的环境中，具有重要的净化作用。丝状细菌大量繁殖时可引起污泥膨胀。

思 考 题

1. 什么是原核微生物？原核微生物与真核微生物有哪些区别？
2. 研究细菌的形态与大小有何实际意义？
3. 简述细菌的基本结构。
4. 简述细菌细胞壁的化学组成与结构。
5. 革兰氏阳性和阴性菌的细胞壁结构有何不同？
6. 简述细菌细胞壁与革兰氏染色机理的关系。
7. 简述细菌细胞壁的组成对重金属吸附的影响。
8. 简述细胞膜的组成对污染物的吸收的影响。
9. 分述细菌特殊结构、功能及其与环境工程的关系。
10. 什么放线菌？放线菌有何结构特点？
11. 什么是蓝细菌？蓝细菌有哪些特点？蓝细菌与环境工程有何关系？
12. 古细菌有哪些特点？古细菌包括哪些种类？在环境工程中有何作用？
13. 什么是丝状（鞘）细菌？简述丝状（鞘）细菌与废水处理的关系。

第三章　环境工程中细胞型微生物类群Ⅱ——真核微生物

凡是细胞核具有核膜、核仁，能进行有丝分裂，细胞质中有细胞器的微生物称为真核微生物。真核细胞的结构见图 3-1。真核微生物包括的种类如图 3-2 所示。

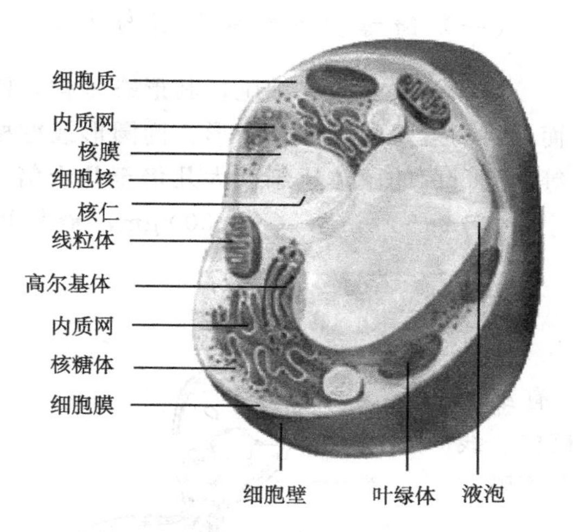

图 3-1　真核细胞的结构

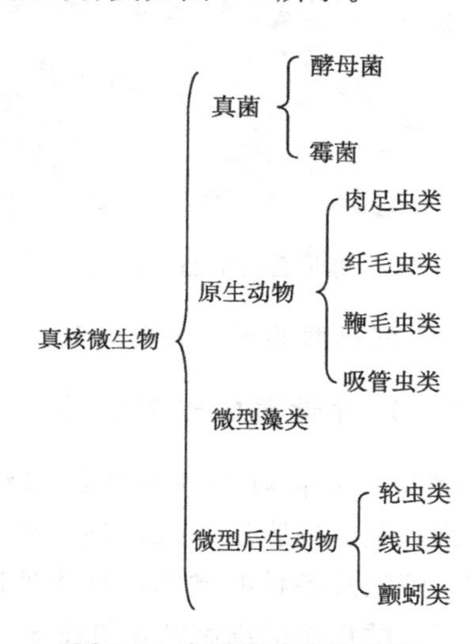

图 3-2　真核微生物的种类

第一节　真　　菌

真菌是指单细胞（包括无隔多核细胞）、多细胞、不能进行光合作用、靠寄生或腐生方式生活的真核微生物。

真菌在自然界中分布极广，大气、水、土壤及动植物体内外都有真菌的存在。真菌属于异养菌，可分解多种多样的有机物，在自然界物质循环中起着重要的推动作用，在环境工程中扮演着极为重要角色。

一、酵母菌

酵母菌（yeast）是一群单细胞真核微生物，以无性繁殖——芽殖为主，极少数种可通过子囊孢子进行有性繁殖。酵母菌多为腐生型，少数为寄生型，生长温度为 4～35℃，最适温度为 30℃。

酵母菌在自然界分布较广，但主要分布在含糖质较高的偏酸环境。蔬菜、花蜜、果实、五谷上以及果园的土壤中有大量酵母菌的存在；在蜜饯和盐腌食品等渗透压较高的环境也能分离到酵母菌；在海水中可分离到红酵母等酵母菌；在油田和炼油厂周围的土壤中存在大量石油酵母。酵母菌经过长期自然选择，对高糖环境、高碳环境（如石油等）及高渗透压环境等具有较强的适应能力，这使其应用于高浓度有机废水的处理，特别是食品加工废水，制糖废水、水产品加工废水、酿造废水、造纸废水、制油废水与石油行业废水等具有很大的潜力。

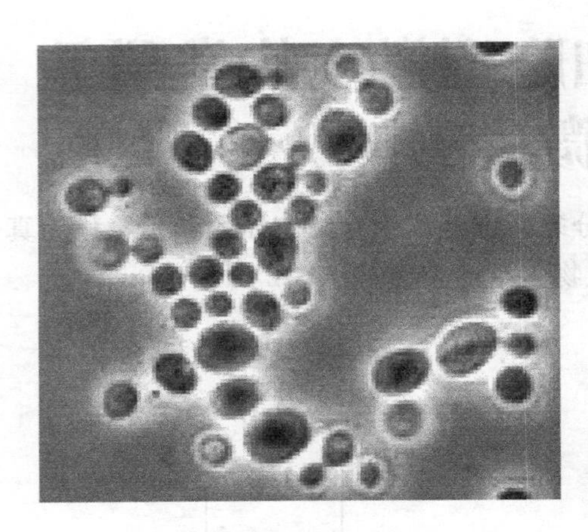

图 3-3　酵母菌的形态（放大 40 倍）

（一）酵母菌的细胞形态与大小

酵母菌大多为单细胞，其形态多样，因种而异，一般呈卵圆形、球形、椭圆形或柠檬形等。酵母菌的菌体比细菌大几倍至几十倍，大小为（1～5）μm×（5～30）μm，最长可达100μm。酵母菌的形态见图 3-3。

（二）酵母菌的细胞结构

酵母菌具有典型的真核细胞结构，有细胞壁、细胞膜、细胞质、细胞核、核膜、核仁、线粒体、液泡及各种贮藏物，有些种还具有荚膜和菌毛等。酵母菌的细胞结构见图 3-4。

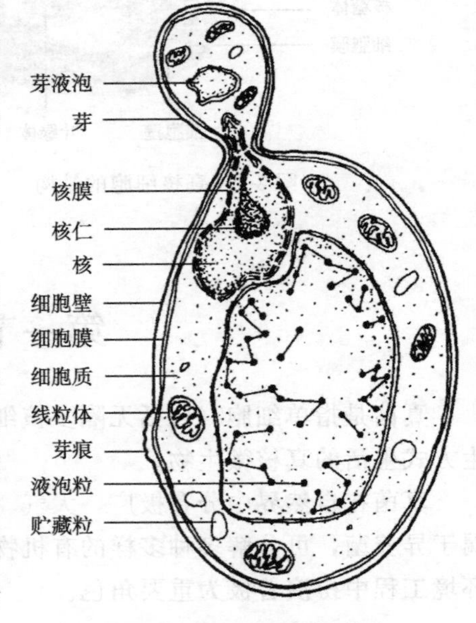

图 3-4　酵母菌的细胞结构

1. 细胞壁

细胞壁厚约 1.2μm，可分为 3 层。内、外两层是电子致密层；中间为电子稀疏层。酵母菌细胞壁的主要化学成分是葡聚糖（30%～34%）和甘露聚糖。酵母菌的葡聚糖是一种分枝的多糖聚合物，其分子质量为 240 000Da。葡聚糖与甘露聚糖之间由蛋白质连接。酵母菌细胞壁中还含有几丁质，其含量因种而异。有的酵母菌如隐球酵母属，在细胞壁外还覆盖有类似细菌荚膜的多糖物质。

2. 细胞膜

酵母菌的细胞膜与原核生物的细胞膜基本相同。不同的是，有的酵母菌的细胞膜中含有固醇。固醇的作用尚不清楚，也许能增强膜的强度。酵母细胞已由膜分化产生的细胞器。酵母菌细胞膜的功能不及原核生物细胞膜功能多样，其主要作用是调节细胞渗透压、吸收营养和分泌物质。另外，还与细胞合成作用有关。酵母菌的细胞膜结构见图 3-5。

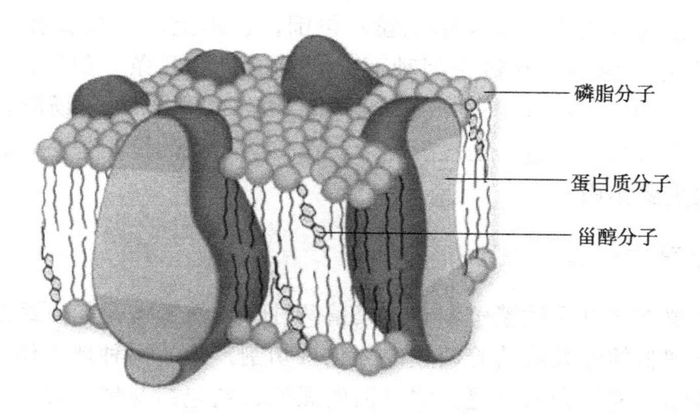

图 3-5　酵母菌的细胞膜结构

3. 细胞质

酵母菌细胞质含有线粒体（能量代谢中心）、中心体、核糖体、高尔基体、内质网及液泡等细胞器。下面只介绍线粒体（图 3-6）及液泡（图 3-7）两种细胞器。

1）线粒体

酵母菌的线粒体与其他真核细胞线粒体一样，由内外两层膜包被。外膜平滑，内膜向内折叠形成嵴，内膜上有呼吸链酶系及 ATP 酶复合体。内外两层膜之间为膜空间。线粒体中央为线粒体基质，线粒体基质内含有参与三羧酸循环的全部酶类。

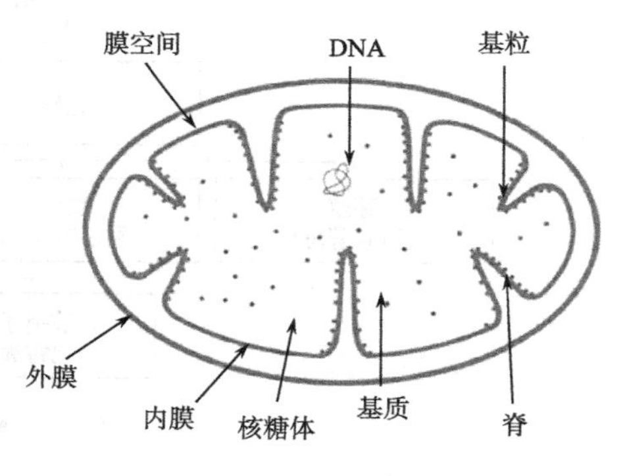

图 3-6　酵母菌线粒体

线粒体是细胞内氧化磷酸化和形成 ATP 的主要场所，有细胞“动力工厂”（power plant）之称。另外，线粒体有自身的 DNA 和遗传体系，但线粒体基因组的基因数量有限，因此，线粒体只是一种半自主性的细胞器。

2）液泡

酵母菌细胞中一种透明的泡状物称为液泡。液泡由单层膜包围。液泡具有调节渗透压、进行物质交换及贮藏作用。细胞成熟时，液泡内含有多种水解酶如蛋白酶、脂肪酶、DNA 酶及肝糖粒、脂肪滴与异染颗粒等颗粒状贮藏物。细胞生长旺盛时看不到贮藏物。酵母菌的液泡见图 3-7。

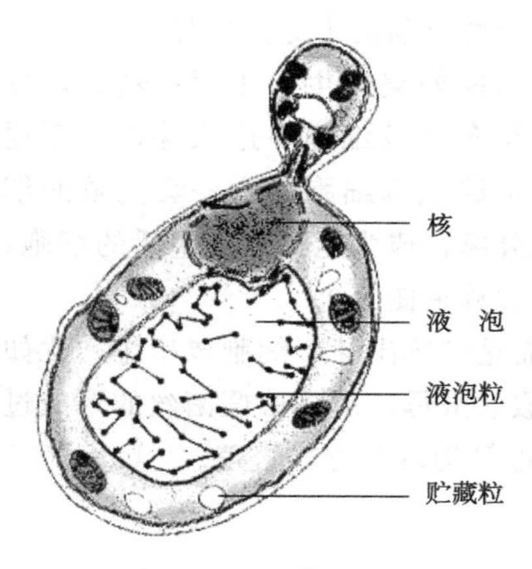

图 3-7　酵母菌的液泡

3） *细胞核*

酵母菌的细胞核由核膜（双层单位膜）包围，核膜上有大量核孔，核孔的直径为40～70nm。核内有染色体，其数目因种而异，有的只有几条，如汉逊酵母细胞 4 条，有的达近 20 条。核内有核仁，一个或几个，核仁是核糖体合成的场所。酵母菌的细胞核携带有整个细胞的遗传信息，是生物化学、遗传学过程的控制中心，在酵母菌的代谢和生殖等方面起重要作用。

（三）酵母菌的繁殖

酵母菌的繁殖方式有无性繁殖和有性繁殖两种。无性繁殖是指不经过两性细胞的结合，而只是营养细胞的分裂或营养菌丝的分化（切割）形成同种新个体的过程；有性繁殖是指经过两性细胞的结合的繁殖。酵母菌的无性繁殖包括芽殖、裂殖、形成厚垣孢子和节孢子；酵母菌的有性繁殖是产生子囊孢子。凡能进行有性繁殖产生子囊孢子的酵母称为真酵母；只进行无性繁殖、尚未发现有性繁殖的酵母称为假酵母。酵母菌的繁殖方式见图 3-8。

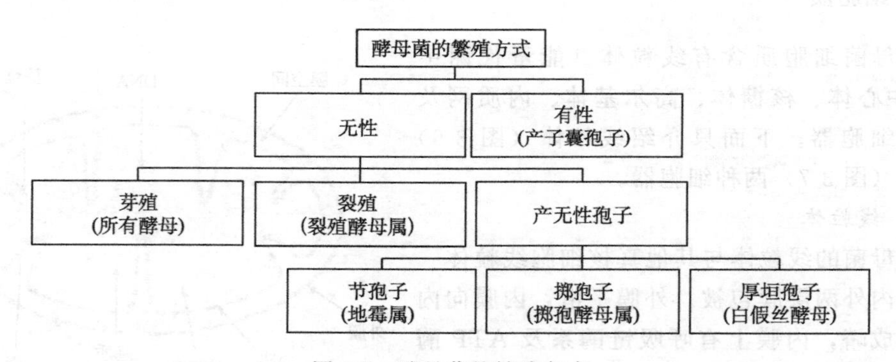

图 3-8　酵母菌的繁殖方式

1. 无性繁殖

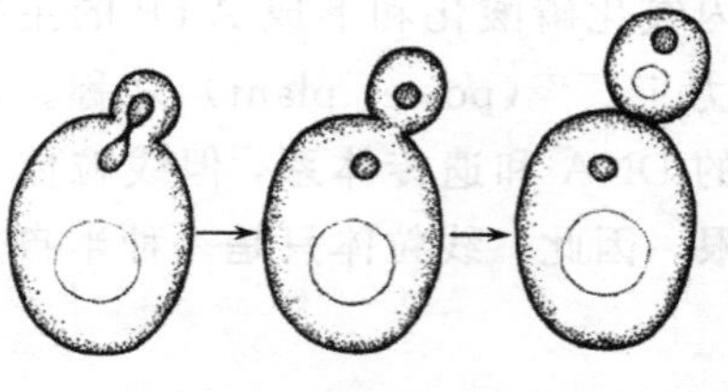

这里只简单介绍酵母菌的出芽繁殖过程。

首先，细胞表面向外突出生出小芽；然后，母细胞部分核物质、染色体及细胞质进入芽内；芽逐渐增大；最后，芽细胞从母细胞得到一套完整的细胞结构并与母细胞分离，成为能够独立生活的细胞。酵母菌的出芽繁殖过程见图 3-9。

图 3-9　酵母菌的出芽繁殖过程

有的酵母菌出芽后，芽体不与母细胞立即分离，而是继续出芽，细胞成串排列犹如菌丝体，这种菌丝称为假菌丝。具假菌丝的酵母称为假丝酵母。酵母菌假菌丝的形成过程见图 3-10。热带假丝酵母（图 3-11）及解脂假丝酵母等均以此方式繁殖。

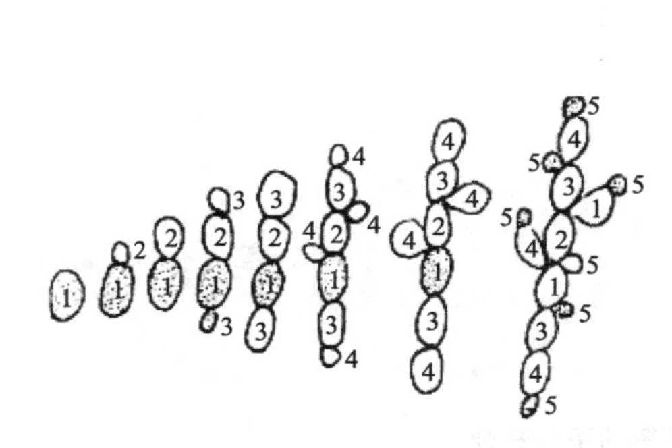

图 3-10　酵母菌假菌丝的形成过程

图中 1、2、3、4、5 代表出芽顺序

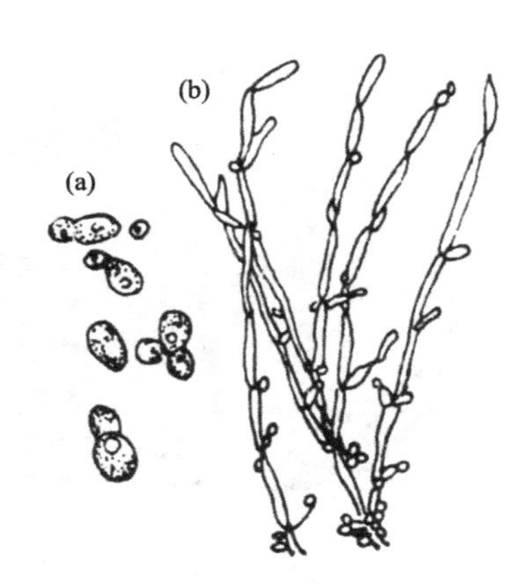

图 3-11　热带假丝酵母

(a) 细胞；(b) 假菌丝

2. 有性繁殖

酵母菌经过质配、核配形成双倍体细胞——接合子。接合子进行减数分裂，形成 4 个或 8 个子核，每个子核和周围的细胞质一起，在其表面形成孢子壁后便形成子囊孢子。形成子囊孢子的细胞称为子囊。酵母菌的有性繁殖过程见图 3-12。

(a) 酵母的二倍体营养体细胞　(b) 减数分裂后产生四个单倍体的核

(c) 原细胞发育成子囊，子囊里有四个子囊孢子，子囊孢子将发育成单倍体营养细胞

图 3-12　酵母菌的有性繁殖过程

(四) 酵母菌的群体特征

1. 在固体培养基上群体（菌落）特征

大多数酵母菌的菌落与细菌菌落相似，但较细菌菌落大而厚，菌落表面湿润，黏稠，易被挑起。酵母菌的菌落颜色大多为乳白色，少数为红色，如红酵母与掷孢酵母等。有些种因培养时间长菌落表面会皱缩。菌落的质地、颜色、光泽、表面及边缘特征均为酵母菌菌种鉴定的依据。酵母菌的菌落特征见图 3-13。

2. 酵母菌在液体培养基中的群体特征

酵母菌在液体（培养基）中生长时，有的在培养基表面生长并形成菌膜；有的在培养基中均匀生长；有的则生长在培养基底部并产生沉淀。酵母菌在液体培养基中的生长情况与它们的需氧情况有关。

(五) 酵母菌在环境工程中的作用

利用酵母菌处理有机废水一是利用其单一菌种将有机物分解转化，生产单细胞蛋白

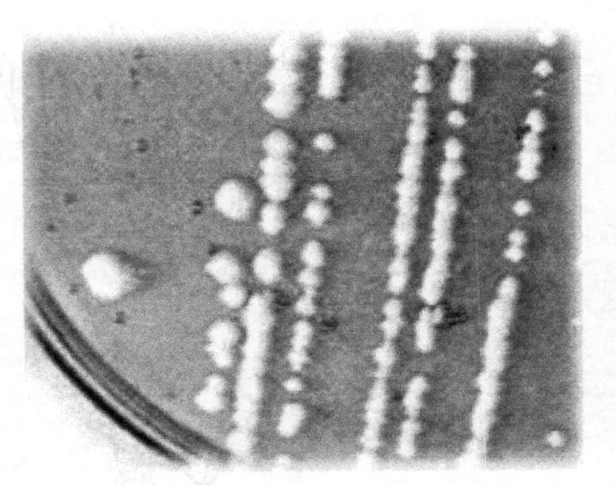
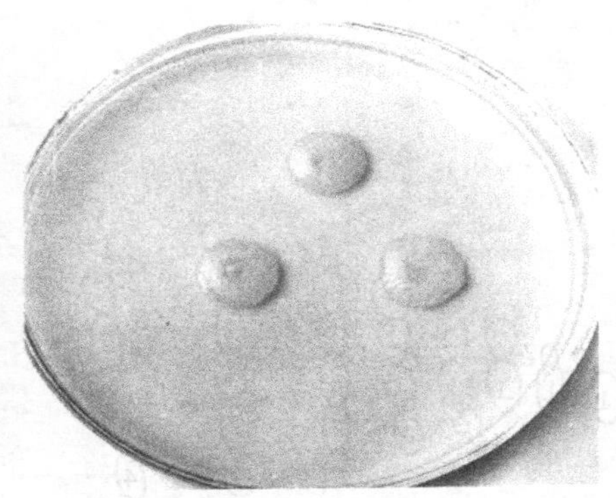

图 3-13 酵母菌的菌落特征

(single cell protein，SCP)。单细胞蛋白富含蛋白质和氨基酸，是良好的饲料。该技术在我国蔗糖、味精、乙醇及赖氨酸等生产行业已得到广泛应用。二是利用酵母菌与其他微生物共同形成的生物处理系统，如活性污泥等，进行废水处理。酵母菌废水处理中产生的剩余污泥富含蛋白质和多种氨基酸，也具有很高的饲料价值和回收利用价值。

二、霉菌

霉菌（mold）是“丝状真菌”的统称。霉菌在自然界分布极广，土壤、水域、空气及动植物体内外均有存在。霉菌同人类的生产和生活关系密切，发酵工业上广泛用来生产乙醇、抗生素、有机酸及酶制剂等。霉菌是有机物污染物重要降解菌。霉菌不仅能够分解小分子有机物，也能分解很多大分子有机物，特别是一些人工合成的难降解有机化合物。因此，霉菌在污染控制工程中发挥着重要作用。

（一）霉菌的形态

1. 霉菌的菌丝类型及特征

霉菌菌体由分枝或不分枝的菌丝（hypha）构成。菌丝呈管状，直径 2～10μm，比放线菌菌丝大几倍到几十倍，光学显微镜易于观察。许多菌丝相互交织形成一定的结构，这种结构称为菌丝体（mycelium)。

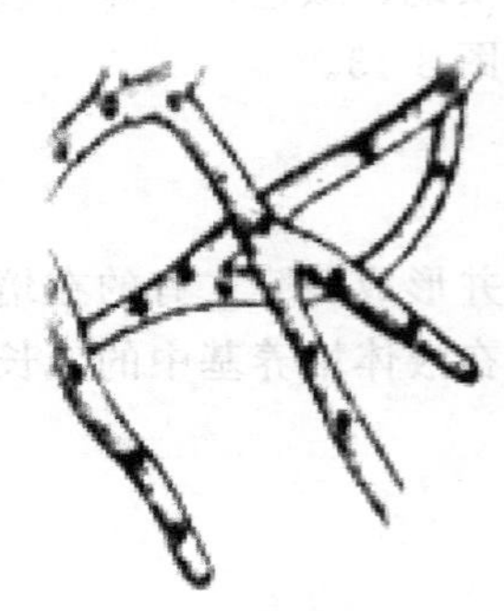

图 3-14 无隔菌丝

依据霉菌菌丝结构，可将其分为无隔（膜）菌丝（图 3-14）和有隔（膜）菌丝（图 3-15）两种类型。

无隔菌丝无隔膜，整个菌丝就是一个细胞，菌丝内有许多核，故又称多核系统，其生长过程为菌丝的延长和细胞核的增多，例如，藻状菌纲中的毛霉属（*Mucor*）、犁头霉属和根霉属（*Rhizopus*）等；有隔菌丝中有隔膜，被隔膜隔开的一段菌丝就是一个细胞，菌丝由多个细胞组成，每个细胞内有一至多个核，隔膜上有单孔或多孔，细胞质和细胞核可自由流通，且每个细胞功能相同。绝大多数霉菌菌丝为有隔菌丝，如青霉、

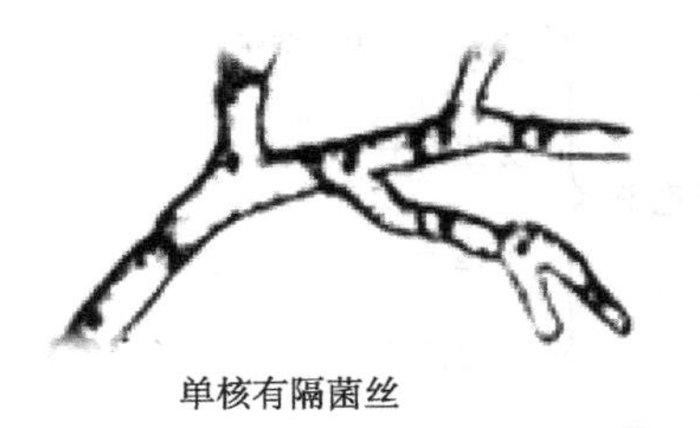

单核有隔菌丝

多核有隔菌丝

图 3-15　有隔菌丝

曲霉和白地霉等均属此类。

2. 霉菌菌丝体的结构

霉菌的菌丝体的构成与放线菌相同，分为基内菌丝、气生菌丝和孢子丝。霉菌菌丝体结构见图 3-16。

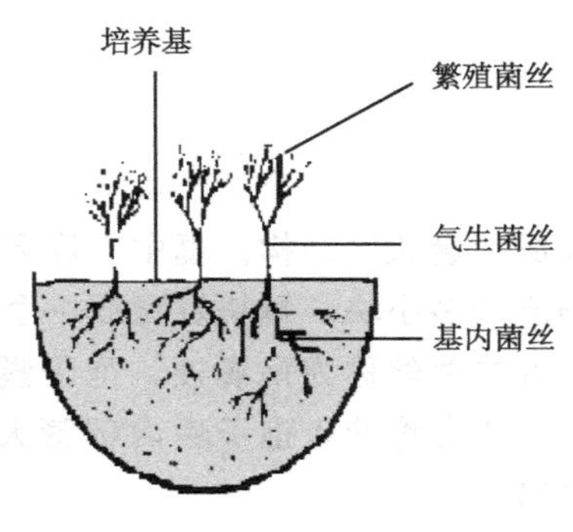

图 3-16　霉菌菌丝体结构

（二）霉菌的细胞结构

霉菌菌丝细胞同酵母菌一样，主要由细胞壁、细胞膜、细胞质、细胞核、线粒体、核糖体以及内含物组成。霉菌幼龄时，细胞质充满整个细胞；老龄细胞则出现大液泡等。霉菌菌丝的细胞结构见图 3-17。

1. 细胞壁

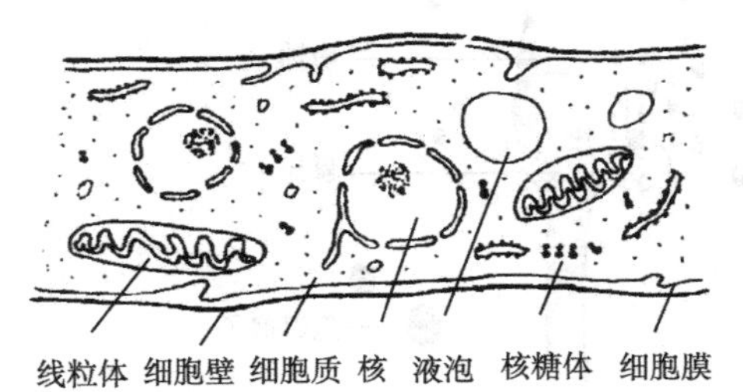

图 3-17　霉菌菌丝的细胞结构

霉菌细胞壁厚 100～250nm。大多数霉菌细胞壁由几丁质组成，少数细胞壁中含纤维素。几丁质是由 *N*-乙酰葡糖胺以 β-1,4-糖苷键连接而成的多聚糖。真菌的细胞壁可被蜗牛消化酶消化。某些细菌也可分泌几丁质分解酶，将真菌的细胞壁降解。酵母菌和霉菌细胞壁被溶解后，可得到原生质体。

2. 细胞膜及膜内结构

霉菌的细胞膜及细胞核等膜内结构与酵母菌等其他真核细胞基本相同，故不再赘述。

3. 霉菌的繁殖

霉菌的繁殖能力很强，主要通过形成无性和（或）有性孢子繁殖。一般霉菌菌丝生长到一定阶段，先行无性繁殖，后进行有性繁殖。霉菌的繁殖方式见图 3-18。这里只讨论霉菌的无性孢子繁殖。

（1）孢囊孢子（sporangiospore）。在孢子囊内形成的孢子称为孢囊孢子。孢子囊及孢囊孢子见图 3-19。孢囊孢子的形成过程是：霉菌发育到一定阶段，菌丝顶端细胞膨

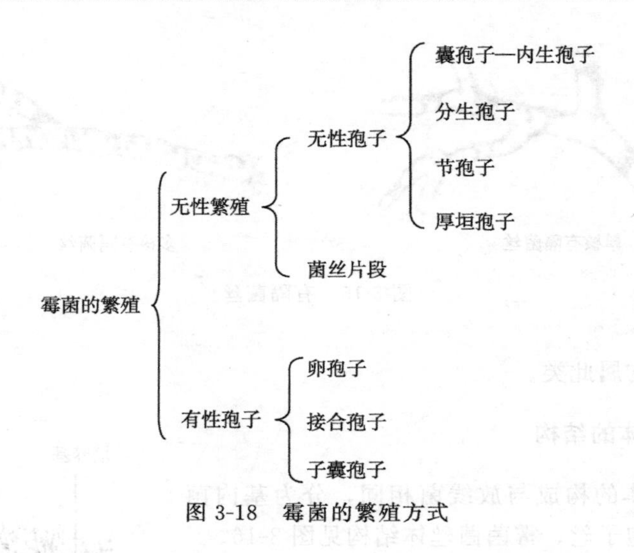

图 3-18 霉菌的繁殖方式

大成“囊状”结构。囊中有许多核，每个核外由细胞质包围。这些包围了核的细胞质分割成许多小块，每块发育成一个孢囊孢子。原来膨大的细胞壁就成了孢子囊壁。孢子囊下方的菌丝称为孢囊梗，孢子囊与孢囊梗之间的隔膜凸起，使孢囊梗深入到孢子囊内部，通常将伸入孢子囊内部膨大的部分叫囊轴。孢囊孢子成熟后，孢子囊破裂，孢子散出。

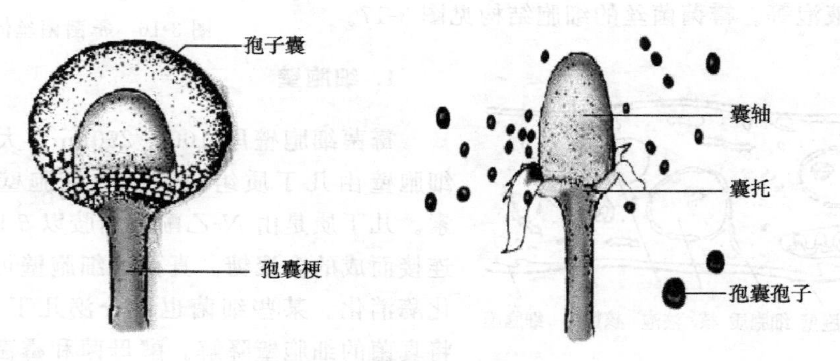

图 3-19 霉菌的孢子囊及孢囊孢子

(2) 分生孢子 (conidium)。分生孢子是由菌丝或其分枝的顶端细胞（图 3-20 中分生孢子梗顶端细胞）特化而成的孢子。孢子单个或簇生。分生孢子的形状、大小、结构及着生方式随种而异。几种霉菌的分生孢子见图 3-20。

(3) 节孢子 。节孢子由菌丝断裂形成。菌丝生长到一定阶段，出现许多横隔膜，菌体自横隔膜处断裂，形成一串串短柱状、筒状或两端钝圆的孢子，即节孢子，亦称粉孢子（图 3-21）。

(4) 厚垣孢子 (chlamydospore)。厚垣孢子，即细胞壁很厚的孢子（图 3-22）。厚垣孢子的形成过程：首先在菌丝顶端或中间，一部分原生质浓缩、变圆，并在四周生出厚壁或原来的细胞壁加厚，即形成圆形、纺锤形或长方形的孢子。毛霉中的总状毛霉常

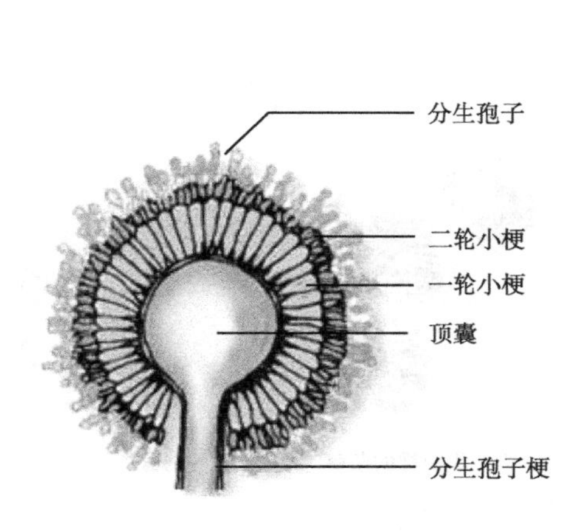

曲霉分生孢子

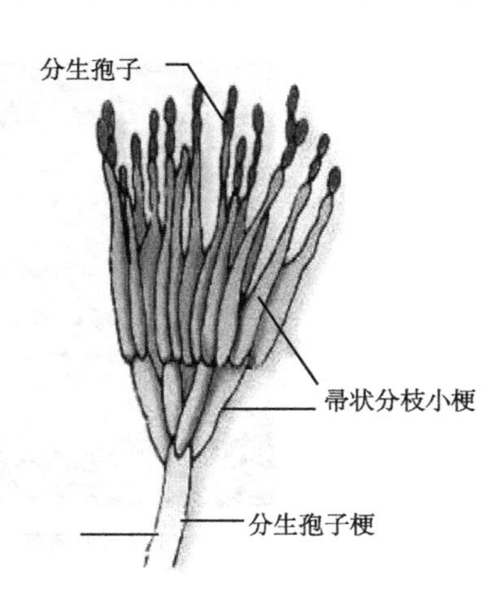

青霉分生孢子

图 3-20　曲霉和青霉的分生孢子

形成厚垣孢子。厚垣孢子也是真菌的休眠体，可抵抗热与干燥等不良环境的影响。条件适宜时，厚垣孢子萌发，长出新菌丝。

图 3-21　节孢子

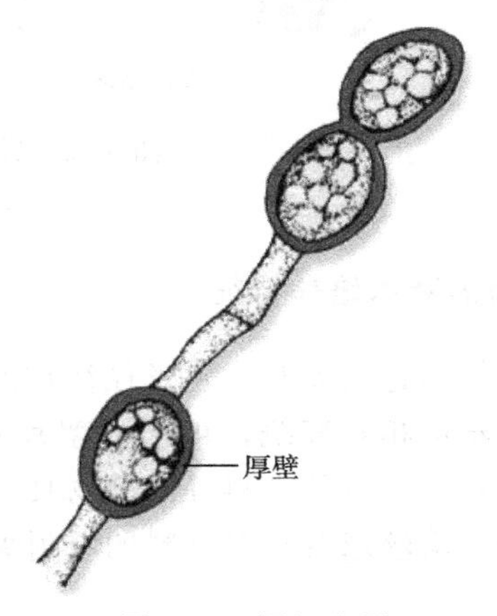

图 3-22　厚垣孢子

（三）霉菌的培养特征

1. 霉菌的固体培养特征

霉菌在固体培养上形成的菌落与放线菌的菌落一样，也是由分枝状菌丝组成。但霉菌因菌丝较粗而长，故所形成的菌落较疏松，呈绒毛状、絮状或蜘蛛网状，一般比放线菌菌落大几倍到几十倍，易挑起。有些霉菌 ，如根霉、毛霉、链孢霉生长很快，其菌丝在固体培养基表面蔓延，菌落无固定大小。有些霉菌可将水溶性色素分泌到培养基中使菌落呈红、黄、绿、青绿、青灰、白、灰、黑等多种颜色。霉菌的菌落特征见图 3-23。

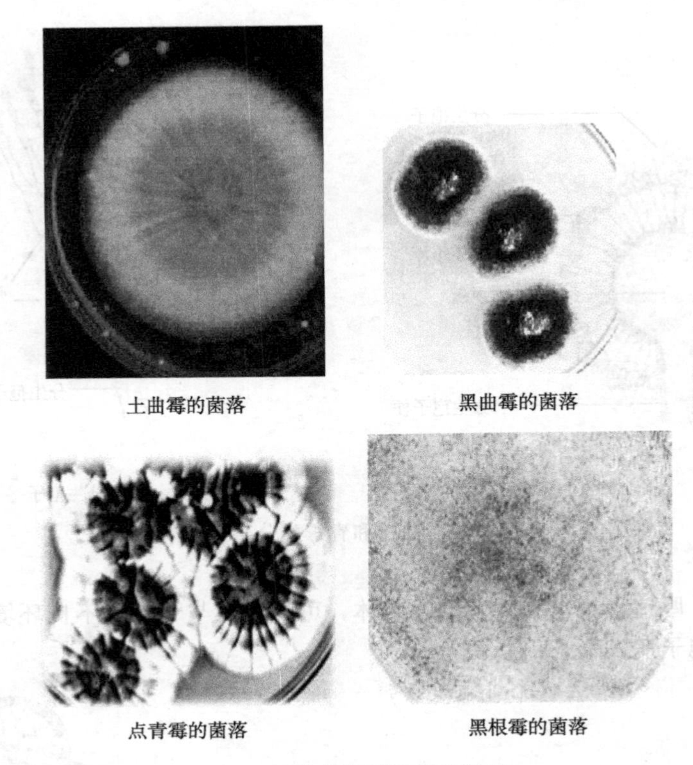

土曲霉的菌落　　　　黑曲霉的菌落

点青霉的菌落　　　　黑根霉的菌落

图 3-23　霉菌的固体培养特征

2. 霉菌的液体培养特征

霉菌液体静止培养时，菌丝往往在液体表面生长，液面上形成一层菌膜。振荡培养时，霉菌菌丝可相互缠绕，可形成絮片状或菌丝球。形成片状还是球状与振荡速度有关。菌丝球对重金属及染料等污染物具有良好的吸附效果，可用于含重金属废水及印染废水的处理。菌丝球及其对染料的吸附见图 3-24、图 3-25 及图 3-26。

图 3-24　菌丝球（自制）

图 3-25　菌丝球对红色染料的吸附（自制）

图 3-26　菌丝球对墨水的吸附（自制）

（四）环境工程中常见的霉菌

1. 单细胞霉菌

1）毛霉

毛霉（*Mucor* sp.）是一种较低等的真菌，多为腐生，极少寄生。毛霉生长迅速，可产生发达的菌丝。菌丝一般白色，不具隔膜，不产生假根，是单细胞真菌。以孢囊孢子进行无性繁殖，孢子囊黑色或褐色，表而光滑。毛霉具有降解蛋白质及淀粉的能力，并可降解转化甾类化合物。毛霉的菌体形态见图 3-27。

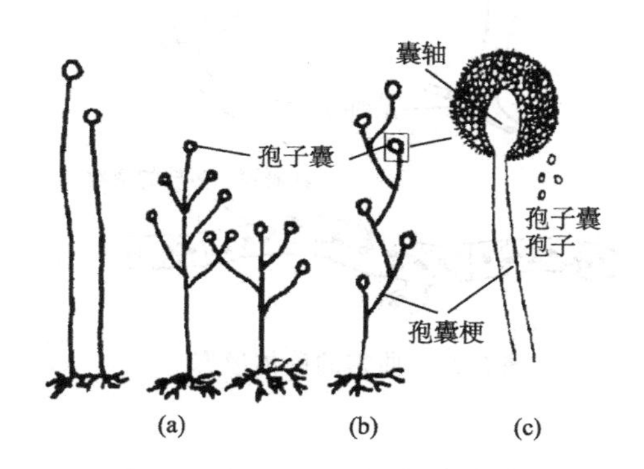

图 3-27　毛霉的菌体形态

(a) 单轴式孢囊梗；(b) 假轴式孢囊梗；(c) 孢子囊结构

2）根霉

根霉（*Rhizopus* sp.）在自然界中分布很广，空气、土壤以及餐厨垃圾等有机生活垃圾都有存在。根霉在有机垃圾好氧堆肥中具有一定作用。

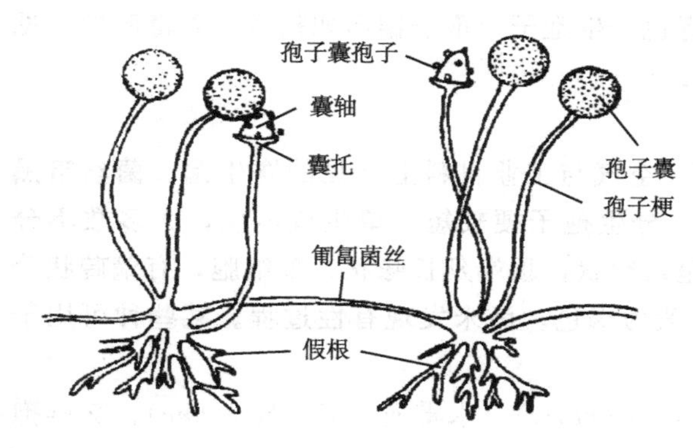

图 3-28　根霉的菌体形态

根霉有假根和匍匐菌丝。假根是伸入培养基内犹如树根的分枝状菌丝；根霉在培养基表面呈弧形水平生长的菌丝称为匍匐菌丝。假根和匍匐菌丝是根霉的重要特征。根霉的菌体特征见图 3-28。

2. 多细胞霉菌

1）曲霉

曲霉（*Aspergillus* sp.）菌丝有隔

膜，为多细胞霉菌。生长旺盛时，菌丝体产生大量的分生孢子梗。分生孢子梗顶端膨大成为顶囊，一般呈球形。顶囊表面长满一层或两层辐射状小梗（初生小梗与次生小梗）。最上层小梗呈瓶状，顶端着生成串的球形分生孢子。分生孢子梗、顶囊、辐射状小梗合称为“孢子穗”。孢子呈绿、黄、橙、褐、黑等颜色。分生孢子梗生于足细胞上，并通过足细胞与营养菌丝相连。曲霉孢子穗的形态，包括分生孢子梗的长度、顶囊的形状、小梗着生是单轮还是双轮，分生孢子的形状、大小、表面结构及颜色等都是菌种鉴定的依据。曲霉的菌体形态见图 3-29。曲霉的显微照片见图 3-30。

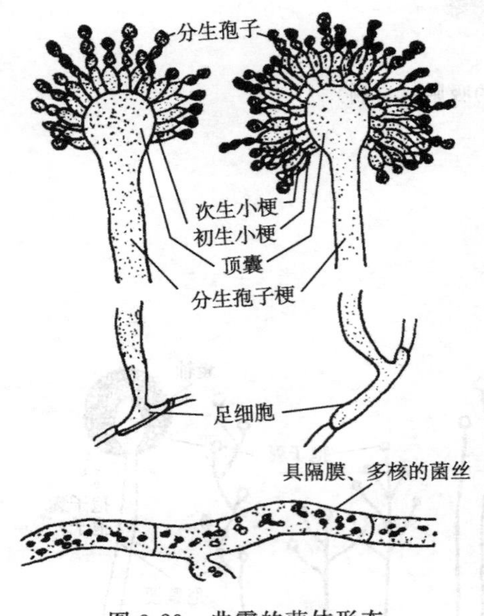

图 3-29　曲霉的菌体形态

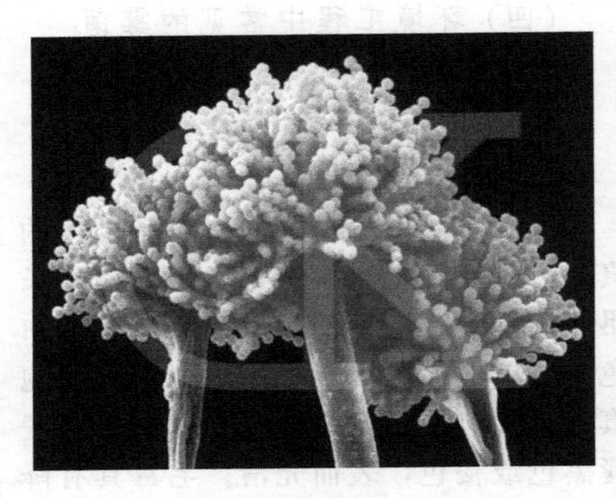

图 3-30　曲霉的光学显微照片（放大 40 倍）

曲霉属中的大多数仅有无性繁殖，极少数进行有性生殖。

2）青霉

青霉（*Penicillium* sp.）广泛分布于空气、土壤及物体表面，腐烂的橘皮上常见的青绿色的霉菌即青霉。青霉分生孢子梗顶端不膨大，无顶囊，经多次分枝，产生几轮对称或不对称小梗，小梗顶端产生成串的青色分生孢子，孢子穗形如扫帚。青霉菌丝体见图 3-31 及图 3-32。

3）交链孢霉

交链孢霉（*Alternaria* sp.）是土壤、空气与工业材料上常见的腐生菌。菌丝暗黑色，有隔膜，以分生孢子进行无性繁殖。分生孢子梗较短，单生或丛生，大多数不分枝，与营养菌丝几乎无区别。分生孢子呈纺锤状，顶端延长喙状，多细胞，有壁砖状分隔（图 3-33），分生孢子常数个成链，一般为褐色。尚未发现有性过程。某些种可用于甾族化合物的转化。

环境工程中常见霉菌还有镰刀霉属（*Fusarium*）、木霉属（*Trichoderme*）、交链孢霉属（*Alternaria*）和地霉属（*Geotrichum*）等。

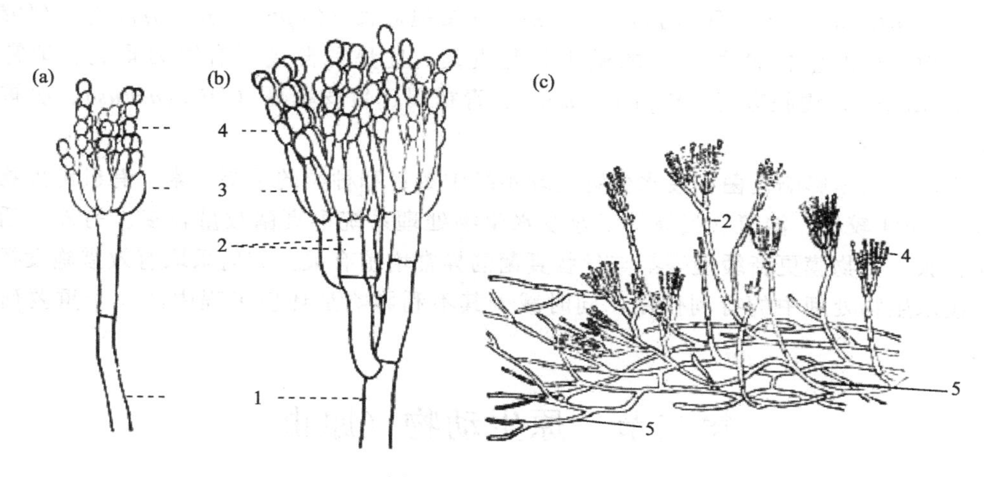

图 3-31　青霉菌丝体

(a)、(b) 分生孢子梗；(c) 从营养菌丝上长出分生孢子梗

1. 分生孢子梗；2. 梗基；3. 小梗；4. 分生孢子；5. 营养菌丝

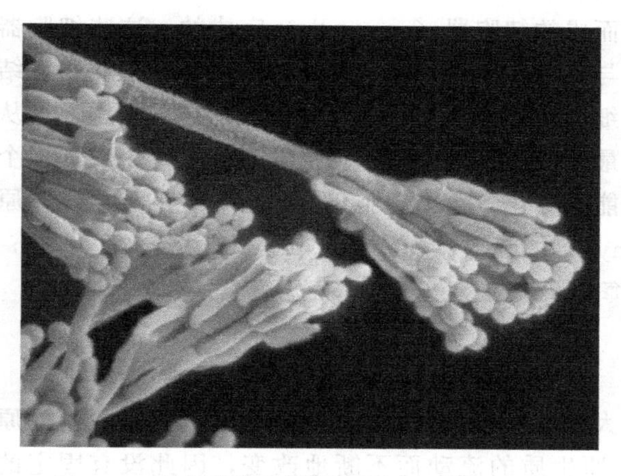

图 3-32　青霉菌的光学显微照片（放大 40 倍）

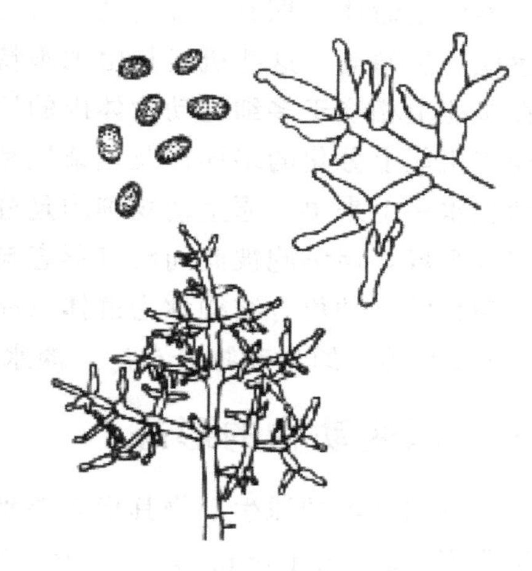

图 3-33　交链孢霉

三、真菌与环境工程

在活性污泥和生物膜系统中，除细菌外，真菌也是主要成员。科学工作者从活性污泥中分离出酵母菌和类酵母菌 166 种，其中占优势的是热带假丝酵母（*Candida tropicalis*）、胶红酵母（*Rhodotorula mucilaginosa*）、皮状丝孢酵母（*Trichosporum cutaneum*）、黏红酵母（*Rhodotorula glutinis*）、近平滑假丝酵母（*Candida parapsilosis*）等；丝状真菌主要有毛霉属（*Mucor*）、曲霉属（*Aspergillus*）、根霉属（*Rhizopus*）、青霉属（*Penicillium*）、镰刀霉属（*Fusarium*）、漆斑菌属（*Myrothecium*），黏帚霉属（*Gliocladium*）、瓶霉属（*Phialophora*）、芽枝霉属（*Cladosporium*）、短梗霉属

(*Aureobasidium*)、木霉属(*Trichoderma*)和头孢霉属(*Cephalosporium*)等。研究表明，生物滤池的生物膜中30%的微生物是真菌，优势种群主要有镰刀霉属、地霉属(*Geotrichum*)、瘤胞霉属(*Sepedonium*)、青霉属、竹丝霉属(*Dictyuchus*)、腐霉属(*Pythium*)等。

废水水质是影响真菌在废水生物处理系统中数量和种类的重要因素。有机污染物浓度较高，pH较低、溶氧含量高的工业废水生物处理系统中真菌数量较多。另外，活性污泥膨胀、生物膜更新缓慢等都与丝状真菌的异常增殖有关。如何采取有效措施发挥真菌在废水生物处理中的有利作用，同时减少其不利影响是环境工程中的一个重要研究课题。

第二节 原生动物(原虫)

原生动物是动物界最原始、最低等一类单细胞真核生物。从细胞结构上看，原生动物本身这个单细胞相当于多细胞动物身体中的一个细胞，由细胞膜(cell membrane)、细胞质(cytoplasm)及细胞核(nucleus)组成。从机能上看，原生动物细胞又是一个完整的生命体，拥有多细胞动物所具有的各种生理机能，如运动、呼吸、消化、排泄、感应、生殖等。这些机能是由细胞特化而成的细胞器(organelle)完成的。这些细胞器在机能上相当于多细胞动物体内的器官与系统，执行着各自的生理机能。原生动物在结构与机能上分化的多样性及复杂性是多细胞动物中任何一个细胞无法比拟的。因此，从细胞水平上来讲，原生动物细胞是分化最复杂的细胞。极少数原生动物由几个或许多个细胞组成，但细胞彼此间没有形态与机能的分化，每个细胞仍保持着一定的独立性，原生动物的这种集合结构称为群体(colony)，如盘藻(*Gonium* sp.)和团藻(*Pleodorina* sp.)等。原生动物分布广，淡水、海水及潮湿的土壤中都有存在。

一、原生动物的形态

不同种类的原生动物其形态差别很大。某些原生动物因体表只有一层薄而柔软的原生质膜(plasmalemma)，其体形随细胞原生质的流动而不断地改变，因此没有固定的形态，如变形虫(*Amoeba* sp.)。多数原生动物具有固定的外形，如眼虫(*Euglena* sp.)，其体表较厚，形成了皮膜(pellicle)，使身体保持了一定的形状。皮膜具有一定的弹性，还可使身体能够适当地改变形状。衣滴虫(*Chlamydomonas* sp.)的细胞外表由纤维素与果胶组成，因而形成了与植物一样的细胞壁，因此，其形态相对固定。

原生动物的形态受生活方式的影响。营漂浮生活的种类，胞体多呈球形，并伸出细长的伪足，以增加其表面积，如辐射虫(*Actinosphaerium* sp.)及某些有孔虫；营游泳生活的种类多呈菱形，如草履虫(*Paramoecium* sp.)；适合于底栖爬行的种类，胞体多呈扁形，腹面纤毛联合形成棘毛用以爬行，如棘尾虫(Stylonychia sp.)；营固着生活的原生动物多呈球形及锥形，有柄(柄内有肌丝纤维，可使虫体收缩运动)，如钟虫(*Vorticella* sp.)及足吸管虫(*Podophrya* sp.)等。

某些原生动物能分泌一些物质形成外壳或骨骼以加固其形态，如砂壳虫(*Difflugia*

sp.）能在体表分泌蛋白质胶体物质，再黏结环境中的砂粒形成砂质壳；薄甲藻（*Glenodinium* sp.）能分泌有机质，如纤维素，在体表形成纤维素板；表壳虫（*Arcella* sp.）能分泌几丁质，以形成褐色外壳；有孔虫可分泌碳酸钙，以形成壳室；而放射虫类（*Radiolaria* sp.）可在细胞质内分泌几丁质形成几丁质的中心囊，并有硅质或锶质骨针伸出体外以支持胞体，如棘骨虫（*Acanthometra* sp.）等。

二、原生动物的大小

不同种类的原生动物其大小相差较大。如有孔虫类（*Foraminifera* sp.）的体长可达7cm；旋口虫（*Spirostomum* sp.）的体长约3mm；草履虫的体长为150～300μm；最小的体长只有2～3μm，如利什曼原虫（*Leishmania* sp.）。

三、原生动物的细胞结构与分化

原生动物的细胞质通常分为两部分。外面部分较透明且均匀，无内含物，称为外质（ectoplasm）；内面部分不透明，含有多种内含物，称为内质（endoplasm）。

外质还可分化出一些特殊结构。如腰鞭毛虫类可分化出刺丝囊（nematocyst）；丝孢子虫类可分化出极囊（polar capsule）；纤毛虫类可分化出刺丝泡（trichocyst）及毒泡（toxicyst）等。这些结构在受到刺激时，可放出长丝以麻醉或刺杀敌人。一些纤毛虫类外质还可分化成肌丝（myoneme）。

内质中包含由细胞质特化成的并执行一定工能的细胞器，如线粒体、高尔基体、食物泡（food vacuole）、伸缩泡（contractile vacuole）、色素体（chromatophore）及眼点（stigma）等。原生动物的细胞核位于内质中。大多只有一种类型的核。纤毛虫具有两种类型的核，大核（macronucleus）与小核（micronucleus）。在一个虫体内，核的数目可以是一个或多个。

四、原生动物的生理特性

1. 原生动物的运动

负责原生动物运动的细胞器有两种类型：一种是鞭毛（flagellum）与纤毛（cilium）；一种是伪足（pseudopodium）。

电子显微镜观察证明，鞭毛与纤毛结构相同，只是纤毛较短，3～20μm，数目较多；鞭毛更长，5～200μm，数目较少（多鞭毛虫类除外），大多鞭毛虫有1或2根鞭毛。鞭毛与纤毛的直径通常是固定不变的，一般为0.1～0.3μm。鞭毛的摆动呈对称性，有几个左右摆动的运动波；纤毛的运动是不对称的，仅有一个运动波。鞭毛与纤毛除了具有运动功能外，它们的摆动可引起水的流动，这利于取食。另外，鞭毛与纤毛还具有感觉功能。

伪足是一种运动细胞器。伪足的形状有叶状、针状及网状等。肉足虫通过伪足可在物体表面上爬行运动。

2. 原生动物的营养

原生动物的营养（nutrition）方式包含了生物界的全部营养类型。

1）动物性营养（holozoic nutrition）

绝大多数原生动物像高等动物一样通过摄食获得营养。例如，变形虫类通过伪足的包裹作用（engulment）吞噬食物；纤毛虫类通过胞口与胞咽等细胞器摄取食物。

2）植物性营养（holophytic nutrition）

原生动物中的植鞭毛虫类内质中含有色素体，色素体中含有叶绿素（chlorophyll）与叶黄素（xanthophyll）等。与植物的色素体一样，植鞭毛虫利用光能将二氧化碳和水合成碳水化合物，即通过光合作用制造食物。

3）腐生性营养（saprophytic nutrition）

原生动物中的孢子虫类及一些自由生活的种类，能通过体表的渗透作用从周围环境中摄取溶于水中的现成的有机物质来获得营养。

3. 原生动物的呼吸（respiration）

大多原生动物从周围环境中获得氧气，对有机物氧化分解获取能量。少数腐生或寄生的种类生活在低氧或厌氧环境中，利用有机物发酵所产生的少量能量进行代谢活动。

4. 原生动物伸缩泡的形成与水分的调节（water regulation）及排泄（excretion）

原生动物细胞质内过多的水分聚集时，便形成小泡，小泡由小变大，最后形成一个被膜包围的伸缩泡（contractile vacuole）。伸缩泡的数目、位置及结构在不同的原生动物中是不同的。

水中生活的原生动物以及寄生种类，随着摄食及细胞膜的渗透作用，相当多的水分也随之进入体内，因此，需要将过多的水分排出体外，否则，原生动物将会膨胀致死，过多的水分排出由伸缩泡完成。当伸缩泡充满水分后，便自行收缩将水分通过体表排出体外。细胞代谢过程中所产生的废物，也溶于水中并进入伸缩泡，随之排出体外。伸缩泡在维持原生动物体内水的平衡及废物的排泄等方面发挥着重要作用。

5. 原生动物对刺激的感应

原生动物对物体、食物、重力、光和化学物质等刺激都有感觉和反应，以使身体处于最佳状态，这种感应称为原生质的普遍感应性。许多纤毛虫都有专门的感应器，如毛目种类，有的纤毛不能运动，但有感觉机能，称感觉刚毛（感觉胞器）。草履虫的表膜下有许多刺丝泡，当受挤压或各种化学物质刺激时，刺丝泡便从体表的微孔发射出一种物质，这种物质与水接触后，瞬间形成一条僵硬的针状黏丝。刺丝泡大概具有抛锚固着、捕捉食物、防御和逃避敌害等功能。

五、原生动物的生殖

原生动物的生殖（reproduction）有无性繁殖（asexual reproduction）及有性繁殖

(sexual reproduction) 两种方式。所有原生动物都进行无性生殖，而且某些种类只有无性繁殖，如锥虫（图 3-34）。

（一）无性生殖

1. 二分裂

二分裂（binary fission）是原生动物最普遍的一种无性繁殖方式。细胞分裂时，细胞核先一分为二，染色体均等地分配到两个子核中，随后细胞质分别包围两个细胞核，形成两个大小、形状相等的子细胞。二分裂可以是纵裂，如眼虫；也可以是横裂，如草履虫；或者是斜裂，如角藻（*Ceratium* sp.）。

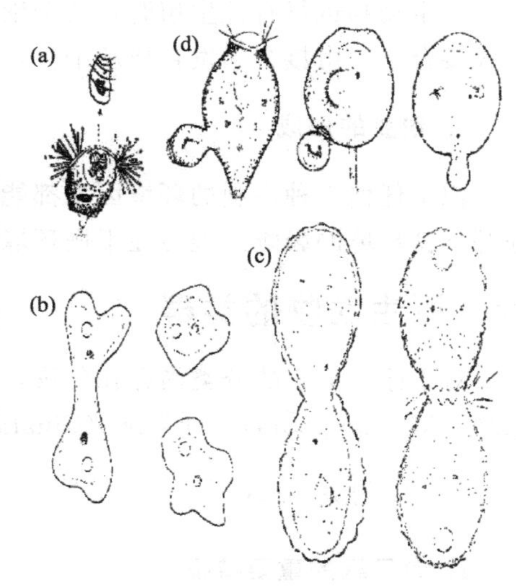

图 3-34 原生动物的繁殖
（a）出芽生殖；（b）横二分裂；
（c）纵二分裂；（d）接合生殖

2. 出芽生殖

出芽生殖（budding reproduction）实际也是一种二分裂，只是形成的两个子细胞大小不等，大的子细胞称为母体，小的子细胞称为芽体。

3. 多分裂

细胞分裂时，细胞核先分裂多次，形成许多核之后细胞质再分裂，最后形成许多单核子细胞，多分裂（multiple fission）也称为裂殖（schizogony）。

4. 质裂

质裂（plasmotomy）是一些多核原生动物进行的一种无性繁殖，即核先不分裂，而是由细胞质在分裂时直接包围部分细胞核形成几个多核的子细胞，子细胞再恢复成多核的新虫体。

（二）有性生殖

1. 配子生殖

大多数原生动物的有性生殖为配子生殖（gamogenesis），即经过两个配子的融合（syngamy）或受精（fertilization）形成一个新个体的生殖方式。如果融合的两个配子在大小、形状上相似，仅生理机能上不同，则称为同形配子（isogamete）。同形配子的生殖称同配生殖（isogamy）。如果融合的两个配子在大小、形状及机能上均不相同，则称异形配子（heterogamete）。

2. 接合生殖

原生动物进行有性生殖时，两个细胞互相靠拢形成接合部位，并发生原生质融合而生成接合子，由接合子发育成新个体，这样的生殖方式称为接合生殖（conjugation）。

3. 孢囊的形成

似乎任何一种不利的环境因素都能促进孢囊的形成。孢囊能够抵抗干旱、高温及冰冻等不良环境的影响。孢囊在干燥环境中能存活几个月至几年。

六、原生动物的类群

对于原生动物的分类尚存在争议，一般将其分为四个纲：肉足纲（Sarcodina）、鞭毛纲（Mastigophora）、纤毛纲（Ciliata）和孢子纲（Sporozoa）。

（一）肉足虫纲

1. 肉足纲的重要特征

伪足为肉足虫的运动胞器。所谓的“伪足”系指虫体表面产生的突起。伪足按其形态可分为：① 叶状伪足（lobepodium）；② 丝状伪足（filopodium）；③ 根状伪足（rhizopodium）；④ 轴伪足（axopodium）等。

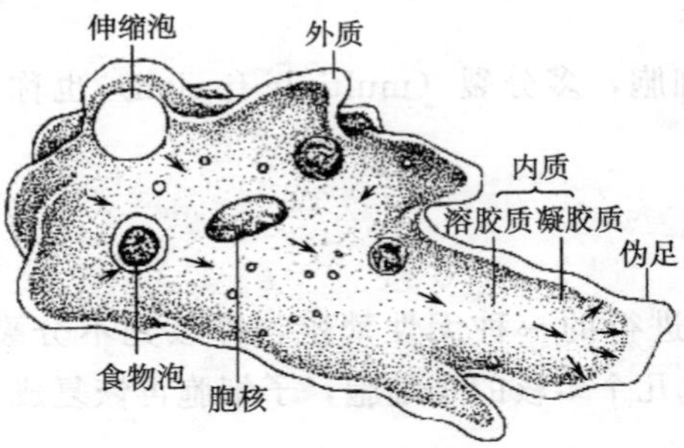

2. 环境工程中重要的肉足虫

活性污泥中常见的肉足虫类原生动物有大变形虫（*Amoeba proteus*）（图 3-35）、辐射变形虫（*A. radiosa*）、无恒变形虫（*A. limax*）、蝙蝠变形虫等（图 3-36）。在活性污泥中，变形虫出现在处理效果差或活性污泥培养的初期。

图 3-35　大变形虫及其细胞结构

变形虫有叶状伪足，细胞裸露无壳，虫体无定形。变形虫细胞膜极薄，由于外质的流动，使身体表面产生无定形的指状、叶状或针状伪足。伪足不断伸缩，虫体形状也随之改变，不能定形，故而得名。变形虫身体借伪足移动，并可包围有机物颗粒。

（二）鞭毛纲

1. 鞭毛纲的特征

鞭毛虫一般以鞭毛为运动胞器，鞭毛通常有 1～4 根，少数种类鞭毛较多。鞭毛虫营植物性营养、腐生性营养及动物性营养。鞭毛虫的无性繁殖一般为纵二分裂，有性繁殖为配子结合或个体结合，环境条件不良时形成包囊。

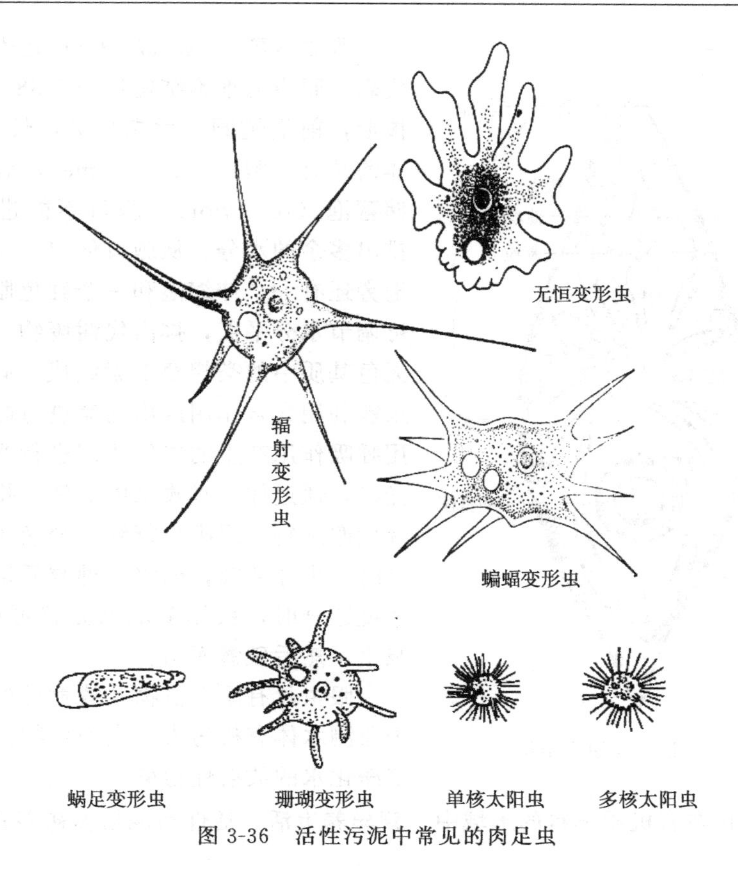

图 3-36 活性污泥中常见的肉足虫

2. 环境工程中重要的鞭毛虫

环境工程中常见的鞭毛虫有眼虫、钟罩虫（*Dinobryon* sp.）、尾窝虫（*Uroglena* sp.）及合尾滴虫（*Synura* sp.）等（图 3-37）。

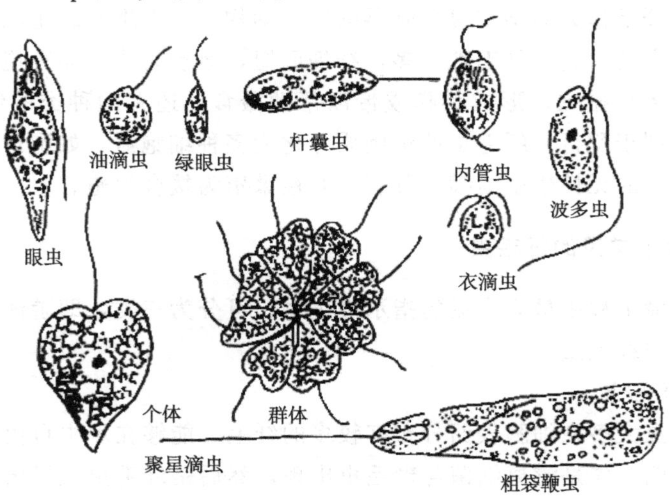

图 3-37 活性污泥中常见的鞭毛虫

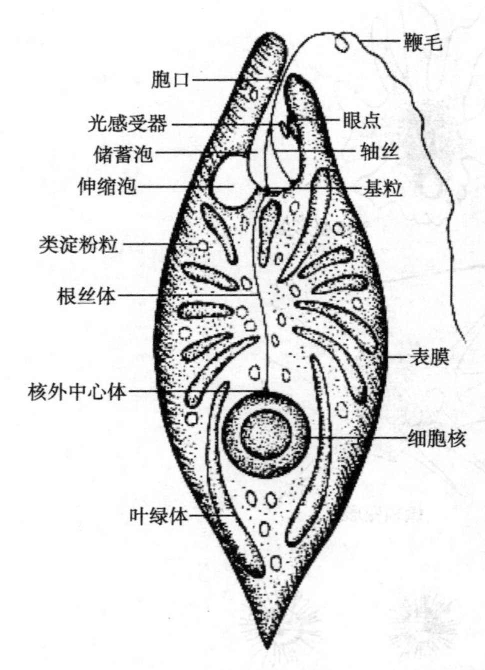

图 3-38　绿眼虫的细胞结构

眼虫（*Euglena viridis*）是鞭毛虫的典型代表。眼虫的细胞结构见图 3-38。眼虫虫体呈梭形，前端钝圆，后端稍尖，长约 60μm。虫体前端有一胞口（cytostome），后连一膨大的储蓄泡（reservior）。胞口不能进食，只用来排出多余的水分。从胞口伸出一条鞭毛。储蓄泡旁还有一个伸缩泡和一个红色眼点。伸缩泡可调节水分平衡，排出代谢废物。眼点由埋在无色基质中的类胡萝卜素组成。有光时，绿眼虫能利用光合作用放出的氧进行呼吸作用，利用呼吸作用产生的二氧化碳进行光合作用；无光时，通过体表吸收水中的氧，排出二氧化碳等代谢废物。绿眼虫行纵二分裂生殖。环境不良时，虫体变圆，分泌一种胶质形成包囊；当环境适合时，虫体多次纵分裂可形成 32 个小眼虫，然后破囊而出。

眼虫具有耐有机物及放射性的能力，可作为监测水体有机污染程度的生物指标，并可用来净化水的放射性污染。

鞭毛虫生长在有机质丰富的水域中，营异养生活。活性污泥培养初期和处理效果差时可大量出现。

（三）纤毛纲

1. 纤毛纲（Ciliata）的主要特征

纤毛虫是以纤毛作为运动和摄食胞器的原生动物。纤毛纲是原生动物门中结构最复杂、分化程度最高的一类。纤毛数目多，纤细而短，运动时协调而有规律。某些种类的纤毛在一定部位密集排列，形成小膜或带以帮助摄食。还有的种类的纤毛位于虫体腹面，连接成束，利于爬行。纤毛虫的细胞质分化为多种细胞器，如胞口、胞咽、胞肛及刺丝泡等。纤毛虫的无性生殖为横二分裂。有性繁殖为接合生殖。

2. 环境工程中常见的纤毛虫

纤毛虫是环境工程中最为常见的指示微生物，可分为三类，即游泳型纤毛虫、固着型纤毛虫与匍匐型纤毛虫。

1）*游泳型纤毛虫*

游泳型纤毛虫大多在细胞表面分布有较多的纤毛，能够在水中自由游动和捕食。在活性污泥培养初期，先是游离细菌与鞭毛虫出现，然后是纤毛虫大量出现。废水好氧生物处理中常见的游泳型纤毛虫有草履虫、肾形虫（*Colpoda* sp.）、豆形虫（*Colpidium* sp.)、漫游虫（*Lionotus* sp.）、裂口虫（*Amphileptus* sp.）、斜管虫（*Chilodonella* sp.）、四膜虫（*Tetrahymena*）、楯纤虫（*Aspidisca*）与棘尾虫（*Stylonichia* sp.）等。

（1）草履虫（图 3-39，图 3-40）。草履虫体形较大，呈圆筒状，长 250～300μm，前端钝圆，中部较宽，后端稍尖，轮廓似倒置的草鞋底，故而得名。

草履虫口沟发达，胞口腔十分明显，食物从口沟到口前庭，经胞口进入胞咽。体纤毛分布全身，身体前后各有一个伸缩泡，其周围有收集管。细胞核分为大核和小核。草履虫抗污性高，可吞噬细菌和单细胞藻类，在净化污水方面有一定的作用，还可以在水污染治理和毒性检测中作为指示生物。

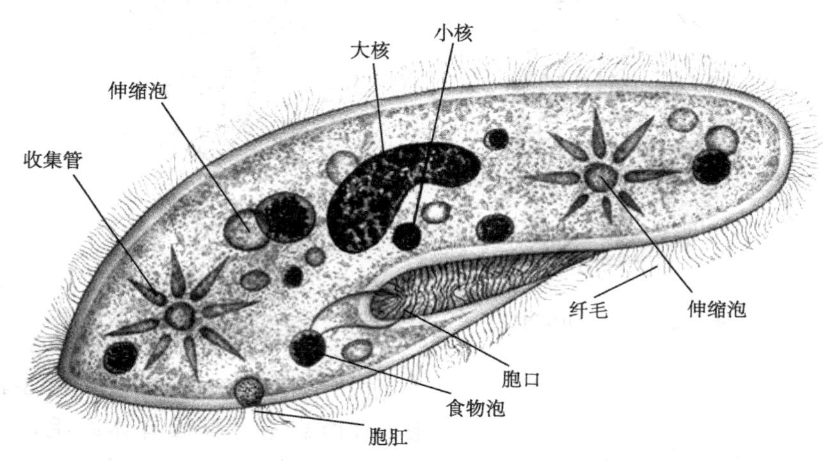

图 3-39　草履虫的细胞结构

（2）肾形虫（图 3-41）。体形呈肾脏，胞口位于身体的前半部腹侧中央内陷的口前庭后方，口前庭内有普通的纤毛，但不融合成波动膜或其他小膜。全身分布一定行列的纤毛。

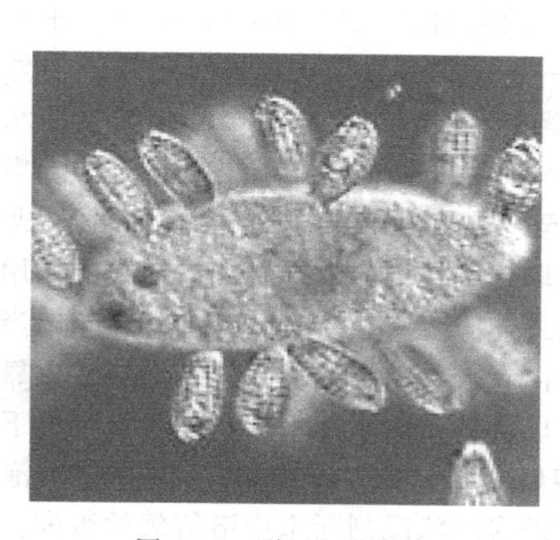

图 3-40　群居的草履虫

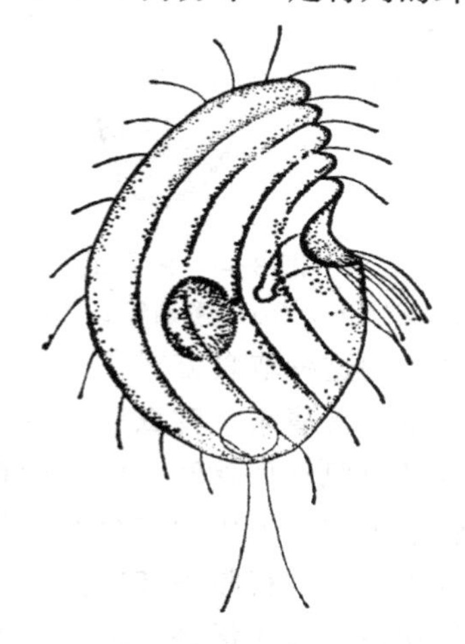

图 3-41　肾形虫

（3）四膜虫。四膜虫与草履虫十分相似。四膜虫外观呈椭圆长梨状。体长约

50μm。全身布满数百根长 4～6μm 的纤毛。纤毛的排列呈数十条纵列，这种排列方式是纤毛虫种的分类依据之一。四膜虫身体前端具有口器（oral apparatus），有三组三列的口部纤毛，早期在光学显微镜下观察时看似有四列膜状构造，因此而得名。典型代表是梨形四膜虫（*T. pyyriformis*）（图 3-42）。

（4）膜袋虫。膜袋虫（*Cyclidium* sp.）体形较小，体长 18～20μm，呈长卵形，背腹微压缩。波动膜大而明显。瓜形膜袋虫（*C. citrullus*）（图 3-43）为重要代表。

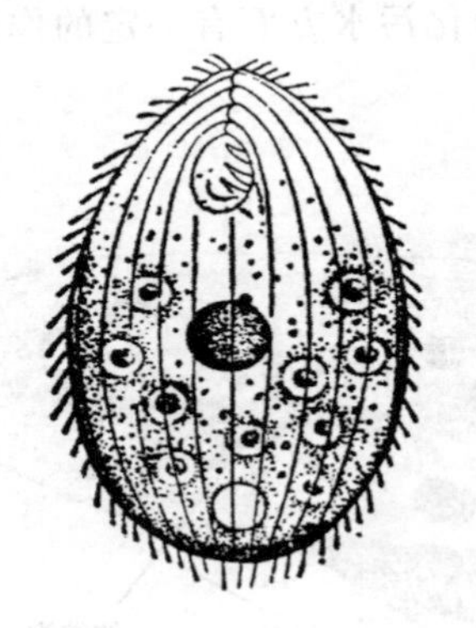

图 3-42 梨形四膜虫

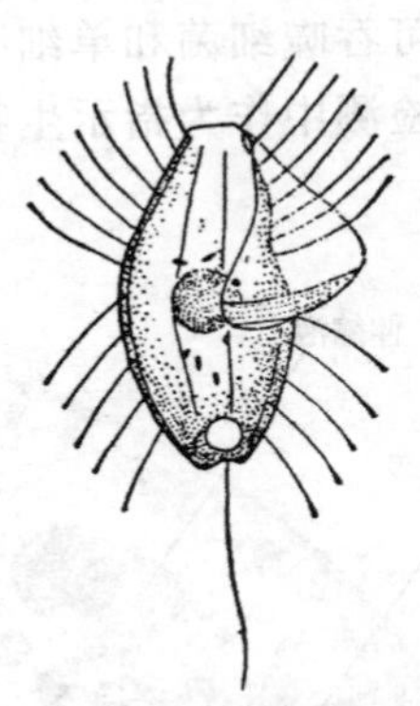

图 3-43 瓜形膜袋虫

（5）斜管虫。斜管虫（图 3-44）卵圆形，背腹扁平，腹面有体纤毛，变形不明显。有两个伸缩泡，前后各一个。大核为椭圆形，位于中部或后端。斜管虫以细菌和藻类为食。

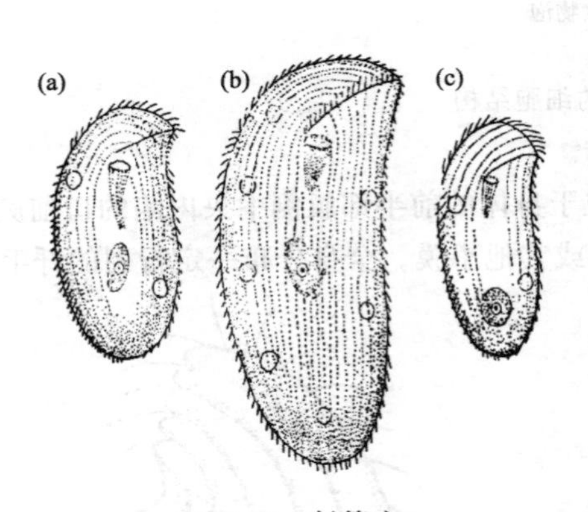

图 3-44 斜管虫

(a) 钩刺斜管虫；(b) 僧帽斜管虫；(c) 非游斜管虫

2）固着型纤毛虫

固着型纤毛虫因其外形类似一口倒挂的钟，故名钟虫（*Vorticella* sp.）。钟虫前端有一个由很多纤毛构成的纤毛带，由外向内呈螺旋状。纤毛带向一个方向波动使水形成旋涡，污水中的有机小颗粒先随水流集中沉淀至“口”处，接着进入体内并形成食物泡。钟虫的这种取食方式称为沉渣取食。沉渣取食所达到的效果犹如清道夫的作用，使出水变得非常清澈。钟虫后端有柄，柄可帮助虫体固着在基质上。柄内有肌丝，当虫体受到刺激时肌丝似弹簧一样进行收缩。钟虫体内有较大的空泡称为伸缩泡，钟虫靠伸缩泡的收缩可将吞入体内多余的水分排出体外，以维持体内水的平衡。在正常情况下，伸缩泡有规律的进行收缩和舒张，但当废水中溶解氧降低到 1mg/L 以下时，伸缩泡只处于舒张状态，停止活动。因此，可通过观察伸缩泡的状况判断水中溶解氧的浓度。

钟虫能加速活性污泥的絮凝，并能通过大量捕食游离细菌而使出水变清。因此，钟虫对污水具有良好的净化作用。根据钟虫的数量，可判断废水的处理效果，并可预报出水水质，故钟虫又具有重要的指示作用。

在活性污泥中，固着型纤毛虫是数量最多、最为常见的一类微型动物。钟虫的尾柄、生活方式（营个体生活还是群体生活）、尾柄中肌丝的有无以及肌丝是否相连，都是钟虫的分类依据。活性污泥中常见的钟虫有沟钟虫（*Vorticella convallaria*）、大口钟虫（*V. campanula*）、小口钟虫（*V. microstoma*）、无柄钟虫等（图 3-45）及独（单）缩虫（*Carchesium*）、聚缩虫（*Zoothamnium*）、累枝虫（*Epistylis*）、盖纤虫（*Opercularia*）等。

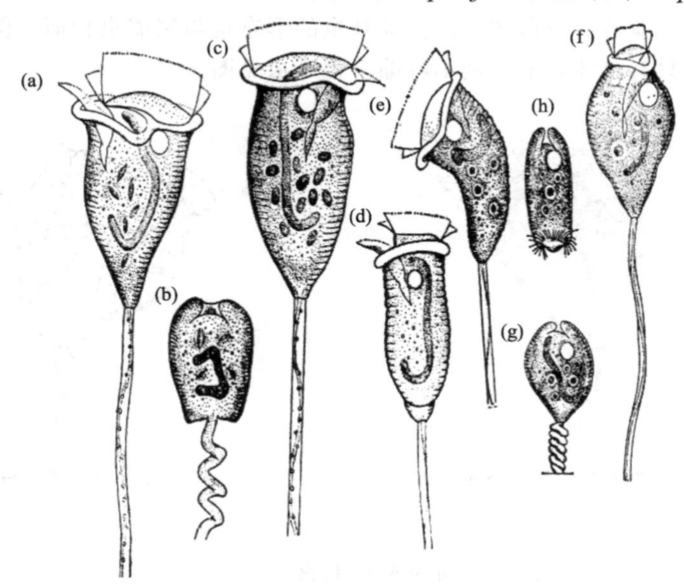

图 3-45　钟虫

（a）似钟虫（伸展状态）；（b）似钟虫（收缩状态）；（c）沟钟虫；（d）领钟虫；（e）弯钟虫；（f）小口钟虫（伸展状态）；（g）小口钟虫（收缩状态）；（h）小口钟虫（游泳状态）

（1）独缩虫。独缩虫虫体形似钟虫。但独缩虫并非以单体形式存在，而呈群体存在。很多个虫体长在树状分枝的柄端上。各虫体柄内有肌丝，肌丝彼此分离，互不连接。当一个虫体受到刺激时，只是该虫体及其柄发生收缩，而群体中的其他虫体不收缩，故名独缩虫。独缩虫见图 3-46。

图 3-46　独缩虫

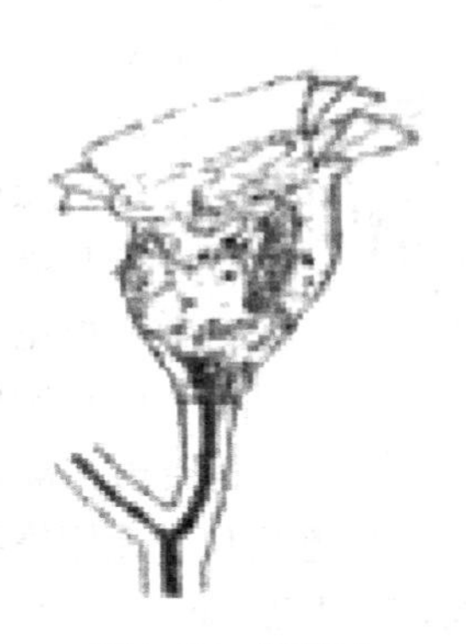

图 3-47　聚缩虫

(2) 聚缩虫。聚缩虫营群体生活。虫体钟状。虫体有柄且柄内有肌丝。当虫体受到刺激时，虫体全部同时收缩，故名聚缩虫。聚缩虫见图 3-47。

(3) 累枝虫。与聚缩虫一样，累枝虫营群体生活。累枝虫的形态与聚缩虫相似，有柄，柄较直而粗，但柄内无肌丝，柄等分枝或不等枝。当虫体受到刺激时，只有虫体收缩，柄不收缩。褶累枝虫 *Epistylis plicatilis* 见图 3-48。

(4) 盖纤虫。盖纤虫营群体生活。盖纤虫的形态也与聚缩虫相似，但柄无肌丝。当虫体受到刺激，只有虫体收缩，柄不收缩。盖纤虫见图 3-49。

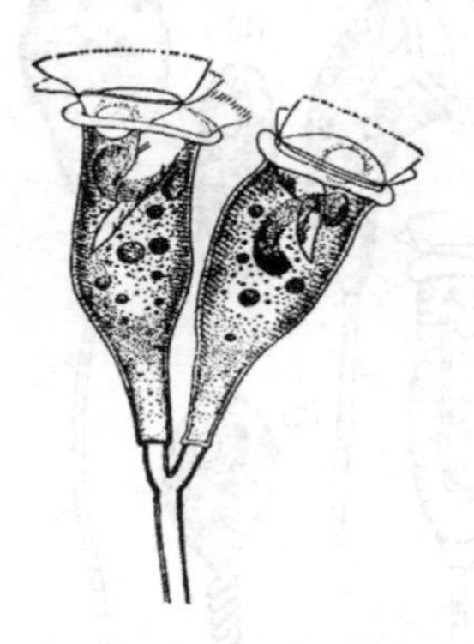

图 3-48　褶累枝虫

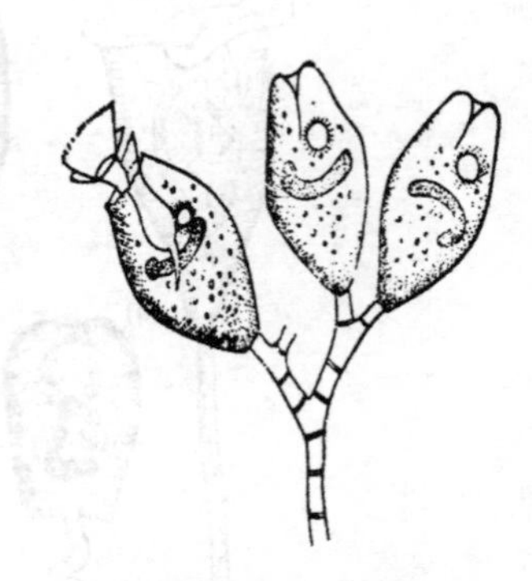

图 3-49　盖纤虫

3) 匍匐型纤毛虫

匍匐型纤毛虫的纤毛成束黏合成棘毛。棘毛排列于虫体"腹面"以支撑虫体，借此在污泥絮体表面爬行或游动。匍匐型纤毛虫以游离细菌或有机碎屑为食，正常运行时有少量出现。活性污泥中常见的匍匐型纤毛虫有尖毛虫（*Opisthotricha* sp.）、棘尾虫（*Stylonychia* sp.）和游仆虫（*Euplotes* sp.）、楯纤虫（*Aspidisca*）等。

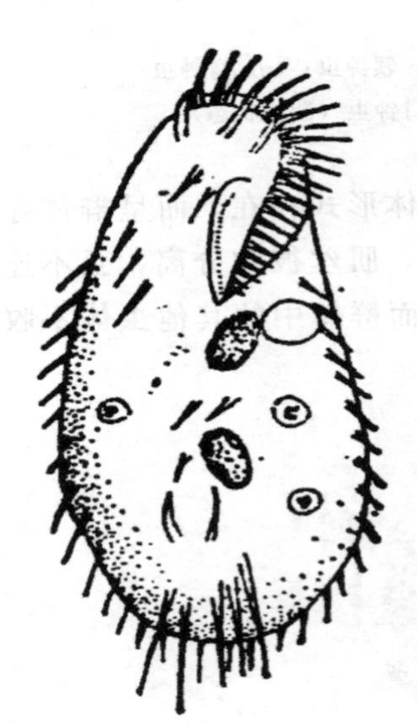

图 3-50　尖毛虫

(1) 尖毛虫。尖毛虫体长 150μm，形体椭圆，后端较宽，腹面扁平，背面隆起。有侧缘纤毛。腹面有 8 根前触毛，5 根腹触毛，5 根肛触毛。大核通常 2 个，伸缩泡 1 个。尖毛虫见图 3-50。

(2) 棘尾虫。体椭圆形。腹面扁平，背面隆起。每侧各有一行侧缘纤毛。腹面有 8 根前纤毛，5 根腹纤毛，5 根肛纤毛和 3 根尾纤毛。虫体长 100～300μm。棘尾虫见图 3-51。

(3) 游仆虫。游仆虫虫体一般呈卵圆形，腹面扁平，背面稍突出，常有纵长隆起的肋条。小膜口缘区十分发达，宽阔而明显，无波动膜。伸缩泡后位。无侧缘纤毛，前触毛 6 或 7 根，腹触毛 2 或 3 根，肛触毛 5 根，尾触毛 4 根，臀触毛 5 根。大核和小核各 1 个，大核呈长带状。游仆虫见图 3-52。

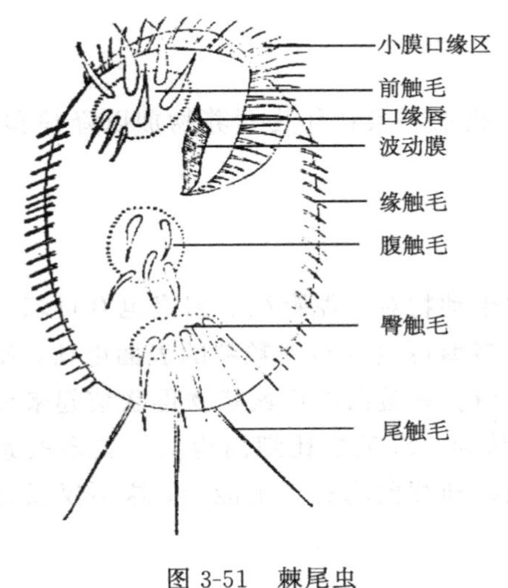

图 3-51 棘尾虫

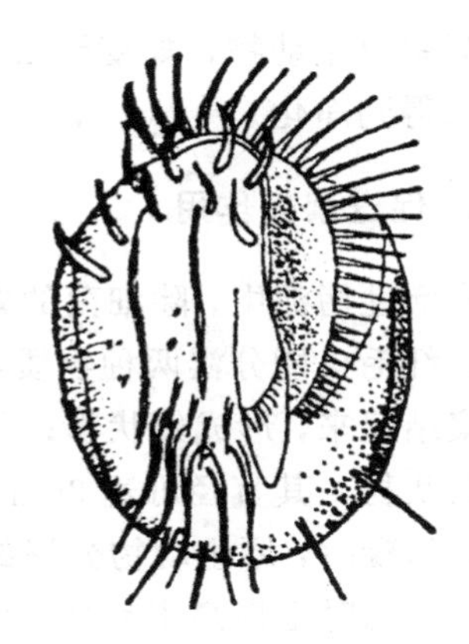

图 3-52 游仆虫

（四）吸管虫

吸管虫（Suctoria）幼体体表具纤毛，成体时纤毛完全消失。吸管虫成虫有吮吸功能的“吸管”（触手）构造，且以柄固着在其他动植物或物体上，不能移动。吸管虫营动物性营养，利用吸管以小型纤毛虫为食。

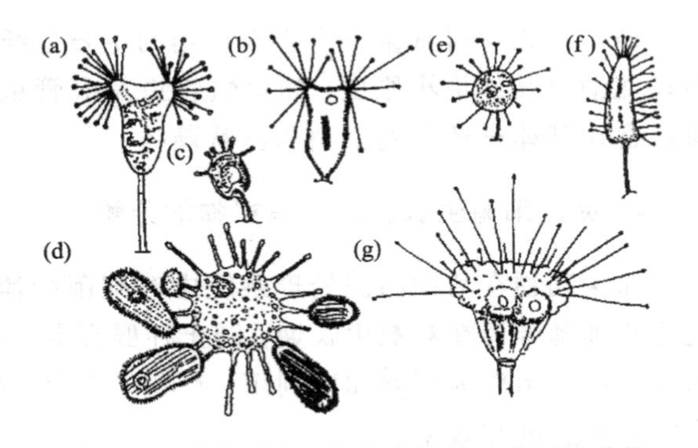

图 3-53 活性污泥中常见的吸管虫类原生动物

(a) 壳吸管虫；(b) 粗壮壳吸管虫（*A. lacustris*）；(c) 环锤吸管虫；(d) 球吸管虫捕食纤毛虫情景；(e) 固着足吸管虫；(f) 长足吸管虫；(g) 尖吸管虫

在活性污泥中，吸管虫以柄固着于污泥絮粒上生活。游动型纤毛虫与吸管接触时被粘住，进而通过吸管注入的消化液所消化。消化后的汁液通过吸管被吸管虫作为营养吮吸。它在污泥培养成熟后期可见到吸管虫。常见的种类有足吸管虫（*Podophrya* sp.）、壳吸管虫（*Acineta* sp.）和锤吸管虫（*Tokophrya* sp.）等。吸管虫见图 3-53。

七、原生动物与污水生物处理

活性污泥法（activated sludge process；activated sludge method；activated sludge treatment）使活性污泥均匀分散、悬浮于反应器中，与废水充分接触，在有溶解氧的情况下，除去废水中的有机废物的方法。

在污水处理中起主要作用的是细菌，废水中约 50%的有机物是由细菌分解的。但研究发现，活性污泥系统中除细菌对有机物的降解起重要作用外，原生动物也扮演着重要角色。

（一）净化作用

在污水净化中，原生动物的作用表现在以下几个方面。

1. 降解作用

某些原生动物，如变形虫、纤毛虫等以有机物污染物作为营养物加以降解和利用，使污水得到净化。

2. 促进絮凝作用

在活性污泥中，除细菌的絮凝作用外，原生动物对污泥颗粒的絮聚也有贡献。研究证明，纤毛虫能分泌两种物质：一种是多糖。多糖可改变悬浮颗粒的表面电荷，使悬浮颗粒集结起来，形成絮状物；另外一种是黏蛋白。黏蛋白能把絮状物再联结起来形成更大的絮状物，其直径可达 3mm。科学工作者认为，纤毛虫比细菌担负了更多的絮凝作用。在絮凝时，原生动物分泌的黏液对悬浮颗粒和细菌均有吸附能力，这不仅强化了絮凝作用，同时也提高了活性污泥的沉淀效率。

3. 吞噬作用

原生动物中对细菌具有吞噬作用的主要是纤毛虫。纤毛虫除吞噬细菌外，有的纤毛虫还能消灭其他更小原虫，如卑怯管虫及吸管虫等。还有的纤毛虫，如僧帽斜管虫，能够掠食比其体长还长的细菌和丝状藻类。

4. 促进细菌生长、加速有机物的分解

原生动物在活性污泥处理系统中对细菌的捕食，不仅不会影响细菌的生长，相反，还能使细菌维持在对数生长期，防止种群衰老。此外，原生动物在活动中产生的代谢产物也可被细菌作为营养加以利用，有利于细菌的生长。其总的结果是提高微生物对污染物的降解速度和效率。

（二）原生动物在水处理中的指示作用

据报道，活性污泥中能见到的原生动物有 228 种，其中以纤毛虫居多。在污泥发生变化或污泥培养物初期可看到大量鞭毛虫及变形虫。在系统正常运行时，固着型纤毛虫占优势。研究发现，出水水质与原生动物的种类间存在一定的相关性，特别是活性污泥中纤毛虫越多，出水水质越好；反之，非纤毛虫，如鞭毛虫及肉足虫等越多，出水水质就越差。原生动物对毒物的反应很敏感。如当水处理系统有毒时，群体缘毛类纤毛虫会缩成一团。好氧活性污泥系统缺氧时，钟虫的前端吐出大泡泡、身体渐渐地收缩并从柄上脱落，甚至死亡。因此，可根据污泥中原生动物的种类判断系统运行的状况。在水质突变或污泥中毒时，可根据生物相的变化，及时发现问题，采取必要措施。

第三节　微型后生动物

在废水生物处理构筑物中，还常常出现一些多细胞动物——后生动物，觉见种类有轮虫、线虫、寡毛虫（　体虫、颤蚓、水丝蚓）和浮游甲壳动物等。

一、轮虫

轮虫（rotifers）是多细胞动物中比较简单的一种微型后生动物。轮虫身体前端称为头部。头部有1～2圈纤毛组成的左右两个纤毛环称为头冠。头冠纤毛的摆动犹如旋转的车轮，故名轮虫。纤毛环既是轮虫的摄食工具又是轮虫的行动工具。纤毛环摆动时，将细菌和有机颗粒等引入口部。轮虫在废水生物处理中的作用表现在以下两个方面。

1. 净化作用

轮虫以细菌及小型原生动物和有机颗粒为食物，对水起到净化作用。

2. 指示作用

活性污泥中出现轮虫，往往表明处理效果良好，但数量过多会破坏污泥的结构，使污泥松散而上浮。活性污泥中常见的轮虫有转轮虫（*Rotaria rotatoria*）、红眼旋轮虫（*Philodina erythrophthalma*）等（图3-54）。

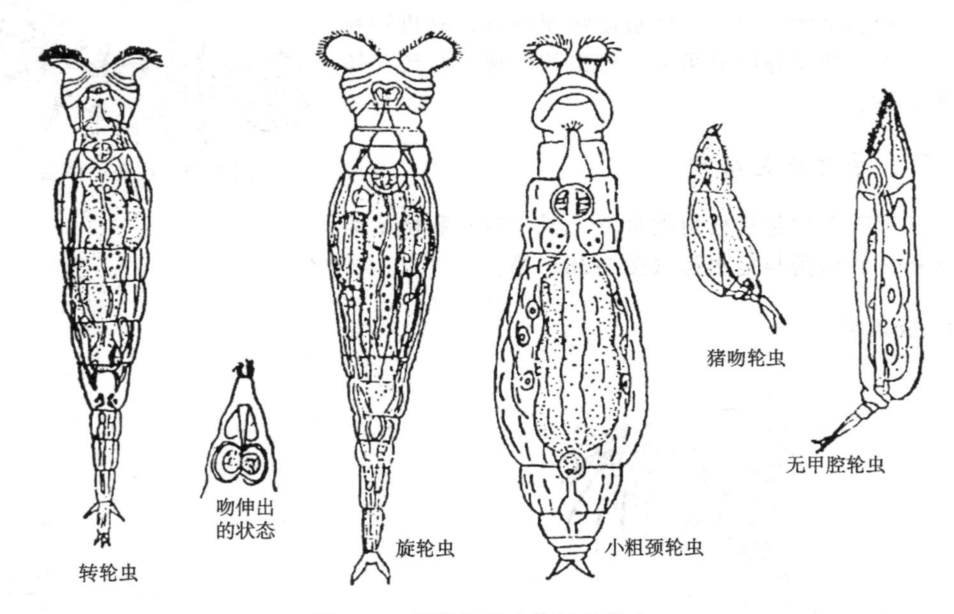

图3-54　活性污泥中常见的轮虫

二、微型甲壳动物

微型甲壳动物广泛分布于地表水中，它们以细菌和藻类为食物，是河流污染与水体自净的指示生物。氧化塘出水中常有较多的藻类，可利用甲壳动物将藻类除去。

微型甲壳类动物具有坚硬的甲壳。常见的有水蚤（*Daphnia* sp.）和剑水蚤（*Cyclops* sp.）。

三、其他微型后生动物

除上述微型动物外，污泥和生物膜上常常生活着一些小动物，如线虫、昆虫及其幼虫等。

（一）线虫

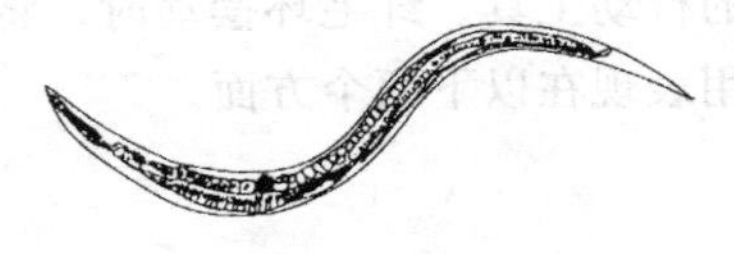

图 3-55　线虫

线虫（nematode）（图 3-55）虫体呈长线状，长 0.25～2mm，断面为圆形。线虫可同化其他微生物不易降解的固体有机物，可吞噬细小污泥颗粒。在生物膜处理系统中膜生长较厚时常有线虫的出现。线虫是水体污染的指示生物。污水净化程度低下、污染程度较高、水体缺氧时线虫会大量出现。

（二）　体虫

体虫（*Tubifex* sp.）是污泥中体形较大、分化较高的一种多细胞动物。　体虫以污泥碎屑、有机颗粒为食。出水水质良好时亦可有　体虫的出现。红斑　体虫见图 3-56。

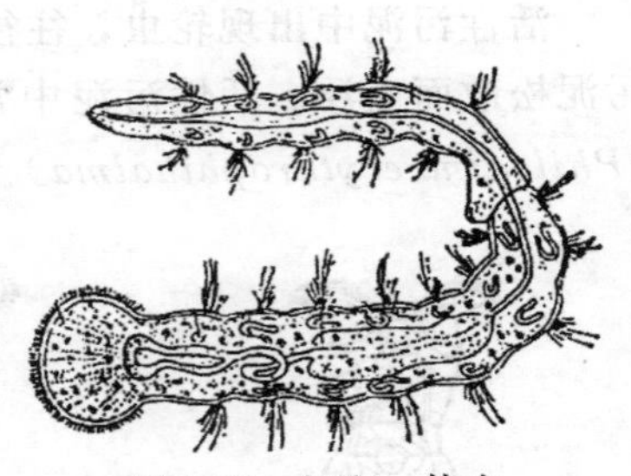

图 3-56　红斑　体虫

（三）浮游甲壳动物

浮游甲壳动物包括枝角类水蚤（图 3-57）和桡足类的哲水蚤、剑水蚤与猛水蚤（图 3-58）等。

1. 枝角类

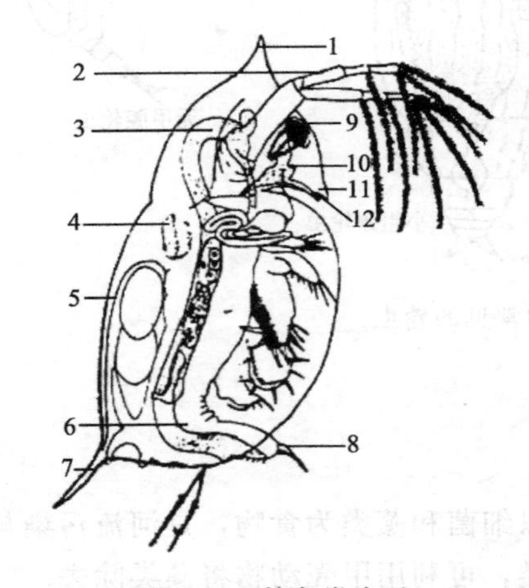

图 3-57　枝角类水蚤

1. 头冠；2. 第二触角；3. 中肠；4. 心脏；5. 孵育囊中的复卵；6. 后腹部；7. 壳刺；8. 尾爪；9. 复眼；10. 单眼；11. 吻；12. 第一触角

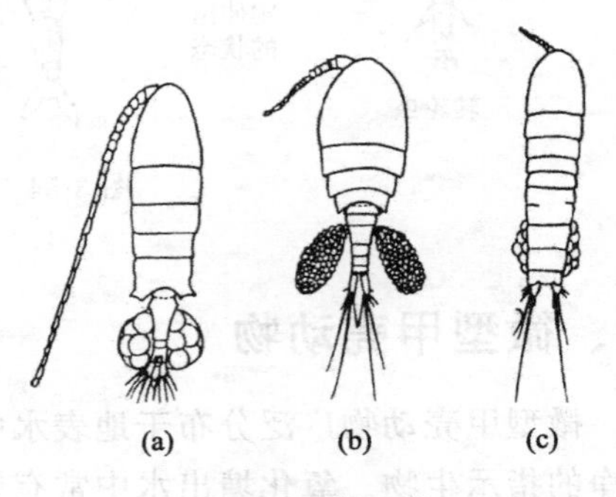

图 3-58　桡足类

(a) 哲水蚤；(b) 剑水蚤；(c) 猛水蚤

2. 桡足类

微型后生动物常被用作地表水污染的指示生物。水体溶氧不足时，后生动物不会生长。因此，通过观察有无后生动物的出现即可判断水体是否缺氧。

第四节　藻　　类

一、藻类概述

藻类是一类能进行光合作用的低等真核生物。大多个体微小，结构简单，无根茎叶的分化。藻类的最适 pH 为 6～8。藻类属光能自养型微生物，其细胞内含有叶绿素及其他辅助色素。有光照时，能利用二氧化碳合成细胞物质，同时放出氧气；夜间无阳光时，则通过呼吸作用取得能量，吸收氧气同时放出二氧化碳。在藻类数量较大的池塘中，白天水体中溶解氧往往很高，甚至过饱和，但夜间溶解氧会急剧下降。

藻类的繁殖有三种方式：营养繁殖、无性生殖和有性生殖。单细胞藻类和丝状藻类的营养繁殖不同。单细胞藻类的营养繁殖是通过细胞分裂进行的；而丝状藻类的营养繁殖则是母体营养体上的一部分离出来后再长成一个新个体。无性繁殖是通过产生不同类型的孢子进行的。产生孢子的母细胞叫孢子囊（sporangium）。孢囊孢子为单细胞，一个孢子发育成一个新个体。有性繁殖的生殖细胞叫配子（gamete）。通常情况下，配子必须两两结合成为合子（zygocyte），由合子直接萌发成新个体。合子还可产生孢子，再由孢子长成新个体。

藻类主要生活在水中，单细胞藻类浮游于水中，故名浮游植物。当水体含过量的氮、磷时，常产生“水华”或“赤潮”。在污染生物监测中，藻类作为水体污染的指示生物。

藻类与环境工程关系密切。在水污染控制工程中，藻类的典型应用是氧化塘处理系统，氧化塘利用菌藻互生原理进行废水处理。

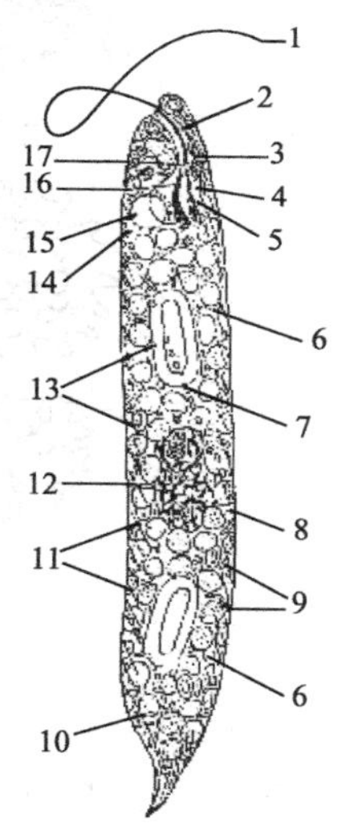

图 3-59　裸藻的细胞结构
1. 鞭毛；2. 胞咽；3. 眼点；4. 储蓄泡；5. 不伸出胞口外的鞭毛；6. 高尔基体；7. 体表小乳突；8. 脂肪；9. 线粒体；10. 载色体；11. 体表螺旋线；12. 细胞核；13. 裸藻淀粉；14. 副液泡；15. 伸缩胞；16. 鞭毛基部；17. 基粒

藻类的分类是根据光合色素的种类、个体的形态、细胞结构、生殖方式和生活史等，将藻类分为蓝藻门（现已归为原核微生物中的蓝细菌）、裸藻门、绿藻门、轮藻门、金藻门、黄藻门、硅藻门、甲藻门、褐藻门及红藻门等。

二、藻类的常见类群

（一）裸藻门（Euglenophyta）

裸藻单细胞。细胞呈椭圆形、卵圆形、纺锤形或带状，末端一般尖细。藻体大多鲜绿色，少数红色或无色。细胞前端有胞口，胞口连胞咽、储蓄泡，周围为伸缩泡。裸藻有一个红色眼点。大多能运动，具 1 根鞭毛，少数 2 或 3 条。裸藻大量繁殖，可形成“水华”。裸藻的细胞结构见图 3-59。

（二）绿藻门（Chlorophyta）

绿藻形体极为多样。有单胞体、群体、丝状体或叶状体。藻体呈草绿色。单细胞或群体有鞭毛，鞭毛等长顶生，一般 2～4 根；多细胞绿藻营养体不运动，但可形成有鞭毛能运动的孢子或配子。活性污泥及氧化塘中常见的绿藻见图 3-60。

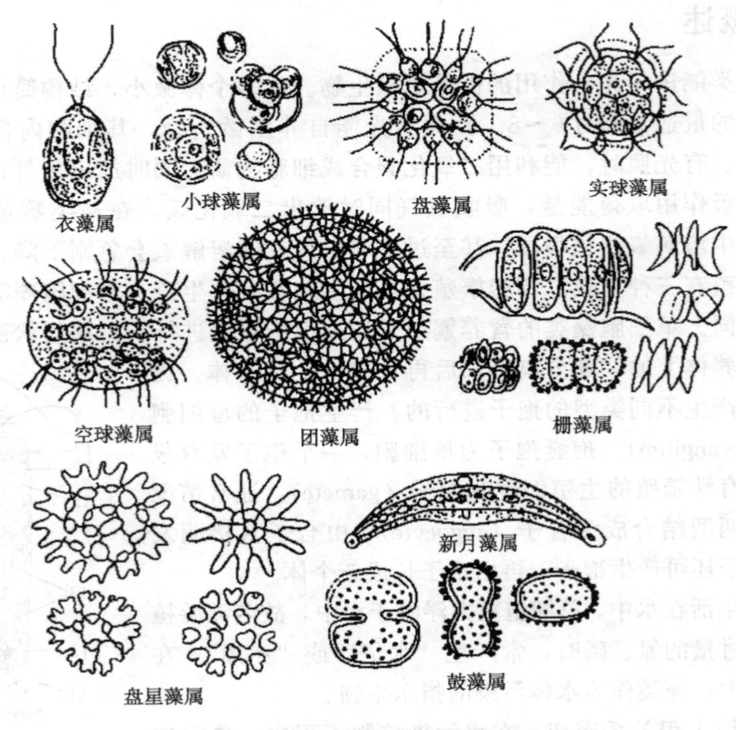

图 3-60　活性污泥及氧化塘中常见的绿藻

（三）硅藻门（Bacillariophyta）

硅藻形态多样，有单胞体、群体或由单列细胞构成的丝状体。形体像小盒，由上壳和下壳组成。上壳面（壳面）和下壳面（瓣面）上花纹的排列方式是分类的依据。硅藻呈黄绿色或黄褐色。环境工程中常见硅藻如图 3-61 所示。

（四）金藻门

金藻藻体为单胞体、群体或丝状体。细胞壁有或无，有的具囊壳或覆盖硅质化的鳞片与刺等。藻体呈黄绿色或棕色。多数有鞭毛，2 条或 2 条以上，少数 3 条；鞭毛等长或不等长。金藻多生长在透明度较高的干净淡水中，浮游或固着生活。金藻对环境变化比较敏感，因此常被作为较洁净水体的指示生物。环境工程中常见的金藻见图 3-62。

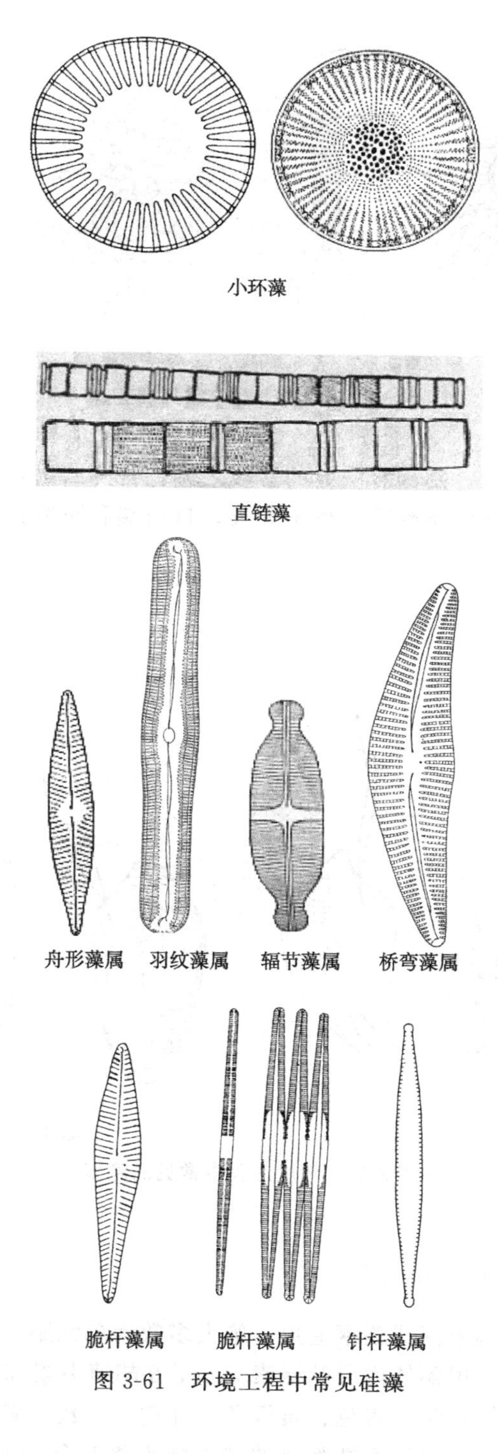

图 3-61　环境工程中常见硅藻

（五）隐藻门

隐藻为单细胞生物。藻体呈卵圆形、椭圆形及豆形。藻体呈黄绿色或黄褐色。细胞

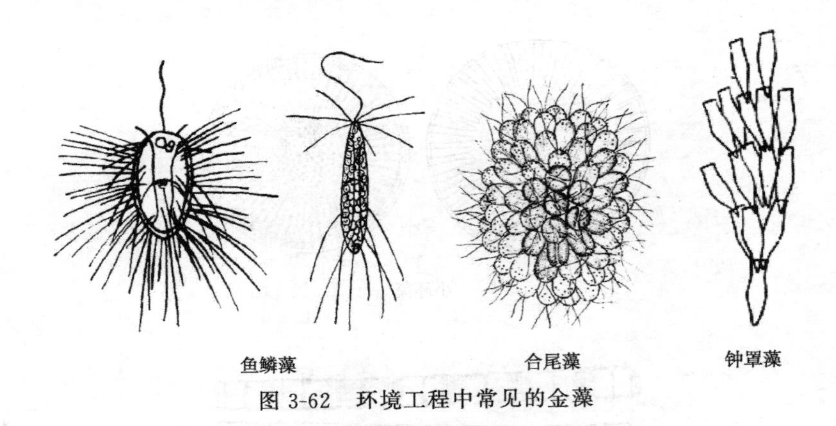

图 3-62　环境工程中常见的金藻

前端宽、钝圆或斜向平截。隐藻有明显的背腹之分。背侧凸出，腹侧平直或略凹。腹侧有一向后延伸的纵沟。具两条鞭毛，稍不等长，自前端和腹侧长出。环境工程中常见的隐藻见图 3-63。

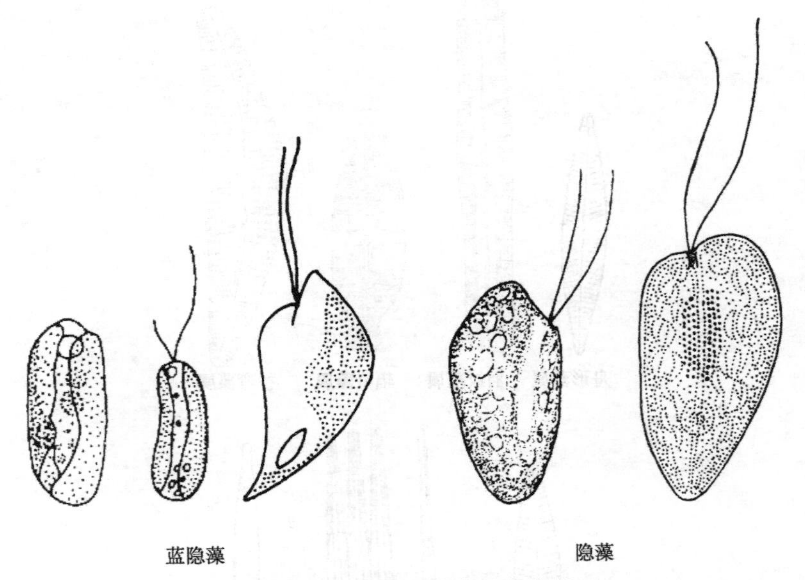

图 3-63　环境工程中常见的隐藻

（六）甲藻门（Pyrrophyta）

甲藻又称沟鞭藻、涡鞭藻或腰鞭毛虫。绝大多数为单细胞，藻体近球形，具两根不等长鞭毛，顶生或侧生。甲藻体内含叶绿素 a、c，β-胡萝卜素和叶黄素。甲藻黄色色素含量很高，故藻体多呈棕黄色、褐色、黄绿色或红色，少数甲藻无色。

甲藻有或无细胞壁。根据甲藻细胞壁的结构特点将其分为两类：一类为横裂甲藻。横裂甲藻由多个板片组成，多具 1 横沟和 1 纵沟，如多甲藻属；另一类为纵裂甲藻。纵裂甲藻细胞壁由左右两个对称的半片组成，无纵沟和横沟，如原甲藻属。

甲藻主要生活在海洋，淡水中较少。当水中氮磷含量较高时，甲藻迅猛繁殖，使海水呈现红色、黄色或棕色等，即形成赤潮。

甲藻的代表属有横裂甲藻属、多甲藻属（*Peridinium*）、角甲藻属（*Ceratium*）及夜光藻属（*Noctiluca*）等见图 3-64。

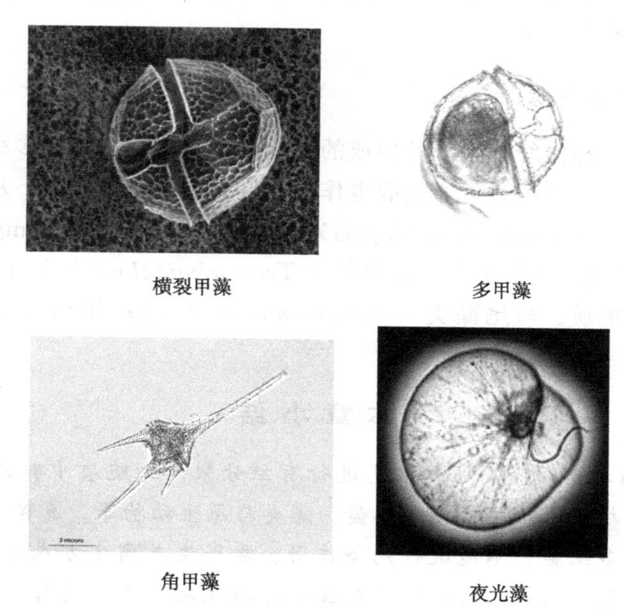

图 3-64　甲藻（放大 40 倍）

三、藻类在环境工程中的作用

藻类在污水处理方面的作用越来越受到重视。藻类污水深度处理工艺成本低，出水水质好，可作为中水回用、农田灌溉的水源，既能很好地实现污水的良性生态循环，又可以利用藻类生物作为动物饲料，体现了环境效益、经济效益与社会效益的协调统一。

（一）藻菌共生系统净化污水

通过藻类和细菌建立的共生关系，使污水得到净化。藻菌共生净化污水的原理见图 3-65。

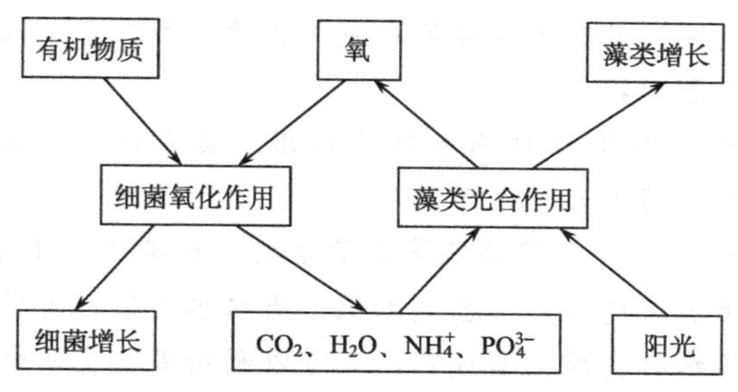

图 3-65　藻菌共生净化污水的原理

好氧菌将含碳有机物降解为二氧化碳和水，对含氮有机物通过氨化作用转化成氨氮，继而通过硝化再将氨氮转化为亚硝酸盐和硝酸盐。细菌将含磷有机物最后转化为正磷酸盐。细菌降解有机质产生的 CO_2 是藻类的主要碳源，促进了藻类的光合作用。藻类将细菌代谢中产生的物质吸收转化为藻类的细胞物质。藻类光合作用释放出的氧，促进了好氧菌对有机物的分解。

（二）对重金属的去除

藻类细胞壁是一种由纤维素纤丝形成的网状结构，含有丰富的多糖，如木糖、甘露糖和果胶等。多糖带负电荷，可通过静电作用与许多金属离子结合，从而吸附并去除重金属。如斜生栅藻（*Scenedesmus obliquus*）对 UO_2^{2+} 吸附容量达 75mg/g 干物质，能够使铀从 5. 0mg/L 降至 0. 05mg/L。绿微藻（*Tetraselmis chuii*）活细胞对 Cr 的吸附量为 12. 67mg/g 干物质。马尾藻类（*Sargassum* sp.）对铜和锌去除率分别达 100% 和 99. 4%。

本章小结

1. 凡是细胞核具有核膜、核仁、能进行有丝分裂、细胞质中具细胞器的微生物称为真核微生物。真核微生物主要包括真菌、藻类与原生动物等。真菌（包括酵母菌和霉菌）是指单细胞或多细胞、不能进行光合作用、靠寄生或腐生方式生活的真核微生物。酵母菌是一群单细胞真核微生物；霉菌是丝状真核生物。可利用酵母菌处理有机废水，生产单细胞蛋白，或利用酵母菌与其他微生物共同形成的生物处理系统，如活性污泥等进行废水处理。在活性污泥和生物膜系统中，除细菌外，有大量真菌存在。

2. 原生动物是动物界最原始、最低等一类单细胞真核生物。拥有多细胞动物所具有的各种生理机能，如运动、呼吸、消化、排泄、感应、生殖等，这些机能是由细胞特化而成的细胞器完成的。一般将原生动物分为四个纲：肉足纲、鞭毛纲、纤毛纲和孢子纲。

3. 活性污泥中常见的肉足虫有大变形虫、辐射变形虫、无恒变形虫、蝙蝠变形虫等。变形虫出现在处理效果差或活性污泥培养的初期。环境工程中常见的鞭毛虫有眼虫、钟罩虫、尾窝虫及合尾滴虫等。纤毛虫是环境工程中最为常见的指示微生物，包括游泳型纤毛虫、固着型纤毛虫与匍匐型纤毛虫。

4. 废水好氧生物处理中常见的游泳型纤毛虫有草履虫、肾形虫、豆形虫、漫游虫、裂口虫、斜管虫、四膜虫、楯纤虫与棘尾虫等。在活性污泥中，固着型纤毛虫是数量最多、最为常见的一类微型动物。

5. 原生动物具有水体的净化作用和指示作用。其净化作用表现在有机物的降解、促进絮凝、吞噬、促进细菌生长等方面。

6. 藻类是一类能进行光合作用的低等真核生物。环境工程中常见的有裸藻、绿藻、硅藻、甲藻等。藻类污水深度处理工艺成本低，出水水质好，可作为中水回用、农田灌溉的水源，既能实现污水的良性生态循环，又可以利用藻类生物作为动物饲料，体现了环境效益、经济效益与社会效益的协调统一。

思　考　题

1. 什么是真菌？
2. 简述酵母菌与霉菌的细胞结构特点。
3. 什么叫菌丝、菌丝体、菌丝球？
4. 霉菌的营养菌丝及气生菌丝各有何特点？
5. 酵母菌和霉菌在环境工程中具有哪些作用和意义？
6. 酵母有哪些形态特征？依据它们的形态能够进行分类鉴定吗？
7. 试述真菌孢子的种类及特点。
8. 细菌、放线菌、霉菌和酵母菌的个体和群体形态有何特点？怎样鉴别它们？
9. 藻类和蓝细菌有何区别？它们有哪些生理特征？
10. 原生动物和后生动物是微生物吗？它们在环境工程中有何作用？

第四章 环境工程中非细胞型微生物——病毒（噬菌体）

病毒与环境工程关系密切。本章介绍了病毒的特征与分类、形态、结构与大小、增殖的基本过程。重点阐述了病毒在环境中的存活，并就病毒在污染控制中的应用及风险评价进行了较详细的讨论。

第一节 病毒的特征与分类

一、病毒的基本特征

病毒的基本特征是：①无细胞结构，只含有一种核酸，或为核糖核酸（RNA），或为脱氧核糖核酸（DNA）；②缺乏自身独立的酶系统，营专性寄生生活；③个体超级微小，能通过细菌滤器，利用电子显微镜才能观察到；④对抗菌素不敏感，对干扰素敏感；⑤在活细胞外具有一般化学大分子特征，进入宿主细胞后才具有生命特征。

二、病毒的分类

目前，病毒分类所采用的依据是：①核酸类型与结构（RNA、DNA、双链、单链、线状、环状、是否分节段）；②病毒的形状和大小；③病毒的形态结构（衣壳的对称型、有无包膜）；④对脂溶剂的敏感性等。

研究发现，几乎所有的生物，包括动物、植物及微生物都有病毒的存在。因此，人们习惯根据宿主种类将病毒分为动物病毒、植物病毒和微生物病毒。

1. 动物病毒

在人类、哺乳动物、禽类和鱼类等各种动物中，广泛存在着相应的病毒。目前研究得较广泛而深入的是与人类健康直接相关的病毒，如流感病病毒、麻疹病毒、腮腺炎病毒、流行乙型脑炎病毒、艾滋病病毒以及狂犬病病毒等。

2. 植物病毒

植物病毒大部分属于 ssRNA 病毒，其基本形态有杆状、丝状和等轴对称的近球状二十面体，一般无包膜。只有少数种类有包膜，如植物弹状病毒组的莴苣坏死黄化病病毒等。

3. 微生物病毒

微生物病毒广泛存在于自然界中。既有侵染真细菌、放线菌、古细菌及蓝细菌等原核生物的病毒，又有感染真菌、蓝绿藻的病毒。凡是感染细菌、真菌、放线菌等微生物的病毒统称为噬菌体（bacteriophage，phage）。

1）*细菌病毒*

这里的细菌病毒指的是侵染真细菌的病毒，该病毒被称为噬真细菌体。这类病毒的形态主要有丝状、球状和蝌蚪状3种。大多数噬菌体无包膜，仅个别有脂质包膜，如假单胞菌ϕ6噬菌体。所含核酸有线状dsDNA、环状dsDNA、环状ssDNA、线状ssRNA和线状dsRNA，其中以线状dsDNA居多。

2）*古细菌病毒*

侵染古细菌的病毒称为噬古细菌体。已分离得到的古细菌噬菌体有甲烷短杆菌噬菌体PSM1、甲烷杆菌噬菌体ϕM1和盐杆菌噬菌体ϕH和ϕN等。这几种噬菌体的结构与蝌蚪状真细菌噬菌体相似，由一个多面体头部与一条尾巴组成，核酸也为线状dsDNA。

3）*蓝细菌病毒*

蓝细菌病毒又称噬蓝细菌体。已发现3种类型：一类为等轴的十面体粒子，有短尾，核酸为dsDNA，许多蓝细菌病毒属于这一种类型，如织线蓝细菌病毒LLP-1；一类则与TMV相似；另外一类与大蚊虹彩病毒（一种昆虫病毒）相似。

4）*真菌病毒*

真菌病毒被称为噬真菌体和噬酵母菌体。以蘑菇病毒为例，已发现的蘑菇病毒有5种类型。除了其中的Ⅲ型为杆状外，其余均为二十面体球状粒子，直径分别为25nm、29nm、35nm和50nm，如二孢蘑菇（*Agaricus bisporus*）病毒就是二十面体粒子。核酸均为dsRNA。

三、亚病毒

1. 类病毒

类病毒像病毒一样，严格专性寄生，只在宿主细胞内才表现出生命特征——核酸分子的自我复制，使宿主致病，死亡。但类病毒比病毒更小，更简单。类病毒仅是一个无蛋白质外壳的游离的RNA分子，分子质量$5\times10^4\sim10\times10^4$Da。类病毒对各种化学和物理因子的作用都不敏感，对热以及紫外光和离子辐射有高度抗性。到目前为止，类病毒只在植物中被发现。

2. 拟病毒

拟病毒又称类类病毒，可认为是一类包裹在植物病毒粒子中的类病毒。

3. 朊病毒

朊病毒又称蛋白质侵染因子。据目前所知，朊病毒是一类能侵染动物并在宿主细胞内复制的小分子无免疫性的疏水蛋白质，分子质量$2.7\times10^4\sim3\times10^4$Da。在电镜下，朊病毒呈杆状颗粒，成丛排列，其大小和形状不一。

朊病毒是在研究羊痒病病因中于1982年发现的。羊痒病是一种神经系统疾病，该病可致羊死亡。疯牛病和人的Kuru病（Kuru为新几内亚一地名，最初此病在当地人中传染，不知病因而以地名称之)，也是由朊病毒所引起的疾病，这两种病表现为神经系统缓慢退化以至发生紊乱。

第二节 病毒的形态与结构

一、病毒的形态和大小

病毒形状各异。有球状、杆状、椭圆状、蝌蚪状和丝状等。人和动物的病毒大多呈球状、卵圆状或砖状；植物病毒多数为杆状或丝状；细菌病毒即噬菌体（bacteriophage）大多呈蝌蚪状，少数呈丝状。经用磷钨酸负染后，在电子显微镜下可观察到病毒表面的微细结构。简单的病毒结晶后可通过 X 射线衍射分析其超微结构，并用数学方法处理 X 射线衍射图形，可推导出病毒的分子构型。病毒的形状和大小见图 4-1。

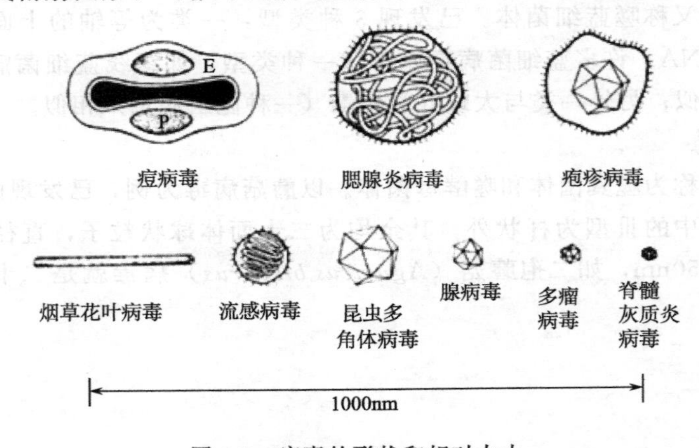

图 4-1 病毒的形状和相对大小

病毒体积微小，常用纳米（nm）表示。病毒的大小差异显著，有的病毒较大，如痘病毒（poxvirus）为（250 ～300）nm×（200 ～250）nm；而有的病毒很小，如口蹄疫病毒的直径仅为 10 ～22nm。研究病毒大小可用高分辨率的电子显微镜直接测量；也可用分级过滤法，根据可通过的超滤膜孔径估计其大小。

二、病毒的化学组成及结构

成熟的具有侵染力的病毒颗粒称为病毒粒子（virion）。大多数病毒粒子的组成成分只有蛋白质和核酸。但有的病毒除含蛋白质和核酸外，还含有类脂质、多糖等。

病毒的结构有两种：一是基本结构，为所有病毒所必需；二是辅助结构，为某些病毒所特有。病毒粒子的结构模式图见图 4-2。

（一）病毒的基本结构

1. 核酸

病毒核酸也称基因组。病毒核酸位于病毒颗粒内部，一种病毒只含有一种类型的核

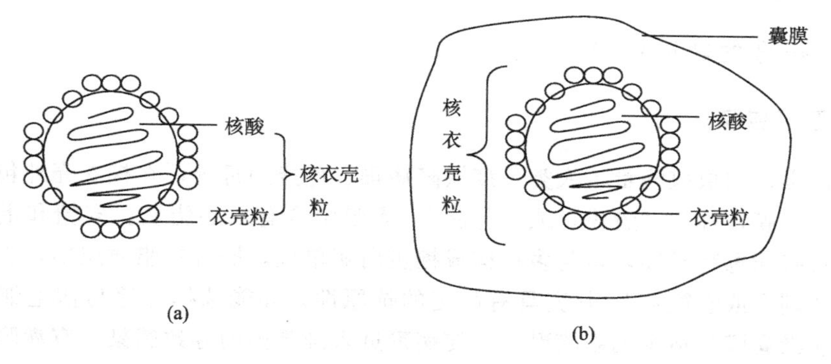

图 4-2　病毒粒子的结构模式图

（a）简单的病毒粒子；（b）有囊膜的病毒粒子

酸。含 DNA 的称为 DNA 病毒；含 RNA 的称为 RNA 病毒。最大病毒（如痘病毒）含有数百个基因，最小的微小病毒（如 parvovirus）仅有 3 或 4 个基因。

2. 衣壳

在核酸的外面紧密包绕着的一层蛋白质外壳，即病毒的“衣壳”。衣壳是由许多“衣壳粒”按一定几何构型集结而成，是病毒衣壳的形态学亚单位，它由一至数条结构多肽构成。根据衣壳粒的排列方式将病毒构型区分为：①立体对称。由衣壳粒形成 20 个等边三角形的面，12 个顶和 30 条棱，具有五、三、二重轴旋转对称性，如腺病毒、脊髓灰质炎病毒等。②螺旋对称。衣壳粒沿螺旋形盘旋的核酸呈规则地重复排列，通过中心轴旋转对称，如正黏病毒、副黏病毒及弹状病毒等。③复合对称。同时具有两种对称性的病毒，如痘病毒与噬菌体。蛋白质衣壳的功能除赋予病毒固有的形状外，还可保护内部核酸免遭外环境中核酸酶的破坏；具有病毒特异的抗原性，可刺激机体产生免疫应答；具有辅助感染作用，病毒表面特异性受体联结蛋白与细胞表面相应受体有特殊的亲和力，是病毒选择性吸附宿主细胞并建立感染灶的首要步骤。不同构型的病毒见图 4-3。

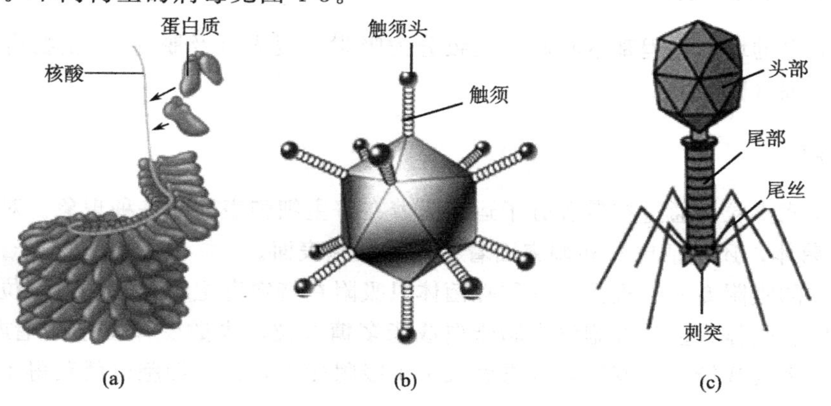

图 4-3　病毒的构型

（a）螺旋对称（烟草花叶病毒）；（b）立体对称（腺病毒）；（c）复合对称（T 系噬菌体）

（二）病毒的辅助结构

1. 囊膜（包膜）

某些病毒，如虫媒病毒、人类免疫缺陷病毒、疱疹病毒等，在核衣壳外包绕着一层含脂蛋白的外膜，称为“囊膜”或“包膜”。囊膜中含有双层脂质、多糖和蛋白质，其中蛋白质具有病毒特异性，常与多糖构成糖蛋白亚单位，嵌合在脂质层中，表面呈刺状突起，称“刺突或囊微粒”。刺突具有高度的抗原性，并能选择性地与宿主细胞受体结合，促使病毒囊膜与宿主细胞膜融合，使病毒进入细胞内而导致感染。有囊膜的病毒对脂溶剂和其他有机溶剂敏感，失去囊膜后便丧失了感染性。

2. 触须样纤维

腺病毒是唯一具有触须样纤维的病毒。腺病毒的触须样纤维是由线状聚合多肽和一球形末端蛋白所组成，位于衣壳的各个顶角。该纤维吸附到敏感细胞上，抑制宿主细胞蛋白质代谢，与致病作用有关。

此外，大多数噬菌体有头尾之分。其头部为蛋白质外壳，内含核酸；尾鞘与头部由颈部连接，尾鞘为中空结构。在尾鞘的末端还有基片、刺突、尾丝等附属物，这些附属物的作用是帮助噬菌体附着于寄主细胞上。

第三节　病毒的繁殖

病毒侵入寄主细胞后，利用寄主细胞提供的原料、能量和生物合成机制，在病毒核酸的控制下合成病毒核酸和蛋白质，然后装配为病毒颗粒，再以各种方式从细胞中释放出病毒粒子，这一过程即病毒的繁殖。但此过程与一般微生物的繁殖方式不同，准确地讲，应称为增殖（multiplication）或复制（replication）。整个过程称为复制周期。

一、病毒的增殖过程

所有病毒的增殖过程基本相同。大致分为吸附、侵入（及脱壳）、生物合成、装配与释放等步骤（图 4-4）。

1. 吸附

吸附是病毒粒子通过扩散和分子运动附着在寄主细胞表面的一种现象。对于大肠杆菌 T 系噬菌体，还包括尾丝和刺突固着在寄主细胞表面。

噬菌体的吸附专一性很强。一种噬菌体只吸附在特定寄主细胞的特定部位，这一部位称为受体。受体大多是细胞壁含脂蛋白或脂多糖部位，少数受体位于鞭毛或伞毛上。当受体发生突变或结构改变时，病毒就失去了吸附能力，寄主细胞也就获得了对该病毒侵染的抗性。

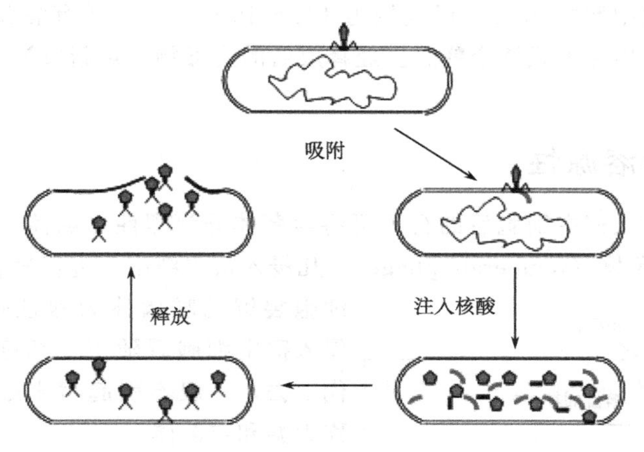

图 4-4　烈性噬菌体的增殖

2. 侵入和脱壳

不同病毒粒子侵入宿主细胞的方式不同。大部分噬菌体通过注射的方式将核酸注入细胞内，而外壳则留于细胞外。例如，大肠杆菌 T4 噬菌体，当其尾端吸附在细胞壁上后，便依靠尾丝的溶菌酶水解细菌细胞壁上的肽聚糖，并通过尾鞘的收缩，将头部 DNA 射入细胞内。植物病毒没有直接侵入细胞壁的能力，在自然界中大多通过伤口侵入或昆虫刺吸传染，并通过导管和筛管等组织传布至整个植株。动物病毒以类似吞噬作用的胞饮方式，由宿主细胞将整个病毒颗粒吞入细胞内，或者通过病毒囊膜与细胞质膜的融合方式进入细胞。

有些动、植物病毒侵入细胞时衣壳已开始破损。有囊膜的病毒其囊膜与细胞质融合除去囊膜后，以完整的核衣壳进入细胞，被吞饮的病毒在吞噬泡中进行脱壳。多数病毒的脱壳是依靠寄主细胞内的溶酶体进行的，溶酶体分泌的酶能将衣壳和囊膜降解去除。

3. 生物合成

病毒的生物合成包括核酸复制和蛋白质合成两部分。病毒侵入寄主细胞后，引起寄主细胞代谢发生改变。细胞的生物合成不再由细胞本身支配，而受病毒核酸携带的遗传信息所控制，并利用寄主细胞的合成机制和机构（如核糖体、tRNA、mRNA、酶、ATP 等)，复制出病毒核酸，并合成大量病毒蛋白质。

4. 装配与释放

新合成的核酸与蛋白质，在细胞的一定部位装配，成为成熟的病毒颗粒。大多数 DNA 病毒的装配在细胞核中进行；大多数 RNA 病毒则在细胞质中进行。一般情况下。T4 噬菌体的装配是先由头部和尾部联结，然后再接上尾丝，完成噬菌体的装配。装配成的病毒颗粒离开细胞的过程称为病毒的释放。病毒的释放方式有两种：①没有囊膜的 DNA 或 RNA 病毒在装配成以后合成溶解细胞的酶，以裂解寄主细胞的方式使子代病毒一齐从寄主细胞中释放出来，释放量为100～10 000个。②有囊膜的病毒如流感病毒、疱疹病毒等以出芽方式逐个释放。经释放后的病毒颗粒重新成为具有侵染能力的病毒粒子。

二、噬菌体的溶源性

根据噬菌体进入宿主细胞后的行为可将噬菌体分为烈性（毒性）噬菌体（virulent phage）和温和噬菌体（temperate phage）。凡侵入宿主细胞后进行复制增殖，导致宿主细胞裂解的噬菌体为烈性噬菌体（图4-5）。侵入宿主细胞后随宿主细胞的生长繁殖而传代下去，一般不引起宿主细胞裂解的噬菌体称为温和噬菌体。

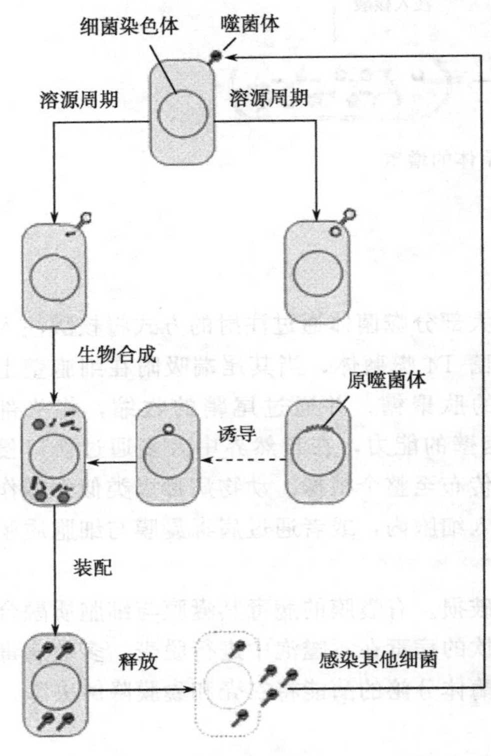

图4-5　细菌感染噬菌体后的两种反应

温和噬菌体在宿主细胞中可将DNA整合至宿主细胞染色体上，并同步复制但不合成自身的蛋白质壳体，宿主细胞也不裂解而能继续生长繁殖。这种整合于宿主细胞染色体上（个别呈质粒状态）的温和噬菌体称为原噬菌体（prophage）。含有原噬菌体的宿主细胞称为溶源性细胞（lysogenic cell）。宿主细胞含有原噬菌体的状态称为溶源性。溶源性（lysogeny）具有可遗传特性，即溶源性细胞的子代也是溶源性的。溶源性细胞还有其他特性：①易被诱发裂解。许多理化因子都可诱发原噬菌体成为烈性噬菌体而裂解溶源细胞。②溶源细胞具有免疫性。即噬菌体可侵染非溶源性宿主细胞，而不再侵染溶源细胞。③溶源细胞可以复愈。溶源性细胞含有的原噬菌体有时可自行消失，而成为非溶源性细胞，这一过程称为非溶源化或复愈。④溶源细胞的其他性状可发生改变，这种改变称为溶源性转换。

第四节　病毒在环境中的存活及废水处理过程中病毒的去除

水体常被病毒污染，而病毒一旦进入水体，会给人类健康造成危害。因此，了解病毒在水环境中的生存规律及灭活机理对于评估病毒给水体带来的健康危险是十分重要的。

水体中病毒的生存受诸多因素的影响，主要分为物理、化学和生物三大类。

一、水体中病毒的存活

（一）影响水体中病毒存活的物理因素

1. 温度

温度是影响水体中病毒存活的一个最重要的因素（表 4-1）。所有病毒在低温条件下比高温存活时间更长。温度影响水环境中病毒存活的机制尚不清楚。

表 4-1　在不同水体环境及温度条件下病毒比灭活速率及其 T_{99} 预测

温度/℃	病毒类型	水样											
		自来水				超纯水				生活污水			
		r	T_{99}	R^2	P	r	T_{99}	R^2	P	r	T_{99}	R^2	P
4	PV1	−0.090	51.2	0.939	0.002	−0.112	41.1	0.974	0.001	−0.136	33.9	0.961	0.001
	TMV	−0.014	335.6	0.945	0.008	−0.024	190.8	0.950	0.001	−0.042	110.8	0.974	0.002
	B. Fp	−0.050	91.7	0.948	0.004	−0.054	85.1	0.961	0.000	−0.081	57.2	0.924	0.002
20	PV1	−0.217	21.2	0.957	0.002	−0.320	14.4	0.965	0.010	−0.509	9.04	0.982	0.027
	TMV	−0.040	115.7	0.967	0.001	−0.181	69.6	0.905	0.003	−0.111	41.6	0.992	0.001
	B. Fp	−0.154	29.8	0.990	0.001	−0.250	18.5	0.985	0.002	−0.380	12.1	0.969	0.013
35	PV1	−0.891	5.2	0.888	0.004	−1.014	4.5	0.981	0.035	−1.390	3.3	0.968	0.023
	TMV	−0.159	28.9	0.941	0.000	−0.181	25.5	0.991	0.001	−0.268	17.1	0.968	0.023
	B. Fp	−0.414	11.1	0.960	0.000	−0.635	7.3	0.946	0.013	−1.060	4.3	0.971	0.032

注：r 表示病毒比灭活速率；T_{99} 表示灭活 99.9%病毒所需时间；R^2 表示决定系数；P 表示显著程度。

2. 光

光对病毒存活的影响可能直接起作用，也可能间接地通过刺激其他微生物的活性而起作用。波长低于 370nm 的光能被病毒蛋白质和核酸吸收，导致蛋白质结构改变和核酸裂解而使病毒灭活，这是光对病毒的直接影响。此外，自然界一些物质可作为光致敏剂（木质素、腐殖酸）或通过光活性染料（如亚甲基蓝）促进病毒的光灭活作用。

光对病毒的间接作用可能与微生物群体活性有关，还可能引发活性氧化物或活性光反应化合物的形成。另外，光能促进一些对病毒不利的微生物及原生动物等生物的生长。但黏土等颗粒物可提供病毒对光灭活的保护作用。

3. 静水压力

静水压力可以通过改变病毒粒子衣壳蛋白亚基之间、衣壳蛋白与核酸以及与囊膜之间的相互作用而使病毒粒子的感染性受到影响。当静水压力达到一定值时，局部的原子或原子基团可获得足够多的能量使病毒粒子内的部分或全部氢键、范德华力等弱键受到破坏，病毒粒子各部分间发生了特殊的物理配位改变，病毒衣壳蛋白亚基出现所谓结构上的“构像漂移”，从而使病毒失去原有的感染力。

4. 凝聚与吸附

水体中大部分病毒颗粒呈凝聚结合和吸附状态。凝聚作用是指病毒粒子聚集成团的作用。凝聚作用最有可能发生在病毒粒子浓度高的环境中。病毒自身的聚集往往能延长其在水体中的存活，可能的机制是凝聚作用抑制了灭活病毒因素的活性，也有可能是增加了病毒外壳蛋白的稳定性。病毒对悬浮物的吸附也能延长其在水体中的存活。病毒对悬浮物质的吸附取决于两者的表面特性，而表面特性又受水环境的 pH、离子强度、有机质等的影响，从而影响病毒粒子与悬浮物的吸附与解吸速率。

（二）影响病毒存活的化学因素

在水环境中影响病毒生存的化学因素主要有 pH、无机离子与有机物质。

1. pH

pH 对病毒的直接作用可能是通过改变病毒外壳的构型，构型改变影响病毒的感染性。pH 对病毒生存的间接作用主要是通过造成病毒外壳蛋白及环境中胶体和悬浮物的电离，影响病毒对胶体及悬浮物的吸附能力而影响病毒的存活。

2. 无机离子

无机盐的存在对病毒活性的影响比较复杂。如噬菌体在 60℃ 的灭活可因 0.002～0.01mol/L $CaCl_2$ 或 $BaCl_2$ 的存在而降低，但盐浓度达到 0.15mol/L 或更高时促进病毒灭活。

3. 有机分子

有机污染可促进病毒在海水或沉积物中的存活，这一作用可能是病毒受有机分子的包裹或由于灭活因子被吸附。离子去污剂可改变某些病毒的脂质外膜，对于无包膜的病毒来说，去污剂通过带电部分与蛋白质分子带相反电荷残基的结合，导致蛋白质变性，从而改变无包膜病毒的稳定性。

（三）影响病毒存活的生物因素

生物是影响病毒存活最重要的因素之一。某些细菌如枯草杆菌、铜绿假单胞菌和大肠杆菌等可能因为具有能分解病毒蛋白外壳的酶，能灭活病毒。而某些微生物，如已发现的黄杆菌、克雷伯氏菌，可以通过其代谢产物，直接作用于病毒使之灭活。然而，一些藻类如 *Microcytis* 和项圈藻却能保护病毒免遭光的灭活。

二、病毒在土壤环境中的存活

目前，人们大量利用土地处理系统处理污水、污泥和垃圾，其中的病毒一旦进入土壤，通过吸附作用使病毒附着于土壤颗粒，土壤对病毒将起到保护作用，这会大大延长病毒的存活时间。影响土壤吸附病毒的因素包括病毒类型与土壤类型、pH、离子强度、多价阳离子、有机质等。

1. 病毒类型

病毒与固体互相作用是由二者的表面电荷与疏水特质决定的。不同病毒具有不同的疏水性，甚至是同一病毒的不同株系所带电荷与疏水性也不同，使病毒与土壤的互相作用也不同。

2. 土壤类型

具有高等电点的固体比低等电点的固体更利于病毒的吸附，而且具有较高阳离子交换能力也利于病毒的吸附。通常粒状土壤吸附病毒的能力低于黏土，这可能与黏土表面具有非常不均一的电荷分布有关。

3. pH

通常在高 pH 下病毒吸附较差。这是因为在高 pH 下静电排斥力增加，高 pH 通常有利于病毒游离而低 pH 则利于病毒吸附。

4. 多价阳离子

多价阳离子能在病毒与吸附剂之间形成盐桥使病毒与固体物质结合，从而影响其吸附效率。

5. 有机物质

土壤中溶解性或悬浮性有机质主要是以腐殖酸的形式存在，通常腐殖酸与病毒颗粒带相似的负电荷，可与病毒竞争结合位点，影响病毒的吸附。表面活性剂还可能打断病毒与土壤之间的疏水键，导致病毒解吸速率增加。但与此同时，病毒与许多有机物表面含有疏水性基团，因此有机物一旦吸附可为病毒提供疏水性的结合位点，且固体有机物的存在可能通过疏水性结合而增加吸附速率。

三、废水处理过程中病毒的去除

在废水处理系统中，某些操作单元也可有效去除原污水中的病毒。

（一）污水一级处理对病毒的去除（表 4-2）

污水一级处理包括筛滤、絮凝及沉淀等。在此过程中，病毒主要借助于固体物质的吸附而得到去除，其去除率为 5%～10%。

表 4-2　病毒经过典型污水一级处理后的去除率

病毒	病毒浓度/(pfu/L)	去除率/%	病毒	病毒浓度/(pfu/L)	去除率/%
肠病毒	29～97 000	0	肠病毒	150～15 000	15.4
肠病毒	900	27.4	PV1	10^8	0～3.2

续表

病毒	病毒浓度/(pfu/L)	去除率/%	病毒	病毒浓度/(pfu/L)	去除率/%
肠病毒	1000	0～10	Cox A9	10^8	0～3.2
肠病毒	157～1307	0	f2	10^8	44～50

沉淀过程对病毒去除很少，初级沉淀对所有生物体的去除都是不完全的，而且有时被检测的病毒数量会增加，这是沉淀池内的粪块破碎后释放病毒进入废水的缘故。

（二）污水二级处理对病毒的去除（表 4-3）

1. 活性污泥对病毒的去除

活性污泥过程对病毒的去除比一级处理效果明显，病毒的去除率达 94%。

表 4-3 活性污泥过程对病毒的去除效果

病毒类型	病毒浓度/(pfu/L)	去除率/%	病毒类型	病毒浓度/(pfu/L)	去除率/%
肠道内病毒	6～24 000	76～90	PV1	10^3～10^4	92.7～99.9
			PV1	10^7～10^8	90
肠道内病毒	100～12 850	60.2	PV1	10^{11}	94
肠道内病毒	15 800	53～71	Coxsackie A9	10^8	96～99
肠道内病毒	90～200	83.2	f2	10^5～10^6	90.1～98.9
E. coli B Phage	(5～8.1) $\times 10^5$	89～98	Rotavirus SA_{11}	10^9	58

值得注意的是，在活性污泥处理系统中，病毒的去除主要是活性污泥对病毒的吸附。污泥中的病毒浓度往往比游离的病毒浓度高出许多倍，并且同污泥结合的病毒可存活相当长的时间，因此在污泥农用、污泥处置方面要充分考虑到污泥的安全性问题。同时，在评价废水处理的有效性时也要认识到这种情况。

2. 生物滤池二级处理过程对病毒的去除（表 4-4）

生物滤池二级处理对病毒的去除效率达 96.8%。病毒的去除率与 BOD_5 及悬浮固体的去除有关。

表 4-4 生物滤池对病毒的去除效果

病毒类型	病毒浓度/(pfu/L)	去除率/%	病毒类型	病毒浓度/(pfu/L)	去除率/%
肠病毒	680	24.4	肠病毒	46 000	92.7～99.9
肠病毒	310	86.6	*E. coli* B Phage	1.8～4.6 $\times 10^7$	90
肠病毒	3 000～446 500	26	Coxsackie A9	10^7	94
肠病毒	1152	82			

第五节　病毒在污染控制中的应用

一、水体人类病毒污染的指示系统

通过水传播的人类病毒（主要来源于人和温血动物的粪便）超过100多种，检测水中纷繁的病毒极为困难。因此，需要寻找一种指示微生物显得十分必要。

噬菌体与肠道病毒在结构、组成、大小和复制方式等具有相似性，因此，噬菌体是较理想的水环境肠道病毒指示生物。噬菌体作为病毒指示物已得到广泛应用。目前，主要有以下噬菌体用作水质评价的指示噬菌体：

(1) 大肠杆菌噬菌体（SC噬菌体）。这类噬菌体是指能感染大肠杆菌 *E. coli* 及与肠道细菌密切相关的细菌成员，其中有些细菌可在水环境中增殖并可达到能够支持SC噬菌体复制的程度。SC噬菌体在污水中的数量比单链RNA噬菌体（F-RNA）多5倍，比人类病毒多500倍。因此，这类噬菌体可作为污染水体、水处理及消毒过程中的人类病毒的指示噬菌体。

(2) F-RNA噬菌体。F-噬菌体是一类通过菌毛感染雄性大肠杆菌的DNA或RNA细菌病毒，包括单链RNA噬菌体（F-RNA噬菌体）和单链DNA噬菌体（F-DNA噬菌体）。F-RNA大肠杆菌噬菌体在物理、化学等方面与人类肠道病毒（如脊髓灰质炎病毒）类似，如具有20面体结构、pH 3～10时稳定、在水环境中不能复制等。此外，对不良环境及消毒剂的抗性与大多数人类肠道病毒相似或更强。因此，F-RNA噬菌体可作为肠道病毒指示噬菌体。F-RNA噬菌体被选作指示噬菌体的意义在于：水中不存在F-RNA噬菌体说明无肠道病毒的污染。

(3) 脆弱拟杆菌噬菌体（*Bacteroides fragilis* phages）。脆弱拟杆菌噬菌体是特异性感染脆弱拟杆菌的一类噬菌体。仅在人类粪便中被分离出来，其数量为 $(0\sim2.4)\times10^8$ pfu/g，而在其他动物粪便中未被分出。脆弱拟杆菌噬菌体在各种水体中的数量均低于大肠杆菌噬菌体，但对不良环境的抗性高于F-噬菌体和大肠杆菌噬菌体，因此，可专门作为人类粪便污染的指标生物。B_{40}-8是这类噬菌体的典型代表。

二、噬菌体的宿主系统和检测方法

采用传统的双层琼脂平板法测定噬菌体时最重要的是选择合适的宿主菌。不同宿主对不同噬菌体的敏感性不同。不同宿主细胞形成的噬菌体数不具有可比性，因此对噬菌体计数寄主细菌的标准化十分重要。

野生型的大肠杆菌不适于作为水中SC噬菌体的宿主，以粗糙和半粗糙型突变体作为宿主能得到很好的结果。*E. coli* CN、*S. typhimurium* WG45常用作SC噬菌体宿主菌；F-RNA噬菌体的宿主菌常采用 *E. coli* 285、*S. typhimurium* WG49；*B. fragilis* HSP40菌株能够从污水中获得稳定的、高于其他菌株的噬菌斑数，是 *B. fragilis* 噬菌体的常用宿主菌。

表 4-5 水中常用噬菌体指示物及其宿主菌

噬菌体指示物	代表噬菌体	宿主菌	噬菌体指示物	代表噬菌体	宿主菌
SC 噬菌体	PHIX174	*E. coli* C *E. coli* CN *S. typhimurium* WG45	F-RNA 噬菌体	MS_2，f_2	*E. coli* 285
F-RNA 噬菌体	MS_2，f2	*E. coli* HS(pFamp)R *S. typhimurium* WG49	*B. fragilis* 噬菌体	B_{40}-8	*B. fragilis* RYC2056 *B. fragilis* HSP40

在进行噬菌体检测时，采用大的培养平板并铺入薄的培养基会使噬菌斑数增加。对数生长期的宿主菌有利于防止F菌毛丢失，并利于F-噬菌体感染。在严格厌氧条件下，在培养介质中加入0.25%的胆汁能使检测出的 *B. fragilis* 噬菌体数量提高一倍以上。现代分子生物学方法在病毒和噬菌体的检测中有很好的应用前景。目前，已经制定出噬菌体检测和计数的标准方法（ISO 10705），但对噬菌体和病毒的保存方法还不统一。

三、噬菌体的应用前景

噬菌体在污水中普遍存在，其数量高于肠道病毒，其抗性高于细菌，接近或超过动物病毒，噬菌体对人没有致病性，可进行高浓度接种和现场试验。检测噬菌体的操作具有简便快速、安全、设备简单等优点，故美国 EPA 提出用大肠杆菌噬菌体作为病毒指示生物。目前，噬菌体作为模式病毒已被用于评价水和污水的处理效率，阐明病毒灭活机理以及改进病毒检测方法等领域。在实际工作中，噬菌体最好与目前有关选定的指示微生物结合评估水处理厂或水环境质量的病毒学卫生质量。

除此之外，蓝细菌病毒由于广泛存在于自然水体，在世界各地的氧化塘、河流或鱼塘中已分离出蓝细菌病毒。由于蓝细菌可引起海洋、河流等水体周期性赤潮和水华，且产生大量毒素，致使大量鱼、虾死亡，造成较大经济损失。因而，有人提出将蓝细菌的噬菌体用于生物防治，从而控制蓝细菌的生长。还有人试图用浮游球衣菌噬菌体控制浮游球衣菌引起的活性污泥丝状膨胀。

本章小结

1. 病毒无细胞结构，只含有一种核酸，营专性寄生生活；能通过细菌滤器，利用电子显微镜才能观察到；在活细胞外具有一般化学大分子特征，进入宿主细胞后才具有生命特征。

2. 几乎所有的生物，包括动物、植物及微生物都有病毒的存在。因此，人们习惯根据宿主种类将病毒分为动物病毒、植物病毒和微生物病毒。

3. 成熟的具有侵染力的病毒颗粒称为病毒粒子（viron）。大多数病毒粒子的组成成分只有蛋白质和核酸。但有的病毒除含蛋白质和核酸外，还含有类脂质、多糖等。

4. 病毒侵入寄主细胞后，利用寄主细胞的生物合成机制，在病毒核酸的控制下合成病毒核酸和蛋白质，然后装配为病毒颗粒，再以各种方式从细胞中释放出病毒粒子，这一过程即病毒的繁殖。

5. 根据噬菌体进入宿主细胞后的行为可将噬菌体分为烈性（毒性）噬菌体（virulent phage）和温和噬菌体（temperate phage）。凡侵入宿主细胞后进行复制增殖，导致宿主细胞裂解的噬菌体为烈性噬菌体。侵入宿主细胞后随宿主细胞的生长繁殖而传代下去，一般不引起宿主细胞裂解的噬菌体称为温和噬菌体。

6. 水体常被病毒污染，病毒一旦进入水体，会给人类健康造成危害。水体中病毒的生存受诸多因素的影响。

7. 废水处理系统中的某些操作单元可有效去除原污水中的病毒。

8. 噬菌体与肠道病毒在结构、组成、大小和复制方式等具有相似性，因此噬菌体是较理想的水环境肠道病毒指示生物。噬菌体作为病毒指示物已得到广泛应用。

思 考 题

1. 病毒具有哪些特征？
2. 简述病毒的化学组成与结构。
3. 病毒如何分类？根据宿主分为哪几类？
4. 以噬菌体为例，说明病毒的增殖过程。
5. 请解释什么是烈性噬菌体、温和噬菌体、原噬菌体及噬菌体的溶源性。
6. 影响病毒在环境中存活的因素有哪些？
7. 病毒有哪些危害？如何控制？
8. 举例说明废水处理过程中病毒的去除。
9. 病毒在环境工程中有何应用？
10. 污水再生利用中存在哪些病毒风险？

第五章　微生物的营养与环境工程

微生物为了维持正常的生长和繁殖，需要不断地从外界吸收营养。在自然界中，大量“废物”就是微生物的营养物质。不同类型的微生物需要不同的营养物。有的以复杂的有机物作为营养，有的只能利用简单的无机物，还有的则利用某些气体物质。了解微生物对营养物质的需要，对利用微生物进行废物处理具有重要指导意义。本章重点介绍环境工程中微生物的营养、营养类型及其在环境工程中的应用。

第一节　微生物的营养概述

微生物从环境中吸收营养物质，通过新陈代谢将其转化成自身细胞物质或代谢物，并从中获取生命活动所需要的能量，同时将代谢活动产生的废物排出体外。营养物质是微生物进行一切生命活动的物质基础。了解微生物的营养物质，首先要了解微生物的细胞化学组成。

一、微生物细胞的化学组成

微生物细胞的化学组成见表5-1。微生物细胞含水量较高，为70%～90%，不同类型的微生物的含水量不同，细菌75%～85%、酵母菌70%～80%、霉菌为85%～90%，微生物细胞平均含水80%左右，其余20%左右为固形物。固形物包括蛋白质、核酸、糖类、脂类和无机矿物质等。蛋白质是微生物细胞的主要结构成分及酶的组成成分；核酸是微生物遗传变异的物质基础；糖类物质既是细胞的结构成分又是主要的能量来源；脂类也参与细胞结构并可作储藏物质。无机物大多以元素的形式组成有机物，少数以游离态存在于细胞中。各种化学成分的含量因微生物的种类、培养条件、菌龄、培养基的组成等而异。

表5-1　微生物细胞化学组成

化学组成 / 微生物	水分/%	固形物（各占总质量的百分比）/%				
		蛋白质	糖类	核酸	脂类	无机元素
细菌	75～85	50～80	12～28	5～20	10～20	2～30
酵母菌	70～80	32～75	27～63	2～15	6～8	3.8～7
霉菌	85～90	14～15	7～40	4～40	1	6～12

二、微生物的营养物质及生理功能

通过对微生物细胞化学组成的分析可以看出，微生物生长所需的营养物质主要包括碳素化合物、氮素化合物、水分、无机盐类和生长素等。

（一）微生物的营养物质及其功能

1. 碳源

在微生物生长过程中，能为微生物提供碳素来源的物质称为碳源。碳素物质既可构成细胞的骨架，又是大多数微生物生长所需的能量来源。微生物的碳源物质来源非常广泛，简单的无机物（CO_2、碳酸盐）和复杂的有机含碳化合物（糖类、脂类、醇类、有机酸、芳香化合物等）均可作为微生物营养的碳源物质。

根据碳素的来源不同，可将碳源分为有机碳源和无机碳源。常见的有机碳源有糖类、脂类、蛋白质、氨基酸、核酸、有机酸、醇等；无机碳源有 CO_2、$NaHCO_3$、$CaCO_3$ 等。工业上常用淀粉、饴糖、玉米粉、纤维素、豆油、麸皮、米糠等作碳源。实验室中常用的碳源为葡萄糖、果糖、蔗糖、淀粉、甘露醇、甘油和有机酸等物质。不同类型的微生物利用的碳源种类不同，有的利用无机碳，有的利用有机碳。在有机碳化物中，单糖、双糖是最容易被微生物利用的碳源物质，其次是醇类、有机酸和脂类等。有些微生物还可利用烃类、石蜡、酚类、氰化物等物质。像糖蜜废水、啤酒废水等含有丰富的葡萄糖、蔗糖和果糖等碳水化合物，这些物质一般都能作为碳源被异氧微生物所利用。腈纶废水中的丙烯腈可被某些诺卡菌作为碳源所利用。不同类型的微生物利用碳源的能力也不同，例如，假单胞菌属可利用 90 种以上的碳源，而产甲烷菌仅利用甲醇、甲胺和乙酸等几种简单的有机物。

2. 氮源

凡是构成微生物细胞物质或代谢产物中氮素来源的营养物质均称为氮源。氮源一般不作能源。只有少数自养微生物能利用铵盐，硝酸盐等作氮源，同时也作能源。根据氮素的来源不同，可将氮源物质分为有机氮源和无机氮源。常见的有机氮源物质有蛋白质、尿素、氨基酸、核酸等。大多数寄生性微生物和一部分腐生性微生物以有机氮化合物（蛋白质、氨基酸）为必需的氮素营养。常见的无机氮源物质有铵态氮（NH_4^+），硝态氮（NO_3^-）和简单的有机氮化物（如尿素）。少数化能自养型细菌（如硝化细菌）可利用铵态氮和硝态氮，通过氧化产生代谢能。只有少数具有固氮能力的微生物（如自生固氮菌、根瘤菌）能利用空气中分子态氮。

微生物对不同氮源物质吸收利用的能力不同。例如，微生物吸收利用铵盐的能力比硝酸盐强，这是因为 NH_4^+ 被细胞吸收后可直接利用，像 $(NH_4)_2SO_4$ 等铵盐一般被称“速效氮源”，它是微生物最常用的氮源。NO_3^- 被吸收后需进一步还原成 NH_4^+ 后再被利用。蛋白质一般不是微生物的良好有机氮源，但某些微生物可通过自身分泌的胞外蛋白水解酶将蛋白质降解后加以利用，因此，含蛋白质的有机氮源称为“迟效性氮源”。实验室常用的氮源包括蛋白胨、铵盐、牛肉膏、酵母膏和肉汤等，工业上常用黄豆饼粉、花生饼粉、蛋白胨、牛肉膏、玉米浆等作为氮源。

3. 水

水是微生物生长所必不可少的物质，其主要生理功能包括三个方面：①水是生物代谢过程中的溶剂，营养物质的吸收与代谢产物的分泌必须以水为介质才能完成，水还直接参与生物体内某些重要的生物化学反应；②微生物通过水合作用与脱水作用控制多亚基组成结构，维持蛋白质、核酸等生物大分子稳定的天然构象；③水的比热高，是热的良好导体，能有效地吸收代谢过程中产生的热并可及时将热迅速散发出体外，有效控制细胞内温度的变化。

4. 无机盐

无机盐是微生物生长不可缺少的另一类营养物。根据微生物对其需求量的大小又可分为主要元素和微量元素两大类。主要元素有磷、硫、镁、钾、钙、钠等，它们参与细胞结构物质的组成，有调节细胞质pH和氧化还原电位的作用，同时也有能量转移、控制原生质胶体和细胞透性的作用，微生物对这些元素需要量较大，通常需求量为10^{-4}～10^{-3}mol/L；微量元素有锌、锰、钠、氯、钼、硒、钴、铜、钨、镍、硼等，微生物对它们的需要量虽然极微，但它们往往强烈地刺激微生物的生命活动，有的是某些酶活性基团的组成成分或酶的激活剂，通常需要量为10^{-8}～10^{-6}mol/L。常用主要元素和微量元素的用量见表5-2。各种无机盐及所含元素在主要生理功能见表5-3。

表5-2 常用主要元素和微量元素的用量

成分	浓度/（g/L）	成分	浓度/（g/L）
KH_2PO_4	1.0～4.0	$ZnSO_4 \cdot 8H_2O$	0.1～1.0
$MgSO_4 \cdot 7H_2O$	0.25～3.0	$MnSO_4 \cdot H_2O$	0.01～0.1
KCl	0.5～12.0	$CoSO_4 \cdot 5H_2O$	0.003～0.01
$CaCO_3$	5～17	$Na_2MoO_4 \cdot 2H_2O$	0.01～0.1
$FeSO_4 \cdot 7H_2O$	0.01～0.1		

表5-3 常见无机盐及主要生理功能

元素	化合物形式（常用）	生理功能
P	KH_2PO_4、K_2HPO_4	核酸、磷脂和辅酶的成分，对培养基pH的变化起缓冲作用
S	$(NH_4)_2SO_4$、$MgSO_4$	含硫氨基酸的成分，一些酶的活性基，如辅酶A、生物素、硫辛酸、谷胱甘肽
K	KH_2PO_4、K_2HPO_4	某些酶的辅因子，维持细胞渗透压，某些嗜盐细菌核糖体的稳定因子
Na	NaCl	维持细胞渗透压，细胞运输系统组分，维持某些酶的稳定性
Ca	$CaCl_2$、$Ca(NO_3)_2$	调节质膜的透性，某些酶的辅因子，维持酶的稳定性，形成细菌芽孢和真菌孢子所需
Mg	$MgSO_4$	固氮酶等的辅因子，叶绿素等的成分
Fe	$FeSO_4$	细胞色素、细胞色素氧化酶和过氧化氢酶等的活性基的组成成分，某些铁细菌的能源物质，合成叶绿素、白厚毒素所需

续表

元素	化合物形式（常用）	生理功能
Mn	$MnSO_4$	超氧化物歧化酶、氨肽酶和柠檬酸合成酶的辅因子
Cu	$CuSO_4$	氧化酶、酪氨酸酶的辅助因子
Co	$CoSO_4$	维生素 B_{12}复合物的成分，肽酶的辅因子
Zn	$ZnSO_4$	乙醇脱氢酶、乳酸脱氢酶，肽酶和脱羧酶的辅因子
Mo	$Na_2MoO_4 \cdot 2H_2O$	固氮酶和同化型及异化型硝酸盐还原酶的成分
Ni	$NiCl_2$	存在于脲酶中，为氢细菌生长所必需，是产甲烷菌 F_{430}和一氧化碳脱氢酶的组分

5. 生长因子

生长因子是微生物生长必需的微量有机物，主要包括维生素、氨基酸、嘌呤、嘧啶及其衍生物。生长因子具有重要的生理作用，缺少生长因子将会对微生物产生多方面的影响，特别是体内各种酶的活性。某些微生物自己不能合成生长因子，必须由外界提供。添加生长因子的方式是在培养基中加酵母膏、豆芽汁、玉米浆、肝脏浸出液或组织提取液等。

生长因子不是所有微生物所必需的。例如，大肠杆菌等许多微生物具有自己合成其所需的全部生长因子的能力，因而能在只含有碳源、氮源、矿质元素的基础培养基上生长；另一些微生物类群则不能或只能合成部分它们所需的生长因子，这时必须在培养基中额外添加其所需生长因子才能满足生长。不同类群微生物对生长因子的需要有着明显的差异。例如，克氏梭菌（*Clostridium kluyveri*）生长需要生物素和对氨基苯甲酸；乳酸菌需要嘌呤和嘧啶用以合成核苷酸；某些光合细菌则需要尼克酸、硫胺素、对氨基苯甲酸、生物素、核黄素或维生素 B_{12}作为生长因子。

（二）污染控制中的微生物对营养的要求

微生物所需要的营养要有一定的浓度和比例，过多过少都会影响微生物的生长。

1. 营养物质比例均衡

营养物质之间的浓度配比，直接影响微生物的生长繁殖和代谢产物的形成和积累，其中，碳氮比（C/N）的影响较大。在培养微生物时一定要注意“营养物质比例均衡”。通常，真菌需 C/N 较高的培养基；细菌需 C/N 较低的培养基。例如，在利用微生物发酵生产谷氨酸的过程中，培养基 C/N 为 4/1 时，菌体大量繁殖，谷氨酸积累少；培养基 C/N 为 3/1 时，菌体繁殖受到抑制，谷氨酸产量则大量增加。再如，在抗生素发酵生产过程中，可以通过控制培养基中速效氮（或碳）源与迟效氮（或碳）源的比例来控制菌体生长与抗生素的合成协调。

当采用生物法处理废水时，废水的水质（废水的营养成分）同样影响微生物的活性，从而影响废水的处理效果。例如，好氧生物处理中，一般保持废水中BOD_5 ∶ N ∶ P

=100∶5∶1，其中碳源以 BOD_5 值表示，N 以 NH_3-N 计，P 以 PO_4^{3-} 中的 P 计；对厌氧消化处理来说，C/N 一般在（1～20）∶1 的范围内时，消化效率最佳。若比例失调，则会影响微生物的正常生长繁殖，使生物活性及各种性能受到影响。在废水生物处理中，首先要了解废水的水质情况，分析其营养物质的含量及配比。若废水营养比例失调，则需投加相应的营养源。对于含碳量低的工业废水，可投加生活污水或投加米泔水、淀粉浆料等以补充碳源不足；对于含氮量低的废水，可投加尿素、硫酸铵等补充氮源；而含磷量低的工业废水，则投加磷酸钠、磷酸钾等补充磷源。实际应用中，城市生活污水一般都含有丰富的营养物质，碳氮磷的比例比较均衡，符合微生物的生长需求，一般不需要人为的加入某些物质。当对工业废水采用生物法进行处理时，与生活污水合并处理是十分理想的。值得注意的是，如果工业废水不缺乏营养，切勿盲目补充。

在营养物质方面，除了关注 N、P 的营养需求，还须注意添加适当的无机盐和生长因子。例如，在废水厌氧生物处理系统中，要关注 Fe、Co、Ni、Mn 等微量金属元素的添加。如果废水中缺乏 Fe、Ni、Co 等元素就会限制甲烷菌的活性。

在土壤生物修复技术的应用过程中，土壤微生物也需要一定的营养元素比例，而土壤内氮、磷的缺乏最可能成为微生物降解土壤中污染物（石油、农药等）的限制因素。添加 N、P 营养盐能提高微生物对石油烃类或者农药的降解。但外加营养不宜过量，存在一个经济合理的添加量及添加比例。另外，在某些工业废气的生物处理系统中（生物除臭、生物去除 VOC 等），废气的成分比较单一，难以满足微生物生长营养的需求，也应向处理系统中投加适当比例的各种营养物质才能保证很好的处理效果。

2. 营养物质浓度适宜

微生物生长要求适宜的营养物浓度。营养物质浓度过低时不能满足微生物正常生活的需要，影响微生物的生长。当营养浓度超过正常浓度的小范围时，微生物可通过逐步驯化而适应。如果营养物质浓度过高则可能对微生物生长起抑制作用。例如，高浓度糖类物质、无机盐、重金属离子等不仅不能维持和促进微生物的生长，反而起到抑菌或杀菌作用。传统的活性污泥法在处理高盐有机废水（医药废水、石油开采废水、化工印染废水等）时，由于废水中的有机物和盐分的浓度过大，超过了微生物的需求极限，对微生物的代谢和生长产生抑制作用，无法达到理想的处理效果，通常采用生物强化技术来处理该类废水。

三、微生物的营养类型与环境工程

各种微生物的生活环境和对物质的利用能力不同，它们对营养的需要和代谢方式也不尽相同。依据碳源、能源及电子供体性质的不同，可将绝大部分微生物分为光能无机自养型、光能有机异养型、化能无机自养型和化能有机异养型 4 种不同的营养类型（表 5-4）。

表 5-4　微生物的营养类型

营养类型	电子供体	碳源	能源	举例
光能无机自养型	H_2、H_2S、S、H_2O	CO_2	光能	蓝细菌、藻类
光能有机异养型	有机物	有机物	光能	红螺细菌
化能无机自养型	H_2、H_2S、NH_3、NO_2^-、Fe^{2+}	CO_2或碳酸盐	化学能（无机物氧化）	氢细菌、硫杆菌、硝化杆菌等
化能有机异养型	有机物	有机物	化学能（有机物氧化）	绝大多数细菌、部分放线菌和真菌

（一）光能无机自养型微生物与环境工程

光能无机自养型微生物如蓝细菌、藻类、红硫细菌和绿硫细菌等，可以利用光能生长，CO_2 作为唯一的或主要碳源，以水或还原态无机物为供氢体还原 CO_2，合成细胞有机物，在地球早期生态环境的演化过程中或环境保护领域起着重要作用。富营养化的湖泊或水库中常见的“水华”常常是蓝细菌大量繁殖引起的，因此常被作为监测水体湖泊富营养化的指示生物；另外，可利用藻类进行污水处理，典型的氧化塘处理系统就是利用菌藻互生原理进行废水处理的。另外，藻类在水体自净过程中也起着非常重要作用，可以作为指示生物来反映水体的污染程度或自净程度。

（二）光能有机异养型微生物与环境工程

光能有机异养微生物以有机物（如有机酸、醇等）作为供氢体，利用光能将 CO_2 还原成细胞物质。这类微生物大多数除需要某些简单有机物外，还需少量维生素。光合细菌（photosynthetic bacteria，PSB）是自然界中广泛存在的比较古老的细菌类群，细胞内存在着叶绿素，能利用光能进行光合作用。光合细菌中的紫色非硫细菌属由于其具有较高去除和分解有机物的能力，在处理高浓度有机废水中越来越受到重视。下面举例说明光合细菌净化废水的原理和基本处理工艺。

有研究表明，在光照下，当粪便污水、发酵废水或食品废水等高浓度有机废水与少量水田土壤或沟泥完全混合，培养于 25～35℃时，在最初的 1 个月，异养细菌迅速增殖，并将废水中的大分子有机物降解为挥发酸、低糖、氨基酸等小分子物质；当有机酸达到一定浓度时，异养细菌的生长受到抑制，而能利用这些低分子物质的光合细菌开始大量繁殖；当低分子有机物被充分利用后，光合细菌的数量也开始衰减，而藻类和原生动物等开始增殖。在上述自净过程中，降解有机物的光合细菌主要是紫色非硫光合细菌。与一般异养菌相比，它对高浓度的低级脂肪酸具有极高的耐受性和利用率。例如，丙酸对一般细菌具有很强的抑制作用，却能被紫色非硫细菌利用。当高浓度有机废水中的大分子有机物，经异养细菌降解为有机酸后，高浓度的有机酸将抑制异养菌的生长，而紫色非硫细菌此时呈现生长优势，可以接替异养菌将有机物的分解继续下去。

光合细菌废水处理工艺（PSB 法）是自然界微生物生态演替净化污水过程的典型体现，其一般工艺流程如图 5-1 所示。该工艺的第一步是高浓度有机废水中的有机高分子化合物，在异养菌的作用下降解为低级脂肪酸等小分子物质，即“可溶化处理”过程；第二步由光合细菌将小分子脂肪酸等进一步降解，有机物浓度大幅度降低；第三步用藻类或好氧处理法使废水达到排放标准。

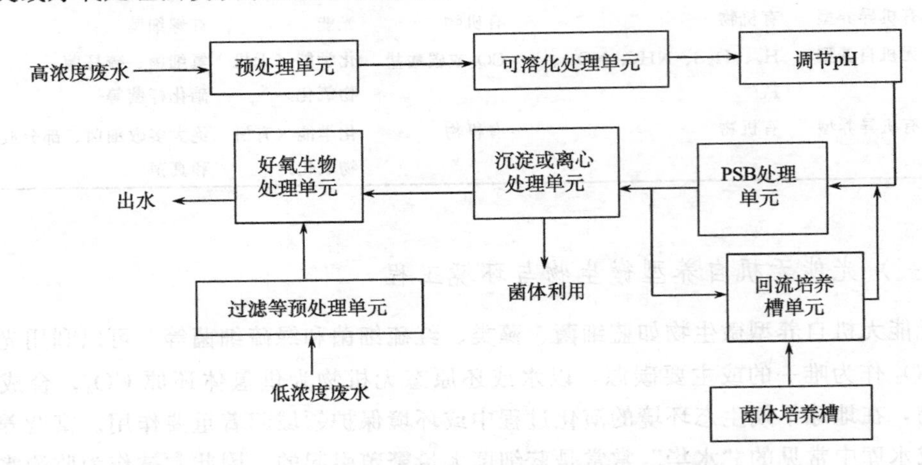

图 5-1　光合细菌处理高浓度有机废水流程示意图

（三）化能无机自养型微生物与环境工程

化能无机自养型微生物是一类能够从无机物氧化过程中获得能量，并以 CO_2 作为唯一碳源或主要碳源进行生长的微生物（如氢细菌、硝化细菌、硫化细菌和铁细菌）。它们广泛分布在土壤与水环境中，在自然界物质转换过程中起重要作用。例如，硫杆菌属是土壤和自然水体中最常见的无色硫细菌，能将硫化物氧化成单质硫或硫酸盐，或将硫代硫酸盐氧化为硫酸盐。在沼气的发酵生产过程中，往往伴随着 H_2S 气体的产生，H_2S 气体不仅对人的身体健康有很大的危害，而且对管道、仪表及设备具有很强的腐蚀性，必须采取措施进行沼气脱硫。微生物去除 H_2S 可分为三个阶段：①H_2S 气体的溶解过程，即由气相转移到液相；②溶解后的 H_2S 被微生物吸收，转移至微生物的体内；③进入微生物细胞内的 H_2S 作为营养被微生物分解、转化和利用，从而达到去除 H_2S 的目的。

生物滤池是目前生物脱硫的代表工艺之一（图 5-2）。该装置主要由箱体、生物活性床层和喷水器构成，有较强的生物活性和耐用性。微生物一部分附着于载体表面，一部分悬浮于床层水体中，当废气通过床层时，由下向上穿过由滤料组成的滤床，其中的污染物质由气相转移到水和微生物混合相中，通过固着于滤料上的微生物的代谢作用而被去除。

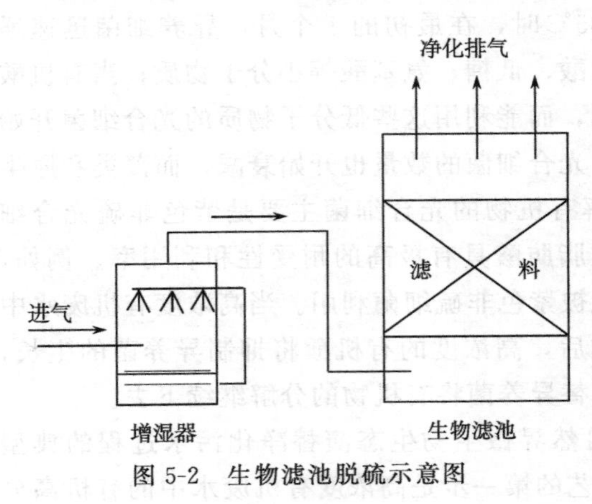

图 5-2　生物滤池脱硫示意图

再如，天然水中存在的铁细菌能把可溶性的亚铁、亚锰离子氧化成不溶性的高铁、高锰化合物，并聚集在细菌表面或体内，可以通过细菌的吸附氧化作用，除去溶解于水中的低价铁、锰离子等。

（四）化能有机异养型微生物与环境工程

化能有机异养型微生物是一类以有机物为能源和碳源的微生物。大多数的细菌、放线菌、真菌、原生动物都属于这一营养类型。在污染物降解方面，化能异养微生物发挥重要作用，像污水处理系统（活性污泥法、生物膜法等）中的微生物种群大多都是化能异养型微生物，如纤维素分解菌、淀粉分解菌、蛋白质分解菌等，它们将废水中的有机物进行氧化分解，使废水得以净化。

必须明确，无论哪种分类方式，不同营养类型之间的界限并非是绝对的，异养型微生物并非不能利用 CO_2，只是不能以 CO_2 为唯一或主要碳源进行生长，而且在有机物存在的情况下也可将 CO_2 同化为细胞物质。有些自养型微生物也并非不能利用有机物进行生长。另外，有些微生物在不同生长条件下生长时，其营养类型也会发生改变，例如，紫色非硫细菌在没有有机物时可以同化 CO_2，为自养型微生物；而当有机物存在时，它又可以利用有机物进行生长，此时为异养型微生物。再如，紫色非硫细菌在光照和厌氧条件下可利用光能生长，为光能营养型微生物，而在黑暗与好氧条件下，依靠有机物氧化产生的化学能生长，则为化能营养型微生物。微生物类型的可变性无疑有利于提高微生物对环境条件的适应能力。

第二节 营养物质的吸收

环境中的营养物质必须进入微生物体内才能进行代谢和转化，微生物的代谢产物也要及时排到细胞外，避免其在胞内积累产生毒害作用。微生物对不同物质的吸收运输方式不同，了解其对营养物质的运输方式，有利于解释降解机理、物质进出细胞的迁移和转化机制。

微生物没有专门摄取营养物质的器官，它们主要依靠整个细胞表面摄取营养物质。营养物质能否进入细胞取决于三个方面的因素：①营养物质本身的性质（相对分子量、质量、溶解性、电负性等）；②微生物所处的环境条件；温度、pH 和离子强度（营养物质的电离程度）、结构类似物；③微生物细胞的透过屏障（原生质膜、细胞壁、荚膜等）。

根据物质运输过程的特点，可将物质的运输方式分为自由扩散、促进扩散、主动运输、基团转移。

一、自由扩散

自由扩散也称单纯扩散，指疏水性双分子层细胞膜在无载体蛋白参与下，单纯依靠物理扩散方式让许多小分子、非电离分子尤其是亲水性分子，被动通过的一种物质运送方式。被输送的物质，靠细胞内外浓度为动力，以透析或扩散的形式从高浓度区向低浓度区扩散（图 5-3）。

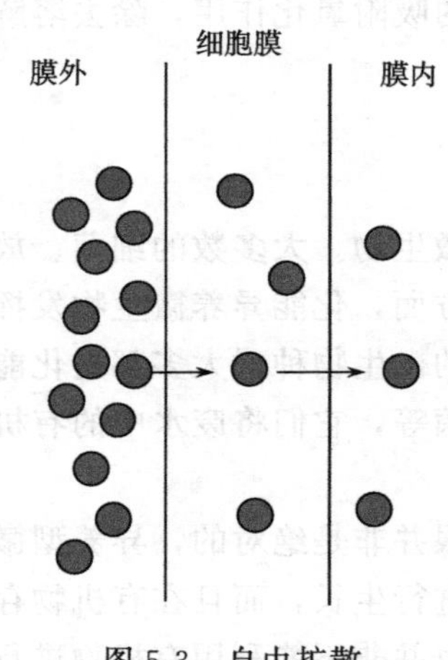

图 5-3　自由扩散

自由扩散是非特异性的，对参与扩散的营养物质分子有一定的选择性，其特点为：①在扩散过程中营养物质的结构不发生变化，不与膜上的分子发生反应，本身的分子结构也不发生变化；②纯粹的物理学过程，不消耗能量，扩散的动力来自物质在膜内外的浓度差，不能逆着浓度运输；③运输速率与膜内外物质的浓度差成正比，即随细胞膜内外该物质浓度差的降低而减小，直到胞内外物质浓度相同。

自由扩散不是微生物细胞吸收营养物的主要方式，水是唯一可以通过扩散自由通过原生质膜的分子，脂肪酸、乙醇、甘油、一些气体（O_2、CO_2）及某些氨基酸在一定程度上也可通过自由扩散进出细胞。

二、促进扩散

与自由扩散一样，促进扩散也是一种被动的物质跨膜运输方式，即小分子物质沿着浓度梯度减小的方向运输。运输过程也不消耗能量。与自由扩散不同的是，溶质的运送过程中，必须借助于膜上底物特异性载体蛋白的参与。载体蛋白可以和被运输的物质发生可逆的结合，起着载体的作用，使营养物质通过细胞膜进入细胞内。每种载体蛋白只能运输一种或一类相似的物质，载体和被运输物质之间具有高度亲和力。促进扩散的载体对溶质有高度选择性，被运输的物质和载体之间亲和力的大小，是通过载体分子的构象变化改变的。类似于酶和底物的反应，所以这类载体蛋白也称作透过酶或透性酶（permease）。

促进扩散的运输方式多见于真核微生物中，例如，通常在厌氧生活的酵母菌中，某些物质的吸收和代谢产物的分泌是通过这种方式完成的。促进扩散的特点为：①不消耗能量，不能进行逆浓度运输，运输速率与膜内外物质的浓度差成正比；②参与运输的物质本身的分子结构不发生变化；需要载体蛋白的参与。

通过促进扩散进入细胞的营养物质主要有氨基酸、单糖、维生素及无机盐等。一般微生物通过专一的载体蛋白运输相应的物质，但也有微生物对同一物质的运输由一种以上的载体蛋白来完成（图 5-4）。

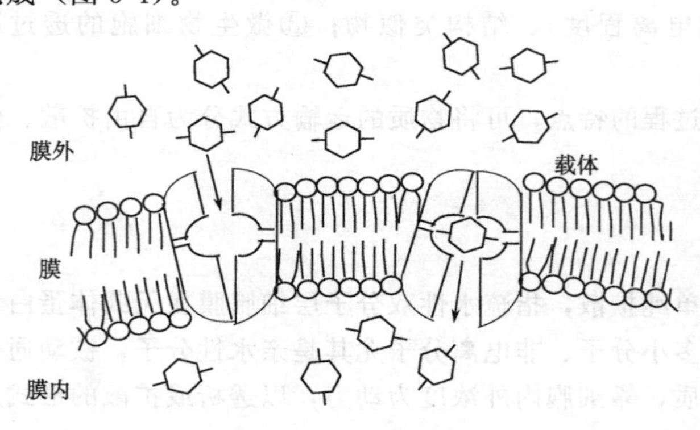

图 5-4　促进扩散

三、主动运输

主动运输是将营养物质在能量、透过酶作用下，逆自身浓度梯度由低浓度向高浓度移动，并在细胞内富集的过程。大多数微生物采用这种运输方式。与上述两种运输相比，该方式一个重要特点是物质运输过程中需要消耗能量，通过膜上特殊载体蛋白逆浓度梯度吸收营养物质。在主动运输过程中，运输物质所需要的能量，不同微生物来源不同。好氧微生物与兼性厌氧微生物直接利用呼吸能；厌氧微生物利用化学能；光合微生物利用光能。主动运输与促进扩散类似之处，物质运输过程中也需要载体蛋白。载体蛋白通过构象变化而改变与被运输物质之间的亲和力大小，使两者之间发生可逆性结合与分离，从而完成相应物质的跨膜运输，区别在于主动运输过程中的载体蛋白构象变化需要消耗能量。

主动运输有三种不同的运输机制：单向运输［图 5-5（a)］、同向运输［图 5-5（b)］和反向运输［图 5-5（c)］。

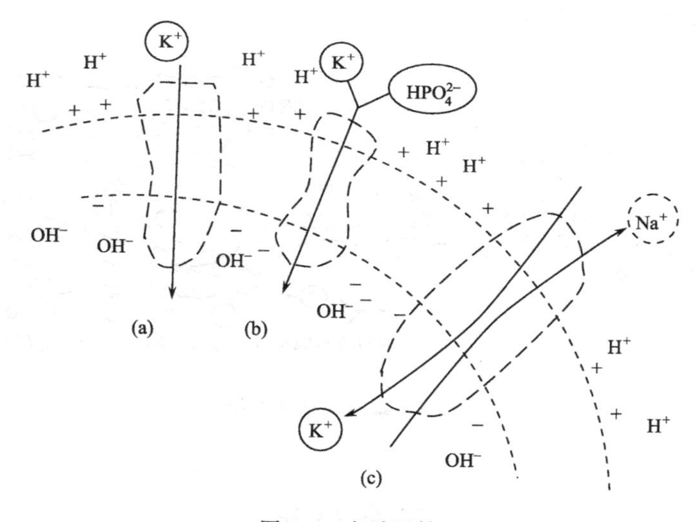

图 5-5　主动运输

单向运输是指在膜内外的电势差消失过程中，促使某些物质（如 K^+）通过单向转运载体携带进入细胞；同向运输是指某些物质和质子，与同一个同向转运载体的两个不同位点相结合，按同一个方向进行运输，质子作为偶合离子和营养物质偶合；反向运输是指某些物质（如 Na^+）与质子，通过同一反向运输载体按相反方向进行运输。主动运输的主要特点为：①在物质运输过程中需要消耗能量，而且可以进行逆浓度运输；②载体蛋白构象变化需要消耗能量，而且它还能改变反应的平衡点。

通过主动运输的物质有无机离子（K^+、Na^+、Ca^{2+}）、有机离子、一些糖类（乳糖）、硫酸盐、磷酸盐和有机酸等。

四、基团转位

基团转位是一种特殊主动性运输方式，与普通主动运输相比，营养物质在运输过程中发生化学变化（糖在运输的过程中发生了磷酸化）。基团转位主要存在于厌氧和兼性厌氧型细菌中，主要用于糖的运输，脂肪酸、核苷、碱基等也可通过这种方式运输。例如，在研究大肠杆菌对葡萄糖和金黄色葡萄球菌对乳糖的吸收过程中，发现这些糖进入细胞后以磷酸糖的形式存在于细胞质中，表明这些糖在运输过程中发生了磷酸化作用，其中的磷酸基团来源于胞内的磷酸烯醇式丙酮酸（PEP），因此也将基团转位称为磷酸烯醇式丙酮酸—磷酸糖转移酶运输系统（PTS），简称磷酸转移酶系统（图 5-6）。PTS 通常由五种蛋白质组成，包括酶Ⅰ、酶Ⅱ（a、b、c 三个亚基）和一种低相对分子质量的热稳定蛋白质（HPr）。酶Ⅰ和 HPr 是非特异性的细胞质蛋白，而酶Ⅱa 是一种可溶性的蛋白，酶$Ⅱ_b$具有亲水性，与细胞膜上的酶$Ⅱ_c$结合，在糖的运输过程中，PEP 上的磷酸基团逐步通过酶Ⅰ、HPr 的磷酸化与去磷酸化作用，最终在酶Ⅱ的作用下转移到糖，生成磷酸糖放于细胞质中。

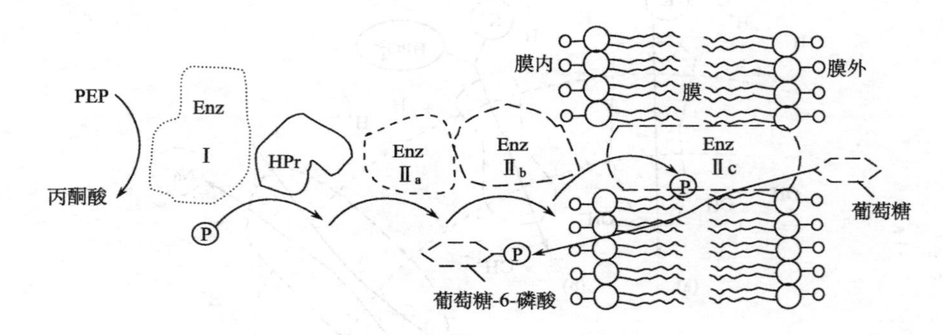

图 5-6　磷酸转移酶系统

本 章 小 结

1. 微生物生长所需的营养物质主要包括碳素化合物、氮素化合物、水分、无机盐类和生长素等；微生物对营养物质的需求是有一定浓度和比例要求的，要满足“营养物质比例均衡”和“各营养物质浓度适宜”。

2. 依据碳源、能源及电子供体性质的不同，可将绝大部分微生物分为光能无机自养型、光能有机异养型、化能无机自养型和化能有机异养型四种不同的营养类型。

3. 根据物质运输过程的特点，可将物质的运输方式分为自由扩散、促进扩散、主动运输、基团转移。

思 考 题

1. 列表比较微生物的四大营养类型及其特点。

2. 比较单纯扩散、促进扩散、主动运输和基团转位四种运输方式的异同点。

3. 微生物需要哪些营养物质？其主要生理功能是什么？
4. 列举微生物四大营养类型在环境工程领域中的作用？
5. 微生物对营养吸收有哪几种方式？
6. 水是微生物细胞的重要组成成分，在代谢中占有重要的地位，简述其主要生理作用。
7. 无机盐是微生物生长所不可缺少的营养物质，其主要功能有哪些？
8. 举例说明 C/N 在生物废水处理中的重要性。

第六章 微生物的代谢与环境工程

新陈代谢是细胞内发生的各种化学反应的总称，包括合成代谢（anabolism）和分解代谢（catabolism）两个过程。微生物对有机污染物的降解与转化过程，实质上是微生物进行分解代谢和合成代谢，中间伴随着能量的产生与消耗的过程。掌握微生物的代谢途径、规律和特点，对其有效降解和转化自然界中污染物有着非常重要的理论指导意义。

新陈代谢过程的每一步生化反应都是在生物酶的催化作用下才能顺利完成。酶的活性高低、酶促反应速率的快慢都直接影响着微生物对污染物降解转化的效率，掌握酶的催化特征、酶促反应的影响因素和特点尤为重要。

本章节重点介绍生物酶的结构与催化功能、酶促反应的特点、酶促反应动力学、分解代谢途径（发酵、有氧呼吸和无氧呼吸）和合成代谢途径。并以此为基础，介绍了污染物在微生物体内代谢的途径、共代谢的原理及微生物对典型污染物的降解和转化。

第一节 微生物的酶

酶是由生物体活细胞合成的，对其特异底物起高效催化作用的生物催化剂（biocatalyst）。已发现的有两类：一类是蛋白酶（enzyme），另一类是核酶（ribozyme），我们平时谈到的酶主要指的是蛋白酶。核酶为数很少，主要作用于核酸。酶参与了生物体中几乎所有的生物化学反应过程。这些酶，在不同的场合和条件下，进行有条不紊、精确高效的生理活动。如果没有酶，就没有新陈代谢，也没有生命。

一、酶的组成

1. 酶的分子组成

根据组成成分，酶分为两类。一是单纯酶。这类酶的基本组成单位只有氨基酸，其催化活性取决于它的蛋白质结构；另一类是全酶。全酶由蛋白质部分和非蛋白质部分组成，蛋白质部分称为酶蛋白（apoenzyme），非蛋白质部分称为辅助因子（cofactor）。即全酶＝酶蛋白＋辅助因子。只有全酶才有催化作用。酶蛋白在酶促反应中起着决定反应特异性的作用，而辅助因子则决定反应的类型，参与电子、原子及基团的传递。

辅助因子的化学本质是金属离子或小分子有机化合物，按其与酶蛋白结合的紧密程度不同可分为辅酶（coenzyme）与辅基（prosthetic group）。辅酶与酶蛋白结合疏松，可用透析或超滤的方法除去；辅基则与酶蛋白结合紧密，不能通过透析或超滤的方法将其除去。

2. 重要的辅酶和辅基

1）辅酶Ⅰ（NAD^+）和辅酶Ⅱ（$NADP^+$）

辅酶Ⅰ（NAD^+，尼克酰胺腺嘌呤二核苷酸）和辅酶Ⅱ（$NADP^+$，尼克酰胺腺嘌呤二核苷酸磷酸）是脱氢酶的辅酶，是生化反应中重要的电子和氢传递体，它们参与的是氧化还原反应。当底物分子一次脱下一对氢（$2H^+ + 2e$），NAD^+ 或 $NADP^+$ 接受 1 个 H^+ 和 2 个 e，还原为 NADH 和 NADPH，另一个 H^+ 游离存在于溶液中（图 6-1）。NADH 在细胞内有两条去路，一是通过呼吸链最终将氢传递给氧生成水，释放能量用于 ATP 的合成；二是作为还原剂为加氢反应（还原反应）提供氢。NADPH 是细胞内重要的还原剂，一般不将氢传递给氧，通常只作为还原剂为加氢反应提供氢。

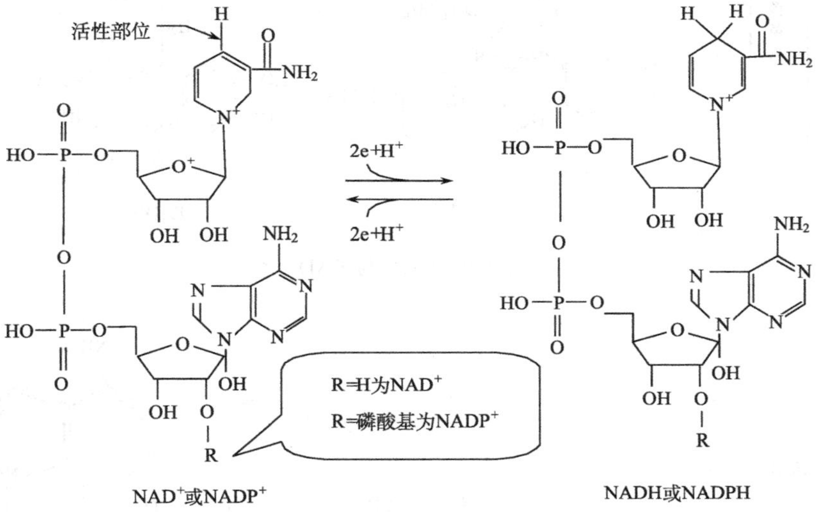

图 6-1　辅酶Ⅰ和辅酶Ⅱ

2）黄素辅酶（FMN、FAD）

FMN（黄素单核苷酸）和 FAD（黄素腺嘌呤二核苷酸）是另一类氢和电子的传递体，参与体内多种氧化还原反应，它可以接受 2 个氢而还原为 $FMNH_2$ 或 $FADH_2$（图 6-2）。

$FADH_2$ 可将氢通过呼吸链传递至氧生成水，释放能量用于 ATP 的合成；在某些情况下，也可将氢直接传递给氧而生成过氧化氢（H_2O_2），H_2O_2 可被过氧化氢酶催化分解成水和氧气。

3）辅酶 A（CoA-SH）

辅酶 A 是体内传递酰基的载体，为酰基移换酶的辅酶。由 3-磷酸-ADP、泛酸、巯基乙胺三部分构成（图 6-3）。巯基（—SH）是辅酶 A 的活性基团，辅酶 A 常写作 CoA-SH。当携带乙酰基时形成 CH_3CO-SCoA，称为乙酰辅酶 A，当交出乙酰基时又恢复为 CoA-SH。辅酶 A 在糖代谢、脂质分解代谢、氨基酸代谢及体内一些重要物质如乙酰胆碱、胆固醇的合成中均起重要作用。

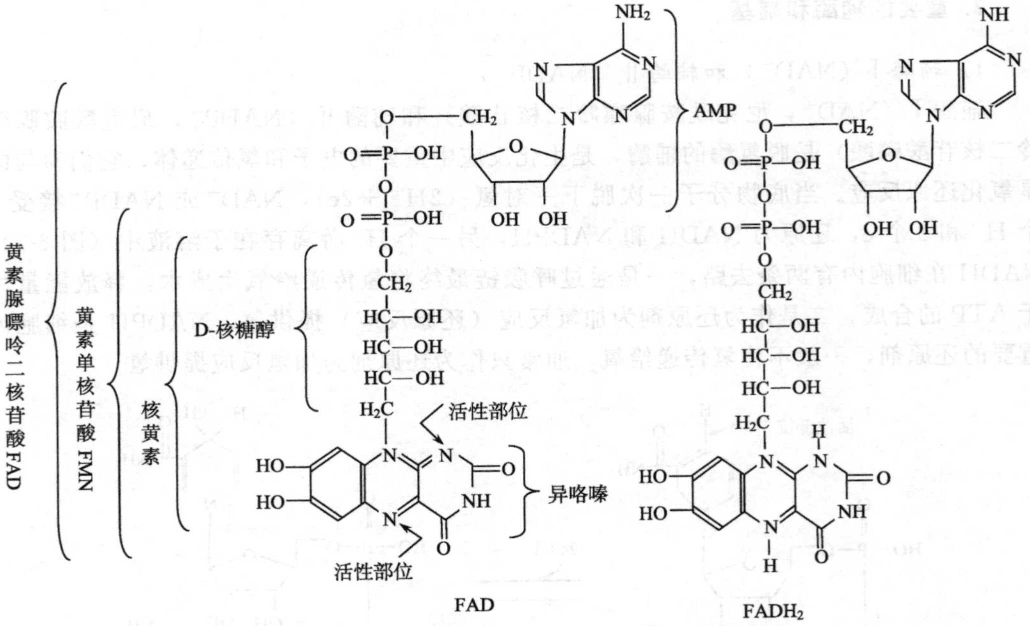

图 6-2　FMN 与 FAD

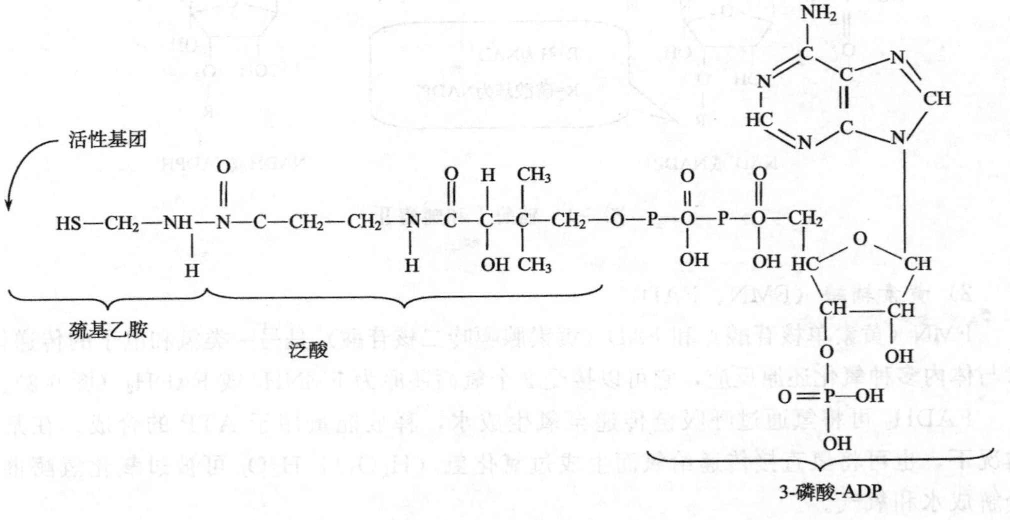

图 6-3　辅酶（CoA-SH）

4）辅酶 Q（CoQ）

辅酶 Q 又称为泛醌，其结构如图 6-4 所示。其活性部分是它的醌环结构，主要功能是作为线粒体呼吸链氧化-还原酶的辅酶，在酶与底物分子之间传递电子。

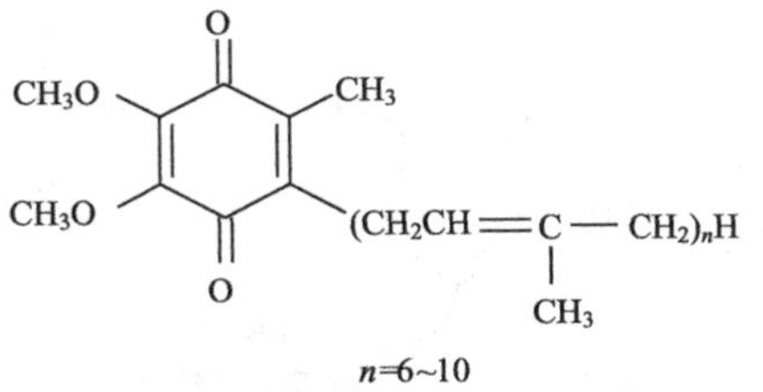

图 6-4　辅酶 Q（CoQ）

5）磷酸吡哆醛与磷酸吡哆胺

磷酸吡哆醛与磷酸吡哆胺是氨基酸代谢中多种酶的辅酶，可以催化多种反应，常见的有 α-氨基酸与 α-酮酸的转氨基作用和 α-氨基酸的脱羧基作用（图 6-5）。

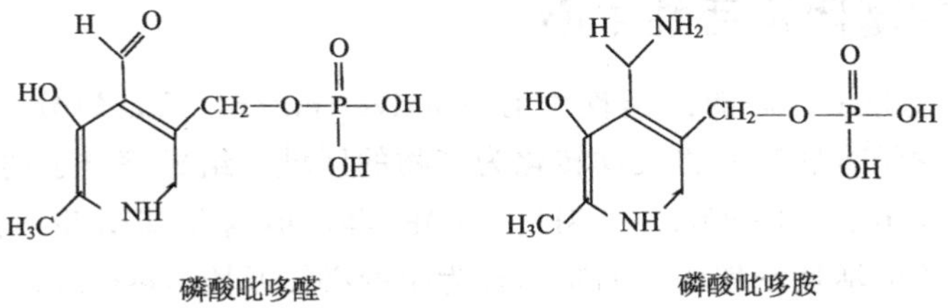

图 6-5　磷酸吡哆醛与磷酸吡哆胺

6）羧化酶辅基（生物素）

生物素（维生素 H，维生素 B_7）是各种羧化酶的辅基，在 ATP 作用下可与 CO_2 结合形成 *N*-羧基生物素，*N*-羧基生物素可将羧基转移给有机分子而发生羧化（图 6-6）。

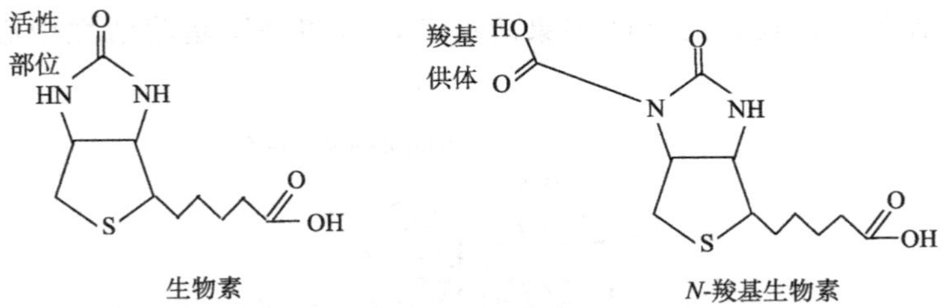

图 6-6　生物素

7）脱羧酶辅酶（焦磷酸硫胺素，TPP^+）

焦磷酸硫胺素 TPP^+ 是涉及糖代谢中羰基碳（醛、酮）合成与裂解反应的辅酶，特别是 α-酮酸的脱羧基作用，焦磷酸硫胺素通过 N=C 活性部位的碳原子与 α-碳原子（羰基碳原子）结合而促使羧基裂解释放二氧化碳（图 6-7）。

除了上面几种常见的辅酶外，还有许多起不同作用的辅酶。如四氢叶酸 FH_4 是

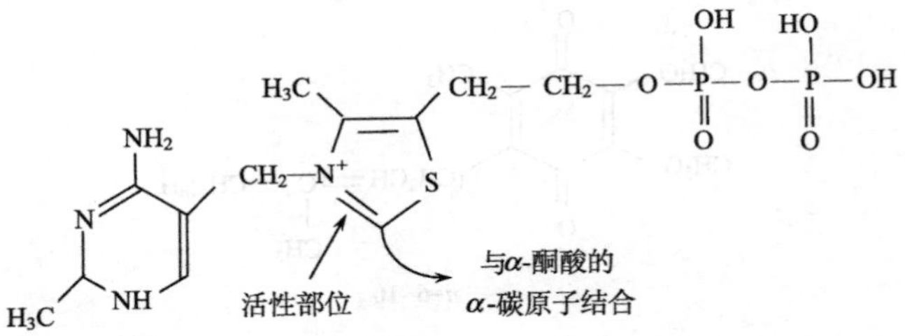

图 6-7 焦磷酸硫胺素

一碳单位转移酶辅酶，甲基 B_{12} 是转甲基酶辅酶，硫辛酸是转酰基酶的辅基，等等。另外，像辅酶 M（CoM），辅酶 F_{430}（CoF_{430}）和辅酶 F_{420}（CoF_{420}）是产甲烷菌特有的辅酶。

二、酶的必需基团及活性中心

酶属于生物大分子，而酶的活性中心（active center）只是酶分子中的很小部分。酶的活性部位是它结合底物并将底物转化为产物的区域。组成酶分子的氨基酸中有许多化学基团，如—NH_2、—COOH、—SH、—OH 等，但这些基团并不都是与酶活性有关。其中那些与酶的活性密切相关的基团称为酶的必需基团（essential group）。这些必需基团在一级结构上可能相距很远，但在空间结构上彼此靠近，形成一个能与底物特异地结合，并将底物转变为产物的特定空间区域，这一区域称为酶的活性中心（active center）。对结合酶来说，辅酶或辅基也参与酶活性中心的组成。

酶活性中心内的必需基团分两种：能直接与底物结合的必需基团称为结合基团（binding group），影响底物中某些化学键的稳定性；催化底物发生化学变化的必需基团称为催化基团（catalytic group）。还有一些必需基团虽然不参加活性中心的组成，但却为维持酶活性中心应有的空间构象所必需，这些基团是酶活性中心外的必需基团（图 6-8）。

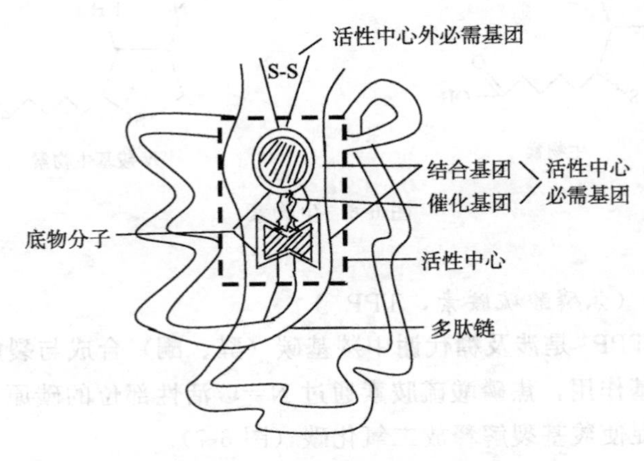

图 6-8 酶活性中心示意图

三、酶的催化特性

酶作为生物催化剂，具有一般催化剂的共性。例如，在反应前后酶的质和量不变；只催化热力学允许的化学反应；不改变反应的平衡点等。但酶是生物大分子，与一般催化剂不同的特点，主要表现在以下几个方面。

1. 催化效率高

一般而言，酶催化反应速度要比化学催化剂的催化速度高出几千倍至百亿倍。例如，1mol 过氧化氢酶在一秒的时间内催化 10^5mol H_2O_2 分解，而铁离子在相同的条件下，只催化 10^{-5}mol H_2O_2 分解。酶催化效率极高的原因是酶能降低分子的活化能（反应物分子到达活化分子所需的最小能量叫活化能）。降低了活化能就降低了所需的最小能量，也就是说只需比原来小得多的能量就可以进行催化，所以催化效率就提高了。

2. 专一性高

被酶作用的物质称为酶的底物、作用物或基质。酶对催化的底物有高度的选择性，即一种酶只作用一种或一类化合物，催化一定的化学反应，并生成一定的产物，这种特性称为酶的特异性或专一性。酶的专一性分绝对专一性、相对专一性和立体异构专一性。绝对专一性是指一种酶只作用于一种底物产生一定的反应。如脲酶只能催化尿素水解为氨和二氧化碳，而不能催化甲基尿素水解；相对专一性是指一种酶能催化一类具有相同化学键或基团的物质，进行某种类型的反应。如脂肪酶能催化含酯键的脂类物质的水解反应；立体异构专一性是指某种酶只能对某一种含有不对称碳原子的异构体起催化作用，而不能催化它的另一种异构体。如 L-乳酸脱氢酶只催化 L 型乳酸，而不是 D 型乳酸。由于酶具有专一性，生物体内的代谢过程才能有一定的方向和顺序。如果没有这种专一性，生命本身有序的代谢活动就不存在，生命也就不复存在。

3. 反应条件温和

酶的催化作用是在比较温和的条件下进行的，如常温、常压、接近中性 pH 等。高温、高压、强酸、强碱和紫外线等都容易使酶失去活性。而一般化学催化剂则需强酸、强高温等极端条件下才起到催化作用。

4. 酶积极参加生物化学反应，不改变反应的平衡点

酶促反应能缩短反应达到平衡所需的时间，不能改变化学反应的平衡，其本身在反应前后没有结构、性质和数量的改变，但其活性可能会降低。

四、酶的种类与命名

(1) 按酶促反应的性质，酶可分为六大类：氧化还原酶类、转移酶类、水解酶类、裂解酶类、异构酶类和合成酶类。

①氧化还原酶类（oxidoreductases）：指催化底物进行氧化还原反应的酶类。按供

氢体的性质分为氧化酶和脱氢酶。如乳酸脱氢酶、细胞色素氧化酶、过氧化氢酶、琥珀酸脱氢酶等。其反应通式为

$$AH_2 + B \rightleftharpoons A + BH_2$$

②转移酶类（transferases）：指催化底物之间进行某些基团的转移或交换的酶类。易于被转移或交换的基团包括甲基、氨基、酮基、醛基、磷酸基等。这类酶如氨基转移酶、己糖激酶、磷酸化酶等。其反应通式为

$$AR + B \rightleftharpoons A + BR$$

③水解酶类（hydrolases）：指催化底物发生水解反应的酶类。如淀粉酶、蛋白酶、脂肪酶等。其反应通式为

$$AB + H_2O \rightleftharpoons AOH + BH$$

④裂解酶类（lyases）：指催化一种化合物分解为两种化合物或两种化合物合成为一种化合物的酶类。如醛缩酶、碳酸酐酶、柠檬酸合成酶。其反应通式为

$$AB \rightleftharpoons A + B$$

⑤异构酶类（isometases）：指催化各种同分异构体间相互转变的酶类，如磷酸丙糖异构酶、磷酸己糖异构酶等。其反应通式为

$$A \rightleftharpoons A'$$

⑥合成酶类（ligases）：指催化两分子底物合成一分子化合物，同时偶联有 ATP 的磷酸键断裂的酶类。如谷氨酰胺合成酶、谷胱甘肽合成酶等。

$$A + B + ATP \rightleftharpoons AB + ADP + Pi$$

或 $A + B + ATP \rightleftharpoons AB + AMP + PPi$（无机焦磷酸）

(2) 按酶在细胞的不同部位，酶分为胞外酶、胞内酶和表面酶。

(3) 按酶作用底物的不同，酶分为淀粉酶、蛋白酶、脂肪酶、纤维素酶、核糖核酸酶等。

以上三种分类和命名方法可有机地联系和统一起来。例如，淀粉酶、蛋白酶、脂肪酶和纤维素酶均催化水解反应，属于水解酶类；而它们均位于细胞外，属胞外酶。除此之外的大多数酶类，如氧化还原酶、异构酶、转移酶、裂解酶和合成酶等，均位于细胞内，属胞内酶。

第二节　酶促反应动力学

一、米氏方程

20 世纪初，科学家就提出了酶—底物复合物的形成和过渡态概念，即 E＋S→ ES → E＋P。即酶的活性中心与底物定向结合生成 ES 复合物，是酶催化作用的第一步。式中，E、S、ES、P 分别代表酶、底物、中间产物和最终产物。后来，酶和底物形成中间产物学说已为实验所证实，且分离到若干种 ES 复合物的结晶。目前，已有两种模型解释酶如何结合它的底物。1894 年 Fischer 提出锁和钥匙模型，认为酶和底物或底物分子的一部分结构，犹如一把钥匙和一把锁一样，能够专一性的结合，这种酶的活性部位和底物的形状彼此相结合，是一种刚性的组合。1958 年 Koshland 提出诱导契合模型，

底物的结合在酶的活性部位诱导出构象变化；酶也可使底物变形，迫使其构象近似于它的过渡态。这种作用是相互诱导、相互变形、相互适应的柔性过程。酶与底物相互接近时，其结构相互诱导、相互变形和相互适应，进而相互结合。这一过程称为酶—底物结合的诱导契合假说。锁钥学说、诱导契合学说和中间产物的形成过程见图 6-9。

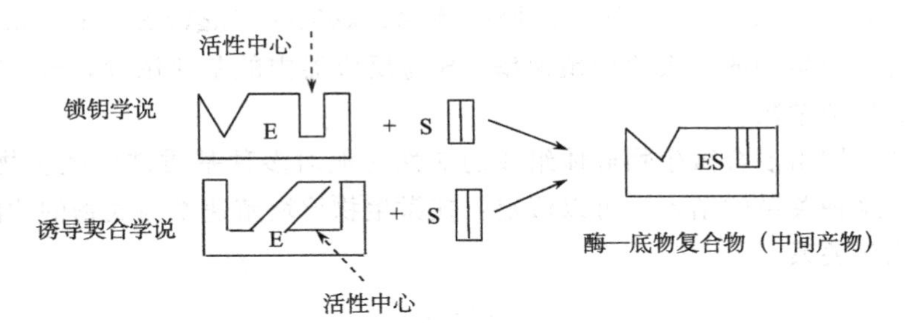

图 6-9　锁钥学说、诱导契合学说和中间产物的形成

1913 年 Michaelis 和 Menten 根据中间学说，经过大量的实验，在推导反应速率和底物浓度关系的数学方程式时曾假设：

(1) 反应速度为初速度，即反应刚刚开始，产物生成量极少，忽略逆反应；

(2) 底物浓度［S］远远大于酶的浓度（E）；

(3) 反应处于稳态，即中间产物生成和分解的速度相等。

在此基础上，推导出著名的米曼氏方程（Michaelis-Menten equation），简称米氏方程［式（6-1)］。它是酶促反应动力学最重要的一个数学表达式，定量地描述了酶促反应速率与底物浓度的关系。

$$v=\frac{V_{\max}[S]}{K_m+[S]} \tag{6-1}$$

式中，$V_{\max}$为最大反应速率（maximum velocity）；［S］为底物浓度；K_m 为米氏常数（Michaelis constant）；v 为不同［S］时的反应速率。

当酶促反应速度为最大速度的一半，即 $v=V_{\max}/2$ 时，米氏方程式可以变换为

$$\frac{V_{\max}}{2}=\frac{V_{\max}[S]}{K_m+[S]} \tag{6-2}$$

进一步整理得 $K_m=[S]$。由此可见，K_m 值等于酶促反应速度为最大速度一半时的底物浓度，其单位是 mol/L。当 pH、温度和离子强度等因素不变时，K_m 是恒定的。K_m 是酶的特征性常数之一，K_m 值的大小，可以近似地表示酶和底物的亲和力。K_m 值大，意味着酶和底物的亲和力小，反之则大。

必须指出，米氏方程只适用于较为简单的酶促反应过程，而对于比较复杂的酶促反应过程，如多酶体系、多底物、多产物、多中间物等，还不能全面地以此加以概括和说明，必须借助于复杂的计算过程。

二、活性污泥法的反应动力学方程

Monod 于 1942 年和 1950 年曾两次进行了单一基质的纯菌种培养实验，也发现了

与上述酶促反应类似的规律，进而提出了与米氏方程相类似的表达微生物比增殖速率与基质浓度之间的动力学公式，即莫诺德（Monod）模式［式（6-3）］

$$\mu=\frac{\mu_{\max}\cdot S}{K_s+S} \tag{6-3}$$

式中，$\mu=(dx/dt)/x$，为微生物的比增殖速率，kgVSS/(kgVSS · d)；$\mu_{\max}$为基质达到饱和浓度时，微生物的最大比增殖速率；S为反应器内的基质浓度，mg/L；K_s为饱和常数，也是半速常数。

随后发现，用由混合微生物群体组成的活性污泥对多种基质进行微生物增殖实验，也取得了符合这种关系的结果。可以假定：在微生物比增殖速率与底物的比降解速率之间存在下列比例关系：

$$\mu\propto v$$

则与比增殖速率相对应的比底物降解速率也可以用类似公式表示，即

$$v=v_{\max}\frac{S}{K_s+S} \tag{6-4}$$

式中，$\mu=\frac{(ds)}{dt}/x$，为比底物降解速率，kgBOD_5/(kgVSS · d)；$v_{\max}$为底物的最大比降解速率；S为限制增殖的底物浓度；K_s为饱和常数。

活性污泥反应动力学是以米氏方程和莫诺（Monod）方程为基础，于20世纪五、六十年代发展起来的。目前废水生物处理技术界广为接受并得到应用的活性污泥反应动力学是劳伦斯-麦卡蒂（Lawrence & McCarty）建立的模式。活性污泥反应动力学模式建立所作的主要假设有：①曝气池中呈完全混合状态；②活性污泥系统运行条件绝对稳定；③活性污泥在二次沉淀池内不产生微生物代谢活动，而且其量不变；④处理系统中无有毒物质和抑制物质等。下面仅介绍劳伦斯—麦卡蒂模式的两个基本方程。

（一）曝气池中基质去除速率和微生物浓度的关系方程

曝气池中基质去除速率和微生物浓度的关系方程如下式（6-5）。

$$\frac{d\rho_s}{dt}=\frac{-K_{\max}K\rho_s\cdot\rho_X}{K_s+\rho_s} \tag{6-5}$$

式中，$d\rho_s/dt$为基质去除率，mg (BOD_5)/(L · h)；$K_{\max}$为单位污泥的最大基质去除速率，mg (BOD_5)/(mgVSS · h)；ρ_s为反应器内基质浓度，mg (BOD_5)/L；K_s为饱和常数，其值等于$1/2K_{\max}$时的基质浓度，mg (BOD_5)/L；ρ_X为微生物的浓度，mg/L。当$\rho>K_s$时，式（6-5）可简化为

$$\frac{d\rho_s}{dt}=-K\rho_X \tag{6-6}$$

当$\rho<K_s$时，式（6-5）可简化为

$$\frac{d\rho_s}{dt}=-\frac{K}{K_s}\rho_X\rho_s \tag{6-7}$$

当曝气池出水要求高时，常处于$\rho<K_s$状态。

（二）微生物的增长和基质的去除关系式

微生物的增长和基质的去除关系式如式（6-8）：

$$\frac{d\rho_X}{dt} = y\frac{d\rho_s}{dt} - K_d\rho_X \tag{6-8}$$

式中，$d\rho_X/dt$ 为微生物的增长率，mg（VSS）/(L·h)；$d\rho_s/dt$ 为基质去除率，mg（BOD_5）/(L·h)；ρ_X 为微生物的浓度，mg（VSS）/L；y 为合成系数，mg（VSS）/mg（BOD_5）；K_d 为内源代谢系数，h^{-1}。

式（6-8）表明，曝气池中的微生物的变化是由合成和内源代谢两方面综合形成的。不同的运行方式和不同的水质，y 和 K_d 值是不同的。活性污泥法典型的系数值可参见表 6-1。

表 6-1　活性污泥法典型的动力系数

系数	单位	范围	数值平均
K	d^{-1}	2～10	5.0
K_s	mg/L（BOD_5）	25～100	60
	mg/L（COD）	15～70	40
y	mgVSS/mgBOD_5	0.4～0.8	0.6
	mgVSS/mgCOD	0.25～0.4	0.4
K_d	d^{-1}	0.04～0.075	0.06

三、影响酶促反应速率的因素

（一）底物浓度对酶促反应速率的影响

根据米氏方程，在其他因素不变的情况下，底物浓度的变化与酶促反应速率之间呈矩形双曲线关系（图 6-10）。在底物浓度很低时，有多余的酶与底物结合，反应速率随底物浓度的增加而急剧上升，两者呈正比关系，表现为一级反应；随着底物浓度的升高，中间络合物的浓度不断增高，反应速率不再呈正比例加快，表现为混合级反应；如果继续增加底物浓度，反应速度不再增加，说明酶已被底物所饱和，表现为零级反应。

（二）酶浓度对酶促反应速率的影响

在一定的温度和 pH 条件下，当底物浓度大大超过酶的浓度时，酶的浓度与反应速率呈正比关系，但在一定的反应体系中，当酶的浓度很高时，曲线会逐渐趋向平缓，这可能是高浓度的酶分子影响了分子扩散性，阻碍了酶的活性中心和底物的结合（图 6-11）。

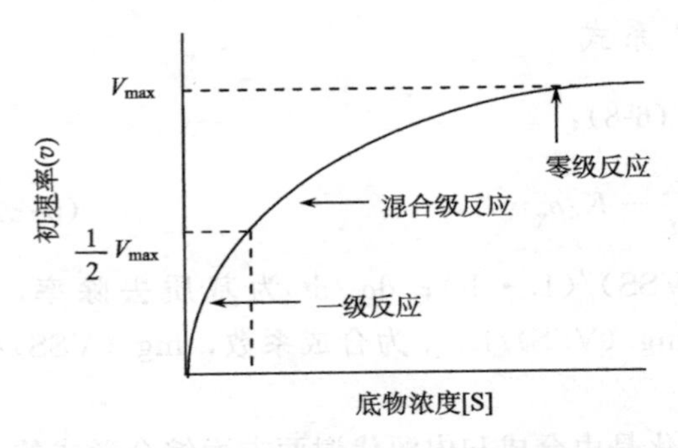

图 6-10 底物浓度对反应初速率的影响

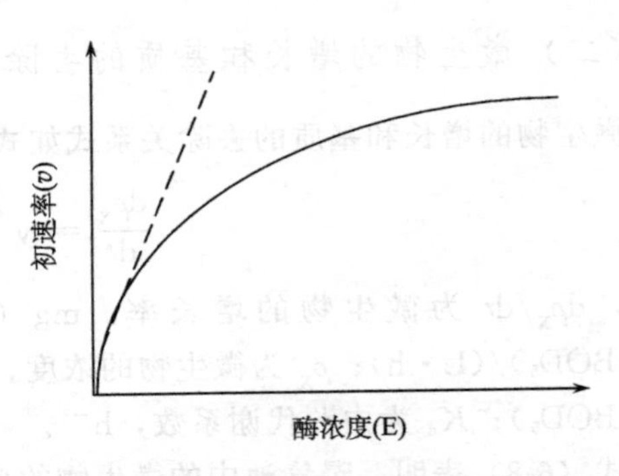

图 6-11 酶浓度对酶促反应速率的影响

（三）温度对酶促反应速率的影响

化学反应的速率随温度升高而加速，酶促反应在一定温度范围内也遵循这一规律。但酶是蛋白质，温度升高可使酶变性失活，故酶促反应速率 v 和温度之间的关系呈一条钟罩形曲线（图 6-12）。在温度较低范围时，反应速率随温度升高而加快。一般地说，温度每升高 10℃，反应速率增加 1～2 倍，可用温度系数 Q_{10} 来表示。Q_{10} 表示温度每升高 10℃，酶促反应速率随之提高相应的因数。Q_{10} 通常为 1.4～2.0。但是，当温度超过一定范围后，酶受热变性的因素占优势，反应速率反而随温度上升而减慢。曲线顶部，酶促反应速率最大，此时的温度称为酶的最适温度（optimum temperature）。

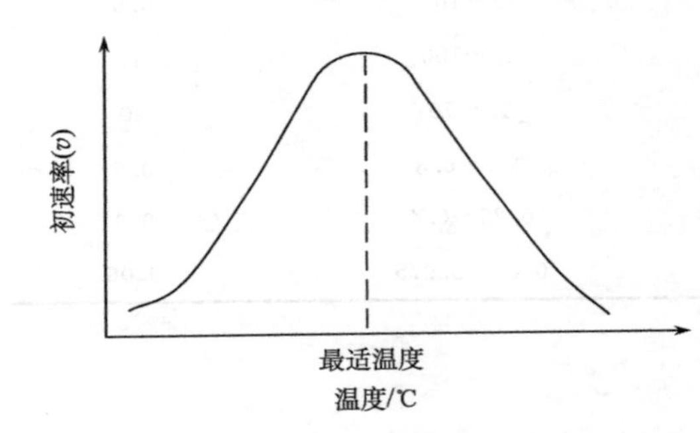

图 6-12 温度对酶促反应速度的影响

温度对酶促反应速率的影响在水处理中具有指导意义。在废水处理的污泥消化中，并得出了一些温度对污泥消化温度系数 Q_{10} 的影响数值（表 6-2）。

表 6-2 温度对活性污泥和污泥消化的影响

影响对象	温度/℃	Q_{10}
活性污泥	10～20	2.85
	15～25	2.22
	20～30	1.89
污泥消化	10～20	1.67
	15～25	1.73
	20～30	1.67
	25～35	1.48
	30～40	1.00

（四）pH 对酶促反应速率的影响

酶反应介质的 pH 可影响酶分子，特别是活性中心上必需基团的解离程度和催化基团中质子供体或质子受体所需的离子化状态，同时也可影响底物和辅酶的解离程度，从而影响酶与底物的结合。只有在特定的 pH 条件下，酶、底物和辅酶的解离情况才最适宜于它们互相结合，并发生催化作用，使酶促反应速度达最大值，这种 pH 称为酶的最适 pH（图 6-13）。

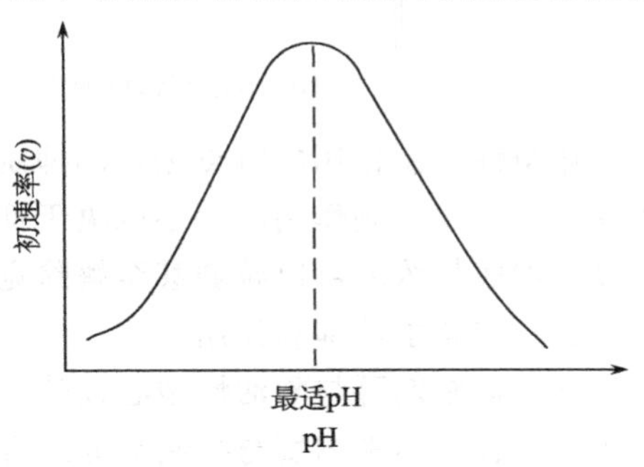

图 6-13　pH 对酶促反应速率的影响

废水生物处理主要利用土壤和水体中的生物混合种群，一般控制 pH 在 6～9。过高或过低的 pH 会改变底物和酶分子的带电状态，影响二者之间的结合，同时也会影响酶分子的稳定性，使酶遭到不可逆的破坏。值得注意的是，酶的最适 pH 不是固定的常数，受酶的纯度、底物的种类和浓度、缓冲液的种类和浓度等的影响。

（五）抑制剂对酶促反应的影响

使酶的活性下降而不引起酶蛋白变性的物质称为酶的抑制剂。抑制剂通常对酶有一定的选择性，一种抑制剂只能引起某一类或某几类酶的抑制。抑制剂虽然可使酶失活，但它并不明显改变酶的结构。常见的酶的抑制剂有重金属离子、一氧化碳、硫化氢、氢氰酸、生物碱、染料、表面活性剂等。

根据抑制剂与酶分子之间作用特点的不同，通常将抑制作用分为可逆性抑制和不可逆性抑制两类。

1. 不可逆抑制作用

抑制剂通常以共价键方式与酶的必需基团进行结合，不能用透析或超滤等物理方法解除的抑制作用称为不可逆抑制作用（irreversible inhibition）。抑制强度取决于抑制剂浓度和酶与抑制剂之间的接触时间。如二异丙基氟磷酸，共价结合于胆碱酯酶活性中心的丝氨酸残基的羟基，造成酶活性的抑制。

2. 可逆性抑制作用

抑制剂与酶的结合是可逆的，用超滤、透析等物理方法除去抑制剂后，酶的活性能恢复的抑制作用称为可逆性抑制作用（reversible inhibition）。这类抑制大致可分为竞争性抑制、非竞争性抑制、反竞争性抑制等。

（1）竞争性抑制作用

此类抑制剂一般与酶的天然底物结构相似，可与底物竞争酶的活性中心，从而降低酶与底物的结合效率，抑制酶的活性。这种抑制作用称为竞争性抑制作用（competitive inhibition）。

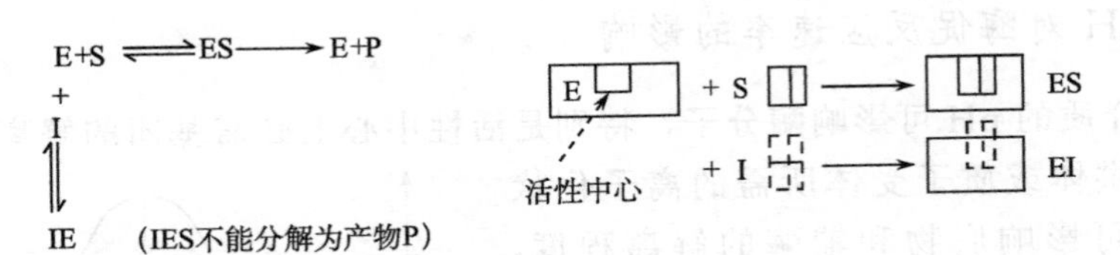

竞争性抑制作用的特点是：①抑制剂结构与底物相似；②抑制剂结合的部位是酶的活性中心；③抑制作用的大小取决于抑制剂与底物的相对浓度，在抑制剂浓度不变时，通过增加底物浓度可以减弱甚至解除竞争性抑制作用；④V_{max}不变，K_m增大。

（2）非竞争性抑制作用

有些抑制剂可与酶活性中心以外的必需基团结合，但不影响酶与底物的结合，酶与底物的结合也不影响酶与抑制剂的结合，但形成的酶-底物-抑制剂复合物（IES）不能进一步释放出产物，致使酶活性丧失。这种抑制作用称为非竞争性抑制作用（noncompetitive inhibition）。

E+S ⇌ ES ⟶ E+P
+　　　+
I　　　I
⇅　　　⇅
IE+S ⇌ IES　(IES不能分解为产物P)

活性中心　+ S　ES
E　+ I　IE

非竞争性抑制作用的特点是：①抑制剂与底物结构不相似；②抑制剂结合的部位在酶活性中心外；③抑制作用的强弱取决于抑制剂的浓度，此种抑制不能通过增加底物浓度而减弱或消除；④V_{max}下降，K_m不变。

（3）反竞争性抑制

反竞争性抑制剂不直接与酶结合，而是与ES复合物结合，生成IES后酶失去催化活性，造成酶的抑制。结合的IES则不能分解成产物；K_m与V_{max}都降低。

E+S ⇌ ES ⟶ E+P
+
I
⇅
IES　(IES不能分解为产物P)

E　+ S　ES
活性中心　I +
IES

（六）激活剂对酶促反应速率的影响

能提高酶的活性，加速酶促反应进行的物质称作酶的激活剂。从化学本质来看，激活剂包括无机离子和小分子有机物。例如，Mg^{2+}是多种激酶和合成酶的激活剂，Cl^-是淀粉酶的激活剂。大多数金属离子激活剂对酶促反应不可缺少，称作必需激活剂，如Mg^{2+}；有些激活剂不存在时，酶仍有一定活性，这类激活剂称作非必需激活剂。

第三节 微生物的代谢概述

微生物从外界不断地吸收营养物质，在体内发生的各种化学反应，将复杂的有机物分解成简单有机物的同时，也将其中一部分转化为细胞自身的物质成分，维系自身的生长和繁殖；同时将产生的废物排出体外，这一过程称之为新陈代谢。新陈代谢包含分解代谢（异化作用）与合成代谢（同化作用）两个阶段。

分解代谢在将复杂的营养物质分解为小分子物质的过程中产生能量；而合成代谢则是利用分解代谢过程中产生的低分子化合物和能量来合成大分子的细胞结构物质，本身是一个耗能反应。合成代谢所利用的小分子物质，来源于分解代谢过程中产生的中间产物，或环境中的小分子营养物质，能量来自营养物质的分解。因此，分解代谢与合成代谢之间有着紧密的关系（图 6-14）。由于它们相互依赖、偶联进行，微生物才能具有旺盛的生命活动和正常的生长繁殖。生物体内的新陈代谢既是物质代谢，也是能量代谢。

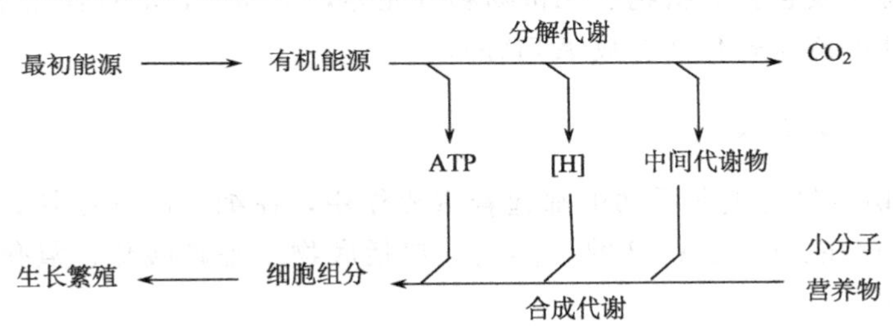

图 6-14 分解代谢与合成代谢间的联系简图

在代谢过程中，微生物通过分解代谢产生化学能，光合微生物还可将光能转化为化学能，这些能量除用于合成代谢外，还用于微生物的运动和运输，另有部分能量以热或光的形式释放到环境中。微生物产生和利用能量及其与代谢的关系如图 6-15 所示。

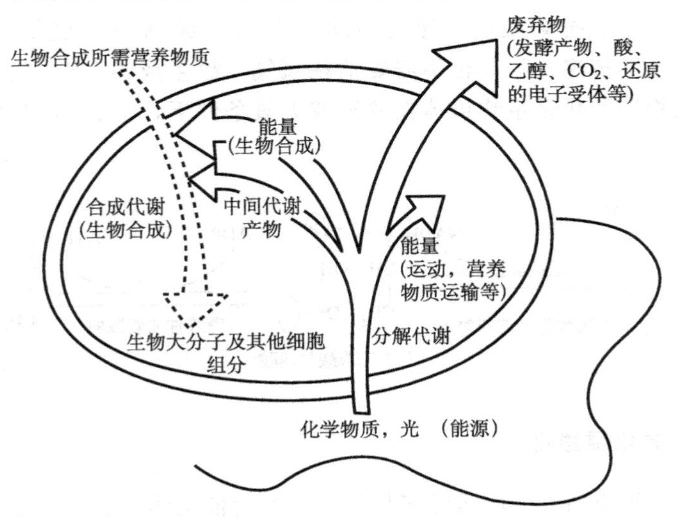

图 6-15 能量与代谢关系示意图

第四节 微生物的分解代谢

一、生物氧化和产能

分解代谢实质上是物质在生物体内经过一系列连续的氧化还原反应，逐步分解并释放能量的过程，这个过程也叫生物氧化。不同类型的微生物进行生物氧化所利用的物质是不同的，异氧微生物利用有机物，自养微生物利用无机物，通过生物氧化产生能量。所以，微生物的分解代谢也叫能量代谢。

（一）生物能量的转移中心——ATP

在微生物体内有一套完善的能量转移系统，在放能和吸能反应之间有一个偶联者——腺苷三磷酸（ATP），这是最常见的能量转移的“中心站”。对微生物而言，可利用的最初能源主要包括有机物、无机物和日光等，实际上，能量代谢主要是研究微生物如何将最初能源逐步转化并释放ATP的。

（二）ATP的生成途径

ATP在一切生物的生命活动中都起着重要作用，在细胞的细胞核、细胞质和线粒体中都有ATP存在。生成ATP的具体途径包括底物水平磷酸化、氧化磷酸化和光合磷酸化三种形式。

1. 底物水平磷酸化

某些化合物在氧化过程中，形成多种含高能磷酸键的化合物，这些高能化合物能将能量转移给ADP，使其生成ATP，这种生成ATP的方式称为底物水平磷酸化。例如，葡萄糖发酵中的代谢产物1,3-二磷酸甘油酸属于含有高能键的化合物，它在磷酸甘油酸激酶的催化作用下，把高能键传递给ADP，使其生成ATP。底物磷酸化生成ATP不需要经过呼吸链的传递过程，也不需要消耗氧气，故生成ATP的速度比较快，但是生成量不多。底物磷酸化是生物机体在缺氧或无氧条件下，生成ATP的快捷和便利的一种方式。

CHO—CH—OH—CH_2—O—Ⓟ（3-磷酸甘油醛） $\xrightleftharpoons[\text{3-磷酸甘油醛脱氢酶}]{\text{NAD, Pi} \rightarrow \text{NADH}}$ COO～Ⓟ—CH—OH—CH_2—O—Ⓟ（1,3-二磷酸甘油酸） $\xrightleftharpoons[\text{磷酸甘油酸激酶}]{\text{ADP} \rightarrow \text{ATP}}$ COOH—CH—OH—CH_2—O—Ⓟ（3-二磷酸甘油酸）

2. 呼吸链与氧化磷酸化

分解过程中，代谢物脱下的氢经多种酶和辅酶所催化的连锁反应逐步传递，最终与氧结合生成水，并产生可利用的能量。这一系列递氢体或电子的酶和辅酶/辅基形成电子传递体系叫呼吸链（respiratory chain）。电子传递系统中的氧化还原酶包括：NADH脱氢酶、黄素蛋白、铁硫蛋白、细胞色素、醌及其化合物。

（1）NADH脱氢酶。从NADH接受电子，并传递两个氢原子给邻近的黄素蛋白。

（2）黄素蛋白。黄素蛋白由黄素单核苷酸（FMN）和黄素腺嘌呤二核苷酸（FAD）及相对分子质量不同的蛋白质结合而成。位于呼吸链起始点的酶蛋白黄素的三环异咯嗪中，最多接受两个电子，还原时黄素失去黄素的特征成为无色。

（3）铁硫蛋白。铁硫蛋白的相对分子质量较小，在线粒体内膜上，常与其他递氢体或递电子体构成复合物，复合物中的铁硫蛋白是传递电子的反应中心，亦称铁硫中心，与蛋白质的结合是通过Fe与4个半胱氨酸的S相连接。铁硫蛋白只携带电子，不能携带氢原子。

（4）细胞色素（cytochrome，Cyt）。是一类以铁卟啉为辅基的结合蛋白质，存在于生物细胞内，通过位于细胞色素中心的铁原子失去或获得一个电子而经受氧化或还原。已发现的几种具有不同氧化还原电位的细胞色素。一种细胞色素能将电子转移给另一种比它的氧化还原电位更高的细胞色素，同时也可从比它的氧化还原电位低的细胞色素接受电子。

$$\text{细胞色素—}Fe^{2+} \rightleftharpoons \text{细胞色素—}Fe^{3+}$$

（还原态）　　　　（氧化态）

（5）醌及衍生物。属于脂溶性醌类化合物，带有多个异戊二烯侧链。因其为脂溶性，游动性大，极易从线粒体内膜中分离出来，分子中的苯醌结构能可逆地结合2个H，为递氢体。

呼吸链中氢和电子的传递有着严格的顺序和方向。NADH呼吸链和$FADH_2$呼吸链是生物体中常见的两条呼吸链，如图6-16、图6-17所示。呼吸链的作用是接受还原性辅酶上的氢原子对（$2H^+ + 2e$），使辅酶分子氧化，并将电子对顺序传递，直至激活分子氧，使氧负离子（O^{2-}）与质子对（$2H^+$）结合，生成水。

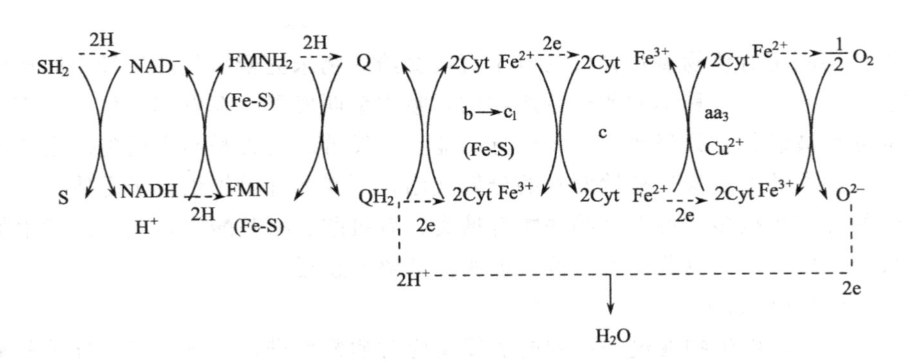

图6-16　NADH呼吸链

电子传递体系的基本功能除了传递电子（氢）之外，还将释放的能量传递给ADP，使能量以ATP的形式贮存起来，这种通过呼吸链将氧化释放的能量传给ADP形成ATP的过程就是氧化磷酸化过程，氧化磷酸化是生物机体产生ATP的主要方式。

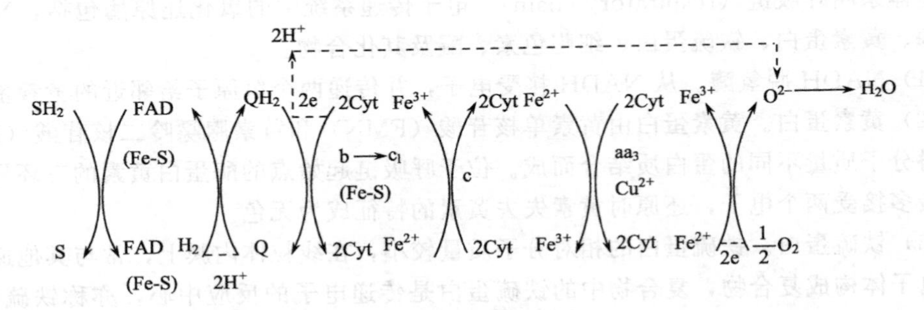

图 6-17 $FADH_2$ 呼吸链

3. 光合磷酸化

光合磷酸化是指光能转变为化学能的过程。当一个叶绿素分子吸收光量子时，叶绿素即被激活，导致叶绿素释放一个电子而被氧化，释放的电子在电子传递系统中传递并逐步释放能量。这种产能的方式同线粒体的氧化磷酸化的主要区别在于：氧化磷酸化是由高能化合物分子氧化驱动的，而光合磷酸化是由光子驱动的。

二、微生物的氧化类型

（一）异养微生物的生物氧化

对于异养微生物来讲，能量的生成和释放都是通过生物氧化过程实现的。根据生物氧化反应中电子受体的不同，可将微生物氧化分成发酵和呼吸两种类型，而呼吸又可分为有氧呼吸和无氧呼吸两种方式。微生物的产能代谢是通过上述两类氧化方式来实现的，微生物从中获得生命活动所需要的能量。

1. 发酵

微生物细胞将有机物氧化释放的电子直接交给底物未完全氧化的某种中间产物，同时释放能量，并产生各种不同的代谢产物的呼吸类型叫发酵。在发酵条件下，有机化合物只是部分地被氧化，只释放出一小部分的能量。发酵的过程是与有机物的还原偶联在一起的，被还原的物质来自初始发酵的分解代谢，不需要外界提供电子受体。

发酵的种类有很多，可发酵的底物有糖类、有机酸、氨基酸等，其中以微生物发酵葡萄糖最为重要。下面以葡萄糖为例，说明糖酵解的途径。

1）糖酵解（EMP）

无氧条件下，微生物通过一系列的酶促反应对葡萄糖进行分解，将 1 分子葡萄糖分解生成 2 分子丙酮酸并提供能量的过程称为糖酵解作用（glycolysis）。这是绝大多数微生物共有的一条基本代谢途径。对于专性厌氧（无氧呼吸）微生物来说，EMP 途径是产能的唯一途径。在这条途径中，葡萄糖所含的碳原子只有部分氧化，产能较少。通过 EMP 途径，1 分子葡萄糖转变成 2 分子丙酮酸，产生 2 分子 ATP 和 2 分子 NADH ＋ H^+。总反应式为

$$C_6H_{12}O_6 + 2NAD^+ + 2ADP + 2Pi \rightarrow 2CH_3COCOOH + 2NADH + 2H^+ + 2ATP + 2H_2O$$

糖酵解（EMP）指葡萄糖在无氧条件下转变为丙酮酸所经历的一系列反应，全过程如图 6-18 所示。

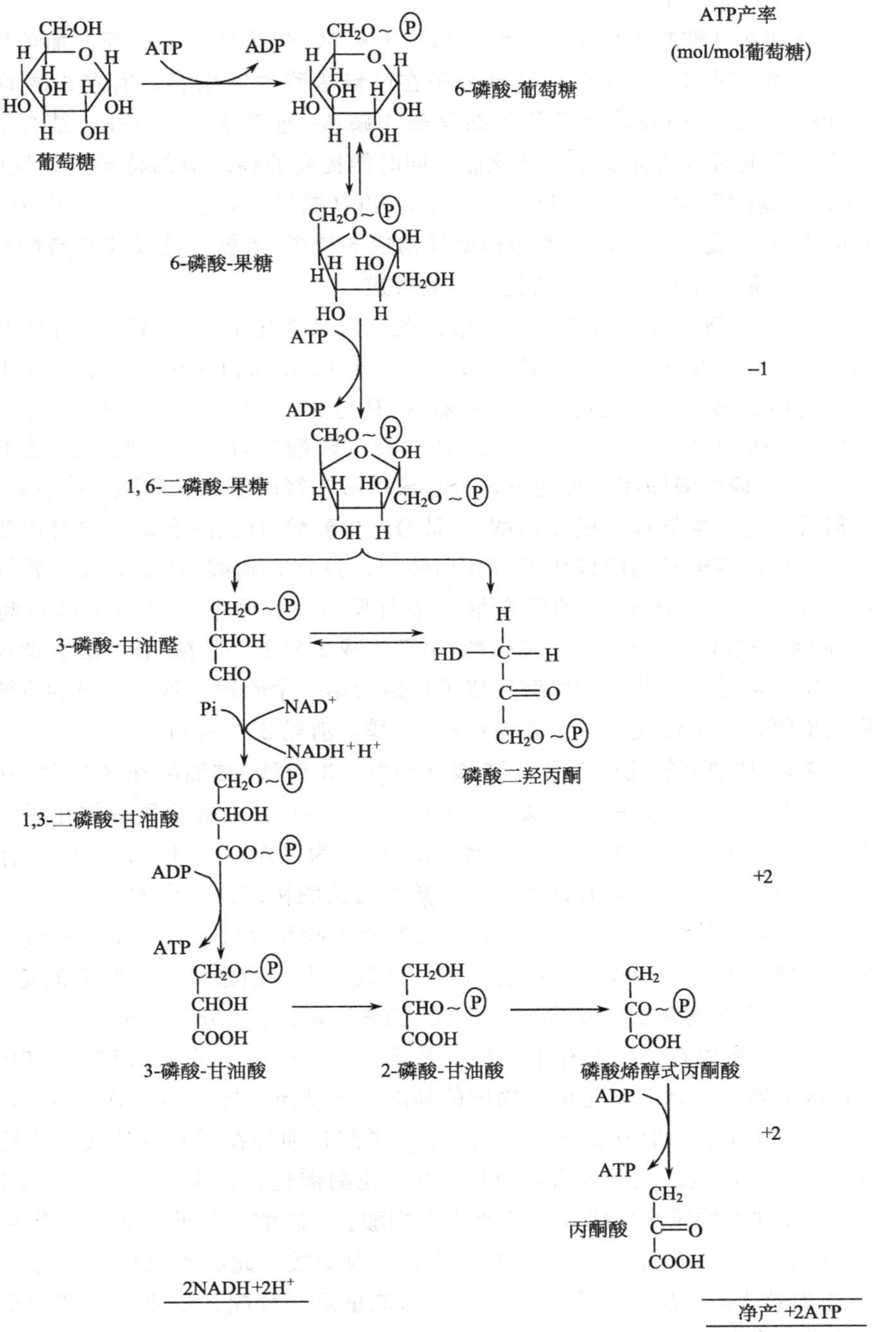

图 6-18　葡萄糖的糖酵解（EMP）

“−1”代表消耗 ATP 数，“+2”代表生成 ATP 数

整个 EMP 途径大致分为两个阶段。第一阶段是 1 分子葡萄糖经磷酸化生成 2 分子三碳糖，消耗 2 分子 ATP，不涉及氧化还原反应及能量释放的准备阶段，只是生成两分子的主要中间代谢产物；第二阶段发生氧化还原反应，两分子三碳糖形成两分子的丙酮酸，同时产生 4 个 ATP。

(1) 葡萄糖在己糖激酶催化下磷酸化形成 6-磷酸-葡萄糖。此过程，葡萄糖进入细胞后进行了磷酸化过程，即 1 个葡萄糖分子在己糖激酶的催化下，生成 6-磷酸-葡萄糖的过程。同时从 ATP 中释放出的能量储存到 6-磷酸-葡萄糖中；另外，结合了磷酸基团的化合物不仅能减低酶促反应的活化能，同时能提高酶促反应的特异性。反应消耗 1 分子 ATP，己糖激酶为关键酶，反应不可逆，ATP 提供磷酸基团，Mg^{2+} 作为激活剂。

(2) 6-磷酸-葡萄糖经磷酸己糖异构酶异构成 6-磷酸-果糖。此反应在磷酸己糖异构酶催化下进行，是一个醛-酮异构变化，反应可逆。

(3) 6-磷酸-果糖形成果糖-1,6-二磷酸。此反应又消耗 1 分子 ATP，作用机制与己糖激酶相同。催化此反应的酶是 6-磷酸果糖激酶 1（6-phosphofructokinase1，PFK 1），这是糖酵解途径的第二次磷酸化反应，需要 ATP 与 Mg^{2+} 参与，反应不可逆。

(4) 1,6-二磷酸-果糖转变成 3-磷酸-甘油醛和磷酸二羟丙酮。此反应是 1,6-二磷酸-果糖在果糖二磷酸醛缩酶的催化下，分裂成磷酸二羟丙酮和 3-磷酸-甘油醛。

(5) 磷酸二羟丙酮异构化成 3-磷酸-甘油醛。3-磷酸-甘油醛和磷酸二羟丙酮两者互为异构体，在磷酸丙糖异构酶催化下可互相转变，只有 3-磷酸-甘油醛会沿着糖酵解的途径顺利进行，故当 3-磷酸-甘油醛在继续进行反应时，磷酸二羟丙酮可不断转变为 3-磷酸-甘油醛，这样，1 分子 1,6-二磷酸-果糖生成 2 分子 3-磷酸-甘油醛。此反应由醛缩酶催化，反应可逆。至此，糖酵解完成了代谢的第一个阶段。这一阶段的主要特点是两个磷酸化步骤，六碳糖变成两个 3-磷酸-甘油醛，消耗 2 个 ATP。

(6) 3-磷酸-甘油醛氧化成 1,3-二磷酸甘油酸。3-磷酸-甘油醛在 3-磷酸-甘油醛脱氢酶的催化下产生 1,3-二磷酸甘油酸。此反应由 3-磷酸-甘油醛脱氢酶催化脱氢、加磷酸，其辅酶为 NAD^+，反应脱下的氢交给 NAD^+ 成为 $NADH+H^+$；反应时释放的能量储存在所生成的 1,3-二磷酸甘油酸 1 位的羧酸与磷酸构成的混合酸酐内。

(7) 1,3-二磷酸甘油酸转移高能磷酸基团形成 3-磷酸甘油酸。1,3-二磷酸甘油酸在磷酸甘油酸激酶的催化下形成 3-磷酸甘油酸。此反应由 3-磷酸甘油酸激酶催化，产生 1 分子 ATP，这是无氧酵解过程中第一次生成 ATP。由于是 1 分子葡萄糖产生 2 分子 1,3-二磷酸甘油酸，所以在这一过程中，1 分子葡萄糖可产生 2 分子 ATP。ATP 的产生方式是底物水平磷酸化，能量是由底物中的高能磷酸基团直接转移给 ADP 形成 ATP。

(8) 3-磷酸甘油酸转变成 2-磷酸甘油酸。3-磷酸甘油酸在磷酸甘油酸变位酶的作用下转变为 2-磷酸甘油酸。此反应由磷酸甘油酸变位酶催化，磷酸基团由 3-位转至 2-位。

(9) 2-磷酸甘油酸脱水生成磷酸烯醇式丙酮酸。2-磷酸甘油酸在烯醇酶作用下经脱水反应而产生含有一个高能磷酸键的磷酸烯醇式丙酮酸。此脱水反应由烯醇化酶所催化，Mg^{2+} 作为激活剂。反应过程中，分子内部能量重新分配，形成含有高能磷酸基团的磷酸烯醇式丙酮酸。

(10) 磷酸烯醇式丙酮酸转变成丙酮酸，并产生 1 分子 ATP。磷酸烯醇式丙酮酸在丙酮酸激酶的催化下产生了丙酮酸。此反应由丙酮酸激酶（pyruvate kinase，PK）催化，Mg^{2+}作为激活剂，产生 1 分子 ATP，在生理条件下，此反应不可逆。这是无氧酵解过程第二次生成 ATP，产生方式也是底物水平磷酸化。由于是 1 分子葡萄糖产生 2 分子丙酮酸，所以在这一过程中，1 分子葡萄糖可产生 2 分子 ATP。

无氧酵解过程的能量主要在 3-磷酸甘油醛脱氢成为 1,3-二磷酸甘油酸及磷酸烯醇式丙酮酸转变为丙酮酸过程中产生的，产生方式都是底物水平磷酸化，共产生 4 分子 ATP。

2）发酵类型

根据发酵产物不同，发酵的类型主要有乙醇发酵、乳酸发酵、丙酮丁醇发酵、混合酸发酵等。

A 乙醇发酵　乙醇发酵有酵母型乙醇发酵和细菌型乙醇发酵。

（1）酵母型乙醇发酵：进行酵母型乙醇发酵的微生物主要是酵母菌（如酿酒酵母）。在厌氧和偏酸性（pH 3.5～4.5）的条件下，它们通过 EMP 途径将 1 分子葡萄糖分解为 2 分子丙酮酸。丙酮酸再在丙酮酸脱羧酶的作用下脱羧生成乙醛，然后再以乙醛为氢受体接受来自 $NADH + H^+$ 的氢生成乙醇。

（2）细菌型乙醇发酵：细菌也能进行乙醇发酵，既可利用 EMP 途径（如胃八叠球菌和肠杆菌）也可利用 ED 途径（如运动发酵单胞菌和厌氧发酵单胞菌）进行乙醇发酵。经 ED 途径发酵产生乙醇的过程与酵母菌通过 EMP 途径生产乙醇不同，故称细菌乙醇发酵。1 分子葡萄糖经 ED 途径进行乙醇发酵，生成 2 分子乙醇和 2 分子 CO_2，净增 1 分子 ATP。

B 乳酸发酵　乳酸发酵是指乳酸细菌将葡萄糖分解产生的丙酮酸还原成乳酸的生物学过程。它主要可分为同型乳酸发酵、异型乳酸发酵两种类型。

（1）同型乳酸发酵：发酵产物中只有乳酸的发酵称同型乳酸发酵。如乳链球菌、乳酸乳杆菌等进行的发酵是同型乳酸发酵。同型乳酸发酵中，葡萄糖经 EMP 途径降解为丙酮酸，丙酮酸在乳酸脱氢酶的作用下被 NADH 还原为乳酸。1 分子葡萄糖产生 2 分子乳酸、2 分子 ATP，不产生 CO_2。

（2）异型乳酸发酵：发酵产物中除乳酸外同时还有乙醇（或乙酸）、CO_2 和 H_2 等，称异型乳酸发酵。肠膜状明串珠菌和短乳杆菌等进行的乳酸发酵是异型乳酸发酵。

C 丙酮丁醇发酵　在葡萄糖的发酵产物中，以丙酮、丁醇为主（还有乙醇、CO_2、H_2 以及乙酸）的发酵称为丙酮丁醇发酵。有些细菌如丙酮丁醇梭菌能进行丙酮丁醇发酵。在发酵中，葡萄糖经 EMP 途径降解为丙酮酸，由丙酮酸产生的乙酰辅酶 A 通过双缩合为乙酰乙酰辅酶 A。乙酰乙酰辅酶 A 一部分可以脱羧生成丙酮，另一部分经还原生成丁酰辅酶 A，然后进一步还原生成丁醇。在此过程中，每发酵 2 分子葡萄糖可产生 1 分子丙酮、1 分子丁醇、4 分子 ATP 和 5 分子 CO_2。

D 混合酸发酵　能积累多种有机酸的葡萄糖发酵称为混合酸发酵。大多数肠道细菌如大肠杆菌、伤寒沙门氏菌、产气肠杆菌等均能进行混合酸发酵。先经 EMP 途径将葡萄糖分解为丙酮酸，再在不同酶的作用下丙酮酸分别转变成乳酸、乙酸、甲酸、乙醇、CO_2 和 H_2，一部分磷酸烯醇式丙酮酸转变为琥珀酸。

2. 呼吸

微生物在分解底物的过程中，将释放出的氢或电子交给 NAD $(P)^+$、FAD 或 FMN 等电子载体，再经电子传递系统传给外源电子受体，从而生成水或其他还原型产物并释放出能量的过程，称为呼吸作用。根据电子受体的不同，呼吸作用又分为有氧呼吸和无氧呼吸两大类。

1）有氧呼吸

在分子氧存在的条件下，有机物脱氢后，经完整呼吸链递氢，最终以分子氧作为受氢体产生水，释放 ATP 形式的能量的过程叫有氧呼吸。

（1）有氧呼吸阶段。葡萄糖的有氧氧化（aerobic oxidation）是指葡萄糖生成丙酮酸后，在有氧条件下，进一步氧化生成乙酰辅酶 A，再经三羧酸循环（TCA 循环）彻底氧化生成二氧化碳、水及能量的过程，是生物机体获得能量的主要途径。葡萄糖的有氧呼吸可分为三个阶段。第一阶段，葡萄糖经 EMP 途径分解形成中间产物丙酮酸，同时产生 ATP、NADH＋H^+。与糖酵解反应过程所不同的是 3-磷酸-甘油醛脱氢生成的 $NADH^+$ 进入线粒体氧化。即有氧条件下，微生物会将 NADH ＋H^+ 的氢经呼吸链传递给 O_2，产生 3 个 ATP，此阶段产物中的 2 分子 NADH＋H^+ 进入呼吸链共产生 6 个 ATP，再加上反应过程中净得的 2 个 ATP，共有 8 个 ATP。第二阶段，丙酮酸在丙酮酸脱氢酶系的作用下生成乙酰 CoA，并释放 CO_2 和 NADH＋H^+（反应式如下）。丙酮酸氧化脱羧反应是连接糖酵解和三羧酸循环的中间环节。第三阶段，乙酰 CoA 进入三羧酸循环，产生大量的 ATP、CO_2、$NADH^+$＋H^+ 和 $FADH_2$。

$$\underset{\text{丙酮酸}}{CH_3\overset{\overset{O}{\|}}{C}COOH} + \underset{\text{辅酶A}}{HS-CoA} + NAD^+ \xrightarrow{\text{丙酮酸脱氢酶系}} \underset{\text{乙酰辅酶A}}{CH_3\overset{\overset{O}{\|}}{C}-SCoA}CO + NADH$$

（2）三羧酸循环（tricarboxylic acid cycle，TCA）

三羧酸循环亦称柠檬酸循环（citric acid cycle），指丙酮酸氧化脱羧生成的乙酰辅酶 A（乙酰 CoA）彻底进行氧化，产生大量的 ATP、CO_2、NADH＋H^+ 和 $FADH_2$ 的过程（图 6-19）。

1 分子的丙酮酸经三羧酸循环完全氧化为 3 分子的 CO_2，同时生成 4 分子的 NADH 和 1 分子的 $FADH_2$。NADH 和 $FADH_2$ 可经电子传递系统重新被氧化。由此，每氧化 1 分子 NADH 可生成 3 分子 ATP，每氧化 1 分子 $FADH_2$ 可生成 2 分子 ATP。另外，琥珀酸辅酶 A 在氧化成延胡索酸时，包含着底物水平磷酸化作用，由此产生 1 分子 GTP，随后 GTP 可转化成 ATP。1 分子的丙酮酸每经一次三羧酸循环可生成 15 分子 ATP。此外，在糖酵解过程中产生的 2 分子 NADH 可经电子传递系统重新被氧化产生 6 分子 ATP。在葡萄糖转变为 2 分子丙酮酸时还可借底物水平磷酸化生成 2 分子的 ATP。因此，需氧微生物在完全氧化葡萄糖的过程中总共可得到 38 分子的 ATP。

三羧酸循环具有重要的生理意义：Ⅰ为机体提供更多的能量，是机体利用糖和其他物质氧化而获得能量的最有效方式；Ⅱ三羧酸循环是有氧代谢的枢纽，糖类、脂肪和蛋白质（氨基酸）的有氧分解代谢，都汇集在三羧酸循环的反应中，三羧酸循环的中间代

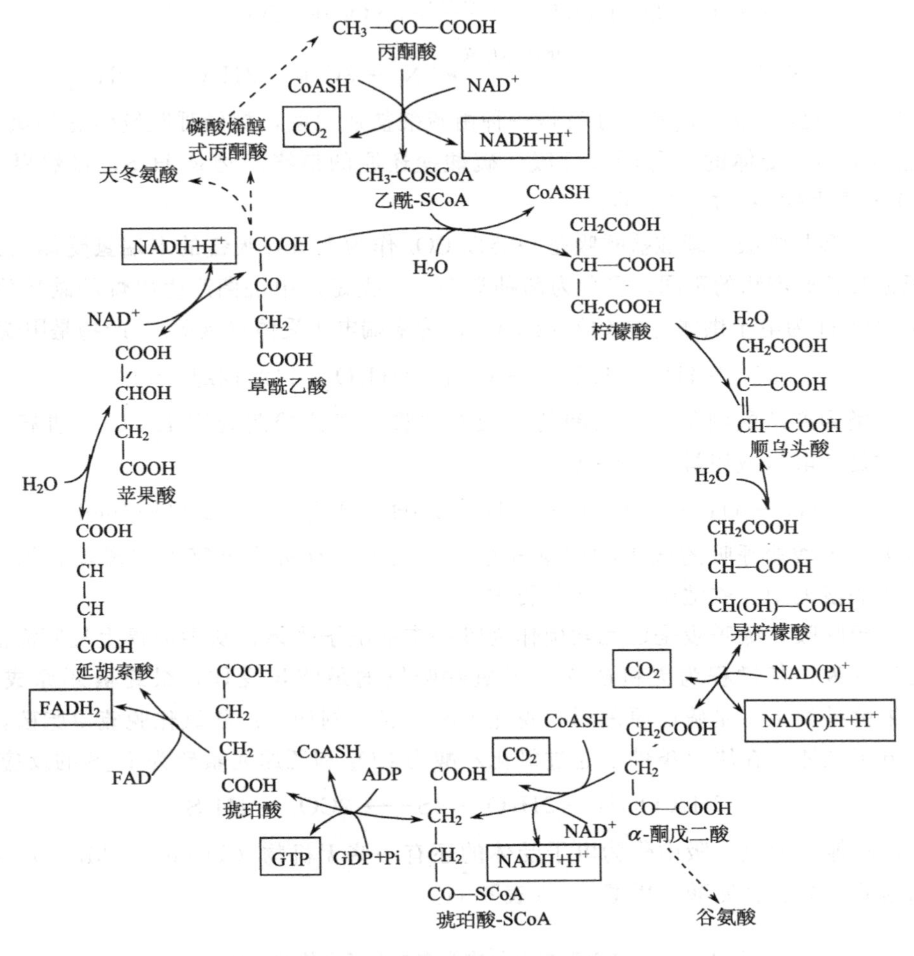

图 6-19　三羧酸循环（TCA 循环）

谢物又是许多生物合成途径的起点。

2）无氧呼吸

某些厌氧和兼性厌氧微生物，在无氧条件下以 NO_3^-、NO_2^-、SO_2^{2-}、SO_4^{2-} 等作为最终电子受体进行无氧呼吸。无氧呼吸也需要细胞色素等电子传递体，并在能量分级释放过程中伴随有磷酸化作用，产生较多的能量用于生命活动，但生成的能量不如有氧呼吸产生的多。

A 无氧呼吸的主要类型

（1）硝酸盐呼吸。缺氧条件下，有些细菌能以某些有机物作为供氢体，以硝酸盐作为最终电子受体。它们主要生活在土壤和水环境中，如假单胞菌、依氏螺菌、脱氮小球菌等。像污水生物脱氮处理系统中的反硝化菌群就是典型的代表。反硝化菌以 NO_3^- 或 NO_2^- 为电子受体，以有机碳为电子供体和营养源进行硝酸盐呼吸作用反应，将硝酸盐氮和亚硝酸盐氮还原为氮气。

$$6NO_3^- + 2CH_3OH \xrightarrow{\text{硝酸还原菌}} 6NO_2^- + 2CO_2 + 4H_2O$$

$$6NO_2^- + 3CH_3OH \xrightarrow{\text{亚硝酸还原菌}} 3N_2 + 3CO_2 + 3H_2O + 6OH^-$$

(2) 硫酸盐呼吸。硫酸盐呼吸是一种由硫酸盐还原菌，把经呼吸链传递的氢交给硫酸盐这类末端氢受体的一种厌氧呼吸。硫酸盐还原的最终产物是 H_2S，自然界中的大多数 H_2S 是由这一反应产生的。

(3) 碳酸盐呼吸。碳酸盐呼吸是一类以 CO_2 作为无氧呼吸链的末端氢受体的无氧呼吸。根据其还原产物的不同，可分为两种类型，一类是产甲烷菌产生甲烷的碳酸盐呼吸。产甲烷菌以 H 为电子供体，以 CO_2 或 HCO_3^- 为末端电子受体（碳源），产物是甲烷。

$$H^+ + 4H_2 + HCO_3^- \rightarrow CH_4 + 3H_2O - 142.12kJ/mol$$

另一类为产乙酸细菌产生乙酸的碳酸盐呼吸。产乙酸菌利用 H_2/CO_2 进行无氧呼吸，产物是乙酸（或甲醇、甲酸等）。

$$2H^+ + 4H_2 + 2HCO_3^- \rightarrow CH_3COOH + 4H_2O - 112.86kJ/mol$$

能进行碳酸盐呼吸的微生物广泛分布于自然界，有机质丰富的沼泽地、河底、湖底、海底的淤泥中、粪池中及动物的胃中。

(4) 硫呼吸。硫呼吸是以元素硫作为唯一末端电子受体，从中取得生长所需能量的一类无氧呼吸，其过程为无机硫作为无氧呼吸链的最终氢受体，最终被还原成 H_2S。硫还原细菌种类主要是硫还原菌属和脱硫单胞菌属。例如，乙酸氧化脱硫单胞菌，利用乙酸为电子供体，在厌氧条件下通过氧化乙酸为 CO_2 和还原元素硫为 H_2S 的反应。

$$CH_3COOH + 2H_2O + 4S \longrightarrow 2CO_2 + 4H_2S$$

(5) 其他。无氧呼吸中作为电子受体的还有一些无机物（如 Fe^{3+}、Mn^{2+}）和有机物（如延胡索酸、甘氨酸、甲酸等）（表 6-3）。

表 6-3　一些以有机氧化物为末端电子受体的无氧呼吸

末端电子受体	还原产物	细菌
延胡索酸	琥珀酸	产琥珀酸沃林氏菌、巨大脱硫弧菌（*Desulfovibrio gigas*）、雷氏变形菌（*Proteus rettgeri*）及一些梭菌
甘氨酸	乙酸	斯氏梭菌
二甲亚砜（dimethyl sulfoxide, DMSO）	二甲硫（dimethyl sulfide, DMS）	弯曲杆菌属（*Campylobacter*）、埃希氏菌属及许多紫色细菌
氧化三甲胺（trimethylamine oxide, TMAO）	三甲胺（trimethylamine, TMA）	若干紫色非硫细菌

（二）自养微生物的生物氧化

有些微生物可以从氧化无机物中获得能量，同时合成细胞物质，这类细菌称为化能自养微生物。它们在无机能源氧化过程中通过氧化磷酸化产生 ATP。

1. 氨的氧化（硝化细菌）

氨可以作为能源，被硝化细菌所氧化。硝化细菌可分为2个亚群：亚硝化细菌和硝化细菌。这两类细菌往往伴生在一起，在它们的共同作用下将铵盐氧化成硝酸盐，避免亚硝酸积累所产生的毒害作用。氨氧化为硝酸的过程可分为2个阶段，先由亚硝化细菌将氨氧化为亚硝酸。

2. 硫的氧化（硫细菌）

硫细菌能够利用一种或多种还原态，或部分还原态的硫化合物（包括硫化物、元素硫、硫代硫酸盐、多硫酸盐和亚硫酸盐）作能源，这些物质最终被氧化成硫酸。因此，它们的生长会显著地导致环境的pH下降。

3. 铁的氧化（铁细菌）

自然界中的铁细菌能从Fe^{2+}氧化成Fe^{3+}的过程中得到能量，但在这种氧化过程中只有少量的能量可以被利用。所以，铁细菌为了满足对能量的需求，必然氧化大量的Fe^{2+}，从而生成大量的$Fe(OH)_3$。例如，氧化亚铁硫杆菌（*Thiobacillus ferrooxidans*）在富含FeS_2的煤矿中繁殖，产生大量的硫酸和$Fe(OH)_3$，从而造成严重的环境污染。

4. 氢的氧化（氢细菌）

氢细菌能利用分子氢氧化产生的能量。氢细菌的细胞膜上有泛醌、维生素K_2及细胞色素等呼吸链组分。在该菌中，电子直接从氢传递给电子传递系统，电子在呼吸链传递过程中产生ATP。氢细菌都是一些革兰氏阴性菌的兼性化能自养菌，不但能从氢的氧化过程中获得能量，还能利用有机物作为碳源和能源生长。

三、微生物的生物氧化与环境工程

（一）异氧微生物的生物氧化与环境工程

1. 发酵与环境工程

发酵与环境工程密切相关。例如，废水中大量的含碳化合物，被处理系统中的微生物利用分解。首先，复杂的有机物被生物处理系统中微生物发酵水解为简单的小分子化合物，这一步是所有有机物质生物分解的共同途径。然后，在有氧的条件下，被彻底氧化成CO_2和H_2O，这就是我们熟悉的好氧生物处理废水的过程；而在无氧条件下，有机物质最终生成甲烷、CO_2和H_2等，这就是厌氧生物处理废水的过程。

同时，常见厌氧发酵也是处理固体废弃有机物广泛使用的一种方法。例如，城市污水处理厂剩余污泥、人畜粪便、农作物秸秆、城市生活垃圾等废弃物的消化。这些有机废弃物，首先在一定的温度、水分、酸碱度和密闭条件下，通过水解发酵菌分泌的胞外酶，将其分解为小分子有机物。

2. 有氧呼吸与环境工程

自然界中的有机污染物，大部分是利用好氧微生物种群在有氧呼吸过程中，将其分解为小分子物质。例如，好氧活性污泥中微生物是由好氧微生物为主体所构成的。由于好氧活性污泥的比表面积比较大，吸附力很强，当废水进入曝气池内，与活性污泥中的微生物充分接触后，其废水中的有机物会在短时间内被吸附到活性污泥上，大分子的有机物质首先被细菌的胞外酶分解为小分子化合物，然后被摄入细胞内，在细胞内氧化分解。废水中的有机物（糖类、脂类、蛋白类以及其他的有机化合物）经过生物体的EMP途径、TCA途径、β-氧化途径等彻底分解为 CO_2 和 H_2O。再如，生物吸收法是利用微生物、营养物和水组成的微生物吸收液处理废气，适合吸收可溶性的气态污染物，混合液吸收了废气后，微生物通过好氧呼吸过程，去除吸收液里面的污染物。城市垃圾处理的好氧堆肥技术，主要也是通过好氧堆肥系统中好氧微生物种群的有氧呼吸作用，将有机物分解。

3. 无氧呼吸与环境工程

一些进行硝酸盐呼吸的反硝化菌群，像地衣芽孢菌属、铜绿假单胞菌、脱氮球菌、脱氮硫杆菌等都是一些兼性厌氧微生物，它们在污水的生物脱氮工艺中，担任着去除污水水体中氮素的重要角色，同时，也是自然界中氮循环的关键生物体环节。例如，硝酸盐是一种易溶解于水的物质，通常通过水从土壤流入水域中。一些异养型反硝化菌群，在厌氧呼吸中能够以这些氮氧化物（NO_3^-，NO_2^-）作为电子受体，将其还原为气态氮氧化物（NO，N_2O）或者 N_2。如果没有反硝化菌群的作用，硝酸盐将在水中积累，会导致水质变坏与地球上氮素循环的中断。

日常生活中，人们将城市的垃圾、人畜粪便、污水、生物法处理后的剩余污泥等，放在发酵池里面进行厌氧发酵，从中得到可燃性气体甲烷（CH_4）。甲烷的产生就是由产甲烷菌实现的，它们属于专性厌氧微生物，大多数产甲烷菌在厌氧呼吸中是利用 CO_2 作为它们的电子受体，H_2 为电子供体生产甲烷的。再如，一些硫酸盐还原菌像脱硫弧菌、巨大脱硫弧菌、致黑脱硫肠状菌和瘤胃脱硫肠状菌等也是一些兼性或厌氧微生物，它们在生物烟道气脱硫和厌氧工艺处理含硫酸盐的废水处理中发挥重要作用。

（二）自养微生物的生物氧化与环境工程

硝化细菌、氢细菌、硫化细菌和铁细菌等这类自养微生物，能够从无机物氧化过程中获得能量，并以 CO_2 作为唯一碳源或主要碳源进行生长。废水脱氮处理工艺中，（亚）硝化过程的生物氧化是生物脱氮的重要环节。废水中的蛋白质类大分子在水解作用下变成氨基酸，然后经过脱氨基作用生成氨，无机物 NH_3 可以作为能源，被（亚）硝化细菌氧化。首先，亚硝化细菌将氨氮转化为亚硝酸盐，接着硝酸盐氧化菌将亚硝酸盐转化为硝酸盐。在污水处理的硝化阶段，硝化细菌和亚硝化细菌就是利用无机碳（CO_2、CO_3^{2-}、HCO_3^-等）作为碳源，通过对 NH_3、NH_4^+ 的氧化反应来获得能量的。

第五节　微生物的合成代谢

一、自养微生物的合成

自养微生物将生物氧化过程中取得的能量主要用于 CO_2 的固定，然后再进一步合成糖、脂质和蛋白质等细胞组分，大多数自养微生物通过卡尔文循环（Calvin 循环）固定 CO_2。Calvin 循环又称核酮糖二磷酸途径、还原性戊糖途径、三碳循环。Calvin 循环的过程分为以下三个阶段。

1. CO_2 固定阶段（羧化反应）

1,5-二磷酸核酮糖通过核酮糖二磷酸羧化酶将 CO_2 固定生成 3-磷酸甘油酸。反应如下：

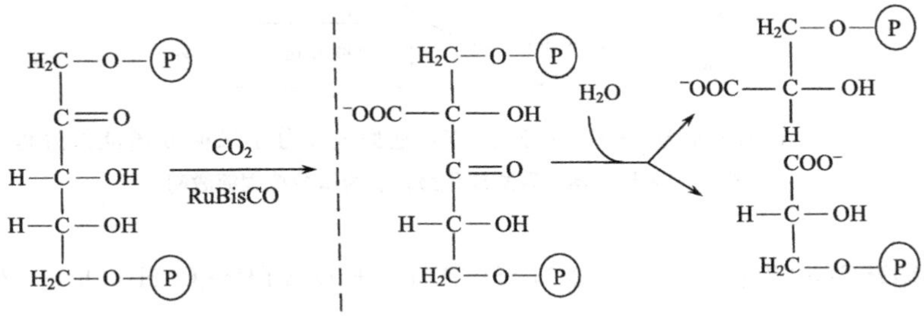

核酮糖-1,5-二磷酸　　不稳定中间代谢物　　2×3-磷酸甘油酸

2. 固定 CO_2 的还原阶段

3-磷酸甘油酸上的羟基被还原成醛基的反应，这种转化是经过逆向 EMP 途径进行的。

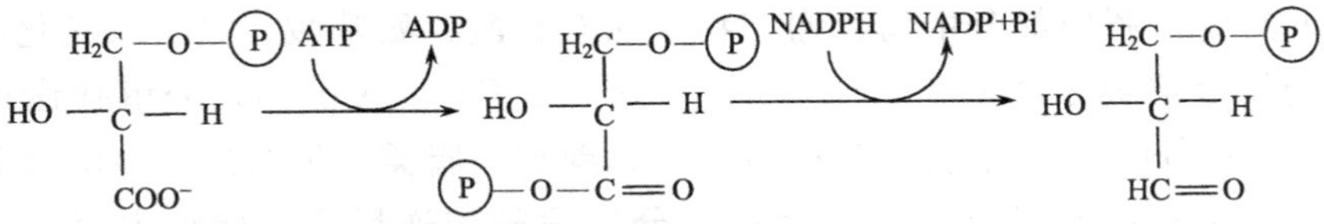

3-磷酸甘油酸　　1,3-二磷酸甘油酸　　甘油醛-3-磷酸

3. CO_2 受体的再生阶段

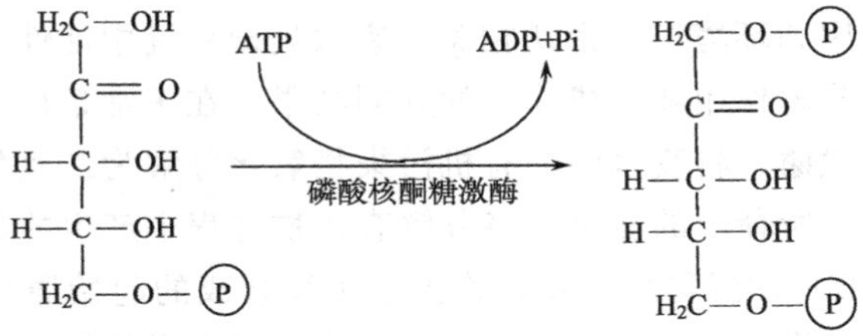

核酮糖-5-磷酸　　核酮糖-1,5-二磷酸

上式中的核酮糖-5-磷酸来自于甘油醛-3-磷酸和果糖-6-磷酸（也来自2个甘油醛-3-磷酸）。甘油醛-3-磷酸在Calvin循环中起了极其关键的作用。Calvin循环一轮循环中，新生葡萄糖的6个碳中只有1个来自CO_2，其余5个碳来自受体核酮糖-1,5-二磷酸，因此，全部由CO_2合成一个葡萄糖必须用6个CO_2（图6-20）。

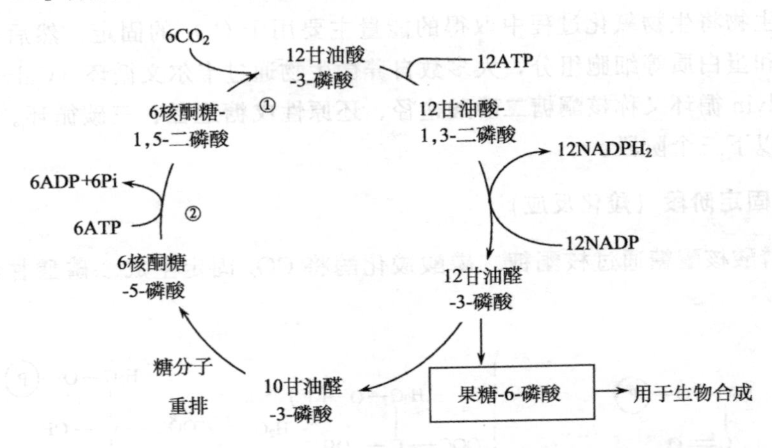

图6-20 Calvin循环——由6分子CO_2还原成1分子果糖-6-磷酸的过程

图中 ①为核酮糖二磷酸羧化酶；②为磷酸核酮糖激酶

Calvin循环总式为：$6CO_2 + 12\ NAD(P)H_2 + 18ATP \rightarrow C_6H_{12}O_6 + 12NAD(P) + 18ADP + Pi$

Calvin循环是自养微生物单糖的主要来源，是其他糖类和糖衍生物合成的起点，还是其他有机物合成的基础。

二、异氧微生物的合成

异氧微生物利用有机物作碳源和能源，在酶的催化作用下，将大分子有机物分解为小分子中间产物，利用部分中间代谢产物（如有机酸、氨基酸、氨、二氧化碳、硝酸盐、硫酸盐及金属离子Na^+、K^+、Ca^{2+}、Mg^{2+}、Fe^{2+}、Cu^{2+}），分解代谢中产生的ATP和还原力［H］合成细胞的各种组分，如糖类、脂类、蛋白质、核酸及其他复杂有机物等。其中有些有机物的合成途径是分解途径的逆反应，详细内容可参考有关书籍。

三、微生物的合成代谢与环境工程

微生物的合成作用和环境工程密切相关。废水处理系统中活性污泥的生成和生物膜的形成，都是微生物分解作用和合成作用的共同结果。在正常条件下，活性污泥系统中微生物不断进行新陈代谢，将废水中的有机污染物氧化分解为二氧化碳、水和各种代谢产物，同时，利用分解所释放的能量，将分解有机物过程中产生的如丙酮酸、乙酰辅酶A、草酰乙酸和三磷酸甘油醛等化合物，作为微生物合成的起始原料，合成自身复杂的细胞组成物质。当合成作用大于分解作用时，细胞表现为增长繁殖，系统内的活性污泥量不断增加。同样，废水生物系统中的生物膜的形成也和微生物的合成作用密切相关。当污水与滤料接触时，废水中的微生物就会摄取污水中的污染物作为营养物质，当合成作用大于分解作用时，微生物表现为生长繁殖，大量的微生物菌体依附于滤料表面，形成生物膜。

第六节　微生物对污染物的代谢与转化

一、微生物降解污染物的巨大潜力

迄今为止，已知的环境污染物达数十万种之多。凡自然界存在的有机物，几乎都能被微生物所分解。有些菌属，如葱头假单胞菌（*Pseudomonas cepacia*）能降解 90 种以上的有机物，它能利用其中任何一种作为碳源和能源进行代谢。再如，对生物毒性很大的甲基汞，能被抗汞微生物菌株分解转化为元素汞。有毒的氰（腈）化物、酚类化合物等也能被不少微生物作为营养物质利用、分解。近年来的研究表明，许多微生物能降解人工合成的有机物（杀虫剂、除草剂、洗涤剂、增塑剂）等，甚至有些原以为不可生物降解的合成有机物，也找到了能降解它们的微生物，只不过难易程度与降解时间不同而已。污染物质或多或少都被微生物分解，或是这些物质诱导微生物产生适应酶，或是诱导微生物变异，使本来不易分解的物质变得较易分解。

（一）诱导酶

生物降解过程的前提是有特定酶的催化作用。对于自然界中那些与天然有机物结构相似的有机污染物易于被微生物降解，而那些结构上与天然有机物结构不同的合成有机物，微生物一时还不能降解它们。但是由于污染物的诱导作用，一些微生物种群会合成相应的诱导酶。例如，增塑剂是难以生物降解的有机物，但已经从环境中分离出了降解此物质的微生物种群，其中气单胞菌分解增塑剂的酶正是诱导酶。

（二）微生物体内的降解性质粒

降解性质粒是质粒中特别重要的一类，许多难降解的化合物的降解酶类都是由质粒上的基因编码的，这类质粒被称为降解质粒，它是独立于染色体外而稳定遗传的闭合环状 DNA 分子。质粒的得失在特殊的环境下（如有毒物）关系到细菌的生死与繁殖，因为它能编码降解毒物的酶系统。例如，细菌降解农药 2,4-D 就是依靠质粒，当细胞中的质粒被去除后，细菌的降解性也消失了。因此，降解性质粒的研究具有非常重要的理论和实践意义，特别是利用基因工程技术构建的“超级菌”，可大大提高有毒物质的降解转化效率。

（三）微生物的易变异

微生物具有遗传方面的变异性，没有任何生物的变异能力比微生物强，在自然界中很容易得到降解某些特殊污染物的微生物。变异的结果是形成新的可降解污染物的突变菌种，以适应环境中的污染物，从而可以降解新的人工合成的污染物质。例如，微生物产生抗药性与耐药性的变异。微生物经常与次致死剂量的杀菌物质接触，经自然突变改变了代谢类型，产生了抗药性，进而微生物将杀菌物质作为不可缺少的营养物质，产生完全依赖性，如野生的大肠埃希氏菌变链霉素为依赖型。

二、影响微生物降解与转化污染物的生态学因素

（一）物质的化学结构

有机物的化学结构、官能团的性质和数量、分子质量的大小以及溶解度等，都可能影响微生物对它的分解能力。化学结构与生物降解的相关性归纳起来主要有以下几点：

(1) 对于烃类化合物，一般是链烃比环烃易分解，直链烃比支链烃易分解，不饱和烃比饱和烃易分解。

(2) 主要分子链上 C 被其他元素取代时，对生物氧化的阻抗就会增强。也就是说，主链上的其他原子常比碳原子的生物利用度低，其中氧的影响显著（如醚类化合物较难生物降解），其次是 S 和 N。

(3) 每个碳原子上至少保持一个氢碳键的有机化合物，对生物氧化的阻抗较小；而当碳原子上的 H 都被烷基和芳基所取代时，就会形成生物氧化的阻抗物质。

(4) 官能团的性质和数量，对有机物的可生化性影响很大。例如，苯环上的氢被羟基或氨基取代，形成苯酚或苯胺时，它们的生物降解更明显。一级醇、二级醇已被生物降解，三级醇却能抗生物降解。染料芳环上取代基为甲基、甲氧基、磺酸基、羧酸基或硝基时，不易降解；而芳环上取代基为羧基、氨基和胺基时易于降解。含羧基的偶氮染料生物降解性由易到难的顺序为邻位＞间位＞对位；含羟基和磺酸基的偶氮染料生物降解性由易到难的顺序为邻位＞间位＞对位。

(5) 分子质量大小对生物降解性的影响很大。高分子化合物，由于微生物及酶难以扩散到化合物内部，袭击其中最敏感的反应键，因此使生物可降解性降低。例如，聚乙烯在相对分子质量大于 600 时难降解，而相对分子质量小于 250 时则易生物降解。

(6) 有机物的溶解度也会影响到生物的降解性。例如，C_{10}～C_{18} 的烃类其溶解度较 C_8 以下大，故较易生物降解；脂肪酸钠盐的溶解度大于钙盐，也较易降解。

（二）其他环境物理化学因素

除了污染物的化学结构的特点影响外，各种营养成分（N、P、S）、温度、水分、光照、pH 等物理化学因素都会影响降解作用，如果污染物中各种营养元素的比例满足微生物的需要，温度、pH、光照和水分等条件适宜，则可加快其分解速度。

三、微生物对污染物的代谢途径

从微生物对糖类的分解利用过程中，可以看到清晰的降解途径的中心途径和旁支途径。中心途径是糖类物质从复杂多聚物产生的单糖，经葡萄糖、丙酮酸进一步氧化成 CO_2 和 H_2O。旁支途径是不同的微生物以及不同条件下所产生的代谢途径，在局部上所发生的明显改变。有机污染物代谢的基本过程包括：向基质接近，基质表面的吸附，分泌胞外酶，可渗透物质的吸收和胞内代谢。

四、共代谢的原理与应用

共代谢（co-metabolism）又称协同代谢。是指微生物利用一种容易降解的物质作为生长繁殖的营养基质，而同时降解另一种物质，后一种物质的降解并不支持微生物的生长。前者通常称为第一基质，而后者称为第二基质或者共降解基质，往往是难降解的污染物质。有些不能作为唯一碳源与能源被生物降解的有机物，当提供其他有机物作为碳源和能源时，这一有机物就有可能因共代谢作用而被降解。

有些有机污染物可以被微生物转化为另一种有机物，但它们却不能被微生物所利用，原因是缺少进行反应的酶，其次是中间产物的抑制作用。最初基质的转化产物，抑制了在以后起矿化作用酶系的活性或抑制该微生物的生长。如恶臭假单胞菌（*Pseudomonas putida*）能共代谢氯苯形成3-氯儿茶酚，但不能将后者降解，这是因为它抑制了进一步降解的酶系；恶臭假单胞菌可以将4-乙基苯甲酸转化为4-乙基儿茶酚，而后者可以使以后代谢步骤必要的酶系失活。由于抑制酶的作用造成了恶臭假单胞细菌不能在氯苯或4-乙基苯甲酸上生长。

难降解污染物质并不能单独支持微生物的生长，许多难降解有机污染物是通过共降解开始而完成降解全过程的。例如，有些不易降解的农药，稠环芳烃、杂环化合物、氯代有机溶剂、氯代芳烃类化合物、表面活性剂（ABS）等，它们并不能支持微生物的生长，但它们有可能通过几种微生物的共代谢而得到部分或全部降解。能够进行共降解的微生物包括好氧微生物、厌氧微生物和兼氧微生物等。共降解过程主要特点可以概括为：①微生物利用第一基质作为碳和能量的来源，用于本身的生长和维护，难降解的有机污染物作为第二基质被微生物降解；②作为第二基质的污染物与第一营养基质之间存在竞争性抑制现象；③污染物共降解的产物不能作为营养被同化为细胞质，有些共降解中间产物对细胞具有毒性抑制作用；④共降解是需能反应，能量来自第一营养基质的产能代谢。在某些条件下，能量可能成为共降解过程的控制性因素。

五、微生物对自然有机物的分解

生活污水中多种有机物通常是异养细菌的碳源和能源，它们可被不同类型的异养微生物分解作用。微生物对有机物的分解作用简称生物分解或生物降解。污水中一些大分子化合物不能透过细胞膜质，必须经过微生物分泌的胞外水解酶水解，形成小分子后，才能被吸收利用。一般来讲，微生物对污染物的分解过程可分为三个阶段：第一阶段，污水中蛋白质、多糖及脂类等大分子物质首先被生物体的胞外酶分解变为氨基酸、单糖及脂肪酸等小分子物质；第二阶段，这些小分子化合物进一步被降解成更为简单的乙酰辅酶A、丙酮酸以及能进入三羧酸循环的某些中间产物，在这个阶段会产生一些ATP、NADH及$FADH_2$；第三阶段，第二阶段产物通过三羧酸循环将其完全降解生成CO_2，并产生ATP、NADH及$FADH_2$。第二和第三阶段产生的NADH和$FADH_2$通过电子传递链被氧化，可产生大量的ATP。

（一）蛋白质的代谢

蛋白质是由氨基酸组成的分子巨大、结构复杂的化合物。屠宰、罐头食品加工、乳品加工、制革等行业废水及生活污水中均含有蛋白质类物质，这类物质不能直接进入微生物细胞。微生物利用蛋白质的过程是：首先分泌蛋白酶至体外，将其分解为大小不等的多肽或氨基酸等小分子化合物后再进入细胞。产生蛋白酶的菌种很多，如细菌、放线菌、霉菌等。不同菌种可以产生不同的蛋白酶。例如，黑曲霉主要生产酸性蛋白酶，短小芽孢杆菌用于生产碱性蛋白酶。不同的菌种可生产功能相同的蛋白酶，同一个菌种也可产生多种性质不同的蛋白酶。微生物对氨基酸的分解，主要是脱氨作用和脱羧基作用。

1. 脱氨作用

脱氨方式随微生物种类、氨基酸种类以及环境条件的不同而不同。主要有氧化脱氨、还原脱氨、水解脱氨及减饱和脱氨等方式。

$$
\begin{array}{l}
CH_3 \\
| \\
CHNH_2 \\
| \\
COOH \\
\text{丙氨酸}
\end{array}
+0.5O_2 \longrightarrow
\begin{array}{l}
CH_3 \\
| \\
CO \\
| \\
COOH
\end{array}
+NH_3
$$

$$
\downarrow \qquad \text{三羧酸循环} \xrightarrow{+O_2} CO_2+H_2O+ATP
$$

1）氧化脱氨

脱氨方式须在有氧气条件下进行，专性厌氧菌不能进行氧化脱氨。反应式如下：

2）还原脱氨

还原脱氨在无氧条件下进行，生成饱和脂肪酸。能进行还原脱氨的微生物是专性厌氧菌和兼性厌氧菌。腐败的蛋白质中常分离到的饱和脂肪酸便是由相应的氨基酸生成。反应式如下：

$$
\begin{array}{l}
CH_2NH_2 \\
| \\
COOH \\
\text{甘氨酸}
\end{array}
+2[H] \longrightarrow
\begin{array}{l}
CH_3 \\
| \\
COOH \\
\text{乙酸}
\end{array}
+NH_3
$$

$$
\begin{array}{l}
CH_3 \\
| \\
CHNH_2 \\
| \\
COOH \\
\text{丙氨酸}
\end{array}
+2[H] \longrightarrow
\begin{array}{l}
CH_3 \\
| \\
CH_2 \\
| \\
COOH \\
\text{丙酸}
\end{array}
+NH_3
$$

3）水解脱氨

氨基酸水解脱氨后生产羟酸，如

$$\begin{array}{l} CH_3 \\ | \\ CHNH_2 \\ | \\ COOH \end{array} + H_2O \longrightarrow \begin{array}{l} CH_3 \\ | \\ CHOH \\ | \\ COOH \end{array} + NH_3$$

丙氨酸　　　　　　乳酸

4）减饱和脱氨（直接脱氨）

氨基酸在脱氨的同时，其 α、β 键减饱和，结果生成不饱和酸。例如，天冬氨酸减饱和脱氨生成延胡索酸，反应式如下：

$$\begin{array}{l} COOH \\ | \\ CH_2 \\ | \\ CHNH_2 \\ | \\ COOH \end{array} \longrightarrow \begin{array}{l} COOH \\ | \\ CH \\ \| \\ CH \\ | \\ COOH \end{array} + NH_3$$

天冬氨酸　延胡索酸

以上经脱氨基后形成的有机酸和脂肪酸可在好氧或厌氧条件下，在不同微生物作用下继续分解。

2. 脱羧作用

氨基酸脱羧作用多数由腐败细菌和霉菌引起，经脱羧后生成胺。二元胺对人有毒，所以肉类蛋白质腐败后不能食用，以免中毒。

$$CH_3CHNH_2COOH \longrightarrow CH_3CH_2NH_2 + CO_2$$

丙氨酸　　　　　　乙胺

$$H_2N\ (CH_2)_4CHNH_2COOH \longrightarrow H_2N\ (CH_2)_4CH_2NH_2 + CO_2$$

赖氨酸　　　　　　尸胺

总之，氨基酸在脱氨基酶的作用下产生氨、羧酸、酮酸；在脱羧基酶的作用下产生二氧化碳、胺类物质；在氨氧化酶的作用下变成醛，醛在有氧的条件下生成有机酸。氨基酸在厌氧条件下分解（称为腐败作用）形成大量中间产物，如硫醇、酪酸、吲哚、甲醛吲哚、硫化氢和氨氮等。氨基酸在有氧条件下分解（称为腐化作用）为甲烷、CO_2、氨、水和氢。

（二）脂肪的代谢

脂肪是由高级脂肪酸和甘油组成的酯。毛纺厂废水、油脂厂废水、制革废水中均含有大量的油脂。这些油脂是很多微生物生长所需的能源和碳源，故能被微生物所分解利用。通常，在脂肪酶的作用下，脂肪水解成甘油和脂肪酸。脂肪被微生物分解的反应式如下：

$$\text{脂肪} \xrightarrow{\text{脂肪酸}} \text{甘油} + \text{高级脂肪酸}$$

脂肪酶成分较为复杂，作用对象也不完全一样。不同的微生物产生的脂肪酶作用也不一样。能产生脂肪酶的微生物很多，例如，根霉、圆柱形假丝酵母、小放线菌、白地霉等。

1. 甘油的转化

甘油经磷酸化和脱氢反应，转变成磷酸二羟丙酮（反应式如下），然后纳入糖代谢三羧酸循途径，最后完全氧化成二氧化碳和水。磷酸二羟丙酮也可沿糖酵解途径逆行生成1-磷酸葡萄糖，进而生成葡萄糖和淀粉。

$$\text{甘油}\xrightarrow[\text{甘油激酶}]{ATP\ \to\ ADP}\alpha\text{-磷酸甘油}\xrightarrow[\text{磷酸甘油脱氢酶}]{NAD^+\ \to\ NADH+H^+}\text{磷酸二羟丙酮}$$

2. 脂肪酸的分解

微生物分解脂肪酸主要是通过β-氧化途径。β-氧化是由于脂肪酸氧化断裂发生在β碳原子上而得名。在氧化过程中，能产生大量的能量，最终产物是乙酰辅酶A。β-氧化过程包括脱氢、水合、再脱氢和硫解四个步骤，每次β-氧化循环生成$FADH_2$、NADH、乙酰CoA和比原先少两个碳原子的脂酰CoA。剩下的碳链较原来少两个碳原子的脂酰CoA可继续重复一次β-氧化途径，以至完全形成乙酰CoA，然后生成的乙酰CoA进入三羧酸循环，最后完全氧化成二氧化碳和水。

（三）碳水化合物的分解

淀粉纤维素、半纤维素、木质素、果胶质、淀粉在不同的微生物酶的作用下，由多糖水解成双糖或单糖，氧化成葡萄糖，葡萄糖在有氧化条件下，生成CO_2、水、ATP，在厌氧条件下，产生有机酸、醇类、甲烷、CO_2、氢（芽孢杆菌、霉菌、放线菌等）。

1. 纤维素的转化

纤维素是葡萄糖的高分子聚合物，每个纤维素分子含1400～10 000个葡萄糖基，分子式为$(C_6H_{10}O_5)_{(1400\sim10\ 000)}$。它们以β-1,4-糖苷键结成长链，性状稳定。它的生物降解必须在产纤维素酶的微生物作用下，才能被分解成二糖或单糖。例如，棉纺印染废水、造纸废水、人造纤维废水等以树木、农作物秸秆为原料的加工工业产生的废水中均含有大量的纤维素。

（1）分解纤维素的微生物。分解纤维素的微生物有细菌、放线菌和真菌。其中细菌研究得较多。好氧纤维素分解菌有生孢食纤维菌、食纤维菌、堆囊黏菌，镰状纤维菌和纤维弧菌；厌氧菌有产纤维二糖梭菌、无芽孢厌氧分解菌及热解纤维梭菌等。

（2）纤维素的分解途径。纤维素在一系列微生物酶的催化下沿下列途径分解（图6-21）。

2. 半纤维素的转化

半纤维素存在于植物细胞壁中，含量仅次于纤维素，占一年草本植物残体重量的25％～40％，占木材的25％～35％。半纤维素的组成中含聚戊糖（木糖和阿拉伯糖）、

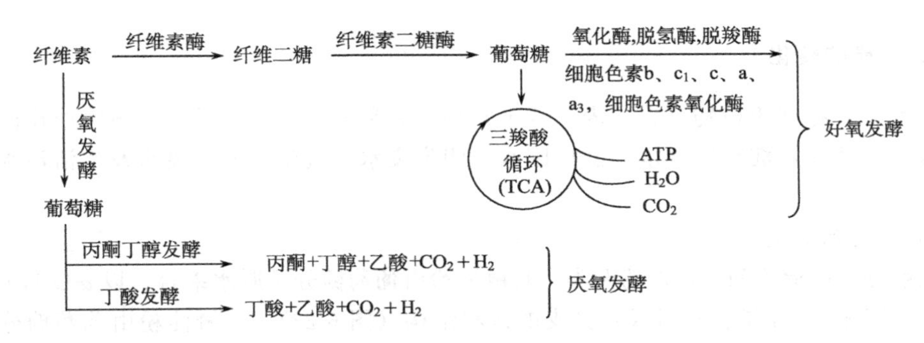

图 6-21 纤维素的分解途径

聚己糖（半乳糖、甘露糖）及聚糖醛酸（葡萄糖醛酸和半乳糖醛酸）。造纸废水和人造纤维废水含半纤维素。土壤微生物分解半纤维素的速率比分解纤维素快。

（1）分解半纤维素的微生物。分解纤维素的微生物大多数能分解半纤维素。许多芽孢杆菌、假单胞菌、节杆菌及放线菌以及一些霉菌，包括根酶、曲霉、小可银汉酶、青霉及镰刀霉等能分解半纤维素。

（2）半纤维素的分解过程。半纤维素在微生物酶的催化下沿下列途径分解（图 6-22）：

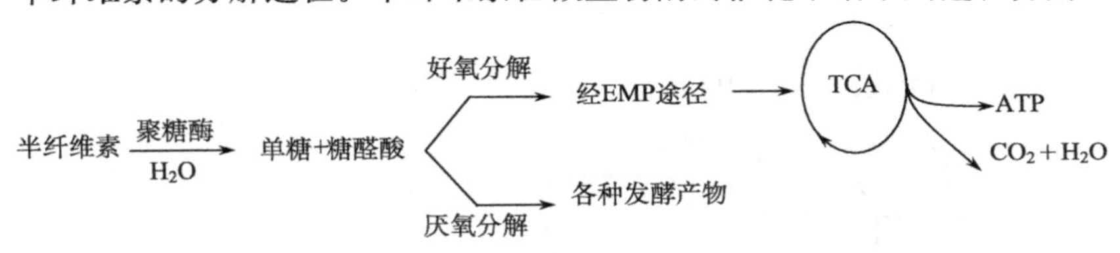

图 6-22 半纤维素的分解途径

3. 果胶质的转化

果胶质是由 D-半乳糖醛酸以 α-1,4-糖苷键构成的直链高分子化合物，其羧基与甲基酯化形成甲基酯。果胶质存在于植物的细胞壁和细胞间质中，造纸、制麻废水含有果胶质。天然的果胶质不溶于水，称原果胶。

（1）分解果胶质的微生物。分解果胶质的好氧菌有枯草芽孢杆菌、多黏芽孢杆菌、浸软芽孢杆菌及不生芽孢的软腐欧氏杆菌。厌氧菌有蚀果胶梭菌和费新尼亚浸麻梭菌。分解果胶质的真菌有青霉、曲霉、木霉、小克银汉霉、根酶、毛霉。放线菌也可以分解果胶质。

（2）果胶质的水解过程。果胶质的水解过程如下式所示：

$$原果胶+H_2O\xrightarrow{原果胶酶}可溶性果胶+聚戊糖$$

$$可溶性果胶+H_2O\xrightarrow{果胶甲脂酶}果胶酸+甲醇$$

$$果胶酸+H_2O\xrightarrow{聚半乳糖酶}半乳糖醛酸$$

（3）水解产物的分解。果胶酸、聚戊糖、半乳糖醛酸、甲醇等在好氧条件下被分解为二氧化碳和水。在厌氧条件下进行丁酸发酵，产物有丁酸、乙酸、醇类、二氧化碳和氢气。

4. 淀粉的转化

淀粉广泛存在于植物（稻、麦、玉米）种子和果实之中。凡是以上述物质作原料的工业废水，例如，淀粉厂废水、酒厂废水、印染废水、抗生素发酵废水及生活污水等均含有淀粉。

1）淀粉的种类

淀粉分直链淀粉和支链淀粉两类。直链淀粉由葡萄糖分子脱水缩合，以 α-D-1,4-葡萄糖苷键（简称 α-1,4 结合）组成不分支的链状结构（图 6-23）；支链淀粉由葡萄糖分子脱水缩合组成，它除以 α-1,4 结合外，还有 α-1,6 结合构成分支的链状结构（图 6-24）。

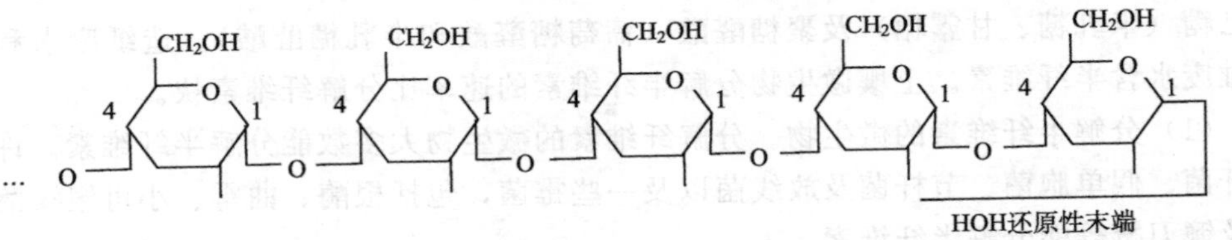

CH_2OH CH_2OH CH_2OH CH_2OH CH_2OH

HOH还原性末端

图 6-23　直链淀粉中的 α-1,4-糖苷键

CH_2OH CH_2OH $6CH_2$ CH_2OH CH_2OH

HOH还原性末端

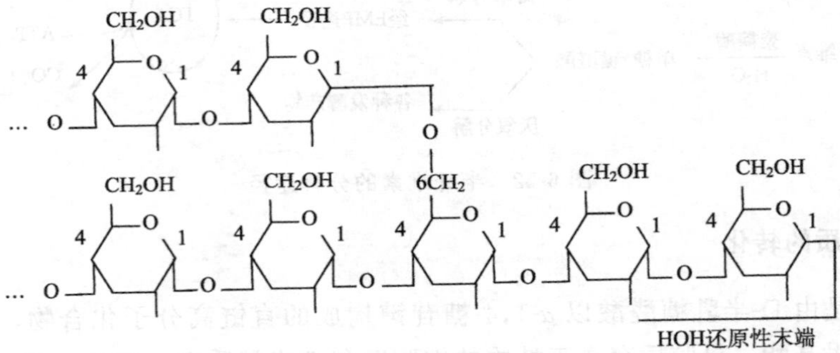

图 6-24　支链淀粉中的 α-1,4-糖苷键和 α-1,6-糖苷键

2）淀粉的降解途径

淀粉是多糖，分子式为 $(C_6H_{10}O_5)_n$。在微生物的作用下分解过程如下（图 6-25）。

在好氧条件下，淀粉沿着①的途径水解成葡萄糖，进行酵解成丙酮酸，经三羧酸循环完全氧化为二氧化碳和水。在厌氧条件下，淀粉沿着②的途径转化，产生乙醇和二氧化碳。在专性厌氧菌作用下，沿③和④的途径进行。

3）降解淀粉的微生物

途径①中，好氧菌有枯草芽孢杆菌和根霉、曲霉。枯草芽孢杆菌可将淀粉一直分解为二氧化碳和水。途径②中，根霉和曲霉是糖化菌，它们将淀粉先转化为葡萄糖，接着由酵母菌将葡萄糖发酵为乙醇和二氧化碳。途径③中，由丙酮丁醇梭状芽孢杆菌（*Clostridium acetobutylicum*）和丁酸梭状芽孢杆菌（*Clostridium butylicum*）参与发酵。途径④中由丁酸梭状芽孢杆菌（*Clostridium butylicum*）参与发酵。

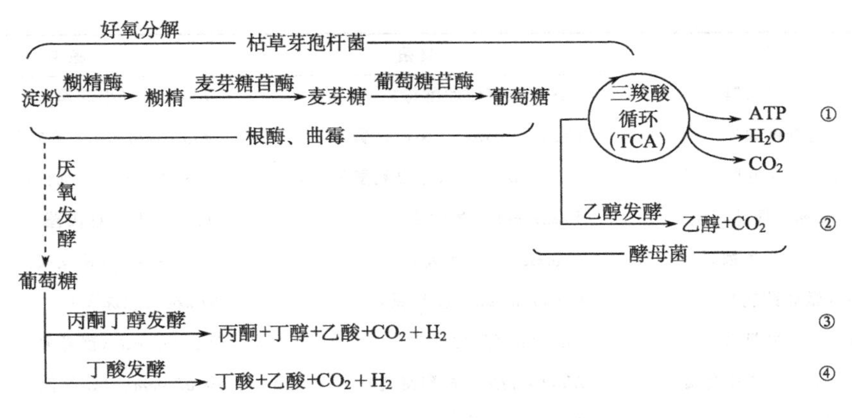

图 6-25 淀粉的分解途径

参与催化淀粉降解的酶：途径①中有淀粉-1,4-糊精酶（β-淀粉酶、液化型淀粉酶）；途径②中有淀粉-1,6-糊精酶（脱脂酶）；途径③中有淀粉-4,4-麦芽糖苷酶（β-淀粉酶）；途径④中有淀粉-1,4-葡萄糖苷酶（葡萄糖淀粉酶，即 γ-淀粉酶）。淀粉还可以在磷酸化酶催化下分解，使淀粉中的葡萄糖分子一个一个分解下来。

六、微生物对有毒污染物的分解和转化

（一）石油烃类的降解

石油是由脂肪烃、芳香烃及少量沥青和其他有机物组成的复杂混合物。石油烃中的芳香烃对人及动物的毒性较大，多环芳烃可通过呼吸、皮肤接触、饮食摄入方式进入人或动物体内，影响肝、肾等器官的正常功能，甚至引起癌变。人如果较长时间接触较大浓度石油中的苯、甲苯、酚类等物质，会引起恶心、头疼、眩晕等症状。

1. 降解石油的主要生物种群

国外在 20 世纪 40 年代就开展了细菌降解石油烃的研究，我国这方面的研究始于 70 年代末期。目前，发现能降解石油的微生物有 200 多种。土壤中的真菌和细菌及海洋细菌、丝状真菌等都是石油烃类的重要降解者，其中以灰绿青霉、产朊假丝酵母等真菌及假单胞菌属、诺卡氏菌属、分枝杆菌属中的一些种类降解能力较强。由于石油是多种烃类的混合物，因而其降解作用也是由多种微生物共同作用后才能完成的。石油烃降解菌和藻类见表 6-4。

表 6-4 石油烃降解微生物的代表属名

细菌	真菌	藻类
Achromobacter（无色杆菌）	*Acremonium*（枝顶孢菌）	*Amphora*（双眉藻）
Acinetobacter（不动杆菌）	*Aspergillus*（曲霉菌）	*Anabaena*（鱼腥藻）
Alcaligenes（产碱杆菌属）	*Aureobasidium*（金色担子菌）	*Aphanocapsa*（隐球藻）

续表

细菌	真菌	藻类
Arthrobacter（节杆菌属）	*Candida*（假丝酵母）	*Chlorella*（小球藻）
Bacillus（芽孢杆菌属）	*Cladosporium*（芽枝霉属）	*Chlamyclomonas*（衣藻）
Chromobacterium（色杆菌属）	*Debaryomyces*（德巴利酵母属）	*Cylindrotheea*（细柱藻）
Corynebacterium（棒状杆菌）	*Fusarium*（镰刀霉）	*Dunaliella*（杜氏藻）
Flavobacterium（产黄菌属）	*Geotrichum*（地霉属）	*Microcoleus*（鞘藻属）
Mirococcus（微球菌属）	*Gliocladium*（胶霉属）	*Nostoc*（念珠藻）
Microbacterium（微杆菌属）	*Monilia*（丛梗孢属）	*Oscillatoria*（颤藻属）
Mycobacterium（分枝杆菌属）	*Mortierella*（被孢霉属）	*Petalonema*（翅线藻）
Nocardia（诺卡氏菌）	*Mucor*（毛霉属）	*Porphyridium*（紫球藻）
Pseudomonas（假单胞菌属）	*Penicillium*（青霉属）	
Sarcina（八叠球菌）	*Rhodotorrula*（红酵母菌）	
Serratia（沙雷氏菌属）	*Saccharomyces*（酵母属）	
Spirillum（螺旋状菌属）	*Sporobolomyces*（掷孢酵母属）	
Streptomyces（链霉菌属）	*Torulopsis*（球拟酵母属）	
Vibrio（弧菌）	*Trichoderma*（木霉属）	
Xanthomonas（黄单胞菌属）	*Verticillium*（轮枝菌）	
Actinomyces（放线菌属）		

2. 微生物对石油的降解途径

微生物对石油中不同烃类化合物的代谢途径和机理是不同的。一般认为，饱和烃降解率最高，其次是相对分子质量低的芳香族烃类混合物。相对分子质量高的芳香烃类化合物、树脂和沥青则极难降解。

1）饱和烃的微生物降解

饱和烃包括正构烷烃、支链烷烃和环烷烃。通常认为，饱和烃在微生物作用下，直链烷烃首先被氧化成醇，醇在脱氢酶的作用下被氧化为相应的醛，然后通过醛脱氢酶的作用氧化成脂肪酸；氧化途径有单末端氧化、双末端氧化和次末端氧化。在转化为相应的脂肪酸后，脂肪酸通过β-氧化降解成乙酰辅酶A，后者或进入三羧酸循环分解成CO_2和H_2O，并释放出能量，或进入其他生化过程。对于一般烷烃类物质，按照下列降解途径进行：

$$R-CH_2-CH_3 \rightarrow RCH_2-CH_2OH \rightarrow RCH_2-CHO \rightarrow RCH_2COOH \rightarrow \beta\text{-氧化}$$

微生物对支链烷烃的降解机理基本上与直链烷烃一致。相对于正构烷烃，支链的存在会增加微生物氧化降解的阻力，主要氧化分解的部位是在直链上发生的，而且靠近侧链的一端较难发生氧化反应。带支链烷烃的降解可以通过α-氧化、ω-氧化或β-碱基去除途径进行。

环烷烃是石油烃中难于被微生物降解的烃类。环烷烃没有末端甲基，它的生物降解原理和链烷烃的亚末端氧化相似，经混合功能氧化酶氧化后产生环烷醇，然后脱氢形成酮，再进一步氧化得内酯，或直接开环生成脂肪酸。研究发现，多种假单胞菌能通过共代谢作用降解环己烷，但是它们并不能利用环已烷作为生长的碳源和能源，而是以庚烷作为碳源与能源，把环己烷共氧化为环己醇。环己烷的降解代谢经历了环己醇、环己酮和 ε-己酸内酯后，开环形成羟基羧酸。反应过程如图 6-26 所示。环状烷烃需要有两种或两种以上的微生物的协同作用才能降解。

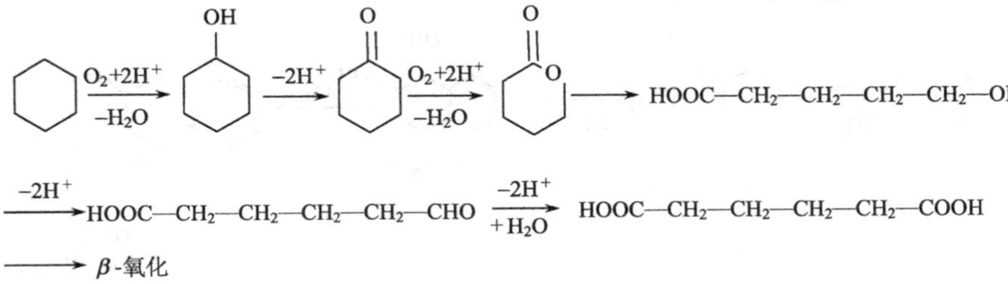

OH　O　O

$\xrightarrow[-H_2O]{O_2+2H^+}$　$\xrightarrow{-2H^+}$　$\xrightarrow[-H_2O]{O_2+2H^+}$　O　$\longrightarrow$ HOOC—CH_2—CH_2—CH_2—CH_2—OH

$\xrightarrow{-2H^+}$ HOOC—CH_2—CH_2—CH_2—CH_2—CHO $\xrightarrow[+H_2O]{-2H^+}$ HOOC—CH_2—CH_2—CH_2—CH_2—COOH

$\longrightarrow$ β-氧化

图 6-26　环己烷的生物降解过程

2）芳香烃的微生物降解

多环芳烃是指分子中含有两个或两个以上苯环的有机化合物，其简称为 PAHs。按照苯环之间的连接方式可以分为两大类。一类是各个苯环间没有共享的环内碳原子，如联苯；另一类是各个苯环之间发生稠合，如萘、蒽、菲等。芳香烃类化合物一般都比较难被微生物降解，大部分芳香烃类对微生物有抑制作用，能使菌体蛋白质凝聚，使其生长受阻或死亡。但在一定浓度和条件下，芳香烃也能被微生物降解。

芳香烃由加氧酶氧化成为儿茶酚，二羟基化的芳香烃再氧化，邻位或间位开环。邻位开环生成己二烯二酸，再氧化成β-酮已二酸，后者再氧化为三羧酸循环的中间产物琥珀酸和乙酰辅酶 **A**。中间开环生成 2-羟己二烯半醛酸，进一步代谢生成甲酸、乙醛和丙酮酸。

（1）苯的降解途径：芳香烃开裂的最初反应是苯环先氧化成邻苯二酚，然后通过邻位和间位两种裂解途径之一进行降解。邻位裂解生成β-酮已二酸，再分裂生成乙酰辅酶 A 和琥珀酸，进入 TCA 循环被彻底氧化。另一条途径为间位裂解，生成 2-羟基黏糠酸半缩醛，最终生成乙醛和丙酮酸。

（2）酚的降解途径：酚对生物有毒，但有些细菌能耐这些毒性，通过富集和培养驯化进行分离，可能获得分解能力较高的菌株，应用于水处理中。活性污泥易分解一元酚和二元酚，三元酚难于分解。硝基苯酚中，除邻硝基苯酚、间硝基苯酚及 2,4-二硝苯酚以外，其他均难分解。当导入甲基时，其分解性能变好，甲基对位者比邻、间位者分解的迅速。

（3）多环芳烃的降解：首先通过微生物产生的加氧酶进行定位氧化反应。真菌产生单加氧酶，将氧原子加到苯环上，形成环氧化物，然后加入 H_2O 产生反式二醇和酚；细菌产生双加氧酶，将两个氧原子加到苯环上，形成过氧化物，然后氧化成顺式二醇，脱氢产生酚。环的氧化是微生物降解多环芳烃的限速步骤。不同的代谢途径有不同的中间产物，但普遍的中间代谢产物是邻苯二酚、2,5-二羟基苯甲酸、3,4-二羟基苯甲酸。这些代谢物通过相似的途径降解：环上的碳键断裂，经丁二酸、反丁烯二酸、丙酮酸，生成乙酸或乙醛。代谢产物一方面可被微生物用于合成细胞成分，一方面也可氧化成 CO_2 和 H_2O。

下面举例说明萘的降解过程。萘是最简单的多环芳烃，炼焦、炼油废水中的主要成分。降解由双加氧酶催化生成顺-萘二氢二醇，然后脱氢形成1,2-二羟基萘；再环氧化裂解，接着去除侧链，形成水杨酸；水杨酸进一步转化成儿茶酚或龙胆酸后开环，最后进入 TCA 循环。代谢过程见图 6-27。

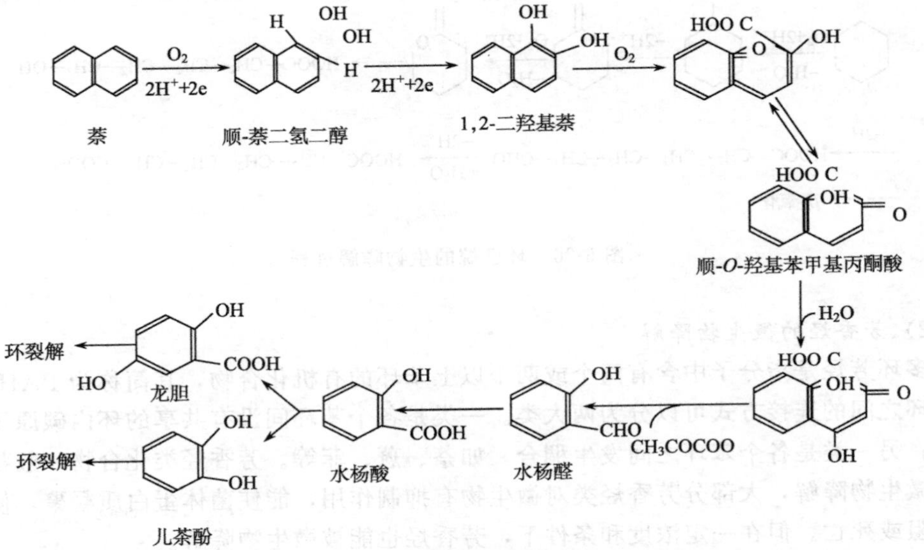

图 6-27　萘的细菌生物降解

菲和蒽都是三个苯核构成的芳香烃，也是比较易于被微生物同化，其氧化方式类似于萘，与萘的降解途径相同。

3. 影响石油降解的因素

1）*石油烃类的种类和组成*

相同条件下，微生物对不同类型石油烃的降解能力是不同的。一般认为，烯烃最易分解，烷烃次之，多环芳烃更难。$C_1 \sim C_4$ 烷烃化合物如甲烷、乙烷、丙烷的石油化学物质，只能被少数专一性微生物所降解。不同烃类化合物的降解率如下：小于 C_{10} 的直链烷烃＞$C_{10} \sim C_{24}$ 或更长的直链烷烃＞小于 C_{10} 的支链烷烃＞$C_{10} \sim C_{24}$ 或更长的支链烷烃＞单环芳烃＞多环芳烃＞杂环芳烃；低硫、高饱和烃的粗油最易降解，而高硫、高芳香族烃类化合物的纯油则最难降解。

2）*油的物理状态*

液态烃比固态烃易于分解，当烃溶解于水或其他溶剂中时，容易降解。这是因为石油降解菌主要生长于油—水界面处。在水体中，油能散开成薄膜状，和微生物的接触面积大，易于微生物的降解。但烃类的溶解度都较小，石油泄漏时，环境中的石油量远远超过环境水体中的溶解度，只有很少的石油能被分解。为了提高污染石油的分解，常在水体加入无毒的乳化剂或化学分散剂，使石油分散开来，有利于微生物的接触与分解。同时，石油的浓度会影响微生物的活性与毒性。有研究结果表明，当向土壤中添加油泥使土壤中烃浓度达到1.25%～5%时，土壤的呼吸强度增大；当烃浓度达到10%时，土壤的呼吸强度不再增大；当烃浓度达到15%时，土壤的呼吸强度下降。高浓度的石油污染物对微生物有毒害作用，而少量的石油污染物相反会刺激嗜油微生物的生长。

3）营养物质

在漏油事故中，石油中N、P的缺少严重地限制了微生物的降解作用，调整微生物的各种必需营养元素的数量、形式和比例，才能使降解过程得以顺利进行。这些元素包括N、P、K、Na、S、Ca、Mg、Fe、Mn、Zn和Cu；另几种厌氧菌必需的微量元素包括Ni、Co和S。石油污染的土壤中C源较为丰富，而N、P相对缺乏。可被生物利用的速效氮和磷含量仅占土壤总氮、总磷的5%左右。适时适量施用氮、磷肥料可以加快石油污染物的降解。

4）温度

温度通过影响水分、烃类的状态影响微生物酶的活性，从而影响石油的降解。0～70℃内均有微生物生长，大多数微生物在常温下较易降解石油烃类。烃类降解速度与温度正相关。如在热带与温带，经历2～6个月石油可降解，而在寒带需要几年时间；低温将会导致降解时间延长且使微生物降解率降低。这是因为温度会影响石油烃的黏度，一些具有毒性的正烷烃及芳香烃在低温时很难挥发，在这种情况下酶活性将会降低。

5）氧气

微生物对石油的降解理论上需 O_2 量约为烃类质量的3.5倍，在石油严重污染时，氧是石油分解的限制因子。实验表明，在厌氧环境中，烃类经过233d，降解的还不到5%；而在好氧条件下，只要14d，就可以降解20%以上。

（二）农药类的生物降解

人工合成的农药如杀虫剂、除草剂等物质的出现，一方面，在提高粮食产量和品质方面发挥了重要作用；另一方面，这些化学农药多为有毒物质，进入环境中不可避免的会对人体和生态环境带来不利的影响。使用的多种农药进入环境中会导致人类胚胎和胎儿发育异常。有些农药如西维因在土壤微生物作用下会生产1-萘基-正烃基-甲基氨甲酸酯，该物质可能致癌或致突变。目前，使用的农药主要是有机氯、有机磷、有机氮、有机硫农药。很多有机氯农药如滴滴涕（DDT）、六六六等由于毒性大，在环境中残留时间长，我国已于1983年停止生产，但仍有一些发展中国家在继续使用。

1. 降解农药的主要微生物种群

微生物对农药的转化和解毒起着重要作用，到目前为止，从天然水和污水中分离到各种不同细菌、放线菌、真菌和藻类（表6-5）。

表 6-5　部分有机农药的部分微生物降解者

微生物（属）	降解农药的种类
无色杆菌属	氯苯胺灵、2,4-D、DDT、2,4,5-T
气杆菌属	DDT、异狄氏剂、甲氧 DDT
土壤杆菌属	氯苯胺灵、DDT、茅草枯、毒莠定、三氯乙酸
产碱杆菌属	茅草枯、三氯乙酸、抑芽丹
交链孢属	茅草枯
节杆菌属	茅草枯、2,4-D、二嗪农、旱藻灭、毒莠定、西玛津、三氯乙酸
曲霉菌	莠去津、毒莠定、扑草净、西草净、西玛津、敌百虫、2,4-D、利谷隆
芽孢杆菌属	MMDD、DDT、茅草枯、利谷隆、毒莠定、灭草隆、三氯乙酸
拟杆菌属	氟乐灵
葡萄孢霉属	毒莠定
头孢霉属	莠去津、扑草净、西草净
枝孢霉属	莠去津、扑草净、西草净
棒状杆菌属	茅草枯、2,4-D、DDT、地乐酚、二硝基酚、百草枯
黄杆菌属	茅草枯、2,4-D、氯苯胺灵、毒莠定、马来酰肼、三氯乙酸
镰孢霉属	艾氏剂、莠去津、DDT、西玛津、敌百虫、五氯硝基苯
毛霉属	DDT、五氯硝基苯
链孢霉属	地茂散
诺卡氏菌属	茅草枯、2,4-D、丁酸、五氯硝基苯、毒莠定、丙烯醇、三氯乙酸
假单胞菌属	丙烯醇、茅草枯、2,4-D、氯苯胺灵、DDT、敌敌畏、灭草隆、异狄氏剂、地乐酚、二嗪农、二硝基酚、西玛津、五氯酚钡
酵母属	克菌丹、毒莠灵
链霉菌属	茅草枯、二嗪隆、五氯硝基苯、西玛津

2. 微生物对农药的主要作用类型

微生物及其对污染物的代谢途径具有多样性，不同种类的农药化学结构不同，微生物对农药的作用类型也不同。微生物对有机农药的作用类型可以归纳为以下六种。

（1）去毒作用　农药分子被微生物作用后变有毒为无毒。

（2）降解作用　将复杂的农药化合物转变为简单化合物，或者彻底分解为 CO_2 和 H_2O 及 NH_3、Cl^- 等。如果完全被分解成无机化合物，即称为农药的矿化。

（3）活化作用　将无毒或毒性较差的农药转化为有毒或毒性更强的化合物。如杀虫剂甲拌磷，是经土壤中微生物作用后的代谢产物，对杂草及昆虫有毒害作用。

（4）失去活化性　一些无毒的有机化合物，在某些微生物作用下可以被活化成有毒的农药，而另一些微生物能将这些化合物转化为其他的无毒化合物，使其失去活化性而不再呈现农药的毒性。

（5）结合作用　又称复合作用或加成作用，是指微生物的细胞代谢产物与农药结合，形成更为复杂的物质，如将氨基酸、有机酸、甲基或者其他基团加在作用的底物上。

(6) 改变毒性谱　某些农药对一类有机体有毒，当被微生物代谢后，虽然消除了对原作用生命体的毒性作用，但其转化产物却能抑制另一类有机体的生命活动，也就是说，农药的毒性谱发生了改变。如 5-氯苯甲醇可以转化为 4-氯苯甲酸，但这两种化合物的毒性作用只能在完全不同种类的生命体上得到体现。

一般来讲，微生物引起农药降解和转化的化学反应有脱卤作用、脱烷基作用、酰胺和酯水解、环破裂作用、缩合作用和氧化还原作用。

有机磷农药，具有高效的杀虫效力，是目前使用量最大的农药之一，属于高毒农药，有一定的残留期。有机磷易被微生物体内的有机磷水解酶水解，因而可用微生物法进行降解。下面主要典型的有机磷农药的微生物降解。

3. 有机磷农药的降解

有机磷农药是醇类化合物与磷酸结合的酯类化合物，或者是磷酸与其他有机酸化合物结合而形成的酸酐类化合物。有机磷化合物虽然在环境中能被生物降解。但其在环境中具有稳定性大的特点，部分有机磷农药是属于剧毒高残留类农药。环境中的细菌、真菌、藻类及原生动物等都可参与有机磷农药的生物降解过程。

有机磷农药都含有 P═O 或 P═S 基团，而这个基团是可以通过水解反应而被分解，能水解 P═O 和 P═S 基团的微生物有酸杆菌、大肠杆菌、假单胞菌、硫杆菌、木霉菌、青霉菌等。水解反应如图 6-28 所示。

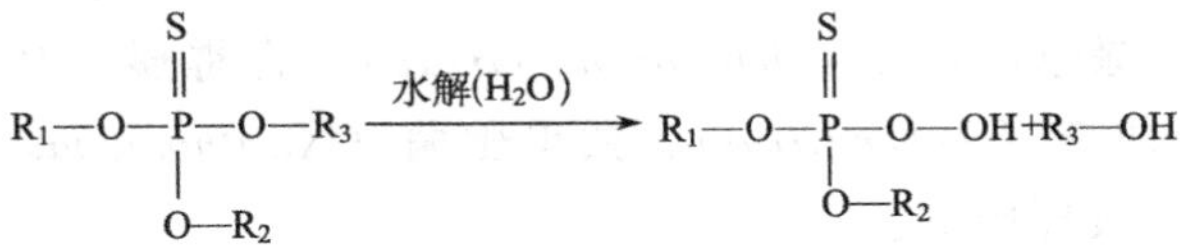

$$R_1{-}O{-}\overset{\overset{S}{\|}}{\underset{\underset{O-R_2}{|}}{P}}{-}O{-}R_3 \xrightarrow{\text{水解}(H_2O)} R_1{-}O{-}\overset{\overset{S}{\|}}{\underset{\underset{O-R_2}{|}}{P}}{-}O{-}OH + R_3{-}OH$$

图 6-28　有机磷农药的水解

1) *对硫磷农药的微生物降解*

研究发现，枯草杆菌（*Bacillus subtilis*）是降解对硫磷的最有效的微生物，在它的作用下，对硫磷和甲基对硫磷会很快失去对昆虫等的毒性。可以参与对硫磷降解的其他微生物还包括假单胞菌（*Pseudomonas* sp.）、产碱杆菌（*Alcaligenes* sp.）、大肠杆菌（*Escherichia coli*）、沙雷菌（*Serratia*）、无色杆菌（*Achromobacter* sp.）、根瘤菌（*Rhizobium* sp.）、黄杆菌（*Flavobacterium*）、瓦克青霉（*Penicillum warstilanll*）、蛋白核小球藻（*Chlorella pyrenoidosa*）和组囊藻（*Anacystis nidulans*）等。微生物首先对硫磷分子中的$-NO_2$被还原成$-NH_2$，生成对氨基对硫磷，然后水解生成对氨基苯酚和二乙基磷酸。对硫磷也可以直接水解生成对硝基苯酚和二乙基磷酸，对硝基苯酚进一步分解释放出亚硝酸和氢醌。对硫磷也可以通过氧化作用生成对氧磷，然后经过水解生成对硝基苯酚和二乙基磷酸。对氨基苯和对硝基苯都可以被氧化。例如，对硝基苯被氧化形成对硝基儿茶酚，即在苯环上加多了一个羟基，这些羟基化的进一步氧化就是苯环的裂解，最后生成 CO_2 和 NO_2。对硫磷的生物代谢过程如图 6-29 所示。

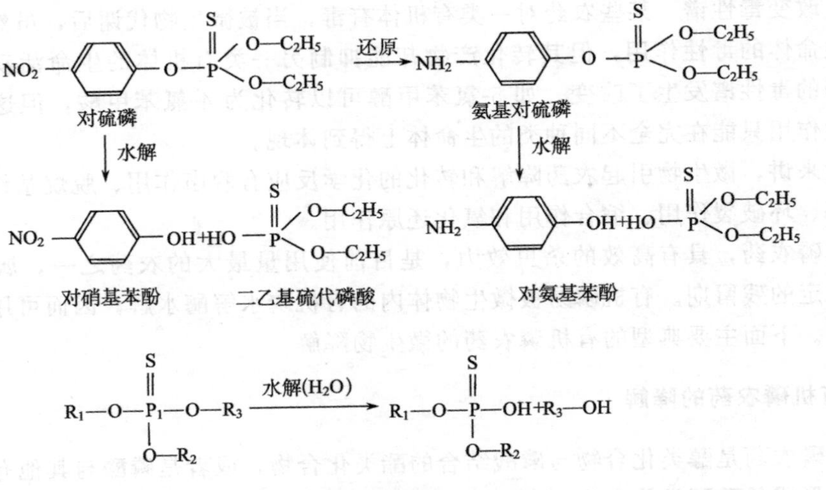

对硫磷 —还原→ 氨基对硫磷

对硫磷 —水解→ 对硝基苯酚 + 二乙基硫代磷酸

氨基对硫磷 —水解→ 对氨基苯酚 + 二乙基硫代磷酸

$$R_1-O-P_1(=S)(-O-R_2)-O-R_3 \xrightarrow{\text{水解}(H_2O)} R_1-O-P(=S)(-O-R_2)-OH + R_3-OH$$

图 6-29 对硫磷的微生物降解过程

2）马拉硫磷的微生物降解

马拉硫磷是另一种常见有机磷农药，在环境中的生物降解过程包括水解和去甲基两种途径（图 6-30）。假单胞菌可以使马拉硫磷水解生成马拉硫磷单羧酸，然后形成马拉硫磷二羧酸；而绿色木霉（*Trichoderma viride*）可使马拉硫磷发生去甲基作用，生成去甲基马拉硫磷。参与马拉硫磷降解的微生物有假单胞菌、根瘤菌、节杆菌（*Arthrobacter* sp.）、绿色木霉（*Trichoderma viride*）、青霉属（*Penicillum*）、丝核菌（*Rhizoctonia* sp.）、曲霉（*Aspergillus*）、黄单胞菌（*Xanthomonas* sp.）、丛毛单胞菌（*Comamonas* sp.）和黄杆菌等。

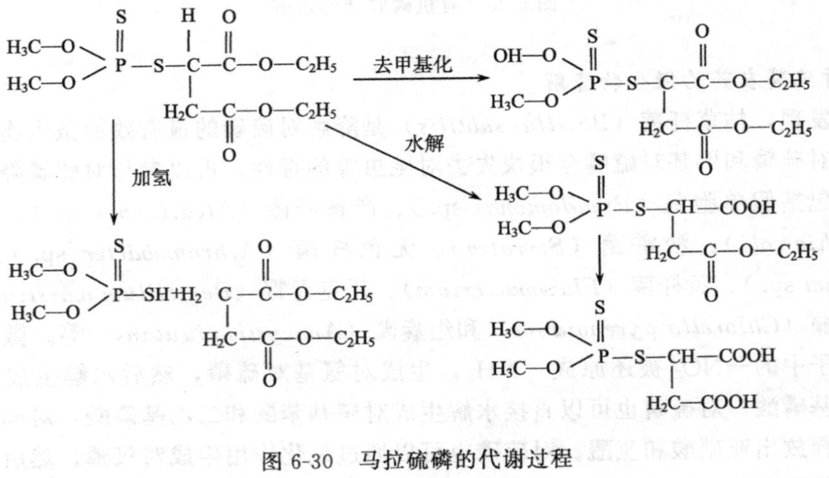

去甲基化 水解 加氢

图 6-30 马拉硫磷的代谢过程

4. 微生物降解农药的影响因素

了解影响农药微生物降解的因素，将有利于利用可降解农药的微生物资源，因时因地制宜，创造有利条件，充分发挥降解菌的降解效能。影响农药微生物降解的因素主要有 3 个。

1）被降解农药的种类和浓度

任何一种微生物都有其特定的降解谱。到目前为止，还没有发现可以降解所有农药的微生物。农药生物修复的难易程度与农药的化学结构密切相关。一般而言，结构简单的农药较易降解，结构复杂的则较难降解；分子质量小的农药比分子质量大的农药较易降解；难溶于水的农药比易溶于水的农药难降解。生物降解性由易到难依次为脂肪酸类、有机磷酸盐类、长链苯氧基脂肪酸类、短链苯氧基脂肪酸类、单基取代苯氧基脂肪酸类、三基取代苯氧基脂肪酸类、二硝基苯类、氯代烃类。农药浓度对微生物降解农药的影响也很大。太高浓度的农药往往对降解菌有抑制作用，而太低的农药浓度则难以提供微生物足够的营养而使生物降解无法进行。

2）微生物群体的活性

特定的农药只能由特定的微生物降解。微生物的空间分布、群体密度与其他微生物的相互作用等均决定了微生物的降解效率。

3）环境因子

环境因子对农药生物修复的影响是巨大的。这些因子包括温度、湿度、酸碱度、养分含量、金属浓度等。

（三）合成洗涤剂的生物降解

合成洗涤剂全世界每年的产量可达千万吨。合成洗涤剂使用后大部分以乳化胶体状废水排入自然界，对水体环境构成很大的威胁。根据表面活性剂在水中的电离性状，可分为阴离子型、阳离子型、非离子型和两性电解质四大类，以阴离子型洗涤剂的应用最为普遍，其中又以软型烷基苯磺酸盐（LAS）的使用最为广泛，见图 6-31。

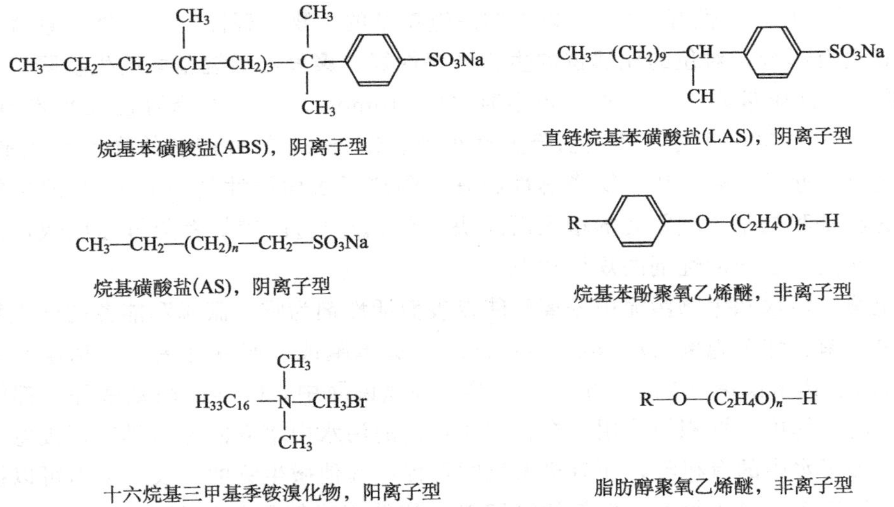

$CH_3—CH_2—CH_2—(CH(CH_3)—CH_2)_3—C(CH_3)_2—C_6H_4—SO_3Na$

烷基苯磺酸盐(ABS)，阴离子型

$CH_3—(CH_2)_9—CH(CH)—C_6H_4—SO_3Na$

直链烷基苯磺酸盐(LAS)，阴离子型

$CH_3—CH_2—(CH_2)_n—CH_2—SO_3Na$

烷基磺酸盐(AS)，阴离子型

$R—C_6H_4—O—(C_2H_4O)_n—H$

烷基苯酚聚氧乙烯醚，非离子型

$H_{33}C_{16}—N(CH_3)_2—CH_3Br$

十六烷基三甲基季铵溴化物，阳离子型

$R—O—(C_2H_4O)_n—H$

脂肪醇聚氧乙烯醚，非离子型

图 6-31　几种表面活性剂的化学结构式

1. 表面活性剂的生物降解过程

直链烷基苯磺酸钠型表面活性剂通常可在好氧状态下进行生物降解，一般经历3步：①初级降解，包括吸附和裂解两个过程，在这一阶段，表面活性基本丧失；②达到环境可以接受程度的生物降解，降解产物不再导致污染；③完全降解，其最终产物为二氧化碳和水等无机物质和其他代谢物。几种典型表面活性剂的生物降解步骤如下：

（1）烷基硫酸盐（AS）

$$RCH_2CH_2CH_2OSO_3 \longrightarrow RCH_2CH_2CH_2OH + SO_4^{2-}$$
$$\longrightarrow RCH_2CH_2COOH \longrightarrow CO_2 + H_2O + \text{其他代谢产物}$$

（2）链烷基醚硫酸盐（LES）

$$RCH_2O\ (CH_2CH_2O)\ SO_3 \longrightarrow RCH_2OH + OH\ (CH_2CH_2O)\ SO_3^-$$
$$\longrightarrow OHCH_2OCH_2SO_3 \longrightarrow CO_2 + H_2O + \text{其他代谢产物}$$

（3）烷基苯磺酸盐（LAS）

R — 苯环 — SO_3 ⟶ COO^- — 苯环 — SO_3^- $\xrightarrow[\text{苯环破裂}]{\text{脱磺酸基}}$ $+CO_2 + H_2O +$ 其他代谢产物

2. 表面活性剂的一般生物降解规律

在表面活性剂中，阳离子表面活性剂的苯基位置越接近烷基的末端，其生物降解性越好。同时，烷基的支链数量越少，其生物降解性也越好。苯环上磺酸基和烷基位于对位要比邻位的生物降解性好。非离子表面活性剂中的聚氧乙烯烷基苯乙醚的生物降解性，受氧化乙烯（EO）链的加成物质的量，以及烷基的直链或立锥结构的很大影响。例如，C_{13}的生物降解性好，而C_9以下的短链烷基的生物降解性差。另外，直链烷基的置换位置也有影响，对位的比邻位的生物降解性好。聚氧乙烯烷基酸的生物降解性也受EO链的加成物质量影响，物质量较小时（6～10mol），其生物降解性几乎没有差别，但EO高达20～30mol时，其生物降解性很差。C_{10}～C_{16}的直链型的降解性几乎相同，但EO链越接近于末端，其生物降解性越好。阴离子表面活性剂中的LAS的生物降解速率随着磺基和烷基末端距离的增大而加快，在C_6～C_{12}内较长者降解速度快，支链化的影响与非离子表面活性剂的规律相似。

从土壤、污水和生物污泥中分离到能以表面活性剂为唯一碳源和能源的微生物，主要是假单胞菌、邻单胞菌（*Plesiomonas* sp.）、黄单胞菌、产碱杆菌、微球菌（*Micrococcus* sp.）、诺卡氏菌（*Nocardia* sp.）等。固氮菌属中，除拜氏固氮菌外，都能在表面活性剂的分解中发挥积极作用。在含有去垢剂的污水中培养固氮菌具有积极意义，固氮作用增加了水中的有机氮，而有机氮化物可促进其他微生物的生长，从而可以提高去垢剂的降解速率。微生物对去垢剂的降解能力依赖于降解质粒的存在，与LAS降解有关的酶，如脱磺基酶和芳香族环裂解酶的编码基因均位于质粒上。

（四）多氯联苯

多氯联苯（PCBs）是人工合成的有机氯化物，作为稳定剂，用途很广（润滑油、绝缘油、增塑剂、热载体、油漆、油墨等都含有）。PCBs性质极稳定，在环境中很难分解，由于它是脂溶性的，很容易在脂肪中大量累积。通过食物链浓缩造成对人体的潜在危害，产生积累性中毒。已有充分证据表明，微生物能降解多氯联苯。首先把PCBs转化为联苯或对氯联苯，然后吸收这些分解产物，排出苯甲酸或取代苯甲酸，再由环境中其他微生物继续降解。PCBs在环境中的降解途径如图6-32所示。

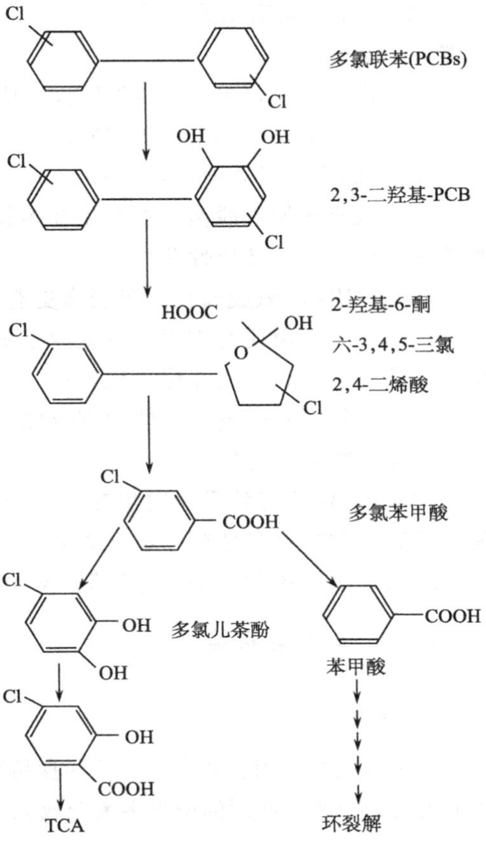

图6-32　微生物降解PCBs的途径

1. 好氧生物降解PCBs

微生物在好氧和厌氧环境下都能对PCBs进行生物转化。PCBs的好氧降解途径见图6-33。最初双加氧酶催化氧化反应形成对应的儿茶酚，再进行降解。能降解PCBs的好氧细菌有白腐菌、无色杆菌、不动杆菌、产碱杆菌、耐寒细菌等。

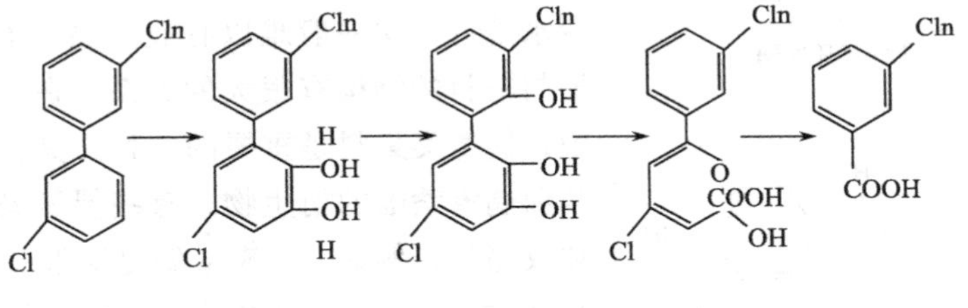

图6-33　好氧条件下多氯联苯的降解

2. PCBs厌氧还原脱氯

厌氧降解是从高氯代的同系物中通过催化还原移走氯，即把高氯代同系物变成低氯代同系物。厌氧还原通过改变同系物的分布来减少氯取代的数量和位点，降低混合物的毒性，而使混合物更易被好氧微生物降解。通常，还原脱氯更易于从间位和对位移走氯并代之以氢原子，致使其降低致癌性和二 英类似物的毒性，也导致生物富集度的降低。更为重要的是产生的低氯代PCBs更易被好氧微生物彻底降解。PCBs降解特点如下：

（1）在好氧条件下，氯原子多的PCBs不如单氯联苯和二氯联苯容易代谢，4个或4个以上氯原子在好氧条件下难降解，尚未发现PCB-1260可以好氧降解；

(2) 2个环均有氯原子的不如一个环有氯原子的容易代谢。邻位双氯的异构体一般很难降解；

(3) 没有发现以PCBs作为生长基质的菌株；

(4) 用类似基质富集降解PCBs产生的结果不确定。如在基质中加入联苯，可使PCB-1242的降解显著增加，但对PCB-1254的降解不但没有正影响，而且还有负影响；

(5) 厌氧还原性脱卤一般发生在多氯PCBs中。只分离到一种专性厌氧菌蒂氏脱硫念珠菌能够使芳烃还原性脱卤；

(6) PCBs厌氧脱卤比好氧脱卤更有好处，热动力学反应有利于厌氧脱卤；

(7) 厌氧脱卤还与PCBs中氯原子的位置有关，在PCB-1241和PCB-1248中，对位和间位可以脱卤，而邻位很稳定；

(8) 厌氧区系中电子受体的有效性会影响还原性脱卤，因为在还原电位下电子受体和卤代化合物互相竞争；

(9) PCBs的有效降解发生在厌氧-好氧系统中。厌氧反应去除了限制好氧降解的氯原子后，产物更容易在好氧下降解。

总之，微生物PCBs矿化很难，对PCBs污染环境的生物修复很困难。

（五）偶氮染料类

1. 概述

许多行业如纺织、印染、造纸和食品都要使用染料。随着染料工业的发展，也带来了严重的污染问题。使用的染料多为合成化合物，按其化学结构，可分为偶氮类染料、蒽醌染料、硫化染料、三芳基甲烷染料和杂环染料等，大部分都是芳香族化合物。这些合成染料，用常规废水处理方法一般难以有效去除，染料的脱色和降解与染料的结构有很大的关系。在实际使用的染料中，偶氮类染料是重要的一种，其化学结构为偶氮苯和偶氮萘酚的衍生物。有些偶氮染料是致突变剂和致癌剂，例如，4-苯基偶氮苯胺以及*N*-甲基和*N*,*N*-二甲基-4-苯偶氮苯胺。加之偶氮类染料的前体及其降解产物芳香胺具有致癌性，因此，在对染料降解和脱色研究中，偶氮染料的研究备受重视。

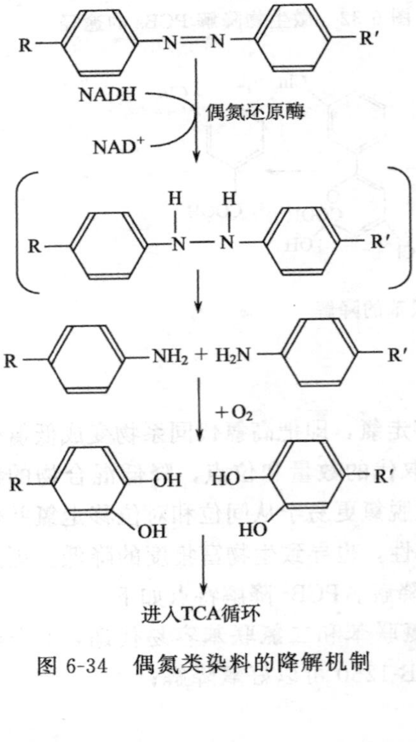

图 6-34　偶氮类染料的降解机制

2. 降解机制

偶氮染料的最初脱色反应是在偶氮还原酶的催化作用下进行的。脱色过程可以在好氧条件下进行，但厌氧条件下能显著促进脱色过程。多数偶氮还原酶是对氧敏感的，即氧抑制此酶的活性，这就是厌氧条件下有利于偶氮染料脱色的原因。

脱色反应是偶氮键的断裂，偶氮键断裂生成的中间产物是芳香胺类化合物。偶氮类染料可能降解机制，如图 6-34 所示。在厌氧条件下，许多细菌可以通过共代谢将偶氮化合物还原为胺，如枯草芽孢杆菌（*B. subtilis*）、链球菌属（*Streptococcus*）、肠球菌属（*Enterococcus*）和变形菌属（*Proteus*）。偶氮化合物经厌氧转化形成芳香胺，但这些芳香胺毒性强、有致癌性，并会积累，很少降解。

偶氮染料的矿化是通过厌氧和好氧顺次结合代谢方式（combined metabolism mode of anaerobic-aerobic sequence），磺化偶氮染料媒染剂黄色 3 号（MY3）的矿化就以这种方式进行（图 6-35）。

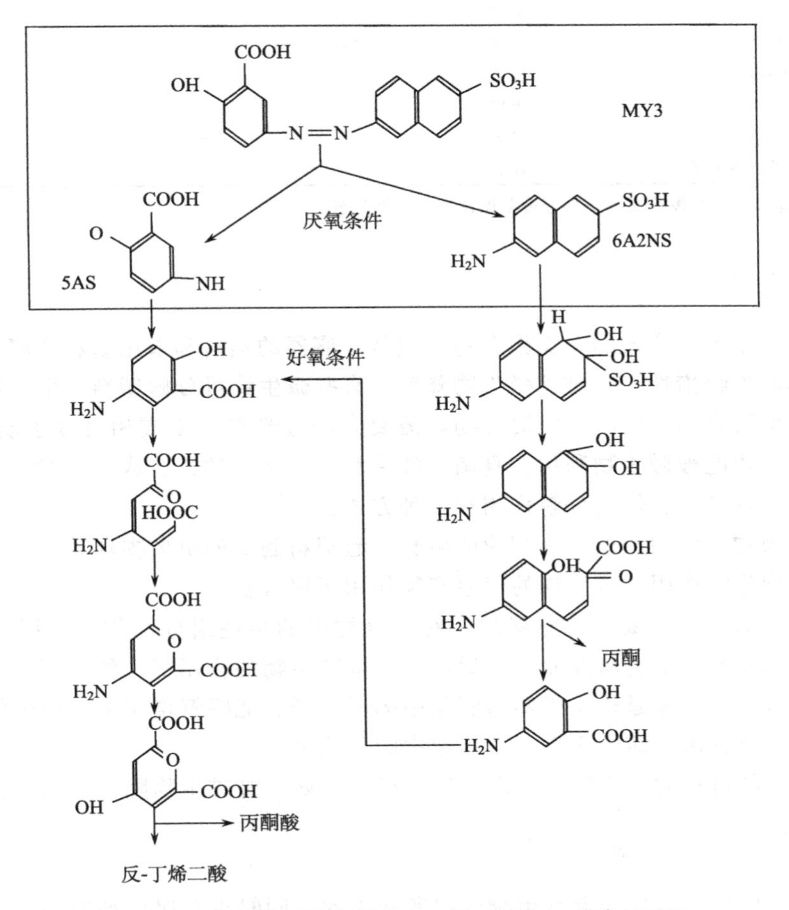

图 6-35　偶氮染料媒染剂黄色 3 号（MY3）的降解过程

3. 降解主要微生物种群

经过多年的研究，国内外学者分离到许多株对染料有降解活性的菌株。筛选得到的菌株范围涉及各种微生物，从厌氧降解菌到好氧降解菌。表 6-6 概括了目前国内外筛选分离到的主要染料降解菌。

表 6-6 典型染料降解菌

菌 株	降解对氧的要求	染料种类			
		偶氮	蒽醌	三苯甲烷	其他
假单胞菌 13NA	厌氧	+		+	
假单胞菌 KF46	好氧	+			
梭菌 CA-8	厌氧	+			
柠檬酸杆菌 C20-36	厌氧	+			
链霉菌 BW130	好氧	+	+		
芽孢杆菌 IFO13719	好氧	+	+		
红城红球菌 ATCC4277	—	+			
气单胞菌 24B	好氧	+			
气单胞菌 RD2	厌氧	+			
假单胞菌 GM-1G	厌氧	+	+		
假单胞菌 S-59，S-42	厌氧	+			
链霉菌 A11	好氧	+	+		
黄孢原毛平革菌 BKM-F-1767	好氧	+	+		+

注：表中符号“+”表示该类染料可被菌株在适当条件降解。

（六）塑料

塑料制品是人工合成的一类聚合物。包装、盛器的塑料和农用塑料薄膜等“白色污染”塑料具有生物惰性，很难被微生物降解。有些微生物可分解塑料，但分解速度十分缓慢。塑料是聚合物和增塑剂的混合物，需要先经过光降解生成相对分子质量 5000 以下的粉末后，才能被微生物利用。真菌、细菌和放线菌中的某些成员，对合成塑料的生物降解有重要意义。它们的分解作用有三种方式：

（1）生物物理作用。微生物细胞的生长引起塑料制品的机械损坏。

（2）生物化学作用。微生物的代谢产物作用于聚合物。

（3）直接酶作用。微生物分泌的酶对聚合物内的某些组分起作用，引起氧化分解等。如聚丙烯及聚乙烯塑料经光降解后，在土壤微生物的作用下，约 1 年后可矿化。自然作用下，微生物主要是作用于塑料制品中的增塑剂。能降解增塑剂的微生物有：铜绿假单胞菌和气单胞菌、诺卡氏菌、节杆菌中的某些种。

总之，塑料可被微生物降解，但其速度极慢，属于极难生物降解的顽固化合物。

（七）微生物对重金属的转化

许多重金属作为微量元素是生物代谢所必需的，同时重金属也是地壳的天然组成部分，如汞、砷、硒、铅、锡、铜、镉、铬、镍和钒等。重金属一般不会对生物产生危害，但超过一定浓度，便会对生物产生毒害。如今，重金属污染已经成为危害人类健康和影响人类生活质量的一种全球性公害。

各种重金属元素可由多种来源进入环境，包括燃料燃烧、施用农药、采矿、冶金、化学工业等。汞矿的开采和化学燃料的燃烧，每年释放到环境中的重金属汞元素约为 40 000t，全球每年由矿物燃料进入空气中的重金属元素镍近 70 000t、砷约 4000t。

重金属元素对微生物的生长主要有两方面的作用　其一，它可作为细胞和酶的组成部分，也可以作为能源物质支持微生物的生长；其二，微生物可利用重金属元素作为电子受体进行代谢活动。微生物对重金属的转化机制，包括重金属价态的改变和重金属的有机化及有机重金属化合物的无机化。微生物通过富集作用和氧化还原作用使重金属价态改变，来影响重金属的生物毒性及其理化性质，从而影响重金属的地球生物化学循环。利用微生物的这些特性可进行微生物冶金，同时也可以进行金属污染的生物修复。

1. 微生物对汞的转化机制

汞广泛应用于工业生产，并且是许多农药的活性组成部分，如防治稻瘟病而施用的赛力散（乙酸苯汞PMA），在化学工业中，可以大量使用汞化合物作为催化剂或者电解食盐的电极。汞的来源包括汞矿的开采和化学燃料的燃烧、电子工业特别是电池和电线生产、化学工业和城市废物的燃烧等。

由于生物组织有独特的浓缩作用，同时汞本身具有极大的毒害性。所以，汞在环境中有相当大的重要性。无机汞化合物中汞有剧毒，低浓度的汞化合物不会对人体构成危害，但是有机汞进入人体易被吸收并被输送到全身各器官，特别是肝、肾和脑组织。汞在人体血液中含有0.2mg时，即呈现急性中毒特性，临床表现为神经系统失调、造血功能障碍、消化系统紊乱、食欲不振、影响生殖系统，使内分泌失调，对儿童智力发育也有影响。

（1）汞的氧化和还原

环境中的无机汞以下列三种形式存在：

$$2Hg^{+} \rightleftharpoons Hg^{2} + Hg^{0}$$

汞在大气中的主要形式是 Hg^{0}，是挥发性的；进入水生环境中的大多数汞是（Hg^{2+}）。汞离子很容易吸附到颗粒物质上，由此可被微生物代谢。在有氧气的情况下，某些细菌，如柠檬酸杆菌（*Citrobacter* sp.）、枯草芽孢杆菌、巨大芽孢杆菌（*B. megaterium*）可以使元素汞氧化为 Hg^{2+}。另外，有些细菌，如铜绿假单胞菌、大肠杆菌、变形杆菌，可以使无机或有机汞化合物中的二价汞离子还原为元素汞。其中一种与NADPH相连的酶称为汞还原酶，转移两个电子到 Hg^{2+} 使它还原为 Hg^{0}。酵母菌也有这种还原作用，在含汞离子培养基上的酵母菌菌落表面，会出现汞的银色金属光泽。对有机或无机汞离子，使用特定的微生物酶进行还原代谢，汞还原酶与细胞质体有依存关系，使汞离子变成金属汞而沉淀或汽化。

（2）汞的甲基化

在汞的微生物代谢过程中，主要微生物反应是汞的甲基化作用，产生甲基汞。据报道，能形成甲基汞的细菌有甲烷菌、匙形梭菌、荧光假单胞菌、草分枝杆菌、产气肠杆菌、巨大芽孢杆菌等，真菌中有粗糙链霉、黑曲霉、短柄帚霉及酿酒酵母等。

在代谢过程中，汞的生物甲基化往往与甲基钴氨素（$CH_3—B_{12}$）有关。甲基钴氨素中的甲基是活性基团，易被亲电子的汞离子夺取而形成甲基汞。甲基汞是可溶性的，而且可以在水生食物链特别是鱼体中浓缩，或者由微生物进一步甲基化产生二甲基汞（CH_3HgCH_3）的挥发性复合物，它易进入大气，扩大污染。

甲基汞和二甲基汞与蛋白质结合，积累在动物体中，特别是肌肉中。甲基汞的毒性

比 Hg^{+} 或 Hg^{2+} 高 100 倍。鱼体表面黏液中有很多含甲基钴氨素的微生物，把无机汞加入到这种黏液中，会使甲基汞在鱼中的富集比 Hg^{+} 或 Hg^{2+} 高 100 倍，是一种强烈的神经毒素，最终导致鱼的死亡。

2. 生物对砷的转化机制

砷是介于金属与非金属之间的两性元素，活泼，俗称类金属。砷也是高等动物维持生命所必需的微量元素。与其他微量元素一样，砷有严格的剂量效应关系。低浓度砷有利于机体生长和繁殖，过量则有毒性并致癌。砷污染的主要来源为：①砷化物的开采和冶炼，特别是在我国流传广泛的土法炼砷，常造成砷对环境的持续污染；②在某些有色金属的开发和冶炼中，或多或少的砷化物排出，污染周围环境；③砷化物的广泛利用，如含砷农药的生产和使用，又如作为玻璃、木材、制革、纺织、化工、陶器、颜料、化肥工业等的原材料，均增加了环境中砷污染量；④煤的燃烧，可导致不同程度的砷污染。海水中砷的含量通常为 0.006～0.03mg/kg，淡水中一般为 0.0002～0.2mg/kg。砷在生物圈中的循环见图 6-36。

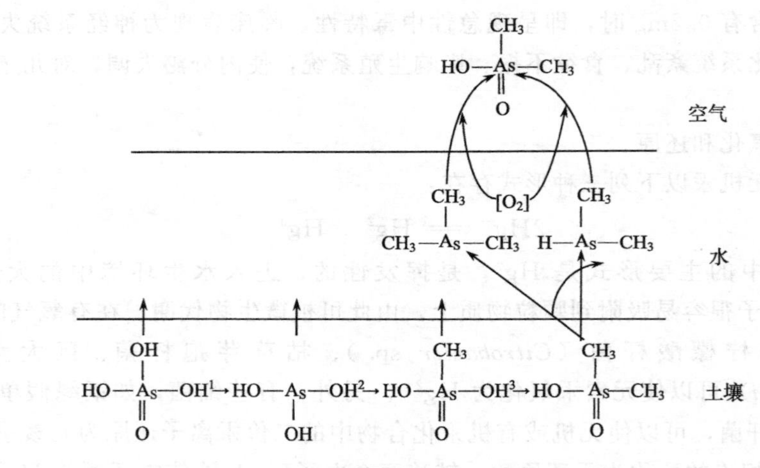

图 6-36　砷循环图

元素砷不溶于水和强酸，所以几乎是无毒。砷的有机化合物和无机化合物均有毒，As^{3+} 毒性＞As^{5+} 的毒性，俗称砒霜的是三价砷化物，三氧化二砷（As_2O_3）对人的中毒剂量为 0.001～0.025mg/kg，致死剂量为 0.03～0.20mg/kg。各种砷污染可视情况引起急性、亚急性和慢性砷中毒，对公众健康造成危害。急性中毒多为误服或使用含砷农药或大量含砷废水的用水所致。砷除可引起皮肤癌和肺癌外，还可引起肝、食管、肠、肾、膀胱等内脏肿瘤和白血病。

(1) 砷的氧化与还原

假单胞菌、黄单胞菌、节杆菌、产碱菌等细菌氧化亚砷酸盐为砷酸盐，使之毒性减弱。微生物的这种活性是湖泊中亚砷酸盐氧化为砷酸盐的主要原因。土壤中也进行着砷的氧化作用。当土壤中施入亚砷酸盐后，三价砷逐渐消失并产生五价砷。另外，有些细菌（微球菌及某些酵母菌、小球藻等）可使砷酸盐还原成更毒的亚砷酸盐。

（2）砷的甲基化

三甲基砷是一种挥发性的，有大蒜气味的剧毒物质。砷化物加到染料中可使色彩特别鲜艳，因而常被采用；在含砷的颜色纸糊墙壁的房间里，人会发生中毒。经研究发现，中毒原因不是因为壁纸的颜料含砷，而是在墙纸上生长的霉菌的代谢产物——三甲基砷。土壤里会发生这种砷的转化和挥发作用，所以，在用砷化物作为杀虫剂和除草剂的系统中，对那里的工作人员存在着潜在的危险。有机农药中一般都含有砷，经过^{14}C标记农药的试验证明，微生物的转化能使农药中的砷转化为挥发性的三甲砷（图6-37）。参与形成三甲砷的微生物主要是真菌中的帚霉属、曲霉菌、毛霉菌、链孢霉菌、青霉属，土生假丝酵母，粉红黏帚霉等。

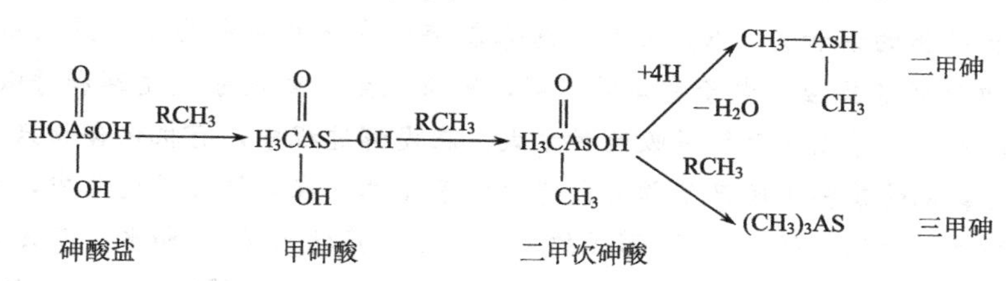

图6-37　微生物生成甲基砷的可能途径

另外，一些细菌如甲烷杆菌（*Methanobacterium* sp.）和脱硫弧菌（*Desulfovibrio* sp.）、酵母菌如假丝酵母菌（*Candida* sp.），尤其是霉菌如镰刀菌（*Fusarium* sp.）、曲霉（*Aspergillus* sp.）、帚霉（*Scopulariopsis* sp.）、拟青霉（*Paecilomyces* sp.）都能转化无机砷为甲基砷。

3. 微生物对硒的转化机制

硒是细菌、温血动物及人的必需元素，人体各个重要器官，包括心脏、肝脏、肾脏、胰脏等，都需要一定量的硒来维持正常的功能。但是，硒又是剧毒元素，需要量与中毒水平之间的安全幅度很小。在植物含硒丰富的地方，牛、羊、猪、马等常发生中毒，甚至死亡。一部分硒的化合物毒性非常强烈，以致可以引发癌症。自然界中硒类毒素主要来源于农药、颜色涂料的风雨剥蚀、废弃电子设备和其他含硒物质等。在整个水生食物链中，硒成分已经开始积累，而且，只要硒含量稍有上升，就能引起许多鱼类畸变。

微生物具有代谢硒化物的能力，发生的转化作用可改变元素硒的毒性或利用价值。转化作用主要包括硒的生物甲基化作用（BMSe）和生物氧化还原作用（DRSe），它们分别可将无机硒转化为挥发性硒（VSe）和元素硒（ESe）。紫色硫细菌把元素硒氧化成硒酸盐，毒性增强。土壤中大部分细菌、放线菌和真菌都能还原硒酸盐和亚硒酸盐为元素态。微生物还能把元素硒和有机或无机硒化物转化成二甲基硒化物，毒性明显降低。有这种作用的真菌有群交裂裥菌（*Schizophyllum commune*）、黑曲霉、短柄帚霉、青霉等，细菌有棒杆菌（*Corynebacterium* sp.）、气单胞杆菌（*Aeromonas* sp.）、黄杆菌，还有假单胞杆菌等。虽然硒化物在自然界中并不大量存在，但它可以偶然作为污染物来支持一些细菌的厌氧生长。从SeO_4^{2-}还原到SeO_3^{2-}，再还原成Se^0，这是从水中处理硒的重要方法，并且这种方法已应用于含硒土壤的处理。

本章小结

1. 酶是由生物活细胞合成的，对其特异底物起高效催化作用的生物催化剂。酶参与了生物体中的几乎所有的生物化学反应的过程。

2. 根据组成成分：酶可分为单纯酶和全酶两大类。

3. 在酶促反应过程中，酶促反应速度会受到酶浓度、底物浓度、pH、温度、抑制剂和激活剂等多种因素的影响。

4. 米氏方程是酶促反应动力学最重要的一个数学表达式，定量地描述了酶促反应速率与底物浓度的关系。米氏常数 K_m 是酶的特征性常数之一。K_m 值的大小，可以近似地表示酶和底物的亲和力，K_m 值大，意味着酶和底物的亲和力小，反之则大。

5. 根据氧化还原反应中电子受体的不同，可将微生物氧化分成发酵和呼吸两种类型，而呼吸又可分为有氧呼吸和无氧呼吸两种方式。在发酵过程中，有机化合物只是部分地被氧化，未完全氧化的某些中间产物作为最终的电子受体；在好氧呼吸过程中，以分子氧为最终电子（和氢）受体，释放 ATP 形式的能量，最终产物为 CO_2 和水；而无氧呼吸的最终电子受体不是氧，而是像 NO_3^-、NO_2^-、SO_4^{2-}、$S_2O_3^{2-}$、CO_2 等这类外源受体。

6. 微生物对有机污染物的降解利用，实际上是微生物利用有机污染物作为碳源和能源或共代谢基质降解和转化的过程。有机物的化学结构、官能团的性质和数量、分子质量的大小以及溶解度等，都可能影响微生物对它的分解能力。复杂的有机化合物必须在微生物酶的催化下，经过反复降解转化，形成简单的物质。

7. 微生物通过富集作用和氧化还原作用使环境中的有些重金属价态改变，影响重金属的生物毒性及其理化性质，从而影响重金属的地球生物化学循环。

思 考 题

1. 生物酶的定义是什么？分为哪几类？什么是全酶、辅酶或酶基？
2. 影响酶促反应速率的因素有哪些？
3. 底物浓度与酶促反应速率的关系曲线对废水的生化处理有什么指导意义？
4. 什么叫微生物的有氧呼吸？试分析葡萄糖在有氧呼吸过程中能量的产生。
5. 三羧酸循环的生理意义？
6. 简述有氧呼吸在环境工程中的应用？
7. 简述无氧呼吸在环境工程中的应用？
8. 简述发酵在环境工程中的应用？
9. 糖类、脂类、蛋白质有氧代谢的途径。
10. 微生物降解污染物的影响因素有哪些？
11. 微生物降解石油烃类的途径有哪些？
12. 以有机磷农药为例，试说明微生物如何降解农药？
13. 微生物对 PCBs 降解特点是什么？
14. 微生物对汞、砷的转化机制是什么？

第七章　微生物的生长繁殖与环境工程

在废物处理系统中，微生物都是以“集体”的力量完成其处理任务的。因此，研究微生物的群体生长规律和特点有助于工艺的设计与运行过程的控制。微生物的生长曲线直观地描述了微生物的群体增长规律与其环境中营养物浓度关系，这条曲线为废水的处理工艺的选择具有重要的指导意义。

本章节重点介绍微生物的群体生长规律、分批培养与环境工程、连续培养与环境工程以及影响微生物生长的主要环境因子。

第一节　微生物的群体生长

在适宜的环境中，微生物不断地吸收营养物质进行新陈代谢。当同化作用大于异化作用，细胞体积扩大或细胞质量增加，微生物表现为个体生长。当微生物生长到一定阶段，由于细胞结构的复制与重建，并通过特定的方式产生新个体，即个体数目增加的生物学过程就是微生物的繁殖。

对于高等生物而言，生长和繁殖这两个过程是明显分开的，但是对微生物来说，由于其个体微小，并且它们的细胞一旦长大就立即繁殖，微生物的生长与繁殖两个过程密不可分，相互交替。实际上，对微生物生长的研究，所研究的是微生物的群体生长。微生物群体生长的实质就是微生物的“个体生长与繁殖两个过程持续交替所导致的结果”。既包括“微生物的个体生长”，又包括“个体繁殖”这两个过程。在废物处理系统中，微生物也只有以群体生长的形式才能发挥它们巨大的分解转化能力，所以研究微生物的群体生长非常必要。

根据营养液浓度的变化，可将微生物的培养方式分为“分批培养”和“连续培养”。

一、分批培养与环境工程

（一）分批培养

根据培养液浓度情况分为“分批培养”和“连续培养”。分批培养是指将微生物接种到一定体积的液体培养基中，使其在适宜条件下进行生长繁殖的培养方法。其最大的特点是营养液一次加入，中间不更换或补充，营养液的浓度随着微生物的生长繁殖而逐渐下降。

1. 细菌的生长曲线

按照分批培养的方式，将少量纯种细菌细胞接种到一种新鲜的、定量的液体培养基中，在一定的条件下进行培养，定期进行细胞计数，以时间为横坐标，以细胞个数的对数为纵坐标，画出一条能够反映细菌在整个培养期间细胞数量变化规律的曲线，这就是细菌的生长曲线（图 7-1）。根据生长曲线变化的特点，可将其分为延迟期、对数期、稳定期和衰亡期四个阶段。

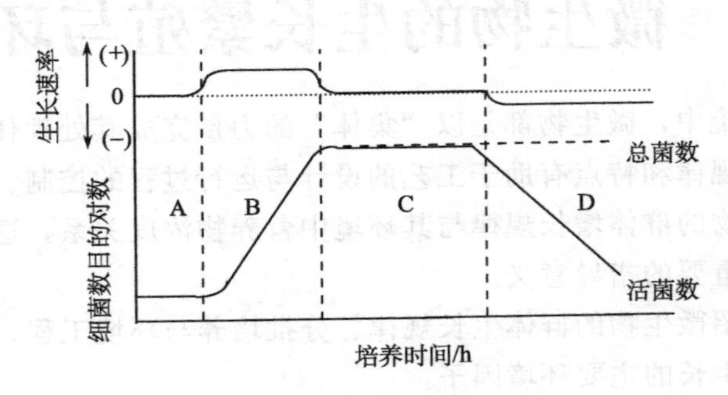

图 7-1 细菌生长曲线

A. 延迟期；B. 对数期；C. 稳定期；D. 衰亡期

1）延迟期

当细菌进入新环境，通常不能立即生长繁殖，要经过一段适应期后，才能生长繁殖，这段适应期就是延迟期。延迟期的出现是因为细胞在新的环境中，需要合成新的必需酶、辅酶或某些中间代谢产物，或者为了适应新环境而出现的调整代谢的时间。在延迟期初，能适应新环境的细胞生存下来，而不能适应的就死亡，细胞数量不增加；延迟期后，生存下来的细胞代谢开始活跃，并合成大量的诱导酶，细胞物质含量增加，体积增大，RNA 含量高，细胞开始分裂。该时期的细胞对外界不良条件，如温度和抗生素等反应敏感。

延迟期的长短和接种菌的种类、菌龄、接种量以及接种前后环境条件等因素有关。例如，把处于对数期的细胞接种到营养成分相同的培养基内，接种量适中，并在相同的条件下进行培养，细菌几乎不存在延迟期；繁殖速度较快的菌种接种时，其延迟期也较短；接种到组分相同的培养基比接种到组分不同的培养基中，其延迟期要短些；增大接种量可缩短甚至消除延迟期。在实际操作中，如果接种量适中，接种细胞菌龄较年轻，营养和环境条件适宜，就能缩短延迟期。

由于延迟期的长短能影响微生物的正常生长周期，在实际的废水处理系统中，总是设法缩短微生物的延迟期，以加快反应器的快速启动。一般采取的措施有：①尽量维持微生物生长环境的一致性；②对于废水生物处理系统的启动，接种污泥尽量选择水质和工况相同或相近的污水处理厂的新鲜污泥；③接种量充足等。

2）对数期

延迟期过后，培养基中的细菌数量急剧增加，生长率达到最大，细胞数量以几何级数在增加，细胞的个数和时间服从对数关系，这一时期称为生长对数期。该时期细胞个数按几何级数增加，即 1 个细菌繁殖几代，产生 2^n 个细胞。这里的 n 为细胞分裂的次数或增殖的代数。单个细胞从新生细胞生长到再次产生新的个体细胞所需要的时间，称为世代时间（G）。

这一时期细胞代谢活力最强，消耗营养多，生长率最高，合成新细胞物质最快；死亡率低或几乎不死亡；抵抗不良环境能力强；细胞健壮、整齐，群体细胞的化学成分、形态和生理等特性比较一致。实际的教学实验和生产发酵工业通常采取这个时期的细胞作为实验材料。

由于对数期的微生物生长繁殖快，代谢活力强，能大量消耗有机物，在废水生物处理工艺中，高负荷活性污泥法常利用对数期的微生物去除废水中的有机物。但是，它要求进水的有机物浓度高，而相应的出水中残留的有机物浓度也高，不易满足排放标准。并且，对数期的微生物生长繁殖旺盛，运动活跃，污泥产量多，不易凝聚，污泥沉降性能不好，影响出水水质，常规的污水处理很少采用此阶段的微生物。

3）稳定期

在一定的培养液中，细菌不可能按对数期的高速率无限地生长繁殖，细胞经过对数期的迅速繁殖，消耗了大量的营养物质，致使一定体积的液体培养基中的营养成分浓度降低，同时加上代谢产物的积累，导致微生物生长环境的 pH 和氧化还原电位等条件的改变，这些因素都不利于微生物的生长繁殖，死亡率上升，繁殖率下降。当繁殖率和死亡率趋于平衡时，细胞活菌数维持在一个相对比较恒定的状态，这一时期就是稳定期，在曲线上表现出一条水平线。

这个期的细胞代谢活力逐渐减弱，细胞开始储存一些物质，如肝糖、淀粉粒、脂肪粒、聚-β-羟基丁酸等。活菌数达到最高水平，并且细胞有大量代谢产物积累，要获得其代谢物质，可在这一时期提取，一些产荚膜的细菌，这个阶段能够向细胞外分泌一些胶黏性的物质，并附着在细胞的表面。在水处理中，荚膜能吸附废水中的有机物、无机固体物及胶体物，把它们吸附在细胞表面，有利于对其的吸收降解。当多个菌体外面的荚膜物质互相融合，连为一体，组成共同的荚膜，菌体包埋其中，即成为菌胶团，菌胶团的形成有利于污泥的絮凝和沉淀，常规的活性污泥法主要是利用稳定期阶段的微生物来处理废水。

4）衰亡期

稳定期过后，营养物质几乎被耗尽，细菌进行内源呼吸（指如果外界没有供给能源，而利用自身内部储存的能源物质进行呼吸）阶段，代谢物和有毒物质的进一步积累，抑制了细菌细胞的生长繁殖，生长率迅速下降，大部分细菌死亡，生长曲线下降，这一段时期称为衰亡期。这一时期的细胞少繁殖、不繁殖或自溶；细胞形态不一，有的变成畸形，有的变成衰退性；对细胞进行革兰氏染色，部分阳性菌变成阴性菌。对于有机物含量低，可生化性差的废水，可利用内源呼吸阶段（衰亡期）的微生物处理。

2. 好氧活性污泥的增值规律及应用

在废水生物处理中，活性污泥微生物是多菌种混合群体，其生长规律比较复杂，但在温度和溶解氧等环境条件满足微生物的生长要求，并有一定量初始微生物接种时，营养物质一次充分投加后，活性污泥的增长过程与纯种细菌的增殖过程大体相仿。如果以培养时间为横坐标，活性污泥干重为纵坐标可绘制一条活性污泥的增值曲线（图 7-2）。增殖曲线一般分为三个阶段：生长率上升阶段（相当于延迟期和对数期）、生长率下降阶段（相当于稳定期）和内源呼吸阶段（相当于衰亡期）。

活性污泥增长速率的变化主要是通过营养物或有机物与微生物数量的比值（通常用F/M表示）来表现的，F/M也是有机底物降解速率、氧利用速率、活性污泥的凝聚、吸附性能的重要影响因素。图7-3显示了活性污泥中微生物代谢速率与F/M的关系。

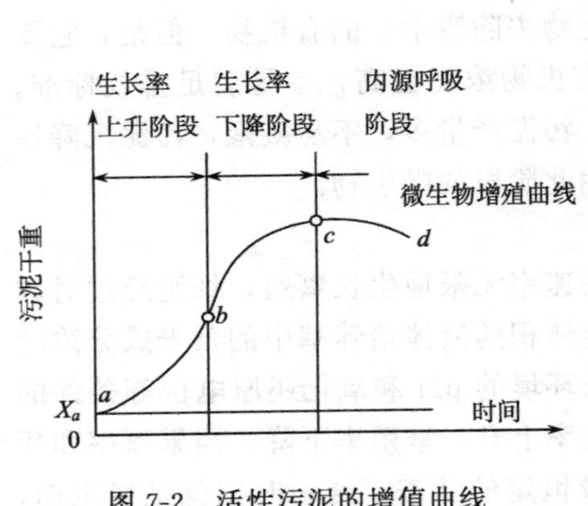

图7-2　活性污泥的增值曲线

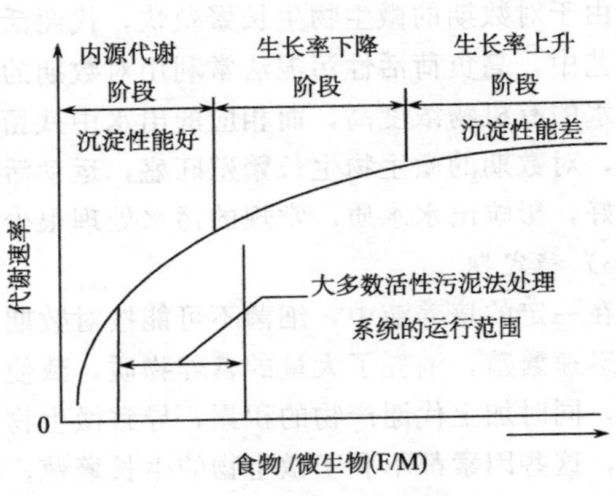

图7-3　微生物代谢速率与物料（F）/微生物（M）的关系图

（1）生长率上升阶段

F/M比较高，一般大于2.2kgBOD$_5$/(kgVSS·d)，污水中的有机营养物质丰富，营养物质不是微生物增殖的控制因素，微生物的增长速率与基质浓度无关，呈零级反应。此阶段，微生物以最高速率对有机物进行摄取，也以最高速率增殖，合成新细胞。由于污泥中微生物活动能力很强，导致活性污泥松散，沉淀性能不好，除了高负荷活性污泥法外，一般不采用此阶段作为运行工况。

（2）生长率下降阶段

由于营养物质不断消耗和新细胞的不断合成，F/M降低，污水中的有机物已被大量消耗，代谢产物积累过多，有机底物的浓度成为微生物增殖的控制因素，微生物生长速率处于下降阶段，微生物的增殖速率与残余有机物成正比，为一级反应。微生物群体中死亡的细胞与新生者数量相当，污泥产率稳定地维持在一个低的水平上。细菌开始结合在一起，活性污泥的絮凝体开始形成，活性开始减弱，凝聚、吸附和沉降性能都有所提升。由于残存的有机物浓度较低，出水水质有较大改善，并且整个系统运行稳定。一般来说，大多数活性污泥处理厂是将曝气池的运行工况控制在这一范围内。

（3）内源代谢阶段

经过生长率下降阶段后，废水中的有机物含量继续下降，F/M降到最低，微生物已不能从其周围环境中获取能够满足自身生理需要的营养，开始分解代谢自身的细胞物质，活性污泥微生物的增殖便进入了内源呼吸期。内源呼吸的速率在本阶段超过了合成速率，活性污泥总量下降，最终所有的活细胞将消亡，仅残留下内源呼吸的残留物，而这些物质多是难于降解的细胞壁等。这个阶段的污泥的无机化程度较高，沉降性能良好，但凝聚性较差，有机物基本消耗殆尽，处理水质良好，除低负荷延时曝气法外，一般不用这一阶段作为运行工况。

活性污泥增值规律的指导意义：①其增值规律和微生物活性主要由F/M控制；②处于不同增值期的活性污泥，其性能不同，出水水质也不相同；③在污水生物处理中，控制一定的F/M就可调控活性污泥曝气池的运行工况，得出不同的微生物生长率、微生物的活性和不同污水水质的处理要求。

（二）分批培养与环境工程

分批培养方式下的微生物的群体生长规律，表现了细菌细胞在适宜的理化环境中，生长繁殖直至衰老死亡的动力学变化过程。废水处理活性污泥法中的序批式间歇曝气法（SBR）就是分批培养原理在污染控制工程中的具体应用。SBR中的活性污泥的生长规律和纯细菌的群体生长规律相类似。

传统的推流式活性污泥法，其主体构筑物曝气池一般呈长方形，池内污水与污泥混合后从池首向池尾流动，活性污泥微生物在此过程中连续完成吸附和代谢过程。从池首到池尾，其F/M、微生物的组成与数量、基质的组成与数量等都在连续地变化。在废水进水端，废水中有机物浓度较高，即F/M高，微生物细胞的代谢活力最强，即对污染物的吸附和分解速率最快，污泥负荷很高，此处的污泥中的微生物处于生长曲线对数生长期中的某点。随着活性污泥沿曝气廊道向前推进，有机物不断地被降解，污泥微生物同时仍在不断增长，使污泥浓度略有提高，污泥有机负荷下降，即F/M有所降低。微生物逐渐沿着生长曲线上的对数生长期向稳定期移动。当污水继续沿曝气廊道前进，在污泥进入二沉池停留一段时间并完成泥水分离后，出水中残留的有机物已经降至最低点，此阶段的污泥中的微生物实际上已处于生长曲线的衰老期的某一点，微生物细胞处于营养“饥饿”状态，一旦重新进入曝气池并与污水相接触，便可大量吸附、吸收污水中的有机物，并进入下一轮的自对数期至稳定或衰老期的循环。

二、连续培养与环境工程

（一）连续培养

连续培养是指微生物在整个生长过程中，通过一定的方式，使微生物按照恒定的比生长速率增长，并能持续生长下去的一种培养方式。其最大的特点在于在微生物培养的整个过程中，通过不断补充营养物质或使培养液浓度保持不变或使微生物浓度保持不变。

连续培养分为恒浊连续培养和恒化连续培养两种方式。恒浊连续培养是指通过控制流速使菌液浊度维持恒定的连续培养方法，一般适用于发酵工业。恒化连续培养是通过控制培养液内某种营养物质的浓度使其保持恒定，使微生物的比生长速率保持恒定的培养方法。

（二）连续培养与环境工程

实际废水生物处理系统中，大多数工艺是按照恒化连续培养的原理运行的，即其微生物生长规律只处于生长曲线的某一阶段。废水的碳源或氮源往往是微生物生长速率的控制因子。不同水质的废水生物工艺处理法中，所利用的活性污泥微生物的生长状态是不同的，或处于静止期，或处于对数生长期，或处于衰亡期等。例如，完全混合活性污泥法利用生长下降阶段（减速期、稳定期）的微生物；生物吸附法利用生长下降阶段（静止期）的微生物；而对于有机物含量低、BOD_5与COD的比值小于0.3、可生化性差的废水，可用延时曝气法处理，即利用内源呼吸阶段（衰亡期）的微生物处理。另外，像厌氧工艺（厌氧接触消化池、升流式厌氧污泥床反应器、厌氧生物滤池、厌氧流化床等）生物处理装置，其工作原理大都均是按照连续培养的生物原理进行设计的。下面仅以完全混合活性污泥法为例，说明连续培养在环境工程中的应用。

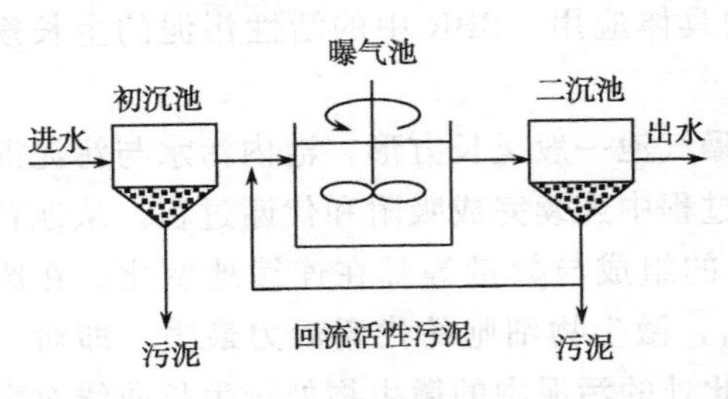

图 7-4　完全混合式活性污泥法

完全混合式活性污泥法是好氧活性污泥废水处理的工艺之一，其特点是废水和回流污泥进入曝气池内后就立刻和原存在的混合液充分混合（图 7-4）。

曝气池中的污泥微生物完全处于相同的负荷之中，即维持进水的流量、流速或进水浓度等不变。通常其反应流程是进水浓度恒定，以一定流速连续的方式进入处理系统，并以相同流速连续的排入二沉池，污水在曝气池内分布均匀，各部分的水质浓度几乎相同，微生物群体的组成和数量几近相等。完全混合活性污泥法曝气池内的出水，实际上近似于废水进入曝气池后，泥水混合液经沉淀后上清液的浓度，即曝气池内废水的浓度几乎处于一个动态平衡不变的状态。

第二节　影响微生物生长的环境因素

微生物正常的生命活动除需要营养外，还需要合适的环境生存因子。环境条件适宜就有利于微生物的生长，环境因子异常会影响微生物正常发育，甚至导致变异或死亡。了解环境因素对微生物的作用规律，有利于人们通过控制环境条件来利用微生物有益的一面，防止其有害的一面。影响微生物生长的因素很多，主要的有温度、pH、氧化还原电位、氧、渗透压、光照、有毒物质等。

一、温度

微生物的生长过程取决于生物化学反应，而这些反应速率都受温度的影响。每种微生物只能在一定的温度范围内生长，各种微生物都有其生长繁殖的最低温度、最适温度、最高温度和致死温度。微生物能进行生长繁殖的最低温度界限叫最低生长温度，如果低于此温度，则生长停止；微生物生长繁殖的最高温度界限叫最高生长温度；最高生长温度若进一步升高，便可使微生物死亡，微生物生长最旺盛时的温度叫最适生长温度。

在最低生长温度和最适温度范围内，若反应温度升高，则反应速率增快，微生物增长速率也随之增加，处理效果相应提高。实践表明，温度每升高10℃，酶促反应速率将提高1～2倍，微生物的代谢速率和生长速率均可相应提高。适宜的培养温度可使微生物以最快的生长速率生长。但当温度超过或低于生长温度范围时，微生物的代谢作用就会受到严重影响，甚至导致机体死亡。

（一）不同温度范围内的微生物分类

根据微生物最适温度范围的不同，可把微生物分为：嗜冷微生物（psychrophile）、嗜温微生物（mesophile）和嗜热微生物（thermophile）。大多数菌为嗜温微生物（表7-1）。

表7-1　微生物生长的温度范围

微生物类型	生长温度范围/℃	最适生长温度/℃	分布区域
嗜冷微生物	－10～30	10～20	地球两极、海洋、冷泉、冷藏食品
嗜温微生物	10～45	25～40	腐生环境、寄生环境
嗜热微生物	25～80	50～55	温泉、堆肥、土壤

废水好氧生物处理中，微生物主要以嗜温微生物为主，一般在15～35 ℃内运行，当进水水温控制在20～35℃，可获得较好的处理效果。温度低于10 ℃或高于40 ℃，去除可溶性有机物的效率大大降低。厌氧生物处理中，微生物主要有产酸菌和甲烷菌，甲烷菌有中温性和高温性的，中温性甲烷菌最适温度范围为25～40 ℃，高温性为50～60 ℃。目前厌氧生物处理系统可进行中温（33～38 ℃）消化，也可进行高温（52～57 ℃）消化。

（二）温度对微生物的影响

适宜的培养温度可使微生物以最快的生长速率生长，过高或过低的温度均会降低代谢速率及生长速率。温度过高，微生物机体的蛋白质会发生凝固变性，呈不可逆的变性，导致微生物的死亡；低温下，微生物的代谢活力低，生长缓慢或停止，处于低温下的微生物一旦获得适宜的温度，即可恢复活性。生产和实验室通常利用高温杀灭有害微生物，低温保存生物样品、菌种等。

二、pH

（一）不同微生物生长要求的pH

氢离子浓度对微生物的生长有直接影响，不同微生物对pH的要求有很大差异。一般细菌、真菌、藻类和原生动物的pH适应范围为4～10。大多数细菌在中性和弱碱性（pH＝7.0～8.0）范围内生长最好，当pH＞9或pH＜6.5时，微生物生长受到抑制。有的细菌如氧化硫化杆菌，喜欢在酸性环境中生存，其最适pH为3。酵母菌和霉菌要求在酸性或偏酸性的环境中生存，最适pH为3.0～6.0，适应范围为pH为1.5～9.0（表7-2）。

不适宜的pH对微生物影响是多方面的，主要有以下几种：

(1) 导致细胞膜电荷的改变。由于细胞膜具有胶体性质，随着 pH 的改变所带正负电荷也随之变化，这种变化会影响细胞膜对某些离子性化合物的选择透性，进而影响微生物对营养物质的吸收；

(2) 直接影响酶的活性。微生物的酶都有其最适 pH，pH 的改变使酶活性降低，微生物代谢过程发生故障；

(3) 影响环境中营养物的解离状态及所带电荷的性质。细菌表面带有负电荷，中性分子易进入细胞，离子化合物难以进入。pH 变化会影响某些营养物（如氨、磷、酸盐等）的可利用性。

表 7-2 不同微生物生长要求的 pH

微生物种类	pH			微生物种类	pH		
	最低	最适	最高		最低	最适	最高
细菌	5.0	7.0～8.0	10.0	霉菌	1.5	3.0～6.0	9.0
放线菌	5.0	7.5～8.0	10.0	原生动物	5.0	6.5～8.0	9.0
酵母菌	3.0	5.0～6.0	8.0				

（二）由微生物代谢活动引起的环境 pH 的改变及调节方法

微生物的生长繁殖和代谢作用，会改变基质中氢离子浓度。当超过某种微生物生长的最低或最高 pH 时，就会对该微生物的生长产生不利影响。例如，有些微生物分解糖类物质产生有机酸，会使 pH 降低；含氮有机物被某些微生物分解过后产生氨使 pH 升高等。要维持培养基 pH 的相对恒定，通常在培养基中加入 pH 缓冲剂，常用的缓冲剂是一氢和二氢磷酸盐（K_2HPO_4 和 KH_2PO_4）组成的混合物。K_2HPO_4 溶液呈碱性，KH_2PO_4 溶液呈酸性，两种物质的等量混合溶液的 pH 为 6.8。当培养基中酸性物质积累导致 H^+ 浓度增加时，H^+ 与弱碱性盐结合形成弱酸性化合物，培养基 pH 不会过度降低；如果培养基中 OH^- 浓度增加，OH^- 则与弱酸性盐结合形成弱碱性化合物，培养基 pH 也不会过度升高。

$$K_2HPO_4 + H^+ \longrightarrow KH_2PO_4 + K^+$$

$$KH_2PO_4 + K^+ + OH^- \longrightarrow K_2HPO_4 + H_2O$$

但有些微生物，如乳酸菌能大量产酸，上述缓冲系统就难以起到缓冲作用，此时可在培养基中添加难溶的碳酸盐（如 $CaCO_3$）来进行调节。$CaCO_3$ 难溶于水，故将它加入至液体或固体培养基中并不会提高培养基的 pH，但当微生物生长过程当中不断产酸时，却可以溶解 $CaCO_3$，从而发挥其调节培养基 pH 的作用。如果不希望培养基有沉淀，有时可添加 $NaHCO_3$。

同样，在废水厌氧生物处理过程中，为了保持厌氧工艺中产酸菌和产甲烷菌良好的生物活性，适当 pH 的维持非常关键。由于甲烷菌对酸碱度的变化十分敏感，pH 稍有变动对甲烷菌就会产生很大的影响，因此，应将 pH 控制在 6.8～7.2。污水中若不含有蛋白质、氨类物质，运行前要加 $NaHCO_3$ 和 $CaCO_3$ 等缓冲剂，以防 pH 偏低。污水好氧生物处理（活性污泥法）的pH要保持在6.5～8.0，这是细菌和原生动物适宜的pH，特别是有利于菌胶团的形成。若pH偏低会使霉菌等丝状菌大量繁殖，引起污泥上浮。

三、氧气

环境中氧含量的状况，对不同代谢类型微生物群体的生长有不同的影响。根据微生物与分子氧的关系，将微生物分为专性好氧微生物、专性厌氧微生物和兼性微生物。

（1）专性好氧微生物。必须在有分子氧的条件下才能生长，有完整的呼吸链，以分子氧作为最终氢受体。自然界中大多数细菌、放线菌、霉菌、原生动物、微型后生动物都属于好氧微生物。实验室内常用摇床振荡的方式培养，工业生产上采用通入无菌空气和搅拌等方法供氧。好氧微生物在降解有机物的代谢过程中以分子氧作为氢受体，如果分子氧不足，降解过程就会因为没有受氢体而不能进行，微生物的正常生长规律就会受到影响，甚至被破坏。所以在好氧生物处理的反应器中，如曝气池、生物转盘、生物滤池等，需从外部供氧，一般要求反应器废水中保持溶解氧浓度在2～4mg/L为宜。

（2）兼性微生物。在有氧或无氧条件下均能生长的微生物，称为兼性微生物。这类微生物在有氧时靠呼吸产能，无氧时进行发酵或无氧呼吸产能。兼性微生物包括酵母菌、肠道细菌、硝酸盐还原菌、人和动物致病菌、某些原生动物、微型后生动物、个别真菌。例如，酵母菌在有氧情况下，将葡萄糖彻底氧化成CO_2和H_2O；在无氧情况下，发酵葡萄糖产生大量的乙醇。兼性厌氧菌在污水处理中有积极作用。在供氧不足的条件下，它们可对有机物进行不彻底的氧化，将大分子的蛋白质、脂肪、糖类分解成小分子的有机酸和醇类化合物。

（3）专性厌氧微生物。分子氧对它有毒害作用，短期接触空气，也会抑制其生长甚至致死。因为在有氧存在的环境中，厌氧微生物在代谢过程中由脱氢酶所活化的氢将与氧结合形成H_2O_2，而厌氧微生物缺乏分解H_2O_2的酶，从而形成H_2O_2积累，对微生物细胞产生毒害作用。例如，厌氧微生物在固体培养基表面上不能生长，只有在其深层的无氧或低氧化还原电势的环境下才能生长。厌氧微生物在自然界中广泛分布，种类很多，如产甲烷菌、梭状芽孢杆菌、丙酮丁醇梭菌、破伤风杆菌、脱硫弧菌、拟杆菌、荧光假单胞菌等。

四、氧化还原电位 E_h

氧化还原电位（氧化体系供给电子（作为还原剂）或接受电子（作为氧化剂）的趋势的度量，单位为mV）影响微生物许多酶的活性，也影响细胞的呼吸作用。氧化环境具有正电位，还原环境具有负电位。各种微生物对氧化还原电位的要求不同，一般好氧微生物要求E_h在＋300～＋400mV；专性厌氧的微生物要求在－250～－200mV；而兼性微生物，在＋100mV以上时进行好氧呼吸，在＋100mV以下时进行无氧呼吸。废水处理好氧活性污泥法，必须保证氧的供应，氧化还原电位一般控制在＋200～＋600mV。而厌氧污泥消化系统，则必须除去氧，氧化还原电位应控制在－200～－100mV，在培养这类微生物时，常在培养基里加入数量适宜的还原剂以降低氧化还原电位。常用的还原剂有巯基乙醇、半胱氨酸、硫化钠、抗坏血酸等。

五、渗透压

水或其他溶剂经过半透性膜而进行扩散的现象就是渗透。在渗透时溶剂通过半透性膜时的压力即为渗透压，其大小与溶液浓度成正比。微生物的细胞膜具有半渗透性，允许水分子通过，但对其他物质具有选择作用。此外，微生物对渗透压有一定的适应能力，突然改变渗透压会引起微生物失活。微生物处于不同渗透压环境中的情况如下。

(1) 在等渗溶液中。当微生物所处环境的渗透压与细胞内的渗透压相等时，细胞既不收缩也不膨胀，保持原形不变，只有在等渗溶液中，微生物才能正常生长、繁殖。微生物实验中或注射用的0.85%的生理盐水即为等渗盐水。

(2) 在低渗溶液中。若将细菌置于低渗溶液或水中，菌体因吸收水分子而膨胀甚至破裂，培养基必须保持一定浓度，维持一定的渗透压。

(3) 在高渗溶液中。将菌体置于高渗溶液中，菌体的水分就会渗出，原生质收缩，造成质壁分离，微生物停止代谢或死亡。日常生活中常用高浓度的盐或糖保存食物，如腌渍蔬菜、肉类及蜜饯等。但是自然界中存在一些耐盐菌，只要经过严格的筛选和驯化，就可很好的应用于含盐量高的废水生物处理中。

六、其他的环境因子

（一）超声波对微生物的影响

超声波是频率超过20 000Hz的声波，人耳听不见，但是却具有强烈的生物学效应，能破坏细胞。其破坏机制为：①超声波能使细胞内含物受到强烈振荡，胶体发生絮状沉淀，凝胶液化或乳化，生物体丧失活性；②超声波的高频振动与细胞振动不协调而造成细胞周围环境的局部真空，引起细胞周围压力的极大变化，使细胞破裂。

超声波的杀菌效果与其频率、处理时间、细菌大小、形状及数量有关。实际中常用超声波来进行细菌裂解，研究其构造及其化学组成等。

（二）紫外辐射

紫外线的波长一般是200～390nm内对微生物有致死效应，以250～280nm杀伤力最强。紫外线灭菌的机制为：①蛋白质在280nm处有强烈的吸收，辐射能影响酶和蛋白质的合成，从而影响正常的代谢；②在有氧情况下，微生物经紫外线的作用可产生过氧化氢，由于过氧化氢的强氧化作用，导致细胞死亡；③引起DNA分子产生胸腺嘧啶二聚体，使DNA不能正常复制。

由于紫外线的穿透力很弱，只能用作表面消毒或空气消毒。实际生产生活中，常利用紫外辐射杀菌灯进行空气杀毒；对某些不能用加热和化学药品消毒的器具进行表面消毒；低于致死剂量下照射进行诱变育种。

（三）有机化合物

有机化合物通常是微生物的营养物质，若超过一定的浓度，便对微生物产生毒害作用，常用来作杀菌剂，主要有醇、酚、醛等化合物。

1. 醇

醇是脱水剂和脂溶剂，可使蛋白质脱水、变性，杀死菌体，还能溶解物品表面的油脂，乙醇是常用的消毒剂，70％的乙醇效果最好。甲醇杀菌力差而且有毒，不宜作杀菌剂。醇的杀菌力随分子质量的增加而增加，丁醇＞丙醇＞乙醇＞甲醇，90％～95％异丙醇比70％乙醇杀菌力大但有刺鼻气味。

2. 甲醛

甲醛是很有效的杀菌剂，具有还原作用。甲醛是气体，通常使用37％～40％甲醛溶液（福尔马林）可杀死细菌、真菌及芽孢和病毒。0.1％～0.2％的甲醛溶液可杀死细菌营养体，5％可杀死芽孢，常用于空气和物体表面消毒。

3. 表面活性剂

常用的有酚、新洁尔灭（季铵盐）、合成洗涤剂及染料等。表面活性剂能降低溶液的表面张力，从而对微生物产生影响。

（1）酚。酚又名石炭酸，是表面活性剂，可引起蛋白质变性，还可抑制脱氢酶和氧化酶的活性。常用质量浓度为5％的石炭酸溶液短时间内杀死细菌营养体。而杀死细菌芽孢则需要几小时或更长的时间。酚的衍生物（甲酚、间苯二酚和六氯苯酚）杀菌力更强。

（2）新洁尔灭。新洁尔灭是季铵盐的一种，阳离子表面活性剂，能吸附带负电荷的细菌，破坏细菌的细胞膜最终导致菌体自溶死亡，也可使菌体蛋白变性沉淀。对许多非芽孢型致病菌有效，对芽孢无作用，对肥皂、碘、高锰酸钾等阴离子表面活性剂有拮抗作用。

（3）合成洗涤剂。合成洗涤剂中主要起去污作用的物质是表面活性剂，根据表面活性剂在水中解离出的有表面活性的离子所带电荷的不同，可分为阴离子型、阳离子型、两性型及非离子型。目前主要应用的是非离子型和阴离子型。阴离子型的LAS（直链烷基苯磺酸钠），可被生物降解，有杀菌作用。

（4）染料。带正电荷的碱性染料如孔雀绿、亮绿、结晶紫、吖啶黄都有抑菌作用。碱性染料的阳离子与菌体的羧基或磷酸基作用，形成弱电离的化合物，妨碍菌体正常代谢，扰乱菌体的氧化还原作用，并阻碍芽孢的形成。G^+比G^-敏感，结晶紫抑制G^-要比G^+浓10倍。由于染色剂的抑菌作用有选择性，利用此可将菌分离。常在培养基中加入10^{-6}g/L的染料配制成选择培养基，只有G^-可以生长，可用于大肠杆菌的鉴别实验。

（四）重金属

重金属是某些酶的组成成分，重金属对微生物产生毒害作用有一个量的概念，适当浓度对微生物生长有促进作用，高浓度下则可致死。重金属带正电荷，易与带负电荷的菌体蛋白结合，有较强的杀菌能力。其杀菌主要机理有：①与酶或蛋白质上的—SH 发生反应使酶失活，蛋白质变性；②进入细胞后以金属原子的形式沉积在细胞内产生抗代谢作用；③重金属离子在细胞内与主要代谢物发生螯合作用；④取代细胞结构上的主要元素。

（五）抗生素的影响

大多数抗生素是由某些微生物合成或半合成的化合物，例如，氯霉素、土霉素、金霉素、四环素和青霉素等都是常见的抗生素。在低浓度（μg/mL）即可杀死或抑制其他微生物生长。其杀菌或溶菌作用方式主要是阻止微生物新陈代谢的某些环节，钝化某些酶的活性。抗生素对微生物的影响主要表现为抑制细胞壁的合成、破坏细胞质膜、干扰蛋白质合成和阻碍核酸的合成。此外，有的抗生素可提高 DNA 酶活性，使 DNA 部分裂解（丝裂霉素）；有的可嵌入 DNA 分子中破坏其立体构型，影响 DNA 的复制和转录。除了这些机制外，有的抗生素作用于电子传递系统，使呼吸作用停止；有的是能量转移的抑制剂，使 ATP 不能合成；有的是解偶联剂，呼吸可进行但不合成能量。

本章小结

1. 微生物群体生长的实质包括“微生物的个体生长”和“个体繁殖”两个过程。在废物处理系统中，微生物只有以群体的形式才能发挥巨大的分解转化能力。

2. 微生物的群体生长的培养方式可以根据营养液浓度的变化情况分为“分批培养”和“连续培养”两种。分批培养指微生物接种到一定体积的液体培养基中，使其在适宜的条件下进行生长繁殖的培养方法。连续培养是指微生物在整个生长过程中，通过一定的方式，使微生物按照恒定的比生长速率增长，并能持续生长下去的一种培养方式。

3. 根据细菌生长曲线变化的特点，把生长曲线分为延迟期、对数期、稳定期和衰亡期四个阶段。每个阶段的细胞都有各自的环境条件、生理生化特点。

4. 根据微生物生长曲线每个时期细胞的特点，在进行废水生物处理设计时，按废水的水质情况（主要是有机物浓度），可利用不同生长阶段的微生物处理废水。

5. 温度是影响微生物生长的最重要因素之一。每种微生物只能在一定的温度范围内生长。温度过高，微生物机体的蛋白质会发生凝固变性，引起微生物的死亡；低温下，微生物的代谢活力低，生长缓慢或停止。常利用高温灭菌，低温保藏菌种。

6. 不同微生物的对 pH 的要求有很大差异。细菌一般要求中性和偏碱性，放线菌也是中性和偏碱性，酵母菌和霉菌要求在偏酸性和中性的环境中生长。

7. 根据微生物与分子氧的关系，将微生物分为专性好氧微生物、专性厌氧微生物和兼性微生物，废水中的 DO 直接影响废水中的微生物生存和废水处理的效果。

8. 氧化还原电位影响微生物许多酶的活性，也影响细胞的呼吸作用。不同的微生物种群对氧化还原电位的要求也不同。一般好氧微生物要求 E_h 在 $+300 \sim +400$mV；专性厌氧的微生物要求在 $-250 \sim -200$mV；而兼性微生物在 $+100$mV 以上时进行好氧呼吸，在 $+100$mV 以下时进行无氧呼吸。

9. 微生物对渗透压有一定的适应能力，突然改变渗透压会引起微生物失活。

10. 超声波、紫外线辐射、醇、酚、醛等有机化合物、重金属和抗生素等也是影响微生物生长的重要的环境因子。

思 考 题

1. 微生物个体生长和个体繁殖的概念?
2. 微生物的群体生长及研究意义?
3. 细菌的纯培养生长曲线分为几个时期，每个时期各有什么特点?
4. 试述影响细菌生长曲线延迟期长短的因素? 如何缩短延滞期?
5. 试述细菌生长曲线在环境工程中的作用? 请举例说明?
6. 试述温度对微生物的影响。
7. 阐述高温灭菌的原理?
8. 为了防止微生物在培养过程中会因本身的代谢作用改变环境的 pH，在配制培养基时应采取什么样的措施?
9. 废水处理系统中如何维持正常的微生物生长的 pH?
10. 渗透压对微生物有什么影响?

第八章　微生物的遗传变异与环境工程

遗传和变异是生物体最本质的属性之一。遗传保证了种的存在和延续，而变异则推动了种的进化和发展。对微生物遗传规律的深入研究，不仅促进了现代分子生物学和生物工程学的发展，而且还为育种工作提供了丰富的理论基础，促使育种工作从不自觉到自觉，从低效到高效，从随机到定向，从近缘杂交到远缘杂交等方向发展。20 世纪 70 年代兴起的基因工程使人类能定向改造基因，编码特定蛋白，从此人类获得了主动改造生命的能力。微生物遗传学手段正日益渗透到环境工程的各个领域。基因重组、质粒育种、原生质体融合、基因工程等技术在环境工程中都有许多成功的实例。微生物遗传学的应用给传统的污染控制技术和环境监测方法注入了新的活力。本章从核酸是遗传的物质基础出发，介绍了核酸、DNA 的复制及 DNA 的变性、复性和杂交，讲述了常用的分子生物学技术及其在环境工程中的应用；介绍了基因突变、基因重组、质粒及各种微生物育种方法；最后阐述了细胞融合技术、基因工程技术及其在环境工程中的应用。

第一节　微生物的遗传与环境工程

自然界中存在许多可以有效分解各种天然化合物的优良菌种，微生物的遗传多样性使得降解这些物质成为可能。但是随着现代工业的不断发展，人工合成的非天然物质日益增多，严重污染环境。环境工程中急需快速降解污染物的高效菌。

微生物降解有机污染物、毒性有机物的机能虽然受到了环境和营养条件等因素的影响，但是从根本上说这种机能是受基因和降解性质粒控制的。20 世纪 60 年代中期，人们发现一些土壤微生物可以降解除草剂、杀虫剂、制冷剂等。经分子生物学研究，现在已经知道微生物降解复杂有机物通常需要多种酶的共同作用，而编码这些酶的基因大多数位于微生物细胞的大质粒，也有些存在于染色体或同时存在于质粒和染色体。弄清了环境微生物降解各种污染物，特别是难降解或降解缓慢的污染物的基因和质粒，可以采用基因重组构建基因工程菌，使得污染物快速降解成为可能。

一、遗传的物质基础

（一）概述

遗传是指亲代如何将自身的遗传基因稳定地传递给下一代的特性，遗传具有保守性。生物体所携带的全部遗传信息，即遗传型，它是一种内在的可能性。这种可能性只有在特定的环境条件下，通过生物体的生长发育才能付诸实现，也就是体现出了生物体的具体性状，即产生表型。然而，生物体中行使遗传功能的物质到底是什么呢？

1. 核酸是遗传的物质基础

1928 年英国医生 F. Griffith 首次发现了转化现象。他将可致小白鼠死亡的 SⅢ 型菌株加热杀死后注入小白鼠体内，小白鼠健康。但是将大量加热杀死的 SⅢ 型菌株和少量活的无毒的 R 型菌混合注入小白鼠体内后，小白鼠病死，而且从小白鼠尸体中发现了活的 SⅢ 型菌株。实验表明，加热杀死的 SⅢ 型菌株细胞内可能具有遗传物质，它进入 R 型菌株细胞使其获得了表达 SⅢ 型菌株荚膜性状的遗传特性，而成为致病的 SⅢ 型菌株。

1944 年，O. T. Avery 等从活的 S 型菌中抽提 DNA、RNA、蛋白质、荚膜多糖等，分别与无毒的 R 型菌混合。结果发现，只有 DNA 才能将 R 型菌株转化为 S 型，而且纯度越高转化效率也越高，这为转化因子是 DNA 提供了有利证据。

1952 年，A. D. Hershey 等用同位素标记法研究 T2 噬菌体的感染作用，既用同位素 ^{32}P 标记噬菌体的 DNA，^{35}S 标记蛋白质，然后感染大肠杆菌。结果只有 ^{32}P-DNA 进入细菌细胞内，从而有力证明了 DNA 的遗传作用。

1956 年，H. Fraenkel-Conrat 用含 RNA 的烟草花叶病毒和霍氏车前花叶病毒进行了拆分与重建实验（图 8-1），证明 RNA 也是遗传物质的基础。

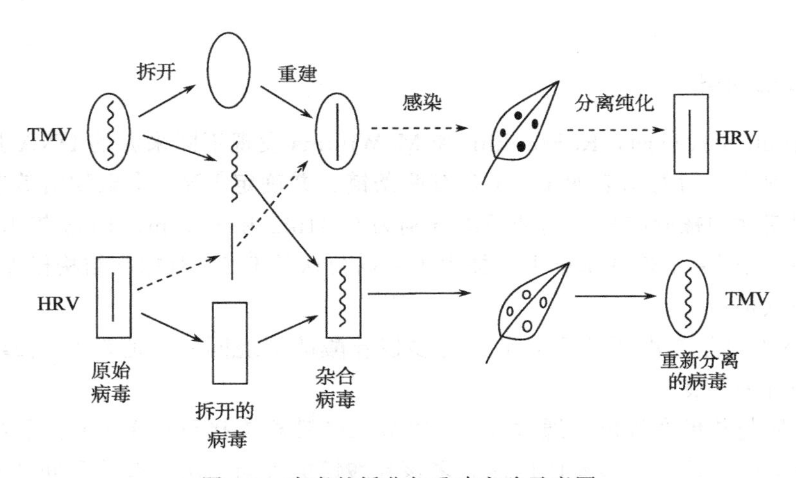

图 8-1　病毒的拆分与重建实验示意图

2. 遗传物质在细胞中的分布

DNA 广泛分布于各类生物细胞中，一般占细胞干重的 5%～15%。在真核细胞中，核内的 DNA 与组蛋白结合形成核染色体，每个染色体含有一个高度压缩的 DNA 分子。原核生物的核区 DNA 呈环状双链结构，不与任何蛋白质结合。另外，多数真核和原核微生物的细胞质中还存在着核外染色体。在原核细胞中，其核外染色体包括各种质粒，在真核细胞中包括线粒体和叶绿体基因等（酵母菌 2μm 质粒在核内）。

RNA 在细胞核和细胞质中均有，约 90% 的 RNA 存在于细胞质中，核内少量分布在染色体，大多集中在核仁。病毒只含有 DNA 或 RNA，多数噬菌体只有 DNA，而植物病毒大多含 RNA，少数含 DNA，动物病毒则含 DNA 或 RNA 的均有。

（二）DNA 的化学结构和模型

1. DNA 的化学结构

DNA 是由数量极其庞大的脱氧核糖核苷酸组成的，每分子核苷酸含有一分子磷酸、一分子含氮碱基和一分子脱氧核糖。核苷酸有 4 种，即腺嘌呤脱氧核苷酸、鸟嘌呤脱氧核苷酸、胞嘧啶脱氧核苷酸和胸腺嘧啶脱氧核苷酸。它们通过 3′,5′-磷酸二酯键连接形成线形或环形多聚体。由于组成 DNA 的核苷酸彼此之间的差别仅在于碱基部分，所以 DNA 的化学结构即指 DNA 分子中碱基的组成和排列顺序（图 8-2，图 8-3）。

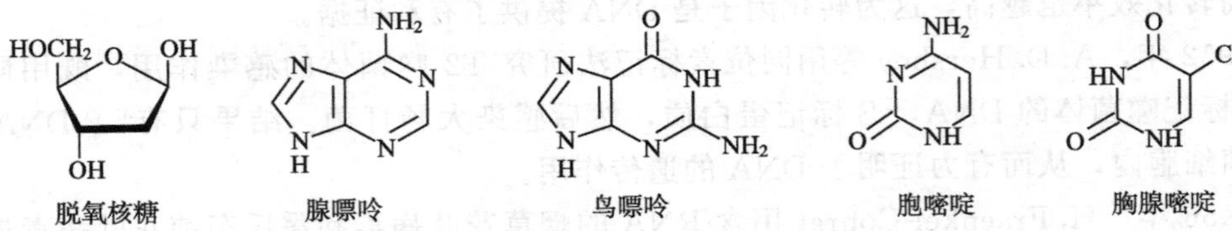

脱氧核糖　腺嘌呤　鸟嘌呤　胞嘧啶　胸腺嘧啶

图 8-2　DNA 的成分

2. DNA 的模型

20 世纪 50 年代早期，R. Franklin 和 M. Wilkins 发现不同来源的 DNA 具有相似的 X 射线衍射图谱，衍射图表明 DNA 含有两条链，并确定 DNA 多聚物沿着它们的长轴有着两种周期性的螺旋结构，周期距离分别为 0.34nm 和 3.4nm。1953 年 J. Watson 和 F. Crick 在前人研究工作的基础上，提出了目前公认的 DNA 双螺旋结构模型（图 8-4），该模型的要点是：

（1）DNA 分子是由两条反向平行的多核苷酸链围绕同一中心轴相互缠绕构成的，两条链都是右手螺旋。

（2）磷酸与核糖在外侧，通过 3′,5′-磷酸二酯键相连接形成 DNA 分子的骨架，嘌呤碱基与嘧啶碱基位于双螺旋的内侧。多核苷酸链的方向取决于核苷酸间磷酸二酯键的走向，习惯上以 C5′→C3′为正向。

（3）双螺旋的平均直径为 2nm，两个相邻的碱基对之间距离为 0.34nm，沿中心轴每旋转一周有 10 个核苷酸，因此，每一转的高度为 3.4nm。

（4）两条核苷酸链通过碱基之间的氢键相连。一条链上的嘌呤碱与另一条链上的嘧啶碱相匹配，而且是 A 与 T 配对，形成两个氢键；G 与 C 配对，形成三个氢键，所以 GC 之间的连接较为稳定。碱基之间的这种配对原则称为碱基互补原则。据此，当一条多核苷酸链的序列被确定之后，另一条链必有相对应的碱基序列。DNA 复制、转录、反转录等的分子基础都是碱基互补原则。

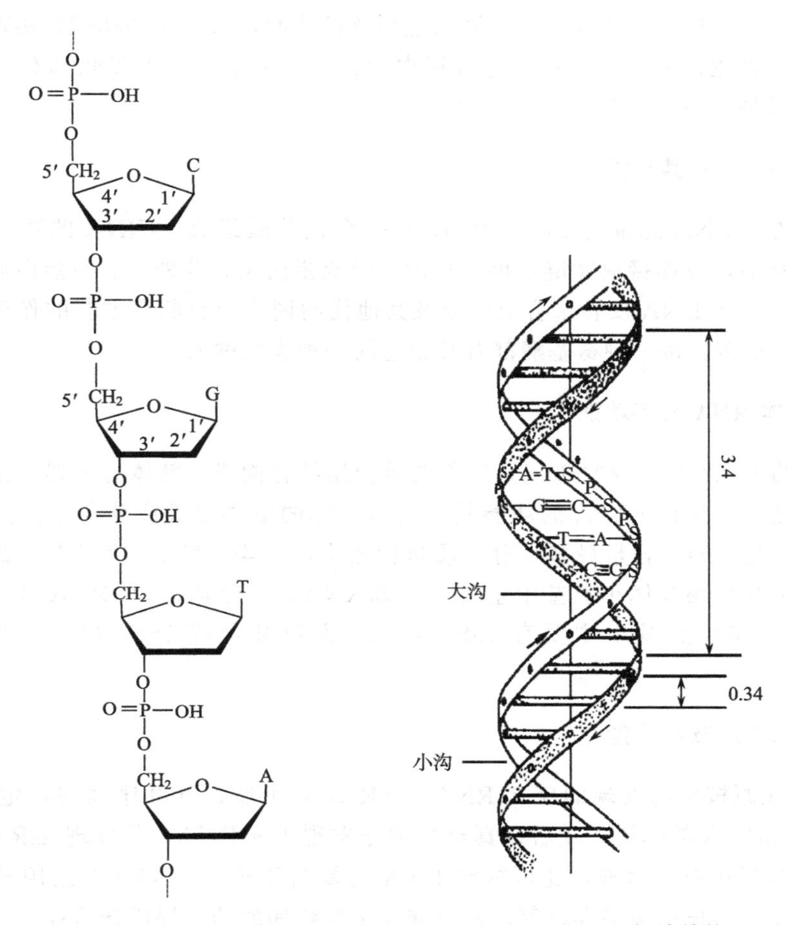

图 8-3　DNA 一级结构　　　　图 8-4　DNA 双螺旋结构

（三）RNA 的类型与功能

RNA 的化学结构主要是由 AMP、GMP、CMP 和 UMP 四种核糖核苷酸通过 3′，5′-磷酸二酯键相连而成的多聚核苷酸链。天然 RNA 的二级结构只在许多区段发生自身回折，使部分 A—U、G—C 碱基配对，形成短的、不规则的螺旋区。不配对的碱基区膨出形成环，被排斥在双螺旋之外。

RNA 可分成多种类型，除核糖体 RNA（rRNA）、信使 RNA（mRNA）和转移 RNA（tRNA）外，还有真核生物结构基因转录产生的 mRNA 前体分子，因分子大小很不均一，称核内不均一 RNA（hnRNA），以及许多种小分子 RNA，如核内小 RNA（snRNA），反义 RNA（asRNA）等。不同种类的 RNA 结构和功能各不相同，下面简单介绍与基因表达关系密切的几种 RNA。

1. 信使 mRNA 及其功能

mRNA 约占 RNA 总量的 5%。mRNA 是以 DNA 为模板合成的，同时又是蛋白质合成的模板。它是携带一个或几个基因信息到核糖体的核酸。主要功能是实现遗传信息在蛋白质上的表达，是遗传信息传递过程中的桥梁。由于每一种多肽都有一种相应的 mRNA，所以细胞内 mRNA 是一类非常不均一的分子。

2. 转移 RNA 及其功能

tRNA 约占 RNA 总量的 15%，由 70～90 个核苷酸组成。tRNA 的功能是携带符合要求的氨基酸，以连接成肽链，再经过加工形成蛋白质。此外，它在蛋白质生物合成的起始作用中，在 DNA 反转录合成中以及其他代谢调节中也起着重要的作用。细胞内 tRNA 的种类很多，每一种氨基酸都有其相应的一种或几种 tRNA。

3. 核糖体 RNA 及其功能

rRNA 约占 RNA 总量的 80%，它们与蛋白质结合构成核糖体的骨架。核糖体是蛋白质合成的场所，所以 rRNA 的功能是作为核糖体的重要组成成分参与蛋白质的生物合成。rRNA 是细胞中含量最多且分子质量比较大的一类 RNA，代谢不活跃，种类仅有几种，原核生物核糖体小亚基中主要有 16SrRNA，大亚基含 5SrRNA 和 23SrRNA；真核生物核糖体小亚基中主要有 18S rRNA，大亚基含有 5SrRNA、5. 8SrRNA 和 28SrRNA。

4. 反义 RNA 及其功能

1983 年在原核生物发现的反义 RNA（asRNA）可通过互补序列与特定的 mRNA 结合，抑制 mRNA 的翻译，随后在真核生物亦发现了 asRNA，并发现 asRNA 除主要在翻译水平抑制基因表达外，还可抑制 DNA 的复制和转录。asRNA 已用于抑制导致水果腐烂的酶，延长水果保存期等，并可能为某些疾病的治疗提供新途径。

二、DNA 的复制与蛋白质的合成

（一）DNA 的复制

DNA 是遗传信息的载体，DNA 合成时的遗传信息只能来源于自身，即进行自我复制。

1. DNA 的半保留复制

DNA 在复制时，首先双链解旋、分开，其中每条链都可作为模板通过碱基配对原则合成新的互补链，结果一条链形成了两条互补的链（图 8-5）。新合成的两个 DNA 分子与亲代 DNA 分子的碱基序列完全一样。由于每个子代 DNA 分子中的一条链来自亲代 DNA，另一条则是新合成的，所以这种复制方式被称为半保留复制（图 8-6）。

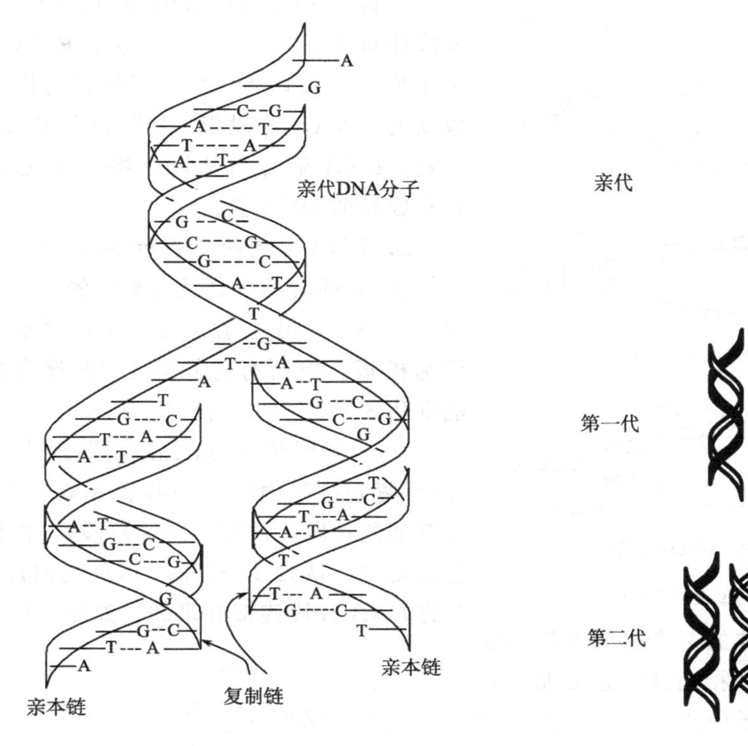

图 8-5 DNA 复制模型　　　　图 8-6 DNA 的半保留复制

2. DNA 的复制过程

1) DNA 复制的起始

(1) DNA 复制的起始点。DNA 复制开始于染色体上的特定部位，称为起始点。在起始点处双股螺旋解开成单链状态，各自作为模板按照互补配对原则吸引带有互补碱基的核苷酸，合成其互补链。在起始点处出现叉子状的生长点，称为复制叉（图 8-7）。环状双链 DNA 分子，例如，原核细胞的染色体、质粒以及真核细胞的细胞器 DNA 只有一个复制起始点。真核生物的染色体是线性双链分子，有多个起始点。

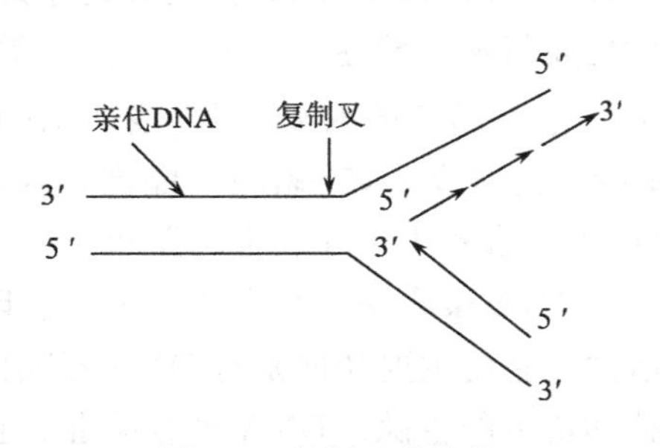

图 8-7 复制叉的结构

(2) DNA 复制的方向。复制的方向有三种：一是从两个起始点开始，各以相反的单一方向生长出一条新链，形成两个复制叉，如腺病毒 DNA 的复制；二是从一个起始点开始，以同一方向生长出两条链，形成一个复制叉，如质粒 ColeI；三是从一个起始点开始，沿两个相反的方向各生长出两条链，形成两个复制叉，这是最为常见的双向复制方式（图 8-8）。

(3) RNA 引物的合成。DNA 聚合酶只能催化链的延长不能发动新链合成，即它需

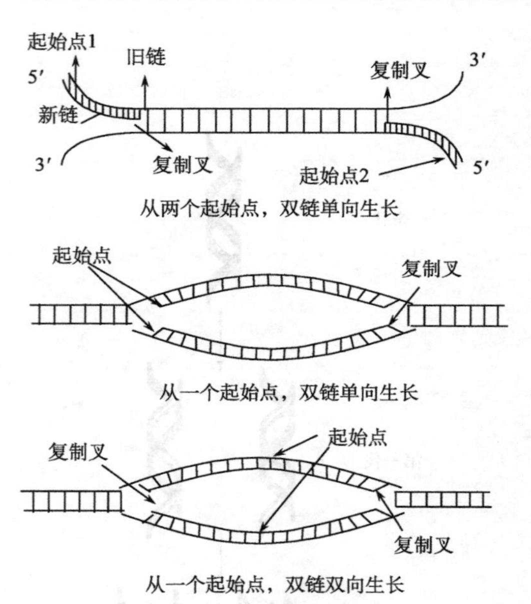

图 8-8　DNA 复制的方向

细菌环状染色体的两个复制叉以相反方向移动，在终止区相遇并停止复制。在终止区有多个终止子位点，这些位点可专一性结合终止蛋白使得复制叉制动。

3. DNA 聚合反应的相关酶

1）DNA 聚合酶

DNA 聚合酶的作用是将脱氧核苷酸连接成 DNA，所用底物必须是四种脱氧核苷三磷酸（dNTP），按模板的序列将配对的脱氧核苷酸逐个接上去，并且需要一个具有 3′-OH 的 RNA 引物或 DNA 的 3′-OH 端。使 3′-OH 与合成上去的 dNTP 分子 α-磷酸连接成 3′,5′-磷酸二酯键，合成方向为 5′→3′（图 8-10）。在大肠杆菌中发现有 DNA 聚合酶Ⅰ、Ⅱ、Ⅲ、Ⅳ和Ⅴ。

DNA 聚合酶Ⅰ是多功能酶，它具有 5′→3′聚合酶、5′→3′外切酶及 3′→5′外切酶的活性。它的主要功能是对 DNA 损伤的修复，以及在 DNA 复制时，RNA 引物切除后填补其留下的空隙。DNA 聚合酶Ⅱ、Ⅲ除具有聚合酶的活性外，还具有 3′→5′外切酶活性。它们在 DNA 损伤修复和复制中起作用。当 DNA 受到较严重损伤时可诱导产生 DNA 聚合酶Ⅳ和Ⅴ。

2）DNA 连接酶

DNA 连接酶的作用是催化双链 DNA 中切口处的相邻 5′-磷酸基与 3′-羟基之间形成磷酸酯键。但是它不能将两条游离的 DNA 单链连接起来。DNA 连接酶在 DNA 复制、

要一个具 3′-OH 的核酸链作为引物，才能将合成原料 dNTP 一个个接上去。RNA 引物酶则不同，此酶以 DNA 为模板就可以合成一段新的 RNA，这段 RNA 作为合成 DNA 的引物。DNA 聚合酶从该引物的 3′-OH 端开始合成新的 DNA 链。

2）DNA 复制的延长和终止

DNA 的两条链是反向平行的，一条的方向为 5′→3′，另一条为 3′→5′，两条链都能作为模板。但所有已知的 DNA 聚合酶都只能催化 5′→3′方向的合成。

1968 年冈崎（Okazaki）发现大肠杆菌 DNA 复制过程中出现一些含 1000～2000 个核苷酸的片段（被称为冈崎片段），提出半不连续复制，认为 3′→5′的 DNA 是由许多5′→3′的 DNA 片段连接起来的。如图 8-9 所示。

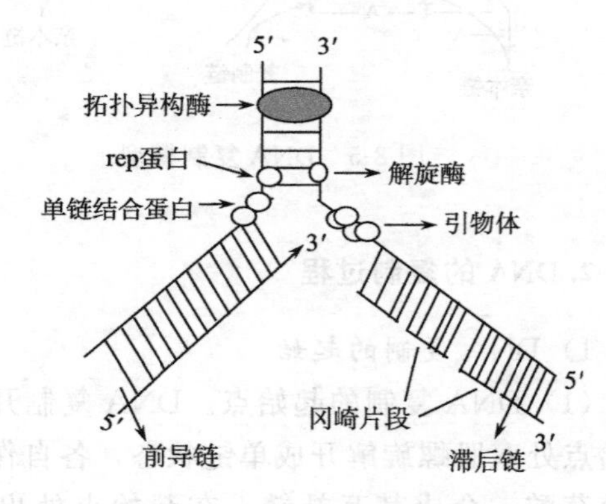

图 8-9　DNA 的半不连续复制

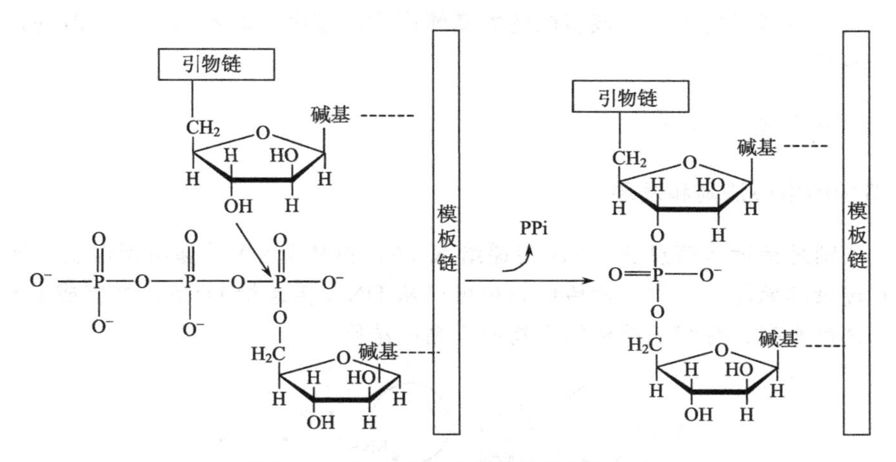

图 8-10　DNA 聚合酶催化的链延长反应

修复、重组中均起重要作用。

3）*拓扑异构酶*

生物体内 DNA 分子通常处于超螺旋状态，而 DNA 的许多生物功能需要解开双链才能进行。拓扑异构酶就是催化 DNA 的拓扑连环数发生变化的酶，分为拓扑异构酶Ⅰ和拓扑异构酶Ⅱ。拓扑异构酶Ⅰ可减少负超螺旋，拓扑异构酶Ⅱ可引入负超螺旋，它们协同作用控制着 DNA 的拓扑结构。拓扑异构酶在重组、修复和 DNA 的其他转变方面起着重要作用。

4）*解螺旋酶*

解螺旋酶类能通过水解 ATP 将 DNA 的两条链打开。大肠杆菌中的 REP 蛋白（*rep* 基因的产物）就是这样一种酶。每解开一对碱基需要 2 个 ATP 分子。

4. 真核生物 DNA 的复制

真核生物基因组比原核生物大，DNA 的复制速度比原核生物慢，但真核生物 DNA 上有多个复制起点，它们可以分段进行复制。另外，真核生物染色体在全部复制完成之前起点不再重新开始复制，而快速生长的原核细胞中起点可以连续发动复制。真核生物在快速生长时，则是采用更多的复制起点。真核细胞的 DNA 聚合酶有 5 种，即 DNA 聚合酶 α、β、γ、δ 和 ε。一般认为 DNA 聚合酶 α 和 δ 的作用是复制染色体 DNA。

真核生物 DNA 的复制是受时间控制的，不是所有的起始点同时被激活，而是有先有后。复制是双向的，相邻的复制起点形成的复制叉相遇后，借助拓扑异构酶而使子代分开。真核生物似乎没有终止子。

5. 基因和 DNA

DNA 是遗传信息的载体，遗传信息编码在 DNA 的碱基序列中组成大量的基因。基因是遗传信息的基本单位，是位于 DNA 上的离散片段。每个基因包含合成一种多肽的信息，它的碱基序列决定了该多肽的氨基酸序列。基因小的不到100个碱基，大的有几百万个碱基。

（二）蛋白质的合成

1. 遗传的中心法则和发展

中心法则是指遗传信息从DNA传递给RNA，再从RNA传递给蛋白质，即完成遗传信息的转录和翻译的过程。遗传信息也可以从DNA传递给DNA，即完成DNA的复制过程。这是所有具有细胞结构的生物所遵循的法则。

复制　DNA　转录　反转录　RNA　复制　翻译　蛋白质

细胞的遗传物质都是DNA，只有一些病毒的遗传物质是RNA。这种以RNA为遗传物质的病毒称为反转录病毒。在反转录酶催化下，RNA分子产生与其序列互补的DNA，这种DNA分子称为互补DNA（complementary DNA，cDNA），这个过程即为反转录。反转录酶的发现，使中心法则对遗传信息从DNA单向流入RNA作了修改，即RNA携带的遗传信息同样也可以流向DNA。那么，对于核酸与蛋白质分子之间的信息流向，是否只有核酸向蛋白质分子的单向流动，还是蛋白质分子的信息也可以流向核酸。虽然病原体朊粒（一种蛋白质传染颗粒）的行为曾对中心法则提出了严峻的挑战，但中心法则肯定前者。实验证明，朊粒确实是一种不含DNA和RNA的蛋白质颗粒，但它并不是传递遗传信息的载体，也不能自我复制，而仍然是由基因编码产生的一种正常蛋白的异构体。

2. 转录

1）DNA指导下RNA的合成

DNA上的遗传信息传递给RNA的过程称为转录。转录过程以基因组DNA中编码RNA的区段为模板。转录的起始不需引物，从模板的一个特定起点开始，结束于终点处（分别由启动子和终止子控制），这段转录区域称为转录单位。一个转录单位可以包括一个或多个基因。通常把DNA分子中能转录出RNA的区段，称为结构基因。如图8-11所示，RNA聚合酶与DNA结合并沿模板移动，按模板序列选择核苷酸，将其加到生长的RNA链的3′-OH端，催化形成磷酸二酯键。新合成的RNA链与模板形成RNA-DNA的杂交区，当

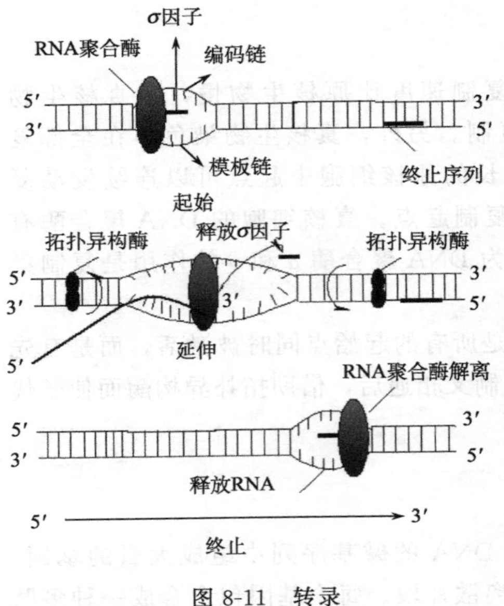

图8-11　转录

新生的 RNA 链离开模板 DNA 后，两条 DNA 链则重新形成双股螺旋结构。通常一个 DNA 可以结合许多 RNA 聚合酶，同时转录出多个 RNA。

在原核生物中多基因的 mRNA 生成后，绝大部分直接作为模板去翻译各个基因所编码的蛋白质，不需要加工。但真核生物中，mRNA 在细胞核内合成后要经过复杂的加工，并转移到细胞质中才能进行翻译。

2）RNA 指导下 RNA 和 DNA 的合成

在有些生物中，核糖核酸也可以作为遗传信息的携带者。某些 RNA 病毒是以 RNA 作模板，在 RNA 复制酶作用下复制出病毒 RNA 分子，有些则以 RNA 为模板借助反转录酶合成 DNA。不同类型的 RNA 病毒合成 mRNA 的机制如图 8-12 所示。

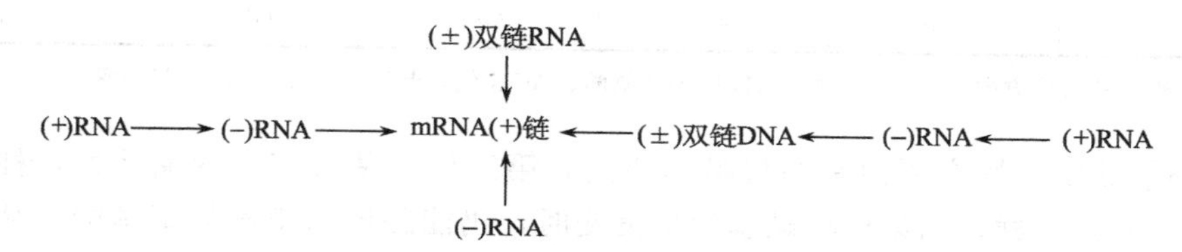

图 8-12 不同类型的 RNA 病毒合成 mRNA 的机制

3）遗传密码

现已证明三个相邻的核苷酸编码一种氨基酸，这三个连续的核苷酸称为三联体密码或密码子（表 8-1）。其中 AUG 不仅是甲硫氨酸的密码，也是肽链合成的起始密码子。密码子的阅读方向和 mRNA 编码方向一致，都是 5′→3′。各个三联体密码连续阅读，密码间既无间断也无交叉。因此要正确阅读密码必须从一个正确的起点开始，一个不漏地读下去，直至碰到终止信号为止。

表 8-1 遗传密码

5′-磷酸末端的碱基	中间碱基				3′-OH 末端的碱基
	U	C	A	G	
U	Phe	Ser	Tyr	Cys	U
	Phe	Ser	Tyr	Cys	C
	Leu	Ser	终止密码	终止密码	A
	Leu	Ser	终止密码	Trp	G
C	Leu	Pro	His	Arg	U
	Leu	Pro	His	Arg	C
	Leu	Pro	Gln	Arg	A
	Leu	Pro	Gln	Arg	G

续表

5′-磷酸末端的碱基	中间碱基				3′-OH末端的碱基
	U	C	A	G	
A	Ile	Thr	Asn	Ser	U
	Ile	Thr	Asn	Ser	C
	Ile	Thr	Lys	Arg	A
	Met、fMet	Thr	Lys	Arg	G
G	Val	Ala	Asp	Gly	U
	Val	Ala	Asp	Gly	C
	Val	Ala	Glu	Gly	A
	Val	Ala	Glu	Gly	G

注：密码子的阅读方向为5′→3′，如CAU代表组氨酸、ACU代表苏氨酸、AUG代表起始密码。

密码子的专一性主要由头两位碱基决定，第三位碱基有较大的灵活性，称“摆动性”（表8-2）。这样，当第三位碱基发生突变时，仍能翻译出正确的氨基酸，从而使合成的多肽仍具有生物学活性。较早时，曾认为密码是完全通用的，不论病毒、原核生物还是真核生物都共同使用同一套密码字典，但是后来发现其通用性是相对的。

表8-2 遗传密码的摆动性tRNA反密码子

tRNA反密码子第一位碱基（3′→5′）	U	C	A	G	I	φ
mRNA密码子第三位碱基（5′→3′）	A或G	G	U	C或U	U或C或A	AG（U）

3. 翻译

mRNA是蛋白质合成的模板，tRNA转运活化的氨基酸到mRNA模板上，而核糖体是蛋白质合成的工厂，它是一个巨大的核糖核蛋白体。蛋白质合成过程大致可分为四个阶段：氨基酸的活化，肽链合成的起始，肽链的延长，肽链合成的终止与释放。氨基酸在形成肽链以前必须活化以获得能量。

$$\text{ATP}+\text{氨基酸}\xrightarrow[\text{Mg}^{2+}]{\text{氨酰-tRNA合成酶}}\text{氨基酸-AMP-酶}+\text{PPi}$$

$$\text{氨基酸-AMP-酶}+\text{tRNA}\xrightarrow{\text{Mg}^{2+}}\text{氨酰-tRNA}+\text{AMP}+\text{酶}$$

蛋白质合成并不是从mRNA的5′-端第一个核苷酸开始的，而是在mRNA上选择合适的起始密码AUG。原核与真核细胞在识别起始密码上有区别，这是因为真核细胞mRNA通常只编码一个蛋白质，于是最靠近5′端的AUG序列通常就是起始密码。而原核细胞起始密码AUG可以在mRNA上的任何位置，有多个起始位点为多个蛋白质编码。

肽链的延伸在核糖体上进行。当与起始密码子相邻的密码子被其氨酰-tRNA上的反密码子识别并结合后，肽链开始延伸。mRNA链上的UAA、UAG、UGA为肽链合成的终止信号。mRNA只能使用一次或数次，最后被核糖核酸酶降解。新合成的mRNA不断从细胞核转移到核糖体。新合成的多肽被运送到细胞的各个部分行使各自的功能。另外，肽链合成结束后，还需要进一步加工修饰才能成为具有正常生理功能的蛋白质。

4. 基因表达的调节

基因表达的调节可以在转录和翻译的水平上进行。原核细胞的转录和翻译在同一时间和位置发生，基因调节主要在转录水平进行。真核细胞转录和翻译过程在时间和空间上都被分隔开，且有复杂的信息加工过程，所以基因表达在不同水平进行调节。细菌中调控基因转录的重要因素之一是操纵子的基因结构。操纵子是基因表达的协调单位，它们包括在功能上彼此有关的结构基因和控制部位，控制部位由启动子和操纵基因组成。一个操纵子包括若干个结构基因，但通过转录形成的却是一条多顺反子。细菌通常只合成细胞活动所必需的基因产物。真核细胞的基因通过复杂模式进行调控，不同类型的细胞表达不同基因，表达基因大约只占基因总量的15%，其他基因则没有活性。真核细胞在很大程度上通过决定转录形成mRNA的速度调控基因表达。

三、DNA的变性、复性

（一）DNA的变性

DNA变性指DNA双螺旋区的氢键断裂，变成单链的无规则线团的现象。引起变性的因素很多，如加热、极端的pH、有机溶剂、酰胺、尿素等。由温度升高引起的变性称热变性。DNA变性后，对260nm紫外光的吸光率比变性前明显升高，这种现象称为增色效应。

DNA的变性是个突变的过程，当DNA的稀盐溶液被缓慢加热时，溶液的紫外吸收值在到达某温度时会骤然增加，并在一个很窄的温度范围内达到最大值，紫外吸收值达到总增加值一半时的温度称为DNA的变性温度，也称为该DNA的熔点或熔解温度，用 T_m 表示（图8-13）。DNA的 T_m 值一般为82～95℃，影响其大小的因素有：

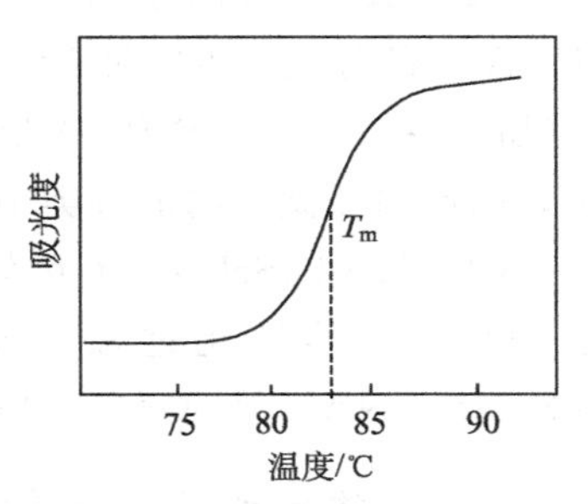

图8-13　DNA热变性曲线

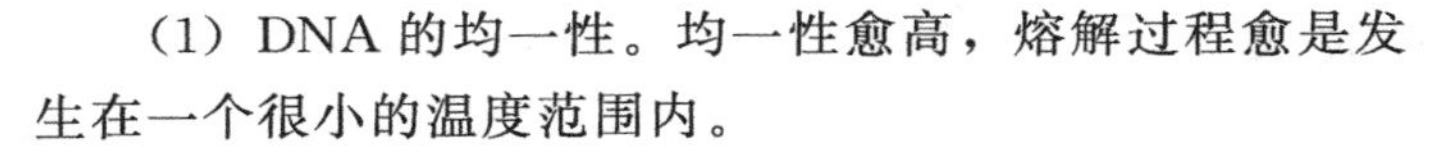
（1）DNA的均一性。均一性愈高，熔解过程愈是发生在一个很小的温度范围内。

（2）G—C含量。G—C的含量越高，T_m 值越高，二者呈正比关系。通过测定 T_m 可以推算出DNA的碱基百分组成，其经验公式为 $(G+C)\%=(T_m-69.3)\times 2.44$。也可以利用此公式计算 T_m 值。

（3）离子强度。离子强度较低的介质中，DNA的熔解温度较低，且熔解温度的范围较宽；在较高离子强度的介质中，情况则相反。所以DNA制品应保存在较高浓度的电解质溶液中，通常在 1mol/L NaCl 溶液中保存。

RNA 分子中有局部的双螺旋区，所以 RNA 也可发生变性，但 T_m 值较低，变性曲线也没有那么陡。

（二）DNA 的复性和杂交

变性 DNA 在适当条件下，两条彼此分开的链重新缔合成为双螺旋结构的过程称为复性。热变性 DNA 在缓慢冷却时，可以复性，这种复性称为退火。若热变性的 DNA 骤然冷却，则 DNA 不会复性。DNA 复性后，其溶液的吸光值减小，最多可减小至变性前的水平，这种现象称减色效应。

复性的进行与许多因素有关。DNA 的片段越大，复性越慢。DNA 的浓度越大，复性越快。具有很多重复序列的 DNA，复性也快。实验证明，两种浓度相同但来源不同的 DNA，复性时间的长短与基因组的大小有关。

根据变性和复性原理，将不同来源的 DNA 变性，若这些异源 DNA 之间在某些区域有相同的序列，则在复性时能形成 DNA—DNA 异源双链，或将变性的单链 DNA 与 RNA 经复性处理则可形成 DNA—RNA 杂合双链，这种过程称为分子杂交。核酸的杂交在分子生物学和分子遗传学的研究中应用非常广泛，许多重大的分子遗传学问题都是用分子杂交来解决的。英国的分子生物学家 E. M. Southern 所发明的 Southern 印迹法就是将凝胶上的 DNA 片段转移到硝酸纤维素膜上后再进行杂交的。

四、分子生物学技术及其在环境工程中的应用

目前，用于环境工程的分子生物学技术的基因序列主要有以下 3 种：

（1）编码蛋白的基因序列。主要包括污染物的降解基因以及和微生物分类有关的基因。

（2）rRNA 基因序列。细菌 rRNA 的编码基因是由 23S rDNA、16S rDNA 和 5S rDNA 三部分组成的 rRNA 操纵子（*rrn* 操纵子），大小分别为 3000bp、1500bp 和 120bp 左右。由于 5SrRNA 所含信息量较少，而 23SrRNA 序列较长，不利于全序列测定，因此原核微生物的分类中对 16S rRNA 研究最多。

（3）16S-23SrRNA 基因转录间隔区（internal transcribed spacer，ITS）序列。由于 ITS 在自然进化过程中变异更快，足以满足种及种以下水平的分类，因此对 16S-23SrDNA转录间隔区的研究也较多。

（一）常用的分子生物学技术

1. 聚合酶链式反应技术

聚合酶链式反应（polymerase chain reaction，PCR）是美国 Cetus 公司人类遗传研究室的科学家 K. B. Mullis 于 1983 年发明的一种新的分子生物学技术。是一种在体外快速扩增特定基因或 DNA 序列的方法，故又称为基因的体外扩增法。PCR 技术能在实验室的试管内，将极微量的目的基因或某一 DNA 片段，在数小时内扩增成百万倍乃至

千万倍，从而获得足够数量的精确 DNA 拷贝。PCR 技术的原理与细胞内发生的 DNA 复制过程十分相似，是在体外由变性—退火—延伸 3 个步骤组成的循环反应（图 8-14）。

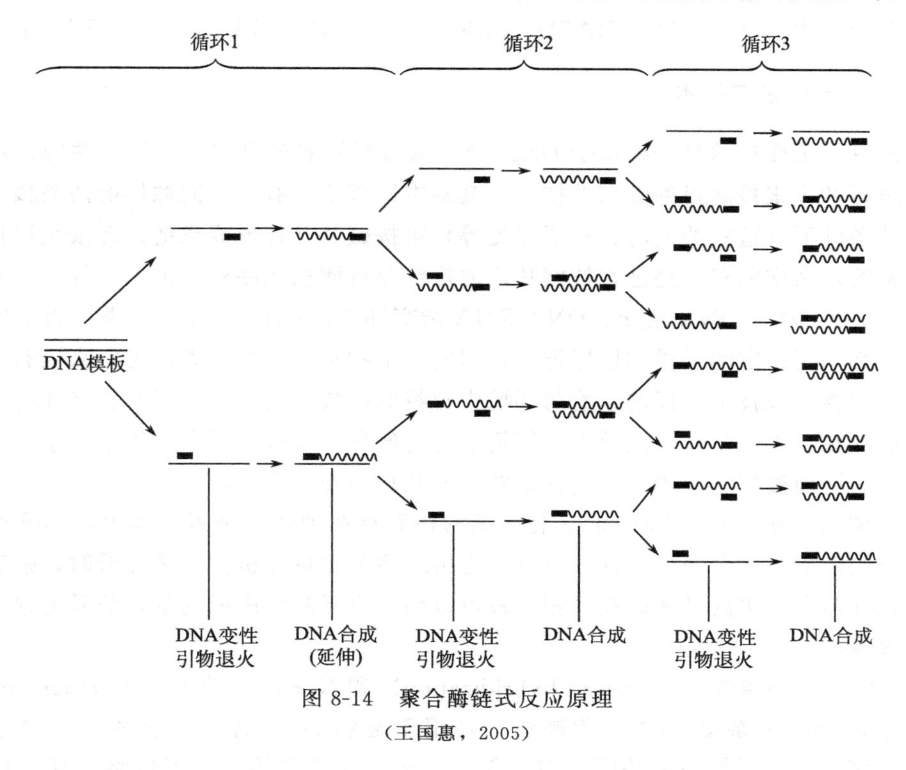

图 8-14　聚合酶链式反应原理

（王国惠，2005）

1）变性（denaturation）

将目的 DNA 加热，双链 DNA 分子在高温下分离成两条单链 DNA 分子。

2）退火（annealing）

以一对与两侧 DNA 碱基序列互补的寡核苷酸作为引物（一般为 20～30 核苷酸），当温度下降时，引物与所要扩增基因两侧的 DNA 结合。两条单链 DNA 都可作为模板合成新生互补链。并且每一条新生链的合成都是从引物的退火结合位点开始，并沿着相反链延伸，这样在每一条新合成的 DNA 链上都具有新的引物结合位点。

3）延伸（extension）

在合适的缓冲液、Mg^{2+} 及 4 种 dNTP 存在下，72℃时在耐热性 TaqDNA 聚合酶作用下，按模板碱基序列迅速合成互补链。即从引物 3′-OH 进行延伸，合成方向为 5′→3′。这样就合成了 2 分子与原来结构相同的基因片段。

多次重复进行高温变性、低温退火及适温延伸等 3 个步骤（约需 2min），DNA 分子数即按指数（2^n）倍增。PCR 产物进行凝胶电泳后经溴化乙锭染色，借紫外灯观察结果。

PCR 技术具有指导特定的微量 DNA 序列大量迅速扩增的特点，意味着分子生物学分析可以应用于只含痕量 DNA 的样品。只要一根毛发、一个精子、一滴血的 DNA，即便是经甲醛固定、石蜡包埋，甚至被冷冻数万年的组织，都可用于基因结构的分析。

PCR 技术操作简单，容易掌握，结果也较为可靠，为基因的分析与研究提供了一种强有力的手段。目前，PCR 技术的改进形式多种多样，主要有反转录 PCR、竞争性 PCR、半嵌套式 PCR、多重 PCR、原位 PCR、免疫 PCR 等，另外，还有基于 PCR 的多态性分析技术，例如，PCR-RAPD、PCR-RFLP、PCR-AFLP、PCR-SSCP 等。

2. 核酸分子杂交技术

核酸分子杂交技术是一种基于 DNA 分子碱基互补配对原则，用特异性的探针与待测样品进行杂交来检测目的基因的技术。其基本原理是具有一定同源性的两条核酸单链在一定的条件下（适宜的温度、离子强度等）可按碱基互补形成双链，此杂交过程是高度特异性的，杂交的双方是已知核酸片段的探针及待测核酸序列。根据探针和靶核酸的不同，可分为 DNA-DNA 杂交、DNA-RNA 杂交和 RNA-RNA 杂交 3 类。为了便于检测，探针必须用一定的手段加以标记。常用的标记物是放射性核素，近年来也有一些非放射性标记物。该技术可以快速检测环境中独特的核酸序列，也可以对特定环境中有关微生物的存在与否、分布模式及丰度等情况进行研究。核酸分子杂交技术由于高度的特异性和灵敏性而被广泛应用。下面介绍常用的几种杂交技术。

（1）斑点印迹（dot blotting）。将等量的核酸点在硝酸纤维素滤膜上，用探针与之杂交，可用来指示一个序列的存在与否，也可对序列定量分析。定量分析时，杂交的相应量或强度与点上去的已知标准品相比较可以估计出样品中序列的量，信号的强度可由光密度仪测定。

（2）Southern 杂交（Southern hybridization）和 Northern 杂交（Northern hybridization）。Southern 杂交（DNA 印迹法）是用于鉴别 DNA 序列的技术，其原理参见图 8-15。例如，要了解一个基因是在质粒上，还是在染色体上，可以将菌株内所有的质粒抽提出来，并用凝胶电泳分离开。将质粒 DNA 用印迹法转移到硝酸纤维膜上，并采用标记的探针杂交，只有含靶 DNA 序列的质粒或基因组才能与探针杂交，故可鉴别出基因所在位置。

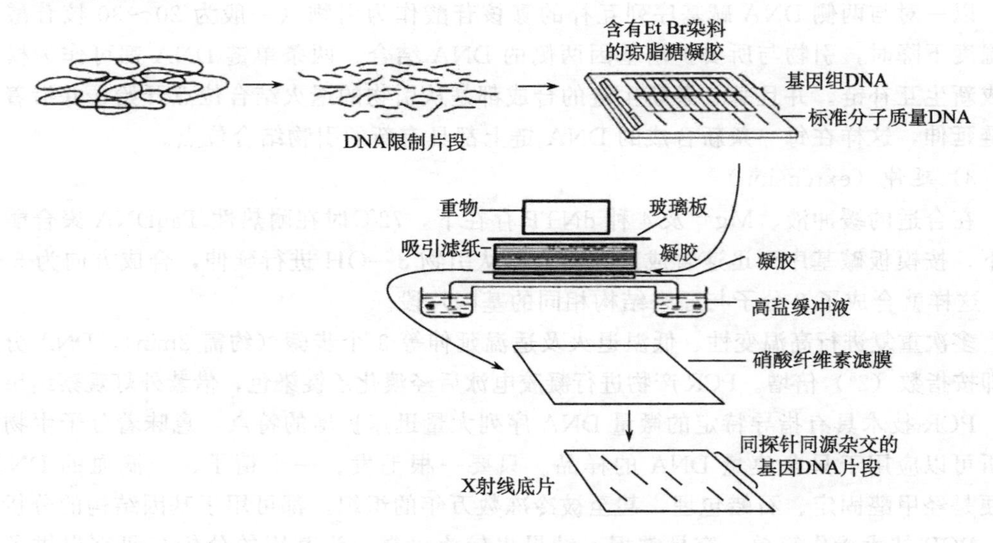

图 8-15　Southern 杂交的原理

Northern 杂交（RNA 印迹法）的原理与 Southern 杂交类似，只是它的靶序列不是 DNA，而是 RNA。从环境样品中抽提出总 RNA，然后在凝胶上电泳并转移到膜上，特异 RNA 分子可由适当的探针检出。DNA 序列的检出能提供一种基因存在的信息，而 RNA 的检出却能提供特异基因的表达信息。

(3) 原位杂交技术（*in situ* hybridization，ISH）。该技术采用标记的已知序列核酸作探针与细胞或组织切片中的核酸进行杂交并进行检测。最初采用放射性标记的核酸作探针，后来采用荧光染料，于是发展为荧光原位杂交（fluorescence *in situ* hybridization，FISH）。荧光原位杂交利用带有荧光标记的探针与固定在玻片或纤维膜上的组织或细胞中特定的核酸序列杂交，无需进行核酸的分离，探针透过细胞膜与染色体进行杂交，探测其中的同源核酸序列，结果可以直接在荧光显微镜下观察。

与放射性探针相比，荧光探针具有安全和灵敏的特点，其灵敏度可达 10～20 个 mRNA 拷贝/cell。主要操作步骤包括：①样品的固定、制备和预处理；②预杂交；③探针和样品变性；④用不同的探针杂交以检测不同的靶序列；⑤漂洗去除未结合的探针；⑥通过激发杂交探针的荧光来检测信号，从而检测相应的核苷酸序列（图 8-16）。

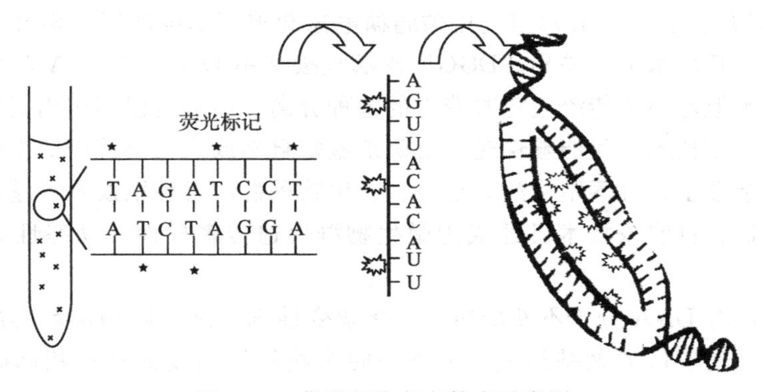

图 8-16　荧光原位杂交技术示意图

原位杂交能在成分复杂的组织中进行单一细胞的研究而不受组织中其他成分的影响，因此对于那些细胞数量少、分散于其他组织中的细胞 DNA 或 RNA 的研究更为方便。将环境样品作原位杂交，可以获得大量微生物多样性的信息，如微生物的形态特征、种群丰度、群落的空间分布和动态等，还能对环境微生物样品进行有效定量。

3. 以 rRNA 基因为基础的细菌同源性分析

rRNA 基因为基础的同源性分析方法，是综合应用多项分子生物学技术对细菌中 rRNA 基因进行分析，从而对微生物进行鉴定和多样性分析的一种技术。rRNA 基因是细胞内最保守的基因。16SrDNA 序列分析已经成为细菌种属鉴定和分类的标准方法，已有数千种的 16SrDNA 全序列被报道。根据序列同源性已经构建了各种属的系统发育树。但是 16SrDNA 序列具有高度保守性，对于相近种或种内不同菌株之间的分辨力较差。23SrDNA 分子较大，且只有少数种的序列被报道，所以尚未得到广泛应用。

16S-23SrDNA 间隔区（intergenic spacer region，ISR）没有特定功能且进化速率

比16SrDNA快10几倍，近年来在细菌鉴定和分类方面，特别是在相近种和菌株的区分和鉴定中备受关注。研究表明一些真细菌和古菌的16S-23S rDNA ISR的序列、数目和长度都不同，这为其在细菌分类和鉴定中的作用提供了依据。通过对核酸序列库中13个种的33个16S-23SrDNA ISR序列比较发现，它们没有高度保守区域。这些基因既不存在于所有的菌株中，也不存在于同一菌株所有拷贝的*rrn*中，所以可利用多拷贝*rrn*的16S-23SrDNA ISR的数目和长度的差异鉴别不同属、种及型的细菌。但对于只有一个或两个*rrn*拷贝的细菌，利用其数目和长度就不太可能，而需对扩增产物酶切或测序来进行鉴定。

4. 电泳技术

变性梯度凝胶电泳（denaturing gradient gel electrophoresis，DGGE）技术是Fischer和Lerman于1919年最先提出用于检测DNA突变的一种电泳技术。1993年Muzyers等首次将它应用于分子微生物学研究领域，并证实了该技术在揭示自然界微生物区系的遗传多样性和种群差异方面具有独特的优越性。该技术可分离长度相同而序列不同的DNA片段混合物，分辨精度比琼脂糖电泳和聚丙烯酰胺凝胶电泳更高，甚至可以检测到一个核苷酸水平的差异。DGGE技术直接利用DNA和RNA对微生物遗传特性进行表征，不但避免了传统上耗时费力的菌种分离，而且可以鉴定出无法用传统方法分离出的菌种。该技术不仅能够快速、准确地鉴定自然或人工环境中的微生物个体，而且可以进行复杂微生物群落结构演替规律、微生物种群动态性以及重要基因定位、表达调控的评价分析。目前该技术已经成为微生物群落遗传多样性和动态性分析的强有力工具。

其原理为：对DNA分子不断加热或用化学变性剂处理，两条链就会解链。先解链的区域由解链温度较低的碱基组成。另外同时影响解链温度的还有相邻碱基间的“堆积”力。解链温度低的区域通常位于端部，称作低温解链区。若端部分开，那么双链就由未解链部分束在一起，这一区域称作高温解链区（图8-17）。如果温度或变性剂浓度继续升高，两条链就完全分开。DGGE技术是在聚丙烯酰胺凝胶中添加了线性梯度的变性剂，可以形成从低到高的线性梯度。通过不同序列的DNA片段在各自相应的变性剂浓度下变性，发生空间构型的变化，继而导致电泳速度急剧下降，最后在其相应的变性剂梯度位置停滞，经过染色后可以在凝胶上呈现为分散的条带。

DGGE技术的主要依据为：首先DNA双链末端一旦解链，其在凝胶中的电泳速度会急剧下降。其次如果某一区域首先解链，而与其仅有一个碱基之差的另一条链则有不同的解链温度。将样品中加入含有变性剂梯度的凝胶进行电泳就可将二者分开（图8-18的1道、2道）。最终，如果一条双链在其低温解链区形成异源双链（PCR扩增时产生的），而与另一等同的双链相比差别仅在于此，那么，异源双链将在低得多的变性剂浓度下解链。事实上，样品通常含有突变、正常的同源双链以及错配的异源双链。而异源双链（图8-18的3道、4道）通常可以与两个同源双链（图8-18中的1道、2道）远远分开。

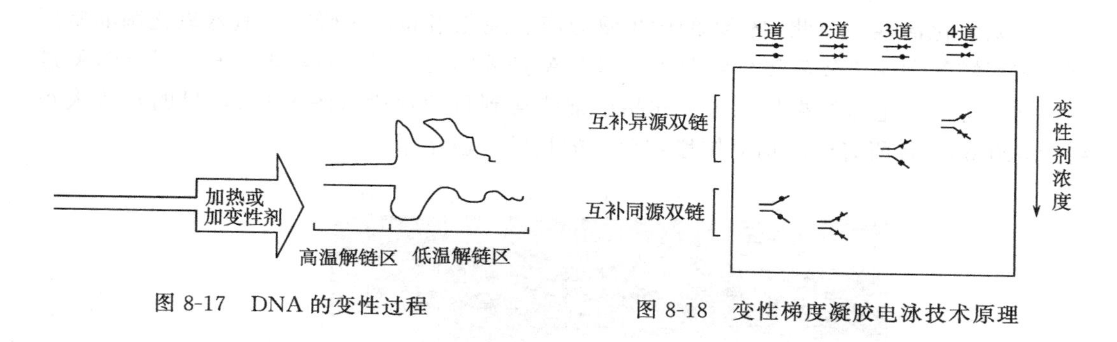

图 8-17　DNA 的变性过程

图 8-18　变性梯度凝胶电泳技术原理

该技术主要包括以下步骤：①样品采集；②样品中总 DNA 的提取及纯化；③样品 16S rDNA 片段的 PCR 扩增；④对扩增出的 16S rDNA 片段的解链性质及所需的化学变性剂浓度范围进行分析；⑤制胶；⑥样品的 DGGE 分析。

（二）常用分子生物学技术在环境工程中的应用

1. PCR 技术在环境工程中的应用

（1）应用 PCR 技术检测环境中的致病菌及指标菌。定期检测环境中致病微生物的种类、数量、变化趋势等对于传染性疾病的控制具有重要意义。采用传统的分离培养方法进行检测，一般需几天到数周，不仅费时费力，而且无法检测一些难以人工培养的病原菌。采用 PCR 技术则克服了上述缺点，一般仅需 2～4h 就能完成。

有人利用 PCR 技术检测了食品中的单核细胞增生利斯特菌（*Listeria monocytogenes*）（该菌易导致人类脑膜炎）。采用培养方法至少需要 5d 才能判定没有利斯特氏菌污染，至少需要 10d 才能鉴定单核细胞增生利斯特菌的存在。而现在应用 PCR 技术只需要几小时即可完成对该菌的检测。除此之外，应用 PCR 技术还可成功检测出环境中致病性大肠杆菌、炭疽芽孢杆菌、沙门氏菌、霍乱弧菌等一些致病微生物，有效地防止了疾病的发生和蔓延。

（2）应用 PCR 技术检测环境中的基因工程菌株。随着环境生物技术的发展，越来越多的基因工程菌被应用于处理现场。出于研究工作本身的需要和安全因素，检测环境中这些基因工程菌的动态是非常必要的。应用 PCR 技术可对已知基因组结构和功能的基因工程菌进行检测，非常方便。

Selvaratnam 等用 PCR 扩增检测废水处理的间歇式反应器中降解酚的假单胞菌，确定该菌特殊的分解活性；Erb 等用 PCR 扩增多氯联苯污染生态系统中微生物的总 DNA，比较污染系统中降解多氯联苯的微生物群落的基因多样性。

（3）PCR 技术在环境微生物基因克隆中的应用。自然环境中含有非常丰富的微生物资源，从中克隆出某些可利用的基因具有重要意义。Zehr 等采用 PCR 技术直接从海水 DNA 样本中特异性地扩增了一种目前常规方法无法克隆到的 *Trichodesmium thiebautii* 菌株的固氮基因 *nif*。

厌氧氨氧化细菌对氧极度敏感、生长非常缓慢，并且在较高细菌浓度条件下才表现出厌氧氨氧化活性，因此用传统的微生物分离、纯化培养方法研究厌氧氨氧化菌非常困难。宋亚娜等利用厌氧氨氧化细菌 16S rDNA 基因的特异引物对红壤稻田土壤 DNA 进行扩增，琼脂糖电泳结果显示各个样品中都能得到目的片段（图 8-19），目的片段大小约为 500 bp，且所有样品均只扩增到单一的目的片段条带。

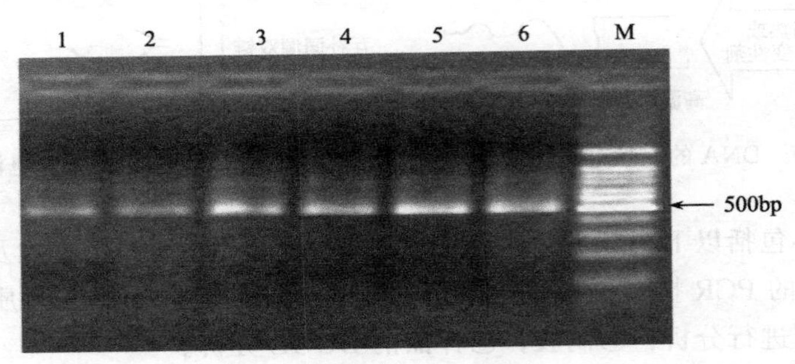

图 8-19　红壤稻田土壤厌氧氨氧化细菌 16S rDNA 基因扩增

1. 分蘖期表土；2. 孕穗期表土；3. 成熟期表土；4. 分蘖期根层土；5. 孕穗期根层土；6. 成熟期根层土；M. 100bpDNA ladder

（宋亚娜等，2010）

2. 核酸分子杂交技术在环境工程中的应用

（1）利用 DNA 探针检测病原微生物。目前已经建立了许多检测食源性病原菌的 DNA 探针的分析方法。再加上各种方法的不断改进以及更灵敏的非放射性探测方法的建立，大大拓宽了以探针为基础的方法的应用。现在已经有许多用来检测病原菌的商品试剂盒。

（2）利用核酸杂交检测环境中的特定微生物。根据不同序列的探针与相应的靶核糖体特异性地结合，能将微生物鉴定到科、属甚至是种。Gulnur Coskuner 利用 FISH 技术对活性污泥中硝化细菌进行鉴定和计数，避免了传统培养计数带来的偏差。他们认为 FISH 技术能更多地揭示硝化细菌微生物学方面的信息，更有利于改进生物脱氮工艺的运行。此外，应用 FISH 技术检测和鉴定未被培养的种属，Schulz 等在纳米比亚海岸发现了一株硫氧化细菌，但未获得纯培养。1999 年 Science 杂志报道了经过 16S rDNA 测序分析和 FISH 技术分析该硫酸盐细菌（*Thiomargarita namibiensis*）是变型菌纲 γ 亚纲，直径 0.5mm，含有硫粒常呈白色［图 8-20（a)］。光镜下可见呈现链状排列，细菌分裂时，链尾部有两个空壳［图 8-20（b)、(c)］。在共聚焦激光扫描电镜下弥散分布的白色颗粒为硫粒［图 8-20（d)］。在分析被石油污染的土壤时，用核酸杂交法得到某种烃降解基因的检出率显著高于未被污

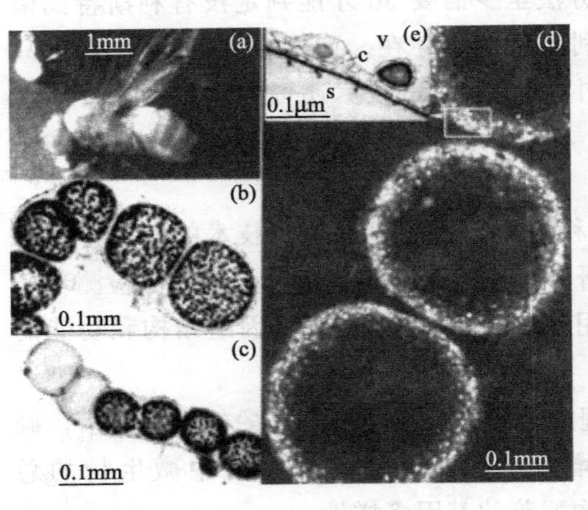

图 8-20　巨大硫酸盐细菌

（王爱杰和任南琪，2004）

染的土壤。定量分析结果表明，污染越严重，这种降解基因的含量也越高。该方法可作为土壤石油污染程度的评价方法之一。

（3）应用 FISH 技术监测环境微生物群落结构、功能和动态。近年来，应用 FISH 技术研究自然环境微生物群落的报道较多。FTSH 技术不仅能够提供某一时刻微生物的景象信息，还能监测微生物群落和种群动态，如原生动物摄食的增加对浮游生物组成的影响、季节变化对环境微生物群落的影响等。朱琳等利用 FISH 技术测得玄武湖与太湖的硝酸菌和亚硝化细菌数量相当，二者的亚硝化细菌数量比硝酸菌低一个数量级，得出亚硝化细菌含量普遍低于硝酸菌含量是富营养化水体的一个共同特征的结论。

废水生物处理系统的主体是微生物，常规技术难以快速、准确地反映系统中微生物种群的变化，制约了人们对工艺过程的人为控制能力。而 FISH 技术克服了传统方法的束缚，能够提供处理过程中微生物的数量变化和空间分布等信息，为提高废水处理能力与处理水平提供了新的思路。Daims 等利用不同的寡核苷酸探针，通过 FISH 技术研究的结果说明，在所有的水处理污泥和生物膜样品中都可以发现大量的硝化螺菌（*Nitrospira*），而硝化杆菌（*Nitrobacter*）只能在 SBR 的生物膜中找到。相对于其他处理系统，SBR 反应器中的亚硝酸盐含量要高许多，说明硝化杆菌较为适应高浓度的亚硝酸盐。

孙寓姣等利用 FISH 技术，考察了好氧上流式污泥床（AUSB）反应器中好氧颗粒污泥中硝化菌群的生态分布。在接种的厌氧颗粒污泥中 2 类细菌都几乎未能见到[图 8-21（a）]；而在好氧污泥中，则可同时发现氨氧化细菌（ammonia-oxidizing bacteria，AOB）和硝化细菌（nitrite-oxidizing bacteria，NOB）。AOB 的数量要多于 NOB，而且 AOB 较明显地生长在颗粒表层，NOB 则生长在内层[图 8-21 中（b）和（c）]。

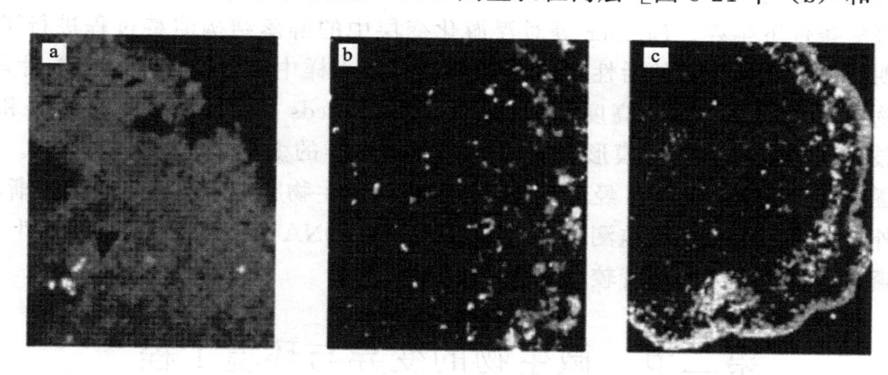

图 8-21　好氧上流式污泥床反应器中 AOB 与 NOB 菌群荧光原位杂交结果

（孙寓姣等，2006）

3. 以 rRNA 基因为基础的分析鉴定在环境工程中的应用

通过 16S rDNA 碱基顺序的测定，进行菌种的系统发育分析和菌种分类地位的确定，已经得到《原核生物》和《伯杰氏系统细菌学手册》的肯定，它们都将 16S rDNA 碱基顺序测定作为分类依据。16S rDNA 序列分析已经成为细菌种属鉴定和分类的标准方法。16SrDNA 序列分析还可以用于微生物多样性和系统发育关系分析，根据它们的序列同源性，已经构建了各种属的系统发育树。如对氨氧化细菌的 16S rRNA 基因序列分析结果表明，自养氨氧化细菌有两个系统发育群，一群含有 *Nitrosocossusoceanus*，属 γ 亚纲，另一群含有 *Nitrosococcusmobilis*，属 β 亚纲，即亚硝化细菌。

由于 16SrDNA 序列在原核生物中的高度保守性，使其在相近种或菌株间的鉴定分辨力较差。而 16S-23S rDNA 的 ISR 序列作为 16S rDNA 序列系统分类的一个强有力补充，得到广泛应用。不仅能根据 16S-23S rDNA 的 ISR 的大小，而且还能根据它所包含的 tRNA 种类和数目的不同进行分类。Jensen 等建立了一套用来扩增 16S-23SrRNA 基因间区的 PCR 扩增体系，并对包括李斯特菌、葡萄球菌等在内的 8 个属 28 个种、亚种的 300 多株细菌扩增结果表明，16S-23SrDNA ISR 的电泳图谱可以区分所有试验的种或亚种。Aakra 等测定了 12 株氨氧化细菌的 16S-23SrDNA 的 ISR 序列。结果发现每个 AOB 细菌的基因组都含有一个 *rrn*，而大多数细菌的每一个基因组中都含有 5～10 个 rRNA 基因的拷贝，这说明 AOB 细菌单拷贝的 rRNA 可能与 AOB 细菌生长慢有关。

4. DGGE 技术在环境工程中的应用

由于 DGGE 技术可再现未被培养的微生物信息，克服了传统方法的片面性，从而在分析环境微生物群落多样性和动态性方面得到了广泛应用。目前，DGGE 技术已经被用于土壤、底泥、活性污泥、生物膜等环境样品中微生物多样性检测、微生物鉴定、微生物变异及种群演替等方面的研究。Teske 采用 DGGE 法分析了硫酸盐还原菌时空分布的变化，通过利用寡核苷酸探针与 DGGE 产物的杂交表明，硫酸盐还原菌可在缺氧和微好氧条件下生存。Donner 等对浮游化变层中的群落结构演替过程进行了追踪，实验表明纤维素酶和脂酶的活性变化与不同取样点水样中细菌的 16S rDNA 片段 PCR 扩增产物的 DGGE 谱图具有高度的一致性。Sante Goeds 等利用微生物传感器和 PCR-DGGE 技术相结合，对生物膜形成过程中微生物种群的变化情况进行了分析。DGGE 谱图中逐渐增加的条带表明，经过定向的生物演替，生物膜中的微生物种类渐渐丰富起来。此外，DGGE 技术还在监测功能基因的表达、rDNA 编码基因微小异源性差异检测、克隆文库筛选等方面有着较好的应用。

第二节　微生物的变异与环境工程

如前所述，微生物通过 DNA 的复制把生命信息准确地传递给子代，这是遗传。遗传的表现形式为微生物性状的相对稳定。但是微生物作为生物大家族中的特殊类群，由于具有易变异的特点而备受关注。

基因型相同的生物在不同的外界条件下会有不同的表型，这种不同只能称为适应或饰变，而不是变异。群体中的每一个个体都可能发生饰变，但是这种变化并不能遗传给后代。只有遗传物质的改变才能称为变异，一旦发生便可稳定地遗传。遗传信息的变化包括突变和重组，它们可以是自然过程，也可以是人为过程。微生物的遗传育种就是以微生物遗传变异的基本理论为基础进行的。人们对遗传变异的本质和遗传物质在细胞间的转移方式等问题的研究逐步深入，促进了微生物育种工作的发展。而环境污染物的日益增多，使得筛选和构建高效降解菌成为环境工程的主要研究内容。此外，利用染色体畸变、姐妹染色单体交换（SCE）、微核技术、Ames 实验等还可以检测环境中的致癌、致畸变和致突变物质。

一、突变类型和基因符号

（一）突变的类型

突变就是遗传物质中核苷酸序列发生了可遗传的改变。主要包括基因突变和染色体畸变。

1. 基因突变

基因中 DNA 序列的任何改变，包括一对或少数几对碱基的改变而导致的遗传变化称为基因突变（gene mutation），由于变化的范围小，所以又称点突变或狭义的突变。

不同的碱基变化对遗传信息的影响是不同的。某个碱基的变化如果没有改变产物的氨基酸序列，则称为同义突变。若引起了产物氨基酸序列的改变，称为错义突变。如果某个碱基的改变，使代表某种氨基酸的密码子变为蛋白质合成的终止密码子，蛋白质的合成就提前终止，结果产生了截短的蛋白质，这是无义突变。而由于 DNA 序列中发生 1 个或 2 个核苷酸的插入或缺失，导致翻译的可读框发生改变，从而使改变位置以后的氨基酸序列完全发生变化，这是移码突变。除了同义突变外，其他 3 种类型的突变都可能导致表型的变化。

- 基因突变
  - 碱基置换
    - 转换：A↔G，T↔C
    - 颠换
      - A↔T，A↔C
      - G↔T，G↔C
  - 移码突变
    - 缺失：ABC　ABA　BCA
    - 添加：ABC　AXB　CAB

2. 染色体畸变

染色体畸变（chromosomal aberration）不仅包括染色体结构的缺失、重复、插入、倒位和易位，也包括染色体数目的改变。染色体结构的变化又分为染色单体型畸变和染色体型畸变，前者只涉及一条染色体，后者则涉及两条染色单体。如发生缺失或重复时，可造成基因的减少或增加；发生倒位或易位时，则可造成基因顺序的改变。其中倒位是指断裂下来的染色体片段旋转 180°后，重新连接到原来位置；易位则是断裂下来的染色体片段插入到染色体的其他部位。

（二）基因符号

基因符号的命名规定如下：

表 8-3　细菌中常用的基因符号

基因型	基因符号说明	基因型	基因符号说明
ara	阿拉伯糖不能利用	*pur*	嘌呤缺陷型（不能合成）
att	原噬菌体附着点	*pdx*	吡哆醇不能利用（不能合成）
azi	叠氮化钠抗性	*pyr*	嘧啶缺陷型（不能合成）
bio	生物素缺陷型（不能合成）	*rha*	鼠李糖不能利用
gal	半乳糖不能利用	*str*	链霉素抗性
lac	乳糖不能利用	*thi*	硫胺缺陷型（不能合成）
mal	麦芽糖不能利用	*ton*	噬菌体 T1 抗性
man	甘露糖不能利用	*tsx*	噬菌体 T6 抗性
mtl	甘露糖醇不能利用	*xyl*	木糖不能利用

细菌：命名用三个英文缩写字母表示，肩上的符号用来表示野生型、突变型、敏感性或抗性。表型第一个字母大写，用正体。例如，Gal^+ 表示表型为半乳糖野生型或原养型，Gal 或 Gal^- 表示表型为半乳糖缺陷型或突变型；Amp^R 指表型为氨基苄青霉素抗性，Amp^S 指表型为氨基苄青霉素敏感性。基因型三个字母均小写，用斜体。例如，gal^+ 指基因型为半乳糖野生型，*gal* 或 gal^- 指基因型为半乳糖突变型；amp^R 指基因型为氨基苄青霉素抗性，amp^S 指基因型为氨基苄青霉素敏感性。如果一个基因有多个位点时，在基因座位名称后用正体的大写字母来表示不同的位点，如 *lac* A、*lac* Y、*lac* Z。对于特定的突变型常以它们被分离出来的前后顺序编号来表示，但编号要用正体，如 *gal* K32。表 8-3 中列出了细菌中常用的一些基因符号。

酵母：三个字母表明基因功能，而后的数字表示不同基因座。如啤酒酵母基因 *GAL4*、*CDC28*；蛋白质：GAL4、CDC28。非洲粟酒酵母基因 *gal4*、*cdc2*；蛋白质：Gal4，Cdc2。

二、基因突变的原因

基因突变可以是自发的，也可以是诱发的。

（一）自发突变机制

自发突变（spontaneous mutation）是无人工干预下生物体自然发生的基因突变。发生原因如下：

(1) 背景辐射和环境因素。例如，天然的宇宙射线和自然界中存在的一些低浓度诱变物质。

(2) 微生物自身有害代谢产物积累。例如，过氧化氢等。

(3) DNA 复制过程中碱基配对错误。DNA 在每次复制时，每个碱基对错配的频率为 10^{-11}～10^{-7}。

（二）诱发突变机制

诱发突变（induced mutation）是利用物理、化学或生物因素显著提高突变频率的手段，简称诱变。凡是具有诱变效应的因素都称为诱变剂。

（1）物理因素：主要包括紫外辐射、X 射线、β 射线、γ 射线等。其中研究比较清楚的是紫外辐射的诱变效应。紫外线可以使 DNA 分子中同一条链两相邻胸腺嘧啶之间以共价键联结成二聚体（图 8-22）。其他嘧啶碱基之间也能形成类似的二聚体（CT、CC），但数量较少。嘧啶二聚体的形成，影响了 DNA 的双螺旋结构，使其复制和转录功能均受到影响。

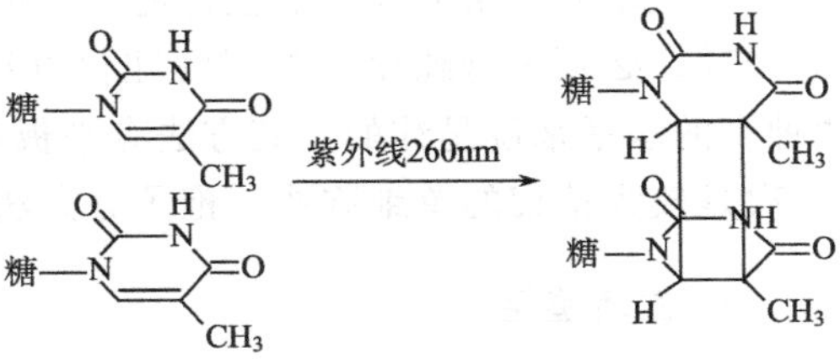

图 8-22　胸腺嘧啶二聚体

（2）化学因素。亚硝酸、羟胺以及各种烷化剂等可以与一至多个碱基发生反应，引起 DNA 复制时发生转换。一些碱基类似物如 5-溴尿嘧啶、5-氨基尿嘧啶、8-氮鸟嘌呤等的结构与碱基相似，可以掺入 DNA 分子中引起突变。一些吖啶类染料，例如，原黄素、吖啶黄、吖啶橙等都是平面型三环分子，与嘌呤-嘧啶对相似，故能嵌入相邻的碱基对之间引起移码突变。

三、基因突变在环境工程中的应用

（一）从自然界中获得新菌种

自然界中微生物资源极其丰富，微生物种类之多，至今仍是一个难以估测的数字。从微生物的营养类型和代谢产物及其能在各种极端环境条件下生存的角度分析，微生物种类应远远超过所有动植物种类之和。随着微生物研究工作的不断深入，微生物菌种资源开发和利用的前景十分广阔。新的微生物菌种需要不断地从自然生态环境混杂的微生物群中挑选出来。菌种筛选的过程大体可分为采样、增殖、纯化和性能测定等步骤。

1. 采样

采样应根据筛选的目的、微生物分布情况、菌种的主要特征及生态环境关系等因素，确定具体采样时间、环境和目标物。土壤是微生物的天然培养基，微生物的分布因土壤组成、有机物种类和数量不同而异。垂直分布与温度、养分、水分、酸碱度和光照等有关，故在采土样时应予以重视。当确定采样地点后，应用小铲子去除表土，取离地面 5～15cm 处的土样几克，盛于牛皮纸袋（预先灭菌）中扎紧，并标明时间、地点和环境等情况。

此外，江、河、湖、海以及被污染的水域和人工生态环境也是菌种筛选的重要来源。

2. 增殖

通常采集的样品中，待分离的菌种在数量上并不一定占优势。为提高分离的效率，常以投其所好和取其所抗的原则在培养基中添加特殊的养分或抗菌物质，使目的菌种数量相对增加，这种方法称为增殖培养，又称富集培养。

3. 纯化

增殖培养的结果并不能获得纯种，仍是各类微生物的混合体。为了获得特定微生物的纯种，必须进行纯化。常用的纯化方法大体可分为两个层次，一个层次较粗放，从“种”的水平来说是纯的，其方法有平板划线分离、涂布分离和稀释平板分离。另一个层次是较为精细的单细胞或单孢子分离法。它可以达到“菌株纯”的水平。

4. 性能鉴定

菌种性能测定包括菌株的毒性试验和生产性能测定。如果毒性大而且无法排除者应予以淘汰。尽管在菌种纯化中能获得大量的目的菌株，但只有经过进一步的生产性能测定，才能确定哪些更符合要求。

另外，通过自然发生的突变和富集筛选法，来筛选那些含有所需性状得到改良的菌株。在利用微生物进行大生产的过程中，微生物会以 10^{-6} 左右的突变率进行自发突变，其中有可能出现一定概率的正突变株。这是一种获得优良生产菌株的良机。例如，有人在污染噬菌体的发酵液中，曾分离到抗噬菌体的自发突变株。

（二）定向培育和驯化

定向培育是一种利用微生物的自发突变，人为用某一特定环境条件长期处理某微生物群体，同时通过对微生物群体不断移植以选育出较优良菌株的古老育种方法。由于自发突变的频率较低，变异程度不大，故用该法培育新菌种的过程十分缓慢。与后来的诱变育种、杂交育种，尤其是基因工程等育种技术相比，定向培育是一种类似守株待兔式的被动育种方法。定向培育最为成功的例子是目前被广泛使用的卡介苗。法国的 A. Calmette 和 C. Guerin 两人曾把牛型结核杆菌接种在含牛胆汁和甘油的马铃薯培养基上，前后经历 13 年时间，连续移种了 230 多代，直至 1923 年才获成功。

现在环境工程中仍然采用定向培育的方法培育菌种，长时间的定向培育在环境工程中被称为驯化。例如，处理印染废水、焦化废水等的活性污泥有来自生活污水处理。处理生活污水的微生物有其固有的遗传特性，当将其转移至其他废水中时，营养、水温、pH 等都可能发生变化，有的废水甚至有毒。如印染废水中有染料、淀粉、尿素、棉纤维和无机盐等，水温冬季 10～20℃，夏季达 40℃以上，经过印染废水长时间驯化后，生活污水中的微生物改变了原来对营养和环境的要求产生了适应酶。它们可以利用印染废水中的各种染料成分为营养，改变了代谢途径，不仅能在印染废水中生长繁殖，而且处理印染废水的能力还不断提高。其实，此时的微生物已经发生了变异，成为变种或变株。

（三）诱变育种

诱变育种是指利用物理、化学等诱变剂处理微生物细胞群，在显著提高其突变率的基础上，采用一定的筛选方法获得少数符合要求的突变株。其中诱变和筛选是诱变育种过程中的两个主要环节。利用诱变育种可获得工业和实验室应用的各种菌株，同时它具有简便易行、条件和设备要求较低等优点，具有重要的实践意义。诱变过程包括以下步骤。

1. 选择简便有效的诱变剂

物理因素中有非电离辐射类的紫外线、激光、离子束，电离辐射类的 X 射线、γ 射线和快中子等；化学诱变剂有烷化剂、碱基类似物和吖啶化合物等。其中烷化剂因可与巯基、氨基和羧基等直接反应，因此更容易引起基因突变。在选择诱变剂时，同样效果下，应选用最简便的因素；而在同样简便的条件下，则应选用最高效的因素。实践证明物理诱变剂中，尤以紫外线为最为简便。一般在无可见光（只有红光）的接种室或箱体内进行，15W 的紫外灯，照射距离为 30cm，照射时间一般不短于 10～20s，不长于 10～20min。通常取 5mL 单细胞悬液放置在直径为 6cm 的小培养皿中，在无盖的条件下直接照射，同时用电磁搅拌棒或其他方法搅动悬液。在化学诱变剂中，一般选用效果较显著的“超诱变剂”，如 *N*-甲基-*N′*-硝基-*N*-亚硝基胍（NTG）。

2. 挑选优良的出发菌株

出发菌株是指用于育种的原始菌株。选择合适的出发菌株有利于提高育种效率。育种工作中，通常按照下列方法来选用出发菌株：选用来自生产中的自发突变菌株；选用有利于进一步研究或应用性状的菌株，如生长快、营养要求低以及产孢子早且多的菌株；选择已经诱变过的菌株；选用对诱变剂敏感性较高的增变变异株。

3. 处理单细胞或单孢子悬液

在诱变处理中，所处理的细胞必须是均匀的单细胞悬液。一方面分散状态的细胞可以均匀地接触诱变剂，另一方面又可避免长出不纯菌落。

4. 选用最适的诱变剂量

各种诱变剂剂量的表达方式不同，如紫外线的剂量指强度与作用时间的乘积；化学诱变剂剂量以一定外界条件下，诱变剂的浓度与处理时间来表示。此外育种实践中，还常以杀菌率作诱变剂的相对剂量。

5. 充分利用复合处理的协同效应

诱变剂的复合处理常表现出一定的协同效应。复合处理有两种或多种诱变剂先后使用、一种诱变剂的重复使用、两种或多种诱变剂同时使用等方法。

6. 创造和利用形态、生理与产量间的相关关系

通常为确切了解某一突变株产量性状的提高程度，必须进行大量的分析、测定和统计工作。一些形态变异虽能直接、迅速地加以观察，但又不一定与产量变异相关。如果能找到这两者间的相关性，则育种时初筛的效率可大大提高。

7. 筛选方案

初筛以量为主（选留较多有生产潜力的菌株），复筛以质为主（对少数潜力大的菌株的代谢产物作精确测定）。为了获得优良菌株，初筛菌株的量要大，发酵和测试的条件可粗放一些。例如，可以采用琼脂块筛选法，也可以采用一个菌株进一个摇瓶的方法进行初筛。随着一次次的复筛，对发酵和测试的要求应逐步提高，复筛时一般每个菌株进 3～5 个摇瓶，如果生产能力继续保持优异，再重复几次复筛。反复诱变和筛选，将会提高筛选效率。

第三节　基因重组

两个不同性状个体细胞基因组内的遗传基因，通过一定的途径转移到一起形成新的基因组的过程称为基因重组。它不同于一般细胞水平上的杂交，是遗传物质在分子水平上的杂交，是杂交育种的理论基础。

一、原核微生物的基因重组

原核微生物的基因重组形式主要有转化、转导和接合等。

（一）转化

转化（transformation）是受体菌直接吸收来自供体菌的 DNA 片段，从而获得了供体菌的部分遗传性状的现象。转化的第一步，也是关键的一步是感受态受体细胞的出现。所谓感受态（competence）是指受体细胞最易吸取 DNA 的一种生理状态。然后是离体的 DNA 片段在受体细胞表面结合并进入，进入细胞内的 DNA 一般以单链形式整合到受体 DNA 分子上。

自然转化现象广泛存在于自然界。自然环境中能否发生自然转化，关键取决于是否存在感受态细胞和具有转化活性的 DNA 分子。实际上几乎所有的细菌都可能向环境中分泌 DNA，另外死亡的细胞裂解也会释放出 DNA。而自然感受态细胞作为许多细菌应对不利条件的一种调节机制，也普遍存在于自然环境。对于许多像大肠杆菌一样不具有自然转化能力的细菌，在实验室中可以用人工方法实现转化，例如，用 $CaCl_2$ 处理细胞可以使其出现感受态。

（二）转导

由噬菌体介导将供体细胞的 DNA 片段携带到受体细胞内，使后者获得前者的部分遗传性状的现象称为转导（transduction）。转导分为普遍转导（generalized transduction）和局限转导（specialized transduction）。在普遍转导中噬菌体可以转导供体菌基因组中任何片段的 DNA 到受体细胞，普遍转导又可分为完全普遍转导（complete transduction）和流产普遍转导（abortive transduction）两种类型。

在鼠伤寒沙门氏菌的完全普遍转导实验中，曾以其野生型菌株作供体菌，营养缺陷型为受体菌，P22 噬菌体作为媒介。当 P22 在供体菌内增殖时，宿主的染色体组断裂，当噬菌体成熟之际，极少数噬菌体的衣壳将与噬菌体头部 DNA 相仿的供体菌 DNA 片段误包入其中，因此，形成了完全不含噬菌体本身 DNA 的假噬菌体。当供体菌裂解时，如果把少量裂解物与大量的受体菌群相混，这种误包着供体菌基因的特殊噬菌体就可将这一外源 DNA 片段导入受体菌内。导入的外源 DNA 片段可与受体细胞核染色体组上的同源区段配对，通过双交换整合到染色体组上，使受体菌成为遗传性状稳定的重组体，这就是完全普遍转导。

而在获得供体菌 DNA 片段的受体菌内，如果转导 DNA 不能与受体菌 DNA 进行重组和复制，其上的基因仅经过转录、翻译而得到了表达就称为流产普遍转导。该细胞分裂时，只能将这段 DNA 分配给一个子细胞，而另一子细胞只获得外源基因的产物——酶，因此仍可在表型上出现供体菌的特征，而每经过一次分裂，就受到一次“稀释”（图 8-23）。所以，能在选择性培养基平板上形成微小菌落就成了流产转导的特点。

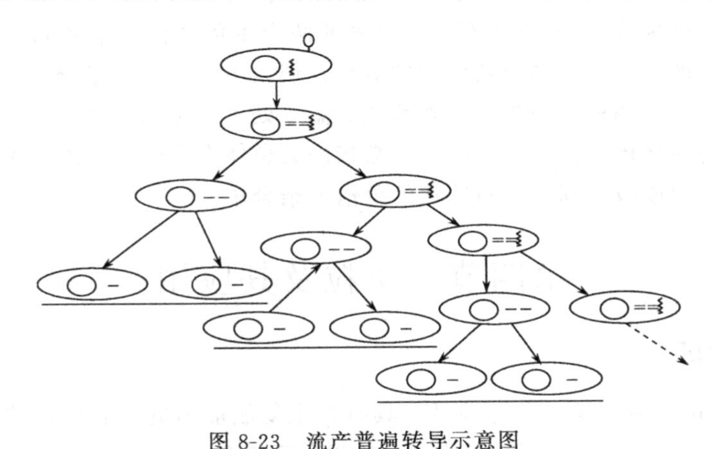

图 8-23　流产普遍转导示意图
（周德庆，2002）

在局限转导中噬菌体总是携带少数特定的 DNA 片段到受体细胞中，与受体细胞的基因组整合重组形成转导子。据转导频率的高低可把局限转导分为低频转导和高频转导两类。

（三）接合

供体菌通过其性菌毛与受体菌相接触，把不同长度的 DNA 传递给后者从而使后者获得供体菌遗传性状的现象，称为接合。它是两个亲本细胞通过直接接触来转移遗传物质的基因重组方式。通过接合而获得新性状的受体细胞即为接合子。接合主要存在于细菌和放线菌中，在细菌中 G^- 细菌尤为普遍。

二、真核微生物的基因重组

真核微生物基因重组的方式很多，这里仅介绍一下有性杂交和准性杂交。

1. 有性杂交

杂交是细胞水平上进行的遗传重组方式。有性杂交（sexual hybridization）指的是不同遗传型的两性细胞之间发生接合和染色体重组，并且获得新的遗传型后代的育种技术。原则上凡是能产生有性孢子的酵母菌、霉菌和蕈菌都可以应用有性杂交方法育种。

2. 准性杂交

准性杂交（parasexual hybridization）是同种生物两个不同菌株的体细胞发生融合，且不经过减数分裂的方式而导致低频率基因重组并产生重组子的现象。可以将其看作是自然条件下真核微生物体细胞间自发的原生质体融合现象。常见于某些丝状真菌，尤其是半知菌中。

一些形态上没有区别，但遗传型上有差别的同一菌种的两个菌株的体细胞（单倍体）间联结（频率极低），发生质配，使原来的两个单倍体核集中到同一个细胞中，于是就形成了双核的异核体。在异核体中的双核，偶尔可以发生核融合，产生双倍体杂合子核。某些理化因素如樟脑蒸汽、紫外线或高温等处理，可以提高核融合的频率。双倍体杂合子的遗传性状极不稳定，其中极少数核的染色体在有丝分裂过程中会发生交换和单倍体化，从而形成极个别具有新性状的单倍体杂合子。

第四节　质粒及其应用

一、质粒概述

质粒（plasmid）指独立于染色体外，具有自主复制能力的细胞质遗传因子。几乎所有的原核生物都有质粒。质粒通常是小型共价闭合环状 DNA 分子，即 cccDNA（covalently closed circle DNA），后来发现还有开环型和线型的 DNA 分子（图 8-24）。质粒上携带着某些染色体上所没有的基因，使微生物被赋予了某些特殊功能，从而具有生长优势，如产特殊酶或降解有毒物质等。这些功能对微生物的生存来说是可有可无的，所以质粒的丢失或转移不会造成菌体死亡，只会使菌体丧失由该质粒所赋予的某种功能。

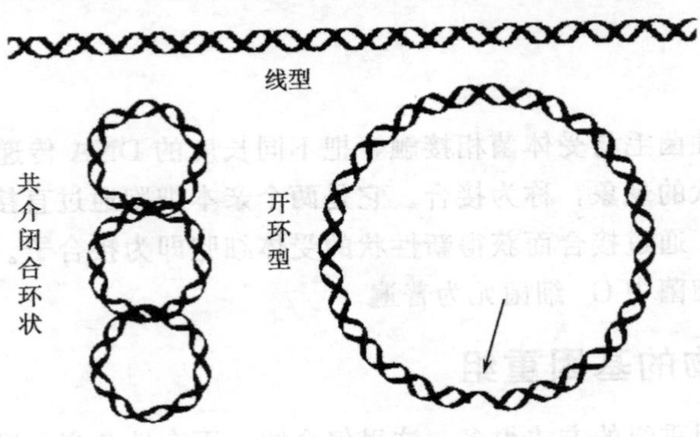

图 8-24　质粒的三种构型

质粒是一种复制子。如果其复制与核染色体复制同步，称为严紧型复制控制，在这类细胞中，一般只含1或2个质粒；若复制与核染色体的复制不同步，则称为松弛型复制控制，在这类细胞中，一般含10～15个或更多质粒。少数质粒可以在不同菌株间发生转移，如F因子和R因子等。含质粒的细胞在正常的培养基上遇吖啶类染料、丝裂霉素C、利福平或利用紫外线、高温等因素处理时，由于质粒复制受到抑制而核染色体复制仍继续进行，故可使子代细胞中的质粒消失。某些质粒具有与核染色体整合和脱离的功能，这类质粒就称附加体。质粒一般还具有转座子或相应的转座元件，如反向重复系列或插入系列，这些可转座元件特有的DNA反向重复序列，能使两重复序列之间的基因成套转移，从而有利于基因的增减、组合、移位，以及相互作用形成新的代谢功能。质粒的结构使其既有稳定性又有灵活性，使宿主细胞在环境选择性压力下能得以优先增殖，获得生存优势。我们也可以充分利用它的特性进行环境污染的微生物控制。

质粒分子大小从1kb到1000kb。根据质粒的分子大小和结构特征，通过超离心或琼脂糖凝胶电泳可将质粒与染色体DNA分开，从而分离得到质粒。具有代表性的质粒简介如下：

(1) F因子。又称致育因子或性因子（fertility factor）。约等于2%核染色体DNA的小型cccDNA，大小约100kb，这是最早发现的一种与大肠杆菌有性生殖现象（接合作用）有关的质粒。携带F因子的菌株称为F^+菌株（相当于雄性），无F因子的菌株称为F^-菌株（相当于雌性）。F因子是附加体，也可以整合到宿主细胞染色体上，这样的菌株称之为高频重组菌株（Hfr菌株）。有时当Hfr菌株上的F因子通过重组回复为自主状态时，可将其相邻的染色体基因一起切割下来，而成为携带某一基因的F因子，携带不同染色体基因的F因子统称为F'。

(2) R因子。即抗性因子（resistance factor）。主要包括抗药性和抗重金属两大类。带有抗药性因子的细菌有时对几种抗生素或其他药物呈现抗性。许多R因子可使宿主细胞对多种金属离子呈现抗性，包括砷（As^{3+}）、汞（Hg^{2+}）、镍（Ni^{2+}）、钴（Co^{2+}）、银（Ag^+）、镉（Cd^{2+}）、碲（Te^{6+}）等。

(3) Col因子。产大肠菌素因子。许多细菌都能产生使其他原核生物致死的蛋白质类细菌毒素。大肠菌素是大肠杆菌的某些菌株所分泌的细菌毒素。凡带Col因子的菌株，由于质粒本身编码一种免疫蛋白，从而对大肠菌素有免疫作用。

(4) 毒性质粒。许多致病菌的致病性是由其携带的质粒引起的，这些毒性质粒（virulence plasmid）具有编码毒素的基因，苏云金杆菌产生的毒素是这种质粒的典型例子。此外Ti质粒是引起双子叶植物冠瘿瘤的致病因子，其宿主是一种根癌土壤杆菌。

(5) 降解性质粒。含有这类质粒的细菌能将复杂的有机化合物降解成能被其利用的简单形式。尤其是对一些有毒化合物，如芳香族化合物、农药、辛烷和樟脑等的降解。

(6) 共生固氮质粒。根瘤菌中与结瘤和固氮有关的所有基因都位于该质粒上。

(7) 隐秘质粒。这种类型的质粒不显示任何表型效应，它们的存在只有通过物理方法，例如，凝胶电泳检测、细胞抽提液等方法才能发现。目前对它们的生物学意义还不了解。

二、降解质粒及遗传控制

降解性质粒可编码一系列能降解复杂物质的酶，从而能利用一般细菌所难以分解的物质作碳源。自 20 世纪 70 年代初 Chakrabarty 报道在假单胞菌中发现降解樟脑质粒以来，相继发现了许多降解性质粒。这些质粒以其所分解的底物命名。目前为止，从自然界分离菌株中发现的天然降解质粒大都来自假单胞菌属，主要有 CAM（樟脑）、OCT（正辛烷）、NAH（萘）、TOL（甲苯）、XYL（二甲苯）、PAC21（多氯联苯）、PWR（五氯甲苯）、降解六六六农药的 BHC 质粒等。此外，3,5-二甲苯酚、2,6-二氯甲苯等化学物的降解，也是由降解性质粒控制的。

降解质粒上的降解基因在微生物菌群间的转移不易通过转导、转化方式，大多只是通过接合方式。许多质粒有广泛的宿主范围，如 TOL 质粒几乎可以在所有 G^- 中转移。这种菌群间降解能力的传播，推动了土壤微生物菌群间的进化，或许提供了土壤微生物中降解基因库的扩大，为天然或合成的各种有机污染物的降解和再循环提供了条件。

从代谢途径来看，脂肪烃的代谢由正烷烃氧化为相应的醇、醛、酸等；单环芳烃、多环芳烃的氧化是首先形成关键的中间产物儿茶酚、原儿茶酚、间羟基苯甲酸，其中儿茶酚、原儿茶酚，既可经邻位裂解途径产生乙酰 CoA 及琥珀酸，也可经间位裂解途径产生乙醛和丙酮酸；而卤代脂肪烃和卤代芳烃，则脱去卤素后再进一步降解。

从遗传控制角度来说，微生物降解上述物质的能力可能来自质粒 DNA 的遗传信息，也可能受染色体 DNA 调控。大多数质粒不能编码整个降解途径，剩余部分由染色体基因控制。大致分为三种情况：第一种，嗜油假单胞菌、恶臭假单胞菌降解脂肪烃 OCT 的质粒，编码脂肪烃羟化和初生醇脱氢的活性，质粒编码的末端产物是辛醇，其余部分由染色体控制。第二种，质粒和染色体分别编码某一化合物不同降解途径的酶，二者互相补充，如降解芳烃的 TOL 质粒。第三种，菌株中某种特殊物质的降解由质粒编码，而另外一些种中同样降解途径由染色体编码。

细菌质粒的存在对于寄主细胞在不良环境中生存具有重要的生态学意义，而降解性质粒在微生物对污染环境的适应和环境污染物的降解中更有着特殊的意义。可以认为降解性质粒是自然界中诱导酶以外的另一种经济调节系统。由于质粒本身是个复制子，可保持信息传递的稳定性，又因为它可以携带转座子和插入序列，在长期进化过程中，起着基因交换的载体作用和基因库的作用。降解性质粒所编码的催化特定化学物代谢中各个步骤的不同基因，可能是在自然环境长期进化过程中，由不同微生物具有某一降解功能的 DNA 片段通过转移和重组逐步形成的，使寄主在选择性压力下优先增殖获得对不利环境的适应性。质粒形成之后，其编码的降解酶，可因基因的突变而扩大底物范围，获得新的降解功能。

三、质粒育种与环境工程

质粒在原核微生物的生长中并不像染色体那样举足轻重，常由于外界因素影响而发生丢失或转移。所谓质粒转移，就是质粒通过细胞与细胞的接触而发生转移，从供体细胞转移到不含该质粒的受体细胞内，使受体细胞具有由该质粒决定的遗传性状。有的质粒还可携带供体的一部分染色体基因一起转移，从而使受体菌既获得供体细胞质粒决定的性状，又获得其染色体基因决定的遗传性状。质粒的这些特征可以用来培育优良菌种，即质粒育种，也就是将两种或多种微生物通过细胞结合或融合技术，使供体菌的质粒转移到受体菌体内，使后者保留自身的功能质粒的同时又获得了前者的功能质粒，从而获得同时具有几种功能质粒的新品种。这方面的研究已在环境工程中取得了一些成果。

1. 石油降解功能菌的构建

海洋浮油污染是海洋的主要污染物之一，已引起广泛关注，应用微生物治理海洋石油污染是一个相当活跃的研究领域。至今已发现可以消除石油污染的微生物有上百种，但这些土著微生物浓度较低，分解石油的速度非常缓慢。20 世纪 70 年代美国生物学家 Chakrabarty 等对假单胞杆菌属的不同菌种分解烃类化合物的遗传学特性进行了大量研究，发现假单胞杆菌属的许多菌种细胞内含有某种降解质粒，它们控制着石油中烃类降解酶的合成。在此研究基础上，他们应用接合手段，把标记有能降解芳烃、萜烃、多环芳烃的质粒转移到能降解脂肪烃的假单胞菌体内，获得了同时降解四种烃的功能菌（图 8-25），而这些烃基本包含了石油中 2/3 的烃类成分。与自然菌种相比，新构建的功能菌能将天然菌花一年以上才能消除的浮油缩短为几小时，从而获得了美国的专利权。

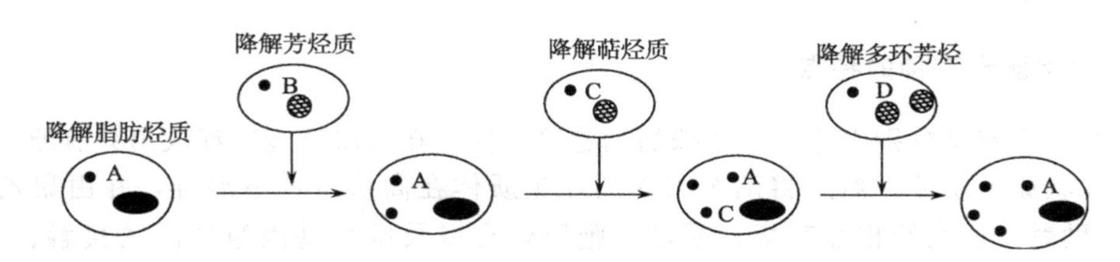

图 8-25　质粒育种构建功能菌

2. 烃类和抗汞质粒菌的构建

Chakrabarty 等同时将嗜油的假单胞菌体内能够降解辛烷、乙烷、癸烷功能的 OCT 质粒和抗汞质粒 MER 同时转移到对 20mg/L 汞敏感的恶臭假单胞菌体内，结果使该菌转变成了能抗 50～70mg/L 汞的且能同时分解烷烃的抗汞质粒菌。

3. 利用天然降解性质粒构建新的降解酶

德国的 Reinke 等将 *Psputidamtz* 菌株中编码降解芳香化合物关键酶系的 TOL 质粒，转移到只降解 3Cb（3-氯苯甲酸）而不能利用 4Cba（4-氯苯甲酸）和 3,5-DCb（3,5-二氯苯甲酸）的 *Pseudomonas* sp. B13 菌株中，构建成了能以 4Cba 和 3,5-Dcb 为唯一碳源的新菌株。

还有学者将 *Psputida* BS240 菌株中编码萘和水杨酸降解酶系的 PBS_2 质粒，接合转移到 *Psaeruginosa* 640X 菌株（可以辅代谢方式降解 DDT），从而使后者同时获得了利用萘和对二甲苯的能力，并且其降解 DDT 的效能也大大提高。

第五节　遗传工程技术在环境工程中的应用

一、细胞融合技术及其在环境工程中的应用

（一）细胞融合概述

细胞融合技术即原生质体的融合技术（protoplast fusion），是通过人为方法使两个遗传性状不同的细胞原生质体相融合，进而发生遗传重组，形成同时带有双亲遗传性状的、稳定的融合子的过程。是转化、转导和接合之后发现的一种遗传物质转移的有效手段。

能进行细胞融合的生物种类是极其广泛的，不仅包括原核生物，而且还包括各种真核细胞，特别适合于不具有接合作用的或对其感受态还不清楚的细胞以及难以实现外源DNA载体转化的链霉菌、酵母菌和丝状真菌等。细胞融合打破了微生物的种属界限，可以实现远缘菌株的基因重组，而且可使遗传物质传递更为完整、获得基因重组体的机会更多。此外细胞融合技术还可用于研究细胞质遗传、核质关系等问题，因此在生产实践及理论研究上都具有重要意义。

（二）微生物细胞融合育种

1. 细胞融合育种的特点

细胞融合就是分别去除两个亲株的细胞壁，使其在高渗环境中释放出只有原生质膜包被的球状原生质体，然后将两个亲株的原生质体在高渗条件下混合，并由聚乙二醇（PEG）助融，使它们相互凝集，通过细胞质融合以及两套基因组之间的接触、交换，从而发生基因组的遗传重组，在再生细胞中就可以获得重组体。该技术具有以下特点：

（1）杂交频率较高。据统计，霉菌与放线菌的融合频率为10^{-3}～10^{-1}，细菌与酵母的也达到10^{-6}～10^{-3}。

（2）受接合型或致育性的限制较小。由于两亲株中任何一株都可能作为受体或供体，因此原生质体融合有利于不同种属间微生物的杂交。另外，原生质体融合是与“性”没有关系的细胞杂交，所以受接合型或致育性的限制较小。

（3）重组体种类较多。由于原生质体融合使两亲株的整套基因组之间相互接触，所以有机会发生多次交换产生各种各样的基因组合而得到多种类型的重组体。

（4）遗传物质可较为完整地传递。

（5）可获得性状优良的重组体。

除此以外，细胞融合技术还存在两株以上亲株同时参与融合形成融合子的可能，以及提高菌株产量潜力概率较大等特点。

2. 细胞融合育种的步骤

细胞融合育种一般包括如下步骤（图8-26）。

1）标记菌株的筛选

在细胞融合中，通常所用的亲株均要有一定的遗传标记以便于筛选。

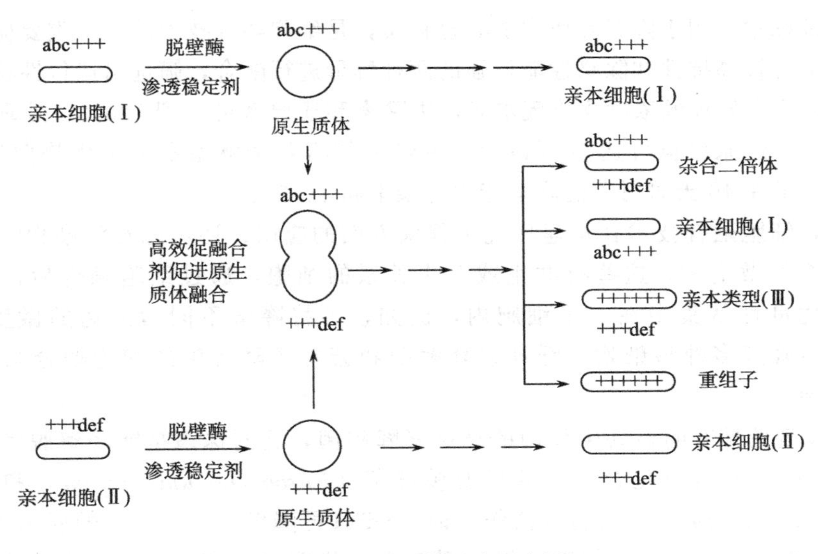

图 8-26　原生质体融合示意图

2） 原生质体的制备

获得有活力和去壁较为完全的原生质体是融合的关键。制备原生质体常用酶解法，细菌和放线菌主要采用溶菌酶，酵母菌和霉菌一般可用蜗牛酶和纤维素酶。

3） 原生质体再生

酶解去壁后得到的原生质体应具有再生能力，即重建细胞壁，恢复细胞完整形态并能生长、分裂的能力，这是细胞融合育种的必要条件。通常原生质体融合前要对原生质体的再生率进行测定。

4） 原生质体融合

原生质体融合方法主要有生物法（通过病毒聚合剂如仙台病毒等病毒和某些生物提取物等使原生质体融合）、物理法（离心沉淀、电脉冲等）、化学法（如 PEG 诱导）。微生物细胞融合一般采用 PEG 诱导法。

融合促进剂 PEG 具有强制性地促进原生质体融合的作用，其分子质量有多种，在微生物细胞融合时多用分子质量为 1000～6000 的 PEG，特别是 4000 和 6000 两种。除了加入 PEG 外，在原生质体融合过程中，还要加入 Ca^{2+} 、Mg^{2+} 等。

5） 融合子的筛选

原生质体融合后产生两种情况，一种是真正融合，即产生杂合二倍体或单倍重组体；另一种是暂时融合，形成异核体。二者都可以在选择培养基上生长，一般前者较稳定，后者不稳定，会分离成亲本类型。因此，要获得真正的融合子，必须在融合原生质体再生后，进行几代自然分离和选择，才能加以确定。

（三） 细胞融合技术在环境工程中的应用

随着细胞融合育种技术的发展，在微生物育种方面的成功例子举不胜举，已经成为微生物遗传育种的有效工具之一。构建高效降解菌株，将几种菌各自突出的降解性能融合到一个菌株中，用于降解环境中的有害物质，是细胞融合技术的一个重要应用。卢显妍等将对铬有较高抗性和除铬性能较强的两种酵母进行融合，筛选出遗传性状稳定的融合子 R32，用来处理低浓度含铬废水时，去除率和还原率可达到100%，处理较高浓度含铬废水时，还原率也可达50%以上。尹红梅等将蒽降解菌和土生优势菌进行融合，得到的融合子在40天时对蒽的降解能力比亲本高15.2%。

另外，细胞融合技术在构建环境工程菌方面的应用，还考虑对污染物降解有共生或互生关系的微生物。这些有共生或互生关系的细胞，通过细胞融合后，可以将多个细胞的优良性状集中在一个细胞内，例如，可将降解不同污染物的微生物融合，使其能同时降解多种污染物。纤维素降解菌和芳香族降解菌的细胞融合与构建已取得一定进展。

研究发现两株有明显共生作用的纤维素降解菌，这两株菌是能降解脱氢双香草醛（与纤维素相关的有机化合物）的可变梭杆菌（*Fusobacterium varium*）和屎肠球菌（*Enterococcus faecium*）。它们单独作用时，8d 只可降解3%～10%的脱氢双香草醛，但当将两者混合培养时，降解率可提高到30%，说明它们有明显的互生作用。将这两株菌进行细胞融合处理后，得到融合细胞株最高降解率可达80%。利用 Southern 印迹法检验融合细胞中带有双亲的 DNA 序列，表明它是一个完全的融合子。

另外用细胞融合技术构建多功能芳香族降解菌也获得了较好的效果。例如，实验所用菌株有两种，一株是可以降解苯甲酸脂和3-氯苯甲酸脂，但不能利用甲苯的多氯联苯-联苯降解菌，另一株是可以降解甲苯和苯甲酸脂，但不能利用3-氯苯甲酸脂的恶臭假单胞菌（*Pseudomonas putida* R5-3），而且这两株菌都不能利用1,4-二氯苯甲酸脂。通过细胞融合得到的融合细胞却可以同时降解上述4种化合物，这一结果说明细胞融合不但可以结合双亲的优良性状，而且可以产生新的性能。

二、基因工程技术及其在环境工程中的应用

（一）基因工程概述

基因工程（gene engineering）又称为遗传工程（genetic engineering），是利用分子生物学的理论和技术，有目的的设计、改造和重建细胞的基因组，从而使生物体的遗传性状发生定向改变。基因工程是一种自觉的、可人为控制的体外 DNA 重组技术，是一种可以超远缘杂交的育种技术。基因工程的基本操作如下：

1. 重组 DNA 分子的构建

1）目的基因的获得

（1）从适当的供体生物（包括动物、植物和微生物）中提取；

（2）在反转录酶催化下由 mRNA 合成单股互补 cDNA；

（3）人工合成有特定功能的目的基因。

2）载体的选择

外源 DNA 片段（目的基因）要进入受体细胞，必须有一个适当的运载工具将其带

入细胞内，这种运载工具称为载体（vector）。优良的载体要具备以下条件：是具有复制能力的复制子；在受体细胞中可以大量增殖；最好只有一个限制性内切核酸酶的切口，使目的基因可以固定整合到载体的一定位置上；载体上必须有一种选择性遗传标记。目前，对原核受体细胞来说，主要是λ噬菌体和松弛型细菌质粒；对真核细胞受体来说，动物细胞主要是 SV40 病毒，而植物细胞主要是 Ti 质粒。

3）工具酶

基因工程的关键是 DNA 的连接重组。在 DNA 连接之前必须进行加工，把 DNA 切割成所需片段，有时还要对 DNA 片段末端进行修饰。通常把 DNA 分子切割、修饰和连接等所需的酶称为工具酶。基因工程涉及的工具酶种类很多，按照用途可以分为：限制性内切酶、连接酶和修饰酶。限制性内切酶在双链 DNA 上能识别特定的核苷酸序列称为识别序列或识别位点。识别序列通常具有双轴对称性，即回文序列（图 8-27）。该酶可以断开磷酸二酯键，产生 3′-羟基和 5′-磷酸基的片段。

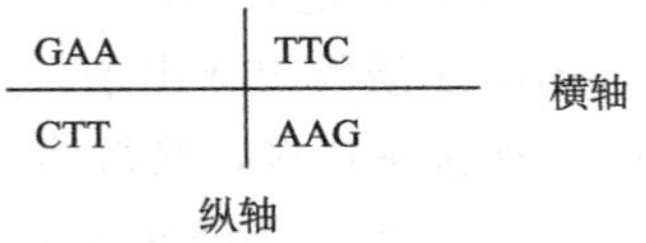

GAA　TTC　横轴
CTT　AAG
纵轴

图 8-27　碱基序列的双轴对称性

2. 目的基因引入宿主细胞

外源 DNA 重组到载体上，然后转入受体细胞中复制繁殖，这一过程称为 DNA 的克隆，也称为转化。

3. 筛选

挑选含有重组 DNA 分子的细胞，使之克隆化并加以鉴定，可大量扩增或表达。图 8-28为基因工程的主要操作过程。

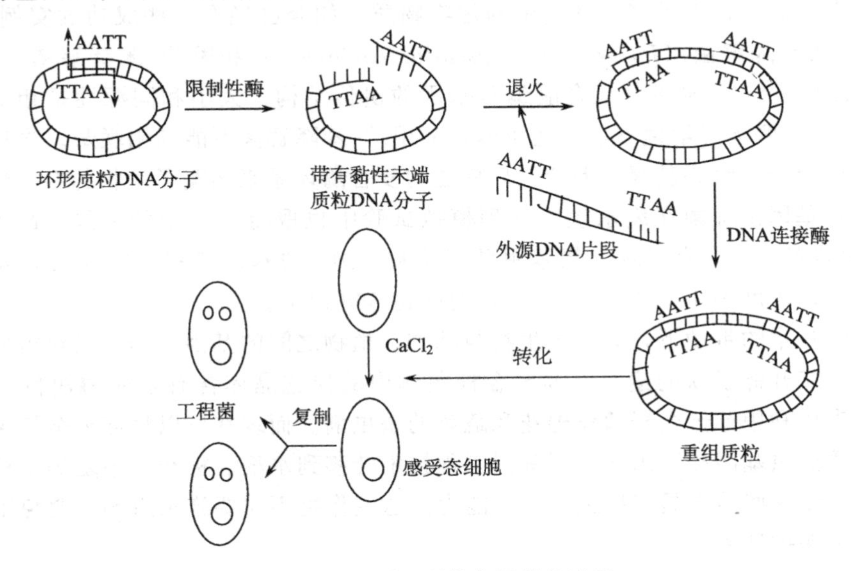

图 8-28　基因工程的主要操作过程

（二）基因工程技术在环境工程中的应用

基因工程的应用领域十分广泛，本节主要介绍其在环境污染治理中的应用研究。随着工业发展，大量难于生物降解或降解缓慢的合成有机化合物进入环境。基因工程为细胞内的关键酶或酶系统的改变提供了可能，从而可以提高微生物的降解速率、拓宽底物的专一性范围以及改善生物催化的稳定性等。目前，基因工程在环境保护方面已经有不少成功的例子。

尼龙是很难降解的人工合成物质，据报道自然界中的棒状杆菌属（*Coynebacterium*）、产碱杆菌属（*Alcaligenes*）和黄杆菌属（*Flavobacterium*）都含有分解降解尼龙寡聚物6-氨基已酸环状二聚体的pOAD2质粒，将上述三种菌的pOAD2质粒和大肠杆菌pBR322质粒提取出来，再用限制性内切酶*Hind* Ⅲ分别切割得到整齐相应的切口，用T4连接酶连接，获得第一次重组质粒。再以重组质粒为受体，用同样的操作方法进行第二次重组。将经两次重组的质粒转移到大肠杆菌体内后得以表达，获得了生长繁殖快、含有高效降解尼龙寡聚物6-氨基已酸环状二聚体质粒的工程菌。

2,4,6-三硝基甲苯（TNT，即炸药），由于其上有硝基这样强的吸电子基团，所以很难被好氧生物降解，有关以TNT作为微生物唯一碳源的报道极少，并且硝基脱除后所形成的甲苯或其他芳香族衍生物也难以进一步降解。现在已经从自然界分离出一株可以利用TNT作为唯一碳源的假单胞菌，但是由于该菌不能利用甲苯，所以其中间代谢产物甲苯、硝基甲苯、氨基甲苯不能进一步降解。而将具有甲苯完整降解途径的TOL质粒pWWO-km导入该菌后扩展其代谢能力，重组菌可以利用TNT为唯一碳源和氮源生长。

许多能降解有毒有害物质的关键酶的底物专一性阻碍了这些物质的代谢，拓宽这些酶的底物范围就可以有效降解环境中的污染物质，如今已经有一些成功的实例。例如，多氯联苯-联苯降解菌（*Pseudomonas pseudoalcaligenes*）和甲苯-苯降解菌（*Pseudomonas putida* F1）最初的双氧合酶编码基因的遗传结构、大小和同源性是相似的，但是，多氯联苯-联苯降解菌不能氧化甲苯，而甲苯-苯降解菌不能利用联苯。将这两种双氧合酶不同组分的编码基因“混合”后构建的复合酶体系来拓宽了底物的专一性。

此外，基因工程菌在废水生物处理模拟试验中也取得了一定的成果。McClure用4L曝气池装置考察含有降解3-氯苯甲酸酯质粒pD10的基因工程菌的存活时间和代谢活性。工程菌浓度为4×10^6个/L，存活时间达56d以上。

在生物技术的带动下，原核微生物与动物、植物之间的基因工程均已获得成功，这为超远缘杂交开辟了新的途径。苏云金杆菌体内的伴胞晶体含有杀死鳞翅目昆虫的毒素，过去直接利用苏云金杆菌作棉花和蔬菜的杀虫剂。而现在可以将苏云金杆菌体中的毒性蛋白质抗虫基因提取出来，用基因工程技术转移到水稻、棉花、小麦等植株中进行基因重组，使这些植株具有抗虫、杀虫能力。这些作物不需要施杀虫剂，避免了农药污染，有利于保护环境。

本章小结

1. 遗传是指亲代将自身的遗传基因稳定地传递给下一代的特性，核酸是遗传的物质基础。DNA 广泛分布于各类生物细胞中，由两条反向平行的多核苷酸链通过碱基间的氢键相连，而且是 A 与 T 配对，G 与 C 配对。RNA 在细胞核和细胞质中均有，除核糖体 RNA、信使 RNA 和转移 RNA 外，还有核内不均一 RNA、核内小 RNA、反义 RNA 等。

2. DNA 以半保留方式复制。DNA 复制开始于起始点，在起始点处双链解螺旋成单链状态，各自作为模板合成其互补链。原核细胞的染色体、质粒以及真核细胞的细胞器 DNA 只有一个复制起始点，真核生物染色体有多个起始点。最为常见的是双向复制方式。

3. 遗传信息从 DNA 传递给 RNA，再从 RNA 传递给蛋白质，即完成遗传信息的转录和翻译的过程。也可以从 DNA 传递给 DNA，即完成 DNA 的复制过程。这是所有具有细胞结构的生物所遵循的法则。反转录病毒单链 RNA 分子在反转录酶作用下，可以反转录成单链 DNA，然后再以单链 DNA 为模板生成双链 DNA。mRNA 是蛋白质合成的模板，tRNA 转运活化的氨基酸到 mRNA 模板上，而核糖体是蛋白质合成的工厂。

4. DNA 变性指 DNA 双螺旋区的氢键断裂，变成单链的无规则线团的现象。由温度升高引起的变性称热变性。变性 DNA 在适当条件下，两条彼此分开的链重新缔合成为双螺旋结构的过程称为复性。热变性 DNA 在缓慢冷却时，可以复性，称为退火。

5. 聚合酶链式反应（PCR）是一种在体外快速扩增特定基因或 DNA 序列的方法。是在体外由 3 个步骤组成的循环反应，每一个循环均是由高温变性、低温退火及适温延伸等步骤组成。多次重复后 DNA 分子数即按（2^n）指数倍增。在环境工程中应用 PCR 技术检测环境中的致病菌及指标菌、检测环境中的基因工程菌株及进行环境微生物基因的克隆。

6. DGGE 技术直接利用 DNA 和 RNA 对微生物遗传特性进行表征，不但避免了传统上耗时费力的菌种分离，而且可以鉴定出无法用传统方法分离出的菌种。目前该技术已经成为微生物群落遗传多样性和动态性分析的强有力工具。

7. 突变就是遗传物质中核苷酸序列发生了可遗传的改变。主要包括基因突变和染色体畸变。基因突变可以是自发的，也可以是诱发的。诱发突变是利用物理、化学或生物因素显著提高突变频率的手段。

8. 自然界中微生物资源极其丰富，菌种筛选的过程大体可分为采样、增殖、纯化和性能测定等步骤。在利用微生物进行大生产的过程中，微生物会以 10^{-6} 左右的突变率进行自发突变，其中有可能出现一定概率的正突变株。这是一种获得优良生产菌株的良机。

9. 定向培育是一种利用微生物的自发突变选育较优良菌株的古老育种方法。现在环境工程中仍然采用定向培育的方法培育菌种，长时间的定向培育在环境工程中被称为驯化。

10. 诱变育种是指利用物理、化学等诱变剂处理微生物细胞群，在显著提高其突变率的基础上，采用一定的筛选方法获得少数符合目的的突变株。其中诱变和筛选是诱变育种过程中的两个主要环节。紫外线是常用的物理诱变剂。

11. 两个不同性状个体细胞基因组内的遗传基因，通过一定的途径转移到一起形成新的基因组，该过程称为基因重组。它是遗传物质在分子水平上的杂交，是杂交育种的理论基础。原核微生物的基因重组形式主要有转化、转导和接合等。

12. 质粒指独立于染色体外，具有自主复制能力的细胞质遗传因子。几乎所有的原核生物都有质粒。降解性质粒在微生物对污染环境的适应和对环境污染物的降解中有着特殊的意义。目前为止，从自然界分离菌株中发现的天然降解质粒大都来自假单胞菌属。大多数质粒不能编码整个降解途径，剩余部分由染色体基因控制。质粒育种就是将两种或多种微生物通过细胞结合或融合技术，使供体菌的质粒转移到受体菌体内，使后者保留自身的功能质粒的同时又获得了前者的功能质粒，从而获得同时具有几种功能质粒的新品种。

13. 细胞融合技术即原生质体的融合技术，是通过人为方法使遗传性状不同的两细胞的原生质体相融合，进而发生遗传重组，形成同时带有双亲遗传性状的、遗传稳定的融合子的过程。构建高效降解菌株，将几种菌各自突出的降解性能融合到一个菌株中，用于降解环境中的有害物质，是细胞融合技术的一个重要应用。

14. 基因工程又称为遗传工程，是一种自觉的、可人为控制的体外DNA重组技术。基因工程的基本操作包括重组DNA分子的构建、目的基因引入宿主细胞和筛选带有重组体的细胞。随着工业发展，大量难于生物降解或降解缓慢的合成有机化合物进入环境，而基因工程为细胞内的关键酶或酶系统的改变提供了可能，从而可以提高微生物的降解速率、拓宽底物的专一性范围以及改善生物催化的稳定性等。

思 考 题

1. 遗传和变异的物质基础是什么？是如何证明的？
2. 什么叫中心法则？微生物的遗传信息是如何传递的？
3. DNA 如何复制？
4. 什么是 PCR 技术？如何操作？在环境工程中有什么应用？
5. 变异的实质是什么？有哪几种类型？
6. 基因突变的结果有哪几种？
7. 质粒是什么？它有哪些特性？
8. 何谓降解性质粒？简述其遗传控制。
9. 什么是细胞融合技术？有哪些特点？
10. 基因工程中如何获得目的基因？

第九章　微生物生态学原理与环境工程

微生物在自然界中广泛分布，并占有重要位置，发挥着巨大的作用。微生物与周围环境以及微生物与微生物之间相互作用、相互制约，形成了一个具有一定结构和功能的相对稳定的系统。该系统具有自我调节能力，并能完成自然界物质和能量的迁移、转化与循环，同时实现环境的自净。根据物质在生态系统中的迁移、转化及循环规律，借助于工程学手段，为微生物提供合适的环境条件，以强化微生物对污染物的降解和转化，达到消除环境污染的目的。

本章介绍微生物生态学的概念、微生物种群动态、生态位与生态对策，同时重点讨论微生物种间关系、物质循环、自净原理及其在环境工程的应用。

第一节　微生物的生态

一、微生物生态学的概念

微生物生态学（microbial ecology）是研究微生物与其周围生物和非生物环境之间相互关系的一门科学。具体来讲，微生物生态学研究不同环境中微生物的种类、分布、行为、作用、动态、微生物之间、微生物与环境间的关系。微生物生态学作为一门交叉学科对环境净化、污染治理及人类健康等具有重要作用。

二、微生物生态系统及其结构

微生物生态系统（ecology system）是指在一定空间中共同栖居着的微生物（微生物群落）与其环境之间相互作用、相互影响所构成的统一整体。在生态系统中不断地进行物质循环、能量流动和信息传递。微生物生态系统主要包括生物环境和非生物环境。生物环境指系统中的各类微生物；非生物环境指系统中微生物的活动空间及各种理化因子。

不同生境微生物生态系统的微生物差异很大。即使是一个比较简单的生态系统，要全部搞清它的群落结构也是极其困难的。因此，在实际工作中，同其他生态系统一样，主要以微生物群落中的优势种群、生态功能上的主要种类或类群作为研究对象。

三、微生物生态系统的功能与作用

微生物虽小，但分布广，种类及功能多样，在整个自然界生态系统中发挥着极为重要的作用。主要表现在以下几个方面：

（1）初级生产者的重要成员。在生态系统中，作为食物链第一级的初级生产者——光合生物，除了高等绿色植物和大型藻类外，水体中的小型藻类、蓝细菌和光合细菌等微生物也是重要成员。

（2）生态系统中的主要分解者。生态系统中存在的大量有机物，包括动植物残骸。这些有机物通过异养微生物的矿化作用加以分解，并最终以无机状态的形式返回到系统中，重新被初级生产者利用，同时将有机物中的化学能释放。因此，微生物作为分解者推动着生态系统的物质循环和能量流动。地球上如果没有异养微生物的矿化作用，历年积累下来的生物残体将会堆积如山，生态系统将因物质循环和能量流动的阻断而崩溃。

（3）参与了整个物质循环。在自然界物质循环中，几乎所有元素由一种形式转变为另一种形式，主要是靠微生物完成的。因此，微生物参与了整个地球化学循环。毫不夸张地说，如果地球上没有微生物，整个生物界将不复存在。

第二节　微生物种群及其动态

一、种群的基本概念

种群（population）是生态学的一个重要概念，指的是在一定时间和一定空间内同种个体的组合。种群虽然是由同种个体组成，但种群内的个体却不是孤立存在的，它们通过种内的相互关系形成一个协调的统一整体。

种群是物种在自然界中存在、繁殖和进化的基本单位。门、纲、目、科、属等生物学的分类单位都是学者根据物种的特征及其在进化过程中的亲缘关系来划分的，唯有种（specie）才是真实存在的。因为组成种群的个体会随着时间的推移而死亡和消失，故物种在自然界中能否持续存在的关键就是种群能否不断地产生新个体以代替那些消失了的个体。从生态学观点来看，种群不仅是物种存在和繁殖的基本单位，也是生物群落的基本组成单位，同时也是生态系统研究的基础。

二、种群特征

种群虽然是由个体组成的，但种群具有个体所不具有的一些基本特征。自然种群有四个基本特征，包括数量特征、空间特征、遗传特征和系统特征。

1. 数量特征

数量特征是指单位面积或单位空间内的个体数量，即种群密度（population density）。种群密度随环境条件、季节、气候条件、营养等诸多因素的变化而变化，反映了生物与环境的相互关系。种群密度是最重要的种群特征之一。因为它对种群的能流、资源的利用、种群内生理压力的大小等都会产生重要影响，甚至起决定性的作用。

2. 空间特征

种群都要占据一定的区域。组成种群的每个有机体都需要一定的空间，在此空间中要有生物有机体所需的各种营养物，并能与环境之间进行物质交换，从而保证生物的生长和繁殖。不同种类的生物所需要的空间大小是不同的。对于个体较小的微生物来说，需要的空间则较小。衡量一个种群是否繁荣和发展，一般要视其空间和数量情况而定。

3. 遗传特征

虽然种群是同种个体的集合，但组成种群的个体，在形态特征或生理特征方面都存在一定的差异。种群内的这种差异与个体的遗传特性有关。一个种群中的生物具有一个共同的区别于其他物种的基因库，但并非每个个体都具有种群中储存的所有信息。不同地理物种存在着基因差异，种群的个体在遗传上是不一致的。种群内的变异性是进化的起点，生物在进化过程中通过基因的改变来适应变化的环境。

4. 系统特征

种群是一个自组织、自调节的系统。它是以一个特定的生物种群为中心，以作用于该种群的全部环境因子为空间边界所组成的系统，因此种群具有系统特征。

三、种群的增长

1. 种群在无限环境中的增长

在无限的环境中，种群不受环境条件的限制，食物、空间等资源可充分满足，因而种群的增长不受种群本身密度变化的影响，种群的数量迅速增加，呈现指数式增长，称为种群的指数增长。种群在无限环境中的指数增长可分为两类：一类为离散型增长；另一类为连续型增长。无论是离散增长模型还是连续增长模型，对于在无限环境中的种群，种群增长率都表现为指数增长或几何级数式增长过程。

2. 种群在有限环境中的增长

在适宜条件下，按种群的指数增长模型，种群会一直持续增长下去。但在实际的情况下，自然种群是不可能无限增长的。种群在一个有限的空间中增长时，随着密度的上升，种群的数量会受到有限空间和食物等其他资源的限制，种内的竞争增加，必然会影响到种群的出生率和死亡率，从而降低种群的实际增长率，使种群停止增长，甚至引起种群数量的下降。

微生物群落是指在一定区域或一定生境，各种微生物种群相互作用形成的一种结构和功能单位。群落中各种不同的种群具有各自的生理特性，彼此通过相互适应而共处。

第三节 生态位与生态对策

一、生态位的定义

E. P. Odum 将生态位定义为“一个生物在群落和生态系统中的位置和状况，而这种位置和状况则取决于该生物的形态适应、生理反应和特有的行为（包括本能行为和学习行为）”。生态位（ecological niche），又称小生境或是生态龛位。生态位是一个物种所处的环境以及其本身生活习性的总称。每个物种都有自己独特的生态位。生态位是针对种群而言的。在某一生境中，每个种群都具有各自的基础生态位。生态位的含义见图 9-1。

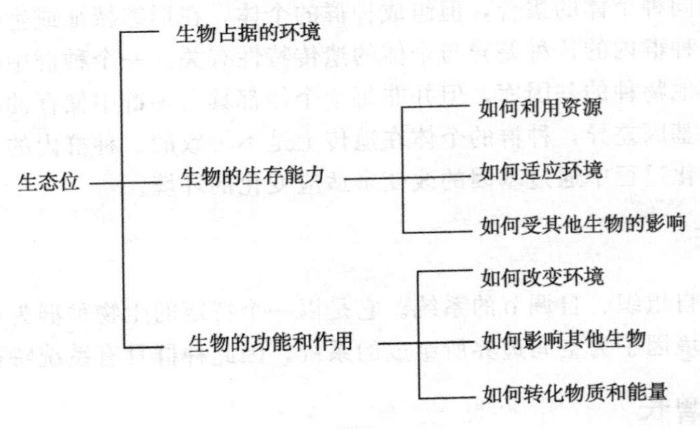

图 9-1　生态位的含义

二、生态位的宽度和重叠

生态位理论的研究推动着现代生态学理论的发展，如竞争共存，物种的特化和泛化，种群对空间资源的占有等，这些都与生态位的重要参数——生态位宽度和生态位重叠密切相关。

（一）生态位宽度

生态位宽度是描述生物种群占据空间的范围和利用资源的能力的一个定量指标。在生境中若有机体可利用的资源仅限制在有效资源系列的一小部分中，则生态位宽度较窄；若能利用资源谱中的多个系列，则被认为有宽广的生态位。

影响生态位宽度的因素除了生物自身基因外，主要与竞争排斥有关。如果两个种群在同一生境中利用相似的生态因子，竞争的结果促使两个种群更趋于利用生态因子不同的那部分，这时生态位宽度变窄。一般来说，当竞争双方竞争压力相等时，导致生态位不均衡的收缩，即发生生态位位移。种间竞争通常产生生态位“收缩”的现象，从而达到生态位分离。

当环境中资源可利用性降低时，种群向广食性发展，扩大资源利用率及适应性，生态位宽度增加，这现象称为生态位泛化（generalization）。例如，在食物供应不足的生境中，微生物为了生存，利用许多次等底物，从而增加摄食的有效性和速率，以满足生存的需要。与之相反，在食物量较丰富的环境中，微生物不再利用次等底物，导致选择性的摄食和狭窄的食物生态位宽度，结果向寡食性发展，同时适应性减弱，这种现象称为生态位的特化（specialization）。特化的生态位泛化能够使种群具有广泛的适应性，特化有利于种群在资源丰富的生境生存。

（二）生态位重叠

生态位重叠是指两种群对一定资源的共同利用的程度或两种群在与生态位联系上的相似性。尽管种群间生存竞争往往是由于生态位重叠造成的，但重叠并不一定导致竞争。事实上，竞争与生态位重叠之间的关系十分复杂，在某些情况下，广泛的重叠有助于减缓竞争。而在极端情况下，生境中可利用资源过剩，生态位即使完全重叠，种间仍能共存。

生态位理论在环境工程中有很好的应用。在污水生物处理构筑物中，在可利用资源过剩的情况下，经常发现生态位相似的亲缘关系很近的微生物，可在同一生境中长久共存。即使废水中底物种类很少、很简单，仍有生态位相似的多个种群共存。当有机物浓度很低时，发现微生物种群的数目和微生物的数量明显减少，生存的种群往往是亲缘关系较远的类群。

生态位理论已日益受到关注，利用这一理论开发新型反应器和废水处理工艺系统前景广阔。例如，利用微生物适宜生长的环境条件，创造有利生境，促使所需种群处于优势地位，同时根据不同种群微生物对不同有机物的降解能力，选择厌氧、兼氧、好氧等工艺条件，并通过合理组合，以高效去除污染物。

三、生态对策

（一）生态对策及其影响因素

生态对策（bionomic strategy）就是一个物种或一个种群在生存斗争中对环境条件所采取的适应行为。

在长期的协同进化过程中，生物为了适应其生存的环境逐渐形成了与环境相适应的生态对策。在长期稳定的环境中生活的种群尽可能均匀地利用环境，在迅速出现随后又消逝的环境中，生物能及时地寻找有利的继续生存的地点。因此，影响生物生态对策的因素是各环境因子。

微生物的生态对策除了受营养基质性质的制约外，还受竞争、压力和干扰的影响。竞争是指不同种微生物间对资源（营养及生存空间）的占领和争夺。在微生物生态系统中，竞争是非常普遍的影响生态对策的因素。压力是指持续存在的、强度稳定的限制微生物生存发展的环境因子，如海水中的高浓度盐分、岩石表面的贫营养和干燥等，都是对微生物生存的一种压力因素。干扰则指持续时间短，但强度很大，足以导致微生物种群消灭，或受到强烈抑制，或群体结构发生剧烈变化的环境因素。

（二）微生物生态对策的类型

在生物多种多样的生态对策中，一般认为存在着两个极端类型，即 r 对策和 K 对策。r 对策者是新生境的开拓者，具有能使种群最大化的各种生物学特征：高生育力、快速发育、早熟、成年个体小、寿命短等。种群常常具有高增长率的特征。K 对策者是稳定环境的维护者，K 对策者具有成年个体大、发育慢、迟生殖、寿命长、存活率高等生物学特征，以高竞争力保证种群在高密度环境中得以生存。在生存竞争中，r 对策者以“量”取胜，而 K 对策者以“质”取胜。在营养丰富的环境中，微生物多采取 r 对策。在营养贫瘠的环境中，微生物多采取 K 对策。在两个极端之间则存在着一系列过渡类型，称为 r-K 连续相（r-K continuum）。r 对策和 K 对策的概念更适用于高等植物和动物。

微生物体形微小，其种类和生态习性更为复杂多样，分布极为广泛，用 r 对策和 K 对策难以比较全面地描述微生物。描述微生物的生态适应性采用 Grime 提出的三种生态对策更合适。Grime 认为，在 r-K 连续相中存在着三种基本对策类型，即竞争对策（competitive strategy，C 对策）、忍耐对策（stress-tolerate strategy，S 对策）和草本对策（ruderal strategy，R 对策）。随着环境压力性质的变化，上述三种生态对策可出现一系列的过渡类型。

1. 竞争对策（C 对策）

竞争对策者的特点是在没有干扰和压力的情况下，能够最大限度地占用资源，有效地同其他生物进行资源的竞争。

具有竞争对策的微生物能够长期持久地在基质上定居，但其生长速度不一定很快。一般来说，这类微生物的生活史较长，营养生长及繁殖发育都可长达多年。在造成阔叶树木材腐朽的担子菌类真菌中，彩绒革盖菌就是典型的防守型竞争对策者，它们的菌丝在基质中扩展的速度很快，因而能够抢先占领资源，并能有效地保护已占有的资源使之不被其他微生物入侵利用。而束生垂幕菇和绒毛展齿革菌则是善于驱逐对手而夺取资源的夺取型对策者，它们在营养基质中的扩展速度较慢。竞争对策微生物一般都能分泌拮抗性物质，以抑制其他微生物的活动。同时，它们也可能受到其他微生物的拮抗作用的抑制。

2. 忍耐对策（S 对策）

忍耐对策者的特点是此类微生物能够忍耐环境中长期而稳定的不利因素等，在其他生物难以生存的情况下仍能较好地生存发展。

忍耐对策是一种同 r 对策和 K 对策都明显不同的对策。在不利因素的情况下，忍耐对策生物的生存能力明显大于非忍耐对策生物的生存能力。但是，对不利因素的忍耐并不是对不利因素具有特别的嗜好，忍耐对策微生物在不利因素消除后仍能正常生长，甚至可能生长得更好。由于在不利因素存在下也能生长，所以忍耐对策微生物的可能生存范围比一般微生物更为广泛。

忍耐对策微生物的竞争力一般不强。在持续存在着不利因素的压力环境中，忍耐对策微生物以外的其他微生物一般难以生存，所以竞争较为缓和。环境压力可能是物理因素，也可能是化学因素；可能同营养有关，也可能同营养无关。一般来说，环境压力可能由多种因素构成，营养贫乏、高温、低温和干燥等都可能构成一种持续的环境压力。在微生物的生存的环境中，常见的环境压力之一是有机营养物质缺少，或虽不缺少但其结构稳定使之难以被分解利用。对贫营养具有忍耐能力的微生物往往具有分解化学结构稳定的基质（如某些人工合成的大分子化合物）的能力，它们能够在有此类难分解基质的环境中稳定地生存发展。土壤中的很多放线菌和担子菌（真菌），分别具有分解腐殖质和木质素的能力，被认为是属于营养方面的忍耐对策者。

3. 草本对策（R 对策）

草本对策者的特点是繁殖力强而生活史短，在营养养富的环境中能够繁盛地发展，但缺乏竞争力和对一般压力的忍耐力。这一特点保证了它们能够在其他微生物尚未侵入的情况下是非常活跃的。草本对策生物只能在没有竞争、环境压力也比较缓和的生境中活跃发展，环境中新鲜营养基质突然大量涌入以及突发灾害性干扰时，都可能出现一个短期内竞争较少的生态环境。在富含新鲜多汁植物残体的土壤中，那些最早繁盛起来的微生物大都是草本对策的典型代表。草本对策者由于生长快，对资源的占有也很迅速，从而避开了来自生长缓慢的微生物的竞争。

对微生物三种基本生态对策的比较见表 9-1。

表 9-1　微生物三种基本生态对策的比较

对策	特　点
竞争对策（C 对策）	占领或夺取资源的能力强，常具拮抗作用； 生活史长； 生长速度中等，繁殖能力稳定，资源分配用于产生后代的比例小； 利用复杂有机物的能力强； 种群密度低，能持久地保持稳定
忍耐对策（S 对策）	对持续存在的不利环境因素具强的忍耐力； 缺乏竞争力，常在不利因素消失后被竞争者取代； 生长速度和繁殖能力低而稳定； 利用复杂有机物的能力强； 种群密度低，种群结构比较稳定
草本对策（R 对策）	缺乏竞争力，常在强度的干扰后出现 生活史短； 生长速度快，繁殖力强，资源分配用于产生后代的比例大； 只能利用易分解的简单有机物质； 占领密度高，但波动性大，具机会主义的特征

第四节　微生物种间关系

在自然界中，微生物极少单独存在，它们总是群聚在一起。当不同种类的微生物出现在一定空间，如在污（废）水生物处理和固体废弃物生物处理系统中，它们彼此相互影响，既相互依存又相互排斥，表现出极为复杂的关系。微生物之间的关系多种多样，主要归纳为 8 种关系（表 9-2）。

表 9-2 微生物之间的关系

作用名称	作用结果	
	A	B
中立关系	0	0
偏利共生关系	0	+
互惠共生关系	+	+
协同关系	+	+
竞争关系	−	−
拮抗关系	0 或+	−
寄生关系	+	−
捕食关系	+	−

注："A"和"B"分别代表两种不同的微生物；"0"表示两种微生物不存在任何关系；"+"表示获利；"−"表示不获利。

一、中立关系

中立关系（neutralism）是指两种微生物互不影响的关系。通常情况下，如果两种微生物不在同一或邻近环境中，两者就不存在相互关系。有时两种微生物虽然相距很近，但它们的代谢能力差别极大，结果互不影响。如果两种微生物密度极小，如营养贫瘠环境中的微生物也互不影响。

二、共生关系（symbiosis）

（一）偏利共生关系

偏利共生关系（commersalism）是指两种微生物生活在一起时，只是单方受益，即只有其中一种微生物获利，而另一种微生物既不受益，也不受害的关系。例如，纤发菌属（*Leptothrix*）能降低锰的浓度，可解除锰对其他微生物的抑制。就锰元素而言，前者为后者创造了条件，使后者受益；但前者既未从后者得到好处，也未受害。在厌氧活性污泥中，发酵性细菌能够降解大分子有机物产生有机酸，有机酸可以作为产氢产乙酸菌的营养物；产氢产乙酸菌分解有机酸产生 CH_3COOH、CO_2、H_2，CH_3COOH、CO_2 和 H_2 是产甲烷菌的营养物，后者从前者获得营养，单方受益。

共代谢（co-metabolism）对于建立两类微生物间偏利共生关系扮演着重要的角色。例如，牝牛分支杆菌利用丙烷生长时，能使环己烷发生共代谢，结果环己烷被氧化成环己醇。环己醇便可被其他微生物利用，给这些微生物带来好处，而牝牛分支杆菌既不受益也不受害。污染环境中的污染物降解过程很多属于共代谢反应，所以，共代谢在污染物降解方面具有重要作用。

（二）互惠共生关系

互惠共生关系（mutualism）是指两类微生物之间的结合具有专一性，其中任何一种都不能被其他微生物所代替，两类微生物密不可分，融为一体的关系。互惠共生关系的两种微生物的生理功能通常不同于它们各自单独生活的情况，因此，两者必须互相接触，共同生活，同时获利。

互惠共生关系在自然界相当普遍，这种关系具有重要的生态学意义。真菌和藻类两种微生物形成的地衣（lichen）（图 9-2）是互惠共生最典型的代表。

图 9-2　地衣

地衣是真菌和光合生物形成的稳定的联合体，即共生植物（symbiotic plant）。互惠共生的真菌绝大多数属于子囊菌，少数属于担子菌，个别为藻状菌；共生的光合生物多数为蓝藻和绿藻，主要是念珠藻（*Nostoc* sp.）、共球藻（*Trebouxia* sp.）及堇青藻（*Treniepohlia* sp.）。通常情况下，地衣中菌类所占比例较大。在地衣中，光合生物分布在内部，形成光合生物层或均匀分布在疏松的髓层中，菌丝缠绕并包围藻类。在互惠共生关系中，光合生物层进行光合作用为整个生物体制造有机养分，而菌类则吸收水分和无机盐，为光合生物提供光合作用的原料，并围裹光合生物，以保持一定的形态。二者互为对方提供有利条件，彼此受益，共同抵抗不良环境。所以地衣能在极其不利的条件下，甚至在裸露的岩石上生长。

某些因素也会破坏地衣中两种微生物的互惠共生关系，如大气中的 SO_2 可影响叶绿素的性质，从而抑制光合微生物的生长，结果真菌生长过度，致使地衣中两种微生物之间的互惠共生关系消失，终使地衣从这一生境中消失。地衣对 SO_2 非常敏感，故利用地衣可监测大气中 SO_2 的污染状况。

三、互生关系

互生关系（metabiosis）是指两种既可以单独生活又可以共同生活的生物，当它们共同生活时，一方为另一方或双方互为对方提供有利条件的合作方式。即两种生物可分可合，但合比分好。

在环境工程中，微生物间的互生现象极其普遍。例如，一种微生物的代谢产物可被另一种微生物作为营养加以利用，前者为后者带来了好处，创造了有利的生存条件，二者的关系即为互生关系。再如，某些藻类通过光合作用向原生动物提供氧气和光合产物，而原生动物对藻类可起保护作用，以免遭其他原生动物的吞噬。即原生动物与藻类具有良好的互生关系。固氮菌和纤维素分解菌是具有良好互生关系的另一个例证。固氮菌能够固定空气中氮气（N_2），但不能利用纤维素作为碳源和能源；而纤维素分解菌能将纤维素分解产生有机酸，但有机酸对纤维素分解菌本身生长不利。当两者共同生活时，固氮菌固定的氮为纤维素分解菌提供氮源，纤维素分解菌分解纤维素产生的有机酸可被固氮菌作为碳源和能源，同时又避免了纤维素分解菌因有机酸过多积累而中毒。

在废水生物处理中互生关系也很常见，例如，在生物氧化塘废水处理系统中，藻类与细菌之间的关系属于互生关系。细菌利用藻类产生的 O_2 分解废水中的有机物产生 CO_2 等无机物；藻类利用细菌产生 CO_2、N、P 等无机物通过光合作用制造有机物，同时放出 O_2。在含有酚、H_2S、氨等污染物的炼油废水处理系统中，食酚细菌与硫细菌的关系也属于互生关系。食酚细菌将酚分解为硫细菌提供碳源，硫细菌氧化 H_2S 为 SO_4^{2-}，为食酚细菌提供硫元素。酚对硫细菌有毒害作用，H_2S 对食酚细菌有害。因此，二者不仅能够互相提供营养，而且彼此相互解毒，建立了良好的互生关系。废水生物脱氮中，亚硝化细菌氧化氨生成亚硝酸盐，为硝化细菌制造了养料；硝化细菌氧化亚硝酸盐为硝酸盐，既消除了亚硝酸盐因积累给生物（包括亚硝化细菌本身）带来的危害，同时硝化细菌亦从氧化亚硝酸盐为硝酸盐的过程中获取能量，使双方在其合作中均获利。污染水体中的好氧菌与厌氧菌之间的关系即为互生。好氧微生物进分解有机物时消耗氧气，造成厌氧微环境，为厌氧菌提供生存环境。

随着对微生物间互生现象的观察和深入研究，微生物间的互生关系已得到很好的应用。如在辉铜矿生物冶金过程中，利用氧化亚铁硫杆菌和拜氏固氮菌（*Azotobacter beijerinckii*）互生关系，使铜的浸出率大为提高。又如，将自生固氮芽孢杆菌接种于食用菌的培养基（含碳量高，缺氮）中，大大提高了食用菌的产量和品质。

四、协同关系

协同关系（synergism）是指两个微生物群体生活在一起时，双方获利。但两者分开时，均能单独生活。因此，双方间的关系不很紧密，其中任何一种微生物都可被其他微生物所代替。协同关系的重要意义在于可使相关微生物共同参与某一物质的代谢。

有时协同关系能使两个微生物群体在空间上更加接近。如藻类和细菌，其中细菌附生于藻类细胞表面。而有的具有协作关系的两个群体能共同产生一种酶分解某种底物，但它们单独生活时，都不能合成这种酶。

在环境工程中，可以利用微生物之间的协作关系降解某些农用杀虫剂。如从土壤中分离的节杆菌和链霉菌生活在一起时，能利用机磷杀虫剂地亚农（diazinon）作为唯一的碳源和能源，并将这种化合物完全降解。而这两种微生物单独生活时，无论节杆菌或链霉菌都不能矿化地亚农的嘧啶环，也不能利用这种化合物生长。又如，施氏假单胞菌（*Pseudomonas stutzeri*）仅能把马拉硫磷裂解成对硝基苯酚和二乙基硫磷酸，却不能进一步代谢这两种中间产物，但铜绿假单胞菌（*Pseudomonas aeruginosa*）能矿化对硝基苯酚但不能分解马拉硫磷。当这两种细菌生活在一起时，便可以有效地降解马拉硫磷。

五、互营关系

两类或两类以上微生物相互作用时，彼此提供对方所需的营养，微生物之间的这种关系叫作互营关系（syntrophism）（图 9-3）。在污染环境中就存在这种互营关系。这种关系在微生物降解污染物和有毒物质方面起重要作用。例如，诺卡氏菌和假单胞菌生活在一起时，能降解环己烷，但各自单独存在时，便无此能力。诺卡氏菌代谢环己烷，形成的产物作为假单胞菌的底物，假单胞菌在生长过程中则向诺卡氏菌提供必需的生物素等生长因子。

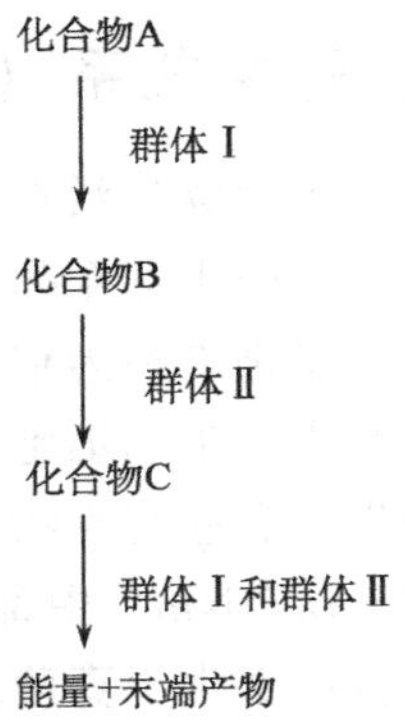

化合物A
↓ 群体Ⅰ
化合物B
↓ 群体Ⅱ
化合物C
↓ 群体Ⅰ和群体Ⅱ
能量+末端产物

图 9-3　互营关系的一个例子

六、竞争关系

竞争是指具有相似需求的两种或两种以上的微生物，为了争夺空间、水分、阳光和养分等资源，所产生的一种直接或间接抑制对方的现象。自然界中的一切生物为了保证种群得以生存和延续，都具有高繁殖率的倾向。因此，不可避免地产生竞争。微生物的生存竞争在自然界和人工环境中都十分激烈。

竞争包括对生存空间和食物的竞争，竞争的结果对竞争双方均产生不利的影响，使双方的密度及生长速率均下降，并使两种关系比较近的微生物各自分开，不再占据同一生态环境。如果两个群体试图力争占据同一环境，竞争的结果为一方获胜，而另一方被排斥。

除微生物的生长速率对竞争有影响外，其他因素如毒物、光、温度、pH、O_2、营养物、微生物的抗性等，都会对两种微生物的竞争产生影响。

参与竞争的两种微生物的生长在不同条件下可发生变化，这种情况可以解释为什么在同一生境中两种微生物竞争同一食物时还会继续生存下去的原因。例如，在海洋生境中，嗜冷菌和低温细菌（psychrotrophic bacteria）能长期生活在一起，尽管在这些环境中它们都在争夺低浓度的有机物。在低温下，嗜冷菌表现出较大的内在生长速率，这时可以排挤低温细菌。在较高温度下，低温细菌表现出较大的内在生长速率，这时嗜冷菌便被排挤。这样，在一个温度可变的水环境中，随着温度的变化，这两类微生物发生周期性的交替变化。

微生物种间竞争与种群的生态位有关。种群生活在一定的空间中，利用空间的资源。不同的种群占据空间的范围和利用资源的能力不同，其生态位宽度也不一样。在生境中若有机体可利用的资源仅限制在有效资源系列的一小部分，则生态位宽度较窄；若能利用资源谱中的多个系列，则被认为有宽广的生态位。

在微生物生态系统中，当生存竞争出现时，多数发生在有机体的生态位极为相似的条件下，此时，经常是一个种群具有较优越的适应性和较大的侵入性，直到全部占据生态位的容纳量为止。而在稳定的环境中，不同种群在同一生境长期共存时，必须有各自不同的（实际）生态位，从而避免种群间长期而又激烈的竞争，并有利于每个种群在生境内进行有序地和有效地生存。所以，自然界中群落的形成和组成者，均由生态位相差较大的种群所构成。

七、寄生关系（parasitism）

一种生物生活在另一种生物的体内或体表，前者从后者取得营养进行生长繁殖，同时使后者受害甚至死亡的现象称为寄生。将前者——受益方称为寄生物（parasite）；后者——受害方称为宿主或寄主（host）。根据寄生物在寄主中的寄生部位，可将寄生分为细胞内寄生和细胞外寄生。有些寄生生物一旦离开寄主就不能生活，这种寄生称为专性寄生；有些寄生物在脱离寄主以后可营腐生生活，这种寄生称为兼性寄生。在寄生关系（parasitism）中寄生物可以从宿主群体中获取营养物，而宿主则受害。

真菌寄生于真菌的现象比较普遍。早在200多年以前，真菌学家就发现真菌中的某些种类可生长或者寄生在其他真菌的菌丝上或菌丝内。如某些木霉（*Trichoderma* spp.）寄生于丝核菌（*Rhizoctonia* sp.）的菌丝内；有些盘菌（*Piziza* spp.）菌丝寄生于毛霉的菌丝上（图9-4）。真菌寄生于有害微生物可用来以菌治菌，从而大大降低用于保护农作物的成本，同时避免施用农药对环境造成污染和危害。

细菌能够寄生于真菌，如土壤中存在一些溶真菌的细菌，它们侵入真菌体进行生长繁殖，造成真菌菌丝溶解，最终杀死寄主真菌。

细菌之间的寄生现象较为少见，但也有存在。细菌间寄生的一个典型例子是食菌蛭弧菌（*Bdellovibrio bacteriovorus*）与寄主假单胞菌、大肠杆菌等细胞内的寄生关系。食菌蛭弧菌既可利用有机质生长，也可营寄生生活。当有寄主细胞存在时，该菌便进入寄主细胞进行繁殖，经过一定时间导致寄主细胞裂解（图9-5）。蛭弧菌对一些致病菌如沙门氏菌、志贺氏菌、变形杆菌、霍乱弧菌及钩端螺旋体等均有很强的裂解能力，对大豆疫病假单胞菌、水稻白叶枯病黄单胞菌等植物病原菌也有很强的破坏作用。因此，可利用蛭弧菌消除水体的病源体，改善水环境。

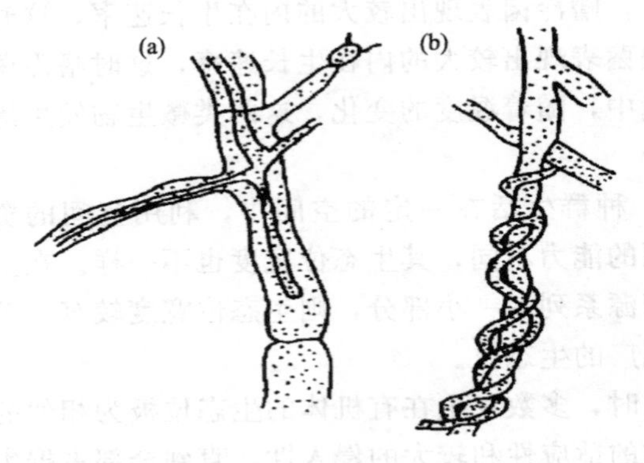

图9-4　真菌寄生于真菌

(a) 木霉寄生于马铃薯丝核菌的菌丝内；(b) 盘菌寄生于毛霉菌丝上

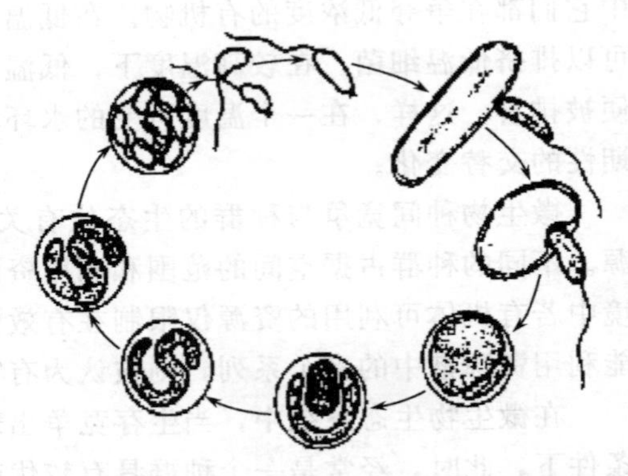

图9-5　蛭弧菌侵染寄主细胞到裂解的过程

某些微生物本身是寄生物，但它们自己也可以受到其他微生物的感染，例如，寄生在菌中的蛭弧菌可以受到相应噬菌体的感染。

有意思的是，有许多外寄生物不需要直接接触宿主细胞就可以裂解宿主，例如，噬纤维菌及某些真菌利用产生的胞外酶裂解藻类或蓝细菌；假单胞菌的胞外酶可裂解棘变形虫（*Acanthamoeba*）；许多细菌通过产生的几丁质酶裂解含真菌；

人们广泛利用寄生关系消灭有害微生物，防治动植物病害，这已成为生物防治的一个重要技术。例如，用食菌蛭弧菌防治大豆假单胞菌引起的大豆叶斑病；应用绿脓杆菌噬菌体清除绿脓杆菌以治疗创面感染。

八、拮抗关系

一种微生物在生命活动中，通过产生某些代谢产物或改变环境条件，抑制其他微生物的生长繁殖，或毒害杀死其他微生物的现象称为拮抗现象。这两种微生物间的关系称为拮抗关系（antagonism）。根据性质将拮抗关系分为特异性拮抗关系和非特异性拮抗关系。

1. 特异性拮抗关系

某种微生物在其生命活动过程中产生某种或某类特殊代谢产物，这种代谢产物能够选择性地抑制或杀死其他微生物，这两种微生物之间的关系即为特异性拮抗关系。前者称为抗生菌；后者称为敏感菌。拮抗性物质称为抗生素。如青霉素与病原菌之间的关系即为特异性拮抗关系。

2. 非特异性拮抗关系

乳酸菌能产生乳酸，乳酸能抑制所有腐败菌的生长，如泡菜不易烂。这种抑制作用没有特定专一性，对所有不耐酸的微生物都产生抑制作用。在有机物矿化过程中，某些异养菌产生高浓度的 CO_2，消耗大量 O_2，结果某些真菌的生长受到不利的影响。酵母菌进行乙醇发酵产生乙醇，乙醇的积累也有抑制其他杂菌的作用。青霉产生的青霉素可以抑制多种细菌的生长。这些拮抗关系属于非特异性拮抗关系。

九、捕食作用

捕食作用（predation）是指捕食者吞噬并消化被捕食者的过程，捕食者可以从被捕食者中获取营养物，并降低被捕食者的群体密度。

在微生物世界中，捕食现象经常可见，如原生动物节毛虫可以吞噬原生动物草履虫，原生动物袋状草履虫可以吞噬藻类和细菌。

捕食关系在污水处理中起着非常重要的作用。例如，在无纤毛类原生动物存在时，活性污泥法出水的上清液中每毫升含有游离细菌达（1～1.6）亿个，而存在纤毛类原生动物时，上清液中每毫升水仅含细菌（1～8）百万个，出水亦较清澈。另外，黏细菌和黏菌也直接吞食细菌，而且黏细菌也常侵袭藻类、霉菌和酵母菌。

环境工程中，活性污泥系统中的吞食性原生动物主要以细菌为食，可作为一个非特异性拮抗关系的例子。在土壤中以及污水水生物处理中可以见到这种明显的制约关系。

第五节　自然环境中的微生物

微生物是自然界中分布最广的生物，空气、水域、陆地、动植物以及人体的外表和某些内部器官，甚至在许多极端环境中都有微生物存在。

一、空气中的微生物

空气中没有微生物生长繁殖所必需的营养物质、充足的水分和其他适宜条件，相反，日光中的紫外线还有强烈的杀菌作用，因此，空气不是微生物生活的良好场所。但空气中却飘浮着许多微生物。土壤、水体、各种腐烂的有机物以及人和动植物体上的微生物，都可随着气流的运动被携带到空气中去，微生物身小体轻，能随空气的流动到处传播，因而微生物的分布是全球性的。

微生物在空气中的分布很不均匀（表 9-3）。尘埃多的空气中，微生物也多。室外空气微生物数量与环境卫生状况、环境绿化程度等有关。一般在畜舍、公共场所、医院、宿舍、城市街道等的空气中，微生物数量较多，而在海洋、高山、森林地带，终年积雪的山脉或高纬度地带的空气中，微生物数量则甚少。空气的温度和湿度也影响微生物的种类和数量，夏季气候湿热，微生物繁殖旺盛，空气中的微生物比冬季多。雨雪季节的空气中微生物的数量大为减少。

表 9-3　不同地点空气中的微生物数量

地　点	微生物的数量（个/m^3 空气）
北极（北纬 80°）	0
海洋上空	1～2
市区公园	200
城市街道	5 000
宿　舍	20 000
畜　舍	1 000 000～2 000 000

室内空气中的微生物数量和种类与人员密度和活动情况、空气流通程度及卫生状况有密切关系。一般室内空气中的微生物数量比室外高很多。空气是传播疾病的媒介，空气中微生物的数量直接关系到人的身体健康。

空气中的微生物主要有各种芽孢杆菌、球菌、产色素细菌以及对干燥和射线有抵抗力的真菌孢子等。也可能有病原菌，如白喉棒杆菌、结核分枝杆菌、溶血性链球菌及病毒（流感病毒、麻疹病毒）等，在医院或患者的居室附近，空气中常有较多的病原菌。空气中的微生物与发酵工业的污染以及工农业产品的霉腐变质，动植物病害的传播都有很大的关系。

二、土壤中的微生物

由于土壤具备了微生物生长繁殖及生命活动所需要的营养物质、水分、空气、酸碱度、渗透压和温度等诸多条件，土壤是微生物生活最适宜的环境。因此，有土壤是“微生物的大本营”；土壤是微生物的“天然培养基”之称。土壤中微生物种类多，数量大，是人类最丰富的“菌种资源库”。

土壤微生物是其他自然环境（如空气和水）中微生物的主要来源，主要种类有细菌、放线菌、真菌、藻类和原生动物等类群。其中细菌最多，占土壤微生物总量的70%～90%，放线菌、真菌次之，藻类和原生动物等较少。土壤微生物通过其代谢活动可改变土壤的理化性质，促进物质转化，因此，土壤微生物是构成土壤肥力的重要因素。

土壤微生物的分布受到营养状况、含水量、氧气、温度和pH等因素的影响，主要分布于土壤颗粒表面、土壤表层及次表层。

三、水体中的微生物

水体是海洋、湖泊、河流、沼泽、冰川、极地水、温泉、水库及地下水等的总称。在各种水体中都能找到微生物的分布，水体是微生物栖息、活动的第二天然场所。

由于不同水体的光照度、酸碱度、渗透压、温度、溶解氧和其中的有机物、无机物及有毒物质种类、含量等均有较大差异，因而使各种水体中的微生物种类和数量有明显不同。下面将主要介绍淡水和海水中的微生物。

（一）淡水微生物

淡水中的微生物主要来自土壤、空气、动植物残体及排泄物、工业废水、生活污水等。特别是土壤中的微生物，可随雨水进入江河、湖泊。因此，土壤中所有细菌、放线菌和真菌在淡水中几乎都能找到。但多数进入淡水中的土壤微生物由于不适应而逐渐死亡，仅有部分微生物能保留下来，成为水体微生物。淡水中的微生物数量和种类一般比土壤中少得多。

微生物在淡水中的分布常受许多环境因素影响，最重要的是营养物质，其次是温度、溶解氧等。水体中有机物含量高，则微生物数量大；中温水体比低温水体内微生物数量多；深层水中厌氧菌较多，而表层水内好氧菌居多。水体中微生物还具有垂直分布的特点。表层水中好氧菌偏多，而深层水中厌氧菌较多。因上层水（从水面到水面下10m处）氧含量高，溶解性有机物质含量也较高，是水体中微生物活动的重要场所。该层水中细菌常多达10^8个/L，主要有好氧性的假单胞菌属、柄杆菌属、噬纤维菌属和浮游球衣菌（*Sphaerotilus* sp.）等。在水体表面有多种藻类。中层水（水深10～30m）溶氧量较低，营养物质相对较少，主要分布着不产氧的光合细菌，如着色菌属（*Chromatium*）、绿硫菌属（*Chlorobium*）以及其他一些浮游性细菌。底层水体（30m以下及底泥）缺氧，但有机质较丰富，生活着如脱硫弧菌属（*Desulfovibrio*）、甲烷杆菌属（*Methanobacterium*）和甲烷球菌属（*Methanococcus*）等厌氧菌、一些鞘细菌、底栖原生动物和微型后生动物。

在远离人们居住区的湖泊、池塘和水库中，有机物含量少，微生物数量也少（10～10^3 个/mL)，且以自养微生物为主；而处于城镇等人口密集区的湖泊、河流中有机物含量很高，微生物数量也很高，达 10^7～10^8 个/mL，大多为腐生型细菌和原生动物。

（二）海水微生物

接近海岸和海底淤泥表层的海水中和淤泥上，菌数较多，离海岸越远，菌数越少。一般在河口、海湾的海水中，细菌数约为 10^5 个/mL，而远洋海水中，只有 10～250 个/mL。

海水含有相当高的盐分，一般为 3.2%～4%，含盐量越高，则渗透压越大。海洋微生物多为嗜盐菌，并能耐受高渗透压。深海（1000m 以下）中的微生物还能耐受低温（2～3℃）、低营养和很高的静水压。

许多海洋细菌能发光，称为发光细菌。这些细菌有氧存在时发光，对一些化学药剂与毒物较敏感，故可用于环境污染物的监测。

四、有机产品中的微生物

食品经常遭到细菌、霉菌、酵母菌等的污染，在适宜的温、湿度条件下，它们会迅速繁殖。各种农产品上均有微生物的生存，粮食尤为突出。据统计，全世界每年因霉变而损失的粮食就约占总产量的 2%。

霉腐微生物通过产生各种酶分解产品中的相应组分，如纤维素酶可分解破坏棉、麻、竹、木等材料；蛋白酶分解革、毛、丝等产品；一些氧化酶和水解酶可分解破坏涂料、塑料、橡胶和黏接剂等合成材料。

五、无机产品中的微生物

无机物如金属、玻璃也会因微生物活动而产生腐蚀、变质、老化、变形等，使产品的品质、性能、精确度、可靠性下降。铁细菌、硫细菌和硫酸盐还原菌会对金属制品、管道和船舰外壳等产生腐蚀，霉腐微生物的菌体和代谢产物属于电解质，对电讯、电机器材来说会危及其电学性能；有些霉菌分泌的有机酸会腐蚀玻璃，以致严重降低显微镜、望远镜等光学仪器的性能。

第六节 微生物在自然界物质循环中的作用

自然界的物质处于由无机物转化成有机物，再由有机物转化成无机物的往复循环之中。自养生物通过光合作用将无机物转化成有机物，供给人及动物需要，微生物分解生物残体及代谢物，将其转化为无机物，供给绿色植物。异养微生物将有机物分解（矿化）。通过不同微生物的有效配合，实现了元素不同形态的转化。微生物在自然界物质循环中的作用也是污染控制工程设计的理论基础。微生物在物质循环中的作用见图 9-6。

一、微生物在碳素循环中的作用

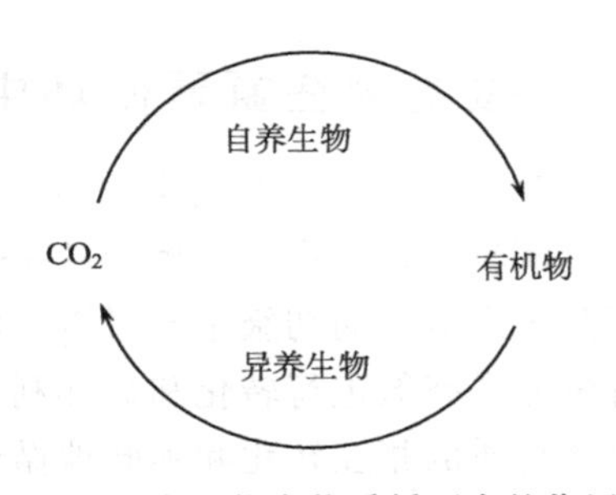

图 9-6　微生物在物质循环中的作用

碳素是构成生物体最基本、最重要的元素之一，没有碳就没有生命。碳素循环包括 CO_2 的固定和 CO_2 的再生。植物和微生物通过光合作用将自然界中的 CO_2 固定，合成有机碳化合物，进而转化为各种其他的有机物；植物和微生物进行呼吸作用获得能量，同时释放出 CO_2，动物以植物和微生物为食物，并在呼吸过程中释放 CO_2。当动、植物和微生物残骸等有机碳被微生物分解时，又产生大量 CO_2。另有一小部分有机物由于地质学的原因保留下来，形成了石油、天然气、煤炭等宝贵的化石燃料，贮藏在地层中。当被开发利用后，经过燃烧，又复形成 CO_2 而回归到大气中。

微生物既参与了 CO_2 的固定又参与了 CO_2 的再生，即微生物参与了整个碳素循环。当然，在固定 CO_2 合成有机物的作用方面，微生物的贡献远不及绿色植物。但在有机物的分解，CO_2 再生作用中，微生物，特别是异养微生物则起主要作用。

据统计，地球上约 90% 的 CO_2 是靠微生物分解产生的。自养生物经光合作用将 CO_2 固定形成大分子有机碳如淀粉、纤维素、半纤维素与木质素等。对于这些复杂的有机物，微生物首先分泌胞外酶将其降解成简单的小分子有机物，再吸收利用。微生物种类不同，所需生存条件各异，对有机碳化物的分解转化方式也各不相同。在有氧条件下，好氧微生物将有机物彻底分解为 CO_2 和 H_2O；在无氧条件下，通过厌氧和兼性厌氧微生物的作用产生有机酸、醇、CH_4、H_2 和 CO_2 等。微生物在碳素循环中的作用见图 9-7。

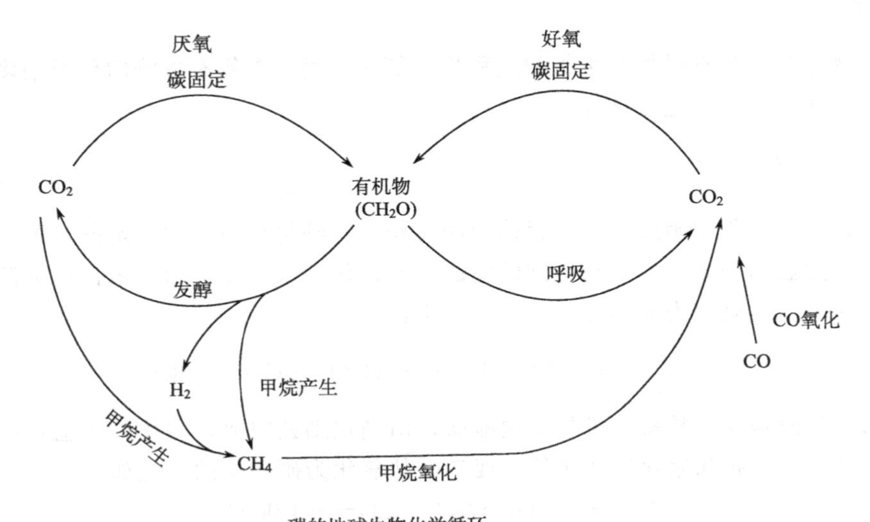

图 9-7　微生物在碳素循环中的作用

二、微生物在氮素循环中的作用

氮是构成生命有机体的必需元素，是核酸及蛋白质的主要成分。大气中分子态氮所占比例较大，约占大气体积的78%。但所有植物、动物及大多数微生物都不能直接利用分子态氮，而初级生产者需要的铵盐、硝酸盐等无机氮在自然界数量有限。因此，只有将分子态氮进行转化和循环利用，才能满足植物对氮素营养的需要。因此，自然界中氮素物质的相互转化和不断地循环就显得十分重要。

氮素循环涉及许多转化作用，包括固氮作用、氨化作用、硝化作用、反硝化作用以及氨的同化作用等。氮素循环中氨化作用、硝化作用、反硝化作用是A/O工艺设计的理论基础（参见第十二章）。微生物在氮素循环中的作用见图9-8。

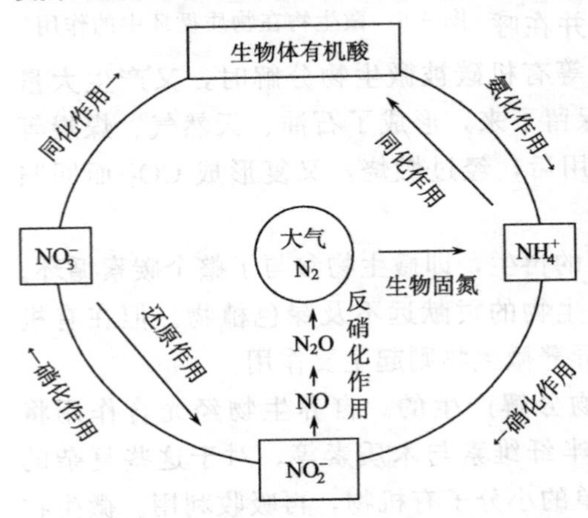

图9-8　微生物在氮素循环中的作用

1. 固氮作用

分子态氮被还原成氨或其他氮化物的过程称为固氮作用。自然界氮的固定有两种方式：一是非生物固氮；二是生物固氮，即通过微生物的作用固氮。非生物固氮形成的氮化物很少。大气中90%以上的分子态氮是由微生物固定。能够固氮的微生物均为原核生物，主要包括细菌、放线菌和蓝细菌。

2. 氨化作用

微生物分解含氮有机物产生氨的过程称为氨化作用。含氮有机物的种类很多，主要是蛋白质尿素、尿酸和壳多糖等。

3. 硝化作用

微生物将氨氧化成硝酸盐的过程称为硝化作用。硝化作用分两个阶段，第一个阶段是氨被氧化为亚硝酸盐，由亚硝化细菌完成，亚硝化细菌主要包括亚硝化单胞菌属、亚硝化叶菌属等。氨氧化为亚硝酸盐的反应如下：

$$NH_4^+ + \frac{3}{2}O_2 \longrightarrow NO_2^- + 2H^+ + H_2O \quad \Delta G = -66\text{kcal}^{①}$$

第二个阶段是亚硝酸盐被氧化为硝酸盐，由硝化细菌完成，硝化细菌主要包括硝化杆菌属、硝化刺菌属和硝化球菌属等。亚硝酸盐氧化为硝酸盐的反应如下：

$$NO_2 + 0.5O_2 \rightarrow NO_3 \quad \Delta G = -18\text{kcal}$$

亚硝化细菌和硝化细菌在环境中总是同时存在的，因此，亚硝酸盐一般不会积累。

① 1cal=4.1868J，后同。

参与 pH 作用的细菌是一群对酸碱度非常敏感性细菌，对硝化反应的最适 pH 是 6.6～8.0。环境 pH 为 6.0 时硝化速率减慢，pH4.0 时硝化反应受到抑制。

4. 同化作用

铵盐和硝酸盐可转化成氨基酸、蛋白质、核酸等含氮有机物的过程。

5. 反硝化作用

在厌氧条件下，反硝化细菌将硝酸盐还原为分子态氮的过程称为反硝化作用。反硝化作用被四种酶催化，即分四步完成（图 9-9）：

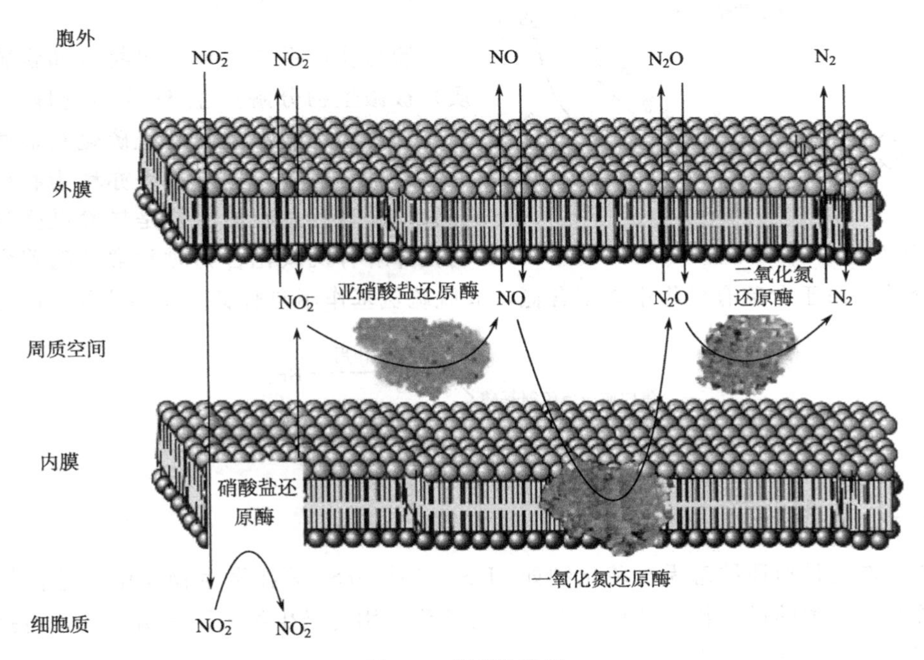

图 9-9　反硝化途径

第一步：由硝酸盐（NO_3）还原为亚硝酸盐（NO_2）。这一过程由硝酸盐还原酶催化，该酶的活性受氧的抑制；

第二步：在亚硝酸盐还原酶的作用下，将亚硝酸盐（NO_2）还原为一氧化氮（NO）。亚硝酸盐还原酶是反硝化细菌独有的酶，存在于细胞的周质空间。亚硝酸盐还原酶活性易受氧的抑制，但受硝酸盐的诱导；

第三步：在一氧化氮还原酶的作用下，将一氧化氮（NO）还原为一氧化二氮（N_2O）。一氧化氮还原酶位于细胞膜上，该酶活性受氧的抑制，但易被各种氮氧化物诱导；

第四步：在一氧化二氮还原酶的作用下，一氧化二氮（N_2O）还原为 N_2。一氧化二氮还原酶存在于细胞的周质空间，该酶活性易受低 pH 的抑制，而对氧比上述三种酶更敏感。因此，在低 pH 氧浓度高的环境中，反硝化的终产物是一氧化二氮（N_2O），不是氮气（N_2）。

三、微生物在硫素循环中的作用

硫是某些必需氨基酸、维生素和辅酶的组成成分，因此，硫是生命体所必需的元素。自然界的硫在微生物的催化下，借助于氧化还原反应，形成了一个以有机硫和无机硫构成的硫的循环。硫素循环包括脱硫作用、硫化作用（硫的氧化作用）、同化作用、反硫化作用。微生物参与了硫素循环的整个过程（图 9-10）。

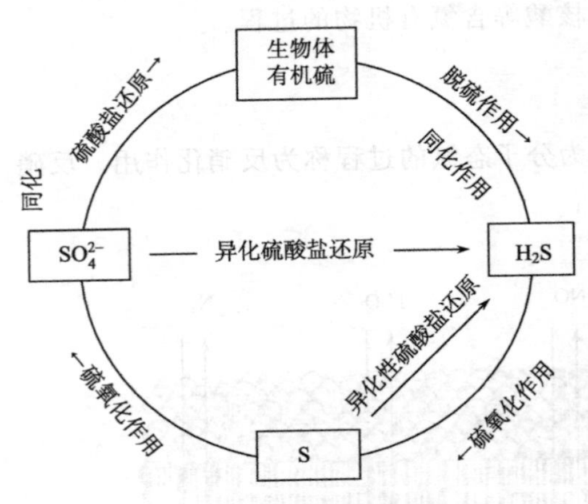

图 9-10 微生物在硫素循环中的作用

（一）脱硫作用

脱硫作用系指含硫有机物（如含硫蛋白质）被微生物分解产生 H_2S 的过程。动物、植物和微生物残骸中的有机硫化物被微生物分解产生无机硫，这个过程亦称为有机硫的分解。参与此过程的主要是异养微生物，它们在降解有机碳化合物时常常伴随着含硫成分的释放。由于含硫有机物中大多含氮，故脱硫氢基作用与脱氨基作用往往同时进行：

$$\text{蛋白质}\rightarrow\text{含硫氨基酸}\begin{cases}\xrightarrow{\text{脱氨基作用}} NH_3\\ \xrightarrow{\text{脱硫基作用}} H_2S\end{cases}$$

（二）硫化作用

硫化作用是指还原态无机硫化物如 H_2S、S 或 FeS_2 等在微生物作用下进行氧化生成硫酸及其盐类的过程称为硫化作用。进行硫化作用的微生物主要是硫细菌，包括无色硫细菌和有色硫细菌两大类。

1. 无色硫细菌

1）硫杆菌

土壤与水体中比较重要的化能自养硫细菌是硫杆菌属（*Thiobacillus*）。在硫杆菌中，只有脱氮硫杆菌（*T. denitrificans*）是一种兼性厌氧菌，其余都是好氧菌。硫杆菌的生长最适温度为 28～30℃。有的硫杆菌适生酸性环境。常见的硫杆菌有氧化硫硫杆菌（*T. thiooxidans*）、氧化亚铁硫杆菌（*T. ferrooxidans*）及排硫硫杆菌（*T. thioparus*）等。这些微生物能将硫化氢、元素硫、黄铁矿等氧化形成硫酸，从氧化过程中获得能量。

$$2H_2S+O_2 \longrightarrow 2H_2O+2S+\text{能量}$$

$$2S+3O_2+2H_2O \longrightarrow 2H_2SO_4+\text{能量}$$

$$2FeS_2+7O_2+2H_2O \longrightarrow 2FeSO_4+2H_2SO_4+\text{能量}$$

2）丝状硫磺细菌

丝状硫磺细菌属化能自养菌，但有的也能营腐生生活，生存于含硫的水体中，能将 H_2S 氧化为元素硫。主要有两个属，即贝氏硫菌属（*Beggiatoa*）和发硫菌属（*Thiothrix*）。前者丝状菌体游离存在；后者丝状体菌体通常固着于固体基质上。

2. 有色硫细菌

有色硫细菌主要指含能进行光合作用的硫细菌。有色硫细菌从光中获得能量，依靠体内含有的光合色素，进行光合作用同化 CO_2。主要分为光能自养型和光能异养型两大类。

1）光能自养型

这类光合细菌在进行光合作用时，能以元素硫和硫化物作为同化 CO_2 的电子供体，其反应式为

$$CO_2+2H_2S \xrightarrow{光} [CH_2O]+2S+H_2O$$

$$2CO_2+H_2S+2H_2O \xrightarrow{光} 2[CH_2O]+H_2SO_4$$

常见的如着色菌科（Chromatiaceae）和绿菌科（Chlorobiaceae）中的相关种类，此类细菌俗称紫硫菌和绿硫菌。

2）光能异养型

光能异养型光合细菌主要以简单的脂肪酸、醇等作为碳源或电子供体，也可以硫化物或硫代硫酸盐（但不能以元素硫）作为电子供体，进行光照厌氧或黑暗微好氧呼吸。例如，红螺菌科（Rhodospirillaceae），以异丙醇为电子供体，还原 CO_2 产生糖类物质，其反应如下

$$CO_2+2(CH_3)_2CHOH \xrightarrow{光能} [CH_2O]+2CH_3COCH_3+H_2O$$

目前，多用于高浓度有机废水的处理。常见种类大多为红螺菌科，如球形红杆菌（*Rhodobacter spheroides*），沼泽红假单胞菌（*R. palustris*）等。

（三）无机硫的同化作用

将硫酸盐转变成还原态的硫化物，然后再固定到蛋白质等成分中，并组成自身细胞物质的过程，称为同化作用。大多数的微生物都能像植物一样利用硫酸盐作为唯一硫源，将其转变为含硫氢基的蛋白质等有机物。只有少数微生物能同化 H_2S，大多数情况下元素硫和 H_2S 等都须先转变为硫酸盐，再固定为有机硫化合物。

（四）反硫化作用

在厌氧条件下，微生物将硫酸盐还原为 H_2S 的过程称为反硫化作用。参与这一过程的微生物称为硫酸盐还原菌。反硫化作用具有高度特异性，主要是由脱硫弧菌属（*Desulfovibrio*）完成。其中脱硫脱硫弧菌（*D. desulfuricans*）是反硫化作用的典型代表菌，催化的反应为

$$C_2H_{12}O_6+3H_2SO_4 \longrightarrow 6CO_2+6H_2O+3H_2S+能量$$

产生的 H_2S 与 Fe^{2+} 形成 FeS 和 Fe $(OH)_2$，这是造成铁锈蚀的主要原因。

在混凝土排水管和铸铁排水管中，如果有硫酸盐存在，管的底部则常因缺氧而被还原为硫化氢。硫化氢上升到污水表层（或逸出空气层），与污水表面溶解氧相遇，被硫化细菌或硫细菌将硫化氢氧化为硫酸，再与管顶部的凝结水结合，会使混凝土管和铸铁管受到腐蚀。为了减少对管道的腐蚀，除要求管道有适当的坡度，使污水流动畅通外，还要加强管道的维护工作。

第七节　环境自净与污染控制工程

污染控制工程技术大多源于对水体和土壤自净原理的研究。如活性污泥法是对水体自净过程的强化；氧化沟是对河流过程的模拟；生物滤池和生物滤塔是对土壤自净功能的强化；各种生物膜法则是集中了水体自净作用和土壤自净作用的优势，等等。因此，了解环境的自净原理，对于污染控制工程技术的发展和应用具有重要意义。

一、水体自净

由于人类的经济活动，天然水体不断地受到污染的胁迫。在物理、化学和生物的综合作用下，只要这种污染度不超越阈值，会使污染的水体得到净化，这种现象称为水体自净（self purification of water body）。水体自净有广义与狭义之分：广义的水体自净指受污染的水体经过水体本身物理、化学与生物的作用，使水体得到净化的现象；狭义的定义指通过水体中微生物对有机物污染物的氧化分解作用使水体得到净化的现象。各种净化作用相互配合，协调进行。

（一）物理净化作用

物理净化作用是指由于稀释、扩散、混合和沉淀等过程使污染物质浓度降低的过程。污水进入水体后，可沉性固体在水流较弱的地方逐渐沉入水底。悬浮体、胶体和溶解性污染物因混合、稀释浓度逐渐降低。污水稀释的程度通常用稀释比表示。对河流来讲，用参与混合的河水流量与污水流量之比表示。污水排入河流经相当长的距离才能达到完全混合，因此这一比值是变化的。达到完全混合的距离受很多因素的影响，主要有稀释比、河流水文情况、河道弯曲程度、污水排放口的位置和形式等。在湖泊、水库和海洋中影响污水稀释的因素还有水流方向、水温、潮汐、风向和风力等。

（二）化学净化作用

化学净化作用是指污染物由于酸碱反应、氧化还原、分解、化合、吸附与凝聚等化学或物理化学作用使浓度降低的过程。某些元素在一定酸性环境中，形成易溶解的化合物，这种化合物随水漂移得到稀释；在中性或碱性条件下，某些元素形成难溶化合物而沉降。流动的水体从水面上大气中溶入氧气，使污染物中铁、锰等重金属离子氧化，生成难溶物质析出沉降。天然水中的胶体和悬浮微粒，能够吸附和凝聚水中的污染物，随水流移动或逐渐沉降。

（三）生物净化作用

水体中的生物，主要是微生物能直接或间接地把污染物作为营养源，既满足了微生物自身生长的需要，又使污染物得到降解。

生活污水和工业有机废水排入水体后，水中有机物在微生物（主要是细菌）的作用下矿化。含氮、硫、磷有机物在有氧条件下被微生物分别转化为硝酸盐、硫酸盐及磷酸盐；脂肪分解为水和二氧化碳。在需氧条件下的自净过程迅速，氧化完全，矿化彻底。

有机物的矿化也可在厌氧条件下进行。但在厌氧条件下的发酵时间长，并产生许多还原性产物，如各种有机酸、氨、硫化氢、沼气等。微生物在矿化过程中获得能量和营养，使有机物转化为生命有机体，水体得到净化。

二、土壤的自净

土壤的自净系指土壤被污染后，通过土壤的物理、化学和生物化学等作用，使各种病原微生物、寄生虫卵与有毒有害物等逐渐达到无害化程度的过程。土壤的自净过程极为复杂，主要包括以下几个方面：

（一）物理作用

物理作用主要涉及日光、土壤温度、风力等因素的作用。日光可使土壤表层温度升高，再加上风的作用，使某些污染物挥发，减少其在土壤中的含量。例如，六六六在旱田施用后，主要靠挥发散失；氯苯灵等除草剂在高温条件下极易挥发，可迅速失去其活性。

（二）土壤的过滤作用和吸附作用

污染物通过土壤时，比孔隙大的固体颗粒被阻留。土壤颗粒表面还具有很强的吸附能力，可吸附溶于水中的气体、胶体微粒及其他物质，并将这些物质聚积或浓缩在土壤颗粒表面，逐渐形成一层胶质薄膜（生物膜），以增强土壤的吸附活性。

（三）化学作用

土壤中某些金属离子可与进入土壤的污染物发生氧化、还原、酸碱中和、水解等反应，改变污染物的化学性质以降低其毒性。例如，酸、碱可被中和，铜在碱性土壤中可生成难溶性的氢氧化铜，使铜的生物活性下降。

（四）生化作用

有机污染物在各种土壤微生物（包括细菌、放线菌和真菌）的作用下，将复杂有机物逐步无机化或腐殖质化，使之达到自净。

1. 有机物的矿化

与水体一样，含氮、硫、磷的有机物在有氧条件下经微生物作用，分别转化为相应的盐类。在厌氧条件下。有机物被微生物分解产生许多还原性产物。

2. 有机物的腐殖质化

有机物的腐殖质化是有机物在微生物的作用下产生腐殖质的过程。腐殖质含有多种有机物，其中主要是腐殖酸，即胡敏酸（腐土酸）、乌敏酸（腐木质酸）、克连酸（矿泉酸）等，其次是蛋白质、脂肪酸、木质素、纤维素等多种物质。腐殖质的性质较稳定，不再继续腐败并产生臭气。随着有机物的腐殖化，病原菌（芽孢菌除外）及寄生虫卵逐渐死亡，因此在卫生上也是安全的。土壤中的有机物达到腐殖质阶段便达到了无害化要求。

（五）病原体在土壤中消亡

有机物的无机化和腐殖质化是促使病原微生物和蠕虫卵死亡的重要条件。另外，日光的照射、土温的改变、微生物的拮抗作用等都影响病原微生物和蠕虫卵的生存。例如，日光中的紫外线能杀灭土壤中的蛔虫卵。

通过上述自净作用，可降低各种污染物对土壤产生的影响。但土壤的自净能力是有限的，超过了限度就会造成危害。因此，可利用自净原理，借助于人工强化手段来提高土壤的净化能力，以修复污染的土壤环境。

三、污染控制的生物强化原理与技术

所有人工污染物处理系统（污染控制工程）都是对环境自净作用的强化，即通过对环境自净过程施加人工强化手段，使水体和土壤的自净能力得到极大提高，从而达到快速、有效地消除污染的目的。污染物的生物强化处理根据处理过程中的生物氧化方式，分为好氧生物强化处理与厌氧生物强化处理。

（一）好氧生物强化处理

微生物在有氧条件下吸附环境中的有机物，并将其氧化分解成无机物，使污水得到净化，同时合成细胞物质。微生物在污水净化过程，以活性污泥和生物膜等的形式存在。

1. 好氧活性污泥法

好氧活性污泥法（又称曝气法）是典型的水体自净过程的人工强化技术。在天然条件下，好氧微生物分解水体中的有机污染物时，消耗大量的溶解氧，即自净过程是一个耗氧过程。耗掉的氧若得不到及时补充，有机物的分解将受到抑制，继而转为厌氧分解，结果水体变黑变臭。

好氧活性污泥法根据水体的自净特性，通过人工曝气，向水体提供大量溶解氧，以满足活性污泥中好氧微生物分解污染物的需要，使污水得到净化。好氧活性污泥法由于施加了强化手段，即通过增氧促使微生物快速生长繁殖，使污水的处理效率大为提高。

污水进入曝气池后，细菌等微生物大量繁殖，形成菌胶团，构成活性污泥骨架，原生动物附着其上，丝状细菌和真菌交织在一起，形成一个个颗粒状的活跃的微生物群体即活性污泥。活性污泥是一个极为复杂的生态系统。曝气池内不断充气、搅拌，形成泥水混合液。当废水与活性污泥接触时，废水中的有机物很快被吸附到活性污泥上。可溶性小分子物质直接进入细胞内；大分子有机物通过胞外酶将其降解成为小分子物质后再渗入细胞内。进入细胞内的物质在胞内酶的作用下，经好氧呼吸，使有机物转化为 CO_2 与 H_2O 等简单无机物，同时产生能量。微生物利用呼吸放出的能量和氧化过程中产生的中间产物合成细胞物质，使菌体大量繁殖。微生物不断进行生物氧化，环境中有机物不断减少，污水得到净化（图 9-11，图 9-12）。

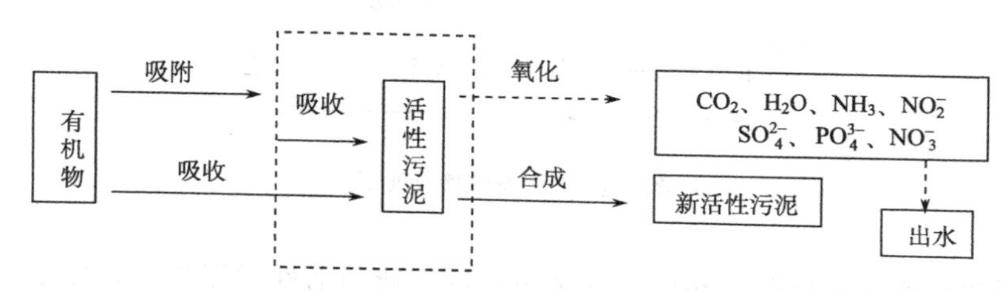

图 9-11 好氧活性污泥净化机理

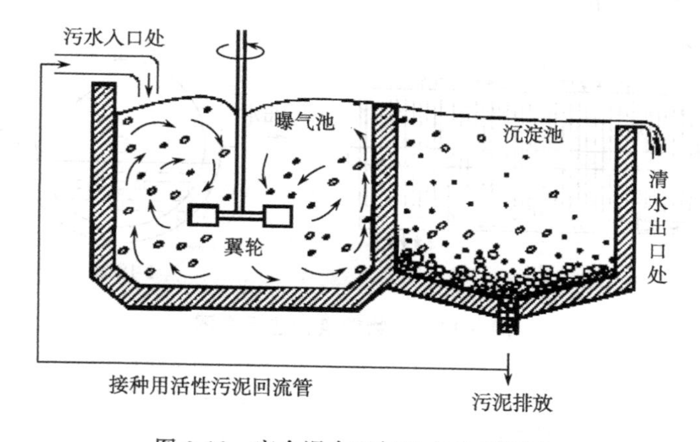

图 9-12 完全混合曝气污水处理装置

好氧活性污泥处理系统根据运行方式分为推流式、完全混合式、延时曝气、渐减曝气等多种类型（第十二章）。目前，最常用的是完全混合曝气法（图 9-12）。

2. 生物膜法

生物膜法是土壤自净过程的人工强化技术。该技术主要用于去除废水中溶解性有机物与胶体有机污染物，其基本原理是利用附着在载体表面的生物膜对污水中有机物的吸附与氧化分解作用净化污水（图 9-13）。

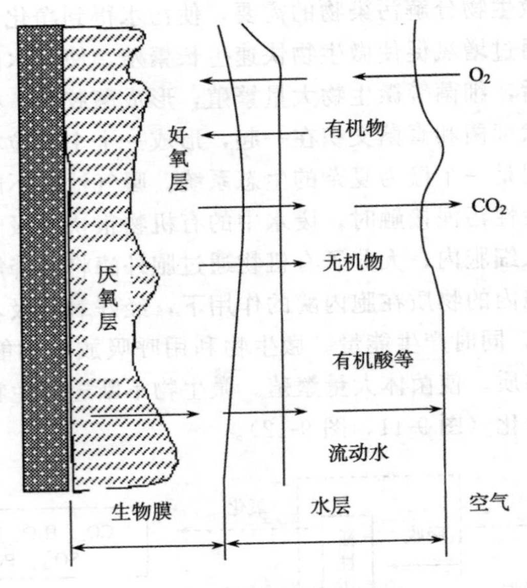

图 9-13　生物膜净化原理

生物膜的功能与活性污泥相同，其微生物的组成与活性污泥类似，也是一个复杂的生态系统。生物膜法根据介质与水接触方式不同，有生物转盘法（图 9-14）、塔式生物滤池法等。详见第十二章。

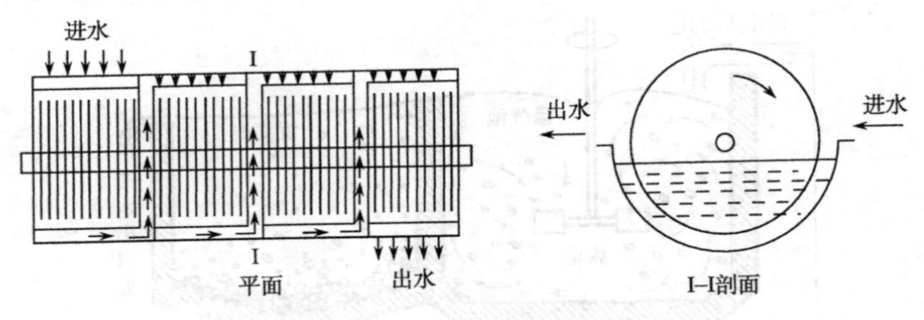

图 9-14　生物转盘构造示意图

（二）厌氧生物强化处理

厌氧生物处理（anaerobic biological treatment）是土壤深层和水体沉积环境自净过程的人工强化技术。厌氧生物处理（厌氧消化、厌氧发酵和甲烷发酵）是指有机污染物在厌氧条件下被微生物分解，最终形成甲烷和二氧化碳等混合气体（沼气）的复杂的生物化学过程。厌氧生物处理涉及的微生物包括发酵性细菌、产氢产乙酸菌、耗氧产乙酸菌、食氢产甲烷菌和食乙酸产甲烷菌等五大菌群，各要求不同的基质和条件，形成一个复杂的生态体系。厌氧生物处理包括 3 个阶段：液化阶段、产氢产乙酸阶段和产甲烷阶段（图 9-15）。

利用厌氧生物处理在净化污水的同时，生产生物能源，故该技术备受青睐。厌氧生

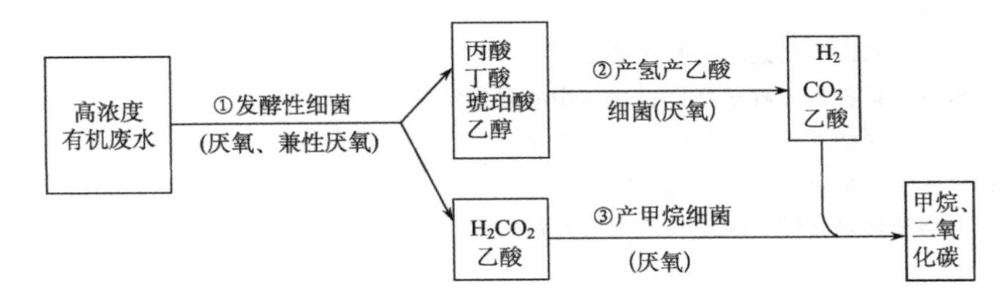

图 9-15　厌氧生物处理原理

物处理主要用于处理高浓度有机废水如食品厂废水、面粉厂废水、造纸废水、酒精废水、制革废水、制糖废水、农药废水、油脂废水等，该方法具有节约能源、运行费用低等特点，因而在处理高浓度有机废水中被普遍采用。相关内容详见第十二章。

本 章 小 结

1. 微生物生态学（microbial ecology）是研究微生物与其周围生物和非生物环境之间相互关系的一门科学。

2. 微生物虽小，但分布广，种类及功能多样，在整个自然界生态系统中发挥着极为重要的作用。特别是异养微生物能将有机物矿化分解，使环境得到净化。

3. 种群（population）是生态学的一个重要概念，指的是在一定时间和一定空间内同种个体的组合。微生物群落是指在一定区域或一定生境，各种微生物种群相互作用形成的一种结构和功能单位。

4. 生态位（ecological niche），又称小生境或是生态龛位。生态位是一个物种所处的环境以及其本身生活习性的总称。

5. 在自然界中，微生物极少单独存在，它们总是群聚在一起。当不同种类的微生物出现在一定空间，如在污（废）水生物处理和固体废弃物生物处理系统中，它们彼此相互影响，既相互依存，又相互排斥，表现出极为复杂的关系。

6. 通过不同微生物的有效配合，实现了元素不同形态的转化。微生物在自然界物质循环中的作用及净化作用也是污染控制工程设计的理论基础。

思 考 题

1. 微生物生态系统的功能。
2. 什么是种群？种群有哪些特征？
3. 个体、种群和群落的关系。
4. 生态位的定义是什么？微生物生态对策的类型有哪些？
5. 怎样把生态位理论应用在废水处理工艺中？
6. 举例说明微生物之间的相互作用关系。
7. 了解微生物在自然环境中的分布对环境工程有何意义？
8. 微生物在碳素循环中能有哪些作用？
9. 微生物在氮素循环中能有哪些作用？

10. 微生物在硫素循环中能有哪些作用？
11. 什么是水体自净？简述水体自净的过程。
12. 怎样解释污染控制工程是环境自净作用的强化？
13. 好氧活性污泥法属于何种自净作用的强化？
14. 生物膜属于何种自净作用的强化？
15. 厌氧生物处理是何种自净过程的人工强化技术？

第十章　水污染控制微生物工程

废水的生物处理是指利用微生物的新陈代谢作用，对废水中的污染物进行降解和转化，从而使废水得到净化的处理方法。本章主要从微生物学角度介绍废水生物处理的主要方法、工艺流程和净化流程。重点掌握好氧活性污泥法、生物膜法和厌氧工艺的微生物种类组成、净化机理和主要代表工艺；理解好氧颗粒污泥和厌氧颗粒污泥的组成和特征；掌握生物脱氮除磷的基本原理和典型工艺。

第一节　污水好氧处理技术及其微生物学原理

一、活性污泥法处理系统

（一）好氧活性污泥的概念和组成

活性污泥是以细菌、真菌、原生动物和微型后生动物所组成的主体，连同废水中的固体物质、胶体等交织在一起的黄褐色絮状体。活性污泥是组成其微生物细胞生长繁殖的结果，有吸附、氧化分解有机物的能力，同时具有一定的沉降性能。活性污泥在显微镜下观察呈不规则椭圆状，在水中呈“絮状”，其含水率99%左右，相对密度为ρ＝1.002～1.006，直径大小为0.02～0.2mm，表面积为20～100cm^2/mL，pH约6.7。正常的活性污泥呈黄褐色，但会随进水颜色、曝气程度而变（如发黑为曝气不足，发黄为曝气过度）。

（二）好氧活性污泥的生物相

1. 细菌

细菌是组成活性污泥微生物相的主体。一些具有产荚膜或黏液的絮凝性细菌形成的团块就是菌胶团，是好氧活性污泥的结构和功能中心，有很强的吸附能力和分解有机物的能力。当污水与活性污泥接触后，1～30min的时间内就被吸附到污泥菌胶团上，一旦菌胶团受到各种因素的影响和破坏，污水中的有机物去除率就会明显下降。同时，菌胶团对有机物的吸附和分解为原生动物和微型后生动物提供了良好的生存环境。例如，去除毒物、提供食料、溶解氧升高，还为原生动物、微型后生动物提供附着场所等。另外，菌胶团紧密成团，污泥密度增大，使污泥具良好沉降性。在活性污泥絮体中占优势细菌包括假单胞菌属（*Pseudomonas*）、无色杆菌科（Acthromobacteraceae）、棒状杆菌科（Corynebacteriaceae）、黄杆菌属（*Flavobacerium*）、中间埃希氏菌（*E. intermedia*）、生枝动物胶菌（*Zoogloea ramigera*）、放线形诺卡氏菌（*Nocardia actinomorphy*）、蜡状芽孢杆菌（*Bacillus cereus*）、粪产气副大肠杆菌、大肠杆菌（*E. coli*）、产碱杆菌属（*Alcaligenes*）和变形菌类

(*Proteus* sp.) 等类细菌。

丝状细菌是活性污泥中另一重要组成成分。丝状细菌在活性污泥中可交叉于菌胶团之间，或附着生长于表面，少数种类可游离于污泥絮粒之间。丝状细菌具有很强的氧化分解有机物的能力，起着一定的净化作用。在有些情况下，它在数量上可超过菌胶团细菌，使污泥絮凝体沉降性能变差，严重时引起活性污泥膨胀，造成出水质量下降。常见的丝状菌有浮游球衣菌（*Sphaerotilus natans*）、贝硫细菌（*Beggiatoa* sp.）、发硫细菌属（*Thiothrix* sp.）、透明颤菌属、亮发菌属（*Leucothrix* sp.）和线丝菌属（*Lineola*）等。

2. 真菌

活性污泥中还有一定量的真菌，虽不占优势，但在废水净化过程中的作用很大。在某些含碳较高或 pH 较低的工业废水处理系统中，存在比较多的真菌。活性污泥中存在的真菌以霉菌为主，如毛霉属（*Mucor*）、根霉属（*Rhizpus*）、曲霉属（*Aspergillus*）、青霉属（*Penicillum*）、镰刀霉属（*Fusarium*）、漆斑菌属（*Myrothecium*）、黏帚霉属（*Gliocladium*）、瓶霉属（*Phialophora*）、芽枝霉属（*Cladosporium*）、短梗霉属（*Aureobasidium*）、木霉属（*Trichoderma*）和头孢霉属（*Cephalosporium*）等。

3. 原生动物

在活性污泥中常见的原生动物有鞭毛虫类、肉足虫类、纤毛虫类及吸管虫类等。这些原生动物都属于好氧微生物，其代谢、增殖形式与细菌大体相同，具有废水净化和指示的作用。新运行的曝气池或运行不好的曝气池，池中主要含鞭毛类原生动物和根足虫类，只有少量纤毛虫；出水水质好的曝气池混合液中，主要含纤毛虫，只有少量鞭毛型原生动物和变形虫。在污泥驯化过程中，随着活性污泥的逐步成熟，混合液中的原生动物的优势种类也会顺序变化，依次出现游泳型纤毛虫、爬行型纤毛虫、附着型纤毛虫。另外，一些原生动物分泌一些黏液和多糖类物质协同菌胶团细菌凝聚成大的絮凝体迅速沉降，有利于泥水分离。

4. 微型后生动物

在成熟的活性污泥中常会遇到一些微型后生动物，如轮虫、线虫、颤蚯蚓、甲壳动物、小昆虫及其幼虫等。在废水的生物处理系统中，轮虫可作为指示生物。活性污泥中出现轮虫，通常表明有机质浓度低、水质较好；但当轮虫数量过多，则有可能破坏污泥的结构，而使污泥松散上浮。线虫可吞噬细小的污泥絮粒，在高负荷的活性污泥中也会出现，活性污泥中出现的线虫以双胃虫属、干线虫属、小杆属居多。

综上所述，活性污泥主要是由细菌、真菌、原生动物和微型后生动物等微生物组成的相对稳定的微小生态系统。其中细菌中的菌胶团细菌为最主要成分。

（三）好氧活性污泥法的基本工艺流程和净水原理

在人工充氧的条件下，向废水中连续通入空气，经一定时间后因好氧微生物繁殖而形成的活性污泥，利用活性污泥的生物凝聚、吸附和氧化作用，以分解去除污水中的有机污染物，然后使污泥与水分离，大部分污泥再回流到曝气池，多余部分则排出活性污泥系统。其基本工艺流程图见图 10-1。

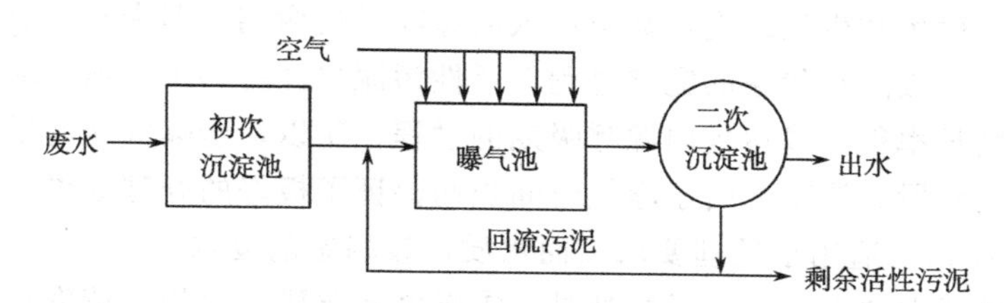

图 10-1　活性污泥法的基本工艺流程

好氧活性污泥法的主要构筑物是曝气池和二次沉淀池。向污水中不断注入空气，以维持水中足够的溶解氧，一段时间后，污水中形成悬浮在水中活性污泥为主体的絮状污泥。待处理的污水和回流污泥一起进入曝气池，成为悬浮混合液，沿曝气池注入。通过空气曝气，使污水与活性污泥充分混合，并供给混合液足够的溶解氧。这时污水中的有机物被活性污泥中的好氧微生物分解，然后混合液进入二沉池，活性污泥与水澄清分离，部分活性污泥回到曝气池，继续进行净化过程，澄清的水排放。

在活性污泥处理系统中，有机污染物从废水中被去除的过程实质就是有机底物作为营养物质被活性污泥微生物摄取、代谢与利用的过程，这一过程的结果使污水得到了净化，微生物获得了能量而合成新的细胞，活性污泥得到了增长。一般将整个净化反应过程分为三个阶段：初期吸附、微生物代谢作用以及活性污泥的凝聚沉淀。

（1）吸附阶段：污水和活性污泥在刚开始接触的 5～10min 内，就出现了很高的 BOD 去除效果，通常 30min 内完成污水中有机物的去除，这主要是由于活性污泥的物理吸附和生物吸附共同作用的结果。

（2）微生物代谢：废水中的溶解性有机物直接被细菌吸收，而非溶解状态的大分子有机物先附着在活性污泥微生物体外，由胞外酶分解成小分子溶解性有机物，进入微生物细胞内氧化分解。在细胞内，有机物一部分转化成 H_2O、CO_2、NH_3、NO_3^-、PO_4^{3-}、SO_4^{2-} 等简单无机物，并获得合成新细胞所需的能量；另一部分物质进行合成代谢，形成新的细胞物质即活性污泥的生成过程，这一阶段比吸附阶段慢得多。

（3）凝聚沉淀：微生物合成代谢形成的絮凝体，进入二次沉淀池，混合液中悬浮的活性污泥和其他固体物质沉淀下来与水分离，澄清后的水排出系统。

（四）好氧活性污泥法的主要工艺类型及特点

好氧活性污泥法的处理工艺很多，常见的有传统的活性污泥法、完全混合法、渐减曝气和分段进水活性污泥法、延时曝气活性污泥法、深井（层）曝气、吸附—生物降解工艺（AB 法）和序批式活性污泥法（SBR）等。

1. 传统活性污泥法

传统活性污泥法又称普通的活性污泥法。主体构筑物曝气池为长方形，沿曝气池池长方向均衡等量地曝气，有机污染物在曝气池中通过活性污泥连续的吸附、氧化作用得以降解，其工艺流程示意图 10-1。

这种流程形式的特点：在曝气池进口端，有机物浓度高，微生物生长较快，在末端有机物浓度低，微生物生长缓慢，甚至进入内源呼吸代谢期。即废水中有机物在曝气池内的降解，经历了吸附和代谢的完整过程，活性污泥也经历一个从池首端的增长速率较快到池末端的增长率很慢或达到内源呼吸期的过程。所以，全曝气池的微生物生长处在生长曲线的不同阶段。该工艺由于曝气时间长而保证了极好的处理效果，一般 BOD_5 去除率为 90%～95%，适用于处理要求高而水质比较稳定的废水。

传统的活性污泥法存在的不足之处是：①曝气池首段有机物负荷率高，耗氧速率也高，易出现缺氧状态；②耗氧速率与供氧速率难以沿池长吻合一致，在池前端可能出现耗氧速率高于供氧速率的现象，而池后端又可能出现溶解氧过剩的现象；③曝气池容积一般较大，占用土地较多，基建费用高。

2. 完全混合法

完全混合式活性污泥法是目前采用较多的一种活性污泥法。该工艺的主要特征在于废水进入曝气池在较短时间内与全池废水充分混合、稀释和扩散，池内各点有机物浓度比较均匀（工艺流程图见本书第 7 章，图 7-4）。该工艺的特点：污水在曝气池内分布均匀，各部位的水质相同，微生物群体的组成和数量几乎一致，反应系统的微生物处于增殖曲线上的某一个时期；曝气池内需氧均匀，动力消耗低于推流式曝气池。由于本系统具有耐水质、水量冲击负荷等特点而适用于处理工业废水，特别是浓度较高的工业废水。

其主要缺点有：①由于污水在曝气池内的停留时间较短，细菌始终处于某个生长期，所以处理效果一般比推流式处理法要差；②由于整个曝气池内的有机负荷较低，容易发生活性污泥膨胀现象。

3. 渐减曝气活性污泥法

渐减曝气活性污泥法（图 10-2）是针对传统活性污泥法有机物浓度和需氧量沿池长减小的特点而改进的一种好氧生物处理工艺。它的主要特点是合理布置曝气器，从首端到末端采用不同的供气量，一定程度地缩小了需氧量与供氧量之间的差距，有助于降低能耗，又能够比较充分地发挥活性污泥微生物的降解功能。混合液中的活性污泥浓度沿池长逐步降低，出流混合液的污泥浓度较低，减轻了二次沉淀池的负荷，有利于提高二次沉淀池固、液分离效果。目前活性污泥法一般采用这种曝气供氧方式。

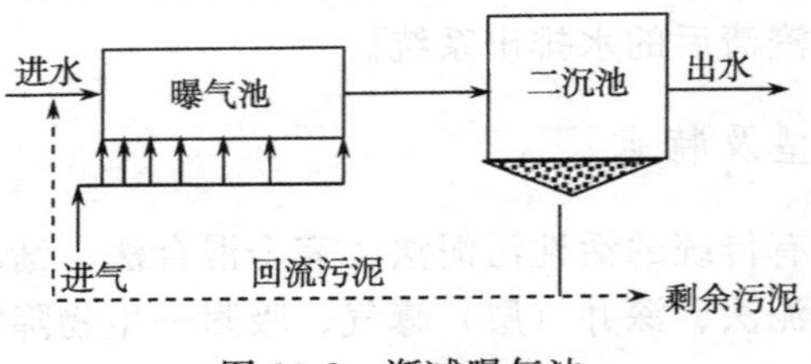

图 10-2　渐减曝气法

4. 延时曝气活性污泥法

延时曝气活性污泥法又名完全氧化活性污泥法，20 世纪 50 年代初期在美国开始应用。该工艺最大的特点是F/M负荷非常低，曝气时间长，一般多在24h以上，污泥中的微生物长期处于内源呼吸阶段。由于内源呼吸的作用，同时氧化了合成的微生物的细胞物质，其实质上是集废水处理和污泥好氧处理为一体的综合构筑物，该工艺剩余污泥量少，消除或减少了剩余污泥处理带来的一系列问题。其主要缺点是：曝气时间长，池容大，基建费和运行费用都较高，占用较大的土地面积等，仅适用于废水流量较小的场合。

5. 深井（层）曝气

深井曝气法是一种新型的活性污泥法，埋于地下的井体装置作为曝气池来处理废水。井中间设隔墙将井一分为二，或在井中心设内筒将井分为内、外两部分。井深一般可达50～150m，直径可达1～2m。该工艺特点是：占地面积小，受外界气候影响较小，氧转移速率高等，适用于化工、造纸、啤酒、制药等相对浓度高的工业废水处理。

6. 吸附-生物降解工艺（AB法）

吸附生物降解工艺，简称AB法污水处理工艺。是由德国亚琛工业大学宾克（Bohnke）于20世纪70年代中期开发的新型污水生物处理工艺，80年代开始用于生产实践。该工艺由A段和B段二级活性污泥系统串联组成，并分别设置独立的污泥回流系统（图10-3）。

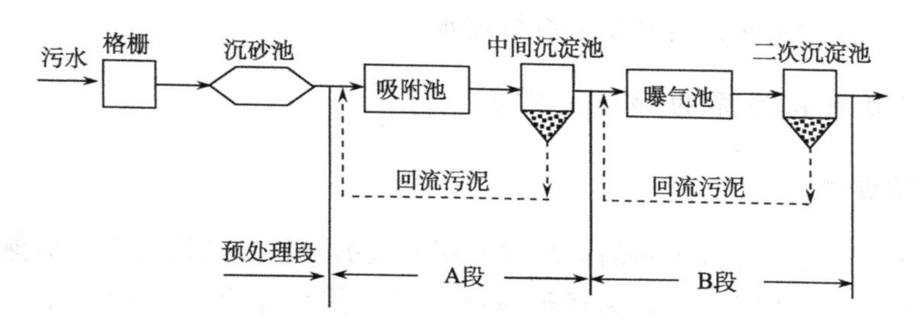

图10-3 吸附-生物降解工艺流程图

A段污泥负荷高［2～6kgBOD$_5$/(kg MLSS · d)］，为普通法的10～20倍，污泥平均停留时间短（0.3～0.5d），水力停留时间约为30min。A段的活性污泥全部是繁殖快、世代时间短的微生物，主要以吸附絮凝、吸收和氧化的方式将有机物去除。B段负荷较低［0.15～0.3kgBOD$_5$/(kg MLSS · d)］，污泥平均停留时间为15～20d，水力停留时间为2～3h，主要以氧化的方式将有机物去除。

AB法的基本特点是微生物群体完全分开为两段系统，A段负荷高，抗冲击负荷能力强，适合浓度较高的污水。污水经A段处理后，使B段的可生化性提高，因而取得更佳更稳定的效果。

7. 序批式活性污泥法（SBR）

间歇式活性污泥法简称SBR工艺，又称序批式（间歇）活性污泥法，它是近年来

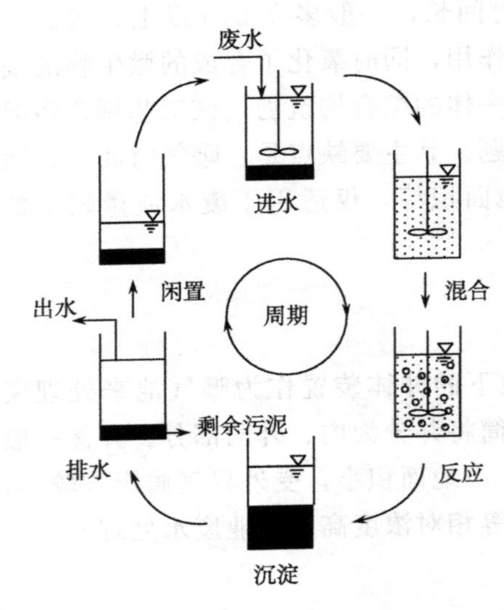

图 10-4　SBR 工艺工作示意图

在国内外被引起广泛重视的一种污水生物处理技术，通常由 2～6 个曝气槽组成。其最主要特征是采用有机物降解与混合液沉淀于一体的反应器。与连续式活性污泥法系统相比，无需设污泥回流设备，不设二次沉淀池，曝气池容积也小于连续式。一个操作周期包括进水、反应、沉淀、排水排泥和闲置 5 个阶段，周而复始（工艺流程见图 10-4）。

进水期用来接纳污水，起到调节池的作用；反应期是在停止进水的情况下，通过曝气使微生物降解有机物的过程；沉淀期是进行泥水分离的过程；排水期用来排出污水和剩余污泥；而闲置期是处于进水等待的状态。整个操作通过自动控制装置完成，运行周期内，各阶段的控制时间和总水力停留时间根据实际情况确定。

SBR 工艺由于采用间歇方式，极大提高了操作的灵活性，污泥性能好，抗负荷与毒物冲击能力显著增强。SBR 工艺的缺氧—厌氧—好氧过程的交替，可使原来难降解的有机物分解成能够被降解的物质，而且对氮、磷、硫的脱除效果也十分显著，特别适合处理浓度高、排放量小的各种工业有机废水。

（五）好氧颗粒污泥的形成及机制

1. 好氧颗粒污泥

好氧颗粒污泥是通过微生物的自凝聚作用形成的颗粒状活性污泥。成熟的好氧颗粒污泥呈橙黄色，表面光滑，外观为球形或椭球形，其粒径为 0.5～1.5 mm。沉降速度与其大小和结构有关，一般在 30～70m/h，为传统活性污泥（8～10 m/h）的 3～5 倍。污泥颗粒与普通活性污泥相比，具有沉降性能好、耐有机负荷高、生物量和生物活性较高等优点。好氧颗粒污泥的形成，不仅有助于微生物活性的发挥，而且也有助于微生物数量的积累，它是生物反应器高效稳定运行的重要基础。

2. 好氧颗粒污泥的形成机制和过程

好氧颗粒污泥的形成是一个长期而复杂的微生物生态学过程。目前关于好氧颗粒污泥的形成机制有以下四种。

（1）缠绕机制。好氧颗粒污泥表面丝状菌较多，可以包埋、缠绕杆菌、球菌及小颗粒。

（2）联合机制。许多小的菌团、絮凝体或小块污泥通过表面的胶状物或丝状菌相互联合，聚集在一起，形成较大的絮凝体，在水流剪切力作用下，表面的丝状菌逐渐脱落，使絮凝体变得密实紧凑，随着细菌的粒径逐渐增大，形成边缘清晰的好氧颗粒污泥。

（3）吸附机制。大颗粒污泥破裂的碎片或反应器中初期形成的絮凝体、解体的菌团，在废水处理中具有很强的吸附能力，吸附的物质包括活的微生物以及非生命物质。一方面，这种吸附作用有利于菌胶团结合和分解有机物、去除 BOD；另一方面，使其本身增大、成熟，从而具有良好的沉降作用。

（4）连接作用。许多小块污泥通过细菌之间的夹膜、黏液等相互黏附、连接起来，组成具有一定形状的大块颗粒污泥。在絮凝体颗粒化时期，丝状菌的缠绕、包埋、连接、牵扯和吸附等均是污泥颗粒化的关键作用。

3. 影响污泥颗粒化的主要因素

（1）有机负荷。有机负荷的变化对好氧颗粒污泥的形成有一定作用。有研究表明，容积负荷低于 1kg COD/(m^3·d) 时，好氧颗粒污泥难以形成；当容积负荷大于 2.5 COD/(m^3·d) 时有利于好氧颗粒污泥的形成，并且形成好氧颗粒污泥的容积负荷范围较宽［2.5～15kg COD/(m^3·d)］。不过，COD 容积负荷会影响颗粒污泥的物理性状，例如，当容积负荷从 3kg COD/(m^3·d) 提高到 9kg COD/(m^3·d) 时，颗粒污泥的平均直径从 1.6mm 增大到 1.9mm，颗粒污泥的强度也有所降低。

（2）水流剪切力。水流剪切力对颗粒污泥的形成过程和结构有显著的影响，较高的水流剪切力有利于颗粒污泥的形成。一般认为，只有当表观气速高于 0.012m/s 时，才可能形成好氧颗粒污泥。水流剪切力主要通过诱导微生物产生更多的胞外多聚物（EPS）来促进污泥颗粒化过程。EPS 具有支持微生物聚合并维持结构完整性的生理功能。它通过架桥作用使微生物群体形成三维结构，使微生物相互之间更好地发生生化反应，同时生成的微生物颗粒结构更坚固，更能适应在较大的水流剪切力环境下生存。微生物表面疏水性随水流剪切力增强而升高。关于水流剪切作用与污泥颗粒化的关系，尚有待深入研究，单凭表观气速不足以表征剪切力的大小。在污泥颗粒化的研究中，应当综合考虑水流剪切力、气流剪切力以及颗粒间碰撞的单独和共同作用，并将这些作用归结为剪切应力，以便理论分析和实际应用。

（3）溶解氧。溶解氧（DO）浓度影响好氧颗粒污泥的粒径。在相对较低和较高 DO 浓度下，都能成功培养出好氧颗粒污泥。研究发现，在较高 DO 浓度下形成的好氧颗粒污泥粒径较大；而当 DO 浓度较低时，由于传质限制，好氧颗粒污泥的粒径相对较小（0.3～0.5mm）。

（4）接种污泥。接种污泥微生物的种类、活性和数量，会影响好氧颗粒污泥微生物群落的结构、功能、污泥颗粒化的进程以及成熟颗粒污泥的物理和化学性状，如污泥密度、污泥强度、沉降性能、表面特性、化学成分等。微生物数量多、生物多样性丰富的接种污泥容易适应各种废水。一般而言，丝状细菌和荚膜细菌含量丰富的接种污泥，有利于颗粒化。增加接种污泥的数量可提高颗粒碰撞的概率，加速污泥颗粒化的进程。

（5）碳源。一些研究者已采用人工模拟废水，成功培育出好氧颗粒污泥，所用的基质有葡萄糖、乙酸盐、乙醇和苯酚等。采用麦芽糖生产废水也能成功培育好氧颗粒污泥，但以实际废水为水质条件的报道尚不多见。以葡萄糖为基质培育的颗粒污泥结构较为疏松，由于悬浮物可充当颗粒污泥的惰性内核，悬浮物丰富的废水有利于颗粒污泥的形成。含糖丰富的废水可促进微生物合成和胞外多聚糖的分泌，也有利于好氧污泥颗粒化。

（六）活性污泥膨胀的生物学原理及控制

1. 活性污泥膨胀的定义

在活性污泥法处理污水的过程中，人们会发现，如果某些环境因素变化时，丝状细菌及其他丝状微生物异常地大量增殖，造成最终沉淀池中污泥几乎不沉降的现象称为丝状膨胀。此时，活性污泥结构松散、沉降性能不好，并随出水飘浮，溢出曝气池，导致出水水质变坏。由于污泥大量流失，使曝气池中混合液浓度不断降低，严重时甚至破坏整个生化处理过程。污泥膨胀可大致分为丝状体膨胀和非丝状体膨胀两种。大多数污泥膨胀属于丝状体膨胀，这种污泥膨胀是由于丝状微生物大量繁殖，菌胶团的繁殖生长受到抑制的结果。国内外有关污泥膨胀问题的研究，均将重点放在活性污泥丝状膨胀上。

2. 活性污泥丝状膨胀的成因和机理

1）生物学角度

污泥膨胀主要是由丝状细菌的大量繁殖引起的。造成丝状性膨胀的微生物，主要有浮游球衣菌（*Sphaerotilus natans*），芽孢杆菌属（*Bacillus*），发硫菌属（*Thiothrix*），大肠杆菌（*Escherichia coli*），贝氏细菌属（*Beggiatoa*），白地霉菌属（*Geotrichum candidum*），丝状增殖酵母及其他丝状微生物等。通常，引起污泥膨胀的场合，其中丝状微生物为浮游球衣菌的报道最多。

2）环境因素的促进作用

活性污泥丝状膨胀的主导因素是丝状微生物的过度生长，而环境因素促进了丝状微生物过度生长。

（1）温度。构成活性污泥的各种微生物的适宜生存温度通常在30℃左右。其中菌胶团细菌，如动胶菌属的最适生长温度在28～30℃，低于10℃生长缓慢，而高于45℃则停止生长；而浮游球衣菌最适温度为25～30℃，可生长温度较宽，在15～37℃均可很好地生长。例如，在南方的春夏之交和秋季，温度常在25～28℃，易发生活性污泥丝状膨胀。

（2）溶解氧。活性污泥中的菌胶团细菌和浮游球衣菌等丝状菌对溶解氧的需要量差别很大。菌胶团细菌是严格好氧的，因此在低溶解氧条件下，其生长几乎停止，浮游球衣菌也是好氧菌，但它的适应性强，在微好氧条件下仍能正常生长。当污水处理系统中溶解氧缺乏时，适于丝状菌的优势生长，从而导致污泥膨胀。

（3）pH。为使活性污泥保持良好的活性，曝气池的pH应保持在6.5～8.0。国内外研究报道，当曝气池混合液的pH低于6.0，有利于丝状菌生长，而菌胶团的生长受到抑制；当pH降至4.5时，真菌将完全占优势，原生动物大部分消失，严重影响污泥的沉降分离和出水水质；pH超过11，活性污泥即会破坏，处理效果显著下降。

3）污水水质的影响

（1）可溶性有机物及其种类：几乎所有的丝状细菌都能吸收可溶性有机物，尤其是低分子的糖类和有机酸。通常，活性污泥中的丝状菌与其他游离细菌相比，对高分子物质的水解能力弱，也难于吸收不溶性物质。因此，当废水中含可溶性有机物多时，丝状菌就易于利用其进行自身繁殖，这样就容易发生丝状菌膨胀；而对高黏性的非丝状菌膨胀来说，由于废水中含较多的可溶性糖类物质，活性污泥微生物就易于利用它们产生更多的高黏性多糖类物质，导致污泥膨胀。

(2) 有机物浓度和氮、磷等营养物质：活性污泥微生物为了生长，除了需要碳源外，还需要氮、磷等营养物质。氮、磷和碳之间应有适当的比例，一般经验提出的比例通常为BOD∶N∶P＝100∶5∶1。当废水中氮、磷含量不足时，容易导致污泥膨胀。即在低氮和低磷的情况下，丝状细菌大的比表面积有利于它与菌胶团细菌争夺氮和磷而优势生长。

3. 污泥膨胀的控制方法和措施

解决污泥膨胀的方法和措施，从根本上说是控制引起丝状菌过度生长的环境因子。实际操作时可采取以下几种措施控制污泥丝状膨胀。

(1) 投加某种物质来增加污泥的比重或杀死过量的丝状菌。投加定量的混凝剂（如铁盐和铝盐等）以提高活性污泥的相对密度；投加氯、过氧化氢、次氯酸钠、漂白粉等杀死或抑制比表面积较大的球衣菌等丝状菌。这一类控制方法无法从根本上解决污泥膨胀问题，而且相反会带来出水水质恶化等不良后果。

(2) 调整废水的营养配比。当污水中缺乏营养物质（N、P等）而引起污泥膨胀时，应及时补充投加尿素、铵盐、商业化肥等，使C、N、P含量控制在BOD∶N∶P＝100∶5∶1左右。

(3) 控制曝气池内的溶解氧。保持曝气池内足够的溶解氧，一般溶解氧应大于2.0mg/L。

(4) 改变曝气池结构。对推流式反应器的构型进行修改，加大长、宽比，即长∶宽＝20∶1；也可在曝气池中采用分隔，或者加长曝气池廊道（折叠式）或加横向隔板来避免反向混合；采用选择器技术，利用选择器内高的底物浓度，选择性地使絮状菌优先发展成优势菌，抑制丝状菌的过量生长。另外，对容易产生污泥膨胀的废水，应避免采用完全混合活性污泥法（CMAS），推荐选用流态为推流式（PFR）或序批式活性污泥法（SBR），也可采用分段进水活性污泥法。

二、生物膜法污水处理系统

(一) 生物膜法概述

污水的生物膜处理法是与活性污泥法并列的一种污水好氧生物处理技术。生物膜是由多种多样的好氧微生物和兼性厌氧微生物，黏附在载体或滤料上所形成的一层带黏性、薄膜状的微生物混合群体。生物膜中的微生物主要有好氧、厌氧及兼性细菌、真菌、放线菌、原生动物和微型后生动物等，其中藻类和微型后生动物比活性污泥法中多见。

1. 生物膜的形成与构成

当污水与滤料接触，污水中的有机污染物，作为营养物质，为微生物所摄取，污水

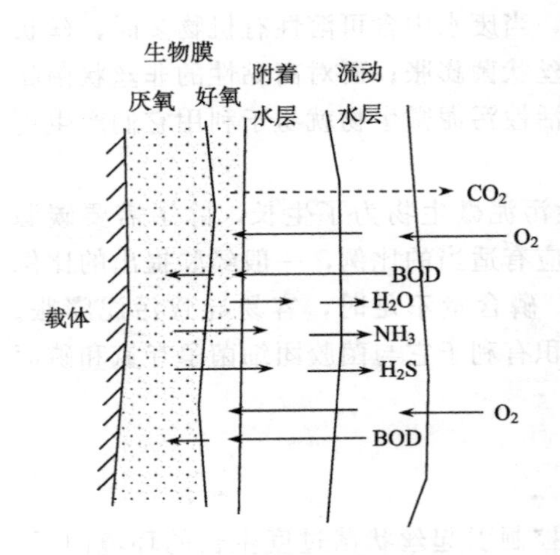

图 10-5 生物膜构造示意图

得到净化，微生物自身也得到繁衍增殖，在滤料上形成一层生物膜。生物膜从开始形成到成熟，要经历潜伏和生长两个阶段。一般的城市污水，在20℃左右的条件下大致需要 30d 左右形成生物膜。图 10-5 是附着在生物滤池滤料上的生物膜构造。

生物膜有一个形成、生长、成熟和衰老脱落的动态过程。往往先在载体表面的一些凹凸不平处有一些微生物附着，然后污水的有机物和无机物在其上逐步积累，加上微生物的增殖，在微生物分泌的胶质物质作用下，慢慢形成小的微生物斑块（类似于活性污泥中的菌胶团），很多斑块相互连接起来就形成了薄薄的生物膜。然后生物膜又慢慢增厚，达到一个相对稳定的厚度后，保持平衡，形成成熟的生物膜。

生物膜上生长着复杂的生物群体，有各种微生物。

(1) 细菌。生物膜中的细菌，大多是革兰氏阴性菌，如无色杆菌、黄杆菌、极毛杆菌、产碱杆菌等，丝状细菌则有球衣细菌、贝氏硫细菌等。

(2) 真菌。有镰刀霉、青霉、毛霉、地霉以及多种酵母菌等。

(3) 藻类。仅生长在滤池表面，主要有小球藻、席（蓝）藻、丝（绿）藻等。

(4) 原生动物。常见的有固着型纤毛虫（如钟虫、累（等）枝虫、独缩虫等）和游泳型纤毛虫（如槽纤虫、斜管虫、尖毛虫、豆形虫和草履虫等）。

(5) 微型后生动物和其他种类的小型动物。微型后生动物有轮虫、线虫、寡毛类的沙蚕、 体虫等；其他小动物有蠕虫、昆虫的幼虫，甚至灰蝇等小动物也会在滤池内生长繁殖。

2. 挂膜机理和过程

如图 10-5 所示，在生物膜内外、生物膜与水层之间进行着多种物质的传递过程。空气中的氧溶解于流动的水层中，从那里通过附着水层传递给生物膜，供微生物呼吸；污水中的有机污染物则由流动水层传递给附着水层，然后进入生物膜，并通过细菌的代谢活动而被降解，使污水在其流动过程中逐步得到净化；微生物的代谢产物如 H_2O 等则通过附着水层进入流动水层，并随其排走，而 CO_2 及厌氧层分解产物如 H_2S、NH_3 以及 CH_4 等气态代谢产物则从水层逸出进入气流中。

当厌氧层较薄时，它与好氧层保持着一定的平衡与稳定关系，好氧层能够维持正常的净化功能。当厌氧层逐渐加厚并达到一定程度后，其代谢产物也逐渐增多，这些产物向外逸出透过好氧层时，好氧层生态系统的稳定状态遭到破坏，造成这两种膜层之间平衡关系的丧失；又因气态代谢产物的不断逸出，减弱了生物膜在滤料（载体、填料）上的固着力，处于这种状态的生物膜即为老化生物膜，老化生物膜净化功能较差而且易于脱落。生物膜脱落后形成新的生物膜，新生生物膜必须在经过一段时间后才能充分发挥其净化功能。在正常运行情况下，整个反应系统中的生物膜各个部分总是交替脱落的，系统内活性生物膜数量相对稳定，净化效果良好。过厚的生物膜并不能增大底物利用速度，却可能造成堵塞，影响正常通风。当废水浓度较大时，生物膜增长过快，水流的冲刷力也应加大，如依靠原废水不能保证其冲刷能力时，可以采用出水回流，以稀释进水和加大水力负荷，从而维持良好的生物膜活性和合适的膜厚度。

（二）生物膜法的主要工艺类型及特点

由于生物膜法比活性污泥法具有生物密度大、抗负荷冲击能力强、动力消耗低、不需要污泥回流、不存在污泥膨胀、运转管理容易等突出优点，在石油化工、印染、制革、造纸、食品、医药、农药、化纤等工业废水的处理中已得到广泛应用。迄今为止，属于生物膜处理法的工艺有生物滤池（普通生物滤池、高负荷生物滤池、塔式生物滤池）、生物转盘、生物接触氧化设备和生物流化床等。下面就这几种工艺予以简单介绍。

1. 普通生物滤池

普通生物滤池又名滴滤池，是生物滤池早期出现的类型。它由池体、滤床、布水装置和排水装置等四个部分组成（图 10-6）。

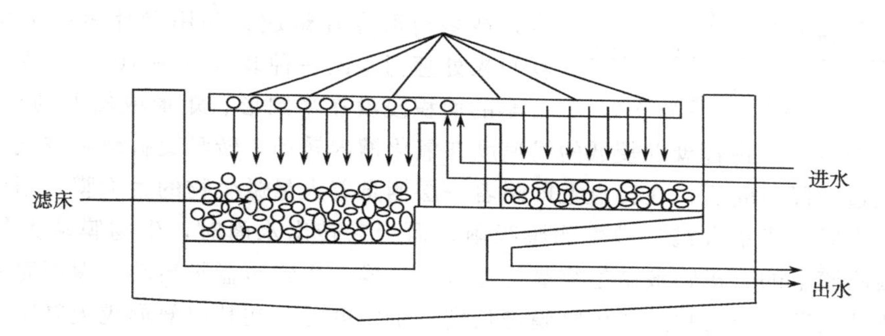

图 10-6　普通生物滤池

普通生物滤池在平面上多呈方形或矩形，四周筑墙称为池壁，多用砖石构筑。滤床一般采用碎石、卵石、炉渣等滤料铺成厚度为 1.5～2.0m 的床体，生物膜便生长在这些滤料上。布水装置的作用是使污水均匀洒在滤床上，而排水装置的作用是在滤床底部汇集经滤床处理过的水，并通过二沉池排出。普通生物滤池虽然具有处理效果良好、运行稳定、易于管理、节省能源等优点，但因为承受的污水负荷低、占地面积大而不适宜于处理量大的污水，而且具有床体容易堵塞，卫生状况差等特点。

2. 高负荷生物滤池

是生物滤池的第二代工艺，是针对普通生物滤池存在的弊端进行革新而开创出来的。它大幅度地提高了滤池的负荷率，其 BOD 容积负荷率高于普通生物滤池的 6～8 倍，水力负荷率则高达 10 倍。高负荷生物滤池的构造基本上与低负荷生物滤池相同，但所采用的滤料粒径和厚度都较大，一般均采取处理水回流的运行措施。由于负荷较高，水力冲刷能力强，滤料表面所积累的生物膜量不大，不易形成堵塞，占地面积较小，卫生条件较好，比较适宜于浓度和流量变化较大的废水处理。

3. 塔式生物滤池

塔式生物滤池是第三代生物滤池，具有占地面积小，基建费用低、净化效率高等优点。塔式生物滤池高 8～24m，直径 1～3.5m，形似高塔，故称为塔式生物滤池（图 10-7）。

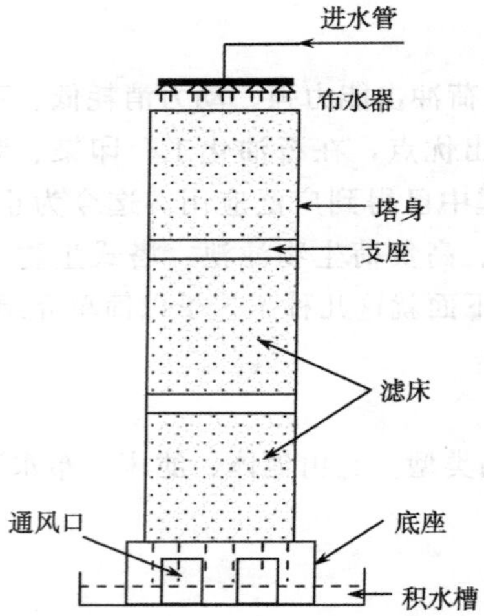

塔式生物滤池内部通风良好，污水从上向下滴落，污水、生物膜和空气接触充分，提高了传质效率和处理能力。该工艺具有生物相分层明显、占地面积小、有机负荷高（比普通生物滤池高 2～10 倍）等优点。由于塔身较高，会存在供氧不如曝气池充足，易形成厌氧环境，降解效率降低的问题。

图 10-7　塔式生物滤池示意图

4. 生物转盘

生物转盘由固定在一根轴上的许多间距很小的圆盘或多角形盘片组成，利用盘片表面上生长的生物膜来处理污水的一种装置（图 10-8）。盘片有接近一半的面积浸没在半圆形、矩形或梯形的氧化槽内。在电机带动下，生物转盘以较低的线速度在氧化槽内转动，转盘交替地和空气与污水相接触。经过一段时间后，在转盘上即附着一层栖息着大量微生物的生物膜。当生物膜处于浸没状态时，废水有机物被生物膜吸附，而当它转出水面时，生物膜从大气中吸收氧，使吸附膜上的有机物被微生物氧化分解。这样，生物转盘每转动一圈即完成一个吸附—氧化的周期。当盘片上的生物膜增长到一定厚度时，在其内部形成厌氧层，并开始老化。老化的生物膜在圆盘旋转时与污水水流之间产生的剪切力的作用下而剥落下来，随处理水流入二沉池，作为剩余污泥排入污泥处理系统进行处理。

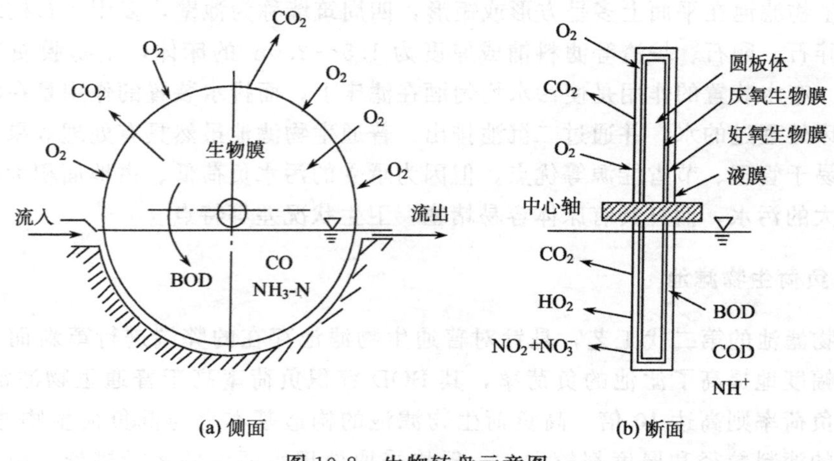

图 10-8　生物转盘示意图

5. 生物接触氧化

生物接触氧化又称淹没式生物滤池，池内充满滤料，滤料淹没在水中，并采用与曝气池相同的曝气方法，向微生物供氧的一种污水处理技术（图 10-9）。该技术主要应用于处理生活污水、城市污水和食品加工等工业废水。当污水经过滤料，一段时间后，滤料上布满生物膜，废水同生物膜接触，经过微生物的新陈代谢作用，污水中的有机污染物得以去除，污水得到净化。近几年，该技术在国内外都得到了广泛的研究与应用，特别是在日本、美国得到了迅速的发展和应用。

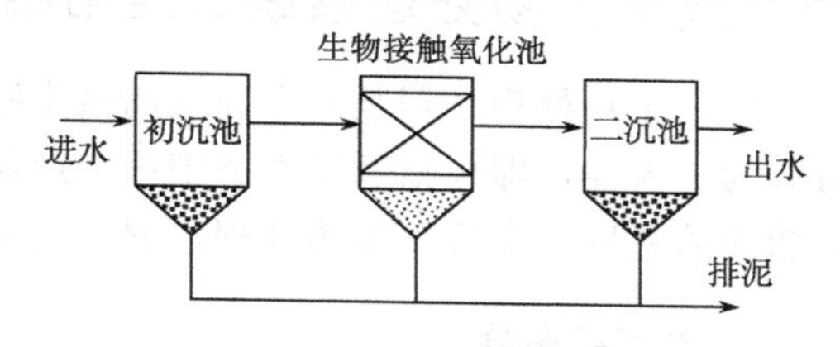

图 10-9　生物接触氧化法工艺流程图

6. 生物流化床

好氧生物流化床是以砂、活性炭、焦炭一类较小的颗粒为载体充填在反应器内，水流以一定的速度自下而上流动，使载体处于悬浮流化状态的一种新型污水处理工艺。载体表面上生长着一层生物膜，由于载体粒径小，以砂粒为例，当粒径小于 1mm，载体比表面积为 $2000\sim3000m^2/m^3$ 床体积，其比表面积较普通生物滤池的填料表面积大 50 倍。生物膜含水率较低（94%～95%），加上液相中的生物污泥，悬浮的生物量可达 10～15g/L，比普通活性污泥法高好几倍。由于载体处于流化状态，污水从其下部、左侧、右侧流过，广泛而频繁地与生物膜相接触，而且床内密集的载体颗粒还会相互摩擦碰撞，因此，生物膜的活性也较高，强化了传质过程。另外，由于载体不停地流动，还能够有效地防止堵塞现象的发生。国内外的研究与实践证明，生物流化床用于污水处理具有有机负荷率高、处理效果好、效率高、占地少及投资省等优点。

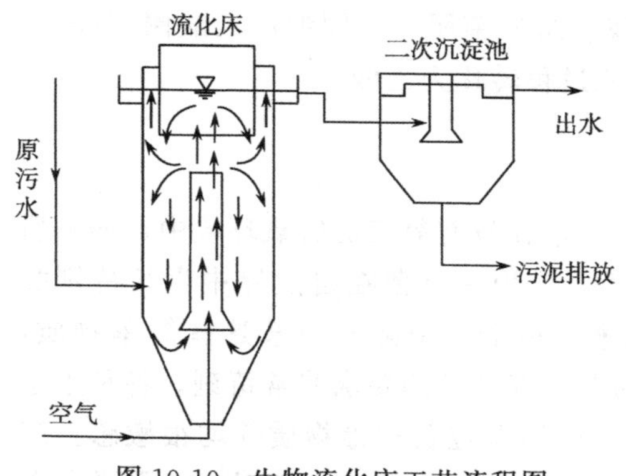

图 10-10　生物流化床工艺流程图

根据床体本身所处的好氧或厌氧状态，流化床可以分为好氧流化床和厌氧流化床。但更多的是根据使载体流化的动力来源，将生物流化床划分为液流动力流化床、气流动力流化床和机械搅动流化床 3 种。图 10-10 所示为气流动力流化床，也称三相流化床。本工艺以气体为动力使载体流化，在流化床反应器内作为污水的液相、作为生物膜载体的固相和作为空气的气相三相相互接触。流化床本身由床体、进出水装置、进气管和载体等组成。

第二节　废水厌氧处理技术及其微生物学原理

废水厌氧生物处理技术是目前有机废水强有力的处理方法之一。它是指在无分子氧条件下通过厌氧微生物（包括兼性微生物）的作用，将废水中的各种复杂有机物分解转化为甲烷和二氧化碳等物质的过程，也称厌氧消化。它与好氧过程的根本区别在于不以分子态氧作为受氢体，而以化合态氟、碳、硫、氮等为氢受体。它是一种既节能又产能的废水生物处理工艺。由于能源短缺和生产发展的要求，促使废水厌氧生物处理技术在近几十年来有了迅速发展。

一、厌氧生物处理系统的生物相

厌氧生物处理过程是一个连续的微生物学过程，参与厌氧消化的微生物类群总体上可分为三大类，即包括水解发酵细菌、产氢产乙酸菌以及产甲烷菌。这些微生物因其生理功能的差别，在厌氧生物处理过程中所发挥的作用也各不相同。

1. 发酵细菌群

发酵产酸细菌的主要功能有两种：一是水解作用，即在胞外酶的作用下，将不溶性有机物水解成可溶性有机物；二是酸化作用，即将可溶性大分子有机物转化为脂肪酸、醇类等。常见的发酵产酸细菌主要有专性厌氧的梭菌属（*Clostridium*）、拟杆菌属（*Bacteriodes*）、丁酸弧菌属（*Butyrivibrio*）、真细菌属（*Eubacterium*）、双歧杆菌属（*Bifidobacterium*）、革兰氏阴性杆菌以及兼性厌氧的链球菌和肠道菌等。它们主要参与复杂有机物的水解，并通过丁酸发酵、丙酸发酵、混合酸发酵、乳酸发酵和乙酸发酵等，将水解产物转化为乙酸、丙酸、丁酸、戊酸、乳酸等挥发性有机酸及乙醇、CO_2、H_2 等。水解过程较缓慢，并受多种因素（pH、SRT、有机物种类等）的影响。

2. 产氢产乙酸菌群和同型产乙酸菌

产氢产乙酸细菌的主要功能是将各种高级脂肪酸和醇类氧化分解为乙酸和 H_2，为产甲烷细菌提供合适的基质。产氢产乙酸细菌大多数是严格厌氧菌或兼性厌氧菌，主要代表菌属有互营单胞菌属、互营杆菌属、梭菌属、暗杆菌属等。同型产乙酸菌（*home-acetogens*，HOMA）可将 CO_2 或 CO_3^{2-} 通过还原过程转化为乙酸。

3. 产甲烷细菌

产甲烷细菌是一种古细菌，对氧非常敏感，生活在没有氧气的厌氧环境中，遇氧后会立即受到抑制，不能生长繁殖，最终导致死亡。产甲烷细菌在自然界中生长特别缓慢，能够利用的底物很少，仅有 CO_2、H_2、乙酸、甲酸、甲醇和甲胺这些简单物质，生长繁殖速率很低，世代时间很长。产甲烷菌对其生存环境的要求非常苛刻，各种生态因子的生态幅均较窄。例如，对温度、pH、氧化还原电位及有毒物质等均很敏感。产甲烷细菌都只能生活在氧化还原电位低于－300mV 以下的环境中，而对 pH 则要求在中性。生活中还需要某些微量元素，如镍、钴、钼等。

有关产甲烷菌的研究很多，也分离得到了各种各样的产甲烷菌株。常见的产甲烷菌种类有甲烷杆菌属（*Methanobacterium*），如反刍甲烷杆菌、甲酸甲烷杆菌（*M. formicicum*）、运动甲烷杆菌（*M. mobile*）、热自养甲烷杆菌（*M. thermoautrophicum*）等；甲烷八叠球菌属（*Methanosarcina*），如巴氏甲烷八叠球菌（*M. barkeri*）等；甲烷球菌属，如万尼甲烷球菌属（*M. vannielii*）等；甲烷螺菌属（*Methanospirillum*），如洪氏甲烷螺菌（*M. hungatii*）等。

二、厌氧微生物种群的相互关系

在厌氧生物处理反应器中，非产甲烷菌（水解发酵菌、产氢产乙酸菌）和产甲烷菌相互依赖，互为对方创造良好的环境和条件，构成互生关系。同时，双方互为制约，在厌氧生物处理系统中处于平衡状态。厌氧微生物群体间的相互关系表现在以下几个方面。

1. 非产甲烷细菌为产甲烷菌提供生长和产甲烷所需要的基质

非产甲烷细菌中的发酵细菌把各种复杂的有机物，如高分子的碳水化合物、脂肪、蛋白质等进行发酵，生成 H_2、CO_2、NH_3、挥发性脂肪酸（VFA）和醇类、丙酸、丁酸、乙酸等，这些物质又可被产氢产乙酸细菌转化生成 H_2、CO_2 和乙酸。这样，非产甲烷细菌通过生命活动，为产甲烷细菌提供了生长和代谢所需要的碳源和氮源。产甲烷菌充当厌氧环境有机物分解中微生物食物链的最后一个生物体。

2. 非产甲烷细菌为产甲烷菌创造适宜的厌氧还原条件

在厌氧消化反应器运转过程中，由于加料过程难免挟带空气进入，有时液体原料里也含有微量溶解氧，这显然对产甲烷细菌是有害的。而非产甲烷细菌类群中那些兼性微生物的代谢活动，可以将氧消耗掉，使发酵液氧化还原电位不断下降，使反应器内的环境逐步形成适合于产甲烷菌的绝对厌氧环境。

3. 非产甲烷细菌为产甲烷菌清除有毒物质

在工业废水中常常含有对产甲烷菌有毒害作用的物质，如酚类、苯甲酸、氰化物、长链脂肪酸和重金属等。产酸菌能裂解苯环、降解氰化物等，从中获得能源和碳源。这些作用不仅解除了对产甲烷菌的毒害，而且给它提供了养分。另外，产酸菌的产物硫化氢，可与重金属离子作用生成不溶性的金属硫化物沉淀，从而解除一些重金属的毒害作用。但 H_2S 的浓度不能过高，否则会对产甲烷菌产生毒害作用。

4. 产甲烷细菌为产酸菌的生化反应解除反馈抑制

产酸菌的发酵产物对其本身不断产生反馈抑制。例如，产酸菌在产酸过程中产生大量的氢，氢的积累可以抑制产氢过程的进行，酸的积累则抑制产酸菌继续产酸。在正常的厌氧发酵中，产甲烷菌连续利用由产酸菌产生的氢、乙酸、二氧化碳等，使厌氧系统中不致有氢和酸的积累，就不会产生反馈抑制，使产酸菌的生长和代谢能够正常进行。

5. 非产甲烷菌和产甲烷菌共同维持环境中适宜的 pH

在沼气发酵的第一阶段，非产甲烷细菌首先降解废水中有机物质，产生大量的有机酸和碳酸盐，使发酵液中 pH 明显下降。同时非产甲烷细菌类群中还有一类氨化细菌，能迅速分解蛋白质产生氨。氨可中和部分酸，起到一定的缓冲作用。另外，产甲烷细菌可利用乙酸、氢和CO_2形成甲烷，从而避免了酸的积累，使 pH 稳定在一个适宜的范围，不会使发酵液中 pH 达到对产甲烷过程不利的程度。但如果发酵条件控制不当，如进水负荷过高、C∶N 失调，则可造成 pH 过低或过高，前者较为多见，称为酸化。这将严重影响产甲烷细菌的代谢活动，甚至使产甲烷作用中断。

三、厌氧生物处理废水的净化反应阶段

厌氧消化过程是一个连续的微生物学过程，根据所含微生物的种属及其反应特征的不同，可分为几个主要阶段，每个阶段的微生物种群不完全相同，有其各自的明显特征。关于厌氧消化的过程，在实际应用中通常采用二阶段和三阶段理论。

1. 两阶段理论

20 世纪 30～60 年代，被普遍接受的是“两阶段理论”，如图 10-11 所示。该学说把有机物厌氧消化过程分为酸性发酵和碱性发酵两个阶段。

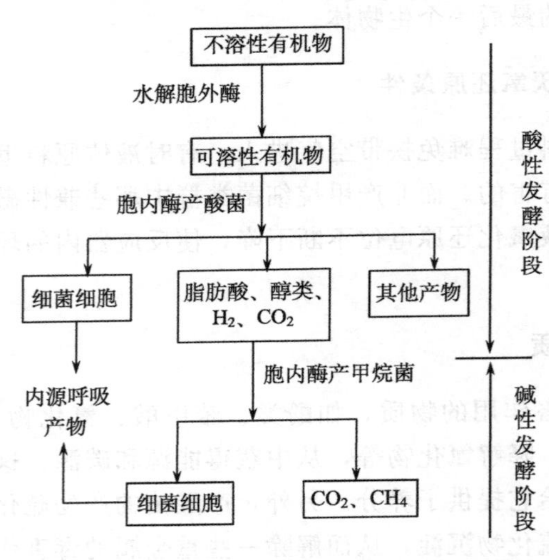

图 10-11　厌氧反应的两阶段理论图示意图

第一阶段：发酵阶段，又称产酸阶段或酸性发酵阶段，参与该阶段反应的微生物统称为发酵细菌或产酸细菌。这些微生物生长速率快以及对环境条件（温度、pH 等）的适应性强。在此阶段，复杂的有机物（如糖类、脂类和蛋白质等），通过该类细菌的作用被分解成为低分子的中间产物，主要是一些低分子有机酸和醇类（如乙酸、丙酸、丁酸、乙醇等），并有 H_2、CO_2、NH_4^+ 和 H_2S 等产生。由于该阶段中有大量的脂肪酸产生，使发酵液的 pH 降低，所以，此阶段被称为酸性发酵阶段或产酸阶段。

第二阶段：产甲烷阶段，又称碱性发酵阶段，是指产甲烷菌利用前一阶段的产物，并将其转化为 CH_4 和 CO_2 的过程。在第二阶段，专性厌氧菌产甲烷菌将第一阶段产生的中间产物继续分解成 CH_4、CO_2 和 H_2O 等。在这一阶段，第一阶段产生的有机酸不断被转化分解，生成最终产物 CH_4 和 CO_2 等，同时反应系统中有 NH_4^+ 的存在，使发酵液的 pH 不断升高。所以，此阶段被称为碱性发酵阶段或产甲烷阶段。

2. 三阶段理论

随着厌氧微生物学研究的不断发展，人们对厌氧消化的生物学过程和生化过程认识不断深化，发现将厌氧消化过程简单地划分为上述两个过程，不能真实反映厌氧反应过程的本质。1979 年，M. P. Bryant 提出三阶段理论：即水解阶段、产氢产乙酸阶段和产甲烷阶段（图 10-12）。

第一阶段为水解发酵阶段。在该阶段，复杂的有机物在厌氧菌胞外酶的作用下，首

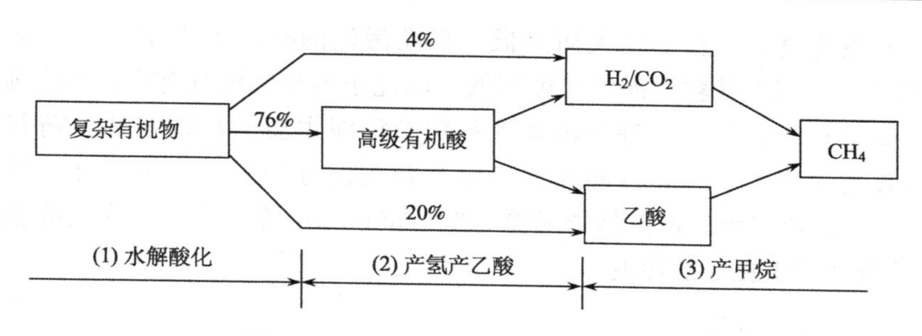

图 10-12　厌氧消化三阶段反应过程图

先分解成简单的有机物，如纤维素经水解转化成较简单的糖类；蛋白质转化成较简单的氨基酸；脂类转化成脂肪酸和甘油等。继而这些简单的有机物在产酸菌的作用下经过厌氧发酵和氧化转化成乙酸、丙酸、丁酸等脂肪酸和醇类等。参与这个阶段的水解发酵菌是厌氧菌和兼性厌氧菌。

第二阶段为产氢产乙酸阶段。在该阶段，产氢产乙酸菌把除乙酸、甲酸、甲醇以外的第一阶段产生的中间产物，如丙酸、丁酸等脂肪酸和醇类等转化成乙酸和氢，并有 CO_2 产生。

第三阶段为产甲烷阶段。在该阶段中，产甲烷菌把第一阶段和第二阶段产生的乙酸、H_2 和 CO_2 等转化为甲烷。

四、厌氧颗粒污泥的形成和特点

（一）厌氧颗粒污泥

厌氧颗粒污泥（granular sludge）是由多种厌氧微生物组成的结构紧密、形状规则、具有自我平衡能力的微生态系统。厌氧颗粒污泥以其较高的微生物浓度、较好的沉降性能和抗冲击负荷能力，通常被认为是高效厌氧反应器稳定运行的关键。

在厌氧反应器内颗粒污泥形成的过程称为污泥颗粒化，人们已经习惯把颗粒污泥的概念同 UASB 反应器联系在一起，它是大多数 UASB 反应器启动的目标和启动成功的标志。其实并非仅仅 UASB 反应器可形成颗粒污泥，另外一些其他的厌氧反应器也能产生颗粒污泥，这些反应器包括流化床、升流式厌氧生物滤池、厌氧气提反应器等。形成颗粒污泥的厌氧反应器的共同特征是它们都是上流式的反应器。近年来厌氧颗粒污泥的研究越来越受到国内外学者的广泛关注，对厌氧颗粒污泥的研究成了一个热点。

1. 颗粒污泥的物理化学特征

颗粒污泥是厌氧微生物自固定化的一种形式，其外观具有相对规则的结构，大多为球形或者椭球型，成熟的颗粒污泥表面边界清晰，直径为 0.14～5mm，最大直径可达 7mm，它的形状取决于反应器的运行条件。颜色通常呈黑色或灰色，肉眼可见表面包裹着灰白色的生物膜，但也曾观察到白色的颗粒污泥。颗粒污泥的颜色取决于处理条件，特别是与 Fe、Ni、Co 等金属的硫化物有关。颗粒污泥的相对密度为 1.01～1.05，一般认为污泥的密度随直径的增大而降低。颗粒污泥的孔隙率为40%～80%，小颗粒污泥的孔隙率高，而大颗粒污泥的孔隙率低，因此小颗粒污泥具有更强的生命力和相对高的比产甲烷活性。此外，良好的沉降性是颗粒污泥主要的物理特征。随着直径的增大，沉降速度随之增大。根据沉降速率可将颗粒污泥分为三种：第一种，沉降性能不好，18～20m/h；第二种，沉降性能满意，20～50m/h；第三种，沉降性能很好，50～100m/h。后两种属于良好的污泥。

2. 颗粒污泥基本组成

（1）无机组分。厌氧颗粒污泥的无机成分含量较大，其灰分一般占总质量的10%～20%，其主要组成是钙、钾和铁，变化范围非常大，颗粒污泥中钙、铁、镍和钴的含量比纯培养的产甲烷菌中含量高。另外，颗粒污泥大约有30%的灰分是由FeS组成的，FeS可以牢固的黏附在甲烷丝状菌的鞘上，甲烷丝状菌多时可以使颗粒污泥呈现黑色。

（2）有机组分。颗粒污泥的另一种重要的化学组分是胞外多聚物，如胞外多糖、胞外多肽等，是一些细菌表面分泌的一层薄薄的黏液层即胞外聚合物（ECP），其总质量占颗粒干重的1%～2%，但是它们在颗粒污泥的形成与稳定中起十分重要的作用。一般认为ECP的作用在于：其累积在单个细胞壁上，使菌体可附着于其他物质表面或相互黏合而形成颗粒。厌氧与好氧污泥分泌的ECP成分有很大差异，厌氧污泥的ECP以蛋白质和胞外聚多糖（extracellular polysaccharides，EPS）为主，典型比例为2∶1～6∶1；好氧污泥的分泌物以碳水化合物为主，但好氧污泥产量为厌氧污泥的4～7倍。

3. 颗粒污泥的微生物相

颗粒污泥本质上是多种微生物的聚集体，主要由厌氧消化微生物组成。颗粒污泥中参与分解复杂有机物、生成甲烷的厌氧细菌可分为三类：水解发酵菌、产乙酸菌和产甲烷菌。

厌氧细菌在颗粒污泥内生长、繁殖，各种细菌互营互生，菌丝交错，相互结合形成复杂的菌群结构，增加了微生物组成鉴定的复杂性。检验颗粒污泥微生物相的方法有电镜技术（TEM或SEM）、限制性培养基法、最可能计数法（most probable number，MPN）和免疫探针法等。目前，已经鉴定到丙酸杆菌属、脱硫弧菌属（*Desulfovibrio*）、互营杆菌属（*Syntrophobacter*）、互营单胞菌属（*Syntrophomonas*）、甲烷短杆菌、甲烷丝状菌（*Methanothrix* sp.）以及甲烷八叠球菌（*Methanosarcina* sp.）等。

（二）厌氧颗粒污泥的形成过程

到目前为止，还没有比较全面的理论能够清楚地阐明颗粒污泥的形成机理。关于此有种种假说，大多数是根据观察颗粒污泥培养过程中所出现的现象提出的。

1. 晶核假说

该学说认为颗粒污泥的形成类似于结晶过程，在晶核的基础上颗粒不断发育，直到最后形成成熟的颗粒污泥。晶核来源于接种污泥或在运行过程中产生的无机盐沉淀或惰性有机物质。此假说目前已被一些试验所证实。例如，一些成熟颗粒污泥中确有$CaCO_3$颗粒存在，在颗粒污泥的培养过程中投加颗粒物质能促进颗粒污泥形成。

2. 电中和作用学说

许多无机物和金属离子在颗粒形成过程中起重要的作用。其代表理论认为：因细菌表面带负电荷，电荷斥力使细菌细胞呈分散状态。Ca^{2+}能中和细菌细胞表面的负电荷，能减弱细胞间的电荷排斥力作用，并通过盐桥作用而促进细胞的凝聚反应。

3. 胞外聚合物（ECP）假说

这是目前比较流行的假说。胞外聚合物中主要是胞外多糖。这一假说认为，颗粒污泥是由于微生物细菌分泌的胞外多糖把细胞黏结起来而形成的。Samon 等提出，有的产甲烷菌能分泌胞外多糖，而胞外多糖是形成颗粒污泥的关键。

4. 选择压学说

所谓选择压，是指在反应器中上升的液体和气流形成的冲击作用。颗粒污泥的形成过程是水力负荷、产气负载等物理作用对微生物进行选择的过程。

（三）影响污泥颗粒化的主要因素

不同来源的颗粒污泥其特性不同，影响颗粒污泥特性形成的因素主要有废水组成和操作因素。

1. 负荷

颗粒污泥的直径随负荷增大和进液浓度上升而增大，但是由于进液浓度与负荷的相关性，实际上颗粒污泥的大小，受底物传质过程中所进入颗粒内部的深度所支配。当颗粒大小与传质之间不相适应时，颗粒内部即会因营养不足使细胞自溶，最终导致颗粒破碎。高的负荷或高的进液浓度可以使底物更多地进入颗粒内部，从而允许有大的颗粒存在和生长。突然减少反应器负荷会导致颗粒污泥强度降低；另外，由于低负荷下产气减少，与此有关的流体剪切力与内部产气压力也减少，负荷的突然降低虽然会导致中空的颗粒污泥产生，但并不一定使颗粒发生明显的破裂。

2. 水流与产气

虽然颗粒化过程与很多因素有关，但水流与产气选择性地洗出较小的颗粒和絮状污泥无疑是其中关键因素之一。高的负荷产生大量生物气有助于洗出细小污泥，这是高负荷下颗粒污泥平均直径较大的原因之一。

3. 水力停留时间（HRT）和上流速度

HRT 和上流速度是细小污泥洗出的主要因素。高的 HRT 意味着细小分散的细胞可以在反应器内生长，从而不利于颗粒化。HRT 较小，意味着高的上流速度，由于洗出作用加强，利于颗粒化完成，高的上流速度所形成的颗粒污泥也较大。

4. 悬浮物

悬浮物种类不同对颗粒污泥的影响也不同。一般来说，难降解的有机物（如纤维和木质素）会使污泥中细胞浓度降低，当游离细菌附着在不易沉降的有机悬浮物上，会引起颗粒污泥生长缓慢；有些可降解的有机物（如脂肪和蛋白质）附着在颗粒污泥上而又不能很快降解时，会引起底物传质的困难，同时也妨碍内部产生的气体向外扩散。颗粒污泥吸附有机物，在其表面会引起水解和产酸菌大量生长，并由此改变颗粒污泥的性质。低浓度的悬浮物吸附到颗粒污泥上，会引起颗粒污泥洗出或者形成分层的颗粒污泥结构，这种颗粒污泥的强度低，易于破碎。

五、厌氧生物处理工程技术

有机废水厌氧微生物处理工艺，可以分为厌氧活性污泥法和厌氧生物膜两大类。长期以来，厌氧生物处理工艺一直以厌氧活性污泥法为主，特别是在处理污泥和含有大量悬浮物的污水时用得较多。厌氧活性污泥法处理工艺主要包括普通消化池、厌氧接触消化池、升流式厌氧污泥床（upflow anaerobic sludge blanket，UASB）等。厌氧生物膜法处理工艺主要包括厌氧生物滤池、厌氧流化床、厌氧生物转盘等，下面对几个代表的工艺作简单介绍。

（一）几种典型厌氧生物处理工艺

1. 普通消化池

普通消化池常用于处理污水处理厂的初沉污泥和剩余活性污泥，目前也常用于处理高浓度有机废水。迄今为止，普通消化池仍作为处理污泥的常规方法（图 10-13）。

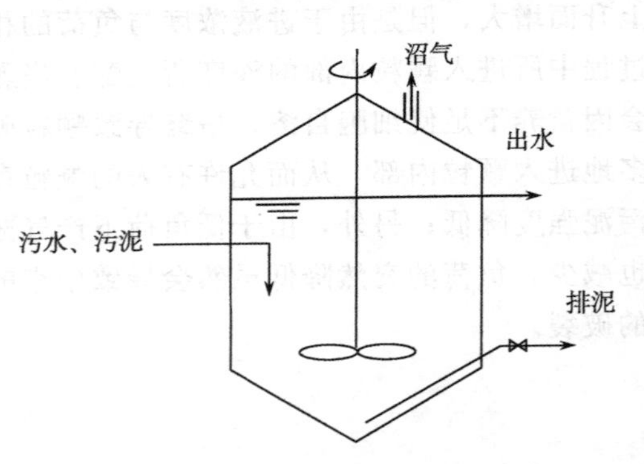

图 10-13 普通消化池示意图

在污泥厌氧消化处理中，常将消化处理后的污泥称熟污泥，而新投加的污泥称生污泥。生污泥定期或连续加入消化池，经厌氧微生物的厌氧消化作用，将污泥中的有机物消化分解。经消化的污泥和消化液分别由消化池底部和上部排出，产生的沼气从顶部排出。为了使熟污泥和生污泥接触均匀，并使产生的气泡及时从水中逸出，必须定期（一般间隔 2～4h）搅拌。此外，进行中温和高温发酵时，需对生污泥进行预加热，一般采用池外设置热交换器的办法实行间断加热和连续加热。

普通消化池的特点是在消化池内实现厌氧发酵反应及固、液、气的三相分离。在排放消化液前，停止搅拌。消化池搅拌常采用水泵循环，采用机械搅拌或沼气搅拌。其主要缺点是允许的负荷较低，中温消化废水处理能力为 0.5～2kgCOD/(m^3 · d)，污泥处理的投配率（每日新鲜污泥投加容积与消化池有效容积之比）为 5%～8%；高温消化负荷率为 3～5kg COD/(m^3 · d)，污泥投配率为 8%～12%；废料在消化池内停留时间较长，污泥一般为 10～30d，若中温消化处理 COD 浓度为 15 000mg/L 的有机废水，滞留时间需 10d 以上。大型消化池往往混合不均，池内常有死角，有的死角严重时可占有效容积的 60%～70%。

2. 厌氧接触法

厌氧接触消化工艺是在厌氧消化池的基础上增加了污泥分离和回流装置（图 10-14）。结果减少了废水在消化池内的停留时间，提高了消化速率。废水进入消化池后，能迅速地与池内混合液混合，泥水接触十分充分。由消化池排出的混合液，首先在沉淀内进行固、液分离，废水由沉淀池上部排出。下沉的厌氧污泥回流至消化池，这样污泥不至于流失，也稳定了工艺状态，保持了消化池内的厌氧微生物的数量，因此，可提高消化池的有机负荷，处理效率也有所提高。

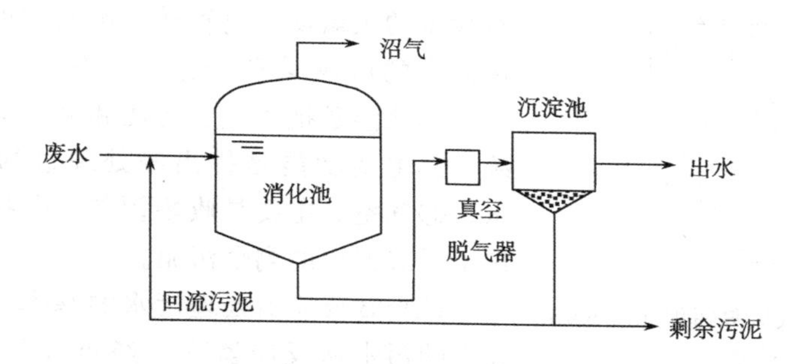

图 10-14 厌氧接触法工艺流程图

厌氧接触消化工艺允许废水中含有较多的悬浮固体，属于低负荷或中负荷工艺，运行过程比较稳定。缺点在于气泡黏附在污泥上，影响污泥在沉淀池沉降。但如果在消化池与沉淀池之间加设除气泡减压装置，可以改善污泥在沉淀池中的沉降性能。

3. 厌氧生物滤池

厌氧生物滤池是世界上最早使用的废水生物处理构筑物之一。1891 年在英格兰建成了世界上第一座厌氧生物滤池。经过半个多世纪的研究，厌氧生物滤池已逐步得以改进，效率有所提高，在世界范围内已广泛使用。厌氧生物滤池最大的特点就是在反应器中添加填料（图 10-15）。载体可用砂粒、碎石、焦炭等充填，粒径一般为 25～50mm。载体间要有一定的空隙度，防止滤料堵塞。也可用各种形状的塑料制品作填料，如粒状、波纹板状和蜂窝状等塑料填料，还可用软性材料作滤料。这样，微生物附着在载体（填料）上生长，形成生物膜。

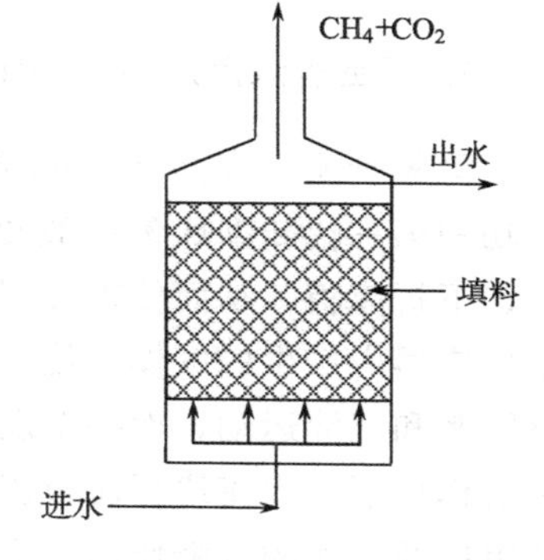

图 10-15 厌氧生物滤池示意图

当污水自下而上（升流式）或自上而下（降流式）通

过填料层时，其上生长的生物膜将污水中的有机物吸附、分解并产生沼气。厌氧滤池内的污泥分布很不均匀，大部分污泥集中在污水入口处。为了克服污水分布不均和防止进水端发生堵塞，可采用孔隙率较大的填料。由于需要放置填料，厌氧滤池设备的单位体积造价一般高于普通消化池。

4. 升流式厌氧污泥床（UASB）

升流式厌氧污泥床（UASB）反应器是目前厌氧废水处理的高效设备之一，已被广泛地应用于工业有机废水的处理。

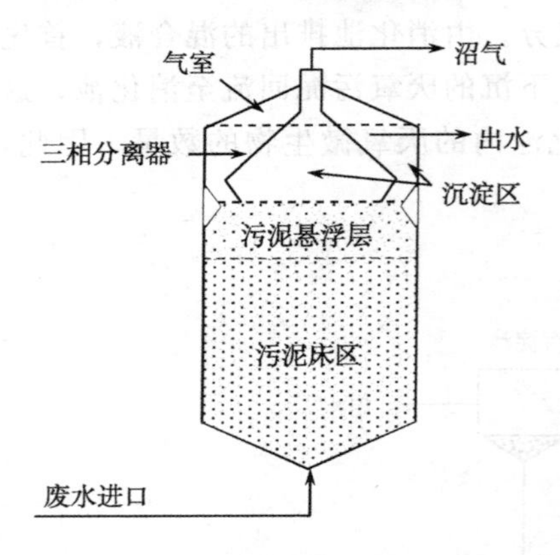

图 10-16　升流式厌氧污泥床 UASB 示意图

UASB 反应器主要由以下基本部分构成（图 10-16）：①进水配水系统。将废水均匀地分布到整个反应器内，并具有一定的水力搅拌功能。②反应区。主要包括污泥床和污泥悬浮层两部分，里面含有大量的厌氧微生物群体，废水中的有机物主要被污泥中的厌氧菌所分解。③气、液、固三相分离区。其功能是把沼气、污泥和液体分开。④出水系统。其主要功能是排出经处理过的沉淀区上层的水。⑤气室。主要是收集沼气。⑥排泥系统，定期排出反应器内的剩余污泥。

UASB 反应器处理污水的基本工作原理是，待处理的污水从反应器下部经布水系统进入污泥床，并与污泥床内的污泥混合。厌氧状态下，废水中的有机物被污泥中的微生物分解转化为沼气。沼气以微小气泡形式不断放出，并在上升过程中不断合并，逐渐形成较大的气泡。在反应器本身所产生沼气的搅动下，污泥床上部的污泥处于浮动状态，一般浮动高度可达 2m 左右，称为污泥悬浮层，污泥浓度亦可达 5kgSS/m^3 以上。UASB 反应器最大的特点是设有气—液—固三相分离装置，可以有效地滞留污泥，无需配备污泥回流装置，特别是在运行过程中，能形成具有良好沉降性能的颗粒状污泥（granular sludge），使反应器内可以保留高浓度的厌氧污泥。与传统厌氧反应器相比能够承受很高的有机负荷。

5. 厌氧折流反应器（ABR）

厌氧折流反应器（anaerobic baffled reactor，ABR）是 Macarty 在 20 世纪中期研制成功的第三代新型厌氧生物处理装置，其基本构造如图 10-17 所示。该反应器中设置上、下折流板，从而使被处理的废水在反应器内沿折流板做上下流动，借助于处理过程中反应器内产生的气体，使反应器内微生物固体，在折流板所形成的各个隔室内，做上下膨胀和沉淀运动，而整个反应器内的水流以较慢的速度作水平流动。由于污水在折流板的作用下，水流绕折流板流动，使水流在反应器内流经的总长度增加，再加之折流板的阻挡及污泥的沉降作用，生物固体被有效地截留在反应器内。

ABR 具有多方面的优点：①上下多次折流，使废水中的有机物与厌氧微生物充分

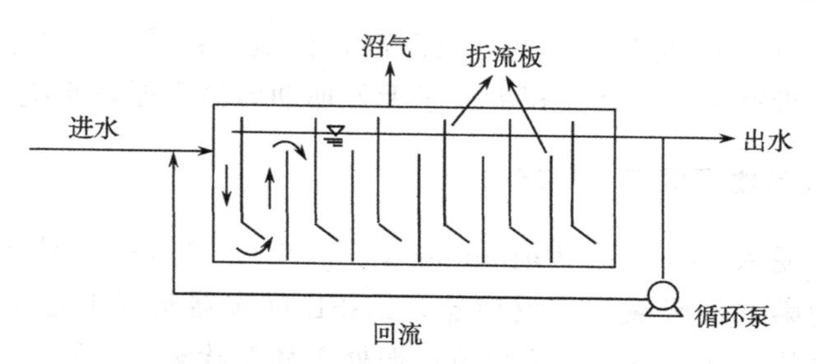

图 10-17　厌氧折流反应器示意图

接触，有利于有机物的分解；②无需三相分离器，没有填料，不设搅拌设备，反应器构造较为简单；③污泥产率低，可长时间不排泥；④反应器内可形成沉淀性能良好、活性高的厌氧颗粒污泥，可维持较多的生物量；⑤HRT 短，耐冲击负荷强。

6. 内循环（IC）厌氧反应器

内循环（internal circulation，IC）厌氧反应器的基本构造如图 10-18 所示。IC 反应器的核造特点是具有很大的高径比，一般可达 4～8，反应器的高度可达 16～25m。所以在外形上看，IC 反应器实际上是个厌氧生化反应塔。

IC 反应器可以看作是由两个 UASB 反应器串联而成的，具有很大的高径比，一般为 4～8，其高度可达 16～25m。IC 反应器由 5 个基本部分组成：混合区、污泥膨胀床区、内循环系统，精处理区和沉淀区。其中内循环系统是 IC 反应器工艺的核心构造，它由一级三相分离器、沼气提升管、气液分离器和泥水下降管组成。

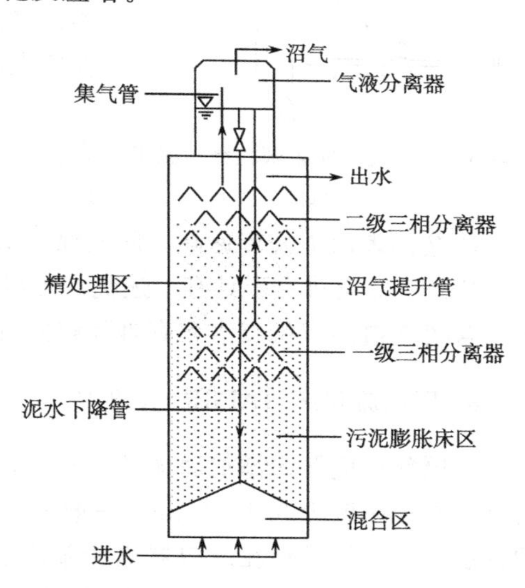

图 10-18　IC 反应器示意图

由图 10-18 可知，进水通过泵由反应器底部进入第一反应室，与该室内的厌氧颗粒污泥均匀混合。废水中所含的大部分有机物在这里被转化成沼气，所产生的沼气被第一反应室的集气罩收集，沼气将沿着提升管上升。沼气上升的同时，把第一反应室的混合液提升至设在反应器顶部的气液分离器，被分离出的沼气由气液分离器顶部的沼气排出管排走。分离出的泥水混合液，将沿着回流管回到第一反应室的底部，并与底部的颗粒污泥和进水充分混合，实现第一反应室混合液的内部循环，IC 反应器的命名由此得来。经过第一反应室处理过的废水，会自动地进入第二反应室继续处理。废水中的剩余有机物可被第二反应室内的厌氧颗粒污泥进一步降解，使废水得到更好的净化，提高出水水质。产生的沼气由第二反应室的集气罩收集，通过集气管进入气液分离器。第二反应室的泥水混合液进入沉淀区进行固液分离，处理过的上清液由出水管排走，沉淀下来的污泥可自动返回第二反应室。这样，废水就完成了在 IC 反应器内处理的全过程。

IC 厌氧工艺的主要特点有：①有机负荷高，传质好；②抗冲击负荷能力强，运行稳定性好；③基建投资省，占地面积少；④无外加动力的内循环系统、比较节能。

7. 厌氧膨胀颗粒物污泥床（EGSB）

膨胀颗粒物污泥床（expanded granular sludge bed，EGSB）是在 UASB 反应器的基础上发展起来的第三代厌氧生物反应器。EGSB 反应器实际上是 UASB 反应器的改进，其运行在较大的上升流速下，使颗粒污泥处于悬浮状态，从而保持了进水与污泥颗粒的充分接触。

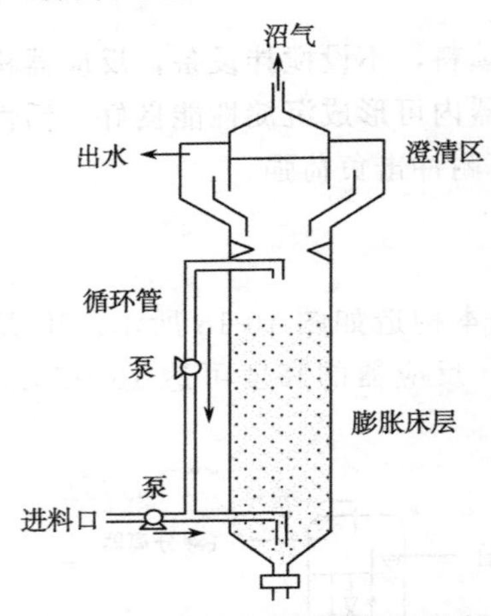

图 10-19　厌氧膨胀颗粒物污泥床示意图

EGSB 反应器的主要组分为进水分配系统、气—液—固分离器以及出水循环部分（图 10-19）。进水分配系统的主要作用是将进水均匀地分配到整个反应器的底部并产生一个均匀的上升流速。与 UASB 反应器相比，EGSB 反应器由于高径比更大，其所需要的配水面积会较小；同时采用了出水循环，其配水孔口的流速会更大，因此系统更容易保证配水均匀。三相分离器仍然是 EGSB 反应器最为关键的构造，其主要作用是将出水、沼气、污泥三相进行有效分离，使污泥保留在反应器内。

与 UASB 反应器相比，EGSB 工艺的主要特点有：①高径比大，占地面积大大缩小；②启动时间短，有机负荷高；③布水均匀，不易产生沟流和死角；④液体表面上升流速高，固液混合状态好；⑤颗粒污泥活性高，粒径大，强度好。

EGSB 反应器由于具有上述优点可以用于处理低温低浓度有机废水、高浓度有机废水、含硫酸盐的有机废水和有难降解的有毒有机废水等。

8. 厌氧流化床（AFBR）（图 10-20）

在厌氧反应器内添加固体颗粒载体，常用的有石英砂、无烟煤、活性炭、陶粒和沸石等，粒径一般为 0.2～1mm。一般需要采用出水回流的方法，使载体颗粒在反应器内膨胀或形成流化状态。其主要特点：①床内的微生物浓度很高；②具有较高的有机容积负荷，水力停留时间较短；③具有较好的耐冲击负荷的能力，运行较稳定；④载体处于膨胀或流化状态，可防止载体堵塞；⑤床内生物固体停留时间较长，运行稳定，剩余污泥量较少。

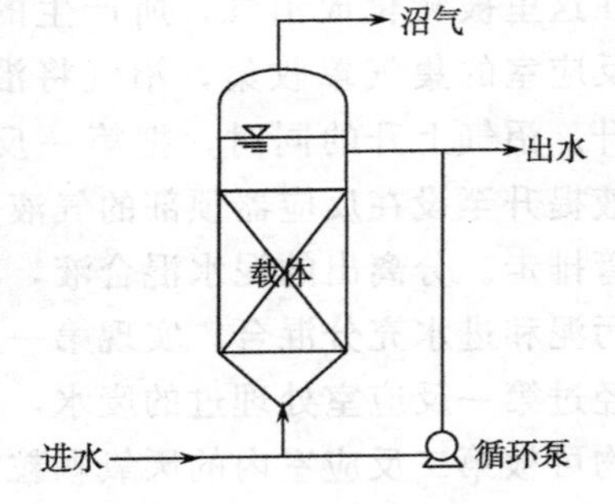

图 10-20　厌氧流化床

（二）厌氧生物处理系统的影响因素

产甲烷阶段是厌氧消化过程的控制阶段，在讨论厌氧生物处理的影响因素时，主要讨论影响产甲烷菌的各项因素。主要影响因素有温度、pH、氧化还原电位、营养物质、F/M、有毒物质等。

1. pH

pH是废水厌氧处理最重要的影响因素之一。厌氧处理的pH范围，是指反应器内反应区的pH，而不是溶液的pH。因为废水进入反应器后，水解、发酵和产酸反应会迅速改变溶液的pH。水解菌与产酸菌对pH有较大范围的适应性，大多数这类细菌可以在pH为5.0～8.5内生长良好，甚至可以在pH小于5.0时生长。但对pH敏感的甲烷菌，适宜的生长pH为6.5～7.8，这也是通常厌氧生物处理所应控制的pH范围。但当负荷过高，如进水速率突然增大或管理不当时，将出现挥发酸积累，导致系统pH下降。这时，可加草木灰或适量的氨水来调节，也可适量投加石灰来调节。

2. 温度

水温的变化对微生物细胞的增殖、群体组成的变化以及污泥沉降性能都有很大的影响。目前，厌氧生物处理可以分为常温（10～30℃）、中温（35～40℃）和高温（50～55℃）三种。高温消化的反应速率为中温消化的1.5～1.9倍，产气率也较高，但气体中甲烷含量较低。当处理含有病原菌和寄生虫卵的废水或污泥时，高温消化可取得较好的卫生效果，消化后污泥的脱水性能也较好。中温性细菌（尤其是产甲烷菌）种类多，易于培养驯化，活性高，因此厌氧处理常采用中温消化。温度的急剧变化和上下波动不利于厌氧消化作用。短时间内温度升降5℃，沼气产量明显下降，波动的幅度过大时，甚至停止产气。

3. 营养物与微量元素

和其他废水生物处理技术一样，厌氧生物处理工艺的正常运转，是建立在系统内微生物的生长代谢基础之上的，因此欲取得较佳的处理效果，必须给微生物提供生长必需的营养条件，任何一种营养源的不足，都会严重影响微生物的生长，威胁系统的正常运行。在实际工程中，一般考虑最多的是维持微生物对碳、氮、磷营养需求的平衡。大量研究表明，厌氧微生物对N、P等营养物质的要求略低于好氧微生物，其要求COD：N：P＝200：5：1，多数厌氧菌不具有合成某些必要的维生素或氨基酸的功能，所以有时需要投加：①K、Na、Ca等金属盐类；②微量元素Ni、Co、Mo、Fe等；③有机微量物质：酵母浸出膏、生物素、维生素等。

4. 有毒物质

废水中含有一些有毒化合物，如硫化物、氨氮、重金属、氰化物等，这些毒性物质使细菌产生不可逆转的退化，活性下降。硫酸盐和其他含硫的氧化物，很容易在厌氧消化过程中，被还原成硫化物。可溶性的硫化物达到一定浓度时，会对厌氧消化过程，特别是产甲烷过程产生严重的抑制作用。投加某些金属盐类，如Fe^{2+}可以去除S^{2-}，或采用吹脱法从系统中去除H_2S等，都可以减轻硫化物对厌氧过程的抑制作用。氨氮是厌氧消化的缓冲剂，有利于维持较高的pH，同时也可以被产甲烷菌作为氮源利用。但是，如果氨氮浓度过高，就会对厌氧消化过程产生毒害作用，抑制浓度一般认为是50～

200mg/L。重金属主要是通过破坏厌氧细菌的酶系统，而抑制整个厌氧过程，不同的重金属离子以不同的形态存在，会导致不同程度的抑制。

5. 氧化还原电位

由于所有的产甲烷菌都是专性厌氧菌，因此，严格的厌氧环境是其进行正常生理活动的基本条件。产甲烷菌对氧和氧化剂非常敏感，这是因为它不像好氧菌那样具有过氧化酶。厌氧反应器中氧的浓度，可根据氧化还原电位来表达。非产甲烷菌可以在氧化还原电位为＋100～－100mV 的环境中正常生长和活动；产甲烷菌的最适氧化还原电位为－150～－400mV。在培养产甲烷菌的初期，氧化还原电位不能高于－330mV。这里所指的氧化还原电位是指产甲烷菌所处的微环境，而不是指整个厌氧反应器。因此在实际操作中，并不要求一定要保证进入厌氧反应器废水的氧化还原电位要达到上述的要求。

第三节　污水脱氮除磷技术及其微生物学原理

目前，氮、磷营养盐进入水体导致水体的富营养化（entrophication）问题十分严重，湖泊“水华”和近海“赤潮”时时发生，不仅恶化水质，影响工农业生产，还危及人类健康。

目前，一些物理化学方法如调 pH 吹脱、折点加氯法、选择性离子交换法能很好去除废水中的氨氮，化学沉淀法和吸附法能有效去除废水中的磷酸盐。虽然这些化学或物理化学的方法可以有效地去除废水中的氮和磷，但是一般来说化学法或物理化学法具有运行操作复杂、费用高等缺点。而生物脱氮除磷技术是近 30 年发展起来的，由于其对氮、磷的去除较化学法和物理化学法经济，能够有效地利用常规的二级生物处理工艺，达到生物脱氮除磷的目的，是目前应用广泛和最有前途的氮、磷处理技术。

一、生物脱氮原理和过程

水体中的氮以有机氮和无机氮两种形式存在，其中有机氮主要是尿素、蛋白质、氨基酸等物质，主要来源于生活污水、生物质物质、动物粪便及某些工业废水。废水生物脱氮是指污水中的含氮有机物被异养型微生物氧化分解，转化为氨氮（氨化过程），然后由自养型硝化细菌将其转化为 NO_3^-（硝化过程），最后再由反硝化细菌将其还原转化为 N_2（反硝化过程），从而达到脱氮的目的。生物脱氮过程如图 10-21 所示。

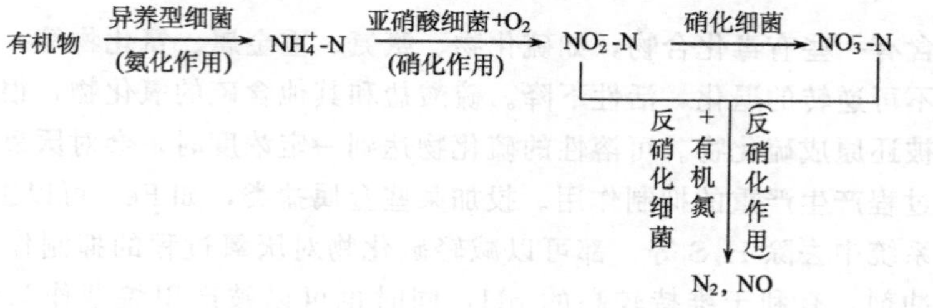

有机物 —异养型细菌（氨化作用）→ NH_4^+-N —亚硝酸细菌+O_2（硝化作用）→ NO_2^--N —硝化细菌→ NO_3^--N

NO_2^--N、NO_3^--N —反硝化细菌 + 有机氮（反硝化作用）→ N_2, NO

图 10-21　生物脱氮原理和过程示意图

（一）氨化过程及主要生物种群

废水中含氮有机物经微生物降解产生氨的过程，称为氨化作用或氮素矿化。无论在好氧条件还是厌氧条件，酸性、中性还是碱性环境中，氨化作用都能进行，只是作用的微生物种类不同、作用的强弱不一。环境中绝大多数异养型微生物，如细菌中的芽孢杆菌、假单胞菌、梭状芽孢杆菌、分枝杆菌；真菌中的曲霉、木霉、毛霉、青霉、镰刀霉等，都具有分解这些物质释放出氨的能力。

（二）硝化过程及主要生物种群

生物硝化过程是指 NH_4^+ 和 NH_3 氧化成 NO_2^-，然后再氧化成 NO_3^- 的过程。硝化作用有两类细菌参与（表 10-1），一类是亚硝化菌菌群（如亚硝化单胞菌 *Nitrosomonas* sp.）将 NH_3 氧化成 NO_2^-，反应式如下：

$$NH_4^+ + \frac{3}{2}O_2 \xrightarrow{\text{亚硝化单胞菌}} NO_2^- + 2H^+ + H_2O + (242.68 \sim 351.46) \times 10^3 J$$

另一类是硝化细菌（*Nitrobacter* sp.）将 NO_2^- 再氧化为 NO_3^-，反应式如下：

$$NO_2^- + \frac{1}{2}O_2 \xrightarrow{\text{硝化杆菌}} NO_3^- + (64.43 \sim 86.19) \times 10^3 J$$

将上述两式合并得出总的脱氮过程反应式如下：

$$NH_4^+ + 2O_2 \longrightarrow NO_3^- + 2H^+ + H_2O + (73.4 \sim 104.9) \times 10^3 J$$

表 10-1　硝化菌的基本特征

项目	亚硝酸菌	硝酸菌
细胞形状	椭球或棒球	椭球或棒球
细胞尺寸/μm	1×1.5	0.5×1.5
革兰氏染色	阴性	阴性
世代周期/h	8～36	12～59
自养性	专性	兼性
需氧性	严格好氧	严格好氧
最大比增长速率/(μm/h)	0.04～0.08	0.02～0.06
产率系数 Y	0.04～0.013	0.02～0.07
饱和常数 K/(mg/L)	0.6～3.6	0.3～1.7

硝化细菌几乎存在于所有污水好氧处理的过程中，它们是革兰氏阴性菌，专性好氧、不生芽孢的短杆菌和球菌。其生理活动不需要有机营养物，以二氧化碳为唯一碳源，而且是通过氧化无机氮化物得到生长所需的能量。生长缓慢，世代时间长，在运行管理时，应创造适合于自养型的硝化细菌生长繁殖的条件，硝化作用的程度是生物脱氮的关键（表 10-1）。

（三）反硝化过程及主要生物种群

反硝化作用指在缺氧（无分子态氧）条件下，某些异养型微生物利用各种各样的有机基质（碳水化合物、有机酸类、醇类以及甚至像烷烃类、苯酸盐类和其他的苯衍生物等）作为反硝化过程中的电子供体（碳源），将NO_3^--N还原成N_2的过程。在反硝化过程中有机物的氧化可表示为

$$5C（有机C）+2H_2O+4NO_3^- \longrightarrow 2N_2+4OH^-+5CO_2$$

这些含碳有机化合物在废水处理中特别重要，它们往往是废水的主要组分，其作用是反硝化脱氮时的电子供体，用于合成微生物细胞以及通过污泥中好氧异养细菌的氧化作用，脱除进入缺氧段的氧气，以便造成适合于反硝化过程进行的缺氧环境。因此反硝化不仅被认为是一种"非污染形式"的脱氮手段（因NO_3^-转化成对人体无害的N_2）。同时，反硝化过程还会产生碱度，据测定，1g NO_3^--N被还原成N_2，可产生3.57碱度（按$CaCO_3$计），可使硝化作用过程中消耗的碱度有所弥补。因此，在废水处理中，如何合理地利用反硝化技术，来达到去碳、脱氮，并最大可能地减少动力消耗和减少药耗，便成为当前国内外重点研究的课题。

进行生物反硝化的微生物是反硝化细菌，反硝化细菌包括大量存在于污水处理系统的兼性异养菌，如变形杆菌、假单胞菌、芽孢杆菌、无色杆菌属、产气杆菌属（*Aerobaccter*）和产碱杆菌属（*Alcaligenes*）等，土壤微生物中约有50%是这一类具有还原硝酸能力的细菌。脱氮中各生化反应特征见表10-2。

表10-2　生物硝化和反硝化反应过程特征

生化反应类型	去除有机物（好氧分解）	硝化		反硝化
		亚硝化	硝化	
微生物	好氧和兼性菌（异养型细菌）	自养型细菌	自养型细菌	兼性菌（异养型细菌）
能源	有机物	化学能	化学能	有机物
氧源（H受体）	O_2	O_2	O_2	NO_3^-、NO_2^-
溶解氧	1～2mg/L以上	2mg/L以上	2mg/L以上	0～0.5mg/L
碱度	没有变化	氧化1mgNH_4^+-N需要7.14mg的碱	没有变化	还原1mg NO_3^--N NO_2^--N生成3.57g碱度
氧的消耗	分解1mg有机物（BOD）需氧2mg	氧化1mgNH_4^+-N需要3.43mg	氧化1mgNO_2^--N需氧1.14mg	分解1mg有机物（COD）需要NO_2^--N 0.58mg，NO_3^--N 0.35mg，以提供化合态的氧
最适pH	6～8	7～8.5	6～7.5	6～8
最适水温/℃	15～25 θ=1.0～1.01	30 θ=1.1	30 θ=1.1	34～37 θ=1.06～1.15
增殖速度/d^{-1}	1.2～3.5	0.21～1.08	0.28～1.44	好氧分解的1/2～1/2.5

二、污水脱氮工程技术

（一）生物脱氮工艺

1. 传统脱氮工艺

传统的生物脱氮途径一般包括硝化和反硝化两个阶段。由于硝化菌和反硝化菌对环境条件的要求不同，因此发展起来的生物脱氮工艺，多将缺氧区与好氧区分开，形成分级硝化、反硝化工艺。传统的生物脱氮工艺有三级生物脱氮工艺（图 10-22）。

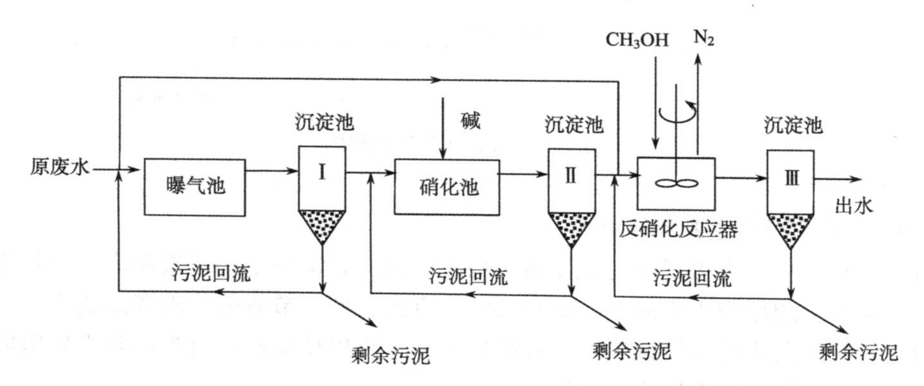

图 10-22　传统的三级生物脱氮工艺

在此工艺中，含碳有机物氧化和含氮有机物氨化、氨氮的硝化及硝酸盐的反硝化，分别设在三个反应池中独立进行，并分别设有污泥回流。第一级曝气池的主要功能是去除废水中的 BOD 和 COD，同时使有机氮转化为氨氮；第二级是硝化曝气池，使氨氮转化为硝态氮，由于硝化阶段消耗碱度，会使反应池中 pH 下降，影响消化反应速率，因此需投加碱以维持 pH；第三级为反硝化反应器，维持缺氧条件，只需采用机械搅拌使污泥处于悬浮状态，与污水有良好混合，硝态氮被还原为氮气。该过程所需的碳源物质可投加甲醇或引入原废水补充。

该工艺流程的优点是氨化、硝化、反硝化分别在各自的反应器中进行，反应速率较快且较彻底；但存在处理设备多、占地面积大、造价高，运行管理较为复杂等问题。

2. 缺氧/好氧活性污泥法脱氮工艺（anaerobic/oxic）

缺氧/好氧活性污泥法脱氮工艺又名 A/O 法脱氮工艺。在这种系统中，反硝化段位于除碳与硝化段的前面，硝化段中的混合液以一定比例回流到反硝化段，反硝化段中的反硝化脱氮菌在无氧或低氧条件下，利用进水中的有机物作为碳源，以来自硝化池的回流液中的 NO_3^- 作为电子受体，将 NO_3^- 还原为 N_2。反硝化过程中所需的有机碳源可直接来源于污水，不必外加，从而可以减轻硝化过程的有机负荷，减少停留时间，并节省曝气量。而且，反硝化过程中产生的碱度可补偿硝化段消耗的碱度的一半左右，因此运行中可以减少碱的投加量，降低运行费用。可见，该种微生物脱氮法是一种较为完善的工艺技术，这也是目前在生物脱氮中最广泛采用的工艺（图 10-23）。

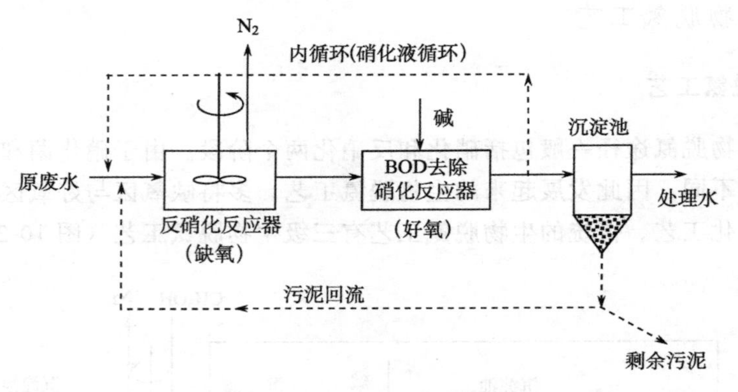

图 10-23　A/O 工艺流程图

A/O 工艺流程的主要特征有：

(1) 流程简单，省去了中间沉淀池，构筑物减少，减少了基建费和占地面积等。

(2) 可以利用原废水中的有机物直接作为有机碳源，节省外加碳源的成本。

(3) 好氧的硝化反应器设置在流程的后端，也可以使反硝化过程中常常残留的有机物得以进一步去除，无需增建后曝气池。

(4) 缺氧池在好氧池前，减轻好氧池的有机负荷，同时起到生物选择器的作用，有利于改善污泥的沉降性能和控制污泥膨胀。

3. 氧化沟工艺

利用氧化沟工艺进行脱氮，关键是要在氧化沟中创造好氧和厌氧交替的环境，为微生物进行硝化反应和反硝化反应提供必要的条件。该工艺在环状氧化沟中的某一点或多点设置曝气机，泥水混合液沿氧化沟循环流动。在曝气机的下游区段形成好氧段，进行去碳和硝化反应，曝气机区段为缺氧段，完成反硝化反应。当废水进入氧化沟后，先后流经或交替流过好氧区段和厌氧区段，反硝化细菌可利用废水中的碳源和好氧段来的硝酸盐进行反硝化脱氮。处理后出水在好氧段末端由导管引入二沉池。其工艺流程如图 10-24所示。目前，西欧不少国家广泛采用此工艺来处理城市或工业废水，在中国的应用实例也越来越多。

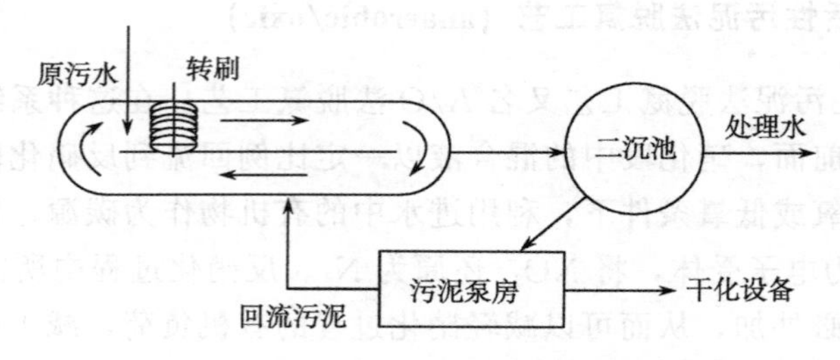

图 10-24　氧化沟工艺流程图

4. 四段 Bardenpho 脱氮工艺

1973 年，Barnard 提出在 A/O 工艺池后再增加一套 A/O 工艺，组成两级 A/O 工艺。该四个反应池称为四段 Bardenpho 脱氮工艺，其流程如图 10-25 所示。

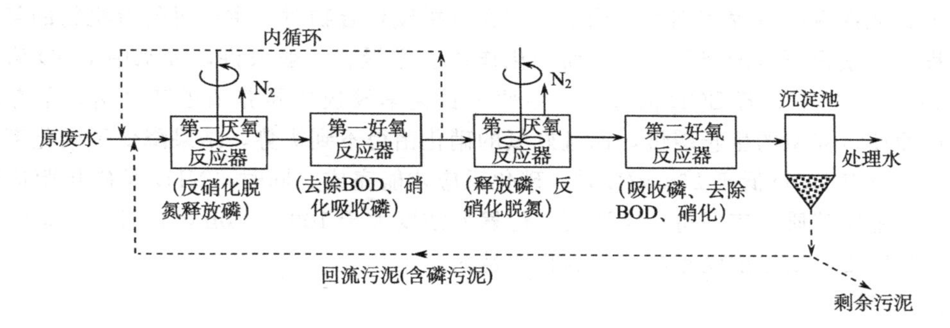

图 10-25 Bardenpho 工艺流程图

该工艺前面两段类似于 A/O 工艺，为了进一步提高除氮效率，将第一个好氧池（化池）流出的硝酸盐导入第二个缺氧池（反硝化池），反硝化细菌可利用细菌衰亡后释放的二次性基质作为碳源进行反硝化，以彻底去除系统中的硝酸盐。污水最后进入第二个好氧池（后去碳池），吹脱氮气泡并去除残留的有机物，提高污泥的沉降性能。

（二）脱氮的影响因素

1. 影响硝化过程的主要因素

1）溶解氧

硝化反应必须在有氧的条件下进行，使 1 分子 NH_4^+ 完全氧化成 NO_3^- 需耗去 2 分子氧。污水中的溶解氧浓度，会极大地影响硝化反应的速度及硝化细菌的生长速率，一般应维持混合液的溶解氧浓度为 2～3mg/L。溶解氧浓度 0.5～0.7 mg/L，是硝化菌可以忍受的极限，当水中 DO 低于 0.5mg/L 时，亚硝酸氧化菌的活性受到抑制。有资料表明，硝化阶段的溶解氧浓度通常取 DO＞2mg/L 时，溶解氧浓度对硝化作用的影响可不予考虑。但沉淀池需要一定的溶解氧以防止污泥的反硝化上浮。通常要维持正常的硝化效果，在活性污泥中，混合液的 DO 一般应大于 2.5mg/L，生物膜法则要求 DO＞3mg/L。

2）维持一定的碱度和 pH

硝化反应的最佳 pH 为 7.5～8.5，硝化菌对 pH 变化十分敏感，但当 pH 低于 7 时，硝化速率明显降低；低于 6 和高于 9.6 时，硝化反应停止进行。从前面可知，硝化反应的结果会生成强酸（H^+），会使反应体系酸性增强。据测定，每氧化 1g NH_4^+ 将耗去 7.14g 的碱度（以 $CaCO_3$ 计），如果不补充碱度，就会使 pH 下降。

3）温度

温度不但影响硝化菌的比增长速率，而且影响硝化菌的活性。研究表明，在 5～35℃内，硝化反应速率随温度的升高而加快，但超过 30℃时增加的幅度减小。当温度低于 5℃时，硝化细菌的生命活动几乎停止。硝化反应的适宜温度是30～35℃。

4）*废水基质浓度*

硝化细菌大多为自养微生物，生长不需有机质，所以污水中 BOD/T_N 越小，即BOD浓度越低，硝化菌的比例越大，硝化反应越易进行。但是，在废水生物处理中常存在大量兼性有机营养型细菌，当水中存在有机碳化合物时，主要进行有机物的氧化分解过程，以获得更多的能量来源，而硝化作用会缓慢。一般来讲，废水中BOD值应在15～20mg/L以下。若BOD值过高，会使生长速率较快的异养菌迅速繁衍，争夺溶解氧，从而使自养型的生长缓慢，而且好氧的硝化菌得不到优势，结果降低了硝化率。一般认为，只有BOD低于20mg/L时，硝化反应才能完成。同时，NH_3 是硝化菌进行硝化作用的主要基质，应保持一定浓度。但氨氮浓度大于100～200mg/L时，对硝化反应呈现抑制作用，氨氮浓度越高，抑制程度越大。

5）*污泥龄*

硝化菌在反应器内的生物固体平均停留时间（SRT）即污泥龄必须大于其最小的世代时间，否则将使硝化菌从系统中流失殆尽。一般SRT应为硝化菌最小世代时间的2倍以上，即安全系数应大于2。硝化菌的最小世代时间在适宜温度条件下为3天，因此SRT值为6天。硝化菌在各种污水处理系统中虽有存在，但数量不多，加上自养型硝化菌世代时间长，生长速度慢，所以硝化菌数量及硝化速率是生物脱氮处理的关键性制约因素。增加污泥龄（污泥停留时间），一般要大于20～30d时，有助于硝化作用。

2. 反硝化过程的主要影响因素

1）*溶解氧*

反硝化菌属于异养兼性厌氧菌，在无分子氧，并同时存在硝酸和亚硝酸离子的条件下，使硝酸盐还原，溶解氧会抑制硝酸盐的还原作用。同时，反硝化菌体内的某些酶系统组分，只有在有氧条件下，才能够合成。这样，反硝化反应适宜在厌氧、好氧交替的条件下进行。一般认为，活性污泥系统中，溶解氧应控制在0.5mg/L以下，否则会影响反硝化的进行。

2）pH

不适宜的pH会影响反硝化菌的生长速率和反硝化酶的活性，反硝化反应的最适pH是7.0～7.5。当pH低于6.0或高于8.0时，反硝化反应将受到强烈抑制。此外，pH还影响反硝化反应的最终产物，pH超过7.3时终产物为氮气，低于7.3时终产物为 N_2O。

3）*温度*

温度对反硝化作用的影响，要比对普通废水生物处理的影响大。反硝化反应的最适宜温度是20～40℃，低于15℃时反硝化反应速率降低。为了保证在低温下有良好的反硝化效果，反硝化系统应提高生物固体平均停留时间、降低负荷率、提高废水的水力停留时间（HRT）。

4）**碳源**

反硝化细菌属于异养型微生物，反硝化过程需要充足的碳源，理论上1g NO_2 还原

为 N_2 需要碳源有机物 2.86g。反硝化细菌所能利用的碳源很多，在废水生物处理过程中，能利用的碳源主要有 3 类。一是废水本身的含碳有机物。废水中的各种有机基质，如有机酸类、醇类、碳水化合物、烷烃类、苯酸盐类、酚类等都可以作为反硝化反应的电子供体，当原废水 BOD/TN>3～5 时，即可认为碳源充足。二是内碳源。活性污泥中的微生物死亡自溶后释放出来的有机碳，也可以作为反硝化作用的碳源。由于内源碳主要是在微生物生长的衰亡期产生的，所以这一碳源的获得需提供较长的水力停留时间，反应器容积较大，导致基建投资费较高。三是外加碳源。多采用甲醇（CH_3OH），因为甲醇被分解后的产物为 CO_2、H_2O，不留任何难降解的中间产物。

表 10-3　不同碳源物质的反硝化速率

碳　源	反硝化速率/[g/(gVSS·d)]	温度/℃
啤酒废水	0.2～0.22	20
甲醇	0.21～0.32	25
甲醇	0.12～0.90	20
甲醇	0.18	19～24
挥发酸	0.36	20
糖蜜	0.1	10
糖蜜	0.036	16
生活污水	0.03～0.11	15～27
生活污水	0.072～0.72	—
内源代谢产物	0.017～0.048	12～20

三、污水除磷工程技术

水体中的磷酸盐类物质可分成正磷酸盐、聚磷酸盐和有机磷酸盐。其主要来源于人类生活的排放物、工矿企业、合成洗涤剂和家用清洗剂等。常规的好氧生物处理工艺主要功能是去除废水中的有机碳化合物，而对磷的去除效果不佳。废水中的含磷化合物除小部分用于微生物自身生长繁殖的需要外，大部分以磷酸盐的形式随二级处理出水排入受纳水体。废水的二级生物处理出水中磷的含量常常超过 0.5～1.0mg/L。据报道，水体中磷含量低于 0.5mg/L 时，才能控制藻类的过度生长。目前，世界各国对控制水体中的磷含量都极为重视。

（一）除磷菌

除磷菌是传统活性污泥工艺中一类特殊的兼性细菌，在好氧或缺氧状态下，能超量地将污水中的磷吸入体内，使体内的含磷量超过一般细菌体内含磷量的数倍，这类细菌被广泛地用于生物除磷。从活性污泥中分离出来的聚磷细菌种类很多，最初只发现不动杆菌属的某些细菌具有聚磷作用，现在已发现并分离出 60 多种细菌和真菌都具有聚磷作用。其代表属有肠杆菌属、放射土壤杆菌（*Agrobacterium radiobacter*）、枯草芽孢杆菌、节杆菌属、着色菌属、棒杆菌属（*Corynebacteriu*）、脱氮微球菌（*Micrococcus denitrificans*）、黏球菌属（*Myxococcus*）、链球菌属（*Streptococcus*）、迂回螺菌

(*Spirillum volutans*）和氧化硫硫杆菌（*Thiobacillus thiooxidans*）等。

（二）生物除磷原理

在废水生物除磷过程中，活性污泥在好氧、厌氧相互交替的条件下进行。磷细菌可以在好氧条件下，过量地、超出其生理需要地从外部摄取磷，并以聚合磷酸盐的形式贮存在细胞体内，形成高磷污泥，作为剩余污泥排出，从而达到从废水中除磷的效果。生物除磷的可能机理如下（图 10-26）。

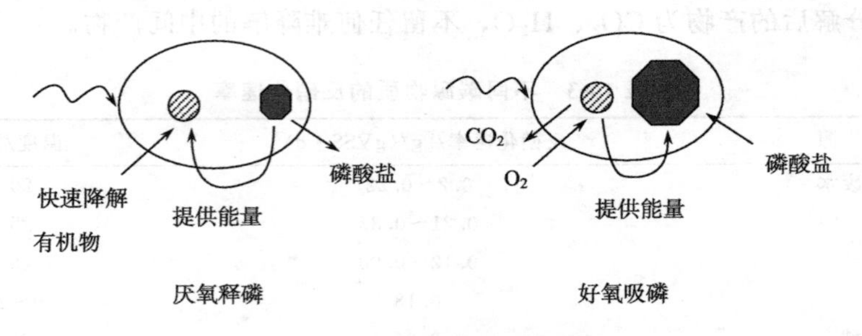

图 10-26　生物除磷原理示意图

在厌氧和无氮氧化物存在的条件下，聚磷菌体内的 ATP 进行水解，放出 H_3PO_4 和能量，形成 ADP，这一过程成为聚磷菌磷的释放。在厌氧环境释放过磷的聚磷菌，进入好氧区后活力得到恢复，并以聚磷的形式贮存生长需要的磷量，通过 PHB/PHV 的氧化代谢产生能量，用于磷的吸收和聚磷的合成，能量以聚磷酸高能键的形式贮存，磷酸盐从水中去除。产生的富磷污泥（重新吸收富集了大量磷的菌细胞），将在后续的操作单元中通过剩余污泥的形式得到排放，从而将磷从系统中除去。从能量角度来看，聚磷菌在厌氧状态下，释放磷获取能量以吸收废水中溶解性有机物。在好氧状态下，降解吸收的溶解性有机物获取能量以吸收磷，在整个生物除磷过程中表现为 PHB 的合成和分解。

在好氧条件下，聚磷菌不断摄取并氧化分解有机物，产生的能量一部分用于磷的吸收和聚磷的合成，一部分则使 ADP 与 H_3PO_4 结合，转化为 ATP 而贮存起来。当生活在营养丰富的环境中，活性污泥中的聚磷菌在将进入对数生长期时，细胞能从废水中大量摄取溶解态的正磷酸盐，在细胞内合成多聚磷酸盐，如具有环状结构的三偏磷酸盐和四偏磷酸盐、具有线状结构的焦磷酸盐和不溶结晶聚磷酸盐、具有横联结构的过磷酸盐等，并加以积累，供给对数生长时期合成核酸耗用磷素之需。另外，细菌经过对数生长期而进入稳定期时，大部分细菌已停止繁殖，核酸的合成虽已停止，对磷的需要也已很低，但若环境中的磷源仍有剩余，细胞又有一定的能量时，仍能从外界吸收磷元素，这种对磷的积累作用大大超过微生物正常生长所需的磷量，可达细胞重量的 6%～8%，有报道甚至可达 10%。以多聚磷酸盐的形式积累于细胞内作为贮存物质。

当细菌细胞处于极为不利的生活条件时，例如，使好氧细菌处于厌氧条件下，即所谓细菌“压抑”状态（bacterial stress）时，聚磷菌能吸收污水中的乙酸、甲酸、丙酸及乙醇等极易生物降解的有机物质，贮存在体内作为营养源，同时将体内存贮的聚磷酸盐分解，以 PO_4^{3-}-P 的形式释放到环境中来，以便获得能量，供细菌在不利环境中维持其生存所需，此时菌体内多聚磷酸盐就逐渐消失，以可溶性单磷酸盐的形式排到体外环境中，如果该类细菌再次进入营养丰富的好氧环境时，它将重复上述的体内积磷。

（三）污水除磷工艺

根据生物除磷原理，在生物除磷工艺中，可使污泥处于厌氧的压抑条件下，使聚磷细菌体内积累的磷充分排出；再进入好氧条件下，使之把过多的磷积累于菌体内，然后使含有这种聚磷菌菌体的活性污泥在二沉池内沉降；上清液取得良好的除磷效果后就可以排出，留下的污泥中磷含量占干重的6%左右，其中一部分以剩余污泥形式排放后可作为肥料，另一部分回流至曝气池前端。

生物除磷工艺有 A/O 工艺、Phostrip 工艺等。有些工艺不仅能有效去除有机物和脱氮，而且还能同步除磷功能，如 Bardenpho 工艺、Phostrip 工艺、UCT 工艺、改良型 UCT 工艺、VIP 工艺、A^2/O（A/A/O）工艺、氧化沟工艺和 SBR（间歇式或序批式活性污泥法）工艺等。在此仅就具有代表性的 A/O 工艺、Phostrip 和 A^2/O 工艺介绍如下。

1. A/O 工艺

A/O 法是厌氧/好氧（anaerobic/oxic）工艺的简称，它与前面讲到的用于废水脱氮的 A/O 工艺是有区别的，在除磷系统中，A 段为厌氧（anaerobic）段，而脱氮系统中的 A 段则是缺氧（anoxic）段。用于废水除磷的 A/O 系统，由活性污泥反应池和二沉池构成，污水和污泥依次经厌氧段和好氧段交替循环流动，其工艺流程如图 10-27 所示。

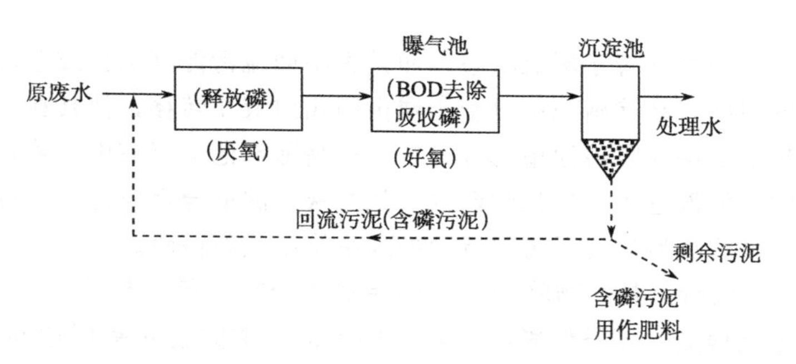

图 10-27 A/O 除磷工艺流程图

反应池分为厌氧区和好氧区两段，回流污泥进入厌氧池可吸收去除一部分有机物，并释放出大量磷，接着进入好氧池并对废水中有机物进行好氧降解，同时污泥将大量摄取废水中的磷。部分富磷污泥以剩余污泥的形式排出，实现磷的去除。A/O 工艺流程简单，不需另加化学药剂，基建和运行费用低。但是 A/O 废水除磷工艺除磷效率低，处理城市污水时，其除磷率在 75%左右，出水含磷约 1mg/L 或略低，很难进一步提高。其原因是A/O系统磷的去除主要依靠剩余污泥的排除来实现，受运行条件和环境条件的影响大，且在二沉池中难免有磷的释放。再者，如果进水中易降解的有机物含量较低，聚磷菌较难以直接利用这类基质，也会导致聚磷菌在好氧段对磷的摄取能力下降，同时水质波动较大时也会对除磷产生一定的影响。

2. Phostrip 工艺

Phostrip工艺是在传统活性污泥的污泥回流管线上，增设一个除磷池及一个混合反应沉淀池而构成的，它是将生物除磷法和化学除磷法结合在一起的除磷工艺。其工艺流程见图10-28。

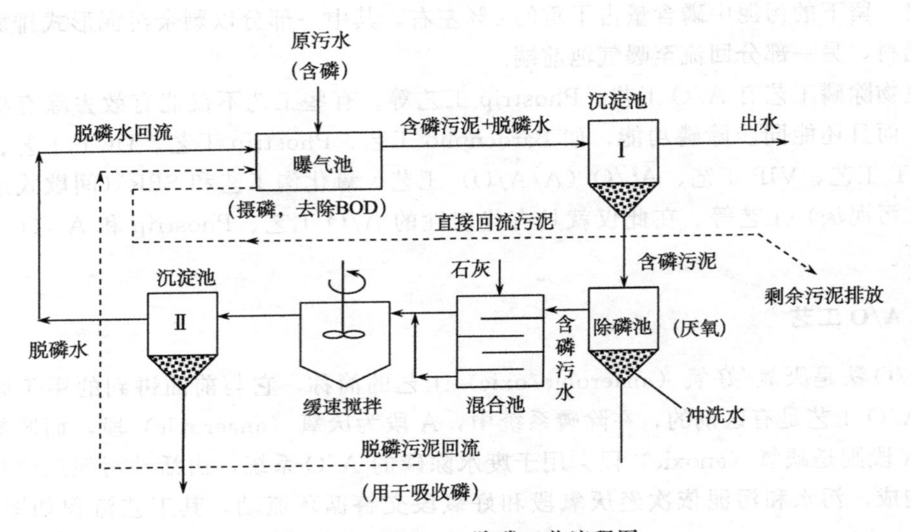

图10-28 Phostrip除磷工艺流程图

该工艺不是将混合液置于厌氧状态，而是先将回流污泥（部分或全部）处于厌氧状态并停留一定的时间，在除磷池中以利于磷由固相向液相转移，使其在好氧过程中（曝气池中）过量摄取的磷在除磷池中充分释放，提高除磷池上清液中的磷含量。由除磷池流出的富含磷的上清液进入投加化学药剂（如石灰）的混合反应池，通过化学沉淀作用将磷去除；经过磷释放后的污泥再回流到处理系统中重新摄磷。

Phostrip工艺的特点是生物除磷和化学除磷结合在一起，与A/O工艺相比具有以下优点：①工艺流程受外界条件影响小，操作灵活，磷的去除率可达90%左右，处理出水的含磷量一般低于1mg/L，除磷效果好且稳定；②回流污泥中磷含量较低，对进水水质波动的适应较强；③大部分磷以石灰污泥的形式沉淀去除，污泥的处置不复杂；④对现有工艺的改造只需在污泥回流管线上增设小规模的处理单元即可完成。但也存在工艺复杂、需投加药剂、运行费和建设费较高等缺点。

3. A^2/O 工艺

为了达到同时脱氮除磷，可在A/O工艺的基础上增设一个缺氧区，并使好氧区中的混合液回流至缺氧区，使之反硝化脱氮，这样就构成了除磷、脱氮的厌氧/缺氧/好氧系统（anaerobic/anoxic/oxic system），简称 A^2/O 工艺，见图 10-29。该工艺将脱氮除磷与降解有机物结合起来，对 COD、BOD、N、P 等去除率高。

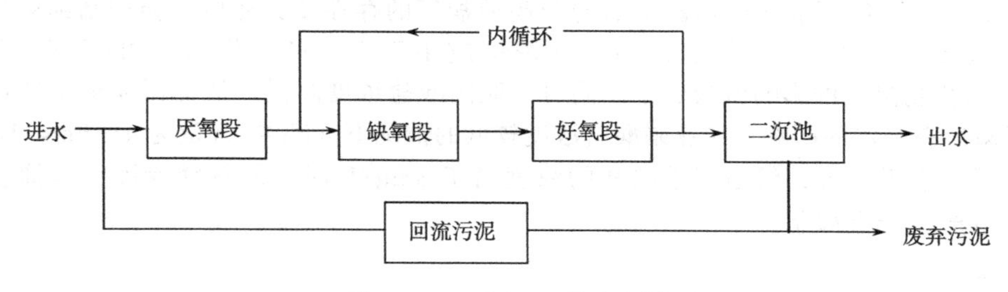

图 10-29　A^2/O 工艺流程图

从图 10-29 中可见，废水首先进入厌氧区，兼性厌氧的发酵细菌将废水中的可生物降解大分子有机物转化为挥发性脂肪酸（VFA）这一类小分子发酵产物。聚磷细菌可将菌体内积贮的聚磷盐分解，所释放的能量一部分可供专性好氧的聚磷细菌在厌氧环境下维持生存，另一部分还可供聚磷细菌主动吸收环境中的 VFA 一类小分子有机物，并以 PHB 形式在菌体内贮存起来。随后废水进入缺氧区，反硝化细菌就利用好氧区中经混合液回流而带来的硝酸盐，以及废水中可生物降解有机物进行反硝化，达到同时去碳与脱氮的目的。厌氧区和缺氧区都设有搅拌混合器，以防污泥沉积。废水进入曝气的好氧区，聚磷细菌除了可吸收、利用废水中残剩的可生物降解有机物外，主要是分解体内贮积的 PHB，放出的能量可供本身生长繁殖。此外，还可主动吸收周围环境中的溶磷，并以聚磷盐的形式在体内贮积起来。这时排放的废水中溶磷浓度已相当低。好氧区中有机物经厌氧段、缺氧段分别被聚磷细菌和反硝化细菌利用后，浓度已相当低，这有利于自养的硝化细菌生长繁殖，并将 NH_4^+ 经硝化作用转化为 NO_3^-。排放的剩余污泥中，由于含有大量能过量积贮聚磷盐的聚磷细菌，污泥磷含量可达 6%（干重）以上，因此，可较一般的好氧活性污泥系统大大提高磷的去除效果。

在实际运行中，A^2/O 工艺也与 A/O 工艺一样，要求在高速率下运行，即水力停留时间短、泥龄短，才能获得较高的除磷效果，缺氧区停留时间在 0.5～1.0h。

（四）生物除磷的影响因素

1. 溶解氧

由于微生物在厌氧条件下释磷、好氧条件下吸磷，所以水体中溶解氧的浓度对磷的去除效果影响很大。在厌氧区，厌氧条件直接关系到聚磷菌的生长状况、除磷能力及利用有机基质合成聚磷酸盐 PHB 的能力。溶解氧的存在不利于污泥的释磷，并且 NO_3^- 一类的化合态氧也不允许存在，一般厌氧区的 DO 应严格控制在 0.2mg/L 以下。另外，在好氧区，则需要有足够的溶解氧供给，以满足聚磷菌对其贮存的 PHB 进行降解，释放足够的能量供其过量摄磷之需。为了获得较好的磷释放效果，好氧段的溶解氧一般控制在 2.0mg/L 左右。如果有可能的话，溶解氧应控制在 3～4mg/L，以保证积磷菌利用好氧代谢中释放出来的大量能量充分地吸收磷。

2. 硝酸氮和亚硝酸氮

生物除磷系统厌氧区的硝酸盐氮与亚硝酸盐氮的存在及其还原，会抑制细菌对磷的释放，降低除磷能力。据报道，NO_3-N 浓度应小于 2mg/L。但当 COD/TN＞10 时，NO_3-N 对生物除磷的影响就减弱了。同时，亚硝酸盐浓度高低对活性污泥法除磷过程中缺氧吸磷段有一定的影响。在亚硝酸盐浓度较低的情况下（NO_2^- 含量为 4～5mg/L），对缺氧吸磷过程无危害；但当亚硝酸盐的浓度高于 8mg/L 时，缺氧释磷被完全抑制，好氧吸磷也产生严重抑制。

3. 温度

温度对除磷效果的影响不如对生物脱氮过程的影响那么明显。因为在高温、中温、低温条件下，都有具有生物除磷能力不同的菌群，但在低温运行时，厌氧区的停留时间需要更长一些，以保证发酵作用的完成及基质的吸收。一般认为，在 5～35℃内，均能进行正常的除磷，因而一般城市污水温度的变化不会影响除磷工艺的正常运行。

4. pH

pH 对磷的释放和吸收有不同的影响。在 pH＝4.0 时，磷的释放速率最快；当 pH＞4.0 时，释放速率降低；pH＞8.0 时，释放速率将非常缓慢。在厌氧段，其他兼性菌将部分有机物分解为脂肪酸，会使污水的 pH 降低，从这一点来看对磷释放是有利的。在 pH 6.5～8.0 内，聚磷菌能在好氧状态下有效地吸收磷，且 pH＝7.3 左右吸收速率最快。生物除磷系统最适宜的 pH 范围与常规生物处理相同，为中性或弱碱性，为 6.0～8.0。当 pH＜6.5 时，应向污水中投加石灰来调节 pH。

5. BOD 负荷

废水生物除磷工艺中，厌氧段有机基质的种类、含量及其与微生物营养物质的比值（BOD/TP）是影响除磷效果的重要因素。一般认为，较高的 BOD 负荷可取得较好的除磷效果，进行生物除磷的底限是 BOD/TP＝20。以不同的有机物为基质时，磷的厌氧释放和好氧摄取能力是不同的。一般相对分子质量较小的易降解的有机物（如低级脂肪酸类物质）易于被聚磷菌利用，将其体内贮存的多聚磷酸盐分解释放出磷，诱导磷释放的能力较强，而大分子有机物必须先在发酵产酸菌的作用下，转化为小分子的发酵产物后，才能被聚磷菌吸收并诱导放磷。

另外，聚磷菌在厌氧段释放磷所产生的能量，主要用于其吸收进水中低分子有机基质合成 PHB 贮存在体内，以作为其在厌氧条件压抑环境下生存的基础。因此，进水中是否含有足够的有机基质以提供给聚磷菌合成 PHB，是关系到聚磷菌在厌氧条件下能否顺利生存的重要因素。

6. 污泥龄

污泥龄的长短对聚磷菌的摄磷作用和剩余污泥排放量有直接的影响，从而对除磷效果产生影响。一般来说，泥龄越短，污泥含磷量越高，排放的剩余污泥量也越多，越可以取得较好的脱磷效果。一些研究表明，当污泥龄为30d时，除磷率为40%；污泥龄为17d时，除磷率为50%；而当污泥龄降至5d时，除磷率高达87%。但过短的泥龄会影响出水的BOD和COD。因此，除磷系统的泥龄的具体确定应考虑整个处理系统出水中BOD或COD要求，一般宜采用的泥龄为3.5～7d。

本章小结

1. 活性污泥主要由细菌、真菌、原生动物和微型后生动物等微生物组成的相对稳定的微小生态系统，其中细菌中的菌胶团细菌为最主要成分。

2. 在活性污泥处理系统中，有机污染物从废水中被去除的过程，实质就是有机底物作为营养物质被活性污泥微生物摄取、代谢与利用的过程，这一过程的结果使污水得到了净化，微生物获得了能量而合成新的细胞，活性污泥得到了增长。整个净化反应过程分为初期吸附、微生物代谢作用以及活性污泥的凝聚沉淀三个阶段。

3. 好氧活性污泥法的处理工艺很多，常见的有传统的活性污泥法、完全混合法、渐减曝气和分段进水活性污泥法、延时曝气活性污泥法、深井（层）曝气、吸附—生物降解工艺（AB法）和序批式活性污泥法（SBR）等。

4. 好氧颗粒污泥是通过微生物的自凝聚作用形成的颗粒状活性污泥，具有沉降性能好、耐有机负荷高、生物量和生物活性较高等优点。影响污泥颗粒化的主要因素有有机负荷、水流剪切力、溶解氧、接种污泥和碳源等。

5. 在活性污泥法处理污水的过程中，当某些环境因素变化时，丝状细菌及其他丝状微生物异常地大量增殖，造成丝状膨胀。可以通过投加定量的混凝剂（如铁盐和铝盐等）来增加污泥的比重或杀死过量的丝状菌、调整废水的营养配比、控制曝气池内的溶解氧和改变曝气池结构几种措施控制污泥丝状膨胀。

6. 污水的生物膜处理法是与活性污泥法并列的一种污水好氧生物处理技术。生物膜中的微生物种群主要有好氧、厌氧及兼性细菌、真菌、放线菌、原生动物和微型后生动物等，生物膜处理法的工艺有生物滤池（普通生物滤池、高负荷生物滤池、塔式生物滤池）、生物转盘、生物接触氧化设备和生物流化床等。

7. 废水厌氧生物处理技术是指在无分子氧条件下，通过厌氧微生物（包括兼性微生物）的作用，将废水中的各种复杂有机物分解转化为甲烷和二氧化碳等物质的过程。它是一种既节能又产能的废水生物处理工艺。参与厌氧消化的微生物类群总体上可分为三大类，即包括水解发酵细菌、产氢产乙酸菌以及产甲烷菌。

8. 在厌氧生物处理反应器中，非产甲烷菌（水解发酵菌、产氢产乙酸菌）和产甲烷菌相互依赖，互为对方创造良好的环境和条件，构成互生关系；同时，双方互为制约，在厌氧生物处理系统中处于平衡状态。

9. 厌氧颗粒污泥是由多种厌氧微生物组成的结构紧密、形状规则、具有自我平衡能力的微生态系统。其最主要的特征是它具有较高的沉降速率和高比产甲烷活性。影响污泥颗粒化的主要因素有负荷、水流与产气、水力停留时间（HRT）和上流速度和悬浮物等。

10. 厌氧活性污泥法包括普通消化池、厌氧接触消化池、升流式厌氧污泥床反应器。厌氧生物膜法包括厌氧生物滤池、厌氧流化床、厌氧生物转盘等。影响厌氧工艺的主要影响因素有：温度、pH、氧化还原电位、营养物质、F/M、有毒物质等。

11. 废水生物脱氮是指污水中的含氮有机物被异养型微生物氧化分解，转化为氨氮，然后由自养型硝化细菌将其转化为 NO_3^-，最后再由反硝化细菌将其还原转化为 N_2，从而达到脱氮的目的。目前常见脱氮工艺如 A/O（厌氮-好氧）脱氮法、Bardenpho 活性污泥脱氮法、氧化沟硝化脱氮工艺等。

12. 在废水生物除磷过程中，活性污泥在好氧、厌氧相互交替的条件下进行。磷细菌可以在好氧条件下过量地、超出其生理需要地从外部摄取磷，并以聚合磷酸盐的形式贮存在细胞体内，形成高磷污泥，作为剩余污泥排出，从而达到从废水中除磷的效果。

13. 生物除磷工艺有 A/O 工艺、Phostrip 工艺、Bardenpho 工艺、Phostrip 工艺、UCT 工艺、改良型 UCT 工艺、VIP 工艺、A^2/O（A/A/O）工艺、氧化沟工艺和 SBR（间歇式或序批式活性污泥法）工艺等。

思 考 题

1. 以活性污泥法为例，叙述废水生物处理的基本原理。
2. 好氧活性污泥的生物相组成？
3. 好氧活性污泥的主要工艺、特点和微生物学原理。
4. 好氧颗粒污泥的特点和性质，和普通的活性的区别？
5. 生物膜法的主要工艺、特点和微生物学原理。
6. 废水厌氧生物处理的基本原理是什么？
7. 厌氧生物处理反应器中的非产甲烷菌包括哪些主要类群？其主要功能是什么？
8. 与产酸菌相比，产甲烷菌有哪些生理特征？
9. 在厌氧生物处理反应器中，非产甲烷菌和产甲烷菌在生态学上有什么关系？
10. 常见厌氧生物处理的技术有哪些？其工艺原理是什么？
11. 影响厌氧生物处理效果的因素有哪些？如何防止厌氧反应器运行的失败？
12. 生物脱氮的基本原理和主要的工艺。
13. 生物脱氮的影响因素有哪些？
14. 生物除磷的基本原理和主要的工艺。
15. 生物除磷的影响因素有哪些？

第十一章　有机固体废弃物处理微生物工程

有机固体废物具有可生化降解性，其中蕴含着大量的生物质能，是丰富的再生资源的源泉。有效利用这类资源，对实现环境和经济的可持续发展具有重要意义。现在，人类已经从消极地、局限地销毁垃圾，转向积极、合理地利用垃圾，逐步从无害化处理向回收资源和能源的综合处理方向发展，而微生物技术的进步为这一发展方向提供了有效手段。本章介绍了有机固体废弃物的来源、组成特点及常用的处理方法；详细讲解了有机固体废弃物的堆肥处理技术原理、微生物学过程及影响因素；阐述了有机固体废弃物厌氧消化技术机理、工艺及厌氧消化技术的影响因素；介绍了卫生填埋的分类、优缺点及微生物活动过程。

第一节　有机固体废弃物概述

一、有机固体废弃物来源和组成特点

有机固体废物是指有机质含量很高而含水量较低的固态废物，即废物中的有机部分。它们一般具有可生化降解性，其中蕴含着大量的生物质能。有效利用这类能源，对实现环境和经济的可持续发展具有重要意义。

有机废弃物按照其来源大致可以分为七类：①动物粪便；②作物残留物；③生活污泥；④食品生产废弃物；⑤工业有机废弃物；⑥木材加工生产废弃物；⑦生活垃圾。其中，动物粪便和作物残留物为主要成分，分别占总量的21.8%和53.7%。有机固体废弃物主要化学成分为碳水化合物、蛋白质、脂肪、脂肪酸、酚类化合物等，具有很高的可生化性。污水处理厂产生大量的活性污泥，其中含丰富的碳水化合物和蛋白质。食品工业如制糖工业产生富含糖类的废物。许多工业废物中也含大量可生物降解有机物，如造纸工业产生富含纤维素的废物，屠宰工业产生富含蛋白质和脂肪的废物。城市生活垃圾量大，可生物降解的有机物含量较高，在发达国家的城市垃圾中，有机成分的含量高达70%，我国的城市垃圾有机成分含量相对较低，大部分为炊厨废物，占36%～45%。随着我国人民生活水平的不断改善，固体废弃物中的有机物质含量也有较大提高。

二、有机固体废弃物常用的处理方法

固体废弃物处理处置的目标与原则是减量化、资源化、无害化和稳定化。从技术特征而言主要处理方法有堆肥、填埋和焚烧等。

堆肥法是在可控制的条件下，利用微生物分解废弃物中易降解有机物质的生物化学过程。堆肥在实现废弃物无害化的同时，也可以实现其减量化和资源化。通过堆肥约可减量30%、减重20%，同时堆肥还是良好的有机肥和土壤改良剂。用于堆肥的废弃物

一般需要先进行分选、破碎等预处理，要求可堆腐成分含量较高且没有重金属和其他危险废物等。由于堆肥周期一般较长，占地面积较大，卫生条件差，且堆肥处理只是废弃物中有机成分的处理方法，故堆肥的资源化作用有限，不是全部废弃物的最终处置技术。尤其是有机固体废物中含有大量成分复杂的物质，难以被充分利用或被大多数微生物直接作为碳源转化利用。所以堆肥只有与其他方法（如填埋、焚烧等）相结合才是一种有前途的处理技术。

填埋法是大量消纳城市垃圾的有效方法，也是无法用其他方法处理的固态残余物的最终处理方法。该方法除了具有简单易行、投资省、处理量大且不受废弃物成分变化的影响等优点外，大型垃圾填埋场还可以回收利用沼气能源，封场后土地可再利用，故被广泛采用。填埋技术已经从最初简单的填埋发展到目前的卫生填埋、生态填埋。但无论采取何种填埋方式，都需要解决好垃圾填埋渗滤液和填埋气的二次污染等问题，而且填埋占地面积大。

焚烧法处理固体废物的处理量大、减容性好、无害化程度高，而且可以回收热能，是一种较有前途的垃圾处理技术。焚烧法减容率可高达90%，甚至95%以上，同时也是垃圾能源化的一种重要手段。其缺点是建设投资和运行费用高，焚烧过程中容易产生二　英、苯并芘等剧毒物质，造成严重的二次污染，因而限制了它的发展。

综上所述，现行固体废物处置方法各有其优缺点。近年来国内外科技工作者正致力于有机废弃物高温高速发酵法及其他生物转化法的研究，以提高有机废弃物处理的效率并不断研究其资源化利用途径，例如，通过生物转化回收肥料、蛋白质、甲烷、乙醇等，如表11-1所示。

表11-1　有机废弃物的生物转化回收

方法	产物
填埋法	甲烷
堆肥法	类似腐殖土肥料
厌氧消化法	甲烷
高速发酵法	肥料、饲料等
生物发酵法	蛋白质、乙醇、葡萄糖、糠醛

第二节　有机固体废弃物的堆肥处理技术

一、堆肥法的概念和原理

堆肥法（composting）指在人工控制条件下，利用微生物的生化作用将废弃物中的有机物质分解、腐熟并转化为肥料的微生物学过程。堆肥过程中有机物由不稳定状态转化为稳定的腐殖质，对环境尤其是土壤环境不构成危害。堆肥化的产物称为堆肥，它是堆肥过程中生物降解和转化的产物，是一类腐殖质含量很高的疏松物质，故也称为腐殖土。地表的土壤微生态过程类似于堆肥化过程，如地表残留的枯枝落叶及其他半固体有机物的分解过程，长期以来这一过程在生态系统乃至生物圈的物质循环和能量流动中发挥着极其重要的作用。尽管堆肥原料是有机固体废弃物，但堆肥过程是在人工控制条件下进行的，不同于有机废物的自然腐化和腐烂。

根据微生物对氧气需求的不同，堆肥可分为好氧法和厌氧法两种。好氧堆肥是在通气条件下，通过好氧微生物的活动使有机废弃物得到降解的过程。该过程速度快，堆肥温度高，一般为 55～65℃，有时可高达 80～90℃，故又称高温堆肥。厌氧堆肥实际上是微生物的固体发酵，该过程堆肥速度较慢，堆肥时间是好氧法的 3～4 倍，甚至更长。

1. 好氧堆肥的原理

好氧堆肥（aerobic composting）是在有氧条件下，通过好氧微生物的作用进行的。在堆肥过程中可溶性的有机固体废物成分被微生物直接吸收，而固体和胶体有机物则先被吸附在微生物体表，由微生物所分泌的胞外酶分解为可溶性物质后才能被吸收。微生物通过自身的分解代谢活动把一部分被吸收的有机物氧化成简单的无机物，并释放出其中的能量供微生物生长繁殖；而通过合成代谢活动，利用另一部分有机物合成新的细胞物质。于是，微生物逐渐生长繁殖，产生更多的生物体。如图 11-1 所示。

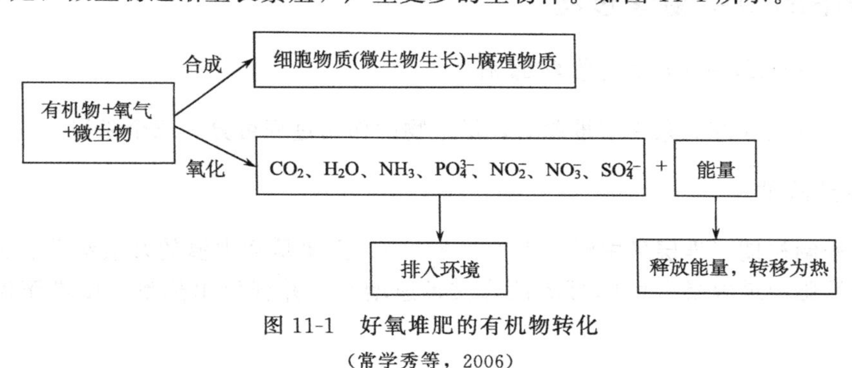

图 11-1　好氧堆肥的有机物转化

（常学秀等，2006）

下列反应式反映了好氧堆肥中有机物的氧化和合成过程。

不含氮有机物的氧化：

$$C_xH_yO_z+\left(x+\frac{1}{4}y-\frac{1}{2}z\right)O_2\longrightarrow xCO_2+\frac{1}{2}yH_2O+\text{能量}$$

含氮有机物的氧化：

$$C_sH_tN_uO_v\cdot aH_2O+bO_2\longrightarrow C_wH_xN_yO_z\cdot cH_2O\ (\text{堆肥})+dH_2O+eCO_2+fNH_3+\text{能量}$$

微生物细胞的合成（包括有机物的分解，并以 NH_3 为氮源）

$$n\ (C_xH_yO_z)\ +NH_3+\left(nx+\frac{1}{4}ny-\frac{1}{2}nz-5x\right)O_2\longrightarrow$$

$$C_5H_7NO_2+\ (nx-5)\ CO_2+\frac{1}{2}\ (ny-4)\ H_2O+\text{能量}$$

2. 厌氧堆肥的原理

厌氧堆肥（anaerobic composting）的原理与废水厌氧消化原理相同，是在缺氧条件下利用兼性和专性厌氧微生物进行的一种腐败发酵分解，将有机大分子降解为小分子有机酸、CO_2、H_2O、NH_3、H_2S、CH_4 等和腐殖质。厌氧堆肥的温度低（通常为常温），有机物分解不够充分，成品肥中氮素保留较多，而且堆制周期长，完全腐熟往往需要几个月时间。传统的农家堆肥就是厌氧堆肥。厌氧堆肥主要分成两个阶段，如图 11-2 所示。

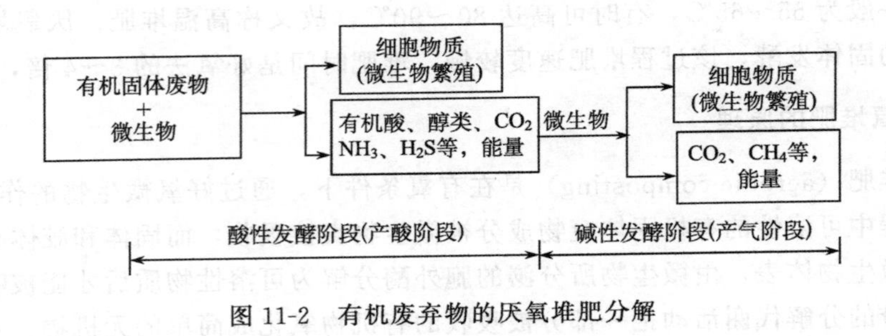

图 11-2　有机废弃物的厌氧堆肥分解

二、堆肥的微生物学过程

（一）好氧堆肥的微生物学过程

有机废弃物在好氧条件下堆制后，微生物的作用过程可分为三个阶段。

1. 发热阶段

堆肥堆制初期，堆层呈中温（为 15～25℃），主要是嗜中温的好氧细菌、放线菌和真菌利用堆肥中最容易分解的可溶性物质迅速增殖，并释放出热量，使堆肥温度不断升高。

2. 高温阶段

当堆肥温度上升到 50℃以上时即进入高温阶段。由于高温，发热阶段的嗜中温微生物受到抑制甚至死亡，取而代之的是嗜热性微生物。嗜热微生物的生长繁殖所产生的热量使堆肥温度进一步上升。这时，除了残留的和新形成的可溶性有机物继续被氧化分解外，一些复杂的有机物也开始被强烈分解。各种嗜热微生物的最适温度不尽相同，因此随着堆肥温度的上升，嗜热微生物的种类也随之发生着变化：通常在 50℃左右时主要是嗜热性真菌和放线菌，如嗜热真菌属（*Thermomyces*）、褐色嗜热放线菌（*Actinomyces thermofuscus*）、普通小单孢菌（*Micromonospora vulgaris*）等；当温度上升到 60℃时，嗜热丝状真菌几乎完全停止活动，只有嗜热性放线菌和芽孢杆菌继续缓慢分解有机物；当温度上升到 70℃以上时，大多数嗜热性微生物死亡或进入休眠状态，只剩嗜热芽孢杆菌继续活动。

高温对堆肥是非常重要的。第一，高温对堆肥快速腐熟起着重要作用，在此阶段堆肥内开始形成腐殖质，并出现能溶于弱碱中的黑色物质；第二，高温有利于杀死病原微生物。病原微生物的失活取决于温度和接触时间。

3. 降温和腐熟保肥阶段

经过高温阶段，大部分易于分解或较易分解的有机物已被分解，剩下的是木质素等较难分解的有机物和新形成的腐殖质。此时，微生物活性下降，产热量随之减少，温度逐渐下降，嗜中温微生物又逐渐成为优势菌。残余物质，包括较难分解的有机物进一步被分解，腐殖质继续不断积累，堆肥进入腐熟阶段，需氧量大大降低，含水率也下降。腐熟阶段的主要问题是保存腐殖质和氮等植物养料，充分的腐熟能大大提高堆肥的肥效和质量。

堆肥中微生物的种类和数量往往由于堆肥原料的来源不同而不同。对于农业废弃物，如果是在一年生植物残体为主要原料的堆肥中，常见到如下的微生物相变化过程：

细菌、真菌——→纤维分解菌——→放线菌——→能分解木质素的菌类

在以城市污水处理厂剩余污泥为原料的堆肥中，可见到如表 11-2 所示的微生物相变化特征。从表中可以看出，堆肥堆制前脱水污泥中占优势的是细菌，而真菌和放线菌较少。在细菌中，厌氧菌和脱氮菌的数量很多。这与污泥中富含易分解的有机物、水分较多、常呈厌氧状态有关。经 30d 堆制后，细菌总数有所减少，但好氧性细菌比原料污泥只是略有减少，而厌氧性细菌的数量大约只是原料污泥的 1%；氨化细菌和脱氮细菌数量却有明显的增加，说明污泥中蛋白质变成了氨，经硝化后接着发生脱氮作用，也反映了在有机物团块中存在着适于脱氮菌活动的厌氧微环境；真菌数量并没有明显的增长。堆制到 60d，各类微生物的数量都下降了，但好氧细菌仍占优势，真菌和放线菌数量仍较少。

表 11-2　污泥堆肥中微生物相的变化（微生物量：1×10^5 个/g 干物质）(马放等，2003)

微生物种类	堆制天数/d		
	0	30	60
好氧性细菌	801	192	113
厌氧性细菌	136	1.8	0.97
放线菌	10.2	5.5	3.7
真菌	8.4	16.5	0.36
氨化细菌	34	240	44
氨氧化细菌	<43	14	0.37
亚硝酸氧化菌	0.08	>0.003	0.003
脱氮菌	1300	9900	200
好氧性细菌/放线菌	78.5	349	30

城市垃圾的堆肥与污泥堆肥一样都是细菌占优势，但相比之下放线菌数量较污泥堆肥更少。另外，在腐熟初期丝状菌有所增加，而随着腐熟的进行，丝状菌又出现减少的现象。丝状菌中有很多是对植物有害的种，所以堆肥过程中丝状菌的减少是很重要的。

（二）厌氧堆肥的微生物学过程

厌氧堆肥主要分成两个阶段，如图 11-2 所示。

（1）酸性发酵阶段。产酸菌将大分子有机物降解为小分子有机酸和醇类等，并产生少量的能量。在此阶段，由于大量有机酸积累，堆肥的pH随之下降。

（2）碱性发酵阶段。在分解后期，由于氨化作用所产生氨的中和作用，pH开始逐渐上升。同时产甲烷菌也开始分解有机酸和醇类，主要产物为CH_4、CO_2等气体。随着甲烷菌的繁殖，有机酸被迅速分解，pH迅速上升。

厌氧堆肥没有分子氧参与，酸性发酵过程产生的能量较少，许多能量仍保留在小分子的有机酸中，并由产甲烷菌继续分解利用。厌氧堆肥的特点是反应步骤多、速度慢、周期长。

三、堆肥处理技术的影响因素

（一）好氧堆肥的影响因素

堆肥的关键是选择适当的堆肥条件来保证微生物降解过程顺利进行，为此主要考虑以下几个方面。

1. 有机物含量

研究表明，在好氧堆肥中最适宜的有机物含量为20%～80%。含量过低则产生的热量不足，难以维持堆肥所需要的温度，并且生产的堆肥产品肥效较低；但是当有机物含量过高（高于80%）时，由于高含量的有机物对氧气的需求很大，往往使堆肥达不到好氧状态而产生恶臭，也不能使好氧堆肥顺利进行。

2. 供氧量

对于好氧堆肥而言，供氧量的多少与微生物活动的强烈程度、有机物的分解速度以及堆肥物粒径密切相关。一般来说，通过翻堆或通风供氧来保证一般堆肥中的氧气浓度不低于10%；在机械堆肥系统中，要求有50%的氧渗入堆体各部分以满足微生物的需要。研究表明，适合的通气量为0.05～0.2$m^3/(min \cdot m^2)$。当然，氧浓度与堆肥物质的水分和温度也密切相关。

3. 含水率

在堆肥过程中，水可溶解有机物以利于微生物的吸收，而且水分蒸发会带走热量，从而可以调节物料之间的温度。通常，温度在30℃时，含水率应控制在45%左右；温度在45℃时，应控制在50%左右。研究表明，当含水率低于30%时，微生物摄取营养物质的能力降低，有机物分解缓慢；低于12%时，微生物的繁殖就会停止；当超过65%时，水就会充满物料颗粒间的空隙，堵塞空气的通道，堆肥由好氧状态转化为厌氧状态，温度急剧下降，其结果是形成发臭的中间产物。因此堆肥原料的最适含水率为50%～60%。

4. 碳氮比（C/N）

有机物被微生物分解的速度随碳氮比而变。如果初始堆肥物的C/N较高，则微生物的增长会由于缺氮而受到限制，从而影响降解速度；若C/N较低，氮素养料相对过剩则氮将变成氨态氮而挥发，导致氮元素大量损失而降低肥效，且污染空气。综合考虑，堆肥过程适宜的C/N应为20～35。

5. 碳磷比（C/P）

除碳和氮外，磷对微生物的生长也有很大影响。有时，在垃圾处理过程中添加污泥进行混合堆肥就是利用其中丰富的磷来调整堆肥原料的碳磷比。堆肥原料适宜的C/P为75～150。

6. pH

pH是微生物生长的重要条件。在堆肥初期，由于酸性细菌的作用，pH降到5.5～6.0，使堆肥物料呈酸性。之后由于以酸性物质为养料的细菌的生长繁殖，又导致pH上升。堆肥过程结束后，物料的pH上升到8.5～9.0。所以整个发酵过程不需添加任何中和剂，堆肥可以自身调节pH。

7. 温度

嗜中温菌的最适温度为30～40℃，嗜热菌的最适温度为55～60℃，超过65℃就会对微生物的生长活动产生抑制作用。堆肥是一个放热过程，若不加以控制，温度可高达75～80℃，温度过高会过度消耗有机质，并降低堆肥产品的质量。

（二）厌氧堆肥的影响因素

影响厌氧堆肥的主要因素有以下几个方面。

1. 原料配比

为满足厌氧发酵时微生物对碳素和氮素的营养要求，需将贫氮有机物和富氮有机物进行合理配比，以获得较高的产气量。厌氧发酵的碳氮比以20～30为宜，据报道，当碳氮比为35时产气量明显下降。

2. 温度

温度是影响产气的重要因素。在一定温度范围内，温度越高产气量越大，高温可加速细菌的代谢，使分解速度加快。通常采用的高温消化温度在55～60℃。

3. pH

甲烷细菌生长的最佳pH为6.8～7.5，对它来说维持弱碱性环境是绝对必要的。pH低，将使二氧化碳增加，同时产生大量水溶性有机物和硫化氢。硫化物含量增加将会抑制甲烷菌的生长。调节pH的最好方法是调整原料的碳氮比，因为用以中和酸的碱度主要是氨氮，原料含氮越高，碱度越大。

四、好氧堆肥处理常用工艺

根据技术的复杂程度，堆肥系统一般分为三类：条垛式、通气静态垛式和发酵仓式系统。

1. 条垛式堆肥系统

条垛式是一种最简单、最古老的堆肥系统。物料以条垛状堆置，可以排列成多条平行的条垛。通过定期翻堆来实现堆体中的有氧状态，翻堆可以采用人工方式或特有的机械设备。最普遍的条垛是宽3～5m、高2～3m的梯形条垛。为了防止渗滤液对土壤的污染，条垛式堆肥应堆在沥青、水泥等坚固的地面上。通常一次发酵周期为1～3个月。

条垛式系统具有以下优点：成本相对较低；堆肥易于干燥；填充剂易于筛分和回用；产品的稳定性相对较好。缺点为，占地面积大；需频繁地检测通气量和温度；需大量的翻堆机械和人力，增加了成本；翻堆会造成臭味的散失；不利的气候条件下不能进行操作，如雨季会破坏堆体结构，冬季会造成堆体热量大量散失；条垛式系统所需要的填充剂比例相对较高。

2. 通气静态垛堆肥系统

通气静态垛与条垛式系统的不同之处在于它不是通过翻堆来保持堆体的好氧状态，而是采用鼓风机通风。相同之处是堆体也应在沥青或水泥等坚固的地面上进行。通气静态垛堆肥的关键技术是通气系统，包括鼓风机和通气管路。

通气静态垛系统具有以下优点：设备投资相对较低；相对于条垛式系统而言温度和通气条件能得到更好控制；产品稳定性好，能更有效地杀灭病原菌和控制臭味；堆腐时间相对较短（2～3周）；填充料的用量少，占地也相对较小。但是同样堆肥易受气候条件的影响。

3. 发酵仓系统

发酵仓系统是物料在全部或部分封闭的容器内，通过控制通气和水分条件使物料进行生物降解和转化。整个堆肥过程是高度机械化和自动化的，整个堆肥工艺包括通风、温度控制、水分控制、无害化控制及堆肥腐熟等几个方面。系统按物料的流向可分为水平流向和竖直流向反应器。水平流向反应器包括旋转仓式和搅动仓式，竖直流向反应器包括搅动固定床式和包裹仓式。

发酵仓系统占地面积较小；反应过程中产生的废气可以统一收集处理，减少了二次污染；堆肥过程中的水、气、温度等参数进行控制；不受气候条件的影响；堆肥过程中产生的热量可以回收利用。但该系统也存在如下缺点：由于机械化程度高，因此需要很高的建设投资和运行维护费；维持发酵仓内良好通气状态的技术难度较大；堆肥周期短，因此堆肥产品会有潜在的不稳定性。

第三节　有机固体废弃物厌氧消化技术

一、厌氧消化机理

厌氧消化（anaerobic digestion）是在厌氧条件下，有机废物通过厌氧微生物的代谢活动被分解转化，同时伴有 CH_4 和 CO_2 气体产生的过程。20 世纪 30 年代，厌氧消化被概括地划分为产酸阶段和产甲烷阶段，即两阶段理论。70 年代初 Bryantlzgl 等对两阶段理论进行了修正，提出了三阶段理论，突出了产氢产乙酸菌的地位及作用。与此同时，Zeikuslao 等又提出了厌氧消化的四阶段理论，反映了同型产乙酸菌的作用。该理论认为厌氧发酵过程可分为以下四个阶段：

第一阶段——水解阶段：主要由有机物分解菌分泌胞外酶来水解复杂有机污染物。这类细菌的种类和数量随着有机物种类不同而不同。按照所分解的物质可将它们分为纤维素分解菌、脂肪分解菌和蛋白质分解菌等。在它们的作用下，多糖被水解为单糖，进而发酵为丙酮酸；蛋白质被水解为多肽和氨基酸，氨基酸进一步脱氨基后形成有机酸和氨；脂类被水解为各种脂肪酸、醇和其他小分子。

此阶段的微生物群落是水解、发酵性细菌群。其中有专性厌氧的梭菌属（*Clostridium*）、丁酸弧菌属（*Butyrivibrio*）、拟杆菌属（*Bacteriodes*）、双歧杆菌属（*Bifidobacterium*）等；兼性厌氧的有链球菌和肠道菌。

第二阶段——酸化阶段：产氢和产乙酸细菌把第一阶段的产物进一步分解为乙酸和氢气。例如，利用产酸类细菌（乙酸细菌和某些芽孢杆菌等）降解较高级的脂肪酸生成 H_2、CH_3COOH、CH_3CH_2OH 等。由于产酸使得酸化阶段料液 pH 迅速下降。该阶段的微生物群落主要是产氢和产乙酸细菌，这类细菌只有少数被分离出来，如奥氏甲烷杆菌（*Methanomelianskii*）、布氏甲烷杆菌（*Methanobacterium bryantii*）。这类细菌还可降解芳香族酸，如苯基乙酸和吲哚乙酸等。

第三阶段——甲烷化阶段：专性厌氧的产甲烷菌有些是将乙酸转化为 CH_4 和 CO_2，有些是利用 H_2 还原 CO_2（或 CO）为 CH_4，有些是利用其他细菌将甲酸、甲醇、甲基胺等裂解为 CH_4。由于大部分 CH_4 和 CO_2 逸出，NH_3 以亚硝酸铵（NH_4NO_2）、碳酸氢铵（NH_4HCO_3）等形式留在污泥中，从而可中和前一阶段产生的酸，为产甲烷菌创造生存所需的弱碱性环境。

第四阶段——同型产乙酸阶段：同型产乙酸菌将 H_2 和 CO_2 转化为乙酸。此阶段在厌氧消化中的作用还在研究中。

产甲烷菌的代表菌有亨氏甲烷螺菌（*Methanospirillum hungatei*）、索氏甲烷杆菌（*Methanobacterium söehngenii*）、布氏甲烷杆菌（*Methanobacterium bryantii*）、万氏甲烷球菌（*Methanococcus vannielii*）、嗜树木甲烷短杆菌（*Methanobrevibacter arboriphilus*）、运动甲烷微菌（*Methanomicrobium mobile*）、卡里亚萨产甲烷菌（*Methanogenium cariaci*）、巴氏甲烷八叠球菌（*Methanosarcina barkeri*）、嗜热自养甲烷杆菌（*Methanobacteriun thermoautotrophicum*）等。其中，亨氏甲烷螺菌、索氏甲烷杆菌及嗜热自养甲烷杆菌通常为丝状体，在甲烷发酵中形成团粒化颗粒污泥的优势菌。

二、厌氧消化工艺

1. 干法厌氧消化工艺和湿法厌氧消化工艺

根据废弃物中有机固体浓度的大小，可将厌氧消化工艺分为干法和湿法两种。湿法厌氧消化工艺中，通常有机固体废物要用水稀释到物料浓度低于15%。干法厌氧消化就是保持固体废物的原始状态进行厌氧消化，反应器中的物料浓度为20%～40%，一般不需要对进料进行稀释，只有进料浓度特别高（>60%）时才用水稀释。与湿法厌氧消化相比，有机废弃物干法厌氧消化具有众多优势：单位容积的产气量高、处理量大、需水量少、有机负荷率高、消化残留物不需脱水即可作为肥料或土壤调节剂。但它的推广应用仍然存在众多困难，原因有：首先，反应基质浓度高，造成反应中间产物与能量传递、扩散困难，易使局部区域中间代谢产物过度积累，形成反馈抑制。其次，水分含量低也影响细胞活动或酶扩散，从而影响细胞或酶与底物的接触，最终影响反应效率。而且由于细胞移动与酶扩散困难，还需要加大接种量来实现快速启动，于是增加了运行成本；另外，反应基质浓度高使得搅拌阻力大，基质混合困难。

2. 单相厌氧消化工艺和两相厌氧消化工艺

根据反应的级数，厌氧消化工艺可分为单相厌氧消化和两相厌氧消化工艺。两相厌氧消化工艺将厌氧消化过程分割在两个单独的反应器中进行，分别为产酸菌和产甲烷菌提供了各自适宜的生存环境。这样不仅可以降低高有机负荷情况下挥发性有机酸的积累对于后续甲烷产气的抑制，而且可以降低反应器中不稳定因素的影响，并能提高反应器的负荷和产气的效率。此外还可以根据实际需要在产酸相和产甲烷相应用高效的厌氧反应器，如UASB、生物滤池等。但是两相消化系统需要更多的投资，而且运转维护也更为复杂，所以在工业应用上并没有表现出明显的优越性。

3. 连续厌氧消化工艺和间歇厌氧消化工艺

根据运行的连续性，厌氧消化可以分为连续厌氧消化和间歇厌氧消化工艺。连续厌氧消化工艺是将废弃物连续不断地投入反应器中，反应不间断进行；而间歇厌氧消化工艺是将废弃物一次性、成批地投入反应器中，等物料反应完之后再投入下一批料，反应间歇进行。

4. 中温厌氧消化和高温厌氧消化

根据厌氧消化过程中甲烷菌的最适温度范围，厌氧消化可以分为中温厌氧消化（30～36℃）和高温厌氧消化（50～53℃）。目前，厌氧消化大多在中温下进行，但随着固体废弃物处理排放卫生标准的提高，高温厌氧消化越来越引起人们的关注。原因是高温对于有机废物的降解和病原菌的杀灭更为有效，而且高温消化比中温消化具有更短的固体停留时间和更小的反应器容积。但是在高温消化实验中，高温往往表现出比中温消化的处理能力低，这主要是由于高温下自由NH_3的浓度比中温下高，毒性抑制更为显著。另外，在高温实验中没有稳定的高温菌群也是一个重要原因。

三、厌氧消化技术的影响因素

为保证厌氧消化正常进行，需控制一些影响发酵过程的因素。

1. 原料配比

配料时应该控制适宜的碳氮比。为了满足厌氧发酵时微生物对碳和氮的营养要求，需将贫氮（C/N 大）和富氮（C/N 小）有机物进行合理配比，才能获得较好的处理效果。例如，对于以类似秸秆为主的底物须补充氮源，以达到厌氧消化适宜的 C/N。实验表明，厌氧消化适宜的 C/N 为（20～30）∶1。

2. 底物组成

研究发现不同的底物组成，其可生化降解性大不相同。Kayhanian 评估了以城市固体垃圾生物可降解部分为底物的高固体厌氧消化示范试验。结果表明，美国典型 B/F（可降解垃圾与总物料之比）的垃圾缺乏活跃而又稳定降解所需要的宏量或微量元素，若补充以富含营养的污泥和畜禽粪便，可以提高 B/F，从而大大提高产气率并增加过程的稳定性。研究发现在其他条件相同时，不同底物的有机固废厌氧消化的沼气产量相差很大。其中脂肪的产沼气量最大，其次是碳水化合物，最少的是蛋白质。但是从甲烷含量来看是蛋白质＞脂肪＞碳水化合物。从分解率和分解速度看，碳水化合物的分解率和分解速度最高，脂肪次之，蛋白质最低。另外，底物组成不同，在发酵过程中的营养需求与调控也不同。

3. 温度

温度是影响处理效果的关键因素。在一定温度范围内，温度越高发酵效果越好。

4. pH

对于产甲烷细菌而言，最佳 pH 为 6.8～7.5，pH 低于 6.1 或高于 8.3 时，产甲烷菌可能会停止活动。可以通过石灰调节 pH。但是，调整 pH 的最好方法是调整原料的 C/N。

5. 搅拌

消化过程中充分搅拌可以促进反应器中温度均匀、进入的原料与池内熟料完全混合、底质与微生物充分接触以及防止底部物料出现酸积累等。然而，近年来有试验表明，降低搅拌程度可以提高反应器的效率。有学者认为剧烈搅拌会破坏微生物的絮团结构，从而打乱了厌氧体系中有机体间的相互关系。连续运转的消化器在启动阶段应逐步增大有机负荷以避免运转失败。如果水解阶段为限制性反应时，反应器内底物浓度较大，高强度搅拌对水解起促进作用；当产甲烷阶段是限制性反应时，高强度搅拌并不合适，因为产甲烷菌在快速水解酸化的环境中很难适应。总之，为达到有机物厌氧转化的最佳条件，应综合考虑搅拌所带来的积极作用和负面影响。

此外，固体废弃物中的有毒物质，包括有毒有机物、重金属、卤素等也会影响消化活动，因此在厌氧发酵之前要做适当的预处理。

第四节　固体废物卫生填埋技术

一、卫生填埋的分类和优缺点

填埋法是在传统的堆放基础上，从避免环境受二次污染的角度出发发展起来的一种固体废物处理方法。填埋是废弃物的中间处理及最终处置方法。美国土木工程学会给出的定义是"垃圾卫生填埋（sanitary landfills）是指一种不产生公害或对公众健康和安全不产生危害的废弃物处置方法"。与有机废物堆肥生物处理不同的是，填埋法是一种自然生物处理方法。它是在自然条件下，构建特殊的人工生态系统，利用土壤微生物将固体废物中的有机成分分解，使废弃物体积减小而渐趋稳定的过程。主要有厌氧方式、好氧方式和准好氧方式三种。

厌氧填埋法结构简单，操作方便，投资费用低，同时还可回收甲烷气体，所以被广泛采用。但是由于厌氧分解速率很慢，通常在封场后需经过很长时间（30～40 年）废弃物中的有机物才能降解完毕。相反，好氧填埋是利用改良填埋场的设计和采用人工通风，使有机废物进行好氧分解，从而在封场后的较短时间（数年）内就可将有机物降解完毕。该方法与堆肥相似，因此可产生 60℃以上的高温，对于消灭致病微生物十分有利。由于可以减少降解产生的水分，因此对地下水污染的威胁也较小。但是因为要进行人工通风，所以填埋场的结构较复杂，造价和运行成本也很高，不利于做大型填埋场。

准好氧填埋是在设计填埋场时，有意提高渗滤液收集和排放系统的砾石排水层和管路布设尺寸，从而形成管道中渗滤液的半流状态，通过较强的空气扩散作用使得填埋废物得到近似的好氧分解环境。该方法的分解速率介于好氧和厌氧分解之间，但是由于取消了人工通风，所以比好氧填埋的运行费用大大降低。其缺点是由于要留出部分空间储存空气，所以在一定程度上减少了废物填埋的空间利用率。

二、卫生填埋的微生物活动过程

（一）填埋场反应器生态系统的特征

垃圾填埋场实际上是一个大型的生物反应器，图 11-3 所示为其生态系统的简单描述。这个特殊的生态系统主要具有下列特征。

1. 层次结构明显

垃圾填埋操作均需按规范要求分层覆盖，每层垃圾形成相对独立的生物反应区，层与层之间还存在气相和液相的交换与物质传输。

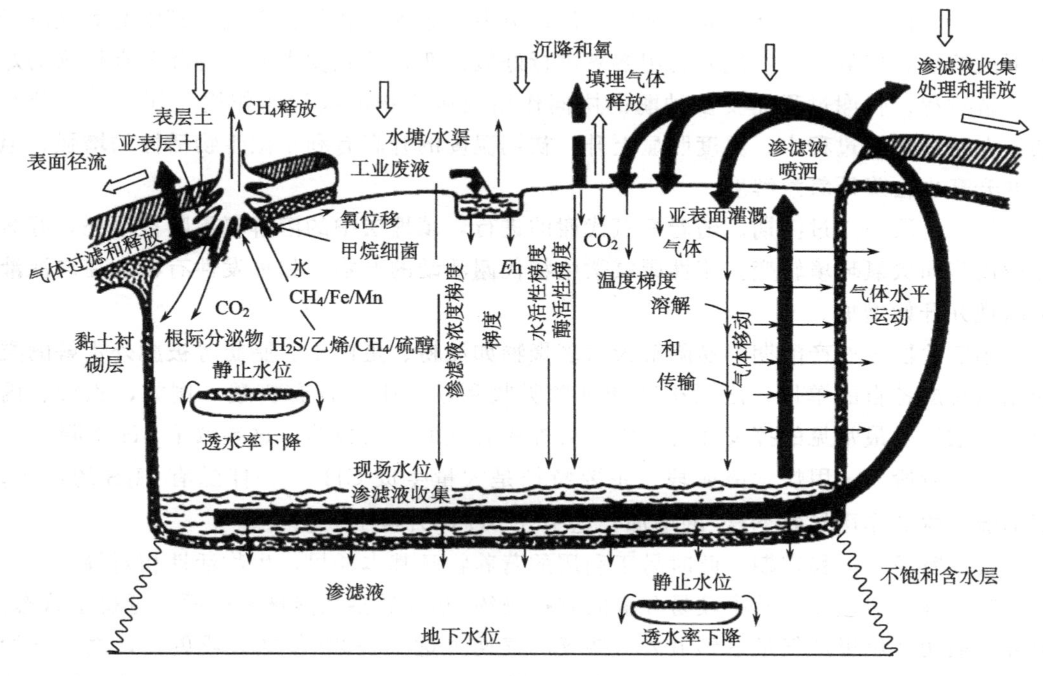

图 11-3　填埋场生态系统

（周少奇，2003）

2. 微生物起主导作用

填埋生态系统中主要的食物链是由微生物构成的腐生性食物链。

3. 是人工反应器生态系统

填埋场构建初期为好氧状态，之后过渡到厌氧状态。后期的填埋生态系统类似于厌氧生物膜反应器，净化能力远远超过自然生态系统的自净能力。

4. 极度不均匀性

不均匀性的原因有：由于固体废物的组分与性质不同，运输方式、填埋地点及单元环境条件不同；一些物理参数与控制参数随水平与垂直方向不同而不同，如温度、pH、氧化还原电位、酶活性等；各种界面间的扩散等。

5. 会产生环境污染物质

填埋生态系统产生的主要环境污染物有高浓度有机废水、重金属、温室气体（如CH_4）等。

（二）卫生填埋的微生物活动过程

中试规模的模拟试验显示垃圾的稳定化要经历下列 5 个阶段。

第一阶段——调整期。新填埋的生活垃圾夹带着水分和新鲜空气，其中的氧气溶于水形成溶氧，好氧微生物优先利用溶氧进行好氧代谢，首先发生的是易降解有机物的好氧分解过程。代谢过程需要多种酶的协同作用及微生物的共代谢作用，其过程十分复杂。在好氧代谢过程中，温度明显上升。初期温度的升高有利于微生物活性的增强，但温度升高也会降低氧溶解度。

第二阶段——过渡期。随着好氧代谢的进行，填埋层中的溶解氧不断被消耗，好氧环境逐步向厌氧环境转变。兼性厌氧微生物代谢活动的产物，如挥发性有机酸在渗滤液中出现并开始增加。

第三阶段——产酸期。易降解天然多聚物如淀粉、蛋白质、脂肪等被胞外水解酶类催化水解成各自的单体，之后被产酸细菌吸收利用产生多种有机酸，例如，乙酸、丙酸、丁酸等是最常见的挥发性有机酸，另外还有乳酸、乙醇等，这导致了 pH 下降。

第四阶段——甲烷发酵阶段。主要特征是大量生成 CH_4，并伴随有 H_2S 的产生；氨基酸的脱氨作用导致 NH_3 的增加，这引起 pH 回升至 7.0 左右。

第五阶段——稳定期。此时易于利用的营养物已基本耗尽，生物活性相对静止。

对于整个填埋场，其中较易分解的有机物约 500d 后多数能被分解而接近稳定状态。通常，最初 2 年里产气量达到最大，持续产气期可达 10～20 年之久或更长，之后开始逐渐减少。城市污泥中的有机质和水含量都较高，加上本身含有大量的微生物，所以填埋后最容易发生生物化学反应并实现转化。

三、卫生填埋渗滤液

废弃物在填埋过程中和填埋后，由于雨水和地表水的渗入，将会在填埋体内产生相当数量的渗滤液。其中含有许多有毒有害物质，必须经行处理，常用处理方法如下。

1. 生化＋物化法

包括厌氧法、好氧法、氨吹脱、活性炭吸附等技术。采用生化＋物化技术处理垃圾渗滤液，可以有效降解污染物，但受不可生化降解残余物的限制，一般只能达到三级排放标准。

2. 高压膜分离

采用高压膜分离技术处理渗滤液可以有效分离水与污染物，达到一级排放标准。但由于不能降解污染物，相应地还会产生大量更难处理的浓缩污水。膜处理技术对污染物有很高的去除率，但投资和运行成本较高。

3. 生化＋物化＋膜分离

采用生化＋物化＋膜分离工艺技术处理渗滤液，可以达到一级排放标准。其中，生化处理过程可以有效降解污染物，膜分离处理过程可以有效分离不可生化降解的残余物，但也会产生少量的浓缩污水。

4. 回灌处理

我国北方地区气候干旱，蒸发量远大于降水量，所以渗滤液产生量相对较少，部分填埋场采用回灌方法处理垃圾渗滤液，运营成本相对较低。

本章小结

1. 有机固体废物中蕴含着大量的生物质能，有效利用这类能源，对实现环境和经济的可持续发展具有重要意义。从技术特征而言，有机固体废弃物的主要处理方法有堆肥、填埋和焚烧等。

2. 堆肥法指在人工控制条件下，利用微生物的生化作用将废弃物中的有机物质分解、腐熟并转化为肥料的微生物学过程。分为好氧法和厌氧法两种。好氧堆肥是在通气条件下，通过好氧微生物的活动使有机废弃物得到降解的过程。该过程速度快，堆肥温度高。好氧条件下，有机废弃物堆制后，经过发热、高温后温度逐渐下降，堆肥进入腐熟阶段，充分的腐熟能大大提高堆肥的肥效和质量。厌氧堆肥实际上是微生物的固体发酵，该过程堆肥速度较慢，堆肥时间是好氧法的3～4倍，甚至更长。厌氧堆肥的温度低，有机物分解不够充分，成品肥中氮素保留较多。厌氧堆肥主要分为酸性发酵和碱性发酵两个阶段。

3. 影响好氧堆肥的因素主要有：有机物含量、供氧量、含水率、碳氮比、碳磷比、pH和温度等。影响厌氧堆肥的主要因素是：原料配比、温度、pH等。好氧堆肥处理常用工艺有条垛式、通气静态垛式、发酵仓式系统三种。

4. 厌氧消化是在厌氧条件下，有机废物通过厌氧微生物的代谢活动被分解转化，同时伴有CH_4和CO_2气体产生的过程。厌氧消化机理可以用四阶段理论来解释，即水解阶段、酸化阶段、甲烷化阶段和同型产乙酸阶段。为保证厌氧发酵正常进行，需控制原料配比、底物组成、温度、pH、搅拌强度等因素。

5. 卫生填埋是指在自然条件下，构建特殊的人工生态系统，利用土壤微生物将固体废物中的有机成分分解，使废弃物体积减小而渐趋稳定的过程。卫生填埋法主要有厌氧方式、好氧方式和准好氧方式三种。垃圾填埋场实际上是一个大型的生物反应器，起主导作用的是微生物。废弃物在填埋过程中和填埋后，由于雨水和地表水的渗入，将会在填埋体内产生相当数量的渗滤液。

思考题

1. 简述有机固体废弃物的来源和组成特点。
2. 叙述好氧堆肥的原理及好氧堆肥过程中微生物的作用。
3. 影响好氧堆肥的主要因素有哪些？
4. 好氧堆肥常用处理工艺有哪些？各有什么优缺点？
5. 用四阶段理论来阐述厌氧消化的机理。
6. 什么是卫生填埋？叙述卫生填埋中的微生物活动过程。

第十二章　废气污染控制微生物工程

微生物法治理废气是一项较新的空气污染治理技术，在世界上许多国家已逐渐得到了应用。微生物法显示出了优于传统方法的独特优点，如适应性强、投资少、能耗低、无二次污染等，有着广阔的应用前景。随着人们对微生物特性的进一步认识和改造微生物的能力不断提高，微生物技术在空气污染治理中将发挥越来越重要的作用。本章介绍了大气中主要污染物来源、废气的微生物处理原理、参与废气生物处理的微生物、废气的生物处理方法；详细讲述了废气生物处理的典型工艺及其特点和影响因素；介绍了烟气脱硫和含 NO_x 废气生物净化的机理、参与微生物、主要方法和工艺；阐述了微生物除臭机理及微生物去除 H_2S、处理含 NH_3 废气和甲硫醇废气的原理和方法。

第一节　概　　述

一、大气中主要污染物来源

大气污染物来源广泛，种类繁多。其中大气颗粒物、含硫化合物、氮氧化物、碳氧化物、碳氢化合物和卤化物等影响范围较广、对人类环境威胁较大。大气颗粒物是指大气中除气体之外的物质，包括各种各样的固体、液体和气溶胶，多来源于燃烧残余物的结块、研磨粉碎的细碎物质、汽车尾气和沙尘等。

含硫化合物主要有二氧化硫（SO_2）和硫化氢（H_2S），还有少量的亚硫酸和硫酸（盐）微粒。天然源主要是细菌活动产生的 H_2S。人为活动产生的硫主要是 SO_2，大都来自煤炭、石油、天然气等化石燃料中的硫以及金属冶炼、硫酸生产过程。

氮氧化物（NO_x）种类很多，造成大气污染的主要有一氧化氮（NO）、二氧化氮（NO_2）、一氧化二氮（N_2O）、三氧化二氮（N_2O_3）、四氧化二氮（N_2O_4）等。天然源主要是土壤和海洋中有机物的分解。人为活动排放的氮氧化物大部分来自化石燃料的燃烧以及硝酸的生产和使用过程。在高温燃烧条件下，NO_x 主要以 NO 的形式存在，但由于 NO 在大气中很不稳定，极易与空气中的氧反应生成 NO_2，因此大气中以 NO_2 的形式为主。

碳的氧化物主要是指一氧化碳（CO）和二氧化碳（CO_2）。CO 主要是含碳物质不完全燃烧产生的。CO_2 主要来自生物的呼吸作用和燃料的燃烧。

碳氢化合物种类很多，有挥发性烃及其衍生物和多环芳烃等，挥发性烃是燃料燃烧不完全或石油裂解等过程中产生的。碳氢化合物和 CO 在紫外线下形成的光化学烟雾是城市主要的污染物之一。多环芳烃是有机物燃烧、分解过程中的产物。

卤化物大致分为卤代烃、其他含氯化合物和氟化物三种。卤代烃中有些是重要的化学溶剂，也是有机合成工业的重要原料和中间体，它们在生产和使用过程中因挥发而进入大气。其他含氯化合物主要是氯气和氯化氢，氯气主要来自化工厂、塑料厂和自来水厂等，氯化氢主要来自盐酸制造、含氯废水以及某些有机物的燃烧。氟化物包括氟化氢、氟化硅、氟气等，来自于冶炼厂、矿石厂和染料厂等。

二、废气微生物处理原理

废气的处理方法有物理方法、化学方法和生物处理法三种。生物处理法实质上与废水净化过程相似，其原理是将气态污染物转移到液相或固体表面的液膜中，然后利用微生物的代谢过程将废气中各种有机物及恶臭物质降解或转化为无害或低害类物质。与其他方法相比，生物处理法设备简单、运行费用低、较少形成二次污染，特别是处理低浓度、生物降解性好的气态污染物更有优势。

虽然人们对生物法净化处理气态污染物的机理研究已做了许多工作，但至今仍然没有统一认识。目前，普遍认可的是荷兰学者 Ottengraf 依据传统的气体吸收双膜理论提出的生物膜理论。按照该理论，生物法净化处理有机废气一般要经历以下三个阶段（图 12-1）：

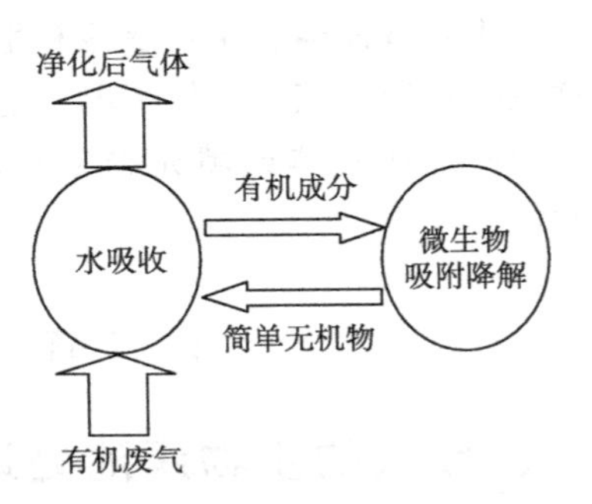

图 12-1　生物法净化工业废气的过程

（1）气液转化。废气中的污染物与水接触并溶解，即由气膜扩散进入液膜；

（2）生物吸附、吸收。溶解于液膜中的污染物由于浓度差推动扩散到生物膜，然后被其中的微生物捕获并吸收。

（3）生物降解。微生物对污染物进行氧化分解和同化作用，污染物被作为能源和营养物质分解，最终转化成为无害的化合物。同时，生化反应的气态产物脱离生物膜，逆向扩散。

三、参与废气处理的微生物

参与废气生物处理的微生物有自养微生物和异养微生物两大类。自养微生物以 CO_2、CO_3^{2-} 等无机碳为碳源，以 NH_4^+、H_2S、Fe^{2+} 等作为电子供体。自养微生物适合进行无机物转化，但是代谢较慢，负荷不是很高，适合于浓度不高的脱臭场合，如采用硝化、反硝化及硫酸菌去除浓度不太高的臭气如 NH_3、H_2S 等。异养型微生物则以有机物作为碳源和能源，适合于有机物的分解转化。这些异养型微生物以细菌为主，放线菌和霉菌次之。同废水处理一样，废气处理过程中，特定的成分有特定适宜的微生物群落。在反应器生态系统中，多种微生物群落构成食物链与食物网，故可同时处理含有多种成分的气体。已知目前适合于生物处理的气态污染物主要有乙醇、硫醇、硫化氢、二硫化碳、酚、甲酚、吲哚、脂肪酸、乙醛、酮、氨、胺类、氮氧化物，等等。

此外，近几年陆续分离筛选出一些对难降解有机物降解能力非常强的微生物，包括能降解芳香族化合物的诺卡氏菌属（*Nocardia*）、能降解三氯甲烷的丝状细菌（*Hyphomicrobium* sp.）和黄色细菌（*Xanthobacter* sp.）以及能降解氯乙烯的分枝杆菌（*Mycobacterium* sp.），等等。

四、废气生物处理方法

根据微生物在废气处理过程中的存在形式，可将处理方法分为生物洗涤法（悬浮生长系统）和生物过滤法（附着生长系统）。生物洗涤法（又称生物吸收法）是指微生物及其营养物存在于液体中，气体中的污染物通过与悬浮液接触后转移到液体中而被微生物降解。生物过滤法是指微生物附着生长于固体介质（填料）表面，废气通过由介质构成的固定床层（填料层）时被吸附、吸收，最终被微生物降解，较典型的有生物滤池和生物滴滤塔两种形式。所以，废气生物处理的主要方法和工艺包括生物洗涤器、生物滤池和生物滴滤塔三种。

生物洗涤器、生物滤池和生物滴滤塔实际上也是一种活性污泥处理工艺。人们根据这三套系统的液相运转情况（连续运转或静止）和微生物在液相中的存在状态（自由分散或固定在载体或填充物上）来区分它们。目前应用最广泛的是生物滤池和生物滴滤塔。

第二节 废气生物处理典型工艺

一、废气的生物滤池处理

（一）生物滤池的工艺和特点

生物滤池（biofilter）是一种装有生物填料的滤池，简易的工艺流程见图 12-2。废气经调温、调湿后进入装有具吸附性滤料的生物滤池，滤料表面生长着各种微生物。经润湿后的废气，通过附有生物膜的填料层时，废气中的污染物和氧气从气相扩散到介质外层的水膜，有机成分被微生物吸收、氧化分解为无害的无机物。

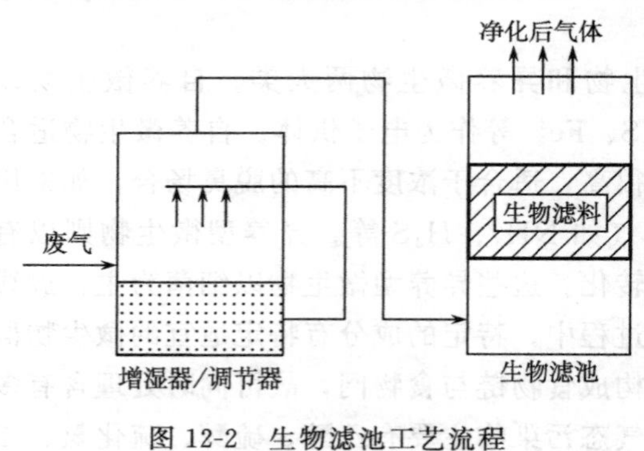

图 12-2 生物滤池工艺流程
（陈坚等，2008）

滤池中的过滤材料是具有吸附性的滤料，要求有均匀的颗粒、足够的空隙度、一定的 pH 缓冲能力、良好的透气性、适度的通水性和持水性，以及丰富的微生物群落和较大的比表面积。由于不存在水相，污染物的水溶性不会影响去除率，因此适合于处理气水分配系数小于 1.0 的污染物。滤料充当微生物的载体，向微生物提供其生活必需的营养，通常营养物被耗尽后需要更换滤料。过滤材料常选用堆肥、土壤、泥炭以及活性炭等多孔、适宜微生物生长而且保持水分能力较强的材料。根据滤池中滤料的不同，生物滤池可分为土壤滤池、堆肥滤池、箱式滤池等几种形式。

1. 土壤滤池

土壤滤池中滤料共由两层组成：下层为气体分配层，由粗石子、细石子或轻质陶粒骨料组成，上部由黄沙或细粒骨料组成，总厚度0.40～0.50m；上层为土壤滤层，厚度为0.5～1.0m，可按1.2%的黏土、15.3%的有机质沃土、53.9%的细砂土和29.6%的粗砂混配而成。土壤滤池中的主要滤料是土壤。土壤是由有机物和无机物组成的一种疏松多孔体，其孔隙率为40%～50%，比表面积为1～100m^2/g，有机物含量为1%～5%，主要分布在无机物表面。土壤中含有大量的微生物，其中有易分解小分子有机物的细菌，如黄杆菌属（*Flavobacterium*）能氧化五氯苯酚类化合物和三氯甲烷，分枝杆菌属（*Mycobacterium*）能降解氯乙烯；有能降解芳香族化合物的放线菌，如诺卡氏菌属（*Nocardia*）；还有真菌，它们大多能分泌胞外酶使聚合物断裂，故更易于降解复杂大分子。图12-3为敞开的土壤或堆肥滤池示意图。

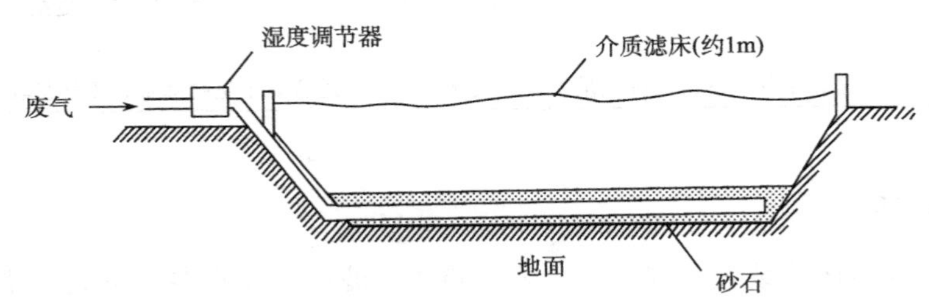

图12-3　敞开的土壤（堆肥）滤池

（伦世仪，2002）

土壤滤池处理废气的优点主要有：

（1）投资小。一般仅为活性炭吸附法投资的1/10～1/5；

（2）无二次污染。微生物对污染物的氧化作用完全，可以将复杂的或有毒化合物转变为小分子无机物或无毒物质；

（3）脱臭率高。土壤滤池适于处理带有强烈臭味的低浓度含氨、硫化氢、乙醛、甲硫醇、二甲基硫、三甲胺等的废气，脱臭率可达99%；

（4）有较强的抗冲击能力。土壤中的营养和微生物种类都较为丰富，而且微生物的种类和数量可以随废气中有机物的变化而变化；

（5）服务年限长。土壤滤池处理挥发性有机废气，使用年限可以长达数十年甚至百年以上。1964年华盛顿污水提升站建造的土壤滤床至今仍在正常工作。

2. 堆肥滤池

堆肥滤池的主要滤料是堆肥，是将城市垃圾、畜粪、污水处理厂污泥、树皮、泥炭、木屑、草等经好氧发酵、热处理而成，这些物质本身含有大量的各种微生物及其所需无机营养成分，因此不需外加营养物。堆肥具有50%～80%的孔隙率、比表面积1～100m^2/g，含有50%～80%的腐殖化有机质。

堆肥滤池的构造是在地面挖浅坑或筑池，池底设排水管，一侧或中央铺设输气总管，总管上接出管径约125mm的多孔配气支管，管上覆盖厚50～100mm的砂石等材料形成气体分配层，在分配层上再铺设500～600mm的堆肥过滤层，保证过滤气速在0.01～0.1m/s。

堆肥滤池的工作原理与土壤滤池基本相同，但也有一些不同点，如表 12-1 所示。

表 12-1 土壤滤池与堆肥滤池的比较

项目	土壤滤池	堆肥滤池
渗透性	孔隙较小，渗透性较差	孔隙较大，渗透性好
含水率	50%～70%	泥炭滤层≥25%，堆肥滤层 40%～60%
去除率	微生物多，去除效果好	微生物更多，去除效果更好
接触时间	较长，40～80s	较短，约 20s
中和酸能力	较强，可用石灰处理	较弱，不能用石灰处理
结块性能	一般不结块，无需搅动；亲水性	易结块，需定期搅动；疏水性，需防干燥
服务年限	长	短，1～5 年更换
占地面积	较大	较小
应用范围	适合生物降解慢、废气量不大的气体	适合易于生物降解、废气量较大的气体

3. 箱式滤池

箱式滤池为封闭式装置，其结构主要由箱体、滤床、喷水器等组成。滤床由多种有机物混合制成的颗粒状载体构成，有较强的生物活性与耐用性。一部分微生物附着于载体表面，一部分悬浮于床层的水体中。滤床厚度按需要确定，一般为 0.5～1.0m。

箱式滤池的工作原理与上述两种滤池有所不同，主要表现在废气通过箱式生物滤池时，一部分被载体吸附，一部分被水吸收，之后由微生物对污染物进行降解。箱式滤池的净化过程可按需要控制，故可选择适当的条件，充分发挥微生物的作用。研究表明，箱式生物滤池对易降解碳氢化合物的降解能力约为 $200g/(m^3 \cdot h)$，过滤负荷高于 $600m^3/(m^2 \cdot h)$。气体通过床层的压降较小，使用一年后，负荷为 $110m^3/(m^2 \cdot h)$ 时，床层压降约为 200Pa，所以性能优越。

箱式生物滤池已成功地应用于化工厂、食品厂、酿酒厂、屠宰厂和污水泵站等的废气净化与脱臭，效果较好。如处理含硫化氢 $50mg/m^3$、二氧化硫 $150mg/m^3$ 的聚合反应废气，在高负荷下前者的去除率可达 99%。处理食品厂高浓度恶臭废气（臭气浓度 $6000～10\,000Nod/m^3$）的脱臭率可达 95%。此外，箱式滤池还应用于去除废气中的四氢呋喃、环己酮、甲基乙基甲酮等有机溶剂蒸气。

（二）生物滤池的影响因素

生物过滤法主要依靠微生物来去除气体中的污染物。因此，反应器的条件应适合微生物的生长，这些条件包括填料选择、温度、湿度、pH、营养物质和污染物浓度等。

1. 填料选择

生物滤池中的填料不仅是生物膜附着的载体，而且还能对微生物胞外酶和废气中的污染物进行吸附和富集。理想的填料应具有以下性质：

（1）充足的营养，以满足微生物生长繁殖所需；

（2）较大的比表面积；

（3）一定的结构强度，可以防止填料压实，压降升高、气体停留时间缩短；

（4）高水分持留能力；

（5）高孔隙率，保证气体有较长的停留时间；

（6）较低的体密度，可减小填料压实的可能性。

2. 填料的湿度（含水量）

填料的湿度太低，微生物的生长会受到影响，甚至会死亡，并且填料会收缩破裂而产生气体短流；相反，填料的湿度太高，则不仅会使气体通过滤床的压降增高、停留时间缩短，而且会导致供氧不足，从而产生臭味并使降解速率降低。试验表明，填料的湿度一般在40%～60%（湿重）时生物滤膜的性能较为稳定。对于致密的、排水困难的填料和憎水性挥发性有机物，最佳含水量在40%左右；而对于密度较小、多孔性的填料和亲水性挥发性有机物，则最佳湿度为60%或更大一些。影响填料湿度的主要因素有：湿度未饱和的进气、生物氧化以及与周围温度进行热交换等。

3. 温度

通常生物滤池可在25～35℃下运行，大多研究表明，35℃是其中好氧微生物的最适温度。温度的提高会降低挥发性有机物在水中的溶解以及在填料上的吸附，从而影响去除效果。

4. pH

生物滤池的最佳pH是7～8。但是由于微生物在代谢过程中会产生一些酸性物质，例如，H_2S和含硫有机物的氧化可导致H_2SO_4积累、NH_3和含氮有机物氧化可导致HNO_3积累、氯代有机物氧化可导致HCl积累，这些物质的积累都会使得pH下降。此外，高有机负荷造成的不完全氧化也可导致乙酸等有机酸的生成。通常采取在填料中添加石灰、大理石、贝壳等来增强其缓冲能力。

二、废气的生物滴滤塔处理

（一）生物滴滤塔工艺和特点

生物滴滤塔（biotrickling filter）是一种介于生物滤池和生物洗涤器之间的处理工艺，工艺流程如图12-4所示。其主体为一填充容器，内有一层或多层填料，填料表面是生物膜，从而为微生物的生长、有机物的降解提供条件。生物滴滤塔与生物滤池的最大区别是在填料上方喷淋循环液，含可溶性无机营养物的液体从塔上方均匀地喷洒在填料上，液体自上而下流动，然后由塔底排出并循环利用。有机废气从塔底进入，在上升的过程中与润湿的生物膜接触而被净化，净化后的气体由塔顶排出。启动初期，在循环液中接种了经被试有机物驯化的微生物菌种，微生物利用溶解于液相中的有机物进行生长繁殖，并附着在填料表面形成几毫米厚的生物膜。

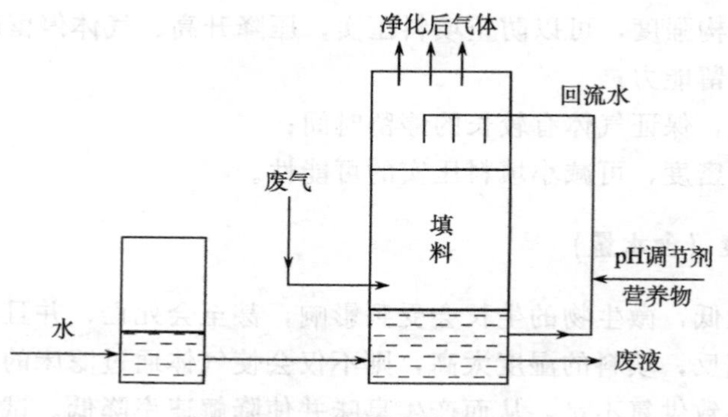

图 12-4 生物滴滤塔流程图
(陈坚等，2008)

进气方式分为水汽逆流和并流两种。生物滴滤塔要求水流连续地通过有孔的填料，有效地防止了填料干燥。另外，由于生物滴滤塔底部要建水池来实现水的循环运行，所以总体积比生物滤池大。而且大量的污染物质可溶解于液相中，从而提高了比去除率。但生物滴滤塔机械复杂性高，使投资和运行费用增加。因此，生物滴滤塔适于污染物质浓度高、易导致生物滤池堵塞、需要控制 pH 的污染物和使用空间有限的地方。

另外，生物滴滤塔还有一个生物滤池不具备的优点，就是反应条件易于控制，通过调节循环液的 pH 和温度，即可控制反应器的 pH 和温度。因此，它比生物滤池更适合处理卤代烃及含硫、含氮等会产生酸性代谢产物及产能较大的污染物。

总之，生物滴滤塔的特点是，设备少、操作简单，液相和生物相均循环流动，生物膜附着在惰性填料上，压降低、填料不易堵塞，去除效率高，但需外加营养物，填料比表面积小，运行成本较高，而且不适合处理水溶性差的污染物。

（二）影响生物滴滤塔的因素

生物滴滤塔的影响因素主要有以下几个方面。

1. 入口气体浓度

生物滴滤塔入口气体浓度与去除量的关系是，入口气体浓度小于临界浓度时，生物滴滤塔内的微生物能有效地降解有机物，几乎进多少就降解多少；但当入口气体浓度大于临界浓度时，塔里的生物膜很快被气体饱和，去除量趋于平稳。

2. 填料的选择

填料的性能直接关系到微生物的生长和运行的压力损失，从而影响到生物滴滤塔的去除效率。滴滤塔所用的填料应具有易于挂膜、不易堵塞、比表面积大等特点，多为粗碎石、塑料、陶瓷等。

3. 气体流速

实验装置中生物膜的厚度主要随气体流速的变化而变化，流速越大，膜厚度越小。

由于传质过程的速度取决于气相和液相的层流膜厚度，因此，气体流量越大，流速就越大，气体的湍流运动越强烈，层流膜层越薄；传质阻力越小，传质速度就越快，则会出现去除量和去除率随气体流量增加而增大的情况。

4. 液体喷淋量和液体流速

在系统运行过程中，生物膜不断地老化、脱落、再生，老化的生物膜在液体的冲刷作用下脱落并随之流出系统。液体流量过小，会造成厌氧微生物过度增长，使厌氧层与好氧层之间的平衡被破坏，同时老化脱落的生物膜不能被及时带出，生物膜不能及时更新，从而影响净化效率。因此，适当增加液体流量，会提高系统的净化效率。但如果液体流量过大，在填料转角密集处，会有液体堆积，使水膜厚度增加，影响气体向生物膜的传质速率，从而导致系统的净化效率降低。另外，液体对生物膜的冲刷作用与液体流速有关，流速越大，冲刷作用越强。过分冲刷会导致新生生物膜被冲走，影响气体、液体的湍流运动，从而出现“短流”现象。适宜的流速可以使老化生物膜的脱落速度与新生生物膜的增长速度大致相同，使系统内的生物量维持一个动态的平衡。

三、废气的生物洗涤法处理

1. 生物洗涤法的工艺和特点

生物洗涤法又称为生物吸收法。本质上是一个悬浮活性污泥处理系统，由一个吸收室（洗涤器）和一个再生池构成，其工艺流程见图 12-5。生物洗涤器内装有惰性填料，再生池为活性污泥生物反应器，两者的容积比为 1.5～2.0，出水需设二沉池。在生物洗涤器中，废气从吸收器底部进入，生物悬浮液（循环液）自吸收器顶部喷淋而下，废气与生物悬浮液接触后溶于液相中，使废气中的污染物转移至液相，实现传质过程。吸收了废气污染物的生物悬浮液流入再生池中，好氧条件下通过微生物氧化作用，最终被降解而去除。再生池出水进入二沉池进行泥水分离，上清液排出，污泥回流。再生池的部分流出液循环流入吸收器中。

洗涤器中气液两相的接触方法除液相喷淋法，还可采用气相鼓泡法。通常若气相阻力较大则用喷淋法，反之，液相阻力较大时则采用鼓泡法。

生物洗涤器的特点是，水相和生物相均循环流动，生物为悬浮状态，洗涤器有一定的生物量和生物降解作用。其优点是反应条件易控制、压降低、填料不易堵塞。缺点是设备多、需外加营养物、成本较高、填料比表面积小，限制了微溶化合物的应用。

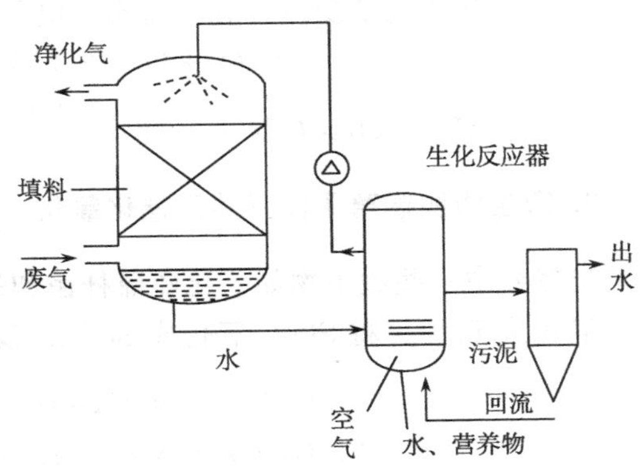

图 12-5　生物洗涤法工艺流程
（陈坚等，2008）

2. 生物洗涤器的影响因素

由于生物洗涤法包括两个过程，即污染物的吸收和生物降解，所以首先要注意两个过程的协调。其次，生物洗涤法处理废气的去除率不仅与污泥的 MLSS 浓度、pH、溶解氧有关，还与污泥的驯化与否、营养盐的投加量及投加时间有关。另外，入口气体质量浓度和填料层高度也将直接影响废气的净化效果。

第三节　微生物处理在大气污染治理中的应用

一、微生物烟气脱硫技术

（一）微生物烟气脱硫机理

微生物参与自然界硫循环的各个过程，并从中获得能量，可以利用微生物的这一特点进行烟气脱硫。微生物脱硫不需要高温、高压及催化剂，均为常温常压下操作，操作费用低，设备要求简单，营养要求低（利用自养微生物）且无二次污染。其原理主要有以下几种：

1. 微生物间接氧化

在有氧条件下，通过脱硫微生物的间接氧化作用，将烟气中的 SO_2 氧化成硫酸，微生物从中获取能量。其反应方程式为

$$SO_{2(g)} \rightarrow SO_2^- \qquad O_{2(g)} \rightarrow 2O_2^- \qquad SO_2^- + O_2^- \rightarrow SO_3^{2-}$$

$$3SO_3^{2-} + O_2 + 2H_2O \xrightarrow{\text{微生物}} 3SO_4^{2-} + 2H^+ + \text{能量}$$

2. 异化硫酸盐还原

硫酸盐还原菌等微生物利用有机物作为电子供体，以亚硫酸盐和硫酸盐作为最终电子受体并将其还原为硫化物，这一过程称为异化硫酸盐还原。生成的 H_2S 等硫化物可作为硫杆菌和光合细菌的电子供体，在这些自养菌体内被氧化为元素硫和硫酸盐。

以 SO_2 作为电子受体，乳酸盐作为电子供体的反应方程式为

$$2SO_2 + O_2 + 2H_2O \longrightarrow 4H^+ + 2SO_4^{2-}$$

$$2CH_3CHOHCOO^- + SO_4^{2-} \xrightarrow{\text{微生物}} 2CH_3COO^- + 2CO_2 + S^{2-} + 2H_2O$$

3. 微生物和铁离子体系共同催化氧化

自然界中一些微生物如氧化硫硫杆菌和氧化亚铁硫杆菌等可以在酸性条件下快速将 Fe^{2+} 氧化成 Fe^{3+}、将 SO_3^{2-} 氧化成 SO_4^{2-}。反应式如下：

$$2SO_2 + O_2 + 2H_2O \xrightarrow{\text{Fe离子，微生物}} 2H_2SO_4 \tag{1}$$

$$Fe_2(SO_4)_3 + SO_2 + 2H_2O \longrightarrow 2FeSO_4 + 2H_2SO_4 \tag{2}$$

烟气中的 SO_2 一方面以物理吸附、化学反应的形式转变为 H_2SO_4，另一方面在微生物的作用下 SO_2 被氧化为 H_2SO_4，如反应式（1）所示。吸收液中的微生物使 Fe^{2+}

和 Fe^{3+} 相互转化，使反应式（2）迅速发生。Fe^{3+} 是较强的氧化剂，浓度越高脱硫速度就越快。同时反应生成的 Fe^{2+} 又可被微生物利用生成 Fe^{3+}，例如，氧化亚铁硫杆菌（*Thiobacillus ferrooxidans*，简称 T. f 菌）在其生长过程中，能够通过代谢将 Fe^{2+} 有效地转化为 Fe^{3+}，从而加快 SO_2 的吸收。

（二）参与烟气脱硫的微生物

能还原和去除 SO_2 的微生物主要是硫酸盐还原菌（sulfate reducing bacteria，SRB）。1984 年，Postgate 对硫酸盐还原菌进行了系统阐述，它们是一类能利用各种有机物作为电子供体，以亚硫酸盐和硫酸盐作为最终电子受体，并还原其为硫化物的微生物，是一类形态和营养多样化的严格厌氧微生物。

1988 年 Kerry 将这类微生物用于 SO_2 气体的还原，开始了微生物脱除 SO_2 气体的应用研究。表 12-2 中列出了几种主要脱硫微生物。

表 12-2　主要的脱硫微生物

种　类	能　源	碳　源
东方脱硫肠状菌（*Desulfotomaculum orientis*）	S^{4+}、S^{6+}	氢、甲酸盐、乳酸盐
脱硫脱硫弧菌（*Desulfovibrio desulfuricans*）	S^{4+}、S^{6+}	氢、乳酸盐、乙醇
脱氮硫杆菌（*Thiobacillus denitrificans*）	S^{2-}、O_3、S^0	CO_2、HCO_3^-
嗜酸代硫酸盐绿菌（*Chlorobium thiosulfatophilum*）	硫化物、硫	CO_2、HCO_3^-

（三）微生物烟气脱硫的主要方法和工艺

自 1988 年 Kerry 开始微生物法去除 SO_2 的首次研究后陆续有人尝试微生物法去除 SO_2，形成了一些去除方法，归纳起来有以下几种：

1. 连续发酵法

在带有搅拌装置的自动发酵罐中通入 SO_2，利用异养厌氧微生物的作用，SO_2 在几秒钟内就被还原为 H_2S，之后生成的 H_2S 进入 H_2S 氧化反应器被进一步氧化为硫和硫酸盐，最后还可回收单细胞蛋白。这是最早出现的微生物法去除 SO_2 的工艺。初期实验时，这种方法使用的菌种营养要求十分严格，影响了大规模操作的经济性。后来对这种方法进行了不断的改进和完善，诸如与多种异养厌氧微生物混合培养、活性污泥作碳源等。这种方法对 pH、温度、溶解氧等影响因素能进行严格的控制，而且去除效果较稳定。此外，还可生产高质量的单细胞蛋白。但是处理量相对较小。

2. 溶解 SO_2 生物去除法

1993 年，Buisman 对火力发电厂进行了生物去除 SO_2 的工业试验，该工艺包括以下步骤：①使废气与初始溶液相接触，SO_2 溶解形成亚硫酸盐。②厌氧反应器中，亚硫酸盐被硫酸盐还原菌还原为硫化物。③硫化物反应器中，硫化物被硫氧化细菌氧化为元素硫。④从液相中分离元素硫。⑤剩下的滤液循环进入步骤①。该工艺生成了可再利用的硫，而且投资少（仅为传统方法的1/2），运行费用低（仅为传统方法的5/9）。此外该工艺还可以去除废气中的飞灰以及气相或液相中的重金属。

3. 固定化细胞生物法

固定化细胞生物法指利用固定化细胞生物反应器对 SO_2 及亚硫酸盐进行还原的方法。固定载体材料有卡拉胶-聚乙烯亚胺和芳香族聚酰胺包埋活性炭，等等。据研究，用芳香族聚酰胺包埋活性炭固定的生物柱反应器对亚硫酸盐的转化率为16.5～20mmol/(h·L)，其体积产率是明胶固定化的8倍，悬浮细胞反应器的65倍，同时还可降低出流中的悬浮固体浓度，使投资和运行成本降低。该工艺的处理效果与 SO_2 流速有很大关系。

4. 化学-生物处理法

该方法先将 SO_2 与吸收器中的化学溶液接触反应，然后再进入生物反应器处理。这种方法分为两类：方法一是 SO_2 在吸收器中与硫酸铁溶液接触反应生成硫酸，其中一部分硫酸进入石灰石吸收塔生成硫酸钙副产品；另一部分吸收液直接进入真空干燥器，生成硫酸和硫酸亚铁后进入生物反应器，在氧化亚铁硫杆菌作用下，硫酸亚铁被氧化为硫酸铁后重新返回吸收器。该方法中，SO_2 的去除速率随液气比的降低而增高，生物反应器中亚铁离子的氧化速率随亚铁离子浓度的增高而增高。另一种方法是在吸收器中用缓冲液吸收 SO_2，然后进入生物反应器，亚硫酸盐和硫酸盐被微生物还原为 H_2S，而 H_2S 可通过方法一中的吸收器进行处理。此方法中 SO_2 的去除速率与温度及反应类型有关。35℃时 SO_2 的去除率是20℃时的30～40倍，在温度为35℃时，连续流式生物膜反应器的去除率最大。化学-生物处理法运行稳定、安全且易于操作，相对于传统的物理化学法成本也较低，而且生成的石膏副产品可以再利用。

5. 铁离子催化法

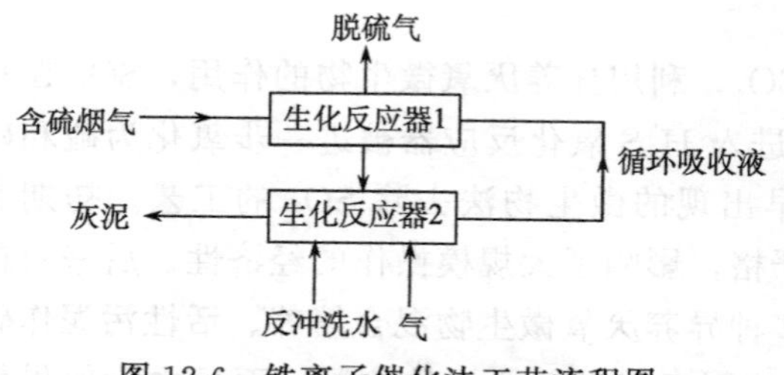

图12-6　铁离子催化法工艺流程图

用含有脱硫菌的溶液作循环吸收液，以 Fe_2O_3 离子化后产生的铁离子作催化剂和反应介质，建立两个生化反应器：一个是吸收塔，用含微生物的吸收液作喷淋水，与进入反应器的废气进行生化反应；另一个是三层滤料生物滤池，在粒状填料表面，微生物经驯化、培育和挂膜后形成一层生物膜，与吸收塔出来的气水混合物发生反应，使废气中剩余的 SO_2 被脱除。同时生物滤膜填料对循环吸收液起净化作用，防止喷淋水堵塞喷嘴。工艺流程见图12-6。

二、NO_x 的生物净化技术

1. 含 NO_x 废气生物净化的原理

生物法净化含 NO_x 废气利用了异养反硝化菌的厌氧呼吸作用。在反硝化过程中，

NO_x 通过反硝化菌，经分解代谢被转化为 N_2，通过合成代谢被还原为有机氮化物，而成为菌体的一部分。

通常 NO_x 主要是指 NO 和 NO_2，由于 NO 不与水发生化学反应，且溶解度小，在生化反应器中可能的降解途径为，NO 首先溶解于水或是被反硝化细菌及固相载体吸附，然后在反硝化菌中氧化氮还原酶的作用下被还原为 N_2。而 NO_2 与水发生化学反应转化为 NO_2^-、NO_3^-，然后通过生化反应过程还原为 N_2。

$$NO \xrightarrow{\text{氧化氮还原酶}} N_2$$

$$NO_3^- + e \xrightarrow{\text{硝酸盐还原酶}} NO_2^- \xrightarrow{\text{亚硝酸盐还原酶}} N_2$$

生物法净化 NO_x 废气同其他废气的生物处理一样，也包括两个过程：传质过程和生化反应过程，即 NO_x 由气相转移到液相或固相表面的液膜中，并且在液相或固相表面被微生物净化。

2. 参与 NO_x 废气生物净化的微生物

参与 NO_x 废气生物净化的微生物主要有反硝化细菌、真菌和微藻等。反硝化菌包括异养菌和自养菌。其中以异养菌居多，主要有无色杆菌属（*Achromobacter*）、产碱杆菌属（*Alcaligenes*）、杆菌属、色杆菌属（*Chromobacterium*）、棒杆菌属（*Corynebacterium*）、螺菌属（*Spirillum*）、黄单胞菌属（*Xanthomonas*）、假单胞菌属（*Pseudomonas*）、莫拉氏菌属（*Moraxella*）、丙酸杆菌属（*Propionibacterium*）、微球菌属（*Micrococcus*）等；自养菌有硫杆菌属（*Thiobacillus*）中的脱氮硫杆菌（*T. denitrificans*）等。

真菌包括尖孢镰刀菌（*Fusarium oxysporum*）、软茄镰刀菌（*Fusarium solani*）、毛壳菌（*Chaetomium* sp.）、曲霉（*Aspergillus* sp.）、镰刀菌（*Fusarium verticillioides*）、爪哇镰刀菌（*Fusarium javanicum*）等。此外，Nagase 等用微藻去除废气中的 NO_x，当进气 NO_x 的含量为 3×10^{-4} mmol/L 时，去除率为 55%，处理量为 0.7mmol/(L·d)。

3. NO_x 废气生物净化的主要方法和工艺

NO_x 废气生物净化的主要方法可分为两类：一类是固定式反应器，另一类是悬浮式反应器。固定式反应器是把微生物固定在填料上，微生物培养液在外部循环，待处理的废气在填料表面与微生物接触，并被微生物捕获去除。悬浮式反应器是把微生物培养液装填在反应器中，待处理废气以鼓泡等方式通入反应器内，再被微生物捕获并去除。

用于生物净化 NO_x 废气的主要工艺有生物洗涤法和生物滤床。Lee 等用自养型脱硫杆菌在厌氧条件下，以二氧化碳作碳源、硫代硫酸盐为能源进行生物脱硝，效果良好。蒋文举等用生物膜填料塔进行了脱硝实验，结果表明废气中的 NO_x 去除率可达 99%以上，NO 去除率可达 90%左右。该法最适合于 30～45℃下处理 NO 进口浓度为 50～500mg/m^3 的气体。爱德荷工程实验室的研究人员开发了用脱氮菌还原烟道气中 NO_x 的工艺。该工艺是将含 NO（1～4）$\times10^{-4}$ mmol/L 的烟气通过一个直径 102mm、高 915mm 的塔，塔中固定堆肥，其上生长着绿脓假单胞脱氮菌，堆肥可作为细菌的营养源，每隔3～4d 向堆肥床层中滴加蔗糖溶液，烟气在塔中停留时间约为 1min，测得当 NO 进口浓度为 2.5×10^{-4}mmol/L 时，净化率达 99%，塔中细菌的最适温度为 30～45℃，pH 为 6.5～8.5。

三、微生物除臭技术

一切刺激嗅觉器官、引起人们不愉快，且有损环境的气味统称恶臭，具有恶臭气味的物质被称为恶臭污染物。恶臭污染物除了对人的嗅觉产生影响而引起人们不愉快的感觉外，还会引起身体上的不适，常见的症状有头痛、恶心、食欲不振、嗅觉失调、失眠甚至情绪不稳定。恶臭污染物可以按其不同的组成分为 5 大类，如表 12-3 所示。其中 H_2S 和 NH_3 是臭味的主要组成成分。恶臭物质对人体的危害很大，可以影响人体的呼吸系统、循环系统、消化系统、内分泌系统、神经系统等。其中对人类危害较大的有 H_2S、NH_3、甲烷、硫醇类、二甲基硫、三甲基胺、苯乙烯和酚类等 50 多种。

表 12-3 恶臭气体分类

分 类	常见代表性气体
含硫化合物	硫化氢、二氧化硫、硫醇、硫醚类、二甲基二硫化物、二甲基硫
含氮化合物	氨类、酰胺、吲哚类、粪臭素、二乙胺、三乙胺、腐胺、尸胺
卤素及衍生物	氯气、卤代烃、氯甲烷、三氯乙烯、四氯乙烯
烃类	烷烃、烯烃、炔烃、芳香烃
含氧有机物	醇类、酚类、醛类、酮类、有机酸类

恶臭污染的主要特点是：①污染源众多、污染面广、涉及行业多；②一般浓度较低，甚至可以低到 PPb 级；③成分复杂，往往含有多种污染成分；④监测、分析和治理难度大。

（一）微生物除臭机理

生物除臭法是 20 世纪 50 年代后期发展起来的臭气处理方法，具有处理效率高、基建及运行费用低、无二次污染等优点。

微生物除臭要经历三个步骤：①部分臭气由气相扩散进入液相；②溶于液相中的臭气成分被微生物吸收，不溶于水的部分被微生物吸附，由微生物分泌的胞外酶分解为可溶性物质后渗入细胞；③臭气进入微生物细胞后，作为营养物质为微生物所分解、利用，使污染物得以去除。

不同恶臭气体成分的分解产物也不同。不含氮的有机物（如苯酚、甲醛）等被分解为 CO_2 和 H_2O；含氮的有机物（如胺类）经微生物的氨化作用释放出 NH_3，NH_3 又可被亚硝化细菌、硝化细菌氧化为 NO_2^-、NO_3^-。含硫恶臭物质经微生物分解释放出 H_2S，H_2S 被硫氧化细菌氧化为硫酸。微生物的种类不同，分解代谢的产物也不同，如图 12-7 所示。

从微生物除臭的机理可知，微生物除臭是多种微生物共同作用的结果。这样更有利于吸收、分解产生的 SO_2、H_2S、CH_4 等恶臭、有害气体。同时这些微生物可以产生无机酸，形成不利于腐败微生物生活的酸性环境，从根本上降解分解时产生的恶臭气体物质。

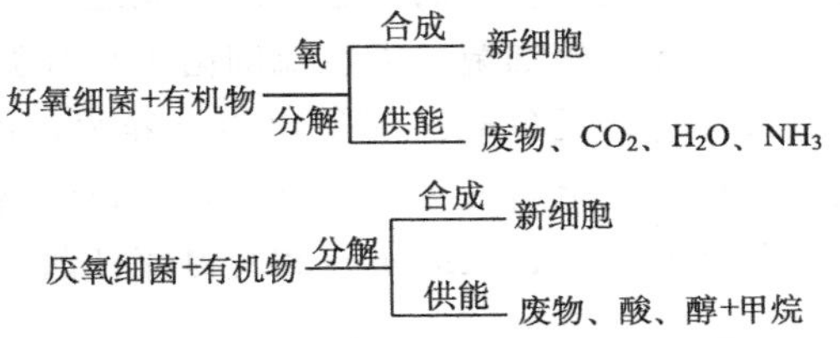

好氧细菌+有机物 —氧/分解— 合成 → 新细胞；供能 → 废物、CO_2、H_2O、NH_3

厌氧细菌+有机物 —分解— 合成 → 新细胞；供能 → 废物、酸、醇+甲烷

图 12-7　微生物分解恶臭成分的代谢产物

（二）微生物去除 H_2S

传统的物理化学方法脱除 H_2S 一般需要高温高压或者要消耗大量的化学药剂，投资与运行费用较大。利用微生物脱除 H_2S 的技术是近年来兴起的研究热点，与传统的物理化学方法相比，微生物方法反应条件温和、化学品与能源的消耗及运行成本都大大降低，并且无二次污染，因而具有广阔的发展前景。

微生物去除 H_2S 的基本原理是，首先使 H_2S 溶于水中，利用微生物对 H_2S 的氧化作用将之从酸性气体中去除。具体的原理可分为以下几种：

(1) VanNiel 反应。光合硫细菌以 H_2S 作为电子供体，利用光能，依靠体内特殊的光合色素进行光合作用，同化 CO_2 生成水和单质硫，反应式如下：

$$CO_2+2H_2S \longrightarrow [CH_2O]+H_2O+2S$$

(2) 微生物催化氧化。脱氮硫杆菌是一种兼性厌氧型的自养菌，能在好氧或厌氧条件下将 H_2S 氧化成硫酸盐。好氧条件下，氧化反应式为

$$2O_2+HS^- \longrightarrow H^+ +SO_4^{2-}$$

厌氧条件下，脱氮硫杆菌以 NO_3^- 为最终电子受体，将其还原成游离氮，同时把 H_2S 氧化成硫酸根，其反应式如下：

$$5HS^- +8NO_3^- +3H^+ \longrightarrow 5SO_4^{2-}+4N_2+4H_2O$$

(3) 结合 Fe^{3+} 氧化。先用硫酸铁与含 H_2S 的酸性气体接触，高铁离子将 H_2S 氧化生成单质硫，同时自身被还原成亚铁离子；然后氧化亚铁硫杆菌氧化亚铁离子生成三价铁，继续与 H_2S 反应，从而实现了循环式 H_2S 脱除及硫的回收。具体反应式为

$$H_2S+Fe(SO_4)_3 \longrightarrow S+2FeSO_4+H_2SO_4$$

$$2FeSO_4+H_2SO_4+\frac{1}{2}O_2 \longrightarrow Fe_2(SO_4)_3+H_2O$$

可用以去除 H_2S 的微生物主要有丝状硫细菌、光合硫细菌和无色硫细菌三类，它们大部分属于化能自养菌。

(1) 丝状硫细菌。主要包括贝氏硫菌属（*Beggiatoa*）和发硫菌属（*Thiothrix*）。它们能在有氧条件下把 H_2S 氧化为单质硫，并从中获得生长繁殖所需的能量。生成的单质硫以硫粒的形式储存在细菌体内，给分离和提纯带来一定的困难，因此实际生产中较少应用。

(2) 光合硫细菌。这是一类光能营养细菌，可以 H_2S 等作电子供体，利用光能，以 CO_2 为碳源合成菌体细胞成分，而 H_2S 被氧化成 S 或进一步氧化成硫酸。光合硫细

菌有严格光能自养型的，也有兼性光能自养型的。大多数光合硫细菌是体外排硫的。

(3) 无色硫细菌。无色硫细菌不是分类学名词，有些无色硫细菌的纯培养菌苔呈粉红色或棕色。无色硫细菌是化能自养菌，可以转化 H_2S、硫酸盐、单质硫及硫代硫酸盐等，包括排硫硫杆菌（*T. Thioparus*）、氧化硫硫杆菌（*T. Thiooxidans*）、氧化亚铁硫杆菌（*T. Ferrooxidans*）和脱氮硫杆菌（*T. Denitrificans*）等。

（三）微生物处理含 NH_3 废气

微生物处理含 NH_3 废气时，常与含 CO_2 或 H_2S 的废气一起处理。例如，将单纯含 NH_3 的废气与单纯含 CO_2 的废气合在一起，调节两者的比例用硝化细菌处理。首先将 NH_3 溶于水中形成 NH_4^+-N 后通入生物滴滤池。按亚硝化细菌和硝化细菌要求的 C/N 通入 CO_2，并加入无机营养盐。亚硝化细菌和硝化细菌将 NH_4^+ 氧化成 NO_2^- 和 NO_3^-，CO_2 被同化合成细胞物质。

李琳等用细菌和真菌的复合作用处理 NH_3 和 H_2S，去除率达到 96.7%和 92.1%。徐华成等采用复合生物滤池处理 NH_3 和 H_2S 酸碱混合气体，达到较好的处理效果，NH_3 和 H_2S 的去除率达到 90%以上，其中复合生物滤池由生物滴滤池和生物过滤池组成。研究表明：在生物滴滤池内生长的微生物为枯草芽孢杆菌等细菌，而在生物过滤池内生长的微生物则为白曲霉等真菌。

处理含 NH_3 与 H_2S 混合气体的过程中，一方面 NH_3 先溶于液相，跟溶于液相中的 H_2S 起中和反应；另一方面，起主要作用的是生物反应，NH_3 可能作为氮源被降解 H_2S 的微生物加以利用。而生物膜中可能也存在降解氨的氧化细菌和硝化细菌，经过一段时间后，可以被大量地驯化和培养。氨的去除由一开始的物理化学反应为主，变为以生物降解为主，因此处理效果逐渐提高。期间生物反应与物理化学反应均起了作用。

（四）微生物处理甲硫醇废气

硫醇是由有机基团与巯基结合形成的一类有机硫化物（R—SH），其中 R 基团可以是脂肪族化合物、环状化合物或芳香族化合物，亦可被卤素、氮或磷酸盐取代，其中最具有代表性的是甲硫醇。甲硫醇的嗅阈值为 3.7μg/m³，为自然界中最臭的几种物质之一。

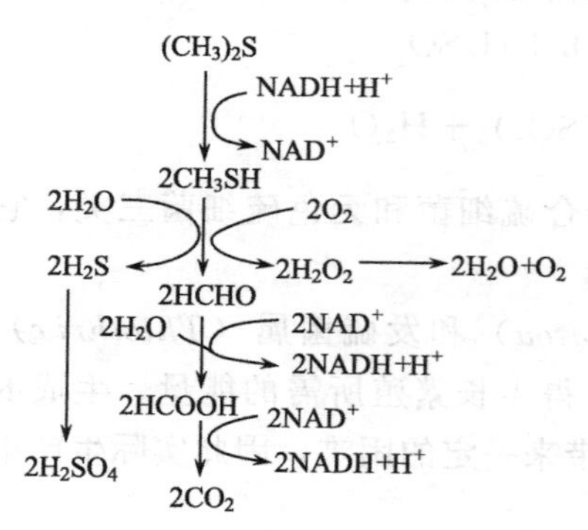

图 12-8　排硫硫杆菌（*Thiobacillus thioparus*）E6 代谢途径

能降解甲硫醇的微生物种类很多，主要有硫杆菌属（*Thiobacillus*）、发硫菌属（*thiothrix*）、黄单胞菌属（*Xanthomonas*）等，其中大部分为化能自养型微生物。细胞外实验表明，甲硫醇在好氧条件下被其氧化酶氧化，在氧化过程中不需要任何其他辅酶。实验表明甲硫醇氧化酶在甲基硫化物的分解代谢过程中对 C—S 的断裂起关键作用，反应方程式表示如下：

$$CH_3SH + O_2 + H_2O \Longrightarrow HCHO + H_2S + H_2O_2$$

甲硫醇在硫系恶臭气体的代谢过程中占有重要的地位，它是较复杂的硫化物（二甲基硫醚、二甲基二硫醚等）好氧分解过程中一个重要的中间代谢产物（图 12-8）。

本章小结

1. 大气污染物来源广泛，种类繁多。生物法净化处理有机废气一般要经历气液转化、生物吸附、吸收及生物降解三个阶段。参与废气生物处理的微生物有自养微生物和异养微生物两大类。自养微生物以 CO_2、CO_3^{2-} 等无机碳为碳源，以 NH_4^+、H_2S、Fe^{2+} 等作为电子供体，适合进行无机物转化；异养型微生物则以有机物作为碳源和能源，适合于有机物的分解转化。废气生物处理的主要方法和工艺有生物洗涤器、生物滤池和生物滴滤塔三种形式。

2. 生物滤池是一种装有生物填料的滤池，根据滤池中滤料的不同，生物滤池可分为土壤滤池、堆肥滤池、箱式滤池等几种形式。影响生物滤池的因素包括填料选择、温度、湿度、pH、营养物质和污染物浓度等。生物滴滤塔与生物滤池的最大区别是在填料上方喷淋循环液。生物滴滤塔的影响因素主要有入口气体浓度、填料选择、气体流速及液体喷淋量和液体流速。生物洗涤法又称生物吸收法，本质上是一个悬浮活性污泥处理系统，由两个过程组成，即污染物的吸收和生物降解。生物洗涤法处理废气的去除率不仅与污泥的 MLSS 浓度、pH、溶解氧有关，还与污泥的驯化与否、营养盐的投加量及投加时间有关。

3. 微生物参与自然界硫循环的各个过程，并从中获得能量，可以利用微生物的这一特点进行烟气脱硫。能还原和去除 SO_2 的微生物主要是硫酸盐还原菌（sulfate reducing bacteria，SRB）。

4. 生物法净化含 NO_x 废气利用了异养反硝化菌的厌氧呼吸作用。在反硝化过程中，NO_x 通过反硝化菌，经分解代谢被转化为 N_2，通过合成代谢被还原为有机氮化物，而成为菌体的一部分。参与 NO_x 废气生物净化的微生物主要有反硝化细菌、真菌和微藻等。

5. 微生物除臭要经历三个步骤：①部分臭气由气相扩散进入液相；②溶于液相中的臭气成分被微生物吸收，不溶于水的部分被微生物吸附，由微生物分泌的胞外酶分解为可溶性物质后渗入细胞；③臭气进入微生物细胞后，作为营养物质为微生物所分解、利用、使污染物得以去除。微生物去除 H_2S 时首先使 H_2S 溶于水中，利用微生物对 H_2S 的氧化作用将之去除。可用以去除 H_2S 的微生物主要有丝状硫细菌、光合硫细菌和无色硫细菌三类。微生物处理含 NH_3 废气时，常与含 CO_2 或 H_2S 的废气一起处理。

思考题

1. 大气中的主要污染物有哪些？
2. 微生物净化废气的基本原理是什么？参与净化废气的微生物有哪些？
3. 废气生物处理的方法主要有哪些？
4. 叙述含 NO_x 废气生物净化的原理。

第十三章 污染环境微生物修复工程

在自然环境中生存着丰富的微生物种群，由于微生物自身的生理特性，可以通过生理、代谢、遗传、变异等生物过程适应环境的变化，使之能以各种污染物尤其是有机污染物为营养源，甚至将环境中的污染物转化为无害的无机物。微生物对污染物的降解作用一方面保证了自然界正常的物质循环，另一方面也使它们在污染环境的净化和修复中扮演着不容忽视的重要作用。

第一节 污染环境微生物修复工程概述

一、生物修复的概念

生物修复（bioremediation）是指利用生物特别是微生物对环境污染物的吸收、代谢、降解等功能，将存在于土壤、地表水、地下水和海洋等环境介质中的有毒有害污染物降解为 CO_2 和 H_2O，或将其转化为无害物质，从而使污染的生态环境能够部分或完全恢复为正常生态环境的工程技术体系。生物修复技术的创新之处在于采用各种工程技术手段，营造出适宜的生物生长和代谢的环境条件，促进或强化自然环境条件下本来发生很慢或不能发生的生物降解或生物转化过程，从而将已污染或破坏的环境重新恢复。与物理化学方法相比，生物修复被公认为是一种有效、安全、廉价、环境友好和无二次污染的技术方法。

生物修复的研究始于 20 世纪 80 年代，首次记录实际使用生物修复是在 1972 年美国宾夕法尼亚州的 Ambler 清除管线泄漏的汽油。开始时生物修复的应用规模很小，一直处于试验阶段。直到 1989 年，美国阿拉斯加海域受到大面积石油污染以后才首次大规模应用生物修复技术。阿拉斯加海滩污染后生物修复的成功最终得到了政府环保部门的认可，所以一般认为阿拉斯加海滩溢油的生物修复是生物修复发展的里程碑。从此，生物修复得到了政府环保部门的认可，并被多个国家用于土壤、地下水、地表水、海滩、海洋环境污染的治理。1991 年 3 月，第一届原位生物修复（*in situ* bioremediation）国际会议在美国圣地亚哥召开，学者们交流和总结了生物修复工作的实践和经验，出版了“*in situ bioremediation*”和“*on-site bioreclamation*”两本论文集，标志着以生物修复为核心的环境生物技术进入了一个全新的发展时期。2002 年 10 月 *Science* 专门刊登环境微生物技术的研究特辑。因此，我们可以预料生物修复将是 21 世纪初环境生物技术的主攻方向之一。最初的生物修复主要是利用细菌治理石油、有机溶剂、多环芳烃、农药之类的有机污染。现在，生物修复已不仅仅局限在微生物的强化作用上，还拓展出植物修复（phytoremediation）、真菌修复（mycoremediation）等新的修复理论和技术。

二、生物修复的类型

根据修复过程所采用的生物类群，生物修复可分为植物修复、微生物修复和动物修复等。通常我们所说的生物修复就是指微生物修复，即狭义的生物修复。

根据所修复的污染物，生物修复技术分为有机物污染（如农药、石油、多环芳烃、多氯联苯等）的生物修复、重金属污染的生物修复、放射性元素污染的生物修复等。

根据所修复的环境介质，生物修复可分为污染土壤的生物修复、污染地表水的生物修复、污染地下水的生物修复、污染海洋的生物修复、污染底泥的生物修复等。

根据对修复对象的扰动情况，生物修复可分为自然生物修复和人工生物修复。自然生物修复（intrinsic bioremediation）是不进行任何工程辅助措施或不调控生态系统，完全依靠自然环境中的土著微生物发挥作用。自然生物修复需要具备以下环境条件：①有充分和稳定的地下水流；②有微生物可利用的营养物；③环境介质有缓冲 pH 的能力；④存在使代谢能够进行的电子受体。如果缺少一项或两项条件，将会影响生物修复的速率和程度。

在自然的生物修复的速率很慢或者不能发生时，可采用人工生物修复（enhanced bioremediation），即通过补充营养盐、电子受体、微生物菌体，或者改善其他限制因子，从而促进生物降解过程。根据人工干预的情况，人工生物修复可以分为原位生物修复和异位生物修复两大类型。原位生物修复（*in situ* bioremediation），顾名思义就是在污染的原地点进行生物修复工程，对污染的环境介质（土壤、水体）不作任何搬迁，主要包括生物通气、生物冲淋等。异位生物修复（*ex situ* bioremediation）是将被污染的环境介质（土壤、水体、空气）搬运或输送到异地或反应器内进行生物修复处理，主要包括通气土壤堆、异位土地耕作、泥浆反应器等。异位生物修复一般适合于污染严重、污染面积较小、易于搬运的污染场地。

三、生物修复的特点

生物修复技术与传统的物理化学修复技术相比，具有许多优点：①微生物降解较为完全，可将一些有机污染物降解为完全无害的无机物，二次污染问题较小；②处理形式多样，操作相对简单；③对环境的扰动较小，处理费用较低，为热处理费用的 1/4～1/3；④可处理多种不同种类的有机污染物，如石油、炸药、农药、除草剂、塑料等；⑤很容易与其他修复技术组合形成复合修复技术，如与植物修复联合修复有机污染土壤，与泵出处理组合处理地下水等，且可同时处理受污染的土壤和地下水。

然而，生物修复依赖于微生物的生长、代谢和繁殖活动。因此，生物修复技术存在一些固有的局限性：①当污染物的溶解性较低，或者与土壤腐殖质、黏粒矿物结合得较紧时，微生物难以发挥作用，污染物不能被有效地微生物降解；②专一性较强，特定的微生物只降解某种或某些特定类型的化学物质，污染物的化学结构稍有变化，同一种微生物的酶就可能不再起作用；③有一定的浓度限制，当污染物浓度太低且不足以维持降解细菌的群落时，生物修复不能很好地发挥作用；当污染物的浓度太高超过了微生物的忍耐限度时，容易对微生物产生毒害作用，从而使生物降解或生物转化过程不能发生；

④微生物活性与温度、氧气、水分、pH 等环境条件的变化有关，因此微生物修复技术受各种环境因素的影响较大。

生物修复与城市污水和工业废水的生物处理有许多相似之处。例如，它们都是利用微生物对有机物的降解作用，同时也都是利用微生物的同化作用扩大繁殖，并通过工程措施保持较高的处理效率，在处理特殊废物时都需要驯化和筛选高效微生物。然而，生物修复和生物处理也有很多不同之处，主要表现在：①处理对象不同。生物处理是控制排放口的污染物，生物修复主要处理已进入土壤、地下水、海洋等环境介质中的污染物。②污染物的生物可降解性不同。如活性污泥法处理的废水大部分为生活污水，比较容易降解；然而，生物修复降解的化学品多是比较难降解的有毒化学品的复杂混合物，如燃油、杂酚油、工业溶剂的混合物。③污染物存在状态不同。生物处理的废水、废气和固体废物处于相对均匀混合状态，操作运行相对容易一些；生物修复的介质经常是多相的非均质的环境，如土壤，环境中污染物的浓度从很低到特别高，浓度可以相差100 倍。

四、生物修复工程中的微生物种类

在生物修复中起作用的微生物可根据其来源分为三种类型：土著微生物、外源微生物和基因工程菌（GEM）。

（一）土著微生物

环境遭受污染后，会对微生物产生自然驯化和选择，一些微生物种群在污染物的诱导下产生分解污染物的酶体系，进而可将污染物降解或转化。目前，实际应用于生物修复工程的多数是土著微生物，原因在于土著微生物降解污染物的潜力巨大，而且接种的外源微生物在环境中难以长期保持较高的活性，加之工程菌的利用在许多国家（如欧洲）受到立法上的限制。例如，加拿大的 Stauffer Management 公司数年来发展了一些农药污染土壤的生物修复技术，他们在特定环境中通过激发降解性土著微生物群落的功能达到修复目的。

环境中往往同时存在多种污染物，这时单一微生物的降解能力常常是不够的。实验表明，很少有单一微生物具有降解所有污染物的能力；此外。污染物的降解通常是分步进行的，在这个过程中需要多种酶系和多种微生物的协同作用，一种微生物的代谢产物可以作为另一种微生物的底物。因此，在实际的生物修复过程过程中，必须考虑激发原来环境中多种微生物的协同作用。

（二）外来微生物

土著微生物虽然广泛存在于土壤中，但其生长速度较慢，代谢活性不高，或者由于污染物的存在造成土著微生物的数量下降和活性降低，致使其降解污染物的能力降低，因此有时需要在污染土壤中接种一些降解污染物的高效菌。例如，在 2-氯苯酚污染的土壤中，只添加营养物时，7 周内 2-氯苯酚浓度从 245mg/kg 降为 105mg/kg；然而，在添加营养物的同时接种 *Peseudomonas putida* 纯培养物后，4 周内 2-氯苯酚的浓度即明显降低，7周后其浓度仅为2mg/kg。

接种外来微生物都会受到土著微生物的竞争，因此外来微生物的投加量必须足够多，才能形成优势菌群，以便迅速促进微生物降解过程。接种在土壤中用来启动生物修复的最初步骤的微生物称为“先锋微生物”，它们能起催化作用，加快生物修复的速度。

（三）基因工程菌

采用遗传工程手段，如组建带有多个质粒的新菌株、降解性质粒DNA的体外重组、质粒分子育种和原生质体融合技术等，可将多种降解基因转入同一微生物中，使其获得广谱的降解能力，或者增加细胞内降解基因的拷贝数来增加降解酶的数量，以提高其降解污染物的能力。例如，将甲苯降解基因从*Peseudomonas putida*转移给其他微生物，从而使受体菌在0℃时也能降解甲苯。这比简单地接种特定的微生物要有效得多，因为接种的微生物不一定能够成功地适应外界环境的要求。瑞士的Kulla分离到两株分别含有两种可降解偶氮染料的假单胞菌，应用质粒转移技术获得了含有两种质粒、可同时降解两种染料的脱色工程菌。

尽管利用遗传工程提高微生物生物降解能力的工作已取得了良好的效果，但是，目前美国、日本和其他大多数国家对基因工程菌的实际应用有严格的立法控制。在美国，基因工程菌的使用受到“有毒物质控制法（TSCA）”的限制。一些人担心基因工程菌释放到环境中会产生新的环境问题，导致对人和其他高等生物产生新的疾病或影响其遗传基因。但一些微生物学家指出，从科学的观点来看，决定一种微生物是否适宜于释放到环境中，主要取决于该微生物的生物特性（如致病性等），而不是看它究竟是如何得来的。他们认为，应该实事求是地对待基因工程菌问题，过分严格的立法和不切实际的宣传会阻碍现代微生物技术在环境污染治理中的推广应用。

第二节 生物修复的影响因素和主要方法

一、生物修复的影响因素

生物修复过程中主要涉及微生物、污染物和被污染的环境，因此，影响生物修复的因素主要有以下3个方面：即微生物的活性、污染物的性质和污染场地的环境状况。

（一）污染物对生物修复的影响

1. 污染物的种类

污染物的化学组成和分子结构对其生物降解性具有决定性的作用。一般来讲，分子结构简单的有机物比结构复杂的有机物先被降解，分子质量小的有机物比分子质量大的有机物易降解。聚合物和高分子化合物之所以抗微生物降解，因为它们难以通过微生物细胞膜进入细胞内，微生物的胞内酶不能对其发生作用，同时也因其分子较大，微生物的胞外酶也不能靠近并破坏化合物分子内部敏感的反应键。

研究表明，有机物的生物可降解性与其化学结构之间具有一定的定性关系和规律：

①链烃比环烃易被生物降解，链烃、环烷和杂环烃比芳香族化合物易被生物降解。②单环烃比多环芳烃易被生物降解，大部分的4个以上稠环的高稠环芳香族化合物和环烷类化合物是抗生物降解的。③长链比短链脂肪烃易被降解，对于饱和脂肪族烃类，碳链长在C_{10}～C_{18}比碳链长在C_6以下的烃容易降解。④不饱和脂肪族化合物比饱和脂肪烃化合物容易被生物降解，但脂肪烃的主链上若含有除碳原子以外的原子，其生物降解性将大大降低。⑤有机物的碳支链越多，愈难被降解，如伯醇、仲醇易被生物降解，而叔醇却难以降解。⑥污染物的官能团也会影响其生物降解性能。一般带有氯取代基、醚基、氰基、酯基、磺酸基、甲基等化学基团的化合物比带有羧基、醛基、酮基、羟基、氨基、硝基、巯基等化学基团的化合物难生物降解。醇、醛、酸、酯、氨基酸比相应的烷烃、烯烃酮、羧基酸和氯代烃容易被降解。⑦取代基的位置和数量对有机物的生物可降解性也有很大的影响。如甲酚的邻、间、对取代物中，对位取代的甲酚较容易被微生物降解；氯代苯酚邻、间、对取代物中，邻位取代的氯酚较容易被微生物降解，间位取代的氯酚在初期对微生物有一定的抑制作用，经过特定的时间适应后可以降解直至完全矿化，而对氯酚在相同的条件下，不仅不能被生物降解，反而有较强的抑制作用。硝基取代的三种硝基酚中，厌氧状态下生物降解从易到难的顺序为邻硝基酚、间硝基酚、对硝基酚；但好氧条件下，对硝基取代物和间硝基取代物的生物降解性大于邻硝基取代物。同时，取代基的种类和数量越多，生物降解难度越大。在多氯取代的芳香族化合物中，随着氯原子取代基数量的增加，其生物降解性降低，例如，多氯联苯中含有超过4个氯原子时几乎不能被生物降解。

此外，污染物的水溶性对其生物降解性能的影响也很显著。一般而言，溶解度较小的有机物的生物降解性也较差，这是由于其在水中的扩散程度较差，且很容易被吸附或捕集到惰性物质的表面上，难以与微生物进行接触反应，从而影响其生物降解性能。

2. 污染物的浓度

环境中污染物浓度过高是生物修复的一个关键性问题，特别是当污染物的生物有效性很高时，就不太利于生物修复的进行。即使一些化学品在低浓度下可以被生物降解，但在高浓度下它们对微生物有毒，从而阻止或减缓微生物的代谢反应速度。例如，张倩茹（2003）分离和纯化了5株乙草胺抗性菌株（SZ1、SZ2、SZ3、SZ4和SZ5），5个菌株均能以乙草胺为唯一的碳源和氮源，都能耐受300mg/L以下的浓度，并且在100mg/L浓度条件下生长良好。但是，当乙草胺浓度增加到300mg/L以上，只有菌株SZ4仍然正常生长，而其他菌株则由于污染物的浓度增加导致其降解功能的丧失甚至死亡。此外，环境中污染物浓度过低也是生物修复的一个问题。当污染物的浓度降低到一定水平时，微生物的降解作用就会停止，这时微生物就无法进一步将污染物去除。

3. 复合污染

通常，污染场地是一个多种污染物共存的复合（混合）污染现场，复合污染对微生物的毒性与其单一污染有较大的区别，因此进一步影响到微生物对污染物的降解作用。例如，张倩茹等（2004）的研究表明，乙草胺和Cu^{2+}单因子作用对土著细菌活菌数量的抑制率分别为53.15%和83.08%。但当乙草胺和Cu^{2+}同时或先后进入土壤环境后，由于两者的复合作用，导致其抑制效果更为明显，抑制率甚至高达93.15%。

（二）环境条件对生物修复的影响

1. 氧气

微生物的氧化还原反应的最终电子受体主要有三类：溶解氧、有机物分解的中间产物和无机酸根。土壤中溶解氧的浓度分布具有明显的层次，从上到下存在着好氧带、缺氧带和厌氧带。由于微生物代谢所需的氧气主要来自大气，因此氧的传递成为生物修复的一个控制因素。在表层土壤，微生物主要是好氧代谢；在深层土壤，由于水等阻隔，氧气的传递受到阻碍，微生物呼吸所需的氧越来越缺少，这时微生物的代谢逐渐由好氧过渡到缺氧代谢，直到厌氧代谢。例如，烃类化合物的降解主要在好氧条件下进行。据推算，1g石油完全矿化为二氧化碳和水需要3～4g氧气，因此，提供足够的氧气很可能是提高石油生物降解的重要因素。土壤嫌气条件可由积水造成，也可由于氧气的大量迅速被利用产生。通过地耕法可以改善土壤通气条件，从而可以提高石油烃的生物降解率；也可以通过机械手段，直接向土壤中输入空气；也可以注入过氧化氢，但是必须对过氧化氢作为氧源进行可行性评价，因为过氧化氢对那些不具有过氧化氢酶的微生物有毒害作用。

2. 水分与湿度

水分是营养物质和有机组分扩散进入生物活细胞的介质，也是代谢废物排出生物机体的介质。而且，水分对土壤的通透性能、可溶性物质的特性和数量、渗透压、土壤溶液pH和土壤不饱和水力学传导率均有较大影响。因此，污染物的生物降解必须在一定的土壤水分与湿度条件下进行。湿度过大或过小都将影响土壤的通气性，进而影响降解微生物在土壤环境中的降解活性或繁殖能力，以及其在土壤环境的移动性。一些研究表明，25%～85%持水容量或－0.01MPa是土壤水分有效性的最适水平。还有资料指出，当土壤湿度达到其最大持水量的30%～90%时，均适宜于石油烃的生物降解。

3. 营养元素

在土壤和地下水中，特别是地下水，N、P等常是限制微生物活性的重要因素，为了使污染物得到完全的降解，必须保证微生物的生长所必需的营养元素。在环境中投加适当的营养元素，远比投加微生物更加重要。例如，石油烃污染土壤后，碳源的数量大量增加，氮、磷含量特别是可溶性氮、磷就成为污染物生物降解的调控或限制因子。为了达到良好的效果，必须在添加营养盐之前确定营养盐的形式、合适的浓度，以及碳、氮、磷合理的比例，肥料结构应选择疏水亲油型有利于形成适合微生物生长的微环境。

4. 温度

温度对微生物生长代谢影响较大，进而影响有机污染物的生物降解。总体而言，微生物生长范围较广，而每一种微生物都只能在一定温度范围内生长，有其生长的最适宜温度、最高耐受温度、最低耐受温度和致死温度。此外，温度变化会影响有机污染物的物理性质。例如，在低温条件下，石油的黏度增大，有毒的短链烷烃挥发性减弱，水溶性增强，从而降低了石油烃的可降解性。研究发现，高温能增加嗜油菌的代谢活动，一般在30～40℃时活性最大。当温度高于40℃，石油烃对微生物的膜状结构将产生损害。由于气候、季节的变化，环境温度随之发生波动，从而不同的微生物区系将在不同时期占据优势。因此，注重污染场地中微生物区系随温度发生变化的监控和研究，也是提高生物修复效率的一个重要方面。

5. pH

土壤pH也是一个重要的环境调控因子。由于土壤介质的不均一性，造成不同土壤环境下pH差异较大。土壤pH能影响土壤的营养状况（如氮、磷的可给性）和土壤结构，还会影响土壤微生物的生物学活性。一般情况下，多数真菌和细菌生存的最适宜pH为中性条件，这当然也是其发挥生物降解功能最适宜的环境条件。

（三）微生物对生物修复的影响

一般情况下，生物修复工程更多的是充分调动土著微生物的生物活性，使它们具有更强的代谢能力。为了加速生物降解的进行，有时也考虑接种外源微生物。接种一般要考虑两点，即接种是否必要和接种是否会成功。以下情况可考虑接种外源微生物：①污染环境中存在土著微生物不易降解的污染物；②污染物浓度过高或有其他物质（如金属）对土著微生物产生毒性，使之不能有效地降解污染物；③需要对意外事故污染点进行迅速的生物修复；④污染物在降解过程中产生了有害的中间代谢产物，使土著微生物丧失了降解功能；⑤对难降解污染物、低浓度的污染现场进行外源微生物接种。

接种菌的筛选与培养应首先根据它们的生态适应性，其次是降解性和营养竞争能力。接种微生物的培养应在与实际应用环境相似的条件下进行，这样筛选出的微生物具有较强的生存能力。接种微生物进入环境后，因与土著微生物竞争、原生动物的捕食等原因，其数量会减少。如果接种量过少，就可能达不到预期的要求和效果。高接种量可保证足够的存活率和一定的种群水平，将起到加速降解的作用。一般情况下，接种量应达到10^8 cfu/g土，但高接种量投资较大。

二、生物修复的主要方法

生物修复技术是生物降解理论在实际中的应用，注重从工程学的角度解决和控制污染问题。这项技术的创新之处在于：一是精心选择、合理设计的环境条件中促进或强化天然条件下发生很慢或不能发生的生物降解和生物转化过程，二是能治理更大面积的污染场地。常见的生物修复的方法包括以下几个方面。

（一）施加营养物质

有机物污染环境中常缺乏微生物生长所需要的营养元素，如氮、磷和铁，从而限制了微生物的代谢活动。这时，只要向污染环境中添加这些营养物，就可以显著提高微生物的活性和对污染物的降解能力，从而加速生物修复的进程和提高生物修复的效果。例如，钟毅等（2006）通过投加除油菌、调节氮磷营养含量和水分含量等对中国北方某油田区原油污染土壤进行修复，180d 后土壤石油污染物去除率达 70.6%，去除速率达 0.15g/(kg·d)，与自然条件相比，石油污染物半衰期由 929d 减少为 103d。

（二）提供电子受体

污染物降解的最终电子受体包括溶解氧、有机物分解的中间产物和无机酸根（如硫酸根、硝酸根和碳酸根等）。污染场地中的最终电子受体的种类和浓度极大地影响生物降解的速度和程度。O_2 是好氧微生物的电子受体，石油类化合物和饱和芳香烃的降解需要 O_2。通常，土壤和地下水环境中往往是缺氧的，故补充 O_2 可提高污染物的降解速度。为了增加土壤中的溶解氧，可以对土壤鼓气或添加产氧剂，如投加双氧水、过氧化钙等，提高污染环境中溶解氧的浓度，从而更好地发挥好氧微生物对污染物的氧化分解作用。

对于厌氧微生物，可提供 CH_4、NO_3^- 或 SO_4^{2-} 等电子受体，从而促进有机污染物（如多环芳烃、氯代脂肪烃、多氯联苯等）的降解。向被石油污染的含水土层投加硝酸盐和硫酸盐可以促进石油烃类的降解，投加硫酸盐可促进苯的降解。例如，美国密歇根州的一个飞机染料污染场地，含有较高浓度的苯（760μg/L）、甲苯（4500μg/L）、乙苯（840μg/L）和二甲苯等，当施加适量的硝酸盐后，土壤中的苯、甲苯和乙苯的浓度均降低到 1μg/L 以下，但二甲苯的异构体降解性较差，最终为 20～40μg/L。

（三）接种高效降解微生物

当环境中存在多种或高浓度的污染物时，如污染物泄漏事故导致局部环境污染，这时原来环境中的微生物种类和数量不足以降解或完全降解污染物，需要考虑接种适合于降解这些污染物的微生物。例如，Shapir 等报道，在受除草剂阿特拉津污染的土壤中投加 *Pseudomonas* sp. ADP 进行生物强化，可使阿特拉津达到 90%～100% 的降解。Struthers 等将放射土壤杆菌（*A. radiobacter*）J14a 菌株接种到只具有少量野生降解菌的阿特拉津污染土壤中，发现阿特拉津的矿化速度提高了 2～5 倍。1993～1995 年，Spadaro 在波兰的 ODOT 进行了土壤中 2,4-D 的生物修复的田间试验，在厌氧环境下加入厌氧消化污泥，处理 7 个月后，土壤中 2,4-D 从 1100mg/kg 降低到 18mg/kg，并在大规模试验中证实了生物修复的可行性。

（四）改善环境条件

生物修复依赖于微生物的新陈代谢活动，为得到好的修复效果，需尽可能地创造适宜于微生物生长和繁殖的环境条件。影响微生物活性的外界因素主要有温度、湿度、氧化还原电位、pH、氧气含量、养分比例、盐度等。保持微生物最大代谢能力所需条件一般是：温度15～35℃；湿度25%～85%持水量；氧化还原电位，好氧（或兼性）大于50mV；pH5.5～8.5；氧气含量，好氧时占空间体积10%以上，厌氧时1%以下；养分比例，C∶N∶P＝120∶10∶1。环境温度对微生物修复效果的影响显著。例如，郑金秀等（2006）以一株不动杆菌属细菌、一株产碱菌属细菌、两株假单胞菌属细菌构建成优势降解菌群投加到石油污染土壤中，进行微生物强化修复，结果表明，在40℃翻土条件下的土壤修复率达到68.82%，比15℃同条件下的修复效率高25.88%。

（五）添加表面活性剂

生物修复成功与否不仅取决于微生物对污染物的降解能力，而且依赖于污染物的生物有效性。因此，增加污染物的溶解性和生物有效性是生物修复成功的必要条件。表面活性剂能够改变有机物的某些性质，增加污染物与微生物细胞接触速率，从而显著提高污染物的生物降解速度。例如，Grimberg的研究发现，表面活性剂Tergitol-NP-10的添加促进了固相菲的溶解，从而促进了*Pseudomonas stutzeri*的生长和降解作用。陈延君等（2007）报道，降解体系中加入鼠李糖脂作为表面活性剂提高了正十六烷的降解率。

（六）提供共代谢底物

微生物对有机污染物的降解主要有两种方式：一是微生物在生长过程中以有机污染物作为唯一的碳源和能源，从而将有机污染物降解；二是通过共代谢途径，即微生物分泌胞外酶降解共代谢底物维持自身生长，同时也降解了某些非微生物生长必需的物质。共降解途径对于一些难降解有机污染物的生物降解是非常重要的，因为难降解污染物并不能单独支持微生物的生长。据报道，许多难降解有机污染物（如稠环芳烃、杂环化合物、氯化有机溶剂、氯代芳烃类化合物、表面活性剂和农药等）是通过共降解开始而完成降解过程的。如甲烷氧化菌产生的甲烷单加氧酶是一种非特异性酶，可以通过共代谢降解多种污染物，包括三氯乙烯、五氯乙烯等。

在生物修复工程中，所添加的共代谢底物要符合以下几方面的要求：①与微生物降解的目标底物相似或是其代谢的中间产物，能够明显提高降解效率；②能维持污染物降解微生物的生长，不容易被其他非污染物降解微生物利用；③毒性较低、降解性好；④价格低廉、容易获得。目前研究较多的共代谢底物有水杨酸、邻苯二甲酸、联苯、琥珀酸钠等。例如，刘世亮等（2010）比较研究了邻苯二甲酸、琥珀酸钠作为共代谢底物对B［aP］的降解效率的影响，结果发现琥珀酸钠加强了B［aP］的共代谢作用，促进了B［aP］的降解。

第三节　生物修复的工程技术

一、原位生物修复的工程技术

原位生物修复是直接向污染场地中补充氧气、营养物或接种微生物对污染物就地进行处理，以达到污染去除效果的生物修复工艺。原位生物修复适合于污染土壤、地下水和地表水的治理。原位修复的工艺主要包括生物通气、生物注气、生物冲淋、P-T 工艺、土地耕作、有机黏土法等。

（一）生物通气法

生物通气法（bioventing）是一种强化污染物生物降解的修复技术。一般是在受污染的土壤上至少打两口井，安装鼓风机和真空泵，将空气强行排入不饱和土壤中，以增强空气在土壤中、大气与土壤之间的流动，为微生物活动提供充足的氧气。然后再抽出，土壤中一些挥发性污染物也随着去除（图 13-1）。在通入空气时，也可以加入一定量的氮气，为降解菌提供氮素营养；或者还可通过注入井、地沟等提供营养液，从而达到强化污染物降解的目的。

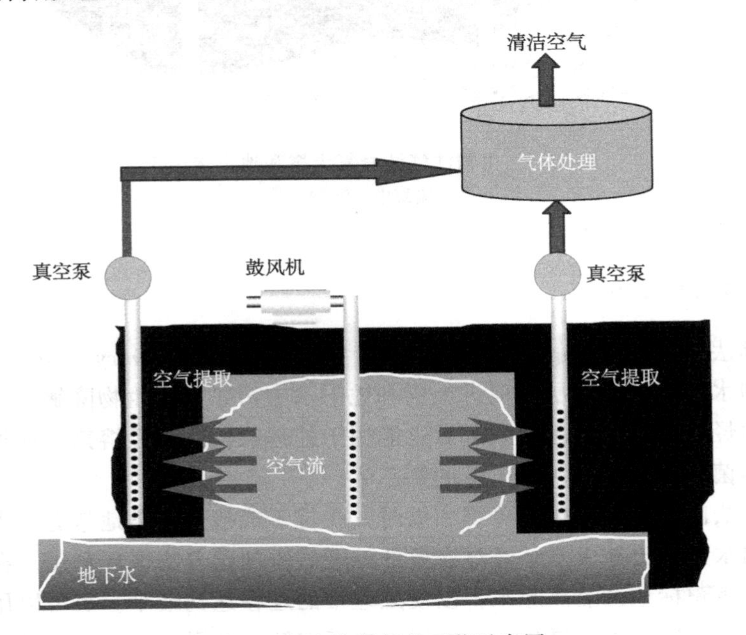

图 13-1　生物通气的工艺示意图

（二）生物注气法

生物注气法（biosparging）是指将空气压入土壤的饱和部分和地下水，同时从土壤的不饱和部分抽真空吸取空气，这样既向土壤提供了充足的氧气，又加强了空气的流通，使挥发性化合物进入不饱和层进行生物降解，同时饱和层也得到氧气有利于生物降解（图 13-2）。空气注气井通常是间歇式运行，这种方式在停滞期可使空气吹脱达到最小，在生物降解时可大量地供应氧气。运行中需要监测地下水的溶解氧和不饱和带中挥发性有机物的含量。

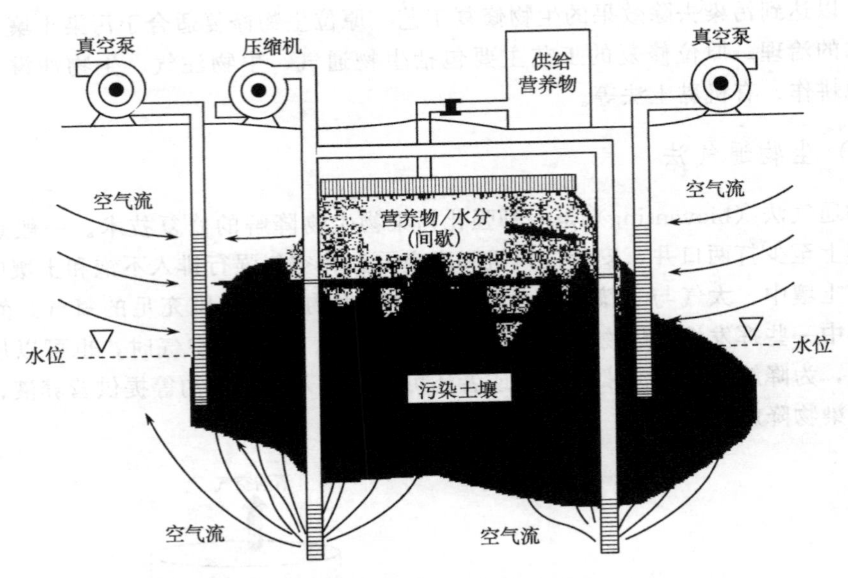

图 13-2 生物注气法修复土壤和地下水污染
(沈德中，2002)

（三）生物冲淋法

生物冲淋法（bioflooding）又称液体供给系统（liquid delivery system），是指将含氧和营养物的水补充到亚表层，促进土壤和地下水中污染物的生物降解。生物冲淋法大多应用于石油烃类污染的治理，改进后也能用于处理氯代脂肪烃溶剂，如加入甲烷和氧促进甲烷营养菌降解三氯乙烯和少量的氯乙烯。

生物冲淋法向污染层提供营养物和氧时，在位于或接近污染地带有注入井（或沟）；还可以使用抽水井抽出地下水，经过必要的处理后添加营养物循环利用。在水力学设计时，可以考虑将靶标地区隔离起来，以使处理带的迁移达到最小。氧可以用空气或纯氧经喷射供给，也可以加入过氧化氢。由于水中氧溶解度的限制，向污染环境的亚表层提供大量溶解氧很困难，所以也可以供应硝酸盐、硫酸盐、三价铁盐等作为电子受体。

（四）泵出处理法

泵出处理法（pump and treat）简称 P-T 工艺，主要应用于污染的地下水和由此引起的污染土壤。P-T 工艺的主要构成是在污染区域钻两组井，一组是注入井，用来将接种的微生物、水、营养物和电子受体（如 H_2O_2）等注入土壤或地下水中；另一组是抽水井，通过向地面上抽取地下水，造成地下水在地层中流动，促进微生物的分布和营养物质的运输，保持氧气供应（图 13-3）。通常需要的设备是水泵和空压机。美国 Keamfer 等采用 P-T 工艺，被石油污染的土壤和地下水中连续注入适量的 N、P 及电子受体 H_2O_2，运转两天后，对土壤和水中的样品进行微生物和化学分析，微生物种类有所增加，且多为烃降解细菌，石油烃的浓度有明显下降，工程取得良好的效果。

目前，世界各国普遍采用的是P-T工艺结合生物膜法或活性污泥法，在地面建立污水处理系统，将抽取的地下水进行处理，使污染物的浓度降低到一定标准后再重新注入地下或直接排放。P-T工艺是较为简单的处理方法，费用较省。然而，该技术采用的工程强化措施较少，处理时间会有所增加，而且在长期的生物修复中，污染物可能会进一步扩散到深层土壤和地下水中，因而适用于处理污染时间较长，污染状况已基本稳定或污染面积较大的场地。

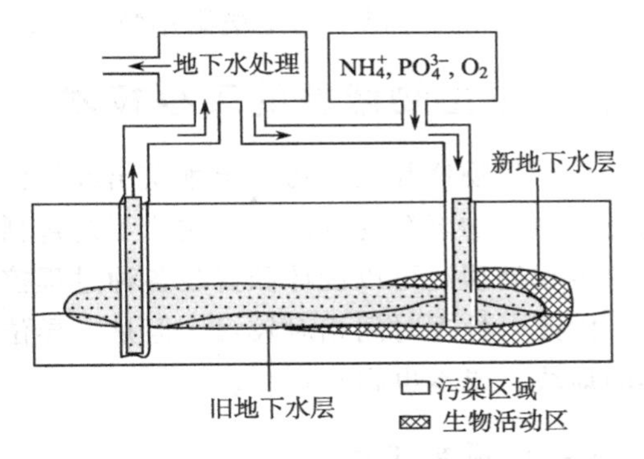

图13-3　P-T法处理污染土壤和地下水的示意图
（张从和夏立江，2000）

（五）有机黏土法

有机黏土法是新发展起来的原位生物修复污染地下水的方法，即把阳离子表面活性剂通过注射井注入蓄水层，通过化学键键合到带负电的黏土表面，合成有机黏土矿物，从而形成有效的吸附区，控制有毒污染物在地下水中的迁移。利用现场的微生物，降解富集在吸附区的有机污染物，从而彻底消除地下水的有机污染物。有机黏土法修复过程见图13-4。该技术中所采用的表面活性剂主要是合成脂肪酸衍生物、烷基磺酸盐、烷基苯磺酸盐、烷基硫酸盐等有机化合物。由于表面活性剂具有亲水性和疏水性两重性质，故它们倾向于聚集在空气－水界面和油－水界面上，能降低表面张力，促进乳化作用。

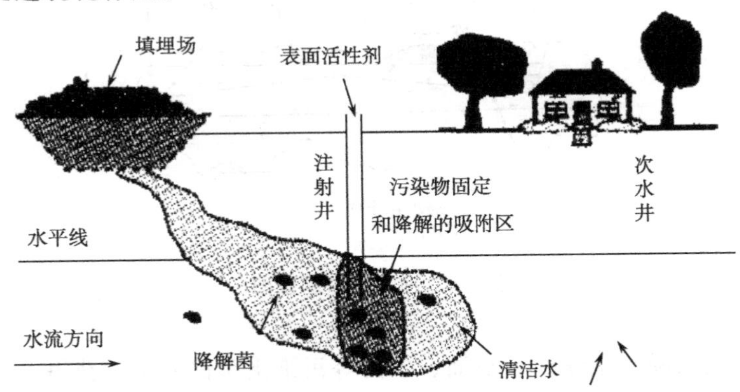

图13-4　有机黏土法处理污染地下水的示意图
（潘芳和杜锁军，2006）

（六）土地耕作法

土地耕作法（land farming）也称农耕法，该方法首先对污染土壤进行耕耙，同时施入肥料等养分，进行灌溉，加入石灰，尽可能地为微生物降解提供一个良好的环境，以便土壤中发生污染物的降解过程。一般情况下，土地耕作法只能适用于30cm的耕层土壤，对于 30cm 以下的土壤则用特殊的设备。

二、异位生物修复的工程技术

异位生物修复是将污染土壤挖出或将污染水体泵出，在场外或运至场外的专门场地进行集中生物降解的方法。其主要工艺包括预制床法、堆制法及泥浆生物反应器法等。异位生物处理法可以设计和安装各种过程控制器或生物反应器，创造生物降解的理想条件，因此，处理时间相对较短。但是，异位生物修复一般适合污染物含量极高、面积较小的地块，成本也相对较高。

（一）预制床法

预制床法（prepared bed）也称为土壤堆处理（aerated soil pile treatment），是指将污染土壤移入一个特殊的制备床上，制备床底部用一种密度较大、渗透性很小的材料装填好，如聚己烯或黏土，铺上石子和砂，将受污染的土壤以 15～30cm 的厚度平铺在上面，然后通过施肥、灌溉、控制 pH 等方式保持最佳的降解状态，有时也需要加入一些微生物和表面活性剂（图 13-5）。制备床的设计应满足处理高效和避免污染物外溢，一般的制备床设有淋出物收集系统和外溢控制系统，它通常建在异地处理点或污染物被清走的地点。

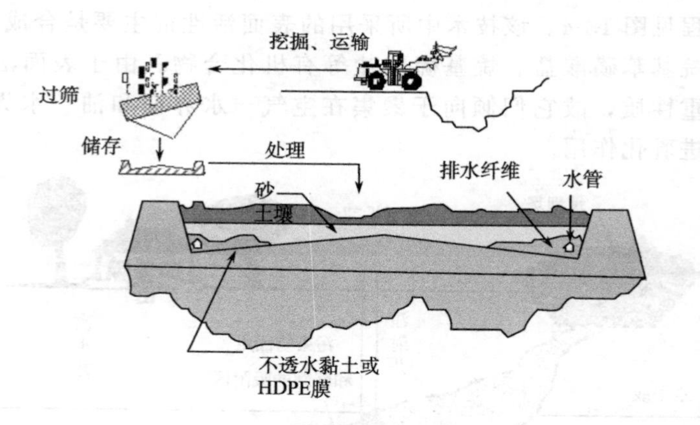

图 13-5　预制床法示意图

预制床法在五氯酚、杂酚油、石油、农药等污染土壤修复中，获得了一些成功的案例。例如，Eullis（1991）等用具有滤液收集和水循环系统的预制床对斯德哥尔摩中部防腐油生产区的土壤进行治理，土壤中 PAHs 的浓度从 1024.4mg/kg 降至 324.1mg/kg。张建等（2007）针对胜利油田滨一污水站产生的含油污泥，建立了面积 2400m^2 的预制床处理工程。他们首先在油泥中加入 2%肥料和 2%调理剂进行适当的预处理，然后在油泥中加入菌剂（每吨油泥 0.5kg），然后进行翻耕、浇水等日常操作。结果发现，使用石油降解菌菌剂对含油量为 110 160mg（以每千克烘干含油污泥计）的污泥进行了生物修复，处理 160d 后，含油污泥中的石油降解率可达 52.75%。而且，他们针对北方冬季低温的特点，在处理场中建立了温室保温措施，适当的保温措施可以明显提高污泥中石油烃类的降解率。

（二）堆制法

堆制法（composting bioremediation）是利用传统的堆肥方法，将污染土壤与有机废弃物（如木屑、秸秆、树叶等）、粪便等混合起来，使用机械或压气系统充氧，同时加入石灰以调节 pH，经过一段时间依靠堆肥过程中的微生物作用来降解土壤中有机污染物（图 13-6）。堆制法包括风道式、好气静态式和机械式 3 种，其中机械式（在密封容器中进行）易于控制，可以间歇或连续进行。良好的堆肥需要有合适的碳源（如稻草、木屑）和 C/N（一般 25～30）、pH（6～8）、足够的 O_2、湿度、微生物等。提供 O_2 的方法主要有定期机械翻堆和鼓风机强制通气两种，可配入一定量的蓬松剂以保持堆体的疏松通气。

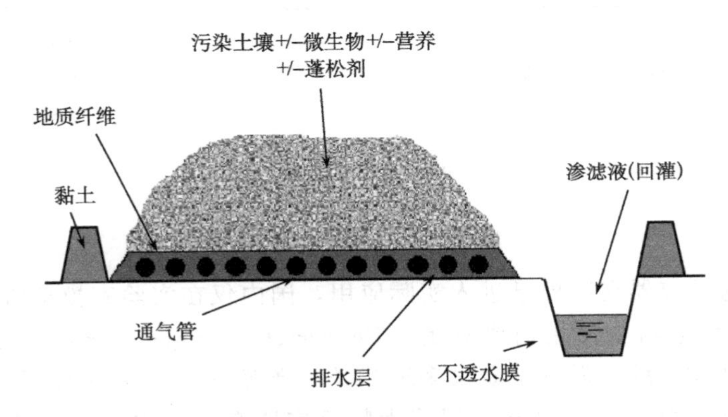

图 13-6　强制通气堆制法示意图

（三）易位土壤耕作法

易位土壤耕作法将污泥或污染土壤均匀地撒到土地表面，然后用拖拉机作业使之混合，耕层深度一般为 15～30cm，通过施肥、灌溉和耕作措施增加土壤中的有效营养物和氧气，促进物质流动，并保持一定的温度、湿度和 pH，以提高土壤微生物的活性，加快其对有机污染物的降解。但是耕翻需要根据土壤的通气情况反复进行。土地耕作对土地有一定的要求，要求土壤均匀，没有石头、瓦砾，土地经过平整，应有排水沟或其他方式控制渗漏和地表径流，必要时需要调整 pH，防止土壤过湿或过干。需要随时对污染物含量、营养物含量、pH 和通气等状况进行监测，以决定耕翻、加改良剂和调整 pH 等操作。通常分析测定费用占处理费用的大部分。

（四）泥浆生物反应器

泥浆生物反应器（bioslurry bioreactor）是将污染土壤转移至生物反应器中，加水混合成泥浆，调节适宜的 pH，同时加入一定量的营养物质和表面活性剂，底部鼓入空气充氧，满足微生物所需氧气的同时，使微生物与污染物充分接触，加速污染物的降解，降解完成后，过滤脱水。该技术的典型性工艺流程图见图13-7。生物反应器一般设置在现场或特定的处理区，通常为卧鼓型和升降机型，有间隙式和连续式两种，但多为间隙式。

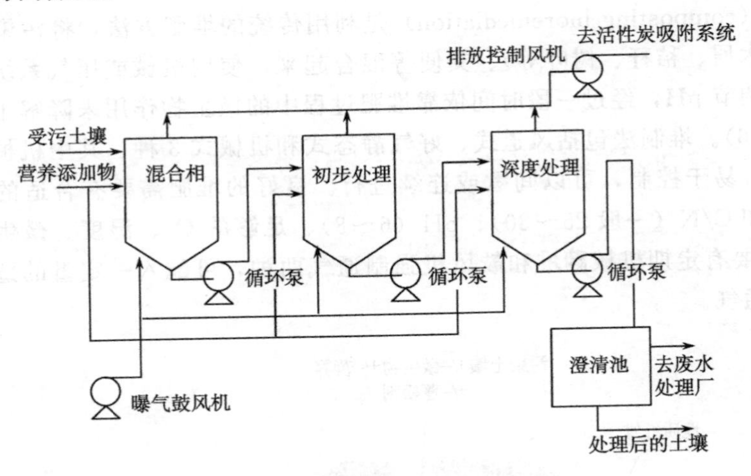

图 13-7 生物修复反应器的示意图

（陶颖等，2002）

目前，生物反应器在国外已进入实际应用，国内仅在实验室模拟阶段。Robert 等（1997）在生物反应器中使用白腐真菌（*Phanerochate chrysosporium*）处理多环芳烃污染土壤，处理36d后，低分子质量多环芳烃的降解率为70%～100%，高分子质量多环芳烃的降解率为50%～60%。泥浆生物反应器有利于增加土壤微生物与污染物的接触面积，可使营养物、电子受体和主要基质均匀分布等优点。因此，生物反应器的修复效率较高、速度快。但是由于它增加了物料处理、固液分离、水处理以及能量消耗，泥浆生物反应器的处理成本要比土地耕作、堆制法等高，一般仅仅适宜于小范围的污染治理。

第四节 污染环境的微生物修复工程

一、污染土壤的微生物修复

当前，土壤污染已经成为一个全球性的环境问题。2006年7月，中华人民共和国环境保护部在全国土壤污染状况调查及污染防治专项工作会议上发布的统计数据显示，我国受污染的耕地约有1000万 hm^2，污水灌溉污染耕地21 617万 hm^2，固体废弃物堆存占地和毁田1313万 hm^2，合计占耕地总面积1/10以上，全国每年因重金属污染的粮食达1200万t，其中多数集中在经济较发达地区。一些地区的土壤污染严重，对生态环境、食品安全和农业发展都已构成威胁，每年因为土壤污染造成的经济损失达200亿元。修复污染土壤的物理化学技术方法有很多，但不同程度地存在着投资大、能耗高、操作困难、易产生二次污染等缺点。

土壤中微生物的种类繁多、数量庞大，是土壤的活性有机胶体，其比表面大、带电荷和代谢活动旺盛。土壤微生物可以对重金属进行固定、移动或转化，改变它们在土壤中的生物有效性；土壤微生物也可以促进有毒、有害有机污染物的降解或转化，从而达到生物修复的目的。

（一）重金属污染土壤的微生物修复

重金属主要是指生物毒性显著的镉、汞、铅以及类金属砷，其次是指毒性一般的铜、铬、镍、锌、钴、锡等，当前最引起人类关注重金属主要有汞、镉、铅、铬、砷等。重金属污染土壤的微生物修复原理主要包括生物富集（如生物积累、生物吸附）和生物转化（如生物氧化还原、甲基化与去甲基化、重金属的溶解和有机络合配位降解）。

1. 微生物对重金属的生物积累和生物吸附作用

微生物对重金属的生物积累（bioaccumulation）和生物吸附（biosorption）主要表现在胞外络合、沉淀和胞内积累 3 种形式，其作用机理有以下几种：①金属磷酸盐、金属硫化物沉淀；②细菌胞外多聚体；③金属硫蛋白、植物螯合肽和其他金属结合蛋白；④铁载体；⑤真菌来源物质及其分泌物对重金属的去除。由于微生物对重金属具有很强的亲和吸附性能，有毒金属离子可以沉积在细胞的不同部位或结合到胞外基质上，或被轻度螯合在可溶性或不溶性生物多聚物上。研究表明，许多微生物（包括细菌、真菌和藻类）可以生物积累或生物吸附多种重金属和放射性元素。一些微生物（如动胶菌、蓝细菌、硫酸盐还原菌以及某些藻类）能够产生胞外聚合物（如多糖、糖蛋白等具有大量的阴离子基团）与重金属离子形成络合物。Macaskie 等分离的柠檬酸细菌属（*Citrobacer*），具有一种抗 Cd 的酸性磷酸脂酶，其分解有机的 2-磷酸甘油，产生 HPO_4^{2-} 与 Cd^{2+} 形成 $CdHPO_4$ 沉淀。Bargagli 在 Hg 矿附近土壤中分离得到许多高级真菌，一些菌根真菌和所有腐殖质分解细菌都能积累 Hg 达到 100mg/kg 干重。

重金属进入细胞后，可通过“区域化作用”分配于细胞内的不同部位。微生物细胞可合成金属硫蛋白（MT），MT 可通过 Cys 残基上的巯基与金属离子结合形成无毒或低毒络合物。研究表明，微生物的重金属抗性与 MT 积累呈正相关，其原因可能是细菌质粒带有抗重金属的基因，如丁香假单胞菌和大肠杆菌均含抗 Cu 基因，芽孢杆菌和葡萄球菌含有抗 Cd 和抗 Zn 基因，产碱菌含抗 Cd、抗 Ni 及抗 Co 基因，革兰氏阳性和革兰氏阴性菌中含抗 As 和抗 Sb 基因。

2. 微生物对重金属的生物转化作用

微生物对重金属的生物转化作用包括重金属的生物氧化与还原、甲基化与去甲基化、重金属的溶解等。在细菌对重金属的生物修复的可行性研究中，关注较多的有 Hg 的脱甲基化和还原挥发、亚砷酸盐氧化和铬酸盐还原、Se 的甲基化挥发等。细菌对 Hg 的抗性归结于它含有两种诱导酶：Hg 还原酶和有机 Hg 裂解酶，其机制是通过 Hg-还原酶将有机的 Hg 化合物转化成低毒性挥发态 Hg。也有研究表明，土壤中分布着多种可以使铬酸盐和重铬酸盐还原的微生物，如产碱菌属（*Alcaligenes*）、芽孢杆菌属

(*Bacillus*)、棒杆菌属（*Corynebacterium*)、肠杆菌属（*Enterobacter*)、假单胞菌属(*Pseudomonas*）和微球菌属（*Micrococus*）等，这些菌能将高毒性的 Cr^{6+} 还原为低毒性的 Cr^{3+}。可见，利用微生物对无机和有机 Hg 化合物还原和挥发作用，铬酸盐还原作用和亚砷酸盐氧化作用，可应用于重金属污染土壤的生物修复。

微生物也可通过改变重金属的氧化还原状态，使重金属化合价发生变化，改变重金属的稳定性。例如，某些自养细菌如硫铁杆菌类（*Thiobacillus ferrobacillusl*）能氧化 As、Cu、Mo 和 Fe 等，假单胞菌属能使 As、Fe 和 Mn 等发生生物氧化，降低这些重金属元素的活性。硫还原细菌可通过两种途径将硫酸盐还原成硫化物，一是在呼吸过程中硫酸盐作为电子受体被还原，二是在同化过程中利用硫酸盐合成氨基酸，如胱氨酸和甲硫氨酸，再通过脱硫作用使 S^{2-} 分泌于细胞外，与重金属 Cd 形成沉淀，这一过程在重金属污染治理方面有重要的意义。

（二）有机物污染土壤的微生物修复

土壤中有机污染物主要包括农药、石油、多环芳烃、含氯有机物、氯酚类、多氯联苯、二 英等，它们中很多是持久性有机污染物，严重污染农业生态环境和农产品安全生产。大部分有机污染物可以被微生物降解或转化，从而降低其毒性或使其完全无害化。微生物降解有机污染物主要依靠两种作用方式：①通过微生物分泌的胞外酶降解；②污染物被微生物吸收至其细胞内后，由胞内酶降解。微生物降解和转化土壤中有机污染物的反应类型很多，主要有：氧化作用（包括醇的氧化、醛的氧化、甲基的氧化、氧化去烷基化、硫醚氧化、过氧化、苯环羟基化、芳环裂解、杂环裂解、环氧化等)、还原作用（包括乙烯基的还原、醇的还原、芳环羟基化)、基团转移作用（包括脱羧作用、脱卤作用、脱烃作用等)、水解作用（包括酯类、胺类、磷酸脂以及卤代烃等的水解）和其他反应类型（包括酯化、缩合、氨化、乙酰化、双键断裂及卤原子移动等)。

1. 农药污染土壤的微生物修复

农药的微生物降解研究从最早的有机氯农药 DDT 开始已有几十年的历史。已报道的能降解农药的微生物包含细菌、真菌、放线菌、藻类等，大多数来自于土壤微生物类群。其中细菌包括假单胞菌属（*Pseudomonas*)、芽孢杆菌属（*Bacillus*)、节杆菌属(*Arthrobacter*)、棒状杆菌属（*Corynebacterium*)、无色杆菌属（*Achromobacter*)、农杆菌属（*Agrobacterium*)、微球菌属（*Micrococcus*)、黄单胞杆菌属（*Xanthomonas*)、埃希氏杆菌属（*Escherichia*)、短杆菌属（*Brevibacterium*)、沙雷氏菌属（*Serratia*)、链球菌属（*Streptococcus*)、梭状芽孢杆菌属（*Clostridium*)、欧文氏菌属（*Erwinia*)、库特氏菌属（*Kurthia*)、气单胞菌属（*Aeromonas*)、乳酸杆菌属（*Lactobacillus*)、变形菌属（*Proteus*)、固瘤细菌属（*Azotomonus*)、硫杆菌属（*Thiobacillus*）等；真菌包括青霉属（*Penicillium*)、根霉属（*Rhizopus*)、木霉属（*Trichoderma*)、镰刀菌属(*Fusarium*)、酵母菌（*Saccharomyces*）等；放线菌中的诺卡氏菌属（*Nocardia*)，藻类中的菱形硅藻属（*Nitzschia*）等。

微生物的农药降解作用包括酶促降解和非酶促降解。酶促降解作用表现为：①微生物以农药或其分子中某部分作为能源和碳源，部分微生物能以某种农药为唯一的碳源或氮源。②微生物通过共代谢作用使农药降解。许多研究表明，由于某些化学农药的结构复杂，单一的微生物不能使其降解，需靠两种或两种以上的微生物共同代谢降解。③去毒代谢作用。微生物不是从农药中获取营养或能源，而是发展了为保护自身生存的解毒作用。非酶促降解作用是指微生物活动使环境 pH 发生变化而引起农药降解，或产生某些辅助因子或化学物质参与农药的转化，如脱卤作用、脱烃作用、胺和酯的水解、还原作用、环裂解等。

2. 多环芳烃污染土壤的生物修复

多环芳烃（polycyclic aromatic hydrocarbons，PAHs）是指分子中含有 2 个或 2 个以上苯环的碳氢化合物，如萘、蒽、菲、芘、联苯等。由于环境中 PAHs 分布的广泛性，能够降解它的微生物也是广泛存在的，许多细菌、真菌和藻类等都具有降解 PAHs 的能力。常见的细菌有红球菌属（*Rhodococcus*）、假单胞菌属（*Pseudomonas*）、分枝杆菌属（*Mycobacteriurn*）、芽孢杆菌属（*Bacillus*）、黄杆菌属（*Flavobacterium*）、气单胞菌属（*Aeromonas*）、拜叶林克氏菌属（*Beijernckia*）、棒状杆菌属（*Corynebacterium*）、蓝细菌属（*Cyanobacteria*）、微球菌属（*Micrococcus*）、诺卡氏菌属（*Nocardia*）和弧菌属（*Vlbrio*）等。真菌也具有降解 PAHs 的能力，研究较多的是白腐真菌。但是，不同微生物对不同 PAHs 有不同降解能力（降解速率、降解程度）；而不同的 PAHs 对于不同的微生物降解也有不同的敏感性。一般来说，随着 PAHs 苯环数的增加，其微生物可降解性越来越低。

微生物对 PAHs 的降解通常有两种方式：一种途径是微生物在生长过程中以 PAHs 作为唯一的碳源和能源。一般情况下，微生物对 PAHs 的降解都是需要氧气，微生物产生加氧酶，然后在加氧酶的作用下使苯环分解。其中真菌主要产生单加氧酶，首先进行 PAHs 的羟基化，把一个氧原子加到 PAHs 上，形成环氧化合物，接着水解生成反式二醇和酚类。而细菌一般产生双加氧酶，把两个氧原子加到苯环上形成双氧乙烷，进而形成双氧乙醇，接着脱氢产生酚类。不同的途径会产生不同的中间产物，其中邻苯二酚是最普遍的。这些中间代谢产物经过相似的途径降解：苯环断裂，丁二酸，反丁烯二酸，丙酮酸，乙酸或乙醛。这些代谢中间产物都能被微生物所利用，同时产生 H_2O 和 CO_2。另一种途径是微生物可通过共代谢途径（PAHs 与其他有机物共氧化）降解大分子质量的 PAHs。在共代谢降解过程中，微生物分泌胞外酶降解共代谢底物维持自身生长，同时也降解了某些非微生物生长必需的物质。多环芳烃环的断开主要靠加氧酶的作用，加氧酶能把氧原子加到 C—C 键上形成 C—O 键，再经过加氢、脱水等作用而使 C—C 键断裂，从而达到开环的目的。

3. 氯代芳香族污染土壤的生物修复

氯代芳香族化合物及其衍生物是化工、医药、制革、电子等行业广泛应用的化工原料、有机合成中间体和有机溶剂。几乎所有的氯代芳香族化合物及其衍生物都有毒性且难降解，多数被列为美国国家环境保护局（EPA）环境优先控制污染物，如多氯联苯

(PCBs)、氯苯、氯代硝基苯、氯酚（CPs）特别是五氯酚（PCP），以及二　英(PCDDs 和 PCDFs）一直是近年来研究的热点。土壤微生物对氯代芳香族污染物的降解主要依靠两种途径：好氧降解和厌氧降解。脱氯是氯代芳香族化合物生物降解的关键，好氧微生物可通过双加氧酶/单加氧酶作用使苯环羟基化，形成氯代儿茶酚，进行邻位、间位开环，脱氯；也可在水解酶作用下先脱氯后开环，最终矿化。如 Mars 等发现恶臭假单胞菌（*Pseudomonas putida*）GJ31 存在特异的氯代儿茶酚 2,3-双加氧酶，通过间位裂解途径降解氯苯，可使 3-氯代儿茶酚同时进行开环与脱氯，形成 2-羟基黏康酸。但是，也有部分氯代芳香族污染物的降解是通过单加氧酶作用实现的，如 2,4-D、2,4,5-三氯苯氧乙酸和 2,4,5-TCP 等可通过单加氧酶作用得到转化降解。

氯代芳香族污染物的厌氧生物降解主要是依靠微生物的还原脱氯作用，逐步形成低氯代中间产物或被矿化生成 CO_2 和 CH_4 的过程。一般情况下，高氯代芳香族有机物易于还原脱氯，低氯代的芳香族有机物厌氧降解较难。近年来人们已经分离到一些厌氧还原脱氯降解微生物，如对单氯酚、二氯酚类、羟基氯代联苯具有间位、邻位、对位脱氯活性的菌株 *Desulfmonile teidjei* DCB-1、*Desulfitobacterum hafniense* DCB-2、*Desulftobacterum dehalogenans*、*Desulfovibrio dechloractivorans* 等。现有的研究表明，氯代芳香族污染物的厌氧微生物降解具有很大的应用潜力，已成为有机污染土壤环境修复的研究热点。美国 EPA 已提出将有机污染物厌氧生物降解作为生物修复行动计划的优先领域。

二、污染地表水的微生物修复

随着我国经济发展和人们生活水平的提高，污水产生量剧增，但由于我国污水处理率较低，大部分污水未经任何处理直接排入水体，造成我国地表水体的严重污染。为了改善我国的地表水环境，不仅需要治理生产区和生活区产生的污染，而且需要及时修复已受污染的水体，包括河流、湖泊、水库等。对于受污染地表水体的生物修复，原位修复技术主要有人工复氧、添加生物填料、投加微生物菌种或微生物促生剂、放养水生植物和放养水生动物等；异位修复一般采用传统的生物处理技术（以生物膜法为主）和污水处理的生态技术（包括土地处理和湿地处理等）。

人工复氧是根据水体受到污染后缺氧的特点，人工向水体中充入空气或氧气，加速水体复氧过程和提高水体的溶解氧水平，恢复和增强水体中好氧微生物的活力，使水体中的污染物得以净化，从而改善受污染水体的水质，进而恢复水体生态系统。上海市环境科学研究院于新经港河道内三个断面各设置一个曝气点，于 1998 年 11～12 月进行了曝气复氧实验，结果表明：人工曝气大大提高了原先呈厌氧水体的溶解氧含量，从而刺激了降解有机物的好氧土著微生物的生长，COD_{Cr} 去除率达到 10.7%～22.3%，水体色泽由黑或者黑黄色变成乳白色，底泥亦由黑色转为乳白色，沉积物中的微生物由厌氧菌占优势转为兼性菌增多，并出现好氧菌。

目前在富营养化水体的生物修复中以投加混合微生物制剂的方式较多，投放的微生物主要包括光合细菌、有效微生物群、集中式生物系统、固定化细菌和基因工程菌等。

光合细菌是一大类能进行光合作用的原核生物的总称。光合细菌利用光能将污水中的有机碳源和其他营养物质转化为菌体，从而净化水质。投加光合细菌是目前较为广泛的一种生物修复方法，国内外已有不少报道有关光合细菌在有机废水处理中的作用和改善水产养殖池塘水质方面的研究。根据北京动物园水禽湖光合细菌净化水体的试验结果，光合细菌对于富营养化水体中浮游植物的数量和形成水华的铜绿微囊藻有一定的调控作用。然而，投加菌种所需费用较高，在 $1hm^2$ 的水禽湖中，夏季半年的时间里，共喷洒光合细菌 12 次，用量达 750kg。同时由于光合细菌属光能自养菌，不含有硝化和反硝化菌种，因此，光合细菌对微污染水或废水中的有机污染物的去除率较高，但对氮、磷的去除率相对较低。

有效微生物群是将好氧和厌氧性微生物采用独特的工艺加以混合发酵而制成的微生物活菌制剂，是由 10 个属 80 多种微生物复合培养而成的多功能群，主要包括光合细菌、放线菌、乳酸菌、酵母菌、乙酸杆菌等。各种微生物在生长过程中产生的有用物质及其分泌物，成为微生物群体相互生长的基质和原料，通过相互关系，形成复杂而稳定的微生物系统，发挥多种功能。目前，国际上使用的商品化制剂有日本琉球大学发明的 EM 制剂、美国 Probiotic Solutions 公司研制的 Bio-energizer 和美国 Alken-Murry 公司开发的 Clear-Flo 等。Clear-Flo 系列菌剂专门用于湖泊和池塘生物清淤、养殖水体净化、河流修复和潮汛去除。1992 年美国 Moulin Vert 水渠使用 Clear-Flo 1200 3 个月，NH_4^+-N 从 0.02mg/L 降为 0，COD 降低 84%，BOD_5 降低了 74%，无毒性检出。由于菌剂不断矿化污泥，恢复了水渠的自净容量，连续几年接种处理后便完成了水渠的修复工程。1993 年我国用 Clear-Flo7018、Clear-Flo1200、Clear-FloT000 修复昆明的一条河流，由于接纳农家肥、动物粪便、渔场副产品、化粪池渗漏液、工业废水和倾倒的垃圾，这条河的悬浮有机废弃物负荷很高，严重富营养化并产生恶臭，治理后 NH_4^+-N 和 H_2S 降低，污泥被分解，游离氧开始增高。Bio-energizer 是一种水体净化促生液，其含有降解污染物的多种酶及促进微生物生长的有机酸、微量元素、维生素等成分，可加速水体净化过程中微生物的生长和生物的演替。徐亚同等将 Bio-energizer 投加到上海市徐汇区上澳塘黑臭水体，对水体进行生物修复。结果表明：该净化促生液具有促进水体好氧洁净状态生态系统各类微生物的生长，及向良性生态系统演替的作用，可促进污染水体中微生物由厌氧向好氧演替，生物由低等向高等演替，水体中生物多样性增加，同时还可促进水体中有机物的降解，并有助于水体增氧，可消除水体黑臭。

水生植物也是去除水体中氮的重要工具和载体。一方面，水生植物可直接吸收利用水中的 N 和 P 等营养元素；另一方面，水生植物表面附着的微生物在除 N 过程中起着重要作用。常用的水生植物主要是漂浮植物和挺水植物，使用较多的漂浮植物有凤眼莲、浮萍、大漂、水花生、满江红等，挺水植物有芦苇、香蒲、灯心草等。水生高等植物在春夏秋季水温高时对氮的去除可起到良好的作用，但在冬季植物停止生长并死亡，残体会重新释放氮素而重回到水域中，因此应在植物停止生长后及时去除植物残体，以防再次污染水体。

通过人工复氧、投加微生物菌种、投加微生物促生剂、放养水生植物、放养水生动物、添加生物填料等几种措施联用，可能可以更为有效地进行受污染水体的原位生物修复。黄民生等（2003）采用曝气复氧、投加高效微生物菌剂及生物促生液、放养水生植物、悬挂生物填料等构建的组合生物修复技术对苏州河严重污染支流——绥宁河进行原位污染治理和生物修复工程试验，结果表明：严重污染的水体消除了黑臭，COD平均下降了50%以上，DO平均升高了2mg/L左右，透明度平均增加10cm以上，但是试验期间主要微生物指标以及底泥有机质含量未发生显著变化。熊万永等以水生生物（包括水生植物和水生动物）为主体，辅以适当的人工曝气，建立人工模拟生态处理系统，并应用于福州白马支河的修复，结果表明：曝气生态净化系统对消除河道水质的黑臭效果良好，是立足于就地生态净化，促进黑臭河流水质改善的一种有效治理方案。

三、污染地下水的微生物修复

由于地表生态环境的破坏和污染，地下水的开采量逐年增长，致使地下水水质日益恶化，污染问题越来越突出。据调查，美国现已有1%～3%的地下水受到有害物质的侵袭和污染。我国超过50%的城市地下水受到不同程度的污染，城镇主要污染源来自工业生产和居民消费，农村主要是由粗放式农业耕作和乡镇工业造成的。

地下水污染生物修复可采用天然生物修复、原位生物修复和异位生物修复。其主要方法有添加优良的菌种、外源营养物、电子受体以及其他必需的物质，提高微生物的代谢水平和降解活性，促进对污染物的降解速度，使受污染的地下水资源得以重新利用。典型的地下水污染生物修复的流程如图13-8。

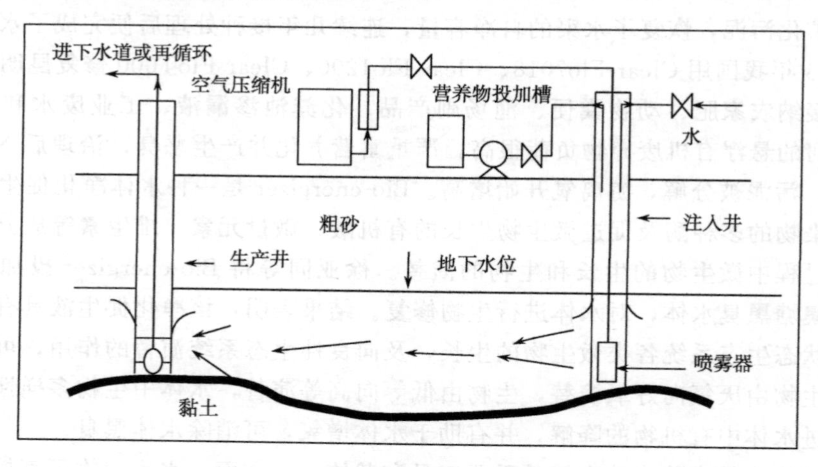

图13-8　地下水污染的生物修复流程

（潘芳和杜锁军，2008）

对于水位埋藏浅的污染场地，可采用生物活性渗透反应墙技术。该技术最简单的形式是在地下挖一个垂直于地下水流方向的槽，将反应介质（如空气、营养物质、微生物等）直接注入槽中，当受污染的地下水流经反应槽时反应介质将污染物去除，使流出槽的水得到处理。

对水位埋深大的污染场地，可以采用井群注入技术，该技术最早采用单井注入技术，后来发展为双井和多井注入技术。采用单井注入技术原位生物修复汽油污染地下水时，可通过注入井向污染含水层注入氧气和营养物质氮、磷及其他无机盐，使用注入和生产井系统使氧和营养物质在污染水体中循环。

对于受污染的地下水，也可采用P-T工艺，将污染的地下水从含水层中抽到地面上的生物反应器加以处理，再将处理后的水回灌到地下或作其他用途。

投加、传质和混合是地下水生物修复技术的最关键的环节。因此在地下水生物修复工程设计当中，特别需要注意：①最佳氧化-还原条件的创造和维护，最佳地质条件（如pH、溶解氧和温度等）；②微生物和营养物质等在水平和垂直方向的传递和分布；③有效的投加方式。

四、石油污染海洋的微生物修复

近年来，随着海上油运及海洋石油开采的发展，溢油事故频频发生。据联合国环境规划署报告，流入海洋的石油每年为200万～2000万t，海洋石油污染已严重威胁到海洋生态环境的安全。我国海上各种溢油事故每年约发生500起，某些沿海地区海水含油量已超过国家规定的海水水质标准2～8倍，海洋石油污染十分严重。石油中的许多成分如苯、甲苯、乙苯、菲、苯并［a］芘等都被列为美国EPA优先污染物范围，这些污染物具有潜在的致突变性和致癌性，可通过直接或间接方式对环境和人体健康带来严重损害。

石油烃化合物可分为4类：饱和烃、芳香族烃类化合物、树脂及沥青质。其中短链的饱和烃在溢油发生初期通过挥发等作用进入大气，其他的石油烃中，饱和正烷烃最易降解，其次是分支烷烃，再次是低分子质量芳香烃，多环芳烃很难降解，树脂和沥青质极难被降解。直链烷烃的降解方式主要有3种：末端氧化、亚末端氧化和ω氧化。在好氧条件下，芳香烃首先被转化为儿茶酚或其衍生物，然后再进一步被降解。高分子质量多环芳烃降解菌报道很少，许多四环或多环高分子质量多环芳烃的降解是以共代谢的方式进行的。

能降解石油的微生物广泛存在于自然界，已报道的有70个属，其中，28个属细菌，30个属丝状真菌，12个属酵母，共200多种微生物。海洋中最主要的降解细菌有：无色杆菌属（*Achromobacter*）、不动杆菌属（*Acinetobacter*）、产碱杆菌属（*Alcaligenes*）等；真菌中有金色担子菌属（*Aureobasidium*）、假丝酵母属（*Candida*）等。石油降解菌通常生长在油水界面上，而不是油液中。

石油烃类的自然生物降解过程速度缓慢，因此可采取多种措施强化这一过程，常用的技术包括：投加表面活性剂促进微生物对石油烃的利用、提供微生物生长繁殖所必需的条件如施加营养、添加高效石油降解微生物等。

（一）投加表面活性剂

石油烃类基本上不溶于水，但烃类物质通常只有在水溶性环境中与微生物接触才能被更好的利用。表面活性剂（分散剂）是集亲水基和疏水基结构于同一分子内部的两亲化合物，添加分散剂可以使油形成很微小的油颗粒，增加其与微生物和O_2的接触机会，从而促进石油的生物降解。目前，国外已有许多商品制剂可供使用，其中应用最多的有：Sugee2（一种原油分散剂，可以促进原油中C_{17}～C_{28}正烷烃的降解）和Corexit

（一种分散剂，与富集的微生物一起可以促进润滑油的降解）。然而，并不是所有的分散剂都有促进作用，许多分散剂由于其毒性和持久性会造成新的污染。例如，在1967年Torrey Canyon油轮事件中，撒用了10 000t的分散剂，结果造成了严重的生态破坏。因此，人们尝试利用微生物产生无毒害的表面活性剂来加速生物降解。生物表面活性剂是微生物在其代谢过程中分泌产生的具有一定表面活性的物质，这种物质可增强非极性底物的乳化作用，促进微生物在非极性底物中的生长。李习武等（2004）曾将一株能降解多种石油烃的Eml菌株产生的生物乳化剂分离出来，添加这种生物表面活性剂后，细菌对多环芳烃的降解率提高了20%。

（二）投加高效石油降解微生物

用于生物修复的微生物有土著微生物、外来微生物和基因工程菌。土著微生物的降解潜力巨大，但通常生长缓慢，代谢活性低；受污染物的影响，土著菌的数量有时会急剧下降。而且，一种微生物可代谢的烃类化合物范围有限，污染地区的土著微生物很可能无法降解复杂的石油烃混合物。因此有必要添加外来菌种来促进降解过程。例如，在1990年墨西哥湾和1991年得克萨斯海岸实施微生物接种后，生物修复处理均获得了明显成功。但是，在受污染环境中接种外来微生物也存在多重压力。这是因为在海洋环境中，由于风、浪、海流及微生物间的竞争及捕食作用都有可能影响添加细菌的处理效果。

（三）投加N、P等营养盐和电子受体

微生物的生长需要维持一定数量的C、N、P营养物质及某些微量营养元素，因此投加营养盐是一种最简单而有效的方法。目前使用的营养盐有3类：缓释肥料、亲油肥料和水溶性肥料。缓释肥料要求肥料具有适合的释放速率，可以将营养物质缓慢地释放出来；亲油肥料要求其营养盐可以溶入油中；水溶性肥料可以与海水混合。在阿拉斯加的溢油事件中通过添加肥料已取得了良好的去除效果。但是，添加肥料并不总是有效的。例如，在Oudot的研究中，当氮素的本底浓度很高时，添加营养并没有什么显著的效果。此外，由于海洋水体是一个开放的环境，如何解决肥料随水体的流失，也是一个值得关注的问题。

微生物的活性除了受到营养盐的限制外，环境中污染物氧化分解的最终电子受体的种类和浓度也极大地影响着污染物降解的速度和程度。石油烃类多以好氧生物降解进行，因此O_2对微生物而言是一个极为重要的限制因子。一般情况下，每氧化3.5g石油需要消耗氧气1g。在海洋环境中，微生物每氧化1L的石油就要消耗掉320m^{3}海水中的溶解氧。此时，O_2的迁移往往不足以补充微生物新陈代谢所消耗的氧气量。因此有必要采用一些工程措施，如人工通气以改善环境中微生物的活性和活动状况。另外，在石油污染水体中建立藻菌共生系统，通过藻类的光合作用，可以有效地增加水体中的溶解氧，在藻类和细菌等微生物的联合作用下，石油的降解速率能够得到显著提高。

本章小结

1. 生物修复是指利用生物特别是微生物对环境污染物的吸收、代谢、降解等功能，

将环境介质中的有毒有害的污染物降解为 CO_2 和 H_2O，或转化为无害物质，从而使污染的生态环境能够部分或完全恢复为正常生态环境的工程技术体系。在生物修复中起作用的微生物包括土著微生物、外源微生物和基因工程菌。

2. 生物修复是生物修复理论在实际中的应用，注重从工程学的角度解决和控制污染问题，其主要方法包括施加营养物质、提供电子受体、接种高效降解微生物、改善环境条件、添加表面活性剂和提供共代谢底物等。

3. 影响生物修复效果的主要因素有 3 个方面：微生物种群和活性、污染物的性质（包括污染物的种类、污染物的浓度和负荷污染）和污染场地的环境状况（包括氧气、水分、温度、营养状况和 pH）。

4. 原位生物修复是直接向污染场地中补充氧气、营养物或接种微生物对污染物就地进行处理。其工艺主要包括生物通气、生物注气、生物冲淋、P-T 工艺、土地耕作、有机黏土法等。

5. 异位生物修复是将污染土壤挖出，或将污染水体泵出，在场外或运至场外的专门场地进行集中生物降解的方法。其主要工艺包括预制床法、堆制法及泥浆生物反应器法等。

6. 微生物在污染环境的生物修复中起着重要作用，即可修复重金属等无机物，也可修复有机污染物。利用土著的或外源的微生物，能对污染的土壤、地表水、地下水和海洋等进行有效的修复。

思　考　题

1. 何谓生物修复？阐述生物修复的原理和影响因素。
2. 什么是原位生物修复和异位生物修复？其各有什么特点？
3. 生物修复污染环境的方法措施有哪些？
4. 与传统的物理化学修复方法相比较，生物修复有哪些优、缺点？
5. 原位生物修复的典型工艺有哪些？
6. 异位生物修复的典型工艺有哪些？
7. 简述微生物修复重金属污染土壤的机理和过程。
8. 强化海洋石油污染的生物修复的方法有哪些？

参考文献

白晓慧. 2002. 利用好氧颗粒污泥实现同步硝化反硝化. 中国给水排水，18（2）：26-28

常学秀，张汉波，袁嘉丽. 2006. 环境污染微生物学. 北京：高等教育出版社：216-277

陈春云，岳珂，陈振明等. 2007. 微生物降解多环芳烃的研究进展. 微生物学杂志，27（6）：100-103

陈坚，刘和，李秀芬等. 2008. 环境微生物实验技术. 北京：化学工业出版社：50-221

陈延君，王红旗，王然等. 2007. 鼠李糖脂对微生物降解正十六烷以及细胞表面性质的影响. 环境科学，28：2117-2122

池振明，王祥红，李静. 2010. 现代微生物生态学. 2版. 北京：科学出版社

丁国际，李军. 2006. SBR工艺中原生动物肉足虫的硝化指示作用. 环境工程，24（3）：13-15

郝洪强，孙祎敏，陈洪利. 2008. 石油烃类的微生物降解研究进展. 河北化工，31（12）：4-6

胡尚勤，刘天贵. 2003. 天然降解性质粒在控制环境持久性有机污染物中的应用. 重庆环境科学. 25（12）：174-176

黄得扬，陆文静，王洪涛. 2004. 有机固体废物堆肥化处理的微生物学机理研究. 环境污染治理技术与设备，5（1）:12-18

黄民生，徐亚同，戚仁海. 2003. 苏州河污染支流——绥宁河生物修复试验研究. 上海环境科学，22：384-388

黄秀梨，辛明秀. 2009. 微生物学. 3版. 北京：高等教育出版社

靳利娥，刘玉香，秦海峰等. 2007. 生物化学基础. 北京：化学工业出版社：204-305

蓝慧霞，陈中豪，陈元彩等. 2005. 微好氧条件下好氧颗粒污泥的培养. 华南理工大学学报，33（7）：37-41

乐毅全，王士芬. 2005. 环境微生物学. 北京：化学工业出版社：76-99

李法云，曲向荣，吴龙华等. 2006. 污染土壤生物修复理论基础与技术. 北京：化学工业出版社

李建政，任南琪. 2004. 环境工程微生物学. 北京：化学工业出版社：43-217

李建政，任南琪. 2005. 污染控制微生物生态学. 哈尔滨：哈尔滨工业大学出版社

李琳，刘俊新. 2004. 细菌与真菌复合作用处理臭味气体的试验研究. 环境科学，25（2）：22-26

李顺鹏，蒋建东. 2004. 农药污染土壤的微生物修复研究进展. 土壤，36（6）：577-583

李习武，刘志培，刘双江. 2004. 新型复合生物乳化剂的性质及其在多环芳烃降解中的作用. 微生物学报，（3）：373-377

李晔，陈新才，王焰新. 2004. 石油污染土壤生物修复的最佳生态条件研究. 环境科学与技术，27（4）：17-19

林琳. 2000. 生物法去除含甲硫醇恶臭气体的机理. 辽宁城乡环境科技：20（4）：7-9

林玉锁. 2007. 土壤中农药生物修复技术研究. 农业环境科学学报，26（2）：533-537

林稚兰，黄秀梨. 2000. 现代微生物学与实验技术. 北京：科学出版社：202～234

刘世亮，骆永明，吴龙华等. 2010. 污染土壤中苯并［a］芘的微生物共代谢修复研究. 土壤学报，47：364-369

刘志培，刘双江. 2004. 硝化作用微生物的分子生物学研究进展. 应用与环境生物学报，10（4）：521-525

卢然超，竺建荣. 2001. SBR工艺运行条件对好氧污泥颗粒化和除磷效果的影响. 环境科学，22（2）：87-91

吕娟，陈银广，顾国维. 2006. 好氧颗粒污泥在生物强化除磷中的应用. 环境科学与技术，29（7）：106-107

伦世仪. 2002. 环境生物工程. 北京：化学工业出版社：266-286

马放，冯玉杰，任南琪. 2003. 环境生物技术. 北京：化学工业出版社：30-123

苗茂谦，宋智杰，仪慧兰等. 2009. 生物法处理含 H_2S 气体的研究进展. 化工进展，28（8）：1289-1295

潘芳，杜锁军. 2008. 地下水污染生物修复技术研究进展. 江苏环境科技，21：112-116

乔玉辉. 2008. 污染生态学. 北京：化学工业出版社

任南琪，马放，杨基先. 2007. 污染控制微生物学. 3版. 哈尔滨：哈尔滨工业大学出版社

任南琪，马放. 2003. 污染控制微生物学原理与应用. 北京：化学工业出版社

任南琪，王爱杰，李建政等. 2003. 硫化物氧化及新工艺. 哈尔滨工业大学学报，35（3）：265-268

任南琪，王爱杰. 2004. 厌氧生物技术原理与应用. 北京：化学工业出版社：147-163
沈德中. 2002. 污染环境的生物修复. 北京：化学工业出版社
沈萍，陈向东. 2006. 微生物学. 3版. 北京：高等教育出版社：56-302
沈萍. 2000. 微生物学. 北京：高等教育出版社：90-121
盛祖嘉. 2007. 微生物遗传学. 3版. 北京：科学出版社：133-196
宋福强. 2008. 微生物生态学. 北京：化学工业出版社
宋亚娜，林智敏，陈在杰等. 2010. 荧光定量PCR技术检测红壤稻田土壤厌氧氨氧化细菌. 福建农业学报，25 (1):82-85
孙建军，徐亚同. 2003. 受污染水域的微生物修复. 上海化工，(4)：7-11
孙寓姣，左剑恶，杨洋等. 2006. 好氧亚硝化颗粒污泥中硝化细菌群落结构分析. 环境科学，27 (9)：1858-1861
陶颖，周集体，王竞等. 2002. 有机污染土壤生物修复的生物反应器技术研究进展. 生态学杂志，21 (4)：46-51
滕应，骆永明，李振高. 2007. 污染土壤的微生物修复原理与技术进展. 土壤，39 (4)：497-502
汪春霞. 2006. 有机固体废弃物厌氧消化与综合利用. 中国资源综合利用，24 (7)：25-28
王爱杰，任南琪. 2004. 环境中的分子生物学诊断技术. 北京：化学工业出版社：3-257
王春杰，何延青，化利军等. 2005. 微生物分解为主的城市生活垃圾综合处理方法. 河北建筑工程学院学报，23 (4):14-17
王春杰，何延青，化利军等. 2005. 微生物分解为主的城市生活垃圾综合处理方法. 河北建筑工程学院学报，23 (4):14-17
王芳，杨凤林，张兴文等. 2005. SBAR中培养条件对好氧颗粒污泥的影响. 大连理工大学学报，45 (6):808-813
王国惠. 2005. 环境工程微生物学. 北京：化学工业出版社：65-239
王海磊，魏丽莉，李宗义. 2005 好氧颗粒污泥的形成过程、形成机理及相关研究. 环境污染与防治，27 (7)：485-488
王家玲，李顺鹏，黄正. 2004. 环境微生物学. 2版. 北京：高等教育出版社
王镜岩，朱圣庚，徐长法. 2002. 生物化学. 3版. 北京：高等教育出版社：209-403
王丽萍，包木太，范晓宁等. 2009. 海洋溢油污染生物修复技术. 环境科学与技术，32 (6)：154-159
王琳，孙磊，林跃梅. 2006. 好氧颗粒污泥系统快速启动试验研究. 中国海洋大学学报，36 (2)：299-302
王荣昌，文湘华，钱易. 2004. 生物膜反应器中好氧颗粒污泥的形成机理. 中国给水排水，(3)：8-11
温特 P C，希基 G I，弗莱彻 H L. 2006. 遗传学. 2版. 谢雍等译. 北京：科学出版社：105-158
吴启堂，陈同斌. 2007. 环境生物修复技术. 北京：化学工业出版社
谢磊，杨润昌，胡勇等. 2000. PSB在有机废水处理中的应用. 环境污染与防治，22 (4)：36-38
徐华成，徐晓军，余光辉. 2006. 复合生物滤池处理 NH_3 和 H_2S 混合恶臭气体的实验研究. 环境科学研究，19 (5):132-135
徐晋麟，徐沁，陈淳. 2005. 现代遗传学原理. 2版. 北京：科学出版社：92-176
杨麒，李小明，曾光明等. 2003. 好氧颗粒污泥实现同步硝化反硝化. 城市环境与城市生态，16 (1)：40-42
叶小梅，常志州. 2008. 有机固体废物干法厌氧发酵技术研究综述. 生态与农村环境学报，24 (2)：76-79
殷士学. 2006. 环境微生物学. 北京：机械工业出版社：31-109，148-165
张从，夏立江. 2000. 污染土壤生物修复技术. 北京：中国环境科学出版社
张倩茹，周启星，张惠文等. 2004. 乙草胺-铜离子复合污染对黑土农田生态系统中土著细菌群落的影响. 环境科学学报，24：326-332
张倩茹. 2003. 乙草胺—Cu^{2+}复合污染条件下黑土农田生态系统微生物过程的研究. 沈阳农业大学硕士学位论文
张蓉蓉，任洪强，张志等. 2006. 不同类型污泥接种源培养的好氧颗粒污泥脱氮性能比较. 食品与生物技术学报，25 (4)：105-108
张胜华. 2005. 水处理微生物学. 北京：化学工业出版社，59-104，188-194
张逸飞，钟文辉，王国祥. 2007. 微生物在污染环境生物修复中的应用. 中国生态农业学报，15 (3)：198-201
郑金秀，彭祺，张甲耀等. 2006. 优势降解菌群生物强化修复石油污染土壤. 农业环境科学学报，25 (5)：

1212-1216

郑耀通. 2006. 环境病毒学. 北京：化学工业出版社

钟毅，李广贺，张旭等. 2006. 污染土壤石油生物降解与调控效应研究. 地学前缘，13（1）：128-133

周德庆. 2002. 微生物学教程. 2版. 北京：高等教育出版社：109-300

周凤霞，陈剑虹. 2005. 淡水微型生物图谱. 北京：化学工业出版社

周可新，许木启，曹宏. 2007. 用微型动物预测保定鲁岗污水处理厂活性污泥系统理化参数. 动物学杂志，4（24）：57-59

周群英，王士芬. 2008. 环境工程微生物学. 3版. 北京：高等教育出版社：242-269

周群英. 2005. 环境工程微生物学. 3版. 北京：高等教育出版社：135-136，268-282

周少奇. 2003. 环境生物技术. 北京：科学出版社：203-227

周炜煌，陈凡植，祝光等. 2007. H_2S、NH_3混合臭气在生物滴滤池中的净化研究. 工业安全与环保，33（3）：13-16

朱琳，尹立红，浦跃朴等. 2005. 荧光原位杂交法检测环境硝化细菌实验条件优化及应用. 东南大学学报（自然科学版），35（2）：266-270

竺建荣，刘纯新. 1999. 好氧颗粒活性污泥的培养及理化特性研究. 环境科学，3（2）：38-40

Abskharon R N N，Hassan S H A，Gad S M F，et al. 2008. Heavy metal resistant of *E. coli* isolated from wastewater sites in Assiut City，Egypt. Bull Environ Contam Toxicol，81（3）：309-315

Amaraneni S R. 2006. Distribution of pesticides，PAHs and heavy metals in prawn ponds near Kolleru lake wetland，India. Environment International，32（3）：294-302

Ana N，Nicolina D，Manuel M，et al. 2006. Trends in the use of protozoa in the assessment of wastewater treatment. Research in Microbiology，152（7）：621-630

Arica M Y，Bayramoglu G，Yilmaz M. 2004. Biosorption of Hg^{2+}，Cd^{2+} and Zn^{2+} by Caalginate and immobilized wood-rotling fungus Funalia trogii. Journal of Hazarclous Materials，09：191-199

Beun J J. 1999. Aerobic granulation in a sequencing batch reactor . Water Research，33（10）：2283-2290

Buisman C J. 1999. Biotechnological sulfide removal in three polyurethane carrier reactors：stirred，bio-rotor reactor and up flow reactor. Water Research，24（2）：245-251

Daims H，Nielsen J L，Nielsen P H，et al. 2001. In situ characterization of Nitrospira-like nitrite-oxidizing bacteria active in wastewater treatment plants. Applied and Environmental Microbiology，67：5273-5284

Das N. 2010. Recovery of precious metals through biosorption：a review. Hydrometallurgy，103：180-189

Ertugay N，Bayhan Y K. 2010. The removal of copper（Ⅱ）ion by using mushroom biomass（Agaricus bisporus）and kinetic modeling. Desalination，255（1-3）：137-142

Fang W，Yang F L，Zhang X W，et al. 2005. Effects of cycle time on properties of aerobic granules in sequencing batch air-lift reactors . World Journal of Microbiology and Biotechnology，21：1379-1384

Fialkowska E，Pajdak-Stós A. 2008. The role of Lecane rotifers in activated sludgebulking control. Water Research，42（10-11）：2483-2490

Ginoris YP，Amaral AL，Nicolau A，et al. 2007. Development of an image analysis procedure for identifying protozoa and metazoa typical of activated sludge system. Water Research，41（12）：2581-2589

Gupta V K，Rastogi A. 2008. Biosorption of lead from aqueous solutions by green algae Spirogyra species：kinetics and equilibrium studies. Journal of Hazardous Materials，152（1）：407-414

Hashim M A，Chu K H. 2004. Biosorption of Cadmium by brown，green and red Seaweeds. Chemical Engineering，97：249-255

Hawari A H，Mulligan C N. 2006. Heavy metals uptake mechanisms in a fixedbed column by calcium-treated anaerobic biomass. Process Biochemistry，41（1）：187-198

Iyer A，Mody K，Jha B. 2005. Biosorption of heavy metals by a marine bacterium. Marine Pollution Bulletin，50：340-343

Kan C A, Meijer G A L. 2007. The risk of contamination of food with toxic substances present in animal feed . Animal Feed Science and Technology, 133 (1-2): 84-108

Kargi F, Dincer A R. 1998. Saline wastewater treatment by halophile-supplemented activated sludge culture in an aerated rotating biodisc contactor. Enzyme and Microbial Technology, 22 (6): 427-433

Ke L, Luo L J, Wang P, et al. 2010. Effects of metals on biosorption and biodegradation of mixed polycyclic aromatic hydrocarbons by a freshwater green alga Selenastrum capricornutum. Bioresource Technology, 101 (18): 6961-6972

Lin Y M, Liu Y, Tay J H. 2003. Development and characteristics of phosphorus-accumulating microbial granules in sequencing batch reactor . Applied Microblogy and Biotechnology, 62 (4): 430-435

Liu J, Yang M, Qi R, et al. 2008. Comparative study of protozoan communities in full-scale MWTPs in Beijing related to treatment processes. Water Research, 42 (8-9): 1907-1918

Liu X L, Liu H, Chen Y Y, et al. 2008. Effects of organic matters and initial carbon-nitrogen-ratio on the bioconversion of volatile fatty acids from sewage sludge. Journal of Chemical Technology and Biotechnology, 83 (7): 1049-1055

Liu Y Q, Tay J H, Benjamin Y P. 2006. Characteristics of aerobic granular sludge in a sequencing batch reactor with variable aeration. Environmental Biotechnology, 71: 761-766

Liu Y, Yang S F, Xu H, et al. 2003. Biosorption kinetics of cadmium (Ⅱ) on aerobic granular sludge. Process Biochemistry, 38: 997-1001

Maier R M, Pepper I L, Gerba C P. 2004. 环境微生物学. 张甲耀，宋碧玉，郑连爽，等译. 北京：科学出版社

Majumdar S S, Das S K, Saha T, et al. 2008. Adsorption behavior of copper ions on Mucor rouxii biomass through microscopic and FTIR analysis. Colloids and Surfaces B: Biointerfaces, 63 (1): 138-145

Margesin R, Schinner F. 1997. Effect of temperature on oildegradation by a psychrot rophic yeast in liquid culturend in soil. FEMS Microbiology Ecology, 24: 243-249

Matheickal J T, Yu Q M. 1999. Biosorption of Cadmium (Ⅱ) from aqueous solutions by pre-treated biomass of marine alga durvillaea potatorum. Wat Res, 33 (2): 335-342

Mishima K, Nakamura M. 1991. Self-immobilization of aerobic activated sludge-a pilot study of the aerobic upflow sludge blanket process in municipal sewage treatment . Water Sci Technol, 23: 981-990

Ngah W S W, Fatinathan S. 2010. Pb (Ⅱ) biosorption using chitosan and chitosan derivatives beads: Equilibrium, ion exchange and mechanism studies. Journal of Environmental Sciences, 22 (2): 338-346

Omar H H. 2002. Adsorption of zinc ions by *Scenedesmus* obliquus and S. *quadricauda* and its effect on growth and metabolism. Biologia Plantarum, 45 (2): 261-266

Peng D. 1999. Aerobic granular sludge-a case report . Wat Res, 33 (3): 890-893

Penning H, Conrad R. 2006. Effect of inhibition of acetoclastic methanogenesis on growth of archaeal populations in an anoxic model environment. Applied and Environmental Microbiology, 72: 178-184

Prakasham R S, Merrie J S, Sheela R. 1999. Biosorption of Chromium by free and immobilized Rhizopus arrhizus. Environmential Pollution, 104: 421-427

Qin L, Tay J H, Liu Y. 2004. Selection pressure is a driving force of aerobic granulation in sequencing batch reactor. Process Biochemistry, 39 (5): 579-584

Serna D D, Moore J L, Rayson G D. 2010. Site-specific Eu (Ⅲ) binding affinities to a Datura innoxia biosorbent. Journal of Hazardous Materials, 173 (1-3): 409-414

Shin H S, Lim K H, Park H S. 1992. Effect for shear-stress on granulation in oxygen aerobic upflow sludge bed reactor . Water Science and Technology, 26 (3/4): 601-605

Sprovieri M, Feo M L, Prevedello L, et al. 2007. Heavy metals, polycyclic aromatic hydrocarbons and polychlorinated biphenyls in surface sediments of the Naples harbour (southern Italy) Chemosphere, 67 (5): 998-1009

Syed M, Soreanu G, Falletta P, et al. 2006. Removal of hydrogen sulfide from gas streams using biological processes-A review. Canadian Biosystems Engineering，48：210-214

Tang X J，Shen C F，Shi D Z，et al. 2010. Heavy metal and persistent organic compound contamination in soil from wenling：an emerging e-waste recycling city in Taizhou area，China. Journal of Hazardous Materials，173 (1-3)：653-660

Tay J H，Liu Q S，Liu Y. 2001. Microscopic observation of aerobic granulation in sequential aerobic sludge blanket reactor. Journal of Applied Microbiology，91：168-175

Uzel A，Ozdemir G. 2009. Metal biosorption capacity of the organic solvent tolerant Pseudomonas fluorescens TEM08. Bioresource Technology，100 (2)：542-548

Weemaes M，Grootaerd H，Simoens F，et al. 2000. Anaerobic digestion of ozonized biosolids. Water Research，34 (8)：2330-2336

Welsh D T，Guyoneaud R，Caumette P. 1998. Utilization of the compatible solute sucrose and trehalose by purple sulfur and nonsulfur bacteria. Canadian Journal of Microbiology，44 (10)：974-979

Wilderer P A，Bungartzb H J，Lemmer H，et al. 2002. Modern scientific methods and their potential in wastewater science and technology. Water Research，36 (2)：370-393

Xu K W，Liu H，Chen J. 2010. Effect of classic methanogenic inhibitors on the quantity and diversity of archaeal community and the reductive homoacetogenic activity during the process of anaerobic sludge digestion. Bioresource Technology，101：2600-2607

Xu K W，Liu H，Du G C，et al. 2009. Real-time PCR assays targeting formyltetrahydrofolate synthetase gene to enumerate acetogens in natural and engineered environments. Anaerobe，15：204-213

Yang S F，Tay J H，Liu Y. 2004. Inhibition of free ammonia to the formation of aerobic granules. Biochemical Engineering Journal，17 (1)：41-48

Ye J S，Yin H，Mai B X，et al. 2010. Biosorption of chromium from aqueous solution and electroplating wastewater using mixture of Candida lipolytica and dewatered sewage sludge. Bioresource Technology，101 (11)：3893-3902